中国古代建筑技术史

中国科学院自然科学史研究所 编

中国建筑工业出版社

图书在版编目（CIP）数据

中国古代建筑技术史／中国科学院自然科学史研究所编.
—北京：中国建筑工业出版社，2014.1
　ISBN 978-7-112-16118-8

　Ⅰ.①中… Ⅱ.①中… Ⅲ.①古建筑-建筑史-技术史
-中国 Ⅳ.①TU-098.62

　中国版本图书馆CIP数据核字(2013)第273377号

责任编辑：张振光　杜一鸣
摄　　影：张振光　赵鸿声　杜一鸣　孙伟岳
封面题字：蔡　军
责任设计：北京方舟正佳图文设计有限公司
责任校对：姜小莲　关　健

中国古代建筑技术史

中国科学院自然科学史研究所　编

*

中国建筑工业出版社出版、发行（北京西郊百万庄）
各地新华书店、建筑书店经销
北京方舟正佳图文设计有限公司制版
北京方嘉彩色印刷有限责任公司印刷

*

开本：880×1230毫米　1／16　印张：66¾　字数：2014千字
2016年2月第一版　2016年2月第一次印刷
定价：**580.00**元（共两卷）
ISBN 978-7-112-16118-8
　　　　(24800)

《中国古代建筑技术史》编审组

顾　　　问：刘致平　单士元

主 任 编 审：张驭寰

副主任编审：郭湖生　赵立瀛　王绍周

编　　　审：孙宗文　喻维国　郭黛姮　侯幼彬　罗哲文

杜仙洲　王璞子　祁英涛　杨鸿勋　潘谷西

前　言

建筑是一个民族所创造物质文化的重要组成部分。它综合地反映了某个特定历史时期该民族在科学技术和文化艺术上所达到的水平。因此，建筑史不能不成为一个民族的科学文化史的重要内容。

我国是世界文明古国之一。我国古代人民和建筑匠师创造了灿烂的科学文化，留下了丰富的建筑遗产。我国的学者，很早就对古代建筑遗产进行整理和研究，特别是从 20 世纪 30 年代起，曾对我国古代建筑遗产作了大量的调查研究，奠定了对我国古代建筑研究的基础。新中国成立以后，建筑史的研究工作有了更加广泛深入的开展。

一座建筑，需要投入大量的人力、物力、财力，并且通过一定的科学技术方法，才能实现。因此，对于建筑历史的研究，十分重要的是，要从物质生产的角度、社会经济的角度、科学技术的角度去分析。如果我们不从生产、经济、技术方面去研究，就不可能全面地认识建筑发展的规律，也不可能正确地评价一座建筑的优劣。而这些方面，正是以往建筑史研究中所欠缺的薄弱环节。很久以来，我国广大建筑史工作者就抱有这样的愿望：通过编写中国古代建筑技术史来整理和总结我国古代建筑技术方面的成就，提高整个建筑史学科的研究水平，从而全面地正确地，认识和评价我国古代建筑遗产。

1976 年 4 月，中国科学院自然科学史研究所召集了《中国古代建筑技术史》编写会议，得到全国建筑史工作者的热烈欢迎。会议决定采取大协作的方式，较快地编写出《中国古代建筑技术史》，作为《中国科学技术史丛书》的组成部分。

这部书是在经受林彪、"四人帮"严重摧残科学文化事业的状况下开始编写的。当时人手缺乏、专业荒疏、资料奇缺、时间紧迫，又有许多基础薄弱甚至空白的专题。面临着这些困难，许多地区的有关部门，应我们的请求，给予了热情的支持。在编写过程中，还收到全国各地许多同志来信，对我们的工作表示期望和鼓励。这说明，本书的编写和出版，是符合广大读者迫切需要的，对我国科学文化事业的发展是有意义的。

本书编审组成立以后，大致做了下述的工作：整理了迄今所掌握的建筑技术史资料，虽不能说是全部，但已包含了各个历史时期的主要材料，其中一些乃是考古或调查所得的最新资料；使零散的资料，初步形成了脉络；以往缺乏研究或者空白的领域，初步有了眉目；同时对中国古代建筑技术的发展过程，及其做法经验和成就作了初步的阐述和总结。

对于建筑技术史的研究，"古为今用"是我们的目的。古代历史上的许多东西，从科学技术来看，虽然已经过时，但新科学、新技术是从旧科学、旧技术发展而来的，作为历史，它客观地反映了建筑技术的发展阶段，说明了建筑技术发展的辩证过程，因而有理论上的意义。同时，我们也注意到一些优良的传统技术对今天仍有一定的实用和借鉴的价值，因此，必须给予比较具体的叙说，以便批判地继承。

本书的体例，基本是依循社会发展的历史阶段作为顺序。其中封建社会时期占大部分篇幅；这一部分，我们又基本按工程技术性质分章分节叙述，这是为了考虑各自的特殊性，便于深入具体地分析和总结；各章节本身，仍然依循历史顺序说明其发展过程。

本书为集体写作，不免有各自取材范围、用语习惯、文章结构等方面的差异。我们的基本要求是：资料可靠，立论有据，文章简洁，用语通顺易懂；在此前提下，力求协调统一。

本书预定的一些内容，由于资料不足，或疑点较多尚待解决，最后只得空缺，例如施工工具、金属构件、建筑声学等，原拟设专节，后来都删掉了。

由于现有资料的局限，某些章节中材料的选取，或偏于具体技术而较少历史发展的联系，或偏于北方地区而较少南方地区的资料，这些不足之处，有待今后补充。以各章节分量而言，亦存在详略有异、深浅不同等情况。

许多学术问题，正是在编写过程中发现和认识的，在这之前，我们还不可能发现和认识它；我们也还不能解决一切虽已提到日程上来，但还有待今后长期工作才能获得答案的问题。历史资料的发掘是不断的，我们的认识也是发展的。因此，本书只是我国建筑技术史研究当前阶段的成果。希望全国有志于此的同志们共同努力，用辛勤的劳动去取得更大的成绩。

本书能较快地完成，得力于全国性的大协作；这应归功于我国社会主义制度的优越性。对于在本书编写过程中许多单位给予的热情支持和帮助，我们表示衷心的感谢。

《中国古代建筑技术史》编审组

一九八〇年四月

目 录

绪 论

我们伟大的祖国，是一个历史悠久、人口众多、幅员广大的文明古国。仅以成文历史来说，即长达四千年，其间留下了极为丰富的文化遗产。我国古代劳动人民以及杰出的科学家们，在科学技术的许多领域，对人类文明曾作出卓越的贡献。

我国古代建筑有几千年源远流长的历史，创造了辉煌的成就，形成了独特的体系，有高度的工程技术水平和优美的艺术形式。如长城（图 0-0-1）、故宫（图 0-0-2）、园林、住宅、石窟（图 0-0-3）、寺庙、高塔、长桥（图 0-0-4）等，它们所反映的技术和艺术成就，是一份宝贵的科学、文化遗产。

毛泽东同志说："中国的长期封建社会中，创造了灿烂的古代文化。清理古代文化的发展过程，剔除其封建性的糟粕，吸收其民主性的精华，是发展民族新文化提高民族自信心的必要条件。"研究中国古代建筑成就，正是这一总的工作之一部分。

我国古代建筑技术史也是我国科学技术史的一个组成部分。本书的目的就是力求以辩证唯物主义和历史唯物主义为指导，以大量历史资料为依据，来阐述我国古代历史上建筑技术的发展过程，说明它的特点、成就，揭示建筑技术发展的规律，同时发掘整理古代建筑技术中一切有价值的东西，作为我国社会主义现代化建设事业的借鉴。

一

建筑，作为人类生产和生活资料的一部分，由于它同社会各种活动的密切关系，由于它的建造广泛和需要投入大量的人力、物力、财力，由于它既是一种工程，又具有艺术的特征，因而在各种物质生产中占

图 0-0-1　北京八达岭长城远景

图 0-0-2　北京明清故宫

图 0-0-3　甘肃天水麦积山石窟全景

有特殊的重要的地位。建筑的发展水平，往往成为某个国家的政治、经济、科学文化发展状况的一个标志。

建筑的发展固然有种种因素，有实用功能、艺术形式、技术经济等方面的要求，但无论哪一种建筑，它首先是物质生产的产物，无论哪方面要求都要通过一定的技术方法才能得到实现。因此，在建筑历史的发展中，建筑技术地位同建筑艺术相比，不能不占首位。诸如建筑材料的生产和加工，结构方法，施工技术，规划和设计，装饰工艺，防护技术等等，它们的发展革新，都从不同的方面推动着建筑水平的提高。

而这许多方面也不是并列的，建筑技术的发展，从历史来看，主要是围绕着材料、结构、施工等方面的进步变革而展开的。

材料（以结构材料为主）的生产，在最初阶段，都是直接取用天然材料，如黏土、木材、石料、竹、芦苇等等。天然材料在长时间里占有主要地位；不过，采取天然材料的规模和能力，又因技术的进步而有所提高，例如，石料由天然卵石到较大较规整的石条、石板，木材由较纤细的树枝到较粗壮的树干。

然后，出现了人工材料，例如陶质材料（砖、瓦、陶水管等），石灰，金属材料等。到近代，金属（主要是钢材）和水泥则成为主要的结构材料，此外，还发展

了玻璃、塑料、合金、胶合板等多种新型材料。

　　有什么样的材料，也就有相应的结构方法；好的结构形式，主要是比较有效地发挥了这种材料的力学性能。例如对砖石材料的使用，最初都曾采取梁、板的形式。以后逐步认识到砖石的特性是优于耐压，于是找到适合发挥砖石材料性能的结构方法——拱券结构；经过实践经验的积累，进而产生了对于拱券结构力学规律的认识，于是可以创造出如同我国隋代赵县安济桥和欧洲中世纪哥特式建筑那样神奇的作品。

　　可以看出，结构材料的生产和结构方法的发展，在建筑技术中占有重要的地位，因为没有它，就谈不上建筑。当然其他材料（如围护、装饰材料）的生产和构造方法也有自己的要求和作用，在建筑中也占有一定的地位。例如瓦，是木屋架的铺面防水材料。瓦型从原始的粗糙的形态发展为比较完善的形态，铺瓦方法的改进，从普通陶瓦发展为釉陶瓦（琉璃瓦），瓦的艺术加工上出现多种瓦饰等等，也经历了若干发展阶段。

　　施工能力的发展，主要有两个方面：工具和动力。在长期的古代社会中，建筑以人的体力劳动为主，工具也限于手工工具和简单的机械如滑轮、绞盘。畜力、

水力只是部分地用于运输；个别场合曾利用浮力架设桥梁。

　　我国古代劳动人民以体力为主，依靠协作劳动和简单的工具，曾经创造了许多伟大的工程奇迹。但是建造的速度终究受到限制。它们往往需要大量的人力和长久的时间。围绕着人力施工操作，也就产生了对建筑的规模、构件尺度的相应要求。例如构件的重量，一般情况下须适合人力所能及的条件；人们习见的普通条砖的尺寸，就是由人手砌筑操作的便利来决定的。脚手架的使用，目的在补充人体高度之不足，等等。

　　区别于古代的以人体劳动为主，近代工业革命是从动力革命开始的。建筑施工也是这样。施工机械化，是以内燃机、电力为动力的，由此建筑的规模、构件的尺度和重量、建造的速度等，都发生巨大的、本质的变化。

　　综观建筑技术的发展过程，材料、结构、施工技术是构成建筑技术的主要因素。本书即是以材料的生产和加工，结构方法和施工技术的发展为主要线索来阐述和总结中国古代建筑技术的发展历史的。封建社会时期，是中国古代建筑发展的主要阶段，本书尤其对这一时期的各种材料结构的演变和发展作了比较详尽的探讨。

图 0-0-4 侗族建筑——廊桥

一

我国古代建筑在世界建筑史中具有独特的风格，类型包括宫殿、寺庙、塔、城市、住宅、园林、陵墓以及各种建筑小品，内容极为丰富。从材料结构来说，则有土工建筑、木结构建筑、砖石建筑以及竹构建筑等多种材料结构方式。其中尤以对土和木的应用发展很早，使用最广。世界上其他许多民族早期也采用土制成土坯，用土坯砌筑墙体，或者用泥土拌合纤维作敷面层。我国古代除此之外，更发展了夯土版筑技术。许多巨大的建筑工程，如城墙（图 0-0-5）、高台、陵墓及墙体等都是采用夯土版筑的方法建造的。由于土坯、夯土版筑最便于就地取材、施工简易，造价便宜，因而具有长久的生命力，直到今天，在基址和堤坝工程中仍然普遍使用。

我国古代建造各种房屋的主要材料结构方式则是木结构，在长期实践中，我国对木材的选择、培植、采伐、加工、防护等一系列环节，均积累了丰富的经验。在应用木材并组合为结构的技术水平上，可以说，

无论在高度、跨度以及解决抗风、抗震的稳定问题上都达到古代世界的先进水平。

木结构之所以在我国建筑上长期居于主要地位，在于它的取材、运输、加工都比较容易，施工工期也比较短。木结构还具有分间灵活、门窗开设自由等实用上优点，因而在长期发展中，达到了成熟地步。木结构固然有易朽易燃的缺点，但是古代积累了丰富的维修经验，即使毁坏，重建也比较容易。

木结构建筑的巨大规模，并不仅靠单体建筑的体量来解决，而是以组合体——组群出现，由各个单体建筑组成"院落"；而在组合中主次分明，既减少了由于建筑庞大的单体建筑而带来的技术上的复杂性，又解决了大规模建筑包含的多种功能需要。可以说，建筑组群是我国古代建筑的显著特点和卓越的创造。

木结构的特点也给我国古代建筑带来了特有的造型艺术。如轻巧的飞檐，轻质的装修，金碧父辉的油饰彩画，精美的雕刻艺术等（图 0-0-6），为举世所赞赏。世界上很少有其他民族的建筑曾像中国古代建筑那样重视运用色彩，并且是那样的大胆。彩画、镏金、

图 0-0-5 嘉峪关附近一段夯土城墙

图 0-0-6 应县净土寺大殿藻井（金）

图 0-0-7 福建泉州开元寺石塔（南宋）

图 0-0-8　苏州网师园一角

琉璃、雕刻等等的应用，常常互相配合，在一座建筑上，组成完美的艺术整体。它们的传统工艺技术至今仍不失其应用价值。

我国古代匠师在长期实践中所积累的木结构的力学、施工、艺术加工的经验，经过综合成为系统的方法，形成了以某一标准用料尺度作为基数的比例制度。这在宋《营造法式》中称作"以材为祖"。"材"即标准用料尺度，"祖"即基数。这种用文字固定下来、具有法令性质的制度，在世界建筑史上也是绝无仅有的。文艺复兴时期的欧洲学者曾对古希腊的建筑遗物加以实测，发现了其中的比例关系，借以建立了几种"柱式"，这不过是后来人们的研究成果，只是一种经验数字，并不见于古代文献的记述，也未成为制度。而我国宋代的"材栔"或明清的"口分"制度，无疑是中国古代木结构体系高度成熟的产物，是工匠们自觉创造的结果。

与木结构相比较，我国古代砖石建筑则处于次要的地位，经常可见的使用砖石的方式是作为木结构建筑的辅助补充部分，如墙脚、柱础、地面、台基边缘、踏道等等。然而，我国古代砖石建筑的工程技术仍然获得很高的成就。世界著名的长城，也是一项宏伟的砖石工程；以砖塔而言，15 世纪曾达到百米的建筑高度（南京报恩寺塔）；以单孔桥而言，赵县安济桥最大跨度达到 37.7 米，出现于公元 6 世纪初。这些记录可以表明，我国古代砖石建筑技术所具有的规模和水平。

我国古代砖石建筑的装饰手法乃至造型常常模仿木构建筑的轮廓和细部。遗物如汉石阙、牌坊、无梁殿、石亭、牌坊、塔等（图 0-0-7）都有这样的现象。这表示后出的东西，往往要受到既存事物的影响。古埃及和古希腊的石造建筑，也有装饰母题来自早先木质材料建筑的现象；不过，它们都没有中国古代的砖石建筑表现得如此强烈。

除了各类建筑以外，我国古代的园林也是世界上建筑艺术的杰作之一，是我国古代建筑的一颗明珠（图0-0-8）。园林主要由树木、山水、建筑三方面因素来构成，但是我国古代的园林的一个重要特点是建筑所占地位及其奇巧的形式很突出。此外，人工叠山理水的卓越成就也是世界其他园林所少有。

我国古代的城市建设也是独具一格。我国几个重要古城，例如隋唐长安、洛阳城，宋东京城，元大都，明北京城，明南京城，曾居于古代世界最伟大的城市之前列。我国古代城市规划性很强，表现为分区严明、规整有序，对防御、交通、排水、防火、商业集市和城市绿化，均有一定的考虑和技术措施。这样高度的计划性依靠长期城市建设经验的积累，也需要一定的技术方法去实现。例如水工方面，饮水、排水、水运的处理，水渠运河的建设，闸、堰的建造，历来规模都很大。其中许多经验至今仍值得重视和认真研究。

我国是多民族组成的统一国家。各民族在悠久的历史联系中互相交往。许多民族的建筑都有自己的传统特点，有很高的技术和艺术水平。著名的拉萨布达拉宫，集中反映了藏族人民在建筑方面的高度成就。其他如蒙古族、维吾尔族、傣族、壮族、侗族、朝鲜族、回族等均有丰富的建筑历史遗产。从材料上看，他们和汉族相仿，使用天然材料为主，但却创造出不同风格的建筑。同为木构，傣族与汉族迥然有别；藏族用块石墙与木楼层混合结构，创造出体量雄伟的多层建筑。各民族的建筑装饰艺术都有鲜明的民族特色。在技术方面，各民族在解决所处的不同自然环境条件，例如雪山高原、内陆盆地、草原、亚热带林区等所提出的多种要求，都积累了相应的经验。因此，我国古代建筑，由于各民族的贡献而更加丰富多彩，由于地域广大多变而具有多方面的内容，这也是其他一些古代文化内容比较单一的国家所不能比拟的。

在我国古代历史上，既然进行过长期的建筑实践，出现过宏伟的工程，也就必然产生总结性的经验记录，见诸文献。丰富的中国古代建筑文献资料，是尚待深入挖掘整理的宝库。认真地用科学方法去清理文献遗产，还是20世纪20年代以后的事情；直到今天，我们仍继续在对例如宋代的《营造法式》，明代的《园冶》、《鲁班经》，清代的《工程做法》等文献进行研究。

这还不包括分散于各种书籍中的零星不系统但不失其价值的记述。

历史的创造者、历史的主人是人民。在实践中涌现出来的富有创造力的人民中的代表人物，他们的名字绝大多数已经湮没，只有个别人物得以留下他们的名字和事迹。对于古代有贡献的工程家、匠师、学者，以及他们留下的丰富遗产，我们应该加以记述，用他们的功绩和榜样来激励我们今天的劳动和创造。

三

我国古代的建筑体系，是在我国自然的和社会的具体条件下形成和发展起来的。

我国位于亚洲东部，东面和南面濒临浩瀚的海洋，西北部深入内陆。东西相距约5200公里，南北总长约5500公里，总面积约960万平方公里。从很早的时候起，我们中华民族的祖先就劳动、生息、繁衍在这块广大的土地上。

全国地形复杂。有延绵起伏的山脉，辽阔的高原，广大的盆地，也有极目千里的大平原和水网密布的河湖地带。气候从南到北跨越了热带、亚热带、暖温带、中温带、寒温带五个不同的气候带，分布在北纬4°到53°之间的广大地区。

在古代，自然条件对于建筑技术发展的影响是很大的。由于全国不同的地形和气候，对建筑提出了多种技术要求。经过长期实践，积累了丰富的适应平原、山区、高原、沙漠、水乡等不同地形条件的建筑经验，形成了防寒、隔热、防风、隔潮、防雨、遮阳、通风、日照等适应不同气候条件的技术措施。

由于地形条件的不同，天然建筑材料资源也有地区性差别。如黄土高原深厚的黄土层，各地区的森林资源，亚热带地区的竹材，山区的各种石材等等。不同的建筑材料及其相应的结构和形式，是成为我国各地区建筑的地方特点的一个重要因素。

在我国的历史发展进程中，黄河中游是文明发达较早的地区。它正处于黄土地带。当时这里的气候比较温和，生长着茂密的树林。黄土和木材就成了当时的主要建筑材料，形成了"土木"结合的建筑结构体系。

我国是一个多民族统一的国家。除了汉族以外，还有50多个少数民族。由于各民族居住地区的自然特

图 0-0-9 甘肃拉卜楞寺

点和社会经济文化特点，也赋予建筑以丰富多彩的民族特色（图 0-0-9）。

汉族建筑占有主导地位，但它本身又包含广大地区的不同地方特色。这样，使我国独特的建筑体系既有统一性，又富于多样性。

建筑技术的发展，取决于社会生产力的发展并受到社会制度的制约。在奴隶社会、封建社会的漫长发展过程中，建筑深刻地反映着阶级的对立。建筑生产的物质条件——建筑材料、建筑生产工具、运输工具和建筑地段所需的土地，都集中在奴隶主阶级和封建统治阶级手中，统治阶级同时又占有建筑劳动力，从而支配了当时的主要建筑活动。广大奴隶一无所有，农民和手工业工匠所能掌握的这类物质条件也是所有无几。这种状况，表明在奴隶制、封建制的阶级关系支配下，建筑的主要成果总是被统治阶级所窃占，为统治阶级服务。

统治阶级的建筑活动，尤其是宫殿、苑囿、陵墓的建造，其人力、物力的集中和滥用是十分惊人的。许多工程动辄使万人，积年累月地营造，所谓"运一木之费至二千万，牵一车之力至五百人"[1]。统治阶级大兴土木，劳动人民则备受压迫和剥削的苦难。

古代的工匠制度反映了建筑工程中的生产关系。在我国封建社会前期和中期的建筑生产中，官营手工业占据很大的比重，城乡和私人手工业的发展则比较分散而微弱。官营手工业通过在全国范围内大规模的征调劳动力，集中了民间优秀的工匠，因而有促进各地区建筑技术交流的一定作用；但是，官手工业制度对古代建筑技术发展的束缚作用则十分严重。这种工役制按其本质来说，"是以保守的技术和陈旧的生产方式为基础的。在这种经济制度的内部结构中，没有任何引起技术改革的刺激因素。"[2] 在这个制度下，专业匠师被编为匠户，子孙世守其业，社会地位低贱，实际上成了世代被束缚于匠籍中应差的工奴，工匠的生产积极性和创造力受到极大的限制和摧残，严重地束缚了建筑技术的发展。

建筑技术的发展不是孤立的，它是与整个生产力和科学技术的发展相联系的。建筑生产实践推动了有关的科学技术的发展，而科学技术的发展又转过来促进建筑技术的发展，金属工具的使用，就是一例。在古代，铁"给手工业工人提供了一种其坚固和锐利非石头或当时所知道的其他金属所能抵挡的工具"[3]。从战国到秦汉，铁工具的推广对于木材的采伐、石材的开采、土方的挖掘、木构件的成材加工和榫卯制作等，无论是提高工程的质量和施工的速度，都有巨大的作用。这就是战国、秦汉时期建筑获得很大发展的重要原因。又如我国制陶技术的发展有着悠久的历史，它对古代砖瓦和琉璃砖瓦的生产有直接的影响。其他例如测量学在古代城市和建筑组群的定向、定位上的应用，数学在工料计算中的应用等，都生动地反映出各门科学技术的发展对建筑技术的促进作用。从汉代到隋唐时期，我国建筑技术在许多方面居于世界先进地位，是同我国其他科学和生产力水平处于当时世界先进地位分不开的。

在古代，我国同世界其他地区的文化交流有着悠久的历史，在建筑技术方面也进行过长期的交流，对日本等亚洲国家曾有较大的影响。如日本早期的城市、寺院等，基本上是仿照我国唐代长安的城坊、宫殿、寺院营造的。我们的祖先也学习和吸收外来的文化。例如，佛教的传入，带来了印度、犍陀罗和中亚的文化，发展了寺、塔、石窟等建筑。在中国的伊斯兰教的建筑中，则融合了西亚的建筑技术和艺术。（图 0-0-10）

图 0-0-10　新疆喀什香妃墓祠一角

这些外来的建筑经验融注在自己的传统中，丰富和充实了我国的建筑技术和手法。但是，到封建社会末期，清朝统治者实行闭关自守政策，隔绝与世界各民族的经济文化往来，这是影响我国封建社会后期建筑技术发展迟缓的一个原因。

四

我国古代建筑技术的发展进程，以目前所掌握的史实，可以概括论述如下：

在氏族公社的繁荣阶段，长江下游的水网地带和黄河流域中游，已经形成干阑和穴居等不同的建筑方式。河姆渡文化在没有金属工具的条件下，已采用榫卯构造技术，建造干阑建筑，标志我国木结构发展初期的重大进步。半坡、大河村等遗址表明，仰韶文化时期已进入从穴居过渡到半穴居和地面建筑的发展过程，创造了承重木柱和木骨泥墙，并出现了组群布局的雏形。到龙山文化时期，适应父系社会家庭生活的需要，出现单间小屋和套间房屋；发明了土坯，运用了石灰质材料；尤其重要的是创造了夯土技术。对于形成古代以木、土为主体的结构技术体系，具有重要意义。

奴隶社会时期，建筑技术发展的主要标志是：使用青铜工具，广泛和大规模采用夯土工程，木构技术的进一步发展和陶质建筑材料的应用等。二里头、盘龙城、小屯等商代宫室遗址和歧山西周宫室宗庙遗址，反映出奴隶主贵族的建筑已从单幢房屋扩展到成组建筑。春秋时期，建筑群的一种突出发展是高台建筑。高台建筑是在台上逐级建造房屋，可以用简易的木构和夯土技术相配合，通过大规模的奴隶劳动来构成大体量的建筑。

商代的陶水管和西周初期的瓦，是我国已发现的最早的陶质建筑材料；从此开始了人工建筑材料的历史。至迟到奴隶社会末期，建筑上已综合使用了土、木、石、陶、铜等材料，加工工艺已达到较高的水平。

战国至西汉，处于封建社会初期上升阶段，建筑技术在普遍使用铁工具的条件下有了显著发展。从战国时期墓葬中出土器物所反映的细木工技术的精确复杂程度，可以推知当时木构榫卯技术有相应的进步。战国至西汉城市、宫殿遗址中发现的多种类型的铺地砖、栏板砖、贴面砖和大型空心砖，反映出当时制作陶质材料的水平。从砖墓构造中看到条砖、楔形砖的运用和纵联、并列两种筒壳的砌法，表明拱券结构技术已初步掌握。

东汉时期遗留下较多形象资料，如石阙、崖墓、画像砖、明器陶屋、石墓、石祠等。当时建筑技术的进步主要表现在两方面：从木构来看，梁柱式和穿斗式这两种构架形式已经存在；庑殿、歇山、悬山、硬山、攒尖等基本屋顶形式均已出现；斗栱的运用增多；建造了高达三四层甚至五层以上的"重屋"、"望楼"等。从砖石结构来看，条砖逐渐代替空心砖成为主要的砖材料形式，除了用于墓室，也有少量用于地面建筑。拱券技术也有明显进步。遗存至今的石阙和石墓等可为例证。所有这些，反映出东汉时期建筑技术有较广泛的发展。

经三国、两晋、南北朝，到隋唐时期，在国家统一、经济繁荣、中外文化交流的情况下，进入我国封建时代盛时。隋唐长安城大明宫的含元殿、麟德殿，洛阳明堂等等，显示出隋唐时期的建筑工程在设计、施工、结构等方面都有高度的发展。

由山西五台的南禅寺大殿可以看到中唐时期木结构梁架已经有用"材"（栱高）作为木构用料标准的现象；佛光寺大殿则显示了木构殿宇的平面、空间、结构和造型艺术的协调统一，表明我国木结构建筑体系在唐代已进入成熟阶段。

我国砖塔，均产生于公元3世纪末以前。唐代以后，砖塔由于它的结构承载力和耐火、坚实等方面优于木塔，数量逐渐增加，逐步取代木塔成为主要形式。筑塔技术不断提高，成为我国古代砖技术的高度成就的标志。

我国少数民族边远地区的建筑，在唐代也有较大的发展。渤海的东京城、南昭的千寻塔（图 0-0-11），都是当时中原的先进建筑技术传播到边远地区的重要例证。

在唐代木构建筑体系成熟的基础上，辽、宋、金时期建筑技术继续发展并产生了总结建筑实践经验的重要著作——《木经》和《营造法式》。宋代以后木结构开始了朝着简化方向发展的趋势。

在砖石结构方面，《营造法式》记载的"大窑"烧砖，生产效率已相当高。石作、砖作、瓦作等工种都有了技术规范。宋代后，建筑装修和装饰水平也有显著提高，

图 0-0-11　云南大理崇圣寺三塔（中间为千寻塔）

小木作类型增多，构造复杂，大大超过前代，工艺技术也迅速发展。

宋代《营造法式》记载了当时建筑构件的用料，建立了严密的"材分"制度。从"功分三等"、"役辨四时"、"木议刚柔"、"土评远迩"等关于功限细则的规定，表明当时功限、料例的定额规定已经比较严密，具有较高的科学水平。

元、明、清时期，是我国的封建社会末期，建筑进入了最后发展阶段。

明代木构架已大为简化，增强了结构的整体性。但是，已经失去结构机能的斗栱却趋向繁缛复杂。从明到清的数百年间，官式建筑的做法完全程式化。个体建筑趋于定型；运用定型的个体建筑来组合的群体

布局手法则有不少成功的创造。

明代砖瓦的生产大量增长。临清、苏州、武清等地形成大规模生产优质砖料的专业窑区。南京、北京、山西等地的琉璃瓦生产有较大的规模和较久的技术传统；琉璃砖瓦的质地、色泽都达到很高水平。官式建筑和民间建筑用砖都很普遍。明代全国各地的城垣工程和长城也大量用砖，并且较多建造了全部用砖构成的"无梁殿"。大量使用砖石材料是明代建筑的一个显著特点。

明代以后由于科学发展的相对停滞，建筑上没有在材料、结构和施工上有新的突破，固有的建筑技术体系仍然保持其主要地位。清代各地民间建筑和少数民族建筑仍有不同程度的发展。民居、园林等建筑中

有许多出色的设计手法。经过各民族建筑的交流，出现了一些融合汉族与其他兄弟民族风格的建筑，如承德"外八庙"例（图0-0-12）。

建筑技术史是我国古代劳动人民从事建筑生产活动过程中，认识世界、改造世界的历史。我们要通过阐述我国古代建筑实践的丰富内容，通过整理我国古代建筑技术的成就，来歌颂我国古代各族人民的伟大创造，了解我们的祖先在建筑科学技术方面对人类文明作出的重大贡献；通过对建筑历史遗产的分析研究，取其精华、弃其糟粕，为我国社会主义建设事业服务。

图 0-0-12　河北承德普陀宗乘之庙远景

第一章 原始社会时期的建筑技术
（公元前 2100 年以前）

第一节 建筑技术的萌芽

今天，用途广泛，形式繁复的建筑．小到一个单体，大至庞杂建筑群，以至城乡规划，已成为一门复杂的技术科学。然而，它的发展历史，追根求源，是从解决人类的居住问题开始的。恩格斯指出："根据唯物主义观点，历史中的决定性因素，归根结底是直接生活的生产和再生产。但是，生产本身又有两种。一方面是生活资料即食物，衣服，住房以及为此所必需的工具的生产；另一方面是人类自身的生产，即种的繁衍"（《家庭、私有制和国家的起源》第一版序言）。作为人类历史中重要生活资料之一的住房建筑，究竟是何时以及如何发展起来的？追溯这个问题，要从人类社会的初期说起。

原始人类，从已能制造工具的南方古猿开始，直到此后相当长的一段历史时期里，即恩格斯所说"蒙昧时代"的"低级阶段"，"人还住在自己最初居住的地方，即住在热带的或亚热带的森林中。他们至少是部分地住在树上，只有这样才可以说明为什么他们在大猛兽中间还能生存"（《家庭、私有制和国家的起源》）。

考古学上把原始社会的初级阶段称为"旧石器时代"，古人类学把原始人类的发展划分为猿人、古人和新人三个历史阶段。早在猿人阶段，由于他们已能粗制石器和利用天然火，他们依靠集体的力量突破了热带森林的局限，向温带地区开拓自己的生活领域。考古发现在温带地区有他们遗留下来的文化遗迹。在我国，根据目前所知的材料，处于这一阶段的遗迹最早是距今一百多万年以前的云南元谋人化石和六十万年前的蓝田猿人化石；而已发现的最早的人类住所是距今约五十万年的北京周口店龙骨山岩洞。到目前为止，在我国发现的旧石器时代人类居住的岩洞，主要有以下几处：

早期（约一百万至二十万年以前）：

辽宁营口金牛山岩洞

湖北大冶石龙头岩洞

湖北郧县梅铺岩洞

贵州黔西观音洞

中期（约二十万至四万年前）：

辽宁喀左鸽子洞

贵州桐梓岩灰洞

晚期（约四万至一万年前）：

北京周口店龙骨山岩洞

河南安阳小南海

浙江建德乌龟洞

这些被原始人选择作为栖身之所的自然岩洞，总结其选址和使用要求，有以下几点：

近水——为了饮水和渔猎，选择湖滨或河岸附近。

防止水淹——为防止河流涨水时受淹，洞口一般高出附近水面10米～100米不等，多数在20米～60米处。

洞内较干燥——选择钟乳石较少的喀斯特溶洞，洞内湿度较低，以利生存。生活遗迹表明：住处在接近洞口的部分；深入洞内，则过分潮湿而缺少新鲜空气，不宜居住。处于新人阶段的"山顶洞人"居住的岩洞，前部为集体生活起居用，而内部低凹部分，早期也曾住人，后期改为埋葬死者处。

洞口背寒风——一般洞口背向冬季主要风向，这些岩洞，很少朝向东北或北方的。

原始人在栖居自然岩洞的同时，在森林和沼泽地带，仍然依靠树木作为栖居的处所。当时人们借以栖身的树木和岩洞都只是自然界本身，但是生活的经验已经使他们懂得，对栖居的树木去掉一些有碍枝杈茎叶，采用一些枝干之类填补空档；对于岩洞则清除有碍的石块以及填补地面坑洼，略事修整以改善栖息条件。

当原始人类基于住在树上和"厂"（音 ān，庵字简写，这里指上部凸出的峭壁）、洞的生活经验，使用粗制石器采伐枝干，借助树木的支撑构筑一个简陋窝棚，或模拟自然，在黄土断崖上用木棍、石器或骨器掏挖一个人工的横穴，则开始了营造活动，诞生了最原始的人工的居住形式——巢居和穴居。因此，可以说"巢"和"穴"是建筑萌芽时期的两种主要形式；其出现的时间，约当旧石器时代晚期。

古文献中，颇有关于上古巢居、穴居传说的记述。例如：《韩非·五蠹》："上古之世，人民少而禽兽众，人民不胜禽兽虫蛇。有圣人作构木为巢以避群害，而民悦之使王天下，号之曰'有巢氏'。"

《墨子·辞过》："子墨子曰：古之民未知为宫室时，就陵阜而居穴处，下润湿伤民，故圣王作为宫室。"

《孟子·滕文公》："下者为巢，上者为营窟。"

图 1-1-1　海城市姑嫂石大队石棚

这些古老传说的记载，也提供了建筑起源于"巢"、"穴"的佐证。

我国幅员辽阔，地理情况复杂。在新石器时期，各地发展很不平衡。当时大体上分化出以畜牧为主的部落和以农耕为主的部落（当然不是绝对截然分开）两大经济系统。由于生产经济的差别，决定了所采取的居住形式也不同：游牧要求可移动的帐幕，而农业则要求定居——出现了位于河岸台地的村落。

中国北部的细石器文化，分布在从东北、内蒙古、宁夏、新疆至青藏高原的广大疆域内。它们大抵是渔猎和游牧为主部落的文化遗存。由于缺乏长久定居，很少可能保存他们的居住遗址。不过，在辽东半岛一带的石棚（图 1-1-1）、黑龙江依兰倭肯哈达半天然半人工的洞穴、辽宁赤峰的石城和圆形住所块石墙基遗址，等等，大概即为这一文化系统的部落（渔猎为主）所留。不过，这些遗址的绝对年代则较晚，相当于中原地区的战国至汉时代。

原始建筑的发展，以中华民族的主要发祥地黄河流域和长江流域为代表，以长江流域沼泽地带的巢居和黄河流域黄土地带的穴居，作为讨论我国原始建筑发展的两个主要线索。

第二节　巢居和干阑建筑

长江流域中下游地区是我国文化发展较早的地区之一。远在 6000～7000 年以前，长江下游滨海一带即发展了堪与黄河流域仰韶文化媲美的"河姆渡文化"。

由于这一带河流沼泽密布，地下水位很高，一般不可能采用挖洞的办法来解决居住问题。主要是借助树木的支撑构成架空居住面的窝棚，即所谓"巢居"，这种居住方式既可防避野兽的侵害，也可脱离潮湿的地面。

巢居的构筑，主要取材于树木。因此在木结构技术方面，很早就积累了经验。

一、"构木为巢"

前述"有巢氏"教人"构木为巢"，是古代中国广为流传的一个传说，说明远古曾经存在过巢居。

但是，真正发明巢居的应不是个别人，而是氏族集体，是世世代代营造经验积累的结果。巢居产生的时代，大约在氏族社会早期。它可能曾经一度作为夏季的一种居住形式；巢居高爽，在夏季也有利于避免野兽的危害。冬季采用穴居，湿度较小，而且可以生火，借以防寒、防潮。待穴居的防潮、通风技术有了进步，则夏季也可居住，无需另构橧巢了。仰韶文化时期的穴居，大概是冬夏都可使用的。

《孟子·滕文公》记载"下者为巢，上者为营窟"，即地势低洼潮湿的地段作巢居，地势高亢燥爽的地段作穴居。这是合乎实际的，而且已为考古发掘所证实。地势高亢的黄土地带，营造穴居很方便，又由于地下水位较低，防潮比较容易处理，因此穴居成为黄土地带原始居住建筑的主要形式。凡是地势较高，有条件挖筑穴居的地方，不仅黄河流域，即使长江流域、珠江流域以及西南、东北地区，凡具备黄土地带条件，总是采取穴居的方式。湖北长江南岸属于大溪文化的红花套遗址，江苏省属于青莲岗文化的大墩子遗址等等，都曾发现过穴居系统的建筑遗迹。然而对于地势低洼的沼泽地带来说，巢居以其特有的优越性，而成为这类地区原始建筑的主流。

巢居的原始形态，推测是在单株大树上构巢：在分枝点开阔的杈间铺设枝干茎叶，构成居住面；其上，用枝干相交构成遮阴蔽雨的棚架。看来确实像一个大鸟巢。关于巢居较为原始的形态，可从近代民族学材料中得到一个近似的了解。

二、从巢居到干阑

巢居的发展大约经历以下几个主要环节：

独木橧巢（在一棵大树上构巢）→多木橧巢（例如在相邻的四棵树上架屋）→干阑式建筑（居住面架设在桩柱上的房屋）。

象形文字所示的巢居形象，如农村所见利用树木搭成的看守窝棚（图1-2-1）。干阑式建筑产生于沼泽地带，先为桩式，进一步发展，在稍干燥的地段或坡地上建筑，因其不易打桩，则改为栽柱架屋的干阑。这在浙江、江苏一带的遗址中（河姆渡遗址，草鞋山遗址等），有明确的现象。江浙一带遗址表明，早期沼泽地为桩式，晚期地势增高，即改为柱式，柱脚多垫有木板，以防沉陷（图1-2-2）。

三、河姆渡文化（公元前5000年）的干阑式木构

浙江省余姚市河姆渡遗址[1]原为6000～7000年前的母系氏族繁荣阶段的聚落。当时以水稻为主要作物的耜耕农业已相当发达。房屋建筑主要使用木材，在木结构技术方面取得了惊人的成就。

河姆渡遗址早期建筑为干阑式长屋，从已揭露的局部来看，一座长屋的不完全长度将近30米。使用木材建造这样的长屋，说明木构技术的发达，也说明木构技术已有相当久远的历史。

（一）河姆渡遗址早期长屋残迹所反映的一般情况（图1-2-3）

建筑遗址从已揭露的情况可以看出：

长屋通进深约700厘米，前檐有宽约110厘米的走廊，其前沿设直棂木栏杆，地板高出地面80～100厘米，用木梯上下。地板厚约10厘米，每段长80～100厘米，都是利用废旧梁柱之类截断、劈裂改制而成，上面留有榫卯残迹。地板浮摆在地板龙骨上。遗址中，地板以下堆积厚薄不均的一层稻壳、菱壳、兽骨、兽角等生活垃圾表明，该屋在使用期间可任意掀开地板，从室内投下垃圾。

图1-2-1　河南洛阳郊区"看青棚子"

图1-2-2　浙江余姚市河姆渡遗址晚期木柱残段及木板柱脚

图1-2-3　浙江余姚市河姆渡第四期遗址的木构残件

桩木一般直径为8～10厘米，最大圆桩直径20厘米；方桩15厘米×18厘米；板桩一般厚约3～5厘米，宽20～50厘米。一般桩入地60～80厘米（图1-2-4）；主要承重的大桩，入地150厘米。地板大梁跨度约310～340厘米、小梁跨度可能为130～190厘米、柱高263厘米。

据目前获得的遗址材料推测，这些干阑长屋或类似西藏昌都珞瑜地区民间房屋的情况。

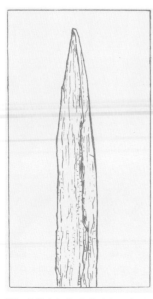

图1-2-4　浙江余姚市河姆渡遗址出土木构件——桩尖

（二）木材加工工具和技术

1．伐木主要使用石斧。江苏吴江出土的完整石斧，木柄安装未用扎结而是榫接。石斧伐木的截端略成桩尖状；所遗留的树桩截端，略呈一毛碴的平面。

2．成材工具。横截木料，使用石斧。方木、板材的加工，使用石斧、石磋、石楔，其中以楔具为主。从出土器物来看，石楔即石斧头，不安柄即作为楔具使用（图1-2-5）。与刃部相对的顶端有打击痕迹，打击工具约为木棒、木槌。纵裂木材的方法一如劈裂石板，即在拟定的断线上，每隔一定距离加楔。西藏有的地区，民间至今仍用此法劈裂原木、加工板材。

榫卯加工工具：榫头的制作，用石斧、石磋、卯口用石凿、骨凿以及木棒、木槌等打击工具。

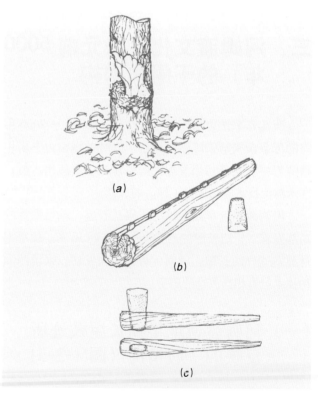

图1-2-5　石斧、石楔及其操作工艺示意图
(a) 石斧伐木——截端略呈桩尖状；
(b) 木材纵向劈裂使用石楔；
(c) 江苏吴江出土带木柄的石楔

（三）榫卯类型

构件垂直相交的节点采用榫卯（图1-2-6），多杆复杂交接的节点仍用扎结。遗址所见木构件多经重复利用，晚期建筑多利用早期废屋的旧料。一部分直接

利用原构件。此外，例如废旧大料截断使用，梁枋之类改作桩木，圆木或较大截面的方料纵裂成板材等等。因此，构件上多残存早期废弃的榫卯。归纳其常用榫卯约有以下几种（图1-2-7）。

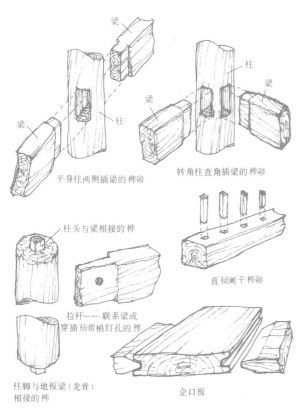

图1-2-6　浙江余姚市河姆渡遗址出上木构件的榫卯类型图

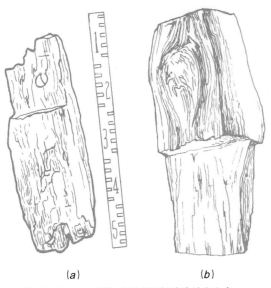

(a)　　　　　　(b)

图1-2-7　(a)　浙江余姚市河姆渡遗址出土木
　　　　　　　构件——带梢钉孔的梁头榫;
　　　　　(b)　浙江余姚市河姆渡遗址出土木
　　　　　　　构件——梁头榫

第三节　黄土地带穴居建筑的发展——土木混合结构的主要渊源

　　黄河流域中游，其广阔而丰厚的黄土层，为穴居的发展提供了有利条件。黄土质地细密，并含有一定的石灰质，其土壤结构呈垂直节理，壁立而不易塌陷，适合横穴和袋型竖穴的制作。在母系氏族公社进入农耕为主的经济、提出定居的要求之后，穴居这一形式在黄土地带遂得到迅速的发展。

一、穴居发展过程

　　穴居的发展，约经过以下几个主要环节：

　　横穴→袋型竖穴（口部以枝干茎叶作临时性遮掩或加粗编的活动顶盖）→半穴居（竖穴口部架设固定顶盖，古文所谓"复穴"）→原始地面建筑（围护结构都是构筑起来的，围护结构分化为墙体与屋盖两大部件，图形文字作㐭）→分室建筑（建筑空间的组织）。

（一）由地下至半地下的发展

　　在黄土断崖上营造横穴，只是对自然厂、洞的简单模仿。依同理，在陡坡上也可营造横穴。进一步发展，则在缓坡上营穴。此时需要首先垂直下挖，然后再横向挖掘，这便开始了横穴向竖穴的转化。缓坡营穴随即过渡到平地营穴，这便形成完全的袋型竖穴。

　　底大口小的袋穴，其纵剖面为拱形，正是能解决避风雨的一种空间围护方式。雨雪时，应是用树木枝干、草本茎叶之类作遮掩。竖穴口部的这种采用枝干茎叶杂乱铺盖的临时遮掩，便是"屋"（屋盖）的胚胎。逢暴风骤雨，这种临时遮掩每不应急，因而逐步改进扎结成架，即来用枝干茎叶扎结成一个仿佛斗笠的活动顶盖，平时搁置一旁，当风雨和夜晚盖在穴口上。这种活动顶盖，可以说是"屋"的萌芽。活动顶盖常随阴晴以及出入洞穴而移动，还是很不方便的。

进而固定搁置在穴口，而在顶盖上留出一个缺口作为上下出入的孔道。这便形成了固定的棚盖——"屋"。穴居发展到此，开始具备了固定的体形，即在地面上可以看到一个小小的窝棚。河南省偃师县汤泉沟袋型竖穴 H6，穴底篝火等生活遗迹表明原是居住建筑，可作为这一发展阶段的典型实例（图 1-3-1）。

汤泉沟 H6 的穴壁拱深较浅，穴底并有支柱痕迹，可知顶部设有固定棚盖。支柱贴靠穴口，柱侧穴壁上并有横向柱洞，可知支柱兼作出入（上下）扶梯之用。这种居住形式，虽然已具备固定棚盖，但其使用空间还是挖掘而成的。在当时的营造技术条件之下，挖穴比较容易，而扎结棚盖还是比较复杂而困难。

随着棚盖制作技术的熟练和提高，其空间体量不断加大，为减小竖穴深度空间的缩小创造了条件，于是便形成浅袋穴的半穴居。使用木耒、石铲、骨铲之类的原始工具挖穴效率很低（从半坡遗址穴保留的宽 2 ～ 3 厘米的截面为弧形或扁平的痕迹看，其挖掘工具为较窄的骨、石工具或木耒之类）。浅穴节省了挖方量，亦即提高了营建的效率。这种半穴居的内部空间，下半部是挖掘出来的，上半部是构筑起来的。也就是说，建筑从地下变为半地下，开始了向地上的过渡。处于这一发展阶段的实例，如洛阳孙旗屯袋型半穴居（图 1-3-2）。

孙旗屯半穴居复原，其竖穴呈袋形，深约 100 厘米左右，出入口无雨篷，植物茎叶屋面，内部空间狭隘，中央设火台，这一居住形式明显地保留着脱胎于袋型深竖穴的痕迹，尽管棚盖加大、竖穴变浅、穴口已无

收缩的必要，然而由于传统的惰性，仍保持着穴壁凹曲的形式。对于半穴居来说，袋形已成为实用空间的障碍。所以在进一步发展中，半穴居的穴壁改为直壁。

（二）由半地下到地上的发展

属于仰韶文化时期的西安半坡遗址[2]，反映了半穴居晚期发展以及向地面建筑过渡阶段的情况，可以作为典型代表。半坡所见半穴居，其竖穴皆为直壁。较早的穴深 80 ～ 100 厘米，较晚的约 20 ～ 40 厘米，竖穴发展是由深而浅，直至形成地面建筑。

半坡考古材料按营建技术的发展程序排比，其结果与遗址早晚期的考古学断代基本相符，发展线索清楚。半坡建筑的发展，可分为早、中、晚三期。

早期：半穴居——下部空间是挖土形成，上部空间是构筑而成。

中期：居住面上升到地面，围护结构全系构筑而成。

晚期：分室建筑——大空间分隔组织。

参见（图 1-3-3）"半坡建筑发展程序表"。

半坡建筑遗址就平面而论，可归纳为方形、圆形二类。

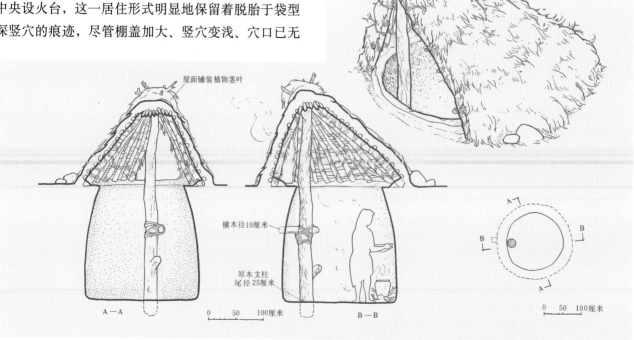

屋面铺装植物茎叶

横木径10厘米

原木支柱
尾径25厘米

A—A   0 50 100厘米

B—B   0 50 100厘米

0 50 100厘米

图 1-3-1　河南偃师汤泉沟 H6 复原图

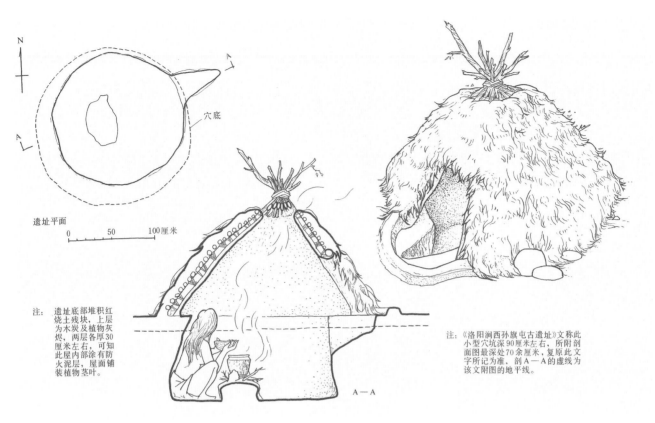

注：遗址底部堆积红烧土残块，上层为木炭及植物灰烬，两层各厚30厘米左右，可知此屋内部涂有防火泥层，屋面铺装植物茎叶。

注：《洛阳涧西孙旗屯古遗址》文称此小型穴坑深90厘米左右，所附剖面图最深处70余厘米，复原此文字所记为准，剖A—A的虚线为该文附图的地平线。

图 1-3-2　河南洛阳孙旗屯遗址复原图

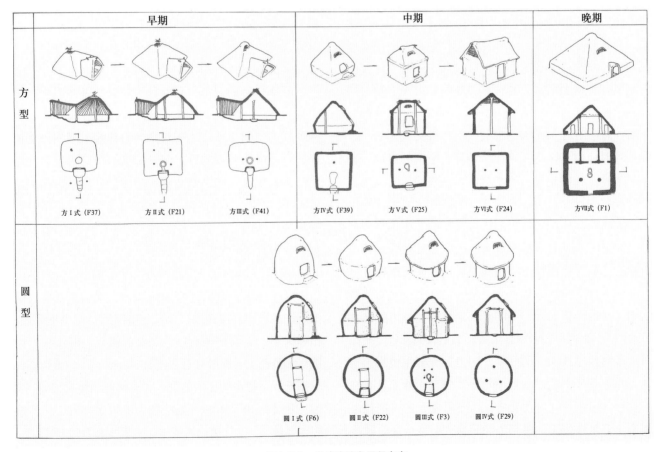

图 1-3-3　半坡建筑发展程序表

1. 半坡早期

按现有材料,早期仅见方形。可以 F37、F21、F41 为例。

其发展概况是,平面由方形趋于长方形;穴由深而浅,中柱布置由不规则到规则;火塘由篝火式的极浅的凹面发展为圆形浅坑,并有灶陉萌芽;顶部排烟通风口由椽柱交接的节点移至前坡顶端,内部椽木开始涂泥防火;卧寝部分的居住面高起,并出现"炙地"的防潮、防寒措施。

代表性的实例 F37、F21、F41 遗址情况如下:

例一,半坡 F37(图 1-3-4)

遗址平面近方形而圆角,四边向外略呈弧线,约 420 厘米 ×475 厘米,穴深约 80 厘米,直壁,中央有略凹的火塘,直径 80 厘米,竖穴局部被破坏,仅在穴内西北部发现两个连在一起的柱洞,二柱洞直径为 10～15 厘米,北柱洞深 43 厘米,南柱洞深 33 厘米,柱洞尖底,内壁有树皮痕迹,竖穴周围未见柱洞,出入口有门道,略呈踏跺四级。门道两侧各有一柱洞,门道内竖穴入口处,泥土门限两侧有厚约 10 厘米的隔墙,残高 30 厘米,内有直径约 2 厘米的木骨遗迹,穴内残存印有木构痕迹的草筋泥碎块。

穴底柱洞为直壁,应是上部围护结构的中心支柱遗迹,并用二柱,埋深不一,可知其中一柱为增设的加固支柱,即初建时只有一柱。柱洞有树皮痕迹,则柱为原木截段;柱洞尖底,是石斧伐木所形成的截端遗痕,并非有意加工的"桩尖"。柱脚尖端未修平,说明此时还没有认识到承压面小易于下沉的道理。鉴于发掘只见柱洞不见(难于辨认)栽柱挖坑的边界,可知柱坑为原土回填,无特殊加固处理。穴壁四周无明显的构筑痕迹,则顶盖应是自四周斜架椽木交于柱头。为便于架设周围的长椽,柱顶应留有枝杈从其他遗址残存的草筋泥块上的痕迹来看,椽柱交接以及椽木与横向联系杆件交接节点,是用藤葛类或绳索扎结固定的。由半坡 F26、F24、F34 遗址看,所用藤葛直径 5～10 毫米;F34 另有绳痕,直径 20 毫米。扎结所用藤葛及由此加工的绳索,约为一种野生植物。椽间空档应有茅草、芦苇等植物茎叶填充,椽上设有横向枝杆扎结固定,从而构成一个不甚端正的(因柱不居中)方锥体构架,构架上涂草筋泥防水面层。黄土拌水成泥,是一种天然的可塑性材料;黄土泥可以粘结、

成型,这对于已掌握制陶工艺的母系氏族盛期的人们来说,是已有的知识,而用为建筑材料,则又有所发展。半坡遗址,凡属保存倒塌堆积的,都发现相当厚的草筋泥围护结构的残迹,在泥土中掺合草筋,目的在于增强其抗拉性能,防止龟裂,这种做法汉唐文献称之为"墐",谓泥土中掺合"穰草",记载为"黍穰"。

这种做法在母系氏族时期即已广泛流行,而且已经采用农作物茎叶。黄河流域当时主要作物为粟或黍,半坡遗址的残墐中发现粟(或黍)粒痕迹,长江流域以稻为主要作物的地区,墐涂中多掺稻草。

沟状门道两旁柱洞,显然是防雨篷架的支柱遗迹,柱洞南北略有错位,推测以短柱顶部支杈为中间支点架设大叉手,构成门道雨篷横梁前方支点(梁悬臂至门道前端),梁的后端搭在顶棚上。

横梁上架椽。其面层一如方锥顶盖的做法。

门道前方,为防止雨水倒灌,有低矮如门限的土埂。至于门道与内部空间衔接处,据遗址复原,有木骨泥墙围成的类似"门厅"的缓冲空间。

例二,半坡 F21(图 1-3-5)

穴底发现三处柱洞直壁,深度各为 80、100、110 厘米,其一为后加支柱遗迹。其余二柱洞的中轴对称位置上(已破坏)估计原来应另有两柱洞,现复原为对称布置的四中心柱。

顶部构架的做法,有两种可能:一是在四柱顶杈上架四横梁,构成周围椽木的中间支点;另一是以四柱顶杈为中间支点,先于对角架设四椽,顶部相交构成其余诸椽的顶部支点。例一雨篷构架已采用大叉手提供顶部支点的做法,此例或沿袭这一做法。另外,柱洞深达 80～100 厘米,栽柱已相当稳定,这似乎也反映了四柱尚未用横向联系梁,从这一分析来看,后一种构架的可能性更大一些。

例二,半坡 F41(图 1-3-6)

这个遗址毁于火,发掘时尚保存坍塌原状,底层堆积许多炭化木构残段。穴底发现四柱洞,据发掘记录,相邻火塘左右两柱洞有浅色"细泥圈",即栽柱后柱坑用细密泥土(或掺有石灰质材料)回填,也就是说,柱基进行了初步的加固处理。另外两柱洞情况如前。

顶部结构有两种可能性较大的构架方式:一种是柱顶架横梁,以交接四周椽木,从而形成"四阿"屋盖;一种是按例二第二种的方式,以二柱为中间支点,先

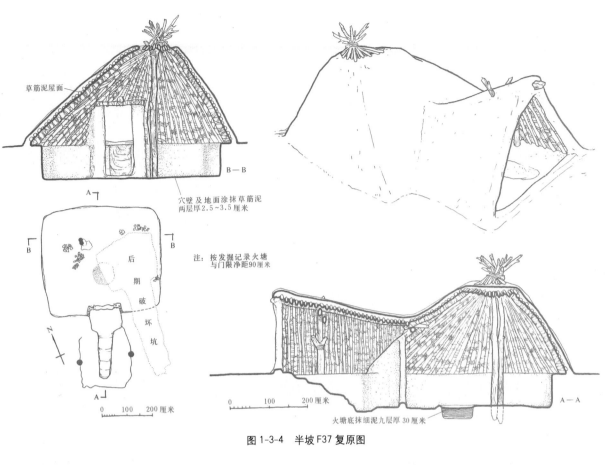

草筋泥屋面

穴壁及地面涂抹草筋泥
两层厚2.5~3.5厘米

B—B

后期破坏坑

注：按发掘记录火塘
与门限净距90厘米

0　100　200厘米

火塘底抹细泥九层厚30厘米

A—A

图 1-3-4　半坡 F37 复原图

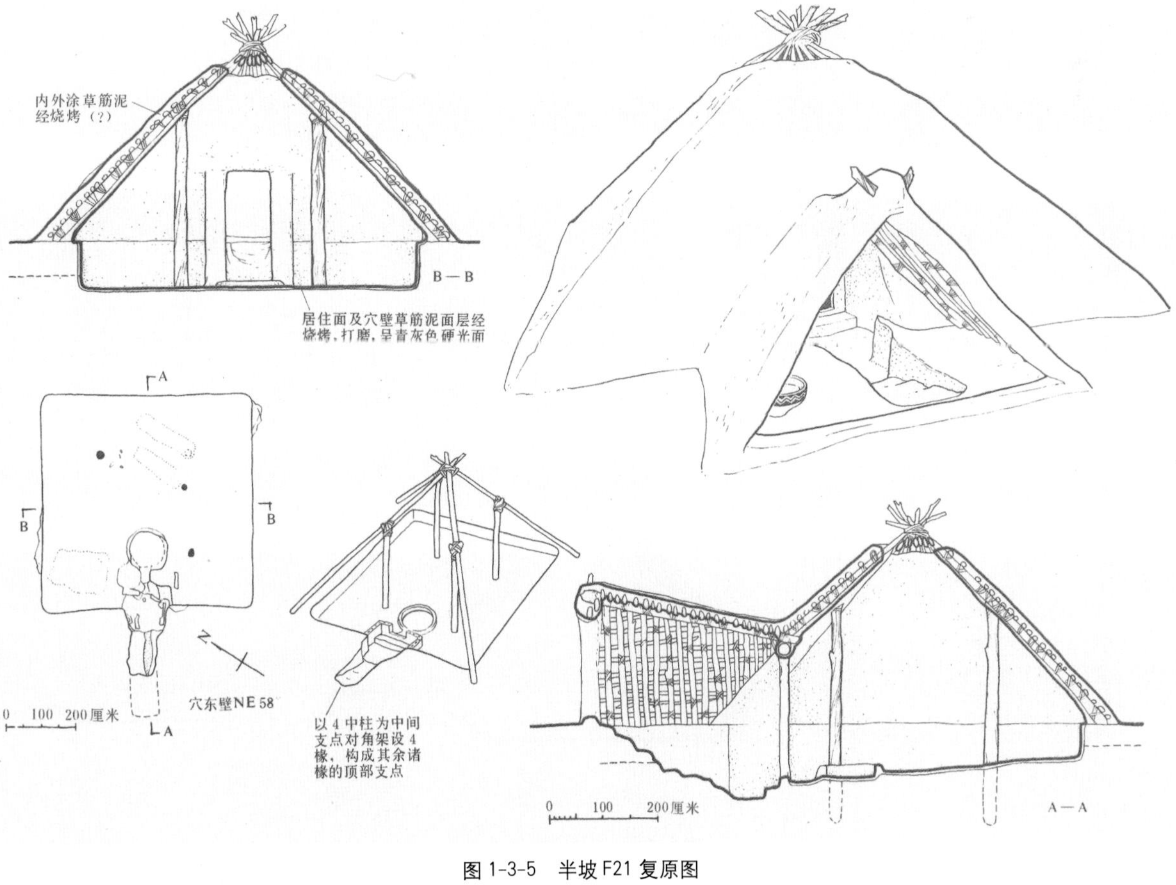

内外涂草筋泥
经烧烤（？）

B—B

居住面及穴壁草筋泥面层经
烧烤、打磨，呈青灰色硬光面

穴东壁NE 58

0　100　200厘米

以4中柱为中间
支点对角架设4
椽，构成其余诸
椽的顶部支点

0　100　200厘米

A—A

图 1-3-5　半坡 F21 复原图

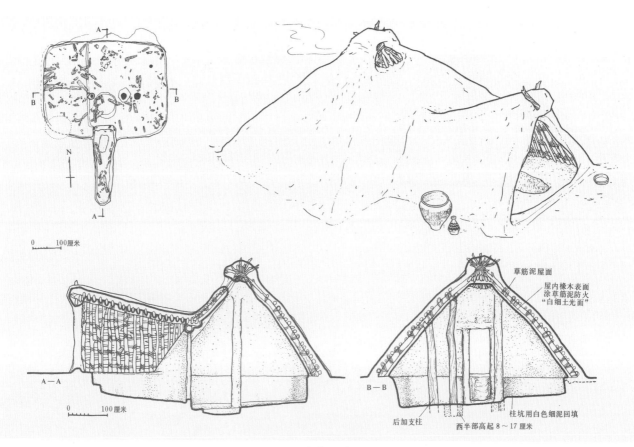

草筋泥屋面
屋内椽木表面
涂草筋泥防火
"白细土光面"

0 100厘米

0 100厘米

A—A

B—B

后加支柱

西半部高起 8~17 厘米

柱坑用白色细泥回填

图 1-3-6 半坡 F41 复原图

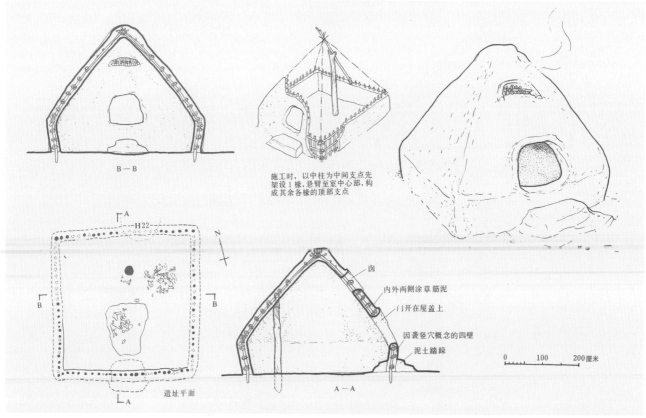

B—B

施工时,以中柱为中间支点先
架设 1 椽,悬臂至室中心部,构
成其余各椽的顶部支点

H22

N

囱

内外两侧涂草筋泥

门开在屋盖上

因袭竖穴概念的四壁

泥土踏跺

0 100 200厘米

B—B

A—A

遗址平面

A—A

图 1-3-7 半坡 F39 复原图

建一大叉手，构成其余诸椽的顶部支点。此例晚于例二，则此例应因袭其传统做法，以后一种的可能性更大一些。鉴于火塘上部需要争取空间，屋盖似乎也应作传统的方锥体形式。

据发掘记录，屋盖塌落的草筋泥残块发现粗面与抹有"白细泥土光面"两种，又有"平面烧得厉害"的迹象等等。据此推测，屋盖椽木内表面也涂有草筋泥。这是出于防火的需要。恩格斯在论述制陶起源时指出："可以证明，在许多地方，也许是在一切地方，陶器的制造都是由于在编制的或木制的容器上涂上黏土使之能够耐火而产生的"（《家庭、私有制和国家的起源》）。制陶术已相当发达的新石器时代中、晚期的半坡人，把这一经验用于建筑中木构件的防火，是完全可能的。此遗址两柱根部残留有"泥圈"，可以证明确实已有木构涂泥防火的做法。

2. 半坡中期

方形：可以F39、F25、F24为代表性实例。

例四，半坡F39（图1-3-7）

这座遗址的居住面与当时室外地面平，周围柱洞应是侧部围护结构的遗迹。值得注意的是，南部入口处排列有柱洞，说明门限甚高，以至需要内设木骨。所谓门限，实际是因袭穴壁概念的矮墙，鉴于柱洞较小，周围大约同是门限矮墙的高度，这是地面建筑的雏形，实际是以构筑起来的木骨泥墙代替挖土形成的四壁，估计墙体按竖穴的一般深度为80～120厘米。参考其他遗址，门内外有垫土作为入口踏跺。矮墙上架设顶盖，一如半穴居的情况。

其构架，根据中轴偏北的中柱遗址，可设想屋盖木构仍沿上面例三的架设方式，以中柱为中间支点，先架一椽，悬臂至室中心形成其余诸椽的顶部支点，从而形成端正的方锥体屋盖。这样，它应是例二、例三构架的进一步发展。周围排柱无重点加粗，说明这种萌芽状态的墙体构造与屋盖全同，即尚未明确区分"墙体"、"屋盖"两个不同的部件。由此可知两者交接一线无檐，估计类似西安附近武功县出土的圆形陶制房屋模型（图1-3-8）。这一模型墙体甚矮，其高度基本上是半穴居的深度，墙体明显外倾，说明无横梁拉杆，由屋盖自重的水平推力使其产生有限变形。更有趣的是，尽管已有可供开门的墙体代替竖穴的四

壁，但它的门仍是开在屋盖上的，全然是半穴居的处理。这个模型忠实地反映了初期地面建筑的基本特征，是一个非常可贵的材料。

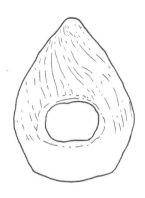

图1-3-8　陕西武功县出土圆形无檐陶屋模型图

例五，半坡F25（图1-3-9）

遗址柱洞出现显著的大小差别，四角和四边中间以及室内二柱洞，直径最大的达25厘米；外围大柱洞之间的小柱洞，一般约5～10厘米，这反映了外围支柱已有承重与围护的分工。据此可以推测，外围柱顶杆件用料也有增大，基本上形成了檐檩。鉴于大柱洞的排列尚未形成严格的柱网，周围支柱所构成的四壁，可能仍因袭前期穴壁的传统概念，处理成等高的、仅二中心柱高起，屋架仍有传统"攒尖"式的可能。但从周围主要承重柱加粗判断，墙体有所增高，内部空间已有相当高度，似乎无需"攒尖"争取空间，可能已采用中心柱顶架梁（脊檩），以承受四周椽木的结构方式。由外围杆件分工的情况来看，已基本形成"墙

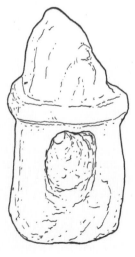

图1-3-10　江苏邳州市大墩子出土陶屋模型图

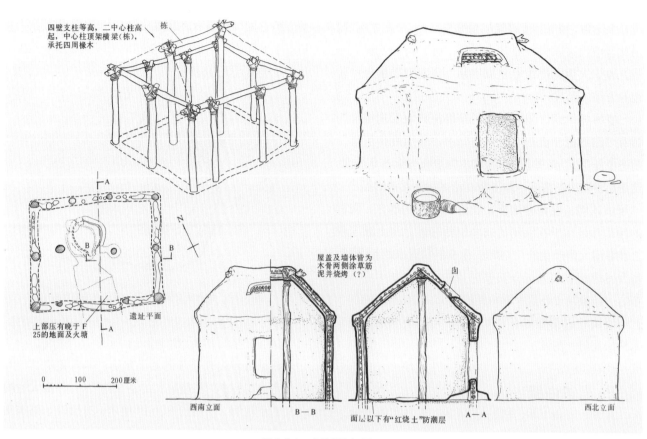

图 1-3-9 半坡 F25 复原图

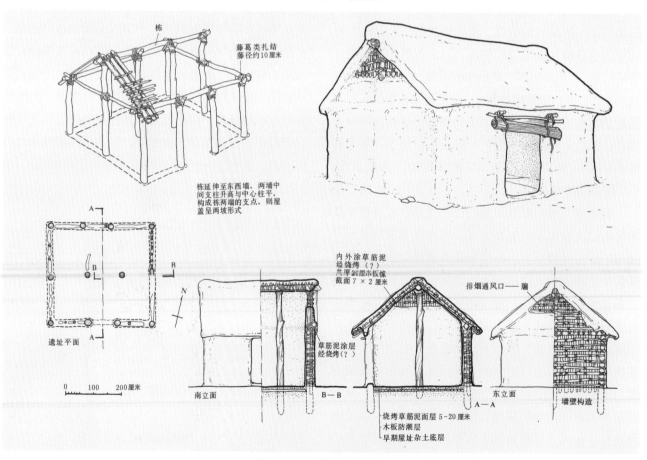

图 1-3-11 半坡 F24 复原图

体"、"屋盖"两部分，则墙体与屋盖交结的一周，涂泥已有分界的凸棱。江苏省邳州市大墩子遗址出土的陶制房屋模型（图 1-3-10），其檐部的特点，正是这一发展阶段的情况。

例六，半坡 F24（图 1-3-11）

这一遗址情况与例五类似，但较为规整。大柱洞已略呈柱网，初具"间"的雏形。这是一个非常重要的实例，它标志以间架为单位的"墙倒屋不塌"的中国古代木构架体系已经萌芽。另一个值得注意的现象是，中间一列四柱洞大致在一直线上，约反映了脊檩已达两山，即四柱等高。据发掘记录，遗址中部偏南一带，有与南墙平行的草筋泥残断直达东墙（西端残缺）。残墙两面涂泥，共厚 26 厘米，中间有南北向扁洞（约 7 厘米 × 2 厘米），应是板椽遗迹，可证敷泥屋盖为南北两坡（室内地面未见沟漕和小柱洞的墙基，可知室内无隔墙）。参考类似民居，其排烟通风口大约设在山尖上。板椽为同期方、圆建筑所通用，它反映了屋盖与墙体构造已有不同，椽间不再施加草把、苇束之类的填充材料，而是在密排板椽上直接涂草筋泥。屋盖应已出檐。

入口宽敞，但门内外均未发现缓冲处理或遮挡结构的痕迹，看来似乎门口已采用不固定的掩闭设置，诸如苇编的帘、席或枝条编笆之类的挡板。

圆形：

穹庐式屋外围结构浑然一体，具备早期特征，但空间构筑而成，居住面升至地面，不用竖穴，又具中期特征。因此，可视为早期到中期的过渡形态。圆形建筑的发展，可以 F6、F3、F23、F29 为例。

例七，半坡 F6（图 1-3-12）

遗址平面为不甚规则的圆形，最大直径约 670 厘米，中部偏北有二柱洞，柱间有防火拦护坎墙。参考同时期同类遗址可知，残缺部分还有对称的二柱，故应为四中柱。

这一遗址的重要现象是：墙体较薄（16～20 厘米），泥墙内的木骨遗迹多为半圆形、楔形、矩形等扁长柱洞，即木骨多为劈裂加工的木材，其截面长边多在 10 厘米左右，长边沿圆屋切线布置，其间无较粗的原木。

根据这种现象分析如下：

墙体木骨截面扁长，长边不过 10 厘米左右，则木骨上端截面应更小；其间无等距布置的大柱洞，说明荷载均布在这些杆件上。

从早期用料情况看，承重支柱用原木，其截面一般直径 15 厘米左右，这一遗址所用为纵裂的截面较小的扁木，如为承重的墙体支柱，既费工又不能稳固地承受厚重的泥土屋盖荷载，由此判断它不是一般木骨泥墙的骨架。

使用石斧、石碃以及木石楔具之类劈裂原木是相当困难的。作为支柱，无劈裂加工的必要，这里原木劈裂使用，另有目的。

此类构件两侧涂泥较薄，总厚度不超过 16～20 厘米，与 F3 一类圆屋遗存的厚 25～30 厘米的墙体比较，显然不同。

综上来看，周围薄墙内的扁长柱洞应是穹庐式屋木骨遗迹，陕西市长安区五楼采集的仰韶文化陶制房屋模型，正是这种建筑形式的写照。山西芮城东庄 F201 遗址的复原，是较此例更为原始的穹庐式屋。对照来看，半坡型较为优越。首先，遗址入口处有木骨遗址，推知门限较高，可略起掩蔽作用，也可减少室外尘土吹入室内。其次，门内两侧设隔墙，墙后形成适于卧寝要求的隐奥空间。据同类的 F2 等遗址中部塌落的草筋泥凸棱残段推测，入口上方屋面设有排烟通风口。

例八，半坡 F22

这座遗址毁于火，发掘时尚保存坍塌原状。

周围墙体厚达 25～30 厘米，从柱洞看，木骨最大直径约 20 厘米，一般为 4～16 厘米的原木，看来围护结构已分化为墙体与屋盖两部分。鉴于墙体内的支柱尚无承重与围护的结构分工，估计屋盖构造与墙体相同，可能尚遗留脱胎于穹庐的痕迹——屋盖与墙体交接圆滑，无檐或凸棱。

入口内吸取半穴居的经验，做出一个完整的缓冲空间。火塘以北二中柱之间设有拦护坎墙。

例九，半坡 F3（图 1-3-13）

这座遗址保存较好，据周围残墙遗迹及板椽屋盖残块，推测原为墙体上覆圆锥体屋盖的形式。屋盖出于墙体外形成出檐。遗址中部一带保存的草筋泥凸棱残段，特别是尽端残段，证明这一类凸棱并不是环起来的"弧状屋脊"，而可能是屋盖南坡（背风一面）上排烟通风口的防水边椽。武功出土的一个陶屋，作圆形，在入口一侧的屋盖上开有天窗的形象（图 1-3-14），可作为这一推想的佐证。

特别值得注意的是，六柱不随圆屋作环形布置，

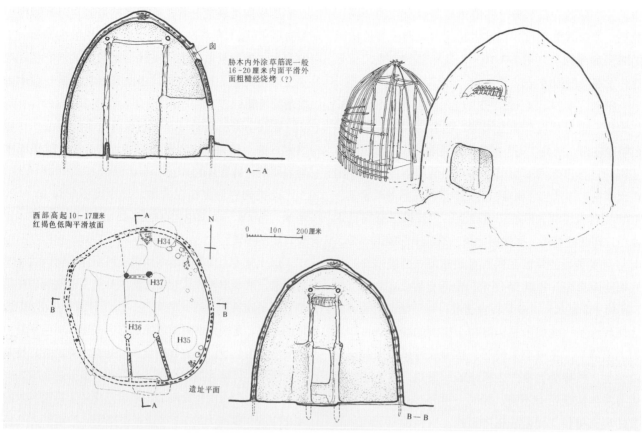

图 1-3-12 半坡 F6 复原图

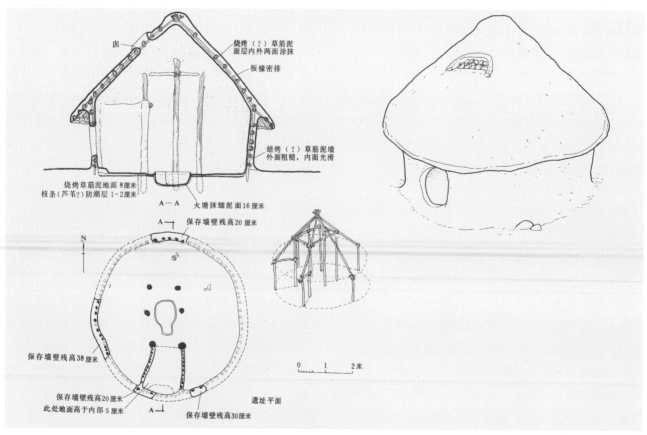

图 1-3-13 半坡 F3 复原图

图 1-3-14　陕西武功县出土有窗圆形陶屋模型图

这有力地证明了除柱头的六基本椽处，其余诸椽无中间支点（仍采用大叉手做法），即柱顶如设横向杆件，只起联系作用，不是承托屋椽的梁，也就是说，其架椽方法与方屋为同一体系。

六柱可架六基本椽，构架较四柱稳定性略有提高。

入口处有柱洞，推测仍是高门限。

这一遗址的火塘加深，有灶陉萌芽，故北部柱间坎墙略去。这恰可证明例七、八北部二中柱间的薄墙遗迹，确是防火拦护坎墙。

例十，半坡 F29

平面圆形，直径约 350 厘米，居住面涂草筋泥 2～3 厘米，打磨光滑，室内有约为等边三角形三顶点布置的三个柱洞（图 1-3-15），直径 20～25 厘米，一个重要现象是，周围柱洞有显著的大小之别，并且排列有序——大柱洞直径约与中部三个柱洞相等，彼此间隔相仿，其间一般布置三四个小柱洞，直径一般 10 厘米左右，显然是较晚的遗址。三中柱的构架原则与四柱、六柱相同，即以三中柱为中间支点先架三椽，顶端相交构成其余诸椽顶部支点。

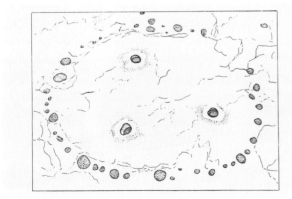

图 1-3-15　半坡 F29 圆屋遗址——三中心柱

3. 半坡晚期

主要特点是：内部空间用木骨泥墙分隔成几个空间，即突破了原来一个体形一个空间的简单形式，而形成分室建筑。半坡的一般住房，无完整的晚期实例，现用"大房子"（F1）作为晚期代表（图 1-3-16）。但 F1 体形高大，中柱等地用料也加大，并创造了垛泥墙，部分用以承受层盖荷载，这并不应视为晚期的普遍现象。半坡遗址，从上层叠压大量建筑遗迹看，特别是有砾石加固的柱基以及双联火塘，证明晚期的一般住房又有发展，应已形成河南镇平县赵湾遗址以及郑州大河村遗址一类分室建筑。

赵湾、大河村一类分室建筑为仰韶文化晚期产物，它们标志建筑发展的新阶段，出现内部空间分隔使用，就工程技术方面来说，一栋多室较诸一栋一室的建筑，节省了外围结构，从而节省了材料和相对简化了施工；由于减少外墙面积，从而提高了室内的隔热保温效果。当然，一栋多室的建筑形式首先是由实用功能所要求的，在功能上，它反映着使用成员之间关系的新变化。

例十一，大河村 F1～F4（图 1-3-17）

据报告[3]，F1、F2 墙体连续，与 F3 之间断开，证明 F1、F2 是一座完整建筑。平面呈长方形，为 539 厘米×664 厘米；F3 为 210 厘米×370 厘米；F4 为 87 厘米×257 厘米。F1～F4 复杂而较长的体形说明，脱胎于方圆竖穴的痕迹已消失。主体部分 F1、F2 内有横向隔墙，分割内部空间为三部。从建筑学来讲，显然较半坡晚期 F24 为先进，然而在结构学上，周围支柱无分工，仍处于半坡 F39 阶段，说明其墙体、屋盖在结构构造上无原则区别。估计 F1 原来门向东，增建 F3 后，门改设在北墙上。F1 与 F3 之间、F3 与 F4 之间墙体断开，显然 F3、F4 是附加的。

这一遗址保存较好，残壁最高达 100 厘米，复原为直壁木骨泥墙，鉴于墙体内排柱尚未分化，可知墙体不高，设想为一人左右高度。由墙体结构可以推测屋盖为同一做法，即亦未明确形成椽、檩，大约是大叉手式的长椽和横杆加以填充材料纵横扎结而成的骨架。从遗址堆积判断，屋面也是涂草筋泥的。据报告，房址西北部稍高于东南部，据观察，由于房基垫土不实，发生不均匀沉陷。F1 跨度较大，地面下沉后此部屋盖约有断裂；套间内的三个柱洞，大概就是为此增设的支柱遗迹。

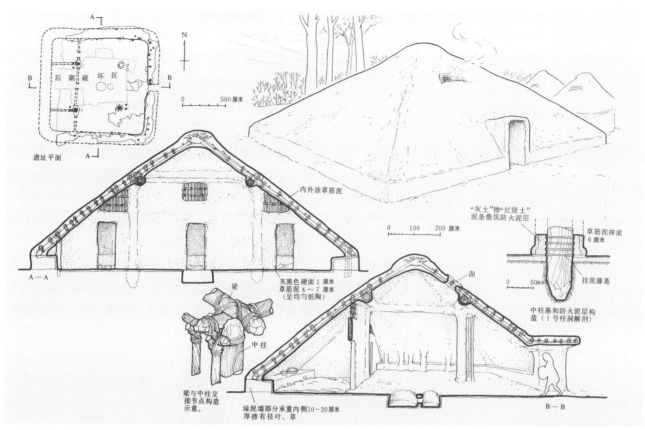

图 1-3-16（1）　半坡 F1 复原图

图 1-3-16（2）　半坡 F1 遗址发掘情况

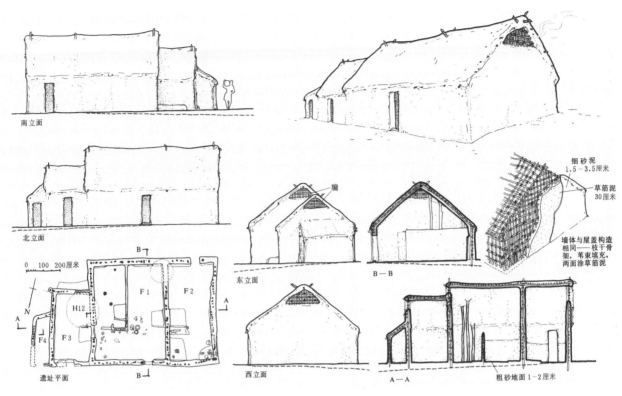

图 1-3-17　郑州大河 F1-F4 复原图

F1、F2、F3 内部都发现有烧过的"土台"，高 2～8 厘米，F1 内部还有"火池"，这些应是取暖和炊事所用的篝火位置。这种"火台"、"火池"的方式，屡见于河南地区（长江流域也有发现），应属地方做法。就室内篝火来说，无论凹下的火塘还是抬高的火台，其使火源脱离居住面以避免铺垫的茅草、皮毛、席铺之类失火的处理原则都是相同的。

二、母系氏族公社中、晚期（公元前5000～前3000年）建筑技术的主要成就

母系氏族时期开始流行的半穴居，据考古发掘知道，至少延续到营建水平已大有提高的商周时代，充作广大奴隶和贫民的住所，与高大的奴隶主宫室并存。这一现象，正反映了奴隶制社会的阶级矛盾。由于半穴居以及原始地面建筑在成文历史以后仍然使用，因此古文献对之尚有生动的记述。从遗址实例出发，结合有关原始建筑的文献材料，可以增加我们对原始建筑成就的了解。

穴居的发展，至半穴居阶段已形成土木混合结构，即在浅竖穴上使用了起支承作用的木柱，并在树木枝干扎结的骨架上涂泥构成屋顶结构。木结构的构件，出现了柱、长椽（斜梁）、横梁以及大叉手屋架，木构节点构造方法，主要仍为扎结；半坡遗址出土骨凿说明，晚期已发明了简易榫接。墙体出现之初为木骨泥墙，晚期已有承重垛泥墙的做法。这里，就母系氏族公社时期在工程技术方面的主要成就，分述如下：

（一）大叉手与木骨泥墙

半穴居的内部空间，下部是挖掘出来的，上部是构筑起来的。就地取土形成"四壁"，利用树木枝干和其他植物茎叶之类构成顶部结构。当时这种居住形式的名称，现已无由考察了。自有文字以来，由于这种居住形式仍在使用，当有记载。甲骨文中发现有仿佛半穴居的图形，但其音义目前尚难确定。从《诗经》知道，大约周代把这种构筑起来的顶部结构名之为"屋"，其内部空间称"中霤"。从外观上看，只见到建在地面上的"屋"，所以"屋"同时也就是这一居住形式的名称。从结构上讲，"屋"是土木混合结构。

半坡一类的半穴居，可以说是土木合构的开端。

利用树木枝干作骨架，植物茎叶或敷泥土作面层，构成竖穴上部遮阴避雨、防风御寒的围护结构，这是重要的发展。在结构学上，说明人们已开始掌握木构杆件架设空间结构的技术，出现了柱和椽。半坡所见到的早期做法，以F37为例来看，中心栽柱，集中承受四周向心架设的各椽。椽木下端即抵于地上，故椽的受力情况为简支斜梁。各椽之间再施横向杆件（树木枝条）扎结联系，从而形成一个锥体的构架。

半坡F37一类构架（参见图1-3-4），中心柱支承四周受力基本相同的长椽，大叉手屋架便是从这种长椽发展出来的。半坡F37遗址表明，中心柱脚有受潮下陷及偏载促使柱倾的迹象，因而另傍一柱并在柱脚堆泥土加固。可能由于排烟通风口约设在椽柱交接处，由于柱头节点裸露在屋面以外，雨雪时水沿柱而下，直达柱基。大孔性黄土遇水强度骤减，又因中心柱的布置，因避中央火塘，柱不居中而偏载。这样，如遇大风或因修补屋面等情况偏载加剧，则往往会引起柱倒屋塌的破损。因此，人们得出教训：必须纠正支柱的偏载，必须解决柱基防潮和加固的问题。这大约是在半坡遗址中晚期F37的大部分构架都有所改进的原因。

半坡F21复原为四中心柱（参见图1-3-5），便反映了这种变革。先以四柱为中间支点，向屋心架设四椽交于一点，构成其他诸椽的顶部支点，如此则屋架形成端正的锥体。再施横向杆件联系各椽，以加强稳定性。这一改进，既保证了火塘处空间最高，同时也解决了偏载问题。陕西邠县下孟村方屋遗址[4]，宝鸡北首岭14号屋遗址[5]等中心对称布置四柱，其做法应与半坡F21相同。这种先于对角架设四椽的方式，已基本形成两副大叉手。大叉手在半坡早期F37门道雨篷即已出现，只是用为屋架，又经过了一段探索。

对于上述这类屋架来说，如果跨度不大，支柱是可以省略的。半坡F13便是不用中柱的一例。但是，这种做法，因扎结节点刚度往往较差，大风雨雪或人到屋上都会使构架动摇，从而使屋面泥层龟裂而漏雨。在半坡，这类做法没有得到发展，而是在二中柱的做法中明确了大叉手的结构方式。

以半坡F41为例来看（参见图1-3-6），二中柱对称布置，以二柱为中间支点，先于东西各架一长椽，椽顶相交构成大叉手。这样便在屋中心上方形成一个

交接诸椽的顶部支点，而比原来的四柱节省了二柱。这种柱不居中，椽悬臂交于中心部位的做法，解决了火塘与中心柱的矛盾。从发展看，经过了一柱、四柱、无柱的探索，晚期方屋似乎找到了较为合适的二柱方式，屋架基本上以大叉手的结构方式为主，这一方式尔后一直为商周奴隶主宫殿所沿用。

据半坡材料，可知柱和椽是先于墙出现的。初期没有墙体，围护结构的"四壁"是削地而成。居住区周围的拦护壕堑，也是削地而成。对于土结构，开始还不掌握叠筑技术，增筑壁立的泥土结构，是后来才有的。

早在半坡遗址的早期，F37门内两侧即出现隔墙。其构造与顶盖相同，是由直径2～4厘米的木骨涂泥构成的，这是原始的木骨泥墙。在相当长的一段历史时期内，作为外围结构以及内部分隔结构的墙壁，都是采用这种做法。根据考古发掘材料，奴隶制初期的宫殿，还在使用木骨泥墙。母系氏族社会晚期，长江流域湖北宜都红花套遗址所见的竹笆抹泥墙，就是类似木骨泥墙的另一方式。直到封建社会晚期，民间简易房屋仍然采用竹笆或荆篱抹泥墙作为填充墙。

考察原始的承重木骨泥墙的形成，半坡穹庐式屋提供了启示。穹庐式屋可视为建筑由半地下转到地上的过渡形式。它进一步发展即产生了飞跃——屋结构的分化。半穴居屋变为地面上的穹庐式屋，说明屋结构向高大发展已达到可以不依赖竖穴而独立构成足够空间的程度。在穹庐式屋的纵剖面上，以其曲线扩大了内部空间，已显示出独立构成居住空间的能力。当曲线变为折线，也就是说，外围结构分化为直立的墙体与倾斜的屋顶两部分，这为建筑的发展开辟了新的途径。黄河流域的原始建筑发展至此，在外围结构上出现了构筑起来的承重直立部件——就建筑形式而言，出现了墙壁，然而从结构学的观点，实际上仍是集中荷载的柱承重的框架体系。这种墙体是从屋分化出来的，其构造仍因袭屋的构造方法。

木骨泥墙的典型做法，可以仰韶文化晚期郑州大河村遗址F1～F4为例。这一遗址的墙体保存最高处达100厘米，其材料和构造情况很清楚。墙内立柱直径一般8～12厘米，间距一般8～22厘米。柱间用苇束填充，固定苇束的横向杆件为直径4～6厘米的枝干或苇束，一般设在外侧，上下间距为10厘米左右。立柱、苇束、横杆之间，用藤葛或绳索扎结。内外涂草筋泥共厚约30

厘米，表面抹 1.5 ～ 3.5 厘米的细砂泥面层。

木骨泥墙的出现，可谓建筑由地下到地上的关键。直立的墙体，倾斜的屋盖，奠定了后世建筑的基本体形。这一转变，具有重大的意义。这种在墙体上架屋的体形，要比原来建在地面上的屋高大许多，在成文历史初期尤觉突出，故当时称之为"宫"，"宫"的内部空间名之为"室"①。"宫"指体形，"室"指空间；"宫"与"室"是同一事物的两个侧面；所以《尔雅》解释说："宫谓之室，室谓之宫"。

墙体出现之初，它与屋盖区分并不明确。从半坡初期原始地面建筑 F39 来看，墙体甚矮，仅相当于晚期半穴居穴壁的高度。而且构造与屋盖全同，即木骨架支柱平均担负上部荷载，可知不出檐。在半坡遗址中，发展至圆形 F3，屋檐改用板材，较为合理地承受屋面荷载，方始明确屋盖与墙体的不同分工，因之有屋檐的出现。进一步发展，墙体骨架又分化为较粗的主要承重支柱与较细的填充结构的骨架。此时，作为木骨泥墙，在结构、构造上方始完备。

（二）栽柱暗础

关于柱基的做法，早期掘坑栽柱，原土回填，无特殊处理，因此发掘时只见木柱的自然腐朽或焚化后所遗留的"柱洞"。半坡较晚的方形建筑，柱基多有所改进，柱坑回填土采取质地细密的浅色泥土，即发掘所见的"细泥圈"。其做法黄土中似掺有石灰质材料，

这种处理，对于柱脚防潮和加固颇有改善，例如半坡F38 的中心柱洞（图 1-3-18）；还有在柱坑回填土中掺加骨料的，例如半坡 F37 遗址上层所发现的两个晚期柱洞，柱坑回填或色土并掺有"红烧土"渣、碎骨片、加砂粗陶片等。其他遗址还发现柱坑用草筋泥回填，也掺有"红烧土块"或陶片之类。这种加入颗粒骨料的做法，可增强柱脚的稳固性，对于扎结节点的原始木构来说，这是很必要的。半坡 F21a 第 3 号柱洞（图 1-3-19），底部垫有 10 厘米黏土层，柱脚侧部斜置两块扁砾石加固，周围回填土上部 35 厘米一段，分六层夯实，解剖观察夯层上隐约可见夯筑痕迹。分层夯筑的做法，较一次回填压实，可以提高柱基的密实程度。以后，基底也作加固处理：一般垫一层黑褐色黏土夯实；黏土中有的加垫陶片或完整的陶器底部或石片；长江下游良渚文化的遗址中，见到柱脚下垫木板、木块的做法。这些都是暗础的萌芽形态。洛阳王湾 F15 的木骨泥墙为平铺的砾石基础，下垫"红烧土块"。特别值得注意的是庙底沟 301 号（图 1-3-20）、

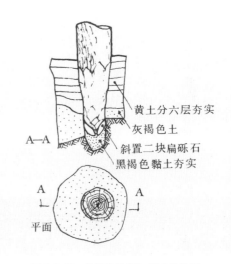

图 1-3-19　半坡遗址 F21a 第 3 号柱洞

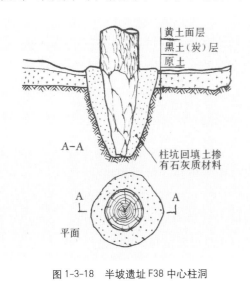

图 1-3-18　半坡遗址 F38 中心柱洞

图 1-3-20　河南陕县庙底沟 301 号遗址柱洞

① 《释名》："室，实也，人物实满其中也"。

302 号基址的中心柱已设置扁砾石柱础，这是迄今所知最早的一个暗础实例，柱基下垫石块，反映了因支柱下沉而力图使基底坚硬的想法，实际上，这在客观上符合了加大承压面，减小压力的科学道理。

（三）擎檐柱

半坡遗址反映，晚期建筑已有屋檐，武功出土的当时陶制圆屋模型即是证明。仰韶文化晚期建筑，居住面多是接近室外坪，则木骨泥墙当在一人左右高度。这样，出檐较小就不能保护墙身免受雨水冲刷，更不可能防止墙基受潮。因此仰韶文化晚期随着房屋高度的增长，出檐也逐步加大。仅凭屋椽悬挑出檐有限，过大则屋椽易被压折。出檐问题上所存在的矛盾，促使了承檐结构的发展。仰韶文化晚期，创造了檐下立擎檐柱支承的做法。洛阳王湾遗址 F11，是目前所知最早使用擎檐柱的实例[6]。

洛阳王湾 F11（图 1-3-21），在墙基外围环列大小不一的柱洞。柱洞与墙基净距 30～50 厘米左右，柱洞直径一般 5～10 厘米，间距大小不等。这些泥墙外围栽立的擎檐柱遗迹，反映它还处于原始的阶段。

此外，湖北宜都红花套遗址也发现擎檐柱迹。这一带因地制宜来采用地方材料，擎檐柱多用毛竹，其泥墙也是以竹来做骨架的。

落地支承的擎檐柱是承檐结构的原始形态，在它转变为斜撑之前，一直是承檐结构的唯一方式。考古学材料证明，至殷代晚期的大奴隶主宫殿仍然使用擎檐柱。当然，它无论在材料上还是柱位的布置上，都有了很大改进和提高。

（四）土结构的防潮与木结构的防火

半穴居的下部空间是挖掘自然土地构成，穴底和四壁都保持着黄土的自然结构，由于毛细现象，土壤水分不断上升，尤其阴雨时，这种竖穴是相当潮湿的。长久居住，轻则致病，重则残废或死亡。所以《墨子》有"下湿润伤民"的追述。生活经验迫使人们开始探求防潮的办法。从仰韶文化早期半穴居遗址来看，有的在穴底、穴壁涂细泥面层，略可隔断毛细现象；推测卧寝处主要还是依靠铺垫较厚的茅草、皮毛之类以防潮。半坡所见，则大部分改进为墁涂，涂层穴底比穴壁稍厚，一般为 1～4 厘米，厚者约 5～10 厘米。墁涂较细泥的防潮效果有所提高，再加以茅草、粟穰之类以及其他编织物的垫层（从陶器印痕知道，此时已有芦席），略可满足要求。仰韶文化的建筑遗址已多有烧烤的痕迹，穴底形成一个青灰色、白灰色或赭红色的低度陶质的面层，应是一种防潮处理。据观察，烧烤均匀，不是火灾所致。毁于火的郑州大河村遗址主体部分的南墙内侧，在经过烧烤的墙面上有 10 厘米厚的加厚部分的残迹却未经烧过，便是一个明证。一般遗址无火灾迹象，而穴面呈均匀的烧烤硬面，更能说明问题。从半坡 F6 来看，屋内西部略高起的居住面，表面坚硬，厚 17 厘米，薄处约 10 厘米，为多层（层厚一般 0.8 厘米）表面平滑的"红烧土"重叠而成，最多处达 9 层，可以说是烧烤防潮处理的确凿证据。烧烤居住面不但是一种防潮措施，同时是一种取暖措施。迟至唐代，民间仍有席地而卧，至严冬即"炙地"而眠（这孕育着火炕的发明）。半坡 F6 高起的居住面经过反复烧烤，可能也与"炙地"取暖有关。墁涂陶化的防潮处理，考古发掘中普遍有所发现，足证在原始社会晚期，它已成为广泛采用的技术。由此看来，《诗·大雅·緜》："陶复陶穴"的诗句，

图 1-3-21　西安半坡遗址

有可能就是指的这种做法。

居住面的防潮，后期建筑有利用前期旧址遗留的烧烤残墙作为垫层的。如半坡 F21 基址上后建的房屋，即以"红烧土"残渣垫底，上面平铺厚约 30 厘米的不规则"红烧土"块。半坡中期，出现用木材之类作为防潮层的做法。如 F3，以直径 1 厘米左右的芦苇（?）作为防潮层，上敷 8 厘米的草筋泥面层；建于早期遗址堆积上的 F24，采用宽约 15 厘米的木板铺满居住面，再铺草筋泥作为防火面层并烧烤成红色硬面。

仰韶文化晚期，豫西地区已出现"白灰面"的做法。安阳鲍家堂村 H22 的居住面，在黄土底层上垫有一层黑色植物灰烬，上面抹有白色光滑坚硬的石灰质面层。黑色"灰层"上敷"白灰面"，证明这一"灰层"为有意处理的，或为炭质防潮层。"白灰面"为白色含石灰质面层，一般厚为 0.1 ～ 0.3 厘米，不仅坚固、卫生、美观，而且也有一定的防潮作用。这一做法在龙山文化时期得到推广，商周时期称之为"垩"，为奴隶主阶级的建筑所广泛采用。

泥土陶化可以防水，这一制陶经验用于建筑是很自然的。较干的、保持土壤自然结构的穴面直接烧烤，质地松散容易剥落，因此陶穴必先墐涂，一如半坡窑面的做法。墐涂后烧烤，则形成坚固的陶低质面层。也有个别涂层不加草筋的，如半坡原始编号 Y7 址，用纯细泥面层，烧烤成鲜红色陶穴不仅具有较好的防潮效果，而且提高了强度，可以防虫、防鼠，更为适用。

半坡中期，屋面墐涂也有烧烤现象（如 F3、F34、F27，屋面呈低度陶质；F22 以及原始记录 Y7 等也都有烧烤的硬面）。此类屋面墐涂厚度不一，相差悬殊，厚的可达 20 厘米左右，一般约 4 ～ 14 厘米。陶化深度，一般不达到木痕部分，即屋面烧成低陶而内部温度不致引起木构炭化。例如 F3 西边红烧土残壁内的 10 个柱洞中，皆保存有朽木灰，说明烧烤火候合适，也可不涉及木构。间或椽木表面稍有炭化，也并无损木构件的有效截面，屋面和墙面的烧烤，应是待墐涂干燥后，在面上铺架柴草点燃。火势的大小与柴草数量有关，类似烧窑。陶质屋面近乎后世敷瓦，大可提高屋面的防水性能和坚固程度。它预示了后来屋面铺瓦的必然出现。

木结构的严重问题在于防火。半穴居以及后来地面上的建筑，内部都设有火塘。早期火塘几乎与地面平，形同篝火，关中地区稍后有浅坑火塘，进而出现略深

的瓢形火塘（并有双联式的以及附有火种罐的火塘）。豫西地区，如庙底沟、王湾遗址有深坑式的火塘；大河村、赵湾等遗址则为火台及带坎墙式灶陉的"火池"。处于这些发展阶段的灶火，始终存在着火灾的威胁。洛阳王湾遗址有未见灶火遗址的住房（F15），但出土有移动式的陶灶，仿佛后世的火炉。同样的陶炉也发现于庙底沟遗址及余姚河姆渡遗址，这是一项值得注意的发明，它虽无烟道设备，但灶膛拦护较好，比较安全，而且可以任意改变位置，便于夏季移至室外烧煮食物。然而就整个仰韶文化的居住建筑来说，却一直没有彻底解决火源的防护问题。

母系氏族公社时期的一般住房，内部空间狭隘，中央火塘燃烧，灼热及火星飞扬，地面卧寝处铺垫有茅草、

(a)

(b)

图 1-3-22　半坡 F1 柱洞遗址
(a) 1 号柱洞外围"泥圈"
(b) 2 号柱洞外围"泥圈"

席铺之类，很容易失火；如果内部木构裸露，也极易酿成火灾。这一时期的遗址多有焚毁的迹象，可知失火的事经常发生。屡次失火的教训，促使了防火技术的探求。半坡遗址，中心柱为防止火塘的灼烤，已有涂泥防火的做法，F41及F1柱洞周围尚残存泥圈即为明证（图1-3-22）。在采用枝条、芦苇以及木板铺垫的防潮居住面上，都抹有草筋泥面层，同样也是出于防火的要求。

半坡遗址保存的屋盖残迹，有些可以看出是木构两侧涂草筋泥（F41、F22等）（图1-3-23）。文献记载，商周时期住房内部橡木表面是涂有草筋泥的。这种做法，古文叫做"墍"。后世民居随着灶火的改进（出现灶陉，发展成锅台并设有烟道），便无墍涂的必要了。半坡遗址所见的墐、墍是相当厚的，有的共达50余厘米，屋面荷载过大是造成房屋倒塌的一个原因。因此，屋面进一步发展，否定原始茅茨的墐涂又被否定了，而曾被废弃的初期用草茎、树叶等披盖的屋面做法，又得到重新采用并予以改进提高。至原始社会晚期，新的茅茨屋盖逐渐流行起来。

（五）排烟通风口——囱

原始住房内部的火塘无烟道，形同篝火，尤其在燃烧不充分的情况下，屋内烟熏无法容身。

古文献关于穴居、半穴居有顶部开口的记载[①]，民族学材料也提供了屋上有排烟通风口的例证。半坡稍晚的建筑遗址，如F2、F3、F22、F26、F27、F34等中部塌落的草筋泥防水凸棱，可以证明顶部设有排烟通风口。据此可以推测，半坡早期如F37一类的顶尖上已有排烟措施，可能略如美洲内华达山区印第安人住房的情况，后来进而改设在屋盖前坡或山尖上。

屋盖上的通风口，古文称"囱"。由"囱"的图形可知，商周时期屋上的通风口，基本上还保持半坡的形式。囱与门形成对流，排烟效果良好。其做法是在屋面敷泥层时留空即成，可任意调整大小，开口或填塞十分简便，如遇大雨雪时或作临时遮掩。这样，对于锥体或四坡屋盖的原始住房来说，它已基本满足排烟通风的要求。囱的防水问题的根本解决，取决于屋架的发展。两坡屋架的形成，使排烟口有条件设于山面上，此时，它成为"窗"的原始形态，即古文所谓"牖"。

（六）方位的选择

以半坡为例，这一时期的居住建筑呈西南向开门的规律性，显然是考虑日照所致。建筑方位虽与聚落布局有关，但在保证总体关系的前提下，选定方位仍以日照为准。例如半坡已发掘的位于广场北部的40余座建筑遗址，本应向南，然而大部分出入口却偏向西南。半坡建筑有门无窗，出入口兼作日照采光口之用。按，关中地区须避冬季东北风，门以西南向为宜；且与日照深入室内的要求恰相一致。成文历史初期，明确记载一日之中日照最强的方位在"昃"——西南方，故房屋取西南向以适应冬季日照的要求。半坡遗址反映，当时人们基于生活和建筑实践，得出门向西南，对于无窗的住房，特别是门内两侧有隔墙的建筑来说，是日照最好方位的经验。按半坡所在的西安地区，夏季（以夏至日为准）下午2时（日照最强，即"昃"的方位）太阳的高度角约60度10分，方位角约70度；冬季（以冬至日为准）下午2时，高度角约38度，方位角约35度，以晚期圆屋为例来看，如（图1-3-24）所示，建筑方位偏向西南，且门内两侧设隔墙，正迎冬季最强日照而避夏季最强日照。可知穴口的提高也是出于日照的要求：穴口既是门又是窗，它兼备交通、采光、日照、通风等功能。原始居民不知经历了几多世代的反复探索，通过生活经验和实践，得出朝向西南和提高入口的合理结论。

（七）原始的装饰技术

半坡类型的建筑是以木构为骨架，内外涂泥覆面而成的。黄泥，是一种天然可塑性材料，这对于已经掌握制陶技术的半坡人来说，已是常识；用为建筑材料，加入草筋以抗拉，则又有进一步认识。墐、墍的使用反映了当时的制陶技术对建筑的影响。他们在彩陶艺术上所表现的审美能力和创作水平，使我们深信在这些用黏土塑造的建筑上，也是会有某种装饰处理的。

塑形装饰的做法，从半坡遗址来看，一如陶器的制作，是采用光滑与粗糙的质感对比手法。一般外部墐涂较粗糙，残块曾见手指涂抹的痕迹，但也有较为平滑的。稍晚的遗址，发现多种装饰塑痕（图1-3-25）。其中有凸起圆润的皱褶饰面，因发掘记录不详，未知

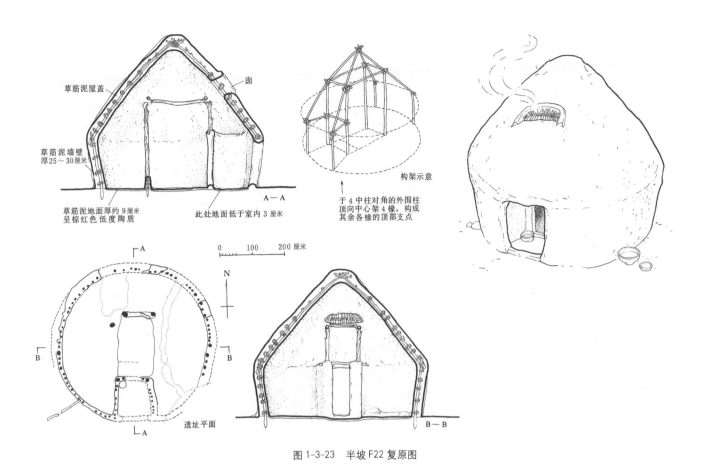

图 1-3-23 半坡 F22 复原图

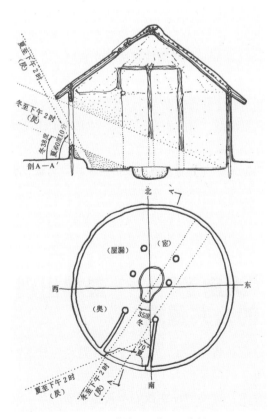

图 1-3-24 半坡圆屋的日照分析图

图 1-3-25 半坡建筑塑痕装饰

(a) 囱缘上的坑点装饰

(b) 墙面上的塑痕装饰

(c) 泥塑残片

其装饰部位。在囱缘残段上，有疏密、形状不同的几种坑点塑痕，与陶器表面处理相同。西安附近姜寨遗址，也发现更为复杂的几何图案浮雕装饰，推测其装饰部位，有的可能在门口。又有装饰部位不详的手塑图案浮雕残迹。这一类重点处理、手法简单、效果显著，是六千年前劳动先民的杰出创造。

有一个值得注意的问题：半坡遗址发掘报告——《西安半坡》，发表一个列入建筑残件的"浮雕"或"泥塑"残块，似为动物形象。可以证明仰韶文化建筑装饰已有发展。

第四节　母系氏族公社中晚期的建筑经营

目前所掌握的用于生活起居的建筑，从功能性质上可分为两类：一类是构成聚落的基本单位——圆形或方形的小型建筑；另一类是坐落于聚落中部的"大房子"。

一、公社一般住房——前期对偶住所及后期"家族"住所

仰韶文化是母系氏族社会，半坡一类建筑遗址都设有火塘，应属居住性质。这些住房一般空间狭窄，从生活遗迹来看，基本上是一个"对偶家庭"的住所。其特点为：

（1）早期从防水出发所设的门道雨篷，使内部空间较为隐蔽和安全。门前这一缓冲空间，反映了建筑空间组织的发展。半坡 F13 在门前小空间内遗存破陶罐一件，F2 等遗址该处也发现压碎的陶瓮之类，证明此时已具备暂存杂物之类的实用功能。门前这个独立空间可认作是"堂"的雏形。它往横向发展即形成后世的"明间"，隔墙左右形成两"次间"，于是成为"一明两暗"的形式。这一空间往纵向发展，则分隔室内为前后两部，于是形成"前堂后室"的格局。由此看来，"一明两暗"和"前堂后室"是同源的。

（2）圆形建筑门内两侧隔墙的背后，造成两个隐奥空间，类似现代居住建筑的所谓"内室"。为争取隐奥空间，两隔墙不作平行布置，这就是门前空间平

面呈梯形的道理。对于居住要求来说，在没有出现隔墙的卧室之前，隔墙背后的隐奥实际上初步地具备了卧室的功能。居住建筑内部隐奥空间的出现，标志原始建筑空间组织的开端，在建筑史上具有重要的意义。

（3）居住面上，东南部多发现炊具杂物，如 F6、F11、F13、F19 等都在此处发现陶器，F38 在此稍偏北边并有粮食窖藏，可知这一位置习惯作为食物、炊具等存放之用。

东北隅常见压碎的陶器（F3、F6、F24、F37、F39、F41 等都发现）。东北隅面向入口，迎光明亮，可能是做炊事、进饮食的地方。火塘北部常设坎墙（F6、F22 等），当是烧煮食物时防止火焰灼烤的拦护设施。这里与上述杂物存放处邻近，似与方便炊事操作有关。

西南区未发现贮藏遗迹，而稍晚的遗址西南部居住面略高起。如 F41 约高出 10 厘米左右，F6 高出 10～17 厘米，F2 高出 15 厘米。高起部分的表面处理坚硬光洁，似为炕的雏形。据此，则西南区习惯上应是对偶卧寝所在。

（4）仰韶文化晚期的郑州大河村遗址一类分室建筑以及河南淅川下王岗一类多室长屋，反映了居住人口结构关系有重大变化；一栋多室，说明各室居住者之间有密切关系。大河村、赵湾一类遗址的平面布置都是一大室一小室，大室又划分出套间或设独立出入口的房间。淅川下王岗已发掘的长屋遗址长达 100 多米，由 32 个单元组合而成。从民族学材料来看，这是母系氏族晚期蜕变阶段出现的一种居住形式。这些住宅形式，如同半坡遗址反映着早期"对偶家庭"一样，它们也必定反映着另一种典型的家庭组织情况，它们或许是仍属公社组织的一个包括老少成员的直系血缘关系家族（或称"小氏族"）的住所。大河村一类和淅川下王岗长屋一类住房在建筑史上标志空间组织的新阶段，是相当重要的材料，它们也生动地反映了社会关系的变革。

二、"大房子"——最早出现的公共建筑

考古发掘报告所谓的"大房子"，是指在聚落中占重要位置，通常是作为一般对偶住房组群中心的体量最大的建筑。这类遗址在西安半坡、西安姜寨、洛阳王湾、华县泉护村、西乡李家村都有发现。王湾"大

房子"遗址东西 20 米，南北 10 米，是目前所知最大的原始建筑。由于破坏较甚，已无法复原。泉护村的"大房子"遗址北部残缺，从南部所存情况看，东西长达 15 米，入口在南部中间，室内地面低下，门外有坡向室内的沟状门道。迎门有双联火塘，南方北圆二坑，中间有火道相连。由于遗址残缺过多，难以考察原状。李家村遗址仅存三个直径 45 ~ 60 厘米的大柱洞，建筑形制一无所知；半坡遗址虽有破坏，但尚可复原；姜寨遗址较为完整。

半坡"大房子"——F1（参见图 1-3-17），是这一聚落的晚期建筑，现存平面南北长约 1080 厘米，东西残长 1050 厘米。出入口在东部中间，宽约 100 厘米。室内外大致等高，周围墙壁部分保存完整，墙高距室内地面 50 厘米左右，墙厚 90 ~ 130 厘米。墙内有若干不整齐的柱洞，转角处较密集，柱径 7 ~ 25 厘米不等，一般约 15 ~ 20 厘米，深 30 ~ 70 厘米，这些都是加强矮墙承受屋盖荷载的支柱遗迹。遗址内西部有两只完整的大柱洞，外附残破的经过烧烤的"泥圈"。二柱洞从"泥圈"外皮计算，南北净距 450 厘米。南柱洞直径 45 厘米，深 70 厘米；北柱洞直径 47 厘米，深 50 厘米。另于南柱东部大约等距处，残存一个已遭破坏的大柱洞，从底部炭化痕迹看，直径 40 厘米，复原应为对称布置的四个中心柱。这座建筑平面东西略长，近似方形，约为 1080 厘米 ×1150 厘米。弧形转角。柱洞外围有"泥圈"，实为柱身防火涂层的残迹。"泥圈"南北较长，侧端呈残断面并有横向构件遗痕，从发掘记录看来，西向也有小洞及明显的断痕。此外，沿中柱轴线一带并发现若干属于此建筑的小柱洞以及"两面光"的"烧土"残块。由此可知，这座建筑原系沿柱南北及东西皆有墙壁分隔。

推测 F1 进门是一大空间，后部划分三个小空间，已有"前堂后室"的雏形。前部大空间可能是聚会或举行仪式的场所。空间的分隔，是出于实用功能的需要。按仰韶文化时期，建筑的主要任务是解决居住问题，而遗址表明，贮藏等服务性设施此时只是利用简易的竖穴。因此，可以肯定，F1 后部三个小空间仍为生活使用，应是卧室的性质。母系氏族公社聚落中心的"大房子"，是社会上最受尊重的"外祖母"或另外的氏族首领的住所，同时也是社会被抚养人口，诸如老年、少年、儿童以及病残成员的集体住所。这些人集中居住，

便于社会照顾。这大约就是恩格斯所说："不会有贫穷困苦的人，因为共产制的家庭经济和氏族都知道它们对于老年人、病人和战争残废者的义务"（《家庭、私有制和国家的起源》）在建筑上的体现。拉法格记述："野蛮人的已婚妇女都有自己的特别房间，设在中央走廊里，男人和青年人、未婚的妇女和少年都睡在隔开的公共大厅之内 [7]。"我国纳西族住宅也提供了类似的例证 [8]。从建筑学的角度，我们可以说"大房子"兼备着居住和公共的性质。

F1 前部厅堂、后部卧室的布局，是目前所知最早的一个"前堂后室"的实例。"大房子"的出现，使原始聚落的建筑群形成了一个核心，它反映着团结向心的氏族公社的原则。当原始公社解体，奴隶制确立之初，原始社会所留下的建筑遗产中，最高水平的"大房子"必然被奴隶主所霸占，使之发生质的转变，从而出现历史上第一座统治阶级的宫殿。《考工记》记载"夏后氏世室"寓于一栋建筑之中的"前朝后寝"的布局，脱胎于原始社会的"大房子"，这由因袭夏代的商代初期奴隶主宫室遗址，似乎已得到初步的证明。

半坡 F1 不仅在空间组织上开辟了一个新阶段，在工程技术方面也显示出一个提高了的水平。从其直径 47 厘米的大型支柱遗迹以及宽广的平面基址来看，显然是全聚落最高大的建筑物。如果说前述一般氏族成员的住房是互助协作建造起来的，则这种大型建筑的施工，必是动员了整个社会的力量。大型木柱反映了半坡晚期在木材采伐、运输、成材加工，以及结构架立等技术方面，已具备较大的能力。值得注意的是，此时已创造出不用骨架的承重垛泥墙。周围厚约 100 厘米左右的墙体，80 厘米左右为泥土堆筑而成，其中掺有"红烧土"碎块（晚期大河村遗址木骨泥墙的墙涂中也掺有"红烧土"块）。墙内壁面涂抹厚约 10 ~ 20 厘米的掺杂树叶、枝条之类的草筋泥，经火烧烤得很坚固，表面平滑而呈青灰、白灰色。墙为平地筑起，无基础。墙内支柱为支承屋椽之用，不是墙体的骨架。屋椽下端即抵于墙上，因屋椽容易走动，所以墙内侧每有补设的支柱以加固（这些支柱也涂有防火泥层）。转角应力集中处，在墙体内原设有木柱以固定屋椽。从印有椽痕的大量"红烧土块"（甚坚硬，涂内含草筋很多，并掺有树叶、枝条等）来看，这座建筑仍为墙涂屋面，由保存较好的东墙北段有破损的水平裂痕可知，荷载是很大的。

从南壁一带保存的地面来看，其做法是草筋泥烧烤成红色低陶层，上面有极薄的（约0.15厘米）黑色炭质面层。北墙附壁支柱附近地面上发现白色植物灰烬，东北角及南部也都有发现，似为取暖的柴草燃料的篝火遗迹，北墙顶面上发现黑色灰烬两堆，可能是木柴篝火遗迹，据此可知屋橼内部均有堑涂，否则橼下篝火必引起火灾。各室可能都有火塘设置，作为取暖、防潮之用。根据北首岭和姜寨"大房子"遗址来看，半坡F1前部大空间中，或也设有烧煮食物的中心火塘。

门内北侧发现凸曲面黑色烧土残块，面上有坑点装饰，似为囱缘或入口边框残段。结合这座建筑所处的重要地位判断，它很可能有更多的装饰。

第五节　母系氏族公社的聚落规划

一、聚落选址

新中国成立以来，由在黄河流域进行的普遍调查得知，原始聚落的分布相当稠密。其选址大体上接近现有自然村。仰韶文化遗址的分布，可以确定以关中、晋南、豫西一带为中心，西至渭河上游，个别遗址达到洮河流域，东至河南，南及汉水中上游，北达河套地区，已发现的遗址达一千余处。遗址多位于沿河两岸的台地上，许多是在河流的汇合口一带。这样的位置既便于生活用水以及制陶和农耕生产用水，又便于渔猎和采集经济的发展。同时，河流的汇合口联系着河谷之间的交通。选址于这一带，也利于聚落之间的往来。大约六千年前的半坡聚落的选址，具有一定的典型性。

半坡遗址位于黄河支流渭河流域关中盆地中部，居渭河南侧支流——浐河东岸，距今河床约800米的二级台地上，高出现在河床9米左右。根据水土流失的情况看，此地当时应是近河的一级台地。遗址近浐、灞两河的汇合处，由遗址发现大量水鹿、竹鼠骨骼推测，大约六千年前的水量较现在为大；此地当年或多沼泽。黄土原地土壤肥沃，加以当时更为温暖而湿润的气候和丰富的水源，这便构成了农业定居的理想环境。

二、分区

目前已发现的仰韶文化聚落遗址，以半坡为最大。半坡聚落仅西北部残缺，现存面积约50000平方米。宝鸡北首岭聚落，面积约25000平方米。洛阳王湾约8000平方米。1972年以来，在陕西临潼姜寨又发现了保存较好的仰韶文化聚落遗址，总面积不详。这些遗址现在还都没有全面发掘，半坡已发掘3500平方米，姜寨已发掘1230平方米。尽管聚落遗址尚未全部揭露，但根据钻探材料可知这一时期的聚落都包括居住区、陶窑区和墓葬区三个部分。

这里，仍以半坡为例。半坡聚落遗址东西最宽处近200米，南北最长约300余米。经勘探，居住区约占30000平方米，北部约五分之一的面积已经发掘。从发掘部分来看，居住区周围设有宽深各约5～6米的壕堑围护，堑北为公墓区，堑东为陶窑生产区。

居住、墓葬、生产用地的区分，反映出规划源于生活实践。根据社会生产的分工，为便利制陶作业，将陶窑集中一区，另一方面，将死者埋葬到居住区以外，这样把居民点用地根据功能加以区分使用，就产生了规划思想。

集中的公共墓地是原始氏族社会秩序的一个表现，在意识形态上，它反映了原始居民按照生前聚居的情况集中一区掩埋。实际上，与居住区隔离的墓葬区的划分，客观上是符合卫生条件的，是重大的进步。婴幼儿童死后以陶器为"瓦棺"，埋葬在住房附近。因其未成年，尚非公社成员，故不得入公墓；郭沫若同志释为母性使然，不忍将夭折的幼婴葬入远离母亲的墓地。

农业已成为当时的主要生产门类，农耕地大约即在居住区附近接近水源的地方。

三、居住区的向心环形布局

姜寨遗址的居住区已经发掘。一般对偶住房共分成五个集团，每个集团都以一栋"大房子"为核心，总体呈周边集团式的布局，中间为广场，半坡聚落的居住区北部已经揭露，结合钻探材料来看，总体也是环绕中间广场布置成环形，可能东部有开口，与陶窑区相联系。已发现的"大房子"位于广场西侧，面向东部广场开门。已发掘的北部40余座住房，入口基本南向。

半坡遗址按层位关系判断，北部所发现的 40 余栋建筑中，大约有 27 栋为同时存在。看来似乎建筑面积不大，实际上，住房之间布置有许多贮藏用窖穴。窖穴口可能采用枝条茅草之类扎结的活动顶盖或陶制盖板（陕西曾出土有圆形陶板，可能为窖穴的盖板）。体形低矮，所占环境空间很小，虽对通风、日照无影响，但却占据了一定的基地面积，这便使得聚落的居住建筑密度减小了。住房的间距，从室外地面相连，可证明为同时存在的 F6、F10、F11 来看为 3 ~ 4.5 米，一般略大于这个距离。

四、壕堑——最早的防御性设施之一

姜寨与半坡遗址都在居住区周围发现壕堑。

姜寨已发掘了两段，一段发掘长度为 41 米，横剖面口宽 1.60 米，底宽 0.72 米，深 1.44 米，位于居民区与公墓区之间；另一段发掘长度为 14 米，口宽 1.24 米，底宽 0.68 米，深 1.02 米，总体关系还不清楚。半坡已知在居住区周围环境有宽深各约 5 ~ 6 米的壕堑；居住区北部中间一带还发现稍小的壕堑，口宽 1.70 米左右，深 1.90 米左右，划分这一区为南北二段，形成两个居住组群，堑留有一个交通道口。

居住区用壕堑围绕，显然是出于防御的目的。这是我国已知最早的一种防御设施，同类壕堑也见于外国原始聚落的遗址。原始部落还有采用树篱作为居民点的防护设施的。半坡一类壕堑，它基本起到后来城墙的防御作用，半坡居住区外围所设壕堑，从地形看可能兼作排洪的水沟，至少大雨之后堑内是有水的。与居住区关系密切的水源、耕地、陶窑以及公墓皆在堑外，则居住区与外部交通必设有桥梁之类。"大房子"入口东向，门前一带无住房，仅有少量窖穴，铲探为中心广场。则居住区通往窑区的主要道路与这个广场相联系，由"大房子"往东，有直通窑区的干道，堑上应设桥梁。根据房屋建筑的情况推测早期架桥技术应已产生。北部壕堑底发现三根直径约 15 厘米的炭化木柱痕迹，保存最长的有 130 厘米，三柱间距各在 400 厘米左右，这可能是北堑上桥梁木构的遗存。推断西部壕堑上原来可能也有桥。

第六节 氏族公社蜕变阶段——父系氏族社会的聚落布局与建筑技术的发展

母系氏族的内部，由于社会生产力的发展而出现了"家族"，氏族内部产生了公私的对立，各家族之间也逐步产生了贫富差异。生产的发展，特别是农业生产所要求劳动量的加大，使得体力较强的男性成员在经济部门中逐渐占据了首要的地位，从而引起了婚姻和家庭形式的变革。原来以母系对偶婚制为基础的家族通过斗争转化为父系的一夫一妻制的"家庭"。这就进一步促使了私有观念的加深，加速了贫富分化以及氏族内部奴役和剥削现象的日益普遍。

一、氏族解体阶段在规划上的反映

家族的发展，使原有的氏族原则日益遭受破坏，父系形成之后，所谓氏族只剩下了一个躯壳。全氏族的集体事业受到削弱，家庭生产职能不断扩大。为了改善自家的生活，增加交换手段，各个家族都自营石、骨制工具、编织以及制陶等手工业。处于这一发展阶段的龙山文化遗址，对此已有所反映。

陕西省长安市长安区客省庄二期遗址，陶窑遗址零散地出现在住房遗址之间。这种布局上的杂乱现象，约即反映了以家族为单位进行陶器生产的部分情况。此时生产方式上的变革，开始打破了原来体现氏族原则的聚落规划。

二、建筑开始向两极分化

随着氏族内部私有制的发展，贫富差别日益加大，家庭住房也出现质量高低的差别。在陕西沣西地区发掘的属于这一时期的客省庄二期遗址，在 3000 平方米的范围内发现 10 座住房遗址。这些都是半穴居，平面方圆都不规则。与母系氏族比较，工程质量显著降低。但是这些多是两个或三个半穴居的组合体，空间、体形都较以前的半穴居复杂，是一种新的发展。这些建筑的工程质量低下，应是一般较贫穷的家庭住房。其修建方法约是家庭自营或小集体互助施工的。少数父系氏族领袖人物占有财富较多，而且日益滋长着统治和剥削的特权，他们的住所则是在原来母系氏族时期的水平上加以提高了的高质量建筑。

（一）一般父系家庭住房——前期双联半穴居和后期圆屋组群

1. 双联半穴居

例一，客省庄二期 H98

遗址平面作"吕"字形。内室为方形，穴底较穴口略大，口部东西 305 厘米，南北 270 厘米；穴底居住面东西 317 厘米，南北 292 厘米。外室为不规则的长方形，穴口东西 529 厘米、南北 185 厘米；穴底东西 535 厘米、南北 200 厘米。衔接二室的中间过道长 70 厘米，宽 62 厘米。两室的穴壁深约 154 厘米。

内室居住面上（居住面有两层，差 11 厘米，都是经过长期践踏形成的硬面），中部偏北有一柱洞，圜底垫有碎陶片。中央及偏东处各有一凹下的小火塘，中央火塘周围一片也经过烧烤，可知烧面为篝火范围，中央凹下处为贮存火种之用。

外室东北部也有一个柱洞，与内室的柱洞相同。北壁中部有一"壁炉"，附近有五个小火塘，这一带居住面也都经火烧。"壁炉"即在穴壁上挖出的壁龛，龛底中间存一土梗，可起炊具支架的作用。由于长期火烧，壁龛呈红色，表面并有烟熏的痕迹，这个"壁炉"除炊事使用外，还可用以保存火种。小火塘有的只是简单的小圆坑，有的则在圆坑周围涂抹一层厚约 1 厘米的掺砂泥土或掺砂草筋泥，有一个小火塘底部还垫了一大块陶片。外室西北隅有一小型窖藏，为袋穴。西南隅为出入口的坡道。

发掘报告称："房屋的上部都已毁坏，没有发现痕迹，现存的只是挖入地下的屋基部分[9]"。穴内堆积未见残墙或红烧土块之类，报告未说明堆积情况，估计原为茅茨屋顶。

例二，客省庄二期 H174

遗址平面分内外二室，内室稍大，外室稍小，都略作方形。内室约 276 厘米 × 260 厘米，外室约 168 厘米 × 170 厘米，连接两室的过道宽 60 厘米，穴深约 128 厘米，穴壁也略向内倾，内室是在一个废弃的袋形竖穴上建立起来的，袋穴口为圆形，内室为方形，两者大小略等，袋穴填土形成圆形居住面，所余四角为生黄土，且高起 20 厘米。内室中央设火塘，形制与前例相同。

外室东南部有一烧面，即篝火位置；东北隅有长方形贮藏窖。西部有出入口，设有踏步两级。

此例内外室都较小，内部未设中心柱。发掘未见残墙。

例三，客省庄二期 H108

遗址为三个相连的竖穴，北部内室平面为不端正的圆形，中部外室为不规则形，南部为近似方形的窖穴——贮藏室。内室直径约 250 厘米。窖穴约 190 厘米 × 180 厘米。此例的内室借用了一个废弃的单独圆形竖穴。原来竖穴较深，利用它作为内室增加了外室和窖穴之后，垫高了居住面。在形成三联半穴居的使用过程中，又普遍铺垫居住面一次，厚 20 厘米，这上一层表面不甚坚硬，估计此面修成后使用时间不长。二层居住面保存较好，此层内室中央有火塘及烧面，形制如前例。外室东壁有"壁炉"，亦如前例。西侧为出入口，设很陡的坡道。内外室之间过道两侧隔墙是用黄土筑起的。窖穴内无"路土"硬面。可知不是经常活动的地方。

以上三例，约为关中地区父系氏族前期一般家庭住房的典型式样。这种内外室的布局，从生活遗迹来看，内室为卧室，外室为炊事等使用的起居室，必要时也可住人。这一类住房普遍在室内设置窖藏。母系氏族时期的窖藏是设在室外的，此时在空间狭窄的半穴内不惜占据使用面积来设置窖穴，说明贮藏有看守的必要。各家庭之间私有财产的差别，破坏了原有同甘共苦的氏族公有制原则，于是出现了偷盗之类的现象。

2. 圆屋组群

父系氏族后期临近奴隶制确立的前夕，新的、文明的阶级社会的秩序逐渐形成。广大穷苦的氏族成员和外族俘虏，即将形成一个被剥削、被压迫、被奴役的阶级；社会财富日益集中于少数部落酋长及其种族近缘的特权成员之类的手中。处于这一历史阶段的住房目前仅在晋南、豫西一带发现部分遗址，聚落规划情况不明。这些住房多作圆形，比较规则，工程质量较好。其突出特点是，圆屋有二或三栋入口互相呼应，成组布置，应是较富裕的家庭住所。

河南淅川黄楝树龙山文化晚期遗址，已发现三栋一组的住房。主房为圆形，门南向，门前左右各有一栋稍小的方形配房，两门相对，构成三合的形式。

从河南汤阴白营龙山文化晚期聚落局部遗址来看（图1-6-1），一般由于日照要求入口南向；但也有西向、北向或东向的，这显然出于圆屋之间方便联系的要求。例如F20门西向，F34门约南向，二者可能是一组；F9门东向，F27门约南向，二者可能是一组。F25门西向，F29门南向，二者可能是一组，F14门西向，F32门约南向，二者可能是一组，等等。

河南永城王油房、黑堌堆龙山文化晚期遗址，也发现类似住房遗迹。

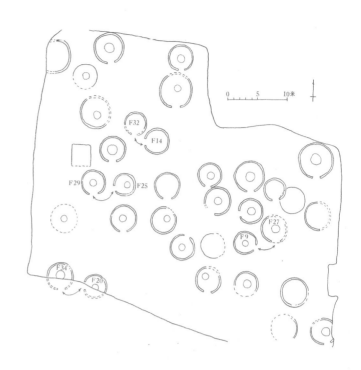

图1-6-1　河南汤阴白营聚落遗址平面示意图

（二）父系氏族首领住房的变化

随着父系氏族首领特权的增长以及向奴隶主的转化，其居住的"大房子"也逐渐改变了原来公共议事场所、氏族会场和集体福利建筑的性质。在父系氏族后期，前堂后室的"大房子"变成父系首领所专用，成为他的特权家庭居住和办理统治事宜的场所。古文献记载传说中相当于此时的父系氏族首领——尧、舜的住房，是"堂崇三尺，茅茨不剪"。防潮效果较好的夯土台基，是这一时期的新技术，显然是当时最高质量的建筑。这一记载可与目前所掌握的建筑发展情况相符合，是有参考价值的。

三、营建技术的新成就

（一）夯筑技术的形成

在母系氏族时期，柱坑回填土已见分层夯实的做法，进一步在整理建筑基址，垫平早期灰坑时，为了基底坚实，也分层回填踏实。在河南汤阴白营遗址，圆屋地面已采用夯筑的做法，夯土密实坚硬。F16地面有明显的夯窝，夯具可能就是木棍。这是目前所知最早的夯土实例。山东龙山文化晚期遗址，也发现同样的做法。夯筑技术的发明，为土木混合结构建筑的发展创造了条件。在后来奴隶制社会时期，它进一步发展为版筑，成为奴隶主阶级所占有的城垣、宫殿建筑的重要营造手段之一。此后直到封建晚期，版筑技术仍被采用。因此可以说，此时发仞的夯筑技术，在建筑史上具有深远的意义。

（二）土坯的发明

河南省永城市龙山文化晚期遗址，王油坊圆屋遗址F1，内壁用土坯陡砌错缝，土坯之间用黄泥浆粘结，泥浆厚约1厘米，土坯褐色密度较大，边齐面平，规格不甚统一，一般长40～42厘米、宽16～20厘米、厚8～10厘米。这是目前所见最早的土坯。这种坯是湿土加夯制作的，古文称"墼"。土坯的发明与夯筑技术有着同样重大而深远的意义。

（三）石灰质材料的推广

早在仰韶文化晚期，就出现了居住面施石灰质面层的做法。在龙山文化时期，"白灰面"得到很大的推广。龙山文化前期，只是在居住面上粉刷数道，形成一个很薄的白色硬面。这反映当时白色石灰质材料来源不足，或取自黄土中的石灰质结核（俗呼"料姜石"）磨粉，或为贝介类烧制的粉末（古文献称"蜃灰"），在龙山文化晚期的遗址中，例如河南汤阴白营遗址，三十余座住房基址，绝大多数施有白灰面。此时抹灰一般厚约3毫米。遗址中发现施工合灰所用的陶罐，里面尚残存许多白灰。河南永城龙山晚期遗址，在"灰坑"（垃圾坑）中发现业经烧制的石灰若干块，原料为石灰岩块石。汤阴白营遗址附近小山多白灰岩，附近河滩则多石灰岩砾石。推测此时白灰面所用的白灰，已是石灰石烧制的了。由于材料来源充裕，居住面已由灰浆粉刷改进为灰膏涂抹。

（四）散水的使用

白营遗址，在墙根外围四周普遍发现散水。散水坡度较大，其面层，一种为草筋泥涂抹而成，厚约2.5～3.0厘米，与墙体草筋泥抹面连续；另一种为料姜石渣掺黄土拍实，表面尤为坚硬，散水的使用，避免了墙基积水减少受潮，结合擎檐柱（白营遗址也有此遗迹）的加大出檐，在一定程度上解决了原始建筑的墙体防潮问题。

从旧石器时代晚期建筑萌芽开始，在这七千年左右的时间里，建筑完成了从无到有、从地下到地上的开创阶段。在这个阶段中，形成了中国古代建筑此后又持续四千年之久的传统的基础。

从工程技术方面讲，作为中国古代建筑主流的土木混合结构，在这个最初的发展阶段中，已积累了若干重要的经验：木结构方面，创造了基本榫卯；土结构方面，创造了夯筑和土坯。这为奴隶社会城邑和宫殿、坛庙的大规模建设创造了条件。在建筑经营上，这一时期出现了"前堂后室"，开创了中国奴隶制和封建制宫廷"前朝后寝的基本格局；突出主体的"三合"布置，启蒙了此后四千年中国建筑群组的中轴规划系统"。这些创造对于中国古典建筑体系的形成，是具有重大意义的。

参考文献

[1] 浙江省文物管理委员会，浙江省博物馆：《河姆渡遗址第一期发掘报告》，《考古学报》1978年第1期。

[2] 中国科学院考古研究所：《西安半坡》，文物出版社，1963年版。

[3] 郑州市博物馆：《郑州大河村仰韶文化的房基遗址》，《考古》1973年第6期第330页。

[4] 陕西省考古研究所泾水队：《陕西邠县下孟村遗址发掘简报》，《考古》1960年第1期第1页；《陕西邠县下孟村仰韶文化遗址续掘简报》，《考古》1962年第6期，第292页。

[5] 考古研究所宝鸡发掘队：《陕西宝鸡新石器时代遗址发掘纪要》，《考古》1959年第5期229页。考古研究所渭水调查发掘队：《宝鸡新石器时代遗址第二、三次发掘的主要收获》，《考古》1960年2期第4页。

[6] 北京大学考古实习队：《洛阳王湾遗址发掘简报》，《考古》1961年第4期第175页。

[7]《财产及其起源》第48页，三联书店，1957年。

[8] 宋兆麟：《云南永宁纳西族的住俗——兼谈仰韶文化大房子的用途》，《考古》1964年第8期第409页。

[9]《沣西发掘报告》，第45页，文物出版社，1962年。

第二章

奴隶社会时期的建筑技术

（公元前 2100 年至前 475 年）

大约在公元前 2100 年，我国历史进入了奴隶社会，经过夏、商、西周，到春秋时期开始向封建社会过渡。在长达 1600 余年的奴隶社会时期，奴隶们用他们的智慧和劳动创造了物质财富和精神文化，开创了我国古代文明的先河。在大量奴隶协作劳动的条件下，农业生产空前提高，手工业与农业的分离和进一步的专业化，文字的形成，科学技术的发展，青铜工具的使用和铁器的出现，各种艺术的创造，都是原始社会所不能比拟的。版筑城墙的兴建，土木相结合的宫室建筑和高台建筑的出现，陶质建筑材料（瓦、铺地砖、水道管）的制作与使用，是这时期建筑工程技术成就的主要标志。

第一节　建筑技术的发展概况

一、建筑技术的发展

夏朝是我国奴隶社会的开端，大约相当于公元前 2100 年至公元前 1600 年间，共四百多年，其主要活动区域在今黄河中下游一带。相传夏禹"以铜为兵"，他"身执耒臿，以为民先"[1]，带领群众治理洪水，整修沟洫，平息水害，开垦土地，发展了农业生产。禹传位其子启，中国历史开始了《礼记·礼运》上所说的"家天下"即所谓"天下为家，货力为己"的局面。夏朝统治者对周围部落发动战争，掠夺奴隶，驱使他们从事各种生产劳动。在山西夏县东下冯村遗址中发现相当于夏代的铜镢、石范和青铜的镞、锥、刀等工具，表明铜器已开始用于生产。大量奴隶劳动和出现青铜生产工具，促使农业发展和农、牧、手工业的分工深化，这些，都使大规模的建筑活动得以实现。城郭的修建和宫室台榭的营造，是这个时期建筑技术重大进步的表现。

公元前 16 世纪建立的商朝，立国约六百余年，是我国奴隶社会大发展的时期。迄今考古发掘证明，至迟从商代起我国已开始有了文字可考的历史。它的统治区域以河南中部为中心，东至海，西到陕西，北达河北、山西、辽宁，南抵湖北、安徽以及江南一部分地区，而影响所及则远远超过这一区域。商朝在当时已经成为世界上具有高度文明的奴隶制大国。

商王朝的统治者用残酷的手段驱使更多的奴隶从事农业、狩猎、手工业、修路、建筑等生产活动。专业的分工、生产规模、工艺水平，都达到前所未有的高度。特别青铜器手工业，完全为奴隶主贵族所垄断，设立工官，技术纯熟。此外，制陶、刻骨、玉石制作、皮革、丝麻纺织、竹木漆器、舟车、建筑等也有很大发展。

商代社会生产的巨大进步，使建筑技术获得进一步发展。商代的重要建筑遗存，目前已知并发掘的有：

1. 河南偃师二里头遗址，此地是传说中商初都城西亳的位置；

2. 郑州商城遗址，可能是商代中期的敖都；[①]

3. 河南安阳商代最后都城——殷；

4. 湖北黄陂盘龙城商代中期城址和宫殿遗迹。

遗址发掘资料表明，远在商代，我国建筑就已经出现自己的独特风格，开始把城市作为一个整体来规划与建设，有一定的布局原则，宫殿建筑群体组合已有明确的中轴线；土木建筑技术已经推广，擎檐柱的使用，反映了高大的木结构建筑技术的新水平。管道排水设施、装饰技术也有很大的发展。

公元前 11 世纪建立的西周是我国奴隶社会的鼎盛时期。"普天之下，莫非王土。率土之滨，莫非王臣。"[2] 周灭商，占有了商朝的全部领土，还攻灭了许多方国，获得了大量的财富和奴隶，经济比商代有了更大的发展。农业中青铜工具增多[②]，大量使用奴隶，使农业生产有巨大发展，进入新的阶段。手工业种类增多，分工更细，号称"百工"。工官制度更加完备，实行了"工商食官"制度，规定从事手工业生产的奴隶，世世代代都是国家的工奴。西周时期的车，形制美观大方，制作精巧，它充分反映了木工、金工、漆工、皮革工等各种技术的高度发展和熟练程度。农业生产和手工业技术的发展，为建筑技术的发展开辟了广阔的前景。以庭院为单元的组群布局、斗栱的创造、瓦的制造，都是这个时期建筑技术的巨大成就。

---

① 二里头遗址与郑州商城及商都的关系，目前学术界意见不一。一说二里头晚期为商初成汤居亳的亳都，郑州商城为仲丁迁敖的敖都；另一说二里头早期和晚期均属夏文化范围，郑州商城则为成汤的亳都。本书采用第一说。

② 《诗经·臣工》："命我众人，痔乃钱镈，奄观铚艾。"钱即铲，镈即锄，铚是收割工具镰刀。江苏仪征破山口西周墓葬中曾出土一件刃口锋利的青铜镰刀。

公元前 770 年周平王迁都洛阳，开始了我国历史上的春秋时期，这是奴隶社会向封建社会过渡的大变革时期。铜工具的广泛应用，铁器的发明和牛耕的推广以及大量私田的出现，促进了农业和手工业的发展。手工业奴隶在斗争中逐渐冲破了"工商食官"制的枷锁，得到解放，成为个体手工业者，大大提高了生产兴趣，不断地改进了生产工具和提高生产技术，推动了手工业不断向前发展。文献中就有"工肆之人"[3]和"百工居肆，以成其事"[4]的记载，就是这一变化的反映。

春秋时期政治经济的重大变化，为建筑技术的大发展创造了有利条件。城邑建筑频繁、施工有周密的计划和严密的组织、版筑采用分块夯筑方法，以及宫殿建筑、高台建筑的发展、金属构件的使用、陶瓦的应用、装饰手法更为丰富多彩等，即其表现。春秋战国之交的著作《考工记》一书，集中反映了这个时期建筑技术的一些成就。同时还出现了一些杰出的建筑匠师。公输般就是春秋战国时的著名建筑大师。

二、建筑的两极分化和等级差别

建筑在阶级社会里反映的阶级性，从奴隶社会中宗庙、宫殿建筑和奴隶民居的对立，明显地表现出来。马克思指出："劳动生产了宫殿，但是替劳动者生产了洞窟。劳动生产了美，但是给劳动者生产了畸形"。奴隶主王室及贵族为了满足其统治的需要和生活的要求，运用了当时建筑技术的最高水平，在他们居住的城市里修建了华美的宫室和宗庙建筑，而创造并掌握建筑技术的奴隶们却居住在极其简陋的地穴或半地穴式的窝棚里。建筑走向两极分化，产生了宫殿与洞窟对立的历史。正是社会上奴隶主与奴隶之间的阶级矛盾的反映。

山东半阴朱家桥，河北邢台曹演庄，磁县下潘汪等地商周村落遗址的房屋，反映了奴隶的悲惨处境。这些房屋基本上都是半地穴式，形状很不规则，面积很小。小的长宽（或圆径）不到 3 米，大的只有 4 米左右，一般都是利用坑壁作为一部分墙垣，房顶架设很简单，只用几根木橼支撑，然后铺草。既不打地基，也无夯土墙，地面高低不平，墙壁一般不经过加工修整，壁面粗糙，有的甚至还可以看出挖坑时使用工具的痕迹。由于面积过小，灶只能设在房屋的外面。门道窄小，无一定方向。

奴隶社会时期，不但存在奴隶与奴隶主两个对立阶级，而且在奴隶主阶级内部又分等级。这种等级制度到了西周以后更加森严成为一道不可逾越的鸿沟。它在建筑方面的反映也是很明显的。例如，在《考工记》里记载天子的城方九里，公侯、伯子的城则为七里、五里、三里，天子的城高七雉，公、侯、伯的城高五雉、三雉。天子的宫室台高九尺，柱子涂红色；诸侯台高七尺，柱子涂黑色，大夫台高五尺，柱子涂青色，士的居室台高二尺，柱子涂黄色，不得僭越。除了大奴隶主贵族建造的大型宫室以外，贵族、士大夫住宅也是广室高台，上栋下宇。主房前堂后寝，房屋宽大，地基经夯打，高出地面。屋内地面抹一层草泥土或白灰面，平整坚硬。四面有夯土墙。二里头和殷墟宫殿的周围都发现有中小型夯土台基的建筑。其结构和王宫基本相同。

中小奴隶主和控制着官府手工业的工官，是奴隶主阶级的一个组成部分，由于他们的地位不同，住宅的规模和构造也有区别。河北藁城奴隶主的建筑有单间、双间和三间的，也都是以夯土和土坯做墙，以木柱做梁架的地面建筑。房屋之间井然有序，有一定的组合关系。郑州铭功路陶窑遗址的北面，有一座长方形房屋和一座大型地面夯土建筑，而相邻 20 米远处却分布着 14 座半地穴房屋。安阳殷墟王宫范围内为磨制各种精致小型玉石器的地方，有一座居住室修建得很讲究。这座房屋的墙壁为了防潮，下半截嵌木炭，上半部用白灰涂抹墙壁，光滑平整，并用红黑两色绘成彩绘。地面用火烧烤，坚硬平整。

第二节　夯土筑城技术的发展

夯土技术始于原始社会晚期，在奴隶社会时期获得了巨大的发展，到了春秋时期，已达成熟阶段。它集中表现在城垣工程上。

一、筑城的出现和发展

在我国古代史文献中，有多处记载了早在氏族社会末期出现城郭，如《世本·作》说："鲧作城郭"，

《淮南子·原道训》说："夏鲧作三仞之城。"《礼记·礼运》也说："今大道既隐，天下为家，各亲其亲，各子其子，货力为己，大人世及以为礼，城郭沟池以为固。"可见那时已出现了作为保护奴隶主财产的城郭。又据文献记载，夏朝的历代统治者曾在阳城、安邑、斟鄩（今河南省西部和山西省南部）等地建立过国都，修筑了具有一定规模的城郭。近年来，在河南登封告成镇发现了相当于这个时期修筑的城垣及有关的遗迹。反映了当时城市的兴建还处于初期阶段。

在商王朝统治五百年左右的时间里，曾多次迁都，建筑了较大的统治中心城市，它的方国，也建筑了许多规模不等的城市。商代的城址，目前已发现的有河南郑州和湖北黄陂盘龙城两处，均属商代中期所建。

公元前 11 世纪，居住在我国西北陕甘地区的周族灭商以后，建立了强大的奴隶制国家。周初，为了便于对中原地区的统治，文王和武王征调大批奴隶，先后在沣水两岸建立了丰邑和镐京。文王时"筑城伊淢，作丰伊匹"，武王时"考卜维王，宅是镐京，"[5]用京字作国都的代称，镐京还是第一次。丰、镐两城址及其有关建筑遗迹，目前尚未发现。

在周成王时期，为了加强对商奴隶主贵族的控制和进一步加强对东方广大地区的统治，营建了洛邑，周公当时一共筑了两座城市：一是王城；后来成为东周的国都；一是城周城，是用来囚禁殷"顽民"的，并派有重兵在那里驻守。这两座城址，都曾为后来许多朝代所沿用，成为重要的都会。

春秋时期，各诸侯国之间的争伐频繁，因而作为防御工事的城垣工程，获得重大的发展。当时除了各诸侯国普遍建筑城郭外，各国的世室大夫也纷纷筑城，自设都邑。据《春秋》所记，自鲁隐公元年（公元前 722 年）到哀公十四年（公元前 481 年），各国筑城七十座以上，仅鲁国就筑城十几座。有些城是集合诸侯国的力量来共同完成的，如公元前 644 年齐国集鲁、宋、陈、卫、郑、许、邢、曹诸国的劳动力筑郯城；公元前 659 年齐师、宋师、曹师筑邢城；公元前 658 年诸侯筑楚丘城而封卫；公元前 646 年诸侯筑缘陵城而迁杞；公元前 576 年诸侯之大夫筑虎牢城；公元前 544 年知悼子合诸侯之大夫筑杞城等。这些城都是为了战争的需要或为了巩固一次战争的胜利果实而营建的。

近年来，许多地方发现了东周早期（春秋时期）的城址，如山西侯马晋都曲沃和新田故城，山西芮城古魏城，河南洛阳东周王城，河南偃师滑国故城，河南黄国故城，河南新郑郑韩故城，河南上蔡蔡国故城，山东藤县薛城，山东邹县邾国故城，山东曲阜鲁国故城，陕西凤翔秦雍城，湖北江陵楚郢城等。

二、城市的选址和规划

城是作为保护奴隶主的私有财产而出现的，又成为奴隶主统治的中心。城址建在什么地方，对奴隶主来说，是一项重要的事情。根据史书的记载和考古发现，当时建筑城址的地点，大多选择在依山傍水的地带，土地肥沃，利于农耕，地势优越，易于防守。例如登封告城王城岗遗址位于颍河与五渡河交汇处，北有嵩山，附近丘陵起伏，河流纵横，地势宽阔平坦，土质肥沃（图 2-2-1）。郑州商城选择在河南大平原西部，北临黄河，西接豫西山地，东南两面为开阔的豫东大平原。西周初年营建的丰、镐，位于关中平原中部，附近有渭、泾、沣、滈等河流贯其间。洛阳东周城，居伊洛两水合流的盆地，四周地形险要，西通关中，东连华北平原，居天下之要冲。晋都新田，位于侯马平原，居晋南之中，汾、浍流贯其间，土地肥沃。

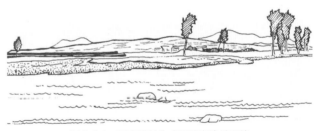

图 2-2-1 河南登封告成王城岗遗址环境

周公营筑洛邑时，对筑城工程进行比较认真的规划，先选定了地区，丈量了尺寸，测定了宫室，宗庙的位置，立楔标记，然后驱使殷人筑城，只用了九个月的时间就全部完工[6]。

《考工记》记载了王城制度，"匠人营国，方九里，旁三门；国中九经九纬，经涂九轨；左祖右社，面朝后市，市朝一夫"它在一定程度上反映了西周至春秋时期的都城规划思想。这种思想对我国封建社会都城规划产生了深远的影响。

初期的城（即为城垣围成的范围）面积都不大，大概只是奴隶主贵族居住的地区。据目前考古发掘夏代故都阳城（今登封告成镇）城址，墙长宽100米左右，近方形。墙基的厚度为6米左右，残高约1米。城内遗迹的分布情况正在进一步探索中。

到了商代，以宫殿为中心的城市开始发展起来，形成一个初具规模的统治中心。二里头遗址晚期的各种遗迹分布很有规则，中心部位是宫殿区，四周有铸铜、制骨、制陶、制玉等手工业作坊和民居，整个布局，已经显示出我国早期城市的组成特点。

郑州商城规模宏大，具有一定的规划和布局（图2-2-2）。这座商代城墙规模之大，远远超过夏代的城堡，它的周长近七公里，呈正方形，东城墙和南城墙长度相等，均为1700米，西城墙长约1870米，北城墙长约1690米，部分城墙露在现今地面上（图2-2-3），四面城墙发现十一个缺口，有的缺口可能与城门有关。城内东北部一带六万多平方米范围内发现不少大面积夯土台基，最高为2.5米左右，最长在60米以上。部分夯

图 2-2-3　郑州商代城东城墙北段遗址

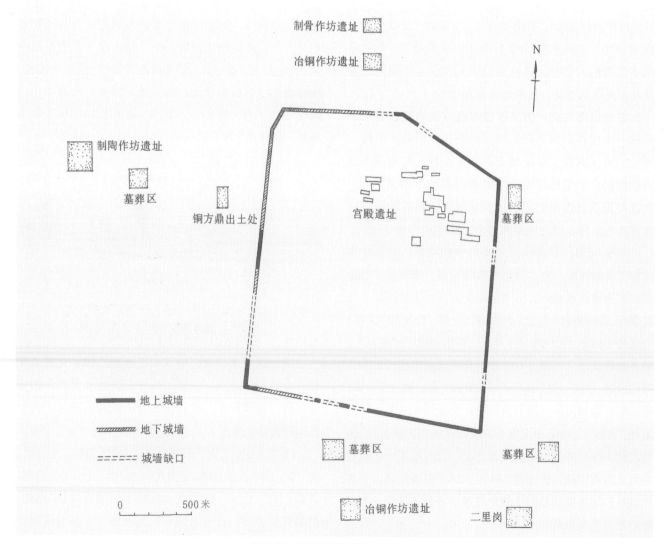

图 2-2-2　郑州商城遗址分布示意图

土台基面上还残留有坚硬的"白灰面"和细泥面，以及柱洞、柱础等遗迹。估计这个地区是当时奴隶主贵族居住的宫殿区。城外四周有各种手工业作坊和居住址、窖穴、水井、灰坑、壕沟、墓葬和祭祀坑等遗迹。南墙和北墙分别发现两处商代铸造青铜器的手工业作坊遗址，在城北发现一处制骨手工业作坊遗址。城南铸铜作坊是以铸造青铜镢等生产工具为主，城北铸铜作坊是以铸造青铜刀和箭头为主，这二处铸铜作坊同时还兼铸一些鼎、爵、斛。城西制陶作坊是以烧制泥质陶器为主，这些遗址反映当时手工业早已从农业中分化出来，成为独立的生产部门，而且各手工业之间又进行了分工。

黄陂盘龙城是商代一个方国的都城，规模比郑州商城小得多，但其布局与郑州商城近似，城址平面近方形，南北约290米，东西约260米，城墙遗迹大致清楚，现在残高1～3米，城墙外有宽约10米的壕沟。城内东北隅高地上有密集的大型建筑群，为方国最高统治者居住处，从发掘得知，南北中轴线上，至少有三座宫殿，前后平行布置手工业作坊及奴隶，平民住所和墓葬分布在城外，城东发现有大型的墓葬群。城西，城北有居住址。

东周时期城市规划虽然开始发生了一些变化，但就整个布局来说，仍然保存商周时期的规划残余。那时，一部分侯国的贵族把他们控制的手工业逐步转移到城内宫室附近的地方。洛阳东周王城、临淄齐城等城址内都发现有东周早期的手工业作坊的遗迹。目前发现的侯马地区古城址，基本上还属于春秋时期的原有堆积，是研究这个时期城市规划的最好资料。新中国成立后，在山西侯马地区先后发现春秋时代的古城有六座[①]。其中经过发掘的"牛村古城"，南北长1340～1740米，东西宽1100～1400米，城墙宽8米，残高0.5～1.5米。城中偏北有一高大夯土台基，呈正方形，长宽各52.5米，高6.5米，南缓北陡，土台前分布着一些夯土建筑的遗迹。城墙四周有护城壕沟围绕。城南有铸铜、烧陶、制骨、制石等手工业作坊和一般住房遗迹。

三、筑城工程

（一）早期筑城技术

登封告成王城岗遗址就当时的地形建造。先在地平面向下挖一道口宽底窄两边倾斜的梯形基槽，深2.3米，口宽4.4米；底宽2.5米；槽底平坦，然后填土逐层夯打墙基。夯层厚度不等，最厚20厘米，一般为10～15厘米。夯层上部紧固，下部松散。夯层中央水平，两侧靠近基槽成斜坡状。层与层间铺有细砂，厚约1厘米。可能因为黄土黏性大，为便于夯打铺设。夯窝形状有圆形、椭圆形和不规则形，大小不一，夯距不等（图2-2-4）；夯杵径多为8～10厘米，深0.5～1厘米。在一些夯面上发现有鹅卵石留下，似为用鹅卵石作为夯筑工具。

图 2-2-4 河南登封告成王城岗遗址西城墙基槽南端 T23 北壁夯土层的夯窝

（二）商代筑城技术——版筑技术的发明

商代中期夯土开始采用木模板。模板的发明是夯筑技术一大进步，为大型建筑向高耸发展提供必不可缺的技术条件。郑州商城和盘龙城商城经历了几千年的侵蚀破坏，在一些地段仍然保存高出现在地面达3米左右，正是由于采用版筑技术的缘故。

郑州商城和盘龙城商城都是首先在选择好的城墙位置上，平整地面或向下挖掘一定深度的城基槽，然后填土逐层夯打。郑州商城残存东城墙的横剖面略呈梯形，梯形上底两端向下有二垂直缝，将横剖面分为三部（图2-2-5），中部宽10.6米，这是城墙的主体，它的夯层是水平夯层，底部宽各为5米以上。城墙主体两侧的垂直线处有的还遗存腐朽木板痕迹，表明两侧采用木模型板，中间填土夯打，木板每块一般长约2.5～3.3米，宽约0.15～0.3米。城墙主体的夯筑是分段进行的。其筑法是将两侧壁和一个横头都用木板相堵，在这一段内分层夯筑，然后拆除横堵板和两侧壁板，以此逐段前进。在这个城墙的每段版筑相接处也发现有横列木板的版筑痕迹，每段长约3.8米左右。分段版筑法的出现是建筑技术上的一个进步，它可以在同一时间里集中更多的劳力同时按一定的要求标准施工，既加快了进度也保证了质量。护城的两坡成斜坡状，夯土层次厚薄不一，宽度不等，每层本身的厚薄也不同，接近城墙主体夹板的地方厚，越向外越薄，越向上越窄，在两侧护城坡的散水面上，铺有一层料姜石碎块，可能是作为防止雨水冲刷而铺设的保护层。

图2-2-6　郑州商城西墙夯土层和夯窝

（三）版筑技术的新发展——模具支撑的应用

西周、春秋时期，版筑技术又有了新的发展，用立柱、插竿、橛子、草缏来固定模板。在分段夯筑的基础上采用了方块夯筑的方法。这些新的成就，使版筑技术进一步完善，达到成熟阶段。洛阳东周王城的发掘，给我们提供了这方面的重要资料。夯筑城墙时，里外两侧夹有木板；木板横放，每块板长1.3～1.7米，宽约1.5～1.9米。夹板的下面用棍承托，板的外面立木柱以草缏拉住，用橛子固定草缏另一端于已筑好的夯土上。在城墙内侧面普遍发现保留有夯筑时使用木板和插竿的洞眼痕迹，在一些洞眼内往往留有朽木灰，棍眼直径一般为7～15厘米，稍粗的有20厘米，洞眼上下的距离是0.3～0.4米，左右距离约0.6～1米，上下行交错排列（图2-2-7）。这些插竿都是用原木做的，木杆有粗有细，弯曲不直，根据洞眼和夹板的遗迹，可以看出，夯打城墙时，每组夹板大体是用两块木板，木板下面用两根或三根木棍承托，每次夯打二层或三层，顺序向上直至顶部。

城墙的夯筑，采用分块的方法。一道城墙，既长又宽，在动用大量奴隶劳动的情况下，要同时在这样大的面积内整层夯打是不可能的，就需要采用方块夯筑的

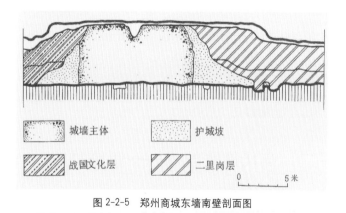

城墙主体	护城坡
战国文化层	二里岗层

0　　　　5米

图2-2-5　郑州商城东墙南壁剖面图

郑州商城夯层清晰（图2-2-6），每层厚度为8～10厘米，也有部分夯层厚达20厘米或薄到3厘米，在每层夯土面上，分布有密集的圆形尖底和圆形圜底的夯窝，夯窝口径为2～4厘米，窝深为1～2厘米，城墙中部夯层较厚，夯打的质量较差，甚至有的地方很松软，边缘部分夯层较薄，夯窝密，夯打质量也较好，城墙夯土相当坚硬，从打夯时的压力看，至少需要两个人在一起共同协作夯打才能达到。

图 2-2-7（1）　洛阳东周城北墙北侧遗留的洞眼

图 2-2-7（2）　洛阳东周城北墙上的洞眼与夹板局部

方法，以扩大工作面，提高工作效率，加快进度，这是建筑施工组织和建筑技术上的一大进步。方块夯筑是在夯筑时，用木板隔成方块，这个方块夯筑到相当于木板的高度，然后拆板向一方移动，另组方块，这样循序渐进，一层一层向上。每方块大小不一，有 1 米 ×0.40 米，有 1.7 米 ×0.80 米左右的，厚 0.20 米左右，每方夯土边角痕迹非常清楚，有方角也有圆角，上下夯块交错叠压，层次分明。夯层与夯层之间都有草的痕迹，可能是当时为了便于夯打或是加强抗拉而铺设的，这种成方块

错叠的夯筑方法，增强了城墙的坚固性。夯层厚薄不一，一般为 6 厘米左右，土质较纯净，很坚硬；夯窝为半球面形，直径为 1.5 ~ 4 厘米，深 1 厘米左右，有的地方可以清楚地看出几个夯窝挨在一起，深浅大体相同，成为一组。根据夯窝的痕迹观察，使用的夯具和商代一样，是用几根原木捆在一起进行夯打的。另外，在墙基底部内侧面的一层夯土面上发现有车轮走过的轨迹，估计施工时可能使用了车子作运土工具。

从以上可以看出，东周时代筑城的夯土版筑技术已较前代更为进步，夯层薄，夯击力大，成方块的夯土交错叠砌更加强了城墙的坚固程度。插竿、榔子、草缕的使用、减少用于护坡的土方和夯筑程序，大大地提高了建筑工效。这一时期的夯土工程技术已经发展到了成熟的程度，一直为后世筑城所沿用。

（四）施工的组织

工程管理方面，西周铜器铭文中已有司土、司工字样[①]；诗经也载，周先祖古公亶父在岐山周原筑室时"乃召司空，乃召司徒，俾立室家；其绳则直，缩版以载，作庙翼翼"[7]。说明当时已有管理工程的人来进行建筑活动。

春秋时期，各诸侯国间战争频繁，夯土筑城是当时的一项重要国防工程，在大规模使用奴隶劳动的情况下，施工组织是十分重要的。公元前 598 年楚令尹建筑沂城和公元前 510 年晋国率十一国诸侯为周王修建成周城的情况，反映了当时的城址建筑施工已有了周密的计划和严密的组织领导。筑城技术也已经相当成熟。楚令尹艻艾猎城沂"使封人虑事，以授司徒。量功命日，分财用，平板干，称畚筑，程土物，议远迩，略基址，具糇粮，度有司。事三旬而成，不愆于素"[8]。晋士弥牟营成周，"计丈数，揣高卑，度厚薄，仞沟洫，物土方，议远迩，易事期，计徒庸，虑财用，书糇粮，以令役于诸侯。属役赋丈"[9]。土弥牟不仅计算了成周的长、宽、高以及沟洫等在内的土石方的数量，需要用多少人工和材料，而且连各国劳动力的往返里程和干粮数量都计算好了。由于工程计划精确周到，各国承担的任务明确，分段包

①　盠尊："王册令尹锡盠赤市，幽黄，攸勤，日用司六臣王行，三有司，司土、司马、司工"。见《考古学报》1957 年第二期。

干，各负其责，因而进度快，用很短的时间就完成了筑
城任务。这两个事例说明当时人们已经有相当广泛的工
程统计经验，并把它应用到建筑计算上去。

第三节　土木结构建筑

一、宫殿的布局

以木结构为主，土木相结合的构造，是我国古代
建筑主要特征之一。随奴隶社会的发展，这种构造也
由简而繁，逐步发展成为有机的统一体。奴隶主的宫殿，
反映了当时这种建筑技术的最高水平。

（一）商初宫殿宗庙形制

我国奴隶社会时期建筑的平面结构，是在原始社
会建筑的基础上发展起来的。根据《考工记》记载，
夏后氏世室已是一栋内部分隔为"堂"、"室"、"旁"、"夹"
等空间的大房子，但它仍然保持原始社会单体建筑的
基本形式。到了商代初年，这种结构开始发生了变化。
二里头遗址就反映了这一变化。

二里头商初宫殿宗庙遗址是我国目前发现的最早
的一座。这座宫殿宗庙遗址，坐落在二里头遗址的中部，
面积约一万平方米，坐北向南，下面有台基，台基上
面是由一个单体的殿堂和廊庑，门庭等单体建筑所组
成的一个建筑群。中部偏北是殿堂，堂前是平坦而宽
阔的庭院，南面有敞阔的大门，四周有彼此相连的廊庑，
围绕中心的殿堂组成了一座十分壮观的宫室宗庙建筑。
附近还发现有若干面积不大的附属建筑的基址，整个
平面的布局安排，基本具备了我国宫室宗庙建筑的形
制和规模（图2-3-1）。

这座宫殿宗庙的基址，是一座大型的夯土台基，
整体略呈正方形，东西长约108米，南北长约100米，
残存台面平整，高出当时地面约0.30～0.80米。台
基的边缘呈缓坡状，斜面上有质地坚硬的料姜土石，
或者有路土层，起散水作用。

殿堂呈长方形（图2-3-2），基座东西长36米，
南北宽25米，是一座以木架为骨，草泥为皮，面阔八

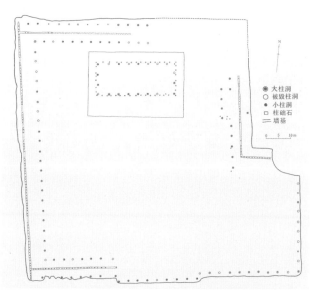

图2-3-1　河南偃师二里头宫殿宗庙遗址平面图

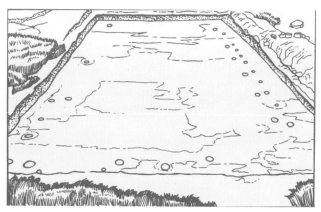

图2-3-2　河南偃师二里头主体殿堂房基遗址

间，进深三间的大型土木结构的建筑。殿堂的檐柱南
北两面各九根，东西两侧各四根，排列整齐，间距约
3.8米。在檐柱外侧，围绕一周擎檐柱，大体上是每个
檐柱的外侧附衬二根擎檐柱，相近二擎檐柱的间距约
1.5米。这座殿堂四周原有一组完整的廊庑建筑，大台
基的四面均发现有一道木骨泥墙的基槽，中间立一排
小柱，这道廊庑后墙既可隔绝宫廷内外组成一个庭院，
又兼负荷廊庑顶部的承重作用。在西墙基内侧6米的
地方以及南、北、东三面墙基内外各约3米的地方，
都发现一排与墙平行的柱洞，排列整齐。根据墙基与
立柱的情况看，两面为朝向庭院内的单廊，南北两面
为复廊，东庑北侧近主体殿堂的地方原来可能是在廊
庑上连接有一厢房。

南墙的正中是大门的遗址，有东西向排列的八根
大柱，柱的间距约3.8米，其下延部分的夯土呈缓坡状，

缓坡上面有路土向南延伸。大门与殿堂相对，东西两端与廊庑相连，这可能是有七个门洞的牌坊式的大门建筑。甲骨文门字作"門"形，左右两根立柱，上加一根横梁，立柱内侧安装门扇。这座宫殿的大门可能就是这样的形式。

（二）商中期的宫殿建筑群

湖北黄陂盘龙城商代中期宫殿建筑基址，位于古城墙内东北部高地上，宫殿建筑在夯土台基上面，目前已发现的殿堂基址有三座，前后平行排列在一南北轴线上，方位同城墙一致，可以看出这是一组有统一规划布局的建筑群，目前已经发表了只是其中一座（FI）的发掘报告（图2-3-3）。

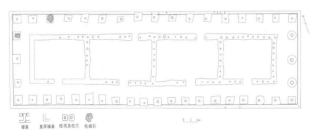

图 2-3-3　湖北黄陂盘龙城宫殿 F1 遗址平面图

这座宫室复原情况约是：面宽38.2米，进深11米。中间四室，其中中间的二室较大，面宽各为9.4米，各室都在南壁中间开一门，各宽1.2米，中间二室又在北壁偏东处开一个后门，宽为0.9～0.95米，两侧两小室没有后门，可能有后窗，四室之外是一周回廊，宽2米，回廊的四周有用陶片叠砌的斜坡状的散水。最近在郑州发现的大型宫殿遗址，平面结构和盘龙城的宫室相似[①]。

（三）殷商晚期的宫殿建筑群

殷代晚期，建筑群的组织又有了新的发展，安阳小屯殿墟，原是商王朝最大的经济、政治、军事和文化的中心，当时王室的建筑已有周密的规划布局。盘庚迁都于殷时，就确定了王室建筑的方位，武丁时期又进行了大规模的兴建。在这里已发现数十处宫殿基址。王官北面、东面有洹水环绕，形成天然屏障。宫室基址有长方形、凹形和条形等多种，最大的长约46.7米，宽约10.7米，

中等的长约28.4米，宽约8米，小的长约5米，宽约3米。方向有正东西向和正南北向两种。

（四）西周初期的宫殿建筑

西周时期，宫殿建筑群的布局，在早期文献中已有较详细的记载。据《尚书·顾命》对宫殿建筑形制的描述，前面有正门，门的两侧有"右塾"和"左塾"，门内有庭（院落），庭内居中有主要建筑物——堂，堂前有东西两阶，堂后有侧阶，堂上有主室和在其左右的东西房，庭的东西两侧又有东西厢房，以及东堂、西堂和东垂西垂（可能是东西堂的坡道），正门的前面有应门，应门之前还有皋门（外宫门），这是一组规模宏大、格局整齐的四合院式的群体建筑。最近在岐山凤雏和扶风召陈发现了两处西周时期的宗庙宫殿建筑遗址[②]，其中凤雏的宗庙宫室建筑遗址的布局与上述史书的记载几乎完全相同。

岐山凤雏西周早期的宫殿（图2-3-4）是一座由三个庭院及其四周围绕的若干房屋组成的。这一组建筑形成封闭的空间，很像我国后来在北方流行的四合院。院落的南边正中有一影壁，影壁正对着院落的大门，进门就是前院，前院的北边是主体殿堂，再往北是后院，后院中间有过廊，过廊往北通后室，前后院周围有回廊，东西两边是厢房，整个建筑保持南北中轴线，东西两边严格对称，符合前堂后室的制度。

大门正前面的影壁长约4.8米，厚1.2米，现存残高0.1米，大门在门厅的正中，宽2.8米，长6米，门道地面中间稍高，南北有缓坡，中间偏北地方有门坎，两侧各有三根立柱，东西对称，大门的两侧是门房，门房地面都高于门道0.3米左右，两侧门房台基东西各长8米，南北各宽5.5～6米，大小相同。房屋面阔约7米，进深约4米，每侧分三间，各间宽度不一，小的2米，大的2.7米，立柱比较有规律，南北对称，东西并列，门外的东西拐角处有两相对称的台阶，长18米，宽1.4米，大约三级，通过它可以进入东西门

① 郑州商城内大型宫殿遗址范围很大。河南省博物馆近两年来正在对其中的一部分进行发掘，从已发现的资料看，宫室规模较盘龙城大，但平面布局和建筑技术则相似。
② 岐山凤雏和扶风召陈西周建筑遗址材料，是陕西省周原考古队提供的。发掘工作正在进行。

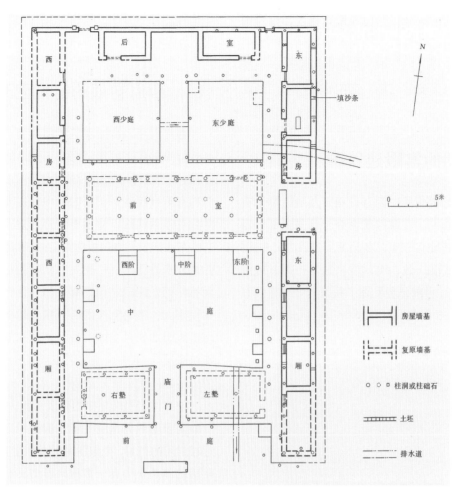

图 2-3-4　陕西岐山凤雏宫室（宗庙）遗址平面图

房和东西厢房的走廊。前庭是一个南北 12 米，东西 19 米的大院，院内地面平坦，略向东南倾斜，院子东西两边各有二个台阶，约三级，分别通往东西厢回廊，北边有三个台阶，正对大殿门，均为斜坡形。

大殿是这组建筑的主体，面积最大，地面已遭破坏，大殿的立柱南北四排，东西七列，排列整齐，相互对应，是一座面阔六间、进深三间的大型建筑，每间面宽 3 米，进深 6 米。

大殿的北面为后庭，分东西两个小院，中有过廊，每个小院都有 8 米见方，过廊宽 3 米，两侧各有廊柱三根，距离相等。东小院东西两侧偏北和西小院东西两侧偏南的地方都有台阶，可以分别进入东西房的走廊和过廊。通过过廊进入后室。后室共五间，东西并列，进深 2.4 米，中间三间面宽 4.8 米，两端两间面宽 3.2 米，北墙可能有后门，东端一间有门槛。后室前面有走廊，后室北墙厚 0.75 米，南墙和各房之间的隔墙厚 0.58 米。

东西厢房在整个建筑的两边，两厢相对，各边各有

八间房子，大小不一，最大的面宽 5 米，小的面宽 3.7 米，进深 2.6 米。两厢房子前面各有 2 米宽的走廊，廊柱的距离与墙柱相等，两相对应。两厢最北的二间遗址似有门的遗迹，门宽 1.1 米。在整个建筑的东、西、北三面外侧台基斜壁，向外倾斜成缓坡状，起着散水的作用。有的房子里边挖有窖穴和地道，尚待进一步查清。

二、高台建筑

早在原始社会晚期，为改善室内居住面的防潮卫生条件，就已发明了填土分层夯筑的方法。加大土壤密度的夯土，不仅提高了耐压的能力，而且具有一定的防潮性能，"室高足以辟润湿"[①]。进入阶级社会以后，随着奴隶主阶级意识形态上的需要，其殿堂夯土台基，日益要求高大，远远超出防潮功能的需要，因而产生

――――――――――

① 《墨子·辞过》

了高台建筑。

商周时的高台建筑有了进一步的发展，当时奴隶主贵族建筑高台作为宫殿和住宅。夏代最后一个帝王桀作"琼宫瑶台"[①]；商代殷纣王建筑鹿台，高千尺[②]；西周初文王征调奴隶在丰邑作灵台[③]。

根据目前考古发现材料来看，遗留至今的高台，已不高了。有的台基夯土厚3米左右，高出地面一般的只有1米左右，最高的约有10余米。这种大台基，盛行于商代，二里头、郑州、盘龙城、安阳殷墟、岐山周原等地都发现有这种实例。

西周，春秋时期高台建筑有一个飞跃的发展。各国诸侯动用大量的人力、物力，用几年时间为自己建造高台，成为当时宫室建筑的普遍做法，并把高台数量的多少，台基的大小和高低作为体现奴隶主权威的一种标志。各国诸侯，以高台为中心，建筑整套离宫别馆，是普遍现象。公元前556年，宋平公不顾农时，不听劝告，征调农民为自己建高台[10]。公元前534年，晋国在平公时开始建的虒祁宫，到昭公时才建成，前后用了六年时间[11]。公元前535年，楚灵王建章华台之后，只隔七年，又在乾溪筑台[12]。高台建筑便于瞭望，又利于防守，具有政治和军事的作用。因此，它的位置居于宫廷的中心，成为建筑群的主体，周围则配合一些较为低矮的宫室建筑。这种格局是当时流行的一种新型的宫殿形式。

侯马晋都故城（指平望故城）内的高台建筑（图2-3-5）是目前发现的春秋时代具有代表性的例子。土台位于平望故城内中部偏南，遗址保存基本完好。遗址高台可分三级（图2-3-6），第一级是长宽各75米的方形平面，在它的南部正中有向南凸出的夯土痕迹，宽约30米，长20余米，在这个凸出部分的正南又有宽约6米，长约20米的路上，延展向南，越南越低。凸出部分可能是台前的延伸部分和台阶。第二级高4米，南部边沿的正中间呈坡形。第三级最高，位于第二级的北半部，南北宽35米，东西长45米。整个高台是用土夯筑而成的，现存夯土高7米多，夯土坚硬，土质很纯，北陡南缓。在第二级边沿上发现有经过金属加工痕迹的柱础石残块。台的南面两侧还探出一部分夯土建筑遗迹，左右接近对称，整个布局以高台为中心，气势宏伟，战国时期燕下都的老姆台，秦统一前后修建的咸阳宫殿和阿房宫，西汉长安城未央宫的

图 2-3-5　山西侯马晋都故城（平望故城）高台建筑遗址

横剖面示意图

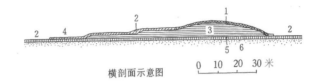

平面示意图

图 2-3-6　山西侯马晋都故城（平望故城）高台建筑遗址示意图
1- 堆积土；2- 现在耕地；
3- 夯土；4- 路土；
5- 早期耕土；6- 原生土

前殿等高台建筑，其形体和格局基本上沿用平望高台的建筑。

三、建筑技术

（一）建筑基址的抄平定向

在商代宫殿建筑中有一个值得注意的现象。二里头、盘龙城、岐山周原等殿堂基址平面，基本处于同

---

① 《竹书纪年》。
② 《史记·殷本纪》：纣王"厚赋税以实鹿台之钱。"集解如淳注："〈新序〉云：鹿台其大三里，高千尺。"
③ 《诗经·大雅·灵台》："经始灵台，经之营之，庶民攻之，不日成之。"

一水平，从文献记载来看，当时在建筑技术上已掌握测定水平的方法[①]，另一现象是每一建筑群中各个单体建筑之间，方向基本一致，盘龙城遗址的宫殿、古城和墓葬的方向一致，都北偏东20°。殷代晚期，已经发现的房屋，都是接近正南北和正东西排列。据此推测，当时已经有了定向的方法。可能采用的是日影定向。

（二）建筑地段的平整和基础工程

地段的平整是建筑工程的第一道程序。根据各地发掘的资料看，无论是城墙或宫殿，夯土基址夯筑前，都要平整原来的地面，然后挖基填土逐层夯打。

二里头宫殿基址是在整治地基时，把台下面的灰土和虚土挖掉，露出原生土，挖掉虚土和灰土以后，地面高低不平，夯筑时先夯低洼地段，垫平地面。再夯筑中部殿堂的基座，然后再在它的周围全部施夯，筑成整个台基。由于建筑要求不同，基础处理也不同。殿堂的基础比周围挖得深，灰土和虚土挖得净，夯打得也比较坚实，现存夯土厚3.1米，在它的底部还铺垫三层鹅卵石，用以加固基址。台基的夯层4.5厘米，夯窝清晰，呈半圆球状，直径3～5厘米。

郑州的宫殿基础也是挖一个长方形的大槽，然后在房基槽内，普遍填土夯筑成夯土台基。盘龙城是先铲去高的地方，填平低洼地，然后夯筑台基，小屯殷墟宫殿基址的建造也是这样，即在早期灰坑、旧基等遗迹较多的地段是先平后建，在没有废弃旧址的地方是直接挖基夯筑。

岐山凤雏宫殿建筑基址，由于原来的地面北高南低，在夯筑台基前，先将南面垫得高一些，从而使房基地面大体保持在一个水平上。

（三）墙体构造

从各地发现的实物看，当时建筑宫殿都是在台基筑成以后，再在上面重新挖出墙基槽或柱基坑，然后铺石础立柱或筑墙，建造房屋。墙体构造可分二种：一是木骨泥墙，一是版筑或土坯墙。二里头廊庑的木骨泥墙的基槽，口部宽45～60厘米，底部宽34～50厘米，

槽壁略成坡状，深40～70厘米，在基槽内立柱后，再回填土夯实。墙体木柱在间距一米左右，排列不太整齐。殿前及廊庑檐柱的柱基坑形状不一，有方形、圆形、椭圆形、不规则形等，槽口1～2米不等，底比口小，残迹深0.5～1米。下部均垫有石础，都是没有经过加工的石料，多为不规整的方块形状，大小不一，一般长约50厘米，宽约40厘米，厚约20厘米。大柱础石铺垫一块，有的柱坑挖的过深，则铺垫3～5块础石，厚达40厘米，这是为了找平柱基的做法。立柱后，柱坑分层回填夯实。二里头遗址所见主要承重柱一般直径40厘米左右，廊庑建筑的柱子稍细，一般直径为25～30厘米，殿堂的擎檐柱最细，直径18～20厘米。盘龙城遗址各室的木骨泥墙槽宽70～80厘米，墙内每隔58～95厘米立柱一根，木柱粗细大体相等，直径在20厘米左右，外部檐柱的基坑有长方形和圆形二种（图2-3-7）。柱子比较粗大，直径45厘米左右，深埋70厘米以上。檐下位置有小柱排列支承，这是早期台基构造的一种方式。

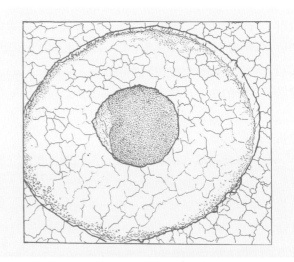

图2-3-7（1）　湖北黄陂盘龙城宫殿遗址柱坑及柱穴

图2-3-7（2）　湖北黄陂盘龙城宫殿遗址柱穴底部的暗础

① 《考工记》："匠人建国，水地以县。"

郑州商城宫殿遗址的柱坑构造和二里头、盘龙城基本相同。岐山凤雏商宫里，墙基一般深45厘米，墙的厚度除了北墙较厚为75厘米外，东西二墙和各个房子的隔墙都58厘米。墙体内的立柱有二种：一种是暗柱，夹在墙内，一种是夹在墙边半面露出墙外的壁柱，这种柱较细，直径约25厘米，分布较密，排列有一定规律，间距1.8～2米。廊檐柱和殿内支柱，柱径较粗，直径30～50厘米不等，分布较疏，间距1.8～3米之间，埋得也深些，最深在1.3米以上。立柱时都是先挖出一个槽坑，底置砾石或较大石块作础，平面向上。有的则是用0.5～1厘米直径的碎石块搅拌石灰填厚15～20厘米作础的，然后立柱填土夯实（图2-3-8）。

图2-3-8　陕西岐山凤雏宫室廊檐柱柱坑及墙基遗址

居住建筑用夯土筑墙的实例，见于郑州和藁城台西商代遗址，土墙两面用板夹固，然后逐层填土夯打，郑州紫荆山北一号房基，夹板长1.33米，宽0.43米，墙厚0.55～1.1米不等。藁城台西十一座房屋遗址除一座外，都是用夯土和土坯垒砌，现存土墙最高约2.5米，厚40～70厘米。板的长约0.9～2.25米，宽0.35米，用土坯砌墙，原始社会末期已有。到了商周时期，应用更广泛。各地因条件不同，土坯制作方法和大小也不同。藁城台西的土坯长37厘米，宽30厘米，厚6厘米，砌时用草拌泥粘合。

殷墟小屯村北10房屋发现经过夯打的土坯，有长

方形、方形和拐角形，长方形最大的一块长40厘米，宽21厘米，厚12厘米。岐山凤雏宫殿遗址，后院南壁大殿台基的护坡，是用草泥土坯制成，门槛也有用土坯做的，土坯大小不一，有的长48厘米，宽17厘米，厚8厘米，或长33厘米，宽15～20厘米，厚7厘米。扶风召陈遗址也发现不少土坯碎块，估计是墙壁倒塌后遗留下来的。此外，在内蒙古宁城小榆树林子和辽宁北票丰下遗址，也发现用土坯砌墙的房子。丰下遗址土坯用草拌泥做成，长40厘米，宽20厘米，厚8厘米。用平铺错缝砌法，较多用"三七错缝"，即在长边1/3处压缝。

（四）木建筑

湖北圻春毛家咀遗址共发现五座西周时期的木构建筑，出土大量的木桩、木柱和木板。柱桩排列整齐，间距均匀，纵横成行。这几座房子内部桩柱的分布，有的疏密不均，有的疏密均匀。可以复原的2号房屋，长8米，宽4.7米，房内有15根木柱，纵3行，横5行，各桩柱之间间距2米左右。木柱外围用整齐的木板作墙。圻春所见西周木构建筑遗址（图2-3-9）与浙江河姆渡原始社会晚期遗址相似，也应是木构干阑式长屋。

图2-3-9　湖北圻春木构建筑遗迹

（五）榫卯与斗栱

榫卯最早见于浙江河姆渡遗址。湖北圻春西周木构建筑，也发现有榫卯的建筑构件。其中在三块平行

排列的木板一侧穿有木带的凹槽。这是用带穿拼接木板的最早实例。另外还发现楼梯的残迹。从带有榫卯的构件可知当时梁柱交接使用了榫卯构造。类似这样的木结构，在毛家咀附近，荆门车轿等处都有发现。

作为斗栱原始形态的栌栾，最晚在西周时期已经出现了，西周初年的"令毁"，四足做成方形短柱，柱上置栌斗，两柱之间栌斗口内施横枋，枋上置二方块，类似散斗，和栌斗一起承载上部板形的座子。这些构件的形状和组合方法与后代檐柱上的结构大体相同。斗栱是用方形木块和前后左右挑出的臂形横木互相结合而组成的一种结构，它可传递荷载，将建筑物上部的重量平均分配在这承托的构架上，以分散横梁和立柱衔接的地方横梁所受的集中剪力，使梁木不易折损。斗栱发明后逐步成为大型建筑物所不可缺少的构件。

安阳妇好王后墓中出土"偶方彝"的年代早于"令毁"，它的盖顶下的栌斗似的结构，也是仿木斗栱结构的形象。此外在山东临淄郎家庄一号东周墓（时代可能为春秋战国之交）出土的一件漆器图案上，也看到斗栱的形象（图2-3-10）。

图2-3-10　山东临淄郎家园1号墓出土漆器上的带斗栱的宫室图案

（六）屋盖

各处宫室遗址的发掘和有关文献的记载，为我们研究当时的屋盖提供了依据。

《考工记》记载商代的宫室是"四阿重屋"。四阿即为四坡顶。甲骨文存"仓"重屋或楼阁的文字，传世的商代铜器象形文字有仐，亼等，显然是重檐建筑物的形象。

上述安阳妇好王后墓"偶方彝"，它的盖就是一座完整的屋顶外貌；为四面坡式，半圆形的木檐端部外露，排列有序，这为商代四阿屋盖形象提供了一个证明。

从岐山凤雏遗址的堆积物中可以推测其屋面构造，是在屋椽上铺芦苇，再用麦秸搅拌的草泥涂抹，厚7～8厘米，草泥的表面上又抹上一层用细砂、石灰和黄土搅拌的"三合土"做成面层。屋脊和屋檐处再用瓦覆盖，以防止雨水的冲刷和渗漏（图2-3-11）。

图2-3-11　陕西岐山凤雏宫室遗址屋顶带芦苇印痕的三合土泥皮

（七）墙面和地面做法

从郑州、安阳、藁城、周原等地考古发掘来看，商周时期的地面做法，宫殿遗址或中小型房屋遗址，一种是白灰抹面，一种是三合土抹面，还有用细黄泥墁地的，此外也发现过烧烤地面的做法。

墙面多用草拌泥，三合土或白灰涂抹，周原凤雏宫殿遗址的影壁两面即采用三合土抹面。

郑州商代房屋遗址的房屋遗迹中，往往见到室内留有土台，土台上也抹有光净的白灰面，土台往往靠近房子的一角或紧依土壁。又有在室内土壁上开挖壁龛的，壁龛的底面也敷有白灰面。这种土台和壁龛显然是居室内置物之处。

（八）排水设施

在二里头，郑州洛达庙、殷墟等地宫室附近发现有陶水管（图 2-3-12）。安阳白家坟村附近发现两道水管，管道上部及附近有夯土及柱洞的遗迹。水管深埋在地面下，约 1.1 米。其中一道，东西南北对接呈丁字形排列。南北向一段残长 7.9 米，有 17 节陶水管，东西一段残长 4.6 米，有 11 节陶水管。南北向与东西向由一个三通管连接。水管排列整齐。东西向的西高东低，比降约 1：9。从管道本身的排列及有关迹象看来，它应是房子的排水设施（图 2-3-13）。

岐山凤雏遗址，前庭的雨水排放，是穿过东门房台阶下铺设的一条南北走向陶水管，共六节，全长 6 米（图 2-3-14），其做法是先在台基上挖一条宽 0.6 米，深 0.9 米的沟槽，再把水管放入，一节一节的连接起

图 2-3-14　陕西岐山凤雏宫室遗址排水管道遗迹

来，小头套入大头，然后填土夯实。陶水管南端与卵石砌成的 5.5 米长的水道相连，前庭的雨水通过这条水管排出院外。后院中间过廊和厢房（由北向南第三间）下面有东西走向的排水道一条，这是一条排水暗沟，沟壁用卵石砌成，上面铺木棍盖顶，再填土夯实。西小院水通过暗沟流向东小院，再通过东厢房下面的暗沟流出院外。

四、建筑装饰

在建筑装饰方面，商周时期已经开始向多样化发展。根据文献和考古材料，已有彩饰、雕饰及金属饰件等。当然这些装饰只有统治阶级的建筑才能使用。

（一）彩饰

建筑上的彩画，至迟在商代就已发现，安阳小屯一个磨制玉石器的场所，发现一块在白灰面上绘有彩画的墙皮。残长 22 厘米，宽 13 厘米，厚 7 厘米。墙皮上绘有红色花纹和黑圆点（图 2-3-15）。纹饰似由对称图案组成，线条较粗，转角圆钝，应是主题中的辅助花纹。这一发现证实了商代建筑已出现壁画的记载。藁城出土的商代漆器，可以作为殷商建筑彩绘装饰的旁证（图 2-3-16）。

春秋时期彩绘装饰有进一步发展。不仅宫室的柱

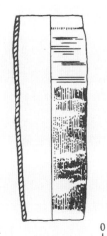

0　　3.5　　7 厘米

图 2-3-12　河南偃师二里头陶水管

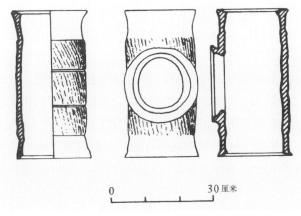

0　　　　　　　　　30 厘米

图 2-3-13　河南安阳陶水管及三通陶水管

头栌柱上绘山纹、梁上短柱绘藻纹①，而且墙上也加彩绘，例如《楚辞·天问》所记屈原见楚先王庙及公卿祠堂壁上的绘画。当时用于彩绘的颜色有朱红、黑、青、淡绿、灰白和黄色等。

（二）雕饰

建筑上的木雕，主要是指梁柱或门窗上的雕刻。史书记载殷纣王筑鹿台已是"雕琢刻缕"[13]。在盘龙城和殷墟墓葬中都发现了木椁上的彩雕。盘龙城雕花皆阴刻饕餮纹和云雷纹，每二组图案间的阴线涂朱，阳面涂黑，饕餮纹作牛头形，可作佐证（图2-3-17）。

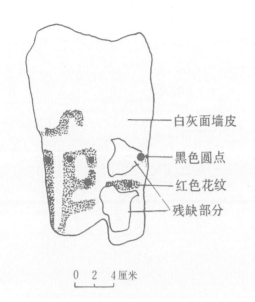

图 2-3-15　河南安阳小屯出土壁画残片

白灰面墙皮
黑色圆点
红色花纹
残缺部分

0　2　4厘米

图 2-3-17　湖北黄陂盘龙城商墓出土彩雕椁版残片

春秋时期，建筑上雕饰更为普遍，《左传》庄公二十四年（公元前670年）"春，王三月，刻桓宫桷"[14]。宣公二年（晋灵公十四年公元前607年）"晋灵公不君厚敛以雕墙"[15]。至于安阳侯家庄出土的石虎、石枭、石蟾等白玉石雕刻，有的可能是柱脚旁的装饰物或门砧石，此可充分表现商代晚期石刻技术的水平。

图 2-3-16（1）　河北藁城出土商代彩色漆器残片之一

（三）金属饰件

建筑上使用金属饰件可能在商代已开始，凤翔发现的春秋时秦国的青铜饰件，其中大型的应为壁柱、壁带上的装饰，小型的如后世的看叶，大概是用于门窗上，反映春秋时期用金属装饰构件更为广泛（图2-3-18）。

铜饰件的应用对后期宫殿、寺院等高级建筑在木构装饰上有很大的影响 。后期的彩画，色彩浓重，花

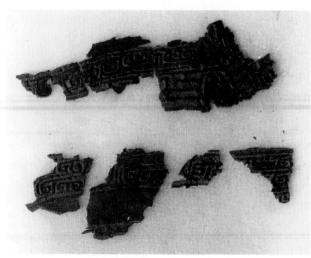

图 2-3-16（2）　河北藁城出土商代彩色漆器残片之二

① 《论语·公冶长》："山节藻棁"。

纹突出的部位多设在构件交接处，明显地保持了这种金属饰件的意味。同时这种小型金饰，也正是后来门窗隔扇看叶的原型。

（四）屋瓦装饰

在屋顶上利用瓦件起装饰作用，是我国建筑的一个突出特征，它大概始于西周。扶风发现的一种面带绳纹为地的饕餮纹，头带半瓦当的小筒瓦。客省庄发现的人字形瓦，凤翔发现的葵花瓦当、绳纹半瓦当以及兽面纹贴面砖等，利用瓦件达到实用与装饰的有机结合，成为我国建筑的优良传统（图2-3-19）。

第四节　建筑工具与材料

新生产工具的出现，是生产力发展的重要标志；建筑材料的进步，反映建筑技术的水平。我国奴隶社会时期，由石器过渡到金属工具，由天然材料发展到人造材料，标志建筑技术的划时代飞跃。

一、工具的发展

我国历史上生产工具的发展，经历了三个阶段：即石器、铜器和铁器。

我国青铜时代，与我国奴隶社会的发生、发展和瓦解相始终，略当历史上夏、商、周时期。青铜时代的特征首先是青铜工具的生产，青铜工具的出现推动了当时农业和手工业的进步，对建筑技术的发展，也起巨大的促进作用。

我国奴隶社会时期，青铜工具虽然没有完全代替石器，但数量、器型日益增多。青铜工具的出现最晚在夏代。目前发现的最早的材料是山西夏县东下冯的铜镢石范。商周时期遗址里青铜工具出土的数量不多，多数是石质工具。二里头遗址已有铸铜作坊的遗址和冶炼用的陶锅、陶范等遗物，并出土少量的青

（1）阳角双面蟠螭纹曲尺形构件；

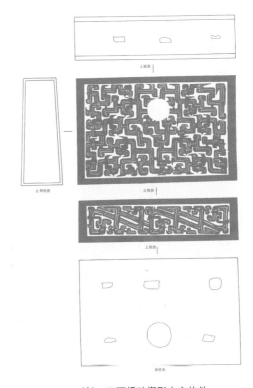

（2）双面蟠螭楔形中空构件

图 2-3-18　陕西凤翔出土春秋秦国青铜构件

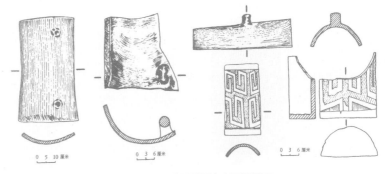

图 2-3-19　陕西周原出土西周屋瓦

铜工具。郑州商城外的两处青铜铸造作坊里已有明显的分工，城南一处，以铸造铜镬为主，城北一处以铸造刀和箭为主，说明青铜工具的应用有较大的发展，生产有了分工。新中国成立后在安阳殷墟发现大量青铜工具。仅妇好王后墓即出土44件。传世青铜工具，多出于殷墟。盘龙城出土的青铜工具（图2-4-1），及安阳大司空村出土的青铜铲（图2-4-2），都可用于建筑的生产。到了春秋时期，青铜工具的生产规模更大，专业分工更细，生产数量远远超过奴隶主自身的需要。侯马"牛村古城"南铸铜遗址，范围大，分工明显，有的出土带钩范，有的出土钟鼎范，有的出土工具范。其中工具范出土一万二千块，估计可合成近四千件器具。工具范大多数是锛、镬，均可多次使用，可见当时青铜工具的使用已经相当普遍。

到了春秋晚期，在农业和手工业生产中开始使用铁制生产工具。在长江流域和黄河中游都发现一些铁器，其中包括凹形锄、削等，这些铁器多数是一些小型的农具和工具，形制已比较成熟。铁器的出现是人类社会生产力的大变革之一。

古代工具的用途，虽因形制的不同而有所差异，但并没有绝对的界限。有些工具，既是工具又是武器；既用于砍伐也用于挖土。各地商周时期的遗址和墓葬发现不少青铜工具，其属于建筑方面的可分为下列几种：镬、锛、斧——这三种工具形制近似，出土数量最多，有单斜面或双斜面，都是长方銎，銎接方木，木上安柄。柄向与刃垂直成十字形，长大而厚钝者为镬，用于挖土。单面刃为锛，用于平木。这二种工具大多可以通用。在商周时期的房屋、窖穴、井或墓葬遗迹壁面上常常可以看到用这种工具掘土的痕迹，在侯马所见的痕迹，下半截保存的斜长7～8厘米，实际掘土的深度要比这长，刃宽4厘米左右，可见这种工具锐利。斧的柄与刃的方向一致，用于砍木，一般较小。斧还有一种薄片形，无方銎，柄夹于斧腰部。铲——主要用于农业生产，属于挖土起土的工具。臿——凹字形（圻春出土），回形（盘龙城出土），为挖土、起土工具；盘龙城所见的臿，形体大。凿——穿孔用具，单斜面刃或双面刃，刃宽1.4厘米左右，上半中空成銎，安装木柄，安阳大司空村和北京昌平、白浮等地发现有木柄遗迹，形状和大小，因功用不同而略有差异，基本与近代凿相似，截面成梯形，用于竹木加工。自商到战国末均有发现，数量仅次于锛、镬。钻——穿圆孔用，数量发现不多。锯——是剖截竹、木、骨、角材料的工具，齿密而直。铜锯殷代已有，1959年安阳殷墟发现一段。黄陂盘龙城、历城大辛庄等商代遗址均有发现。刀、削——用以削竹木。出土数量多，形制小，有直刃和弧刃二种。刻镂刀，可雕刻竹、木器，形式与近代的刻字刀、雕花刀基本相同，郑州、安阳，均有出土。此外，石工具，经过加工的石制斧、锛、凿，在各地商周遗址中数量仍占相当大的比例。

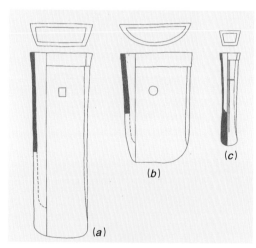

图2-4-1　湖北黄陂盘龙城出土青铜工具图
(a) 铜锛；(b) 铜臿；(c) 铜凿

图2-4-2　河南安阳大司空村出土铜铲

二、建筑材料

奴隶社会时期，建筑材料主要是使用土、木、砂、石等天然材料。随着生产力的发展和营造技术的提高，在奴隶主宫室建筑工程中，开始使用一些人工材料，如陶质材料和青铜材料。

（一）陶质建筑材料

1. 瓦

瓦和陶水道管的发明和使用，是在制陶工业进一步发展的条件下对建筑材料的一个重大改革。瓦的使用，解决了屋顶的防水问题，延长了房屋的使用年限，人们居住也较舒适。建筑上用瓦，文献记载始于夏代[①]，目前最早见于岐山凤雏西周早期遗址。瓦的数量还不太多，大概只用于屋脊或屋檐上。瓦型无筒瓦板瓦的区别。瓦的仰面或俯面，却有区别，两面分别设有陶钉或陶环。瓦宽约30厘米，长度不详，全为泥条盘筑，背面饰绳纹，青灰色，陶质较脆，显得比较原始。到了西周晚期，瓦的使用扩大了。扶风召陈西周晚期遗址，三个房屋周围都有大量的瓦片堆积，瓦的种类达十几种之多，大小、形制、纹饰各不相同；有板瓦，也有筒瓦。板瓦的尺度很大，宽约30厘米左右。早期带有钉环的瓦，其制作可能是用泥条盘筑成圆筒，然后切开，做成筒瓦。瓦的背面有手指按捺的痕迹，不太平整，瓦壁厚薄不均匀，瓦钉和瓦环是用泥条另外附贴在瓦坯上的，瓦的正面饰绳纹。另外有一种面饰绳纹充地颤颤纹小筒瓦和头带素面半瓦当，制作细致。此外，在客省庄等西周晚期遗址，也发现了瓦件。这些瓦都是制成青灰色，火候较高。这种青瓦生产技术一直被保留下来，成为我国烧陶工业的一个传统。西周时期建筑上用瓦大概都是属于上层奴隶主贵族的房屋，当时一般民居遗址里都还没有发现有瓦的遗存，只是到了春秋以后才开始普遍起来。

春秋时期瓦不但有实用价值，而且越来越显现出装饰的作用，这时期瓦的品种增多了，纹饰也十分新颖而带有地区的特点，侯马晋都遗址，洛阳东周古城址，陕西凤翔秦雍城，山东临淄齐故城，江陵楚郢都等春秋时期的遗址都发现有大量的板瓦、筒瓦和一部分瓦当。这些瓦都是泥质灰陶，陶土未经淘洗。先把泥条筑成圆筒形，表面拍印交错绳纹，里面用手按捏，粗糙凹凸不平，胎厚而不平整，筒瓦前端有突出的唇舌，接近后端背上有穿瓦钉圆孔。多由外而内切割。早期一般火候较低，陶色不纯。板瓦是由一个直径32或44厘米的坯角切成四块，长30～35厘米，宽

22～31厘米，筒瓦长32～46厘米，径14～16厘米，厚1厘米。瓦当是先用印模印成圆饼形，附在瓦筒一端，再和筒瓦一起切开，即所谓半瓦当，多素面。各地方出土的瓦大小不尽一致，但形制和制法基本相同。绝大部分为青灰，个别地方有少数红瓦。

在凤翔秦雍城遗址附近，还发现有绳纹半瓦当，变形葵纹瓦当和一种兽面纹"贴面砖"。绳纹半瓦当中心为素面半圆饼，外饰一周绳纹和一周素面宽带纹。变形葵纹瓦当中心为素面圆饼，内圈葵纹成四个齿轮，外圈葵纹变成云纹。"贴面砖"平面呈半圆形，宽23厘米、高11厘米、厚1.1厘米。类似的纹饰也见于鲁国春秋的半瓦当上。瓦的出现一开始就是质量较高的青瓦，以后一直保持着这一传统，没有经过红瓦的发展阶段。

2. 陶制水管

商周时期陶制水管，有三种：一种是承插口的，两端粗细不一，铺设时，细的一端套入粗的一端内，作承插衔接。这种水管见于二里头，郑州洛达庙，小屯，周原等地。二里头发现的水管，每节长42厘米，粗端口径14.4厘米，细端口径13.5厘米，陶面绳纹。周原发现的水管，大小不同，每节长77～96厘米，粗端口径23～28厘米，细端口径14～22厘米。一种是平口的，两端粗细相同，管口平齐，铺设时平口对接。这种水管见于安阳殷墟，长42厘米，直径21.3厘米，壁厚1.3厘米，周身饰绳纹及两道凹弦纹。还有一种是三通管，形制、大小与平口管相似，这种水管道的应用，说明当时管道已略成系统了。

（二）铜质材料构件

1. 柱锧

青铜材料的应用，最早见于安阳小屯殷墟宫殿遗址，在石础的平面上发现有青铜铸造的铜锧。锧径约15厘米，厚约3厘米，上面平滑稍凸，下面中央微凹。铜锧与石础之间有约20厘米厚的垫土找平层。铜锧露在地面之上，柱子则直接立于铜锧之上。不作栽柱，对柱脚防腐有好处。

2. 连接木构的铜构件

1973年在陕西凤翔先秦雍城内一宫殿建筑遗址附

① 《史记·龟策列传》："桀为瓦室"。

近的三个窖穴里，发现排列整齐的铜构件64件，归纳起来大体可分为内转角、外转角、尽端和中段四个类型，以及小型转角和梯形截面的构件。作为正面的一个、两个或三个面，均饰有蟠虺纹。除楔形和小拐头外，有花纹的一面的尾端都有锯齿状尾。这些锯齿均经打磨，卯眼大部有锉磨加工的痕迹。构件内有朽木残存，说明它是与木构结合使用的。虽然因为使用的部位不同，形状有异，但构件的规格，纹饰却基本一致，表明这些构件应是同时、同地、同批工匠铸造而成的。

这批构件被安装于建筑物之后，有纹饰的看面露明，其他各面看不见，从其截面尺寸来看，这批构件内空有16厘米见方，插入这些青铜构件的枋木的断面大小也应与此相同，则相应的木构并非主要承重构件。结合铜构形制及文献材料推知是板筑墙上的壁柱、壁带的装饰构件，有的是安装在一根木枋（壁带）的中段，有的是安装在横枋与墙柱相连接的节点处，曲尺形的构件，应在转角处。

总起来说，奴隶社会时期已突破氏族社会时期只用天然材料的局限，而开始采用人工制作的建筑材料和构件，其中最突出的就是陶质材料和青铜制品。

参考文献

[1]《韩非子·五蠹》。

[2]《诗经·谷风之什·北山》。

[3]《墨子·尚贤》。

[4]《论语·子张》。

[5]《诗经·大雅·文王有声》。

[6]《尚书·召诰》。

[7]《诗经·大雅·绵》。

[8]《左传》宣公十一年。

[9]《左传》昭公三十二年。

[10]《左传》襄公十七年。

[11]《左传》昭八年。

[12]章华台，见《左传》昭公七年；又，《国语·楚语》乾溪台，见《公羊传》昭公十三年。

[13]《说苑·反质》引《墨子》。

[14]《左传》庄公十四年。

[15]《左传》宣公二年。

第二章 封建社会时期建筑技术的发展概论

（公元前 475 年至公元 1840 年）

我国古代建筑技术的发展，经历了原始社会、奴隶社会和封建社会时期，在各个时期又有着不同的发展阶段。通过考古发掘和清理建筑遗址，证明迄今至少已有七千年的历史。

古代建筑，尤其是以木结构为主体的建筑，由于年代久远，容易遭受破坏。这种破坏，一方面是自然的原因，即漫长岁月的风雨剥蚀或雷火的焚毁；另一方面是社会的原因，主要是历次的战争以及皇室和寺院势力间矛盾而引起的灭法事件，使建筑大量被摧毁和拆除，因而早期的木构建筑能完整地遗留至今的很少。留到今天的建筑实物特别是明清以前的，不过是少数或个别的例子，而且不一定是最典型的建筑物，因此它们往往不足以说明当时建筑技术发展的全貌。

除遗址和实物外，还留有一些有关建筑技术的著作。在封建社会时期，工匠大都没有文化，建筑技术主要依靠口头传授和实际操作，师徒相承。因此很少留下专门纪录。偶有一些工匠的著述，如北宋喻皓所著《木经》，也久已失传。唯有明《鲁班营造正式》是一本难得的民间木工专书。我国古代建筑技术具有丰富的传统，而建筑技术的著作却寥若晨星。得以流传至今的几本建筑技术的著作，有《考工记》、宋《营造法式》、清工部《工程做法》等，这些都是官书。

根据遗址、实物和著作，加上散见于古籍中有关建筑技术的片段记述，以及考古出土的实物中所表现的建筑形象等不完全的历史资料，对于我国封建社会时期建筑的发展过程，可以勾画出一个大概的轮廓。

综观我国古代建筑技术，以版筑技术、木结构技术、砖石拱券结构技术、天然材料开采加工技术、人工材料生产技术及城市规划、建筑设计、安装及施工的发展为主要标志，曾获得辉煌的成就，积累了丰富的经验。

我国历史从春秋开始（公元前770～前475年）由奴隶社会转向封建社会过渡。到了战国（公元前475～前221年），封建社会终于代替了奴隶社会。

封建社会，从战国至清末，经历了二千三百多年的漫长岁月。这也是我国古代建筑技术集其大成的发展时期，而在这一时期，就其技术的发展演变来说，大致可以分成五个阶段即：（一）战国至西汉末（公元前475～前25年）、（二）东汉至南北朝末（公元25～580年）、（三）隋至五代末（公元580～960年）、（四）辽、宋至元末（公元960～1368年）、（五）明至清末（公元1368～1840年）。

一

战国至西汉，由于铁工具的使用和封建统治从割据走向统一，从而创造了较高的生产力。社会的变革必然也带来了建筑技术进一步发展的需要和条件。

从文献和遗址来看，战国时代的主要建筑，仍是版筑的城垣和土木结合的高台建筑——宫殿。这种高台建筑，兴起于春秋，而盛行于战国，各诸侯国竞相筑台。版筑术的创造和发展时期是在奴隶社会，至战国秦汉不过应用规模更大，技术更为完备。其最伟大的工程首推万里长城。

春秋战国正是诸侯割据兼并战争剧烈的时期，各国筑城工程蜂起，因此，可以推测，高台建筑可能也是由于防御上的实际需要而产生的。不过在这个时期，它不是采取后世的深沟高墙形式，而是采取了高台形式。

这种高台建筑，是在夯土版筑的台上层层建屋，犹如《淮南子》所说，"高台层榭，接屋连阁。"站在台上眺望城内外可以一览无余。战国铜器铭刻也表现了高台建筑的大略形象，根据秦咸阳、西汉长安宫殿及礼制建筑遗址所见，它们都是以简单的单体木构建筑与高台结合而成为庞大的整体建筑。

对于战国时期的建筑技术还可以从《考工记》中得到一些了解。

秦和西汉，"楼"、"阁"、"复道"等名称屡见于文献。城市和宫苑中，多层的和高架的木构建筑在战国已经出现，秦汉得到进一步发展，梁柱、"井干"都是曾经采用过的一种结构方法，但其形式和技术均不详。《史记》关于秦阿房宫、西汉未央宫和建章宫的记载都提到了"阙"，可是也无形象的资料，仅在东汉石阙及画像石中所见到的门阙图样仍保留着仿木结构的特征。

奴隶社会进入封建社会时期，建筑技术的重大发展是砖的进一步生产和应用。它和瓦一样都是从制陶技术发展而来的，普遍见于战国至西汉遗址。砖，这个继瓦之后产生的又一种人工材料，其意义甚至超出了瓦。它不仅和瓦一起改善了土木结构的质量（陶瓦的发明解决了屋面覆盖物、由草料进而用瓦，而砖的应用，则首先解决了土地面的铺墁），砖的进一步应用，又为创造新的砖结构体系造成了前提条件。但战国迄至西汉，砖的发展仍处于开始阶段，实心砖虽也用于砌筑，如临潼秦俑坑所见，但大量的是用于铺地的实心砖和用以代替木樽的空心大砖，还没有产生新的砖结构的技术。这种砖都带有模压的纹饰，制作非常费工，也说明它仍是少量生产的材料。

虽然封建社会初期已经使用铁工具，能够对石材进行加工，但在这个阶段，石材亦仅用作木构建筑个别部位的构件，还没有产生石结构的建筑。

显然，战国至西汉以砖材料的进一步应用和多层木构技术的发展为开端，在建筑技术上，已经孕育着一个新的发展阶段，而开花结果却在东汉。

二

东汉在我国建筑技术史上是一个灿烂的发展时期。除木结构体系，特别是多层木构技术的发展外，更创造了新的砖拱结构体系及石材做梁柱和拱券的结构方法。

东汉的木构建筑仍没有留下实物，但留下了大量表现建筑形象的明器陶屋、画像石、画像砖，以及仿木构的石阙、石墓、石室，使我们对于早期建筑技术发展的认识前进了一大步。从这些材料来看，东汉的木构技术有了一个很大的发展。

首先在结构方法上已明显地分出了两个系统：一是梁柱式；一是"穿斗"式。它们都具有"墙倒屋不塌"的构架特点，类似现代的"框架"结构。围护体不起承重作用，因而分间灵活，门窗开设自由，适用性广。正是由于这种结构方式的优越性，表现了它的生命力，一经形成便历代相沿，成为我国古代木构建筑的两种基本结构方法。"井干"式在奴隶社会时期初期出现过，封建社会时期在局部地区仍有采用，但没有得到发展。梁柱式后来除"官式"建筑中被普遍采用外，在北方民间建筑中运用也很广泛，而"穿斗"式则成为南方建筑结构的普遍形式。

因为土木结构的建筑需要较大的挑檐以保护墙身、柱脚和台基，在奴隶社会时期就探索支持这种大挑檐的结构方法，可能经过擎檐柱、斜撑之类的发展阶段。战国铜器刻图明显表现了斗状的柱头构件。到东汉，

挑檐有用挑梁、也有用"斗栱"（斗是垫木、栱是挑木），还有在挑梁头加斗栱等。以后，挑梁和斗栱便成为我国古代木建筑挑檐结构的两种普遍形式，尤其是斗栱的发展，在后来大型建筑的形式和结构上都具有重要的地位。但这时期的斗栱组合简单，如人字栱、"一斗三升"，完全出于结构的需要，并且大都只出一"跳"（即挑出一层），屋檐伸出还不大，然而斗栱的形象却十分多样化，如四川乐山等处崖墓即有六、七种样式，并无后来的程式化现象。说明用斗栱的挑檐结构，在东汉时正处在创造阶段。

在东汉明器和画像砖、画像石中出现大量的木构多层楼阁，在历史上亦非偶然。东汉时期，地主豪富势力强大，封建主坞壁的门楼、望楼、粮仓的修建非常普遍，这在陪葬品中得到了反映。明器陶楼少则三层、多则五层，楼的结构仅见梁柱式，并表现出自下而上逐层收减高宽的形象。从零星材料来看，有用通高柱子，也有下层柱托梁枋再立上层柱。柱子都具有显著的"侧脚"，以加强结构的稳定。随着多层木构建筑技术的发展，早期的高台建筑方式就逐渐衰落。

多层木构建筑的技术至东汉获得了重大发展，它成为南北朝木构高塔结构的开端。

砖材料在战国至西汉时期，以讲究装饰性的铺地砖和空心大砖占主要地位，至东汉已让位于结构用的条砖，制砖技术也就向着量的生产发展。

砖瓦材料的产生和发展，不仅由于使用上的需要，而且在技术上早已有着烧陶的基础。烧制砖瓦要比烧制陶瓷技术简单得多，同时它以黏土为原料，在自然界中有着取之不尽，用之不竭的来源。

东汉社会厚葬之风盛行。这是奴役制度的一种思想反映。统治阶级希望死后仍过着生前的剥削生活，因而皆仿生前宅院来修筑死后墓室，并随葬埋藏金钱财物及模拟式的陶制品，这种墓葬建筑也要求采用比较耐久的材料——砖石来建造。东汉时期留下了大量的砖墓，并且用条砖拱券结构代替西汉的空心大砖板梁结构，首创了砖砌筒拱和穹隆结构技术。

砖是一种耐压强而抗拉弱的材料，将空心大砖作为板梁构件使用，不但跨度有限，而且容易脆断，拱券结构的方法则使砖块受压，是适合材料性能的。东汉筒拱和穹隆结构的砖墓几乎遍布南北各地，说明砖石材料的力学性质已被人们所普遍认识。

东汉时期铁工具的进一步应用，使坚硬石的大量加工成为可能。在厚葬风气之下，在山崖上开凿崖墓，构筑石墓、石室、石阙，因此石建筑继砖结构而发展起来。我国古代石结构技术，从东汉开始基本就分成两种：一种是拱券式，可能从砖拱技术发展而来，例如安徽亳县琴圆石墓、河南舞阳黄林石墓及画像砖上的石拱桥；另一种是梁柱式，具有明显的仿木构特征，如山东沂南石墓例。东汉的石建筑遗留至今为数尚多。

我国古代建筑技术的发展，包括土、木、砖、石四大结构，迄至东汉奠定了完整的传统基础。东汉以后，封建社会经济文化进入高度发展时期，特别是由于宗教的需要，吸取了外来技艺，在建筑技术上进一步创造了新的成就。

佛教在东汉时期已传到中国，但开始传播还不广。至南北朝离乱之世，人们寻求对于"来世"的精神寄托，统治阶级又大加提倡，作为麻醉和统治人民的工具，使佛教的发展达到了登峰造极的程度。

关于北魏佛教的发展情况，《魏书·释老志》记载孝明帝时，京城内寺"新旧且百所，僧尼二千余"，"四方诸寺六千四百七十八，僧尼七万七千二百五十八"。至东魏末，其寺达三万有余。唐杜牧诗说："南朝四百八十寺，多少楼台烟雨中"，这仅是建康一地的写照。

从南北朝开始，宗教建筑便成为仅次于宫殿建筑的主要类型，而其数量之多，分布之广大大超过了宫殿建筑。

在封建社会，一是君权、二是神权。在神权方面影响最大的是佛教，其次是道教。这就是为什么历代保存下来的建筑大多是佛教建筑和道教建筑的原因。

在南北朝时期，木结构和砖石结构技术，在佛教建筑（特别是塔）中得到新的发挥和创造进而跨入高层建筑的阶段。

"塔"的概念源于印度的"窣睹波"（Stupa）。它的雏形是由台座、覆钵和相轮组成的实心建筑物。然而在中国建筑的传统形式和世俗生活的影响下，塔除佛教的象征外，大多可以登高远眺。这种登临的要求便带来了中国式塔的技术及形式的特点。

早期寺塔的建筑见于《洛阳伽蓝记》记载及石窟浮雕和壁画（如云冈、敦煌）。南北朝的塔，除云冈石窟塔柱等所表现的形象外，公元6世纪的北魏洛阳永宁寺9层木塔现尚存基址，而河南登封嵩岳寺砖塔迄今仍完好。

永宁寺塔，据《洛阳伽蓝记》和《水经注》记载及现存塔基，可以推测塔高当在数十米以上。从留下的柱迹来看，其结构方法应为梁柱式。

嵩岳寺塔，用黄泥砌筑。塔身径20米、高41米，为空筒式结构，木构楼层，以向上逐渐收小及厚壁造成塔身的稳固。这种结构方法为以后唐代砖塔所沿用。

南北朝以后，砖、木、石塔，历代相继建造，而以砖塔为最多。从此，高塔建筑所显示的结构和施工技术水平，便成为我国古代建筑技术成就的一个突出的标志。

三

隋唐是封建统一的强盛时期。劳动人民创造了丰富多彩的文化艺术，建筑技术也出现了一个高度发展的时期。

隋代虽然仅留下个别的石构建筑，但公元六至七世纪石匠李春创造的河北赵县安济桥，单券净跨37米多，却成为我国古代石拱结构技术发展的里程碑，从而达到古代石工技术的顶峰。

建于公元8世纪和9世纪的山西五台县南禅寺和佛光寺大殿，虽然不过是中小规模的建筑，并不能完全代表唐代木构技术已达到的水平。但它们是保存至今最古的木建筑实物，使我们对于封建社会中期的木构技术做法有了较为具体的了解。

唐代的木构建筑形象，在敦煌千佛洞壁画、乾县懿德太子墓壁画中有着生动的描绘。此外，西安大雁塔门楣石刻、四川乐山大佛寺石刻、山西晋城青莲寺碑刻等，也表现了木构大殿和飞廊及其结构方法。从遗址看，西安大明宫麟德殿、含元殿等，都反映出唐代木构建筑技术的巨大规模和高度水平。

唐代木构技术的发展和成熟的重要标志，首先，它和各个时期共同之点，是不断探索加强结构整体的刚性；其次，是屋顶结构"举折"做法的成型和斗栱挑檐结构的充分发展。隋唐时期还建造一些木塔，但遗物均已不存，仅在敦煌壁画及龙门石刻可见，为方形楼阁式。

以佛光寺大殿来看，是以外柱和内柱及其联系构件分别组成"内槽"和"外槽"，用乳栿加以拉接，柱脚并联以地栿，形成刚性较强的空间结构体系。柱子又作显著的"侧脚"和"生起"（向角柱逐渐加高），也是为了加强结构的稳定性。屋顶的"举折"，在东汉和南北朝还不明显。而这两座唐代建筑，已明确地利用各层梁栿和平槫（檩条）标高的变化，使椽子构成一定的折线形轮廓，说明至迟到唐代，我国古代建筑弯曲屋面已完全成型。此外，唐代斗栱之大，在这两座建筑中几乎等于屋身高度之半，并在斗栱组成构件中出现了"昂"，前端支托着屋檐的重量，其后尾则压在平槫下起着平衡的作用，使出檐更为深远，而受力较为合理。在唐代，斗栱的发展，从它的尺度和结构作用来说，达到了历史的高峰。所有这些，都体现了木结构技术的高度水平，使这座木建筑在风雨中挺立了一千多年。

同时，还应指出，中国古代建筑是以单座建筑围成庭院的群体组合为基本形式。因此它之伟大和复杂，并不仅在于单体建筑的体量，而且在于建筑群体组合的规模。只有了解这个特点，才能恰当地评价唐代以至整个中国古代建筑技术发展的成就。

唐代砖结构及其施工技术的水平，仍然主要表现于塔的建筑。现存唐代砖塔很多，例如西安大雁塔、小雁塔、大理千寻塔、蒲城崇善寺塔等，它们基本上是继承南北朝时期空筒式结构方法，但建造高塔的技术已经广为普及，而平面多以方形为主，仍用黄泥砌砖，高可达 60 多米。

四

宋代手工业和商业的突出发展，在科学上曾出现了伟大的发明创造。古代木结构体系的基本做法，在唐代已经完成它的发展过程，至宋代，产生了两种新的趋向：在形式上，讲求轻巧和变化，而在技术上，为着简便设计和施工的需要，则朝着标准定型的方向发展。

公元 11 世纪编著的《营造法式》保存至今。以它与实物互相对照，互为补充，使我们对于截至北宋以前建筑技术的发展有了比较全面的认识。

在宋代，出现了许多屋顶山面向前的殿堂和楼阁，产生了丁字脊、十字脊屋顶以及工字型、亚字形平面的殿宇。而斗栱则比唐代缩小。现存的一些宋代木构建筑，如大同善化寺普贤阁、太原晋祠圣母殿、正定龙兴寺摩尼殿、晋城青莲寺大殿等，都反映了宋代建筑技术的这种新发展和特点。

在宋代建筑实物中，减柱的做法开始出现，如晋祠圣母殿减中间老檐柱四根，晋城青莲寺大殿减中间前金柱四根，反映了结构布置的灵活性，因而改善和扩大了室内空间。

从唐代到宋代，木构技术发展的卓越成就和另一趋向，则是产生了整个建筑所有构件的统一比例单位，——斗栱的"材"、"栔"（栱的用料尺寸，即标准材），从而在建筑上达到了设计的标准和定型。这种"材分"制度体现在北宋的《营造法式》中，它的产生，对于封建统治阶级来说，是为了控制宫廷和官府建筑的等级，以"关防工料"为目的，而在建筑技术史上却是一个发展的里程碑。

《营造法式》总结的"材分"制，具有"模数"的意义。即"凡构屋之制，皆以材为祖。材有八等，度屋之大小因而用之"，"各以其材之广分为十五分，以十分为其厚。凡屋宇之高深，名物之短长，曲直举折之势，规矩绳墨之宜，皆以所用材之分以为制度"。

《营造法式》的产生，反映了北宋时大兴土木对于做法规范及工料定额的需要，同时也说明了当时建筑技术的成熟水平，在工匠中早已形成了一套"世代相传，经久可以行用之法"。

古代一座带斗栱的木构建筑有几十种构件，大小数千个零件，都要一件一件地预先做好然后加以安装，这是一个极复杂的过程，也反映了在设计方面规定标准以后对于提高施工效率的重大意义。我国古代木结构建筑采用榫卯结合，从萌芽状态开始就具有预制安装的施工特点。但是，如果没有工匠们在宋代以前长期实践中形成一套普遍的成熟的做法，并且积累了按照不同规模和不同用途的建筑采取相应大小构件的经验，以及摸索出各个构件之间的大致比例关系，就不可能产生《营造法式》的这种标准的"材分"制度。如现存唐代和辽代木构建筑实物中，用材多已采用 3：2 的断面；虽为数十种构件，但其标准断面也已统一为少数几种。

在长期的封建社会里，由于生产方式没有根本的改变，技术发展的关系总是以继承为主，它在很大程度上决定于各地区工匠本身的技艺传统。

辽金建筑，基本上是继承唐宋的传统技术，而辽更主要的是承继于唐，但辽金又是我国古代建筑技术史上很有创造的时期。现存最早而最高大的建筑恰恰是辽代建筑，一个是应县木塔，另外是几座大殿，如大同上华严寺海会殿、善化寺大殿、义县奉国寺大殿。特别是公元 11 世纪的应县佛官寺五层木塔，高达 66 米，充分显示了古代工匠运用木材及其结构技术建造高层建筑所达到的成就。塔身利用里外两圈梁柱互相拉接及柱间斜柱起支撑的作用，形成了空间结构的整体刚性，上层柱立于下层柱大斗上，采取"叉柱"做法，因而抗住了大风的袭击，经受了地震的摇动，稳稳地站立了九百年，至今犹存。

《营造法式》所载及这个时期应用和发展的梁柱式构架的两种形式：一种是内外柱同高或内柱稍高，内外柱均作斗栱；一种是内柱升高至檩下，内柱不作斗栱。这两种形式对于唐宋木构具有承前的意义，对于明清木构则起着启后的作用。

在金代建筑中，减柱和移柱的做法较宋代又前进一步，这也是传统木结构技术的一种突破和发展，进而开创了"头额"结构技术。这是在传统的框框束缚下表现了工匠们的大胆尝试。年代较早的实例，如朔县崇福寺弥陀殿、五台县佛光寺文殊殿。

我国古代木构架，很早就出现三角形结构。在武梁祠上已看到汉代的"叉手"做法，从洛阳宁想墓石室中也可看出梁上起叉手支承脊檩，说明汉魏时简单的三角形屋架早已萌芽。在辽金建筑中应用叉手、斜撑的例子很多，如应县佛宫寺木塔、朔县崇福寺观音殿等，也是突破传统框框的一种创造。

但我国古代的屋顶结构仍为简支结构而不是复合结构。虽然在力学上是原始的，但在施工上却具有简便的优点，有利于预制安装法进行施工，也便于抽梁换柱加以维修，也许由于这个原因，在历史上一直沿用，而没有被三角形复合屋架所代替。

元代木构建筑技术，总的来说，一方面沿用传统规则的结构方法，另一方面进一步发展了减柱和移柱的"大额"结构。此外，在局部上，如抹角梁的应用，也加强了结构转角部位的刚度，有利于整体结构的稳固。如山西洪洞广胜寺上寺前殿即是一个减柱和移柱的突出例子。

辽、宋、金、元时期，由于战争以及汉族和少数民族政权交替等因素，传统框框对于工匠的束缚似乎并不那样严格。

宋代砖塔结构在唐塔基础上作了较大的改进，反映出它的技术进入了新的发展阶段。宋塔除大多数仍用黄泥，个别已用白灰砌筑，高度可达 80 米以上，大大超过唐塔的规模。特别是塔身将空筒式、木楼层的结构，改为塔壁及楼层、梯阶全用砖砌，使塔成为一个整体。如有"壁内折上式"结构、实心结构、内廊式、穿心式结构……。从以上几种结构方法看出，宋塔是改进了唐代结构上的弱点，着重地加强塔身的刚性，如开封祐国寺塔、定县开元寺塔。此外，南方地区砖木混合塔很多。

我国独特的制造琉璃的技术，以釉陶为开端在东汉时已经普及。但现知最早的琉璃瓦实物是唐代初期的，至今有一千多年的历史。例如西安大明宫遗址发现的黄、绿色琉璃瓦，说明琉璃的制作技术在唐代已经达到成熟地步，解决了大量使用问题。从此，陶瓦在重要建筑中逐渐让位于琉璃瓦。宋代琉璃瓦的应用更多，但这时仍只用于屋脊和屋面边沿，既是重点防水，也是重点装饰的部位，如唐宋壁画中所表现的，俗称"剪边"。至元代，已生产出多色的琉璃瓦，例如山西现存许多元代建筑，琉璃瓦质量很高。在琉璃的发展过程中，其中黄绿二色是较易烧制的，因而最先为人们所发明，并且应用最广。琉璃砖瓦的制作和应用是我国古代建筑技术的特殊成就之一。

五

明代至清代末年（公元 14 世纪至 19 世纪中叶）处于封建社会晚期，封建制度已经到了日暮途穷的境地。但商业和手工业的发展使已经出现的资本主义萌芽有了显著的增长。明清时期建筑技术发展的最突出的现象是它的形式和做法更加趋于标准程式，但在技术上也伴随着标准程式的要求及手工业的发展带来某些进步。

在"官式"建筑中，逐渐抛弃那些传统的复杂做法和加工，明显地朝着简化结构和施工的方向发展。例如将中心柱向四角逐渐"生起"的做法改为同高，仅角柱略为加高；将斗栱尺寸进一步缩小，内柱升高至檩下不作斗栱，斗栱中的昂退化为水平木，整个斗栱逐渐失去其在结构上的重要性，而加强了梁架的作用，使整个斗栱的制作和用料都大为简化，而出檐也随之减短。此外，还将唐宋流传的"梭柱"，柱头卷杀的做法改为直柱，将"月梁"改为直梁，并且梁枋普遍使用圆木，而较少加工等。从北京明清宫廷及寺庙建筑来看，都有这样的变化，这是建筑技术上的一种进步，也是走向标准程式的发展过程。

明清时期对于建筑材料的使用和加工也有一些创造，例如拼合料的做法，虽在宋代已经开始采用，但在明清时期得到普遍推广。从宫廷到地方的一些建筑都使用铁箍拼合木柱、木梁，并且为了遮盖拼合料表面，发展了"披麻捉灰"的做法，使小材、劣材也能在重要的建筑中得到利用，这是为了解决大规模修建中大材、良材来源的困难而促成的。

明清统治者为了维持他们的统治，从政治上进一步加强封建礼制的作用，对建筑等级制度的规定也更加严格。清工部《工程做法》这部建筑专书的颁行，同宋《营造法式》一样，仍以控制建筑等级和工料消耗为目的，同时在技术上达到建筑标准定型的效果。而宋代以后迄至清以前，在建筑做法上已有了许多发展变化，也需要有新的规范。

《工程做法》及其他有关《算例》也成为解开明清时期"官式"建筑做法之谜的一部指南和手册。书中仍用"材"作为宫式建筑规模等级的标准单位。但与宋《营造法式》的"材分"制不同，而采用"口分"制，将材定为斗口的宽度分为十一等，其他各种构件都按斗口宽度的若干倍数推算而出，用斗口代替宋式栱的断面，作为度量整个建筑各部尺寸的标准单位，也可以说，《营造法式》是以栱的高作为标准，而《工程做法》则是以栱的宽作为标准。这部书还将各类"大式"、"小式"房屋规定了二十七种，由于它对官式建筑形式和做法的统一化，便基本上取消了个体建筑复杂的设计工作。

但清工部《工程做法》同宋《营造法式》一样，只是单座建筑通用做法的示例，而没有建筑群体布置形式的规定，即单体建筑是定型的，而群体布置是可以变化的。这样便使建筑形式能够在定型中求得变化，这也是这个时期建筑的一个重要的特点和成就。

适应这种控制建筑规模和质量等级的需要，明清官式建筑在设计方法上也有发展。例如清代世代相传的宫廷匠师雷发达及其一家在这方面有着突出的成就，特别是根据设计图制作"烫样"，用立体模型表现出建筑式样，是一种更为形象化设计方法。

制作建筑模型在隋代已经开始，当时叫"木样"，例如修明堂、建辟雍，匠师们往往先做模型，根据模型审定后再动土兴工，但这时的模型比较简单，而且仅在设计重要建筑时才制作。雷发达一家创造的烫样，是用纸板做的，墙身、骨架柱为木制，屋顶分片安装，屋顶并用沥料烫出瓦垄，可以灵活地取下观看房屋内部情况，这种烫样实物至今还保存不少。虽然图样和烫样只是表现建筑的大致式样，但由于官式建筑做法的定型，特别是《工程做法》颁行以后，工匠们只要知道它们的大致式样，在"掌尺匠"（唐时叫"都料匠"）的领导下，有了"口分"、"开间"、"丈杆"就可以进行施工，它反映了在建筑标准定型条件下清代建筑设计和施工过程的特点。

明清时期广大民间建筑结构，由于地方的特点而不同，但各地也沿袭其长期的传统做法而趋于定型，仍以"穿斗"式和简单的梁柱构架（"小式"）为基本类型。

明代陶瓷等手工业显著发展，同时采用煤炭烧砖，砖的产量和应用达到空前的程度。琉璃、镏金（古代叫"金涂铜"，战国已有。镏金器物早见于河北满城西汉墓出土）等特种材料和制作工艺的发展，使建筑技术更增添了新的丰富内容。

从元代到明代，在战争中已使用火炮攻城，因此明代开始，全国州城、府城、县城的土城都陆续包砖。现在所见的砖城墙及万里长城东半段、烽火台、城楼均用砖砌筑，都是明代建造的。战争武器的发展是推动城墙用砖的一个重要因素，防火的需要也是一个原因，而砖的生产技术的发展，如以煤作为燃料及窑体的扩大，则是另一因素。除了城以外，从宫府到地主阶级的住宅也都普遍用砖，特别是广泛使用石灰浆砌筑，增强了砖砌体的坚固性，使砖结构技术进入了一个新的发展阶段。

明清砖塔结构技术乃是继承宋代的传统做法，不过最高大而华丽的砖塔却是明代的南京报恩寺塔，高90米（惜于19世纪中叶毁于战火）。明清时期，砖结构从墓室、高塔，进而用于大殿、城门洞等，使砖拱技术有新的发展。砖砌筒拱的大殿（俗称"无梁殿"），例如南京灵谷寺无梁殿（跨度11米）、太原永祚寺无梁殿、永济万固寺无梁殿、五台显通寺无梁殿等，修筑甚多，也有用砖砌出半球形拱顶——"穹窿"，例如四川峨眉山万年寺砖殿（直径 10 米），还有的显然是由于防火的需要，如北京皇史宬。此外，为了增强城门的防御性能，出现了砖券城门洞，其最早的例子，可在南宋静江府城（桂林）石刻图上看到。元代的实例，如元大都（北京）城门，而至明代，砖券的城门洞已相当普遍。

我国的砖栱结构、石结构，早在东汉时已应用很多。石拱结构在隋代赵州桥上已达到 37 米的大跨度，可是长期以来并没有用到重要的房屋建筑上。其主要原因是在汉代以前木结构的发展已有悠久的历史，表现出这种结构方式的优越性，木构技术早已广泛地被人们应用于房屋建筑。在封建礼制思想的束缚下，统治阶级对于传统的形式和技术也有一定的保守性。同时这种木构架结构的材料和施工终究比砖构，尤其是石构要便利得多。虽然木材的耐久性差，但它在结构上采用立柱和简支梁，在构造上采用榫卯结合，也便于维修，可以抽梁换柱，不至于"牵一发而动全身"，在气候干燥地区经常加以维修，仍然可以保持几百年以至千年以上的寿命。由于砖石拱券结构在重要的房屋建筑中得不到应用，这种结构技术在我国古代也就未能得到充分发展的条件。

古代建筑的基础工程，包括夯土基础、瓦渣基础、桩基础和灰土基础都有长久的历史。夯土基础应用最早，在奴隶社会时期已很普遍，以后一直成为一种常用的做法。瓦渣基础已详见于宋《营造法式》，实物例如宋代正定隆兴寺转轮藏殿、元代芮城永乐宫。桩基础其渊源甚至可追溯到原始时期的"干阑"建筑，例如浙江余姚河姆渡遗址，后期的实物，如太原晋祠圣母殿。应用灰土基础的例子，较早的如北京明代城墙，至清代则相当普遍。在我国古代重视基础工程，由于地基基础塌陷而导致建筑破坏的情况极少。

在建筑材料生产上，明清时期琉璃技术也有了进一步发展。明代已经有规模较大，生产流程比较科学的琉璃作坊，例如北京和山西琉璃窑，琉璃产量大大增加，在宫廷和寺庙建筑上广泛应用。它的色彩已多至黄、绿、蓝、红、紫、黑、白七种，而在细微变化上更出现桃红、翠绿、孔雀蓝等多种，其代表性建筑如九龙壁。这种建筑材料的发展，使传统的技术和艺术大放光彩。明清琉璃砖瓦质量很高，许多琉璃建筑经历几百年风雨剥蚀，至今色泽鲜艳，显著地提高了建筑的技术质量。特别是琉璃与色彩、彩画，以及镏金技术等互相结合，使我国建筑艺术达到金碧辉煌、灿烂夺目的效果。

我国幅员辽阔，自古以来是一个多民族的统一国家，除了汉族而外，还有五十多个兄弟民族。少数民族社会历史的发展很不平衡，有的还处于原始社会、奴隶社会阶段，也有的已进入了封建社会，建筑技术发展的水平也不同。由于所处自然环境、文化传统、宗教信仰等因素，使它们的建筑呈现出各自的鲜明特色，其中以藏族、维吾尔族及西南一些少数民族尤为突出。兄弟民族的古代建筑是我国建筑历史百花园中一簇簇灿烂的花朵。

明清时期的建筑，从宫殿、寺庙，到住宅、园林，从"官式"建筑到民间建筑，从汉族建筑到各少数民族建筑大都保存至今。它反映了古代建筑技术发展的最后阶段，而它们所体现的特点、成就和经验成为我国古代建筑遗产的重要组成部分。

总观古代建筑技术的历史，是什么原因使某种技术得以发展呢？考察一下建筑技术的发展进程，可以看出社会对于技术的需要和劳动人民的实践创造，是建筑技术发展的主要动力和内在原因。例如版筑术，它的产生可以追溯到奴隶社会早期，在古代长期用于墙体和基础工程，但它蓬勃发展并且完全奠定了其技术基础的正是春秋战国时期烽起的筑城工程。由于战争对城墙坚实性的技术需要，劳动人民创造了夹板技术、夯杵工具和夯筑的方法。木梁柱结构技术的发展仍然是由于人的需要。在古代，它是劳动人民创造的一种空间较大，使用较灵活，并且施工较快，能够满足多方面需要的结构方式。我国古代石结构的技术成就，主要是在大量桥梁工程实践上，显然它完全是由经济交通的需要所推动的。而砖石结构技术，在房屋建筑上并没有获得充分的发展，固然一方面有材料来源及加工困难的原因，但其内在原因也正是由于当时社会需要本身所造成的局限。砖石长期主要用于墓、塔建筑，是着重利用其耐久的材料性能，而并不要求在结构技术上创造出很大的跨度和空间。

建筑发展的重要条件是物质材料的来源。在古代，人们首先利用天然的材料，而土是自然界中最大量，最容易取得的材料，其次是木材，因而最早发展的建筑技术便是以土和木为材料的技术。土木材料的缺点是耐久性和坚固性不强，石材虽然耐久和坚固，但开采和加工都较困难，以后人们便制造了砖，这种陶质材料类似人造的石材。由于材料的不同特性也就产生了相应的不同的结构技术，土主要是版筑术，木主要是梁柱结构，砖石主要是拱券结构。

至于建筑材料的发展，由于建筑具有大量性的特点，虽然奴隶主和封建统治阶级可以不惜劳动力和工本来使用各种稀少贵重的材料，但作为大量的结构材料生产技术必须解决量的问题才能具备应用的条件。正因为如此，即使在我国奴隶社会处于青铜时代，战国时期已有金涂铜和铁，但只能作为局部的构件和装饰，而不能成为主要的建筑材料。

建筑技术，从材料的生产，如伐木、采石、取土、烧砖、制瓦，到制作成为构件，并按一定的结构方法，而构成建筑，同时产生了设计和施工的技术，具有多方面和综合性的特点。它需要不同工种的工匠来完成。在官府手工业中这种分工比较细致，而在早期，特别是民间，手工业分工一直并不严格，因而在古代，建筑技术的发展同各门手工业技术的发展有着密切的渊源关系。

我国古代建筑技术，主要依靠手工业工匠和农民的智慧和才能，创造出灿烂的成就。在封建社会里，劳动者本身是处于受压迫、受剥削的地位，财富和权力掌握在帝王、贵族、官吏及大地主、大商人手里，因此主要的材料和技术以及劳动力都是用于修建宫殿、官府、寺庙和第宅。除了经验丰富的手工业工匠以外，还有大量的普通农民担负着繁重的辅助劳动和运输。在当时社会条件下，这种繁重的劳动不知曾使多少人伤残和死去。历次的改朝换代，宫阙毁而复建，封建统治者的每一次大兴土木，都是劳动人民的一次灾难。

在长期封建社会里，社会经济和科学文化发展缓慢，建筑技术的发展也十分迟缓。我国古代社会建筑技术，在唐宋时已达到高度成就，到明清虽然在某些方面也有进一步发展，特别是工艺的精美无可否认，但从总的来说，已处于一种迟滞的状态。

第四章 土工建筑技术

概　说

　　我们的祖先，从很早的时候开始，就在我们祖国辽阔广大的土地上建造居住房屋。一开始就和"土"打交道，土是被人们最早使用的建筑材料。如人们开始就挖洞穴居，这是一种初期的土工建筑。人们从穴居搬到地面上来建造房屋，仍然用土作为主要的建筑材料。顾炎武《日知录》卷二司空条载："司空，孔传谓主国空土以居民，未必然。颜师古曰：空穴也；古人穴居，主穿土为穴以居人也"（原注见《汉书》百官公卿表）。除文献记载外，近年考古发掘的大量资料证明，在原始社会，当时人们的住处都是穴居、半穴居。古代住民以土为穴，就这样经历了漫长的时期。因此说古代的建筑工程，没有离开过土，所以盖房子先讲"动土"，其次再讲"兴工"。

　　在我国相当广泛的地区有很厚的土层，其中黏性土占着重要成分。黏性土适宜于建筑工程，它富有黏结力。黏性土色调不同，大体可以分为红与黄两大类：东北以及内蒙古地区以栗色、黑色为主，西北地区为黄色，山东、河北为浅棕色，云南、江西、湖南、贵州均为红色。不论什么样的土，都可做建筑材料。

　　用土做建筑材料，主要是因为土分布广，取土方便，土层深厚容易挖掘，经济实用，坚固耐久。此外，人们住在土建筑中或用土做建筑材料，是古代防寒取暖的好方法。在北方严寒的季节里，对房屋的保暖与防寒，土材基本上起到了防护的作用。

　　在这样条件下，我国的土工建筑技术，有了较大的发展。封建社会中，人们对住的要求虽然提高了，但由于生产力的低下，建筑材料长期地以天然材料为主。因此，土工建筑中的夯土版筑技术曾在长时间内得到大量的运用和发展。

　　在古代，大量的军事工程、建筑工程等大都用夯土、版筑的方法来解决。筑城工程要求数量多、体型大、质量高，具有防御性能。我国筑城工程从奴隶社会就开始，而且继续不断建造。它的发展，几乎贯穿了我国奴隶社会、封建社会历史的全过程。保留到今天的历代古城遗迹很多，分布也很广。筑城工程是我国古代建筑工程中一项重大活动，在工程技术方面取得很大的成就，积累了丰富的土工技术经验。

　　除筑城工程外，还有高台建筑。高台，是采用土来建造，它是我国特有的一种工程类型，也是我国土工建筑中的一个重要方面。从春秋战国到秦汉之际是我国高台建筑的盛行时期，筑台工程的质量和规模都达到空前未有的地步。到汉唐时代由于楼阁的发展，高台建筑耗费土工的工程量大，而且筑台速度慢，因此逐步减少，但是到封建社会中晚期并没有完全绝迹。

　　在土工建筑中还有土坯。土坯是建筑材料的一种，它是由天然材料变为人工材料的一种尝试。用土坯可以建造各种类型的建筑，是土工建筑的另一个重要方面。用它不仅可以砌墙，还可以建造土坯楼、土坯塔、土坯台。用土坯进行建筑，方便适用、坚固耐久。土坯的发展，历史很久，分布也十分普遍。

　　土坯的发明时间很早，它被广大人民所采用，我国建筑史上一直没有间断。土坯和夯土版筑技术在历史上被人们共同使用，成为两个系统并列向前发展。

　　土窑洞同样是土工建筑的一种方式，它是我国西北部广大地区的人们所挖筑的居住房屋。它的历史往上可溯至上古的穴居，就地取材，就地动土，在黄土深厚树木稀少的情况下，构成很适用的居住房屋。

　　除了以上所谈到的几项土工建筑外，在我国有些地区的民间房屋建筑，几乎全部都是用土构成或以土为主要建筑材料，构成为土木结合的建筑。在建设过程中，根据当地的情况，建成各种不同的土房。根据各地的气候条件、土的性质、土层深度和风俗习惯，有着很多的处理方法和丰富的变化。

　　土工建筑本身厚重，它的防御性很强，如古代城墙和万里长城，构造非常坚固，如果没有人为的破坏，它们可以保持数千年。土工建筑施工方便，施工工具简单，这是用其他建筑材料所比不上的。

　　土工建筑防护性能好，防火性能高，还能隔声、防热、防寒、承重，这些成为土工建筑的主要优点。

　　土工建筑是在我国历史上社会政治、经济、生产发展的具体情况下产生的，是历史上的一种建筑活动；到如今在建筑材料进步、特别是人工建筑材料大发展的情况下，已逐渐被减少。然而，古代土工技术，至今还在基础工程、堤坝、筑路、隧洞等方面，仍有重要参考价值，具有一定的生命力。

图 4-1-3（2）　河北易县燕下都南城墙西段夯窝

图 4-1-3（3）　河北易县燕下都南城墙绳眼

遗留至今（图 4-1-4）。魏国的阴晋城，采用方块筑城法，每个方块大小不等，每块 1 米长，60 厘米宽，有的 2 米长，80 厘米宽。夯土平面不甚平整，夯层为 7 ~ 8 厘米，夯窝较小，齐魏两国除筑城外，并将夯土技术用到堤坝工程上。

咸阳故城遗址的夯土墙，在第三层部分就有 70 多个夯层，最大宽度为 7.6 米，现存的夯土高 4.9 米。它的夯筑办法，首先将生土挖开基槽，深 90 厘米，然后用平夯夯实，再逐层夯筑。秦代一般城墙如雍城（陕西凤翔）遗址等亦是采用同样方法。秦始皇陵园围墙和陵体全部使用夯土筑成。秦代历史较短，但夯土工程量之巨大是空前的（图 4-1-5）。

两汉时期农业建设、兴修水利以及生产技术方面都有大的发展。汉长安城墙用黄土夯实，最厚处为 16 米，夯层大致 8 ~ 10 厘米，夯打时插竿分粗细两种，还有两竿并用的痕迹。汉代一般的建筑工程，以河南县城为例，用夯土建造，城基埋入地下，残存最高部分为 2.4 米，城基宽度 6.3 米左右，夯土层较厚，夯窝直径较大。其他如杨城（山西洪洞）、山阳城（河南修武）、禹王城（山西夏县）、敦煌沙州城马面都采用夯土、版筑的方法，夯层明显，插竿洞眼及夯窝明晰可见（图 4-1-6）。汉代大型建筑所用夯土高台，以汉长安城南郊礼制建筑为例，中心的高大台基，夯土土质纯净而坚实，层次非常分明，夯层 6 ~ 9 厘米。中心建筑外围，亦用夯土筑造，高出厅堂地面 50 厘米，后缘由矮墙版筑而成。其他如扶荔宫遗址等，亦用夯土筑造，夯层 9 厘米左右。西汉帝王陵墓用夯土，以汉武帝茂陵为代表，陵园和门墙的夯土皆用平夯。

汉魏洛阳城垣系版筑夯土，细密而坚固。墙壁上一排排的插竿洞眼，至今仍清晰可见。《晋书》卷一百三十载记三十记载赫连勃勃"乃蒸土筑（统万）城"，据分析，所谓"蒸土筑城"，可能是筑城之前，将筑城所用的土进行日晒，以去其碱性，使城墙坚固耐久；也可能在施工时将所用的土用热水和泥，因这样可以使土质匀润，夯打时所有土间缝隙密实，提高墙体的质量。这种做法是我国筑城史上一项独特的夯土技术，它保留直到今天，墙体仍非常坚硬。

隋代古城夯土版筑的实例，以崇正镇古城为代表，南墙残址宽 4.6 米，高 7 米，由杵夯而成，夯窝直径为 12 厘米，夯层为 10 厘米。

唐代经济繁荣，手工业和商业都超过了前代水平，土木工程技术也随之进一步提高。就唐长安城而言，内外城墙全部是用夯土版筑而成的。长安城的官城（太极宫、东宫、掖庭宫）的夯土遗址，地面以下大部分还保存完好，从中可以看出当时的夯土版筑的工程质量，土质坚硬，十分耐久。长安城内西市遗址，还发现圆形建筑，采用分层夯筑的方法，至今夯层明显。至于隋唐东部（河南洛阳）的夯土状况，从右掖门可以看出，在东门道东的夯土墙上，有插竿洞眼，非常清晰。与这同时期的林口县五道河子城址城基亦用夯土，反映地处边陲的渤海国仍然运用夯土技术。至于唐代一般中小城池用夯土版筑者随处可见，例如交河城、中工城、高昌城、琐阳城（图4-1-7）等均是，并且还间杂土坯夯筑。直到盛唐，开始在墙外面包砖，但唐代宫殿建筑用夯土的例子也是不少的，已发掘的长安城的兴庆宫的西面和南面的两座墙均系夯土筑造，勤政务本楼也采用夯土台基。翔鸾阁与栖凤阁亦存长方形的夯土台基，高出地面 1.5 米多，其周围原来是包砖皮加固的。

宋、辽、金、元继承唐代制度，夯土版筑技术继续有发展，而且使用面更广泛。宋代编著了《营造法式》一书，它主要是作为宫殿建筑施工规范系统地总结了

图 4-1-4 山东齐临淄城城墙夯窝

图 4-1-5 陕西临潼秦始皇陵正北处夯土层遗址

当时建筑工程技术的成就。从中也可得知宋代夯土版筑的技术与使用情况。该书卷三中，筑基条规定用碎砖瓦打地脚的方法如下：

"筑基之制，每方一尺用土二担，隔层用碎砖瓦及石扎等亦二担，每次布土厚五寸，先打六杵（二人

相对，每窝子内各打三杵）；次打四杵
（二人相对，每窝子内各打二杵）；次
打两杵（二人相对，每窝子内各打一杵）。
以上并各打平土头，然后碎用杵辗蹋令
平，再攒杵扇朴重细辗蹋。每布土厚五寸，
筑实厚三寸。每布碎砖瓦及石扎等厚三
寸，筑实厚一寸五分。"

北宋的一些帝王陵墓尚残留陵台、
神门、神庙、角阙、乳台、鹊台等，这
些项目均为夯土建造。

辽代夯土，从已发掘的中京城佛
寺遗址看，台基使用夯土筑实，夯层
20厘米左右。顺义区辽舍利净光塔塔
基、镇江甘露寺铁塔塔基均用夯土筑
实的方法。辽金时代吉林他虎城的四
壁是采用夯土版筑。吉林梨树偏脸古
城用黄黏土和黑土间杂，分层夯筑。
林口县三道通城址、城墙由夯土与泥
坯混合筑成。总之，辽金时代的夯土
版筑实例甚多。

元代安西王府城垣、城基甚完整，
全为夯土版筑，至今夯土坚硬平整。

明代城垣建设数量之多是我国历史
上最突出的一个时期，夯土版筑也得到
了极大的发展。明代城池建筑，质量也
达到历史上的高峰。今日全国所存在的
大小城池的城墙，绝大部分都是明代所
筑，或在明代补砌包砖。城心内部夯土，
有的是纯黄土，有的是以黄土为主，夹
杂一些砖料、石块与灰沙，分层夯筑成
灰土或三合土，外皮包以青砖。据已调
查的北京城、正定城、大同城、忻州、
晋城、蒲州、郏县、太原、银川、洛阳、
西宁、兰州、敦煌、吉林、沈阳、呼和
浩特、邯郸、西安、澄城、韩城、成都、
昆明、郑州、舞阳、曲阜、南京等古城都是采用这种
夯筑的方法。明代夯土工程，对于分层分片夯筑更为
注意，对墙体基础工程使用灰土的方法增多（按一定
比例用黄土加石灰），这是对夯土版筑技术进行改进
的结果。

图 4-1-6 河南修武山阳城城墙夯土层

图 4-1-7 甘肃瓜洲县琐阳城夯土层

清代的夯土和版筑方法是在明代基础上进行的，
帝王宫廷建筑地脚的做法，多半采取灰土夯实法（将
石灰与黄土拌匀）。这个方法在清代各种工程做法中，
种类甚多（见本章最后一节）。

筑城工程夯土版筑状况分析表

工程项目名称	性质	时代	地点	夯土层厚度（厘米）	夯窝		土质情况
					直径（厘米）	深度（厘米）	
亳都宫殿台基	宫殿	商汤	河南偃师	6～9	4～5		上部红色夯土下部花夯土
商城	城墙	商	河南郑州	8～10	2～4 2～6	0.7～1.5	以红土、黏土为主，黄土
殷墟宗庙	地基	殷	河南安阳		3～4		
周代遗址	城墙	西周	陕西华阴	8～10	6～8		黄褐色土，五花土
薛城		西周	山东藤县	9～12	6～7		土质较纯，黄土含沙
马陵古城	城墙	春秋	河南马陵	10～14	4～5		
大马古城	城墙		山西闻喜	8～12	6～8		红褐色土
京城	城墙	郑国	河南荥阳	8～10	4～5	0.4	纯黄土
赵康城	城墙	晋国	山西襄汾	5～6	7		红褐色土
燕下都	城墙	燕国	河北易县	8～12（外城）			生黄土，纯净
平望牛村古城	都城	晋国	山西侯马	6		2	
临淄	都城	齐	山东				杂有花土
阴晋城	都城	魏	陕西平阴	8～9	3～4		黄褐色土
万里长城	长城	秦	甘肃临洮	6～9	3～4		黄色黏土
咸阳故城	都城	秦	陕西咸阳	3～10.5	7	0.2～1	黄土
秦皇陵内墙	陵园	秦		外城6～7			
雍城遗址	城墙	秦	陕西凤翔	9			
玉门关		汉	甘肃	8			黄土
山阳城	城墙	汉	河南修武	10～12			黄土
汉楚二王城	城墙	汉	河南广武	7～9	6		黄土
杨城（东城）	城墙	汉	山西洪洞	7.5	5～8		土色淡黄
（西城）	城墙	汉	山西洪洞	8～10	5～8		土色淡黄
禹王城（大城）	城墙	汉	山西夏县	9～11	9		
（中城）	城墙	汉	山西夏县	8	9		
长安城	都城	汉	陕西西安	8～10			
崇安遗址	城墙	汉	福建崇安	8～12			黄土
汉城遗址	城墙	汉	江苏赣榆				
进武城	城墙	汉	河北磁县	8～11			
沙州城	墩台马面	汉	甘肃敦煌				黄土不黄
礼制建筑	宫殿	汉	陕西西安	6～9			
扶荔宫址	宫殿	汉	陕西韩城	9			
茂陵门阙	陵园	汉	陕西茂陵	4～8			
河南县城		汉	河南洛阳	6-10 南墙上层6 下层7 东墙7	6～10		
滑城			河南偃师	北墙4～6			
崇正镇古城		隋	陕西扶风	10	12		黄土纯净
东都左掖门		唐	河南洛阳	7～8			
长安城西市		唐	陕西西安	8～9-12			
高昌城		唐	新疆吐鲁番	8～12			
桥陵围墙	陵园	唐	陕西蒲城	6～10			
中京城	城墙	辽	内蒙古	19～21			
他虎城	城墙	辽、金	吉林	10～16	2		
偏脸古城	城墙	金	吉林梨树	10～15			黄黏土、黑色土
统万城	都城	西夏	陕西横山	7～9			黄土加白灰
元大都		元					
安西府城	城墙	元		8～10			

夯筑方法	插竿洞眼（厘米）			备注
	距离	高度	直径	
基址打在生黄土上				
分层夯筑，用夯杵捣固				
素土夯实				
	内城 1.4 ～ 1.7 外城 0.95 ～ 2.05	4 ～ 6	6 ～ 10 11 ～ 15	每隔 4 ～ 6 层有一排插竿洞眼 5 个洞眼
			12 ～ 14	20 个洞眼
利用平夯法分块夯筑，每块长 1.1 米	1 ～ 2	最高处为 13	9 ～ 15	最长之块为 1.6 ～ 1.8 米
			5 ～ 6	
分段分层夯筑				
采用分块夯筑法				
夯筑十分坚实				
没有竖向接缝				城土塌落插竿已不清
采用夹板筑城				
				夯窝不规整
	0.68 ～ 1.20	0.85		
	72 ～ 75	90 ～ 100	12 ～ 15	
夯窝密集				
			8	夯窝正圆形
				插竿洞眼极为清楚共 18 层
	11 ～ 14	90	12 ～ 20	
中间夹土坯 2 ～ 3 层 用平夯筑				插竿洞眼极为清楚
				插竿洞眼清楚共 18 层
台基以上瓦砾相间，层层筑起				夯土非常坚硬

（二）夯土版筑的工具及施工方法

夯土版筑工具的进步是夯土版筑技术发展的一个标志，古代早期夯土版筑的工具中主要使用夯杵，这是单人操作的夯具。杵的产生，早在新石器时代人们就利用石材发明创造了。那时的杵，只是作为生活中谷物去壳的工具。据考古调查材料得知，这个杵在仰韶文化与龙山文化遗址中曾不断出现，使用它的地区非常广泛。如陕西、河南、内蒙古、新疆、东北等地区均有出土。陕西户县一例，石杵平直而短，杵身粗壮。内蒙古清水河一例，杵身长40厘米，上径4厘米，下径17厘米，用花岗岩制成。在张家口地区发现的石杵，都是在下部有一粗而圆的杵头，这样可使捣击的面积加大。

商代石杵从河南偃师出土遗物来看已有进步，并在当时已用到夯土墙中。从郑州商城的夯窝可断定出夯杵的情况。春秋战国的夯杵从郑韩故城出土的两只杵头，可知道当时夯杵的式样。战国已出现铁夯，如在长沙出土的铁夯头。

秦汉时期夯土版筑技术有了新的发展，夯杵也有较大的改进。陕西栎阳遗址发现大夯头（石夯杵头）三件，体型为圆锥体，高27.7厘米，上部直径15厘米，用以安装圆形木柄的洞眼直径6.5厘米，深8厘米。杵之上端两侧有高3厘米，宽2厘米的竖方形孔两个。孔洞呈方锥体与柄窝穿通，内孔为1厘米正方形。这种穿孔的方法是为穿木柄而用的。杵下部为9.5厘米，整个夯头体均经过镌凿而成，底部不另外磨光，石料是细砂岩。在汉武帝茂陵出土的石夯有两件，其中之一直径9.5厘米，杵身高11厘米，底部削平磨光，上部留一洞眼，系为安装木柄之需，石料为砂岩。秦阿房宫出土的石夯头，上小下大，安装杵柄的洞眼非常明显。在夯旁有一洞，系固定杵柄之用（图4-1-8）。汉代石夯头式样与秦代大同小异，直径30厘米，高40厘米（图4-1-9）。

宋代夯土实物虽然没有大量出土，但是在《营造法式》一书中有详尽的记载，从中可以得知夯杵之情况。1972年曾在河南舞阳谢古洞遗址发现宋代铁杵头一只，正圆形，杵高20厘米，直径15厘米，顶部中心有一洞，洞口直径6厘米，洞深7厘米，此洞是为安装杵柄所用。元代在元大都居住遗址中发现石夯头甚多，用它作为

图4-1-8　陕西阿房宫出土的秦代石夯头

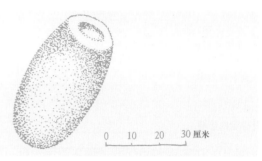

图4-1-9　陕西茂陵出土汉代石夯头

夯土版筑以及在石臼中捣米均可。明清两代夯杵种类更多，夯杵分为石杵、铁杵、木杵三种，夯头大小不一；夯杵形状也有多种变化，尤其是木夯的式样更多，以至各地的木夯形状都不相同。

木杵的材料多用枣木、槐木、榆木、柏木之类的硬木。按北京地区规格，每把长1.7米，直径20厘米，上下直圆，底部削平，谓之平底木夯。一般常用的铁夯直径15厘米，高15厘米。在清代还出现夯碡，一般规律是打夯先打碡，发展后来成为碱。碱分为石碱与铁碱，常用于大面积夯土工程中。

版筑的工具有：打墙板、椽了、插竿、立柱、横杆、绳、大缏、抬筐、扁担、簸箕等。这些工具在二千年前就曾经出现。1971年秋调查郑韩故城时，曾在北城墙墙洞中，洞顶自然塌落，在夯层间见到有一个圆筐和一条绳子的印痕。筐的直径50～60厘米，绳子直径2.5厘米。清代以来，民间称呼所用的方法，用板者为板打墙，用木杆或椽子打墙者为"椽打墙"（图4-1-10）。

我国古代建筑工程的施工方法，全部采用插竿脚手架施工，各城墙遗留至今的插竿洞眼可以证明。根

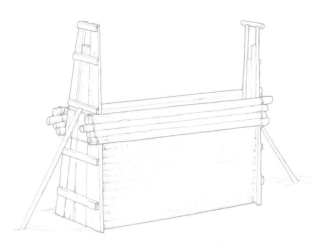

图 4-1-10 关中地区椽打墙墙架图

据洞眼位置，可以推测出当时脚手架的式样。

当时的脚手架主要是插竿、立柱、互相绑扎在一起，在立柱之旁侧施木板，作为木夹板，施工时逐步提升。除此洞眼实物外，还可根据《说文解字》得知：筑墙之长板称"栽"（宋代称㙄板），筑墙的端木称"干"（宋代称"墙师"）。《格致镜原》卷二十引《事物绀珠》云："桢干，植木以筑墙"，《说文解字》云："干，筑墙两旁木也"。这实际就是指版筑墙的立柱。由此证明，我国古代筑城工程的施工，必然采用插竿立柱的脚手架。在封建社会里，凡筑城之类大工程都是统治阶级强迫劳动人民筑造的，在夯土工程上往往不计劳动定额，更谈不上技术改进。清代夯土工程，根据清工部《工程做法》的记载，有大夯灰土筑法、小夯灰土筑法两种。随着工程项目的差异，以及地方性的关系，木夯的形制繁多，木夯本身重量、大小亦各有不同，因此各地打夯的方法也是不同的。一般常用的打夯方法是按工程对象区分，分为墙基打夯、大面积台地打夯、筑城打夯、筑台打夯等等。

在北京地区，墙基打夯有相对法、相背法、纵横法三种。相对法：二人执夯或四人执夯分为四小组（墙基甚窄时分为二组），自墙基两侧从两尽端开始向相对的方向进行。每组一人唱号起落自如。相背法：自墙基中心往两尽端方向进行，打至两端再重新返回继续前进。纵横法：共分二组，一组横向进行，一组纵向进行，左右交错，叫作打花夯。

大面积台地打夯有打啃夯、打旋夯二种。因为工作面大，从一端或两侧进行，易于防止地面开裂。打

啃夯：是一夯接一夯地循序前进，由点到面，放射状展开。打旋夯：是大面积工程采取的环形打夯法，一种是沿周边前进，一种是小环状打夯。筑城打夯：因为城体宽大，要人多抬土，分为几组执夯，进行按排打夯。夯体虽小，但是夯的时间长，用小杵夯打，更十分周密，每层填土20厘米，夯至7～8厘米，土质坚固，再提升墙板，墙身两侧均用脚手架进行。

筑台打夯：这种方式相当于大面积打夯。将每层打完后，逐渐上升，施工完毕后，将台子四周的积土清除，露出竣工的高台。筑台工程上料、上人，均用脚手架进行。总之，都是要按圆状打夯。这是防止大片开裂的方法之一。无论用什么样的方法，每夯下去都要半径压半径，一夯窝打三遍。在有条件的工程上要分多夯组，全面开花为宜。"举夯夯顶要过头，夯底高度超过膝"，这是打夯的一般常识。明清时期，在工程中出现的大碪，是一种重量大的工具。其打法是多人用绳子甩起大碪，拉住牵绳向下摔落。根据碪的式样、性质与质量，可分为四人、八人、十二人数组。大碪适合于大面积台地而不适于墙基工程。

夯土版筑是我国古代土工建筑技术史上发展的重要成就之一。夯土用于人工加固地基，使基础有整体性，提高耐压强度，保证建筑物的稳定。版筑墙就是农村所叫的打土墙、板打墙、椽打墙、杆打墙以及干打垒等同类夯土墙之总称。版筑的特点是：就地取材，适用方便，当墙体干燥后，保温性能好；坚固耐久，又可承重，省去木柱与砖材。它的缺点是不宜开过大的窗洞，很易被雨水冲蚀。

图 4-1-11 西藏夯土墙墙架及工具图

夯土版筑对民间建筑亦有深远意义，近数百年来，我国除了大城市以外，中等以下的城市夯土版筑土墙数量仍然很多，特别是广大农村，人们建造房屋时更是不能脱离夯土版筑的方法。我国北方、中原以及西北地区，气候干燥、黄土甚多，使用夯土版筑是有利的。夯土版筑的壁体，经济便宜，是降低建筑造价的一个途径。此外，西藏地区使用夯土版筑亦很普遍（图4-1-11）。

二、万里长城的土工

我国的万里长城，是世界闻名的伟大工程之一。它的历史可追溯到二千二百多年以前。从春秋战国开始，一直到明代，屡次建设，总长度远远超过一万里。它有着不同的区段，为了军事防卫需要，增加了许多复线。今天，从考古学的角度通过对长城建置状况、夯土工程等综合分析，认清了战国长城、秦汉长城、明代长城的特点及各时期的施工方法。万里长城的材料，大部分用土，因此它是古代土工建筑技术的重要成果。

春秋末期至战国时代，由于铁工具的普遍使用，农业、畜业、手工业普遍发展起来，在中原出现了以政治、经济、文化为中心的大城市。如秦国的咸阳、赵国的邯郸、燕国的下都、齐国的临淄、魏国的大梁。这些大城市，当时成为北部游牧部落贵族和战国各国统治阶级之间争夺的地方。

当时在中国北方的游牧民族有严允、匈奴、林胡、烦楼、东胡，他们经常向中原侵略，出入在阴山一带或是黄河北岸，沿着北部的各诸侯国统治者，不得不采取一些有效措施，而修筑万里长城是防备游牧部落的贵族统治者向南扰犯的措施之一。战国各国之间，也有筑长城来防御的。

战国时期的长城有：

齐国长城：西起济水（山东境内黄河），沿泰山山脉北支，东至琅琊（山东诸城南），主要是防御楚及吴。

楚国长城：又称"方城"，远在春秋齐桓公时代（公元前685～前642年），楚国即有"方城以为城，汉水以为池"的传统，但那时的方城是与汉水对举的，主要指的是方城山。到了战国时代，楚国才筑了方城。它的防御对象是西北秦国及北面的魏、韩等国。

燕国长城：西起造阳（河北独石口），东至辽宁，防御对象主要是东胡、匈奴。

燕南长城：西起河北易县，东至河北永清。它的防御对象是齐国和赵国。

赵国长城：西起高阙（内蒙古临河区），东至河北蔚县，是赵肃侯和赵武灵王所筑，防御对象为匈奴、林胡、楼烦。

魏国东边长城：北起黄河南岸（河南原武县），南至溱水向东作出凸出的方形，显然是保卫着大梁（开封）。它的防御对象是秦国。

魏长城（魏西边长城）：北起黄河河套，西至河西之地（陕西东北部），南接华山。防御对象主要是匈奴，其次是秦国。

目前在陕西省韩城市南马凌庄附近遗留的魏长城有两道，全部为土长城，当地人称为内长城，两城相距160米，城墙已塌落，高度不详。南城基部宽7米，顶部宽4米，残存高度4米。北长城体形略小，城墙下部宽5米，上部宽3.5米，残存高度4米左右，全部用黄土夯筑。内城墙往南约270米有一个烽火台。烽火台平面方形，每边长7米，台子总高10米，做出侧脚上下收分很大。从烽火台底部到台子中间的夹角梁高度为4.5米。全部城墙和烽火台都用夯土筑成，夯层厚度7～8厘米，它的规模远比汉代、明代长城烽火台小（图4-1-12）。

图4-1-12　陕西韩城马凌庄魏长城烽火台

这段长城的建造与位置，与《战国策·魏策》所记述的长城相符，是魏国西边长城的遗迹之一。从中可以看出，魏长城的夯土工程技术水平。

秦代的万里长城主要是防止北部匈奴贵族主向南侵扰，修筑了西起甘肃临洮，东至辽东的新长城，这就是中国历史上有名的秦始皇的万里长城。秦国修筑长城远在战国时代，那时的长城西起甘肃临洮，东北沿着黄河，直达后套，是后来万里长城的一部分。燕、赵、魏各国所筑的长城后来都加以添筑，并连接起来，也成为万里长城的一部分。到了秦始皇北逐匈奴以后，才于公元前213年用大量人力物力修筑万里长城。《汉书·匈奴传》记载："始皇帝使蒙恬将数十万众，北击胡林，收取河南地，因河为塞，筑四十四县，城临河。自九原至云阳，因边山险堑溪谷可缮者缮之，起临洮至辽东万余里。"这就是秦代的万里长城。

秦代长城的位置：它西起临洮，东北顺着黄河，到达河套。再从临河区起，利用赵国的长城，北达阴山，南至河套、呼和浩特，再到大同、代县。往东接至燕国的北边长城，再从张家口、独石口向东，沿燕山至宣化、怀柔、玉田、锦州至辽东。秦代万里长城比现在遗存的明代万里长城偏北，也比明代长城尺度为长。秦代长城保存到今天的，如山西大同北部一段，呼和浩特包头附近一段。临洮附近还留存一段，全部用黄土筑成。城墙下部宽4.2米，上部宽2.5米，残存高度3米左右。城墙夯土用黄黏土夹杂少量的碎石筑成，用夯头紧密捣固。夯窝很小，系采用夯杵施工的。从现存下来的遗迹看，秦代的万里长城工程确是十分伟大的（图4-1-13）。

汉代万里长城，是汉代重新开始修筑的。西汉初年，匈奴奴隶主贵族，连年侵扰北部地区，从汉武帝开始进行三次大规模战争。为了进一步维护国家的统一，用巨大的人力物力修筑长城1500里。从遗留城墙的尺度和烽火台的体形来看，它的规模和建筑情况，都远远超过前代。汉代除重修秦代万里长城外，还修筑朔方长城（内蒙古鄂尔多斯右翼后旗），新修凉州西段长城，建立河西四郡：凉州（武威）、甘州（张掖）、肃州（酒泉）、沙州（敦煌）等地。

凉州西段长城在甘肃境内，北端自额济纳旗居延海开始，向西南方向经过火方城、金塔县（为北长城）；从金塔县破城子、桥弯城到达瓜州县（为中长城）；

从安西县到敦煌、大方盘城、玉门关到新疆境内（为南长城）。以上三段是汉武帝时期修筑的。玉门关关城，四面都用夯土墙，接缝为斜错相接，为了防止塌落，采用圭角形门洞（图4-1-14）。据《居延汉简》，有"五里一燧，十里一墩，卅里一堡，百里一城"的记载。据现在调查，实际上三里左右就有一燧，几十里就有一城。从玉门关一段来看，汉长城墙身下部宽3.5米，上部宽1.1米，墙身残存高4米。墙身夯筑方法，自地面50厘米开始，每隔15厘米铺芦苇一层，作为防碱夹层。芦苇纵横相交，厚6厘米。芦苇至今保存完好。墙身夯土用当地的土，土中夹杂一些细小石子，

图4-1-13 甘肃临洮秦长城遗迹

图4-1-14 敦煌汉代长城玉门关城墙夯土

图 4-1-15　玉门关南部汉代长城

全部用夯筑实（图 4-1-15）。汉代长城的烽火台，都建在长城边沿，有的建在长城外，也有的建在长城里边，遗留到今天的还有数百座。烽火台平面方形，每边长17 米，高 25 米左右，四个壁面都有侧脚。一种用夯土筑成，一种用土坯砌成；也有的用土坯和夯土合筑。土坯尺寸长 38 厘米，宽 25 厘米，厚 9 厘米。土坯砌法：每隔三层土坯夹杂一层芦苇。在烽火台壁面上还残留许多洞眼，从洞眼的位置来分析，城墙和烽火台施工时采用插竿央板脚手架的施工方法。如甘肃金塔县天仓公社一个烽火台的壁面上，保留洞眼二排，每排四个，第一排距地面 14 米，二排间距 80 厘米，洞眼间距 1.20米，可见墙面土坯砌筑采用了插竿单排脚手架。在那千里无人烟的荒凉戈壁滩上，食宿、运输材料都很困难，兴建这个巨大的工程，显然是非常艰巨的。尤其是西北地区风沙漫天，气候寒冷，可以想象当时劳动人民进行艰苦施工的状况。

　　明代长城西起嘉峪关，东至山海关，总长 6700公里。当时沿长城设立四大镇，分段进行防守。辽东镇设在辽东省辽阳，管辖范围南起凤凰城，西达山海关，共长 975 公里。这一段全部为土边墙。宣府镇设在河北省宣化县，管辖范围东起居庸关，西达大同市，全长 511 公里。这一段地处北京外围，为了加强防卫，建造了长城九镇。大同镇设在山西大同，管辖范围西起山西偏关，东到山西天镇，全长 323 公里。榆林镇

设在陕西省榆林县，管辖范围东起内蒙古清水河，西达宁夏盐池县，全长 885 公里。后来为了加强防卫又设立三大镇：

　　宁夏镇设在宁夏银川，东起宁夏盐池县，西达甘肃清远，全长达 1000 公里。甘肃镇设在张掖城，东起兰州，西达嘉峪关，全长 800 公里。蓟州镇设在河北蓟县城，东起山海关，西达居庸关，全长 600 公里。

　　明代长城分东西两大部分。山西以东为东半部，都是砖贴面或局部用石砌。东半部长城都建在高山峻岭之间，随山势曲折延伸。城墙下部宽 6 米，顶部宽4.5 米，墙顶外设垛口，高 2 米，内部砌女墙，高 1 米。城墙总高 8.7 米。墙身每隔 70 米左右，设敌台一座。城墙两面全部使用青砖砌筑或用石构，内部为夯土。西半部长城全部为夯土筑成，墙身下部宽 4 米，上部宽 1.6 米。墙顶设有敌墙垛口，高 80 厘米。墙顶通道宽 1.2 米。城墙总高 5.3 米，采用夯土版筑，每版长4 米。如嘉峪关北部长城，按段夯筑，实物遗留至今（图4-1-16、图 4-1-17）。烽火台建在长城两侧，有的独立建在高山上，也有和城墙接连的，平面方形，每面

图 4-1-16　甘肃嘉峪关新城公社明代长城

图 4-1-17　嘉峪关明代长城

8米，总高12米，四面都做出很大收分。长城所用的土，就地取材。夯筑时，采用夹板脚手架的施工方法，一版长的城墙用土量，就要80立方米。一个烽火台的用土量就得800立方米。据嘉靖十九年（1540年）嘉峪关北墙出土的"第一工起"石碑记述，一工是一队，以六队为一个施工单位，按段施工前后用了一百多年。

三、高台建筑的土工

高台建筑是我国古代建筑中一种类型，在我国楼阁建筑产生以前，高台建筑是古代大型建筑的重要方式之一。自从原始社会时期人们将房屋搬到地面上来，就是为了防避潮湿，理解到居高临下，通风开敞的好处。人们逐渐选择高爽处建造房屋，这是我国建筑发展的启蒙。到奴隶社会，夏、商、周三个时期遗留下来的建筑遗址，大部分都在较高的地方进行建筑。当时建在朝歌城中，在燕内外的土台很多，1930年发掘时尚有50多座，现今尚存留30多座，台高还有6～7米其中最高的达20多米。姥姥台夯筑四层，第三层夯土厚达13～17厘米，第二层为10～14厘米，夯窝明显。炼台上部的夯层比城墙还厚（图4-1-18）夯窝也较城墙为深。如邯郸赵武灵王城，城内外高台有16处之多，其中最大最高的台，还存留13.5米，全部都是用夯土筑成的。

侯马晋城内有52米×52米，高出地面6.5米的巨大的夯土台，台顶四周有大量瓦砾。以阶梯形夯土台为基，台上层层造房屋，构成巨大体量的建筑群。当时台高、量多，真是高台建筑的大发展时期。唐代的高台建筑，根据敦煌莫高窟壁画中所反映的情况，

按比例计算高有15米左右。另外在乾县出土的永泰公主墓壁画中的高台也是独立的阙楼高台。高台建筑的发展，一直流传到明清两代。

我国早期高台建筑遗址分布 表 4-1-2

时代	古城名称	高台位置	高台尺度（米）	性质
郑韩	故城		7～8	人工独立高台
郑	京城	城中心偏北	8～9	人工独立高台
齐	临淄城			人工独立高台
赵	邯郸城	城内外有高台16处		人工独立高台
晋	侯马赵康城	城中心偏北	8	人工独立高台
燕	燕下都			人工独立高台
	滕城			人工独立高台
鲁	鲁城	城中轴偏北	6	人工独立高台
秦	成阳	阿房宫在城南	10	人工独立高台
汉	未央宫	城内西南角	12	天然高台

高台建筑主要用于宫苑建筑中，同时亦用于我国早期高台建筑遗址分布寺院、庙宇、城工建设上，数量甚多，它的遗址至今仍然可寻。

高台建筑的构造和做法大体分为两大类：

第一类高台建筑的台，就是利用天然土台，或者是人工夯筑的土台，在土台顶部建造宫殿楼阁，这种形制的建筑称为高台建筑。土台最高的有30多米，一

图 4-1-18 河北易县燕下都"炼台"夯土

般的部在 5 ～ 15 米。台的平面大小不完全相同，一般由 200 到 7000 平方米，其中最大的在一个台上建设一座城市。如陕西省富平县城，将全城建在一个高大的土台子上，利用高台做为防护墙，使全城得到安全。

第二类高台建筑的土台，利用原有的土台或者夯筑的土台，在台子周围贴着土壁建立木柱，利用土台子的壁面做为墙壁，一面立柱，建成楼阁，在台子上面亦建造楼阁，这样的高台建筑在秦汉时期已经盛行了。例如咸阳秦代一号宫殿就是这样处理的高台。

高台建筑居高临下，宏伟壮观；建筑本身通风防湿，接纳阳光好，居住十分安全。所以在封建社会，高台建筑得以发展，是因为它符合统治阶级的需要。高台的台子分为两种：一种选择利用天然土台，分为依台、半台、台顶、依山、半山、山顶几种情况。例如山西五台山，将五个台上都建立庙宇，充分代表天然的独立的高台。多数用它建造宫殿、寺院、庙宇、苑囿。另一种是由人工夯筑的大台，规模不如天然土台那样大，仅在宫殿、寺院、庙宇、苑囿的局部建筑中建设之。台子四周砌砖，有的将夯土切齐。凡在一组建筑中，将重要的建筑建在台上，以增强宏伟壮观。兹将近年来新查到的高台列表分析如下：

第二节　土坯工程技术

土坯是建造居住房屋的主要建筑材料之一。土坯的砌筑技术在氏族公社时代就开始了。随着社会的发展，它一直被广大人民所应用，积累了丰富的经验。

原始社会人们的生活与土有着密切的关系，当时处理地面用夯实打平的方法，并且出现垛泥墙和夯筑土墙。由于打土墙不够灵活，所以人们就开始把土制成小块土坯。用土坯砌墙，施工可以运用自如。目前所知最早的土坯在河南永城龙山文化晚期遗址中。在历史上，土坯和夯土版筑的方法同时向前发展。在奴隶社会，土坯的运用更加广泛。西周时期，已经运用了大块土坯（据周原发掘资料），长 47 厘米，宽 17 厘米，厚为 7.5 厘米。不过那时只将土坯运用在砌筑台阶和整齐的边线部位。

由土打墙到砌筑土坯墙，是一项巨大的技术进步，也是建筑材料的一大革新，它为砖的出现作了准备。

封建社会初期，诸侯战事频繁，春秋战国筑城发展，除夯土筑城外，在城门洞口和局部地方使用土坯或用土

早期高台建筑例表　　　　　　　　　　　　　　　　　　表 4-1-3

地区	有高台的寺庙	高台性质分析	高台建筑状况	台子面积（米）	台高（米）	备注
宝鸡	金台观	周边镶砖	半山式	41×41	20	人工加工
西安	著福寺白衣阁	砖石方型	独立式（寺内）	15×15	6	人工加工
合阳	会帝庙	大土台	天然独立式	18×18	12	人工加工
邠州	大佛寺	砖台	依山式	30×20	20	人工加工
合阳	文庙尊经阁	砖台	独立式	15×25	6	人工加工
户县	鼓楼观	砖台	半山式	15×20	8	人工加工
韩城	司马太史公祠	土台	山顶式	45×30	30	人工加工
武威	雷公庙	庙院人工土台	人工土台	30×25	7	
武威	文庙魁阁	庙院人工土台	人工土台	11×11	4.5	
武威	海藏寺正殿高台		人工土台	40×30	5.2	
古浪	大土门过街楼	庙院人工土台	人工土台	9×9	6	
富平	县城高台		天然土台	1500×1520	8	

高台建筑是古代劳动人民用了极大的力量来建设的。当时由于材料的限制，就利用夯土作为高台，这是一种利用土工技术的创造性方法。我国高台建筑很多，有的已经毁去，只留下一些土台，有的还保留到今天，它的工程是十分宏伟的。

坯建造局部城墙。当然也用土坯建造房屋。秦咸阳遗址中发现使用土坯砌的窑顶，有的房屋中还用土坯砌墙。汉代的土坯墙叫做"土墼墙"。颜师古云："墼者仰泥土为之，令其坚彻也"，《后汉书·周行传》云："行廉洁无资，常筑墼以自给"。西汉的土坯块（图 4-2-1）

间上、地域上常常互相交错。这一阶段的实物资料更多。宋元符二年（公元1100年）编著的《营造法式》总结了它以前的成就。考察一下在它以后的建筑结构状况，还可发现它们有一个共同点，即在一定程度上保持着《营造法式》所记录的形式，同时又在探索新的结构方式。形式上是"殿堂"或"厅堂"，具体结构方法却有变化，但还没有统一标准，并且孕育着许多新的大胆的尝试。"减柱"、"移柱"做法，"叉手"、"斜撑"应用较多。

第五个阶段——从明至清末鸦片战争（1368～1840年）：这是保存实物最丰富的时期。木结构建筑技术在14世纪末15世纪初，又得到了一次飞跃的发展。如北京故宫中许多明代建筑，昌平的长陵等，就是这一时期的代表作品。到清雍正十二年（公元1734年）曾由工部编定《工程做法》一书，记录下了这一新成就的规范。然而自从16世纪以后，木结构建筑无论在建筑形式上或结构技术上基本是保持着原来的状况，很少新的变化，成为停滞的状态，这也是长期封建社会没落的反映。

第一节　战国至西汉的木结构

我国历史从公元前475年进入战国时期，作为封建社会开始。大部分奴隶得到解放，提高了工农业的生产，铁制工具的使用促进了建筑技术的进步。但在手工业范围内，大部分奴隶的地位仍然没有改变，技术的改进比较缓慢。直到西汉末，改变了工商业范围内的生产关系，在建筑技术方面取得了较大的进步，为下一阶段的发展奠定了基础。

从奴隶社会末期就已出现的高台建筑，到了战国时期大量的兴建起来，直到西汉末，此种建筑已成为这一历史时期内重要建筑物的主要形式。它是用夯土技术与木结构技术相结合而成的土木混合结构，将若干较小的单体建筑聚合组织在一个夯土台上，取得体量较大、形式多变的建筑式样。

西汉末期楼阁建筑得到重大发展。木构架中，在柱头上使用斗栱，已成为重要建筑的普遍特征。木构件使用的榫卯，从战国和西汉木椁榫卯的式样来看，

可以大体反映出木结构建筑中榫卯的情况。这些榫卯的出现，说明已经可以解决当时木构架中各种构件互相结合的要求（图5-1-1）。

封建社会的初期，随着商业的发展，军旅的往来，桥梁、栈道工程得到了进一步的发展。此类工程中，对于大跨度、重荷载在工程技术上的解决，必然对于木构架技术产生有益的借鉴和影响，例如在后一阶段中，比较复杂的斗栱结构形式，某些方面也可能与木结构桥梁的排架、挑梁有继承和发展的关系。

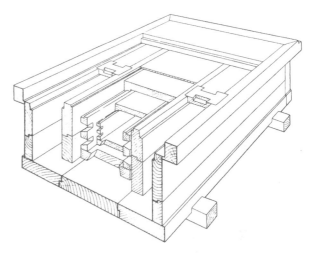

图 5-1-1（1）　长沙战国木椁墓结构

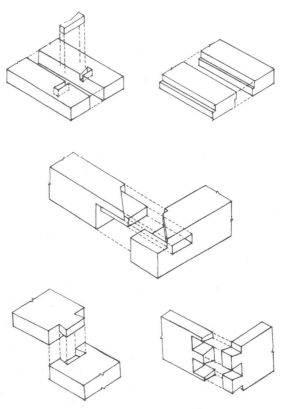

图 5-1-1（2）　战国木椁中的木构榫卯

一、高台建筑的结构

台的起源很早，殷代有鹿台，周代有灵台，其详则尚不知，《国语·楚语》卷十七记有伍举的一段话："故先王之为台榭也，榭不过讲军实，台不过望氛祥。故榭度于大卒之居，台度于临观之高。"反映了台的最初功能，大致早先是瞭望用的夯土台，其后又在上面建造简单的木结构房屋，作为习武射箭之用，名为榭，这就是台的雏形。

战国时筑台之风盛极一时，各诸侯国统治者争相筑台，如魏的文台，韩的鸿台，楚的章华台，齐的路寝台，都是历史上著名的台。《晏子春秋》记"（齐）景公登路寝之台，不能终而息乎陛，忿然而作色，不悦曰：孰为高台，病人之甚也"，《老子》曰："九层之台，作于垒土。"说明台可高达九层，是很高的建筑。《国语·楚语》卷十七又云："（楚）灵王为章华之台与伍举升焉，曰：台美夫？对曰：……不闻其以土木之崇高雕镂为美。"则指明台是装饰华丽的建筑。所以古代历史学家就已作出："高台榭、美宫室，以鸣得意"的评语，反映出台必定是当时高标准的建筑物，极为高大华丽，因此统治阶级才用以夸耀其权力和财富。

自秦代以来台的记载渐少，宫室的记载却多起来。《史记·秦始皇本纪》说："秦每破诸侯，写仿其宫室，作之咸阳北阪上，南临渭。自雍门以东至泾渭，殿屋复道周阁相属"。这里只说宫室殿屋没有提到台，却新出现了阁。阁就是阁道——高架的道路，它间接表明那许多宫室殿屋都是建造在高台上的，所以才需要用高架道路相联系，以免上下之烦。由此又可证明，到战国后期各诸侯国的宫室大多建于高台上。虽然秦以后的文献不再称此类建筑为台，实质上它是由台发展出来的一个新的建筑类型，是宫室建筑的一种新形式。我们在这里要探讨的高台建筑，即系根据现有战国、秦、汉时代的宫室建筑遗迹及其他形象的资料，对这一建筑类型的结构形式试作推测。

有三件战国铜器上面刻画出建筑图：一是上海博物馆收藏的战国铜樏杯（图5-1-2）刻画出三个建筑物，其中两个形象完整，都是建在台上的宫室建筑，两侧均有梯级。另两个是河南辉县出土的铜鉴（图5-1-3）和山西长治出土的铜匜（图5-1-4），它们都有残缺，但仍可以看出至少是三层高的宫室，没有梯级而是由

平缓的坡道上去。三个图中表示的结构都相同，下层残缺，屋面做法不详，中层两侧画出一面坡屋面；上层似为四阿屋面，但两侧的屋面檐口低，中部檐口高，两侧柱子矮、细，中部柱子高、粗。柱头都有栌斗形物，中部两柱上承纵向大梁，梁上并画出枋子的断面。上下层的柱子不在一条中线上，可能是上层较下层退后的表示。从中部柱头上刻画的梁枋判断，其结构是在纵向构架之上再加排列较密的横向构架，尤以长治铜匜上的刻画表现得极为明确。

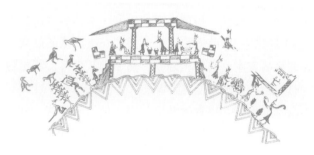

图 5-1-2　战国铜樏杯中的房屋

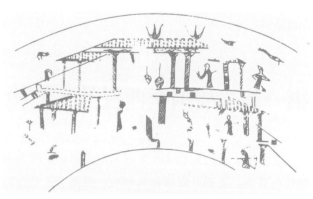

图 5-1-3　河南辉县战国铜鉴中的房屋

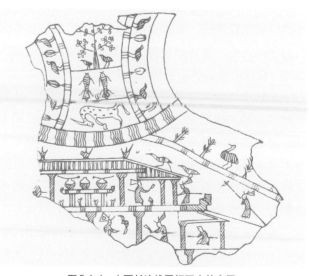

图 5-1-4　山西长治战国铜匜中的房屋

许多战国时期的古城遗址中大都保存着一些高大的夯土台，如燕下都、赵邯郸、齐临淄等。赵邯郸遗址的小城中轴线上排列着四个夯土台，其中最大的一个底面积 200 米 ×280 米，高 13.5 米，是分三层的梯级形。经初步试掘，沿着每层周边有柱础遗迹，可以判断台上应是一个宫室群建筑。1975 年在咸阳发掘出秦始皇时期的宫殿遗址，保存着更丰富的建筑遗迹，也是建造在梯级形的夯土台上。根据这些情况，使我们对高台建筑有了比较具体的认识，并且可和铜器上的线刻画联系起来。1956 ～ 1958 年发掘出西汉末年的十余处建筑遗址，其中一个被认为是"辟雍"的遗址保存最好（图 5-1-5）。它的中心有一个直径 62 米的圆形夯土台，高仅 35 厘米，其上又是一个折角方形夯土台，现存最高处 3.2 米。方台上保存着大量建筑遗迹，是一个具有代表性的高台建筑遗址。可见直到西汉末年，大规模的建筑如宫室、辟雍、太庙等等，仍然是建造在巨大的夯土台上。它们可能具有不同的外形，其结构方式则是相同的。

但是"辟雍"一类遗址中心建筑的平面，与铜器线刻画的形象还难于完全结合起来，只能由遗址的复原研究来解答。遗憾的是完全的复原现在还不可能，因为除了平面有较完整的遗迹外，其上部结构毫无痕迹可寻，也没发掘到与之有关的遗物，现在只能根据平面先作出力求符合各种现象的推测。

这个建筑平面四边的柱子排列大体是对称的，西面最完整。最外一排柱子表明前厦八间，每间间广 2.5 米，后排柱子较前排多出一倍以上；前厦之后是厅，由内柱排列判断是三间，间广 5 米，它的后排柱子也多出一倍；而所有转角处都使用双柱，有几处甚至是三柱、四柱。据前厦外转角用双柱判断，应是纵横两面构架各自使用自己的柱子，由此进一步推测所有的构架可能都是各自使用自己的柱子，不使一根柱子同时承担两个方向不同或不属于同一个建筑的构架。如按照这个原则在平面上画出结构布置图，即可看到凡是两个互相紧靠着的建筑都有各自的柱子，从而可知在整个夯土台上的建筑是由互相紧靠在一起的一群单体建筑组成的。所以，这处中心建筑的平面布置是：四角分别是两个包以木结构外廊的、多层屋檐的夯土墩；四面中部前面是四个敞厦，后面在两角第一个夯土墩之间是两层高的厅堂；再后在两角第二个土墩之间可能还有一个厅堂，立面上则应表现为第三层，最上在中心可能是一个方形或圆形的大厅。

由许多建筑物聚合在一个阶梯形夯土台上是高台建筑的特征，前述铜器上的建筑图像两侧屋面低，可能就是表示两侧和中部是分别的、单独的建筑物。这种形式在时代较晚的东汉武梁祠和孝堂山画像石上都更加明确地表现出来（图 5-1-6）。当然它是经过艺术概括的表现，不是建筑图，如武梁祠画像石所表现的是一个正面图，孝堂山画像石则是一个立面展开图。

根据上述各项推测可以得出一个初步概念：这一时期建造大面积大体量的建筑，是采用将它划分成若干小面积建筑的方式解决结构问题的。这样做就能够用跨度小、结构简易的构架，也许只需将一般穿斗、梁柱构架稍加改进，便可胜任。然而又产生了中心部分的采光通风问题，于是梯级形的夯土台使中心部分高于外围部分，这就形成了高台建筑的外形。具体构架形式虽无法肯定，从前述辟雍遗址柱子排列形式及铜器上的建筑画等推测，很可能是在沿建筑物的外围柱头上使用纵架，其上再加横架的形式。最后还应指出，在某些部位还可能利用夯土墩取得整个结构的稳定性，或由夯土台分担部分荷载，严格地说高台建筑是一种土木混合结构。

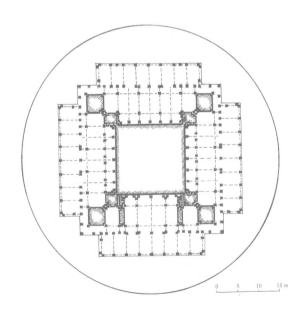

图 5-1-5　西汉"辟雍"遗址平面

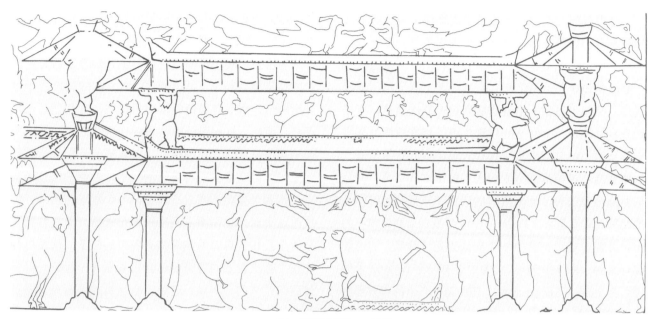

(1) 武梁祠画像——后壁

(2) 孝堂山画像——东间北壁

图 5-1-6 武梁祠和孝堂山汉画像石中的房屋

二、栈道及桥的结构

封建社会初期在经济上注意开辟土地、发展农业生产并带动了商业、手工业的发展。兴修水利、开辟道路、修造桥梁，是与之相配合的建设性措施，秦在公元前3世纪为了开发四川，修筑了栈道和都江堰，使生产发展、经济充裕，为统一全国取得了稳固的基础。当时蔡译就说过"栈道千里，通于蜀汉，使天下皆畏秦"。以后继续创修了巴蜀的栈道，到西汉初已有嘉陵道（即故道）、褒斜道、阴平道、子午道四条通路。直到东汉时巴蜀始终是当时的重要经济区，所以有"自

建武至乎中平（公元25～189年）垂二百载，府盈西南之货，朝多华岷之士"的说法，足见栈道对于政治经济起了重要作用。栈道又称为阁道、桥阁或简称为阁，是依山傍崖用木柱梁架设成道路。

道路、桥梁与农业生产的关系极为密切，它是生产斗争中的产物。奴隶、农民、手工业工人是创造者，他们在长期实践中积累了丰富的木结构技术经验。尽管平时在农业生产中所建造的道路桥梁，可能是小规模的、简单的，但是在国家投入了大量资金兴建大规模工程时，他们就能应用积累起来的经验，进一步发挥其创造才能，完成艰巨的伟大工程，必然促进了木结构技术的进步，

图 5-1-7（1）　山东沂南汉墓画像石中的桥梁

图 5-1-7（2）　成都青杠坡汉墓画像砖中的桥梁

图 5-1-7（3）　内蒙古和林格尔汉墓壁画渭水桥图

图 5-1-8　石轴柱桥修建示意图

砖墙
板坊
梁

石板路

石辗盘
柏木椿

同时也为后来大规模、大体量的宫室建筑准备了技术条件，在木结构技术史中有重大意义。

战国、西汉的栈道形式及结构没有留下文献记载，自东汉以来文献渐多。永平六年（公元 63 年）《开通褒斜道碑》记褒斜道有"桥阁六百三十二间，大桥五，为道二百五十八里"。建宁三年（公元 170 年）《郙阁颂碑》说："缘崖凿石，临深长渊，三百余丈，接木相连，号为万柱。"可以看出栈道是复杂艰巨的工程，除了大量土石方工程外，有桥阁、大桥等木结构工程。北魏永平二年（公元 509 年）《石门铭》曾记录"阁广四丈，路广六丈"，可见工程之浩大。它的做法据《水经注》所记是"其阁梁一头入山腹，一头立于水中"，虽然这都是东汉以来的状况，但是由秦开巴蜀道的目的以及西汉初年关于军事战争中涉及栈道的记载看来，可以肯定早期栈道也是通行车马的。那么这种栈道其实是依崖而建的木桥，其结构方法，荷载力基本上和木结构桥梁相等，只是大梁的一端插入山崖中，简省了一部分柱子。

记载桥梁的文献较多，最具体的是《三辅黄图》记秦都咸阳渭河上的横桥："引渭水灌都以象天汉，横桥南渡以法牵牛。桥广六丈，南北二百八十步，六十八间，八百五十柱，二百一十二梁。桥之南北堤激立石柱"。《水经注》作："桥广六丈南北三百八十步，六十八间，七百五十柱，百二十二梁。"那么桥广合 13.86 米，长 388.08 米或 526.68 米，这些数字是否可靠尚难肯定，但可确信它是个规模相当大的木结构桥梁。所记柱梁数是如何分布的，两处记载数字不同，又与间数不相合，尚难肯定。但参照东汉时画像石及壁画的桥梁推测（图 5-1-7），大致是每间立一排木柱，柱头上用横梁，横梁上又密排纵梁，如按和林壁画的表示，纵梁下通有层叠的挑梁（或斗栱），纵梁上铺厚木板，或加填土及卵石面。简言之，它是用成排的柱子组成排架作为桥墩，上面用层叠的悬臂梁或单梁构成桥身、桥面。照此看来，渭河横桥每间可能由十一或十二根柱组成一个排架，六十八间按总长平均每间跨度约 7～9 米，则应是使用层叠的挑梁，这是当时可能做出的木结构桥的形式。由此又可推测栈道的结构形式，大致也与此相近似。这种木柱桥现时已无遗物，而陕西、河北等地现有的石轴柱桥，尚留有此种桥的痕迹，只是以石轴柱代替了原先的木柱（图 5-1-8）。

三、楼阁结构

《史记·秦始皇本纪》："殿屋复道，周阁相属"，已经提到了阁。此外《三辅黄图》记西汉宫室建筑有汉武帝"作建章宫，度为千门万户。宫在未央宫西长安城外……乃于宫西跨城池作飞阁通建章宫，构辇道以上下"；"井干楼高五十丈"，"未央宫有天禄阁，麒麟阁"等也提到了阁。阁或飞阁，即是利用高架的阁道以为宫室之间的通路，其高足以越城，其长可以跨池，形象地描述出阁道的作用，当然它是直接应用了栈道桥梁的结构技术。而所谓麒麟阁、天禄阁则是一种单独的房屋建筑，结构形式是由阁道派生的，只是由长桥形的道变为方或长方形平面的房屋建筑物，在外形上或许有较多的艺术加工，从此它成为一个新的建筑类型，被长期应用，发展到宋代时它已和楼没有区别了。

至于井干楼，在《汉书·郊祀志》中有较详细的记载："立神明台井干楼高五十丈，辇道相属焉。"颜师古注："井干楼积木而高，为楼若井干之形也。井干者井上木柱也，其形或四角或八角。张衡《西京赋》云：'井干叠而百层'即为此楼也。"则此种井干结构实是一种早已有之的传统方法，只是扩大了规模，由一般房屋的高度增加到"五十丈"高。五十丈可能是夸张之辞，但一定是大为超过了一般房屋，并且给予了一定的艺术处理。所以《盐铁论》说："今富者井干增梁"，表明它曾被统治者大量应用。

还有另一种楼或重屋在防御建筑和商业建筑中发展起来了，前者是城楼，后者是市楼。也见于《三辅黄图》："天凤三年霸城门灾"，"长安城东出第二门曰清明门……汉书平帝元始四年东风吹屋瓦且尽"。近年长沙马王堆出土的驻军图中所绘的箭道城，是一个平面三角形的城，画出了两层高的城楼，并且还有

角楼。又同书记："夹横桥大道市楼皆重屋。又曰旗亭楼在杜门大道南。又有当市楼，有令署以察商贾货财买卖贸易之事。"由此看来市楼是商业性建筑，重屋则至少是两层高，横桥大道两侧都是市楼重屋，可见已是商业建筑的普遍形式，是由城市商业发展而产生的，其结构形式现时还不得其详，以后来的楼房建筑判断，可能还是穿斗或梁柱构梁的形式。

总之无论是宫室建筑或民间建筑，此时都已开始向高层发展，为下一时期高层结构建筑技术打下了基础。

第二节　东汉至南北朝的木结构

东汉到南北朝末，共五百五十余年，其中东汉二百余年是一个全国统一的时期，经济、文化有比较稳定持续的发展。

遗留至今的东汉时期的石屋、石阙、画像石以及这一时期出土的许多陶屋、陶楼等，充分说明木结构建筑的主要结构体系——梁柱式和穿斗式，已经形成。前期的高台建筑转为满足特殊功能要求的建筑，或作为宫室园苑中的点缀。

重要建筑物中的大型的厅堂构架被创造出来，间广和主梁跨度逐渐扩大。

力求做成整体的构架，是这一时期在结构上的一项重大发展和成就。结构形式起了质的变化，一般房屋在外围柱子中部加一条横枋，无论是梁柱式或穿斗式都起了加强各个屋架间联系的效果，使得纵向和大额枋组成了一个整体框架，在此框架上更放横方向的梁架，显然稳固得多。这种改进明显地体现着整体构架的进一步加强。

重要建筑物中斗栱的使用已经比较普遍，可以看出各种结构形式和构件是在不同的功能要求下创造出来的，除了继承自周代就已出现的用大斗做为梁柱间承托构件外，还利用挑梁和简单斗栱（大多为一斗三升或二斗五升）做为出檐或平座的支撑结构，斗栱作为悬挑作用，在这一时期已经很明显地看出了。从斗栱的使用位置，可以区别出柱头、补间、转角三种形式，后代

斗栱结构中的各种构成部分，在这一时期均已出现。

这一时期另一项重要的新成就是高层木结构建筑的木构架被成功地创造出来，从东汉的五层高的陶楼到北魏永宁寺九层木塔都可明显地看出。这种逐层立柱、逐层收进、逐层出檐的高层木构架，已为后一时期高层木构架奠定了基本形式。

在加强整体构架的同时，到南北朝时期，更注意了木构架的艺术加工，柱头、椽飞的卷杀以及梭柱、束竹柱等都已经出现。

我国古代建筑中独特的木结构体系和由这种结构特点而产生的建筑形式在这一时期也已形成，为以后一千余年的木结构技术发展打下了基础。

一、一般建筑的木构架

大量的雕刻、绘画以及模拟木结构的石雕建筑，使我们对这一时期的木构建筑有了较具体的认识，而不必再过多地依赖那些抽象的、含义不明的文献记载了。

一般构架是指数量最多的住宅类等规模较小的建筑。它们大都是悬山屋顶，往往在它的山面清楚地刻画出木结构的形象。大量东汉明器陶屋上普遍地表示出穿斗或梁柱构架形式，山面构架多加用中柱，跨度二或四椽。（图5-2-1）中的一个三间厅堂，还划出了用挑梁或栱挑出屋檐的结构，四椽梁上用两个短柱承平梁，平梁之上无蜀柱，很可能是使用三角屋架。三角屋架是本时期内普遍应用的形式之一，如东汉初的朱鲔石室就刻画出了三角屋架，另一个北魏石刻画上（图5-2-2）的两个三间屋，山尖下都刻划出三角屋架。下方一排廊屋的大门右侧屋檐下刻出四个梁头，它们都不在柱上，而是放在纵向的大额枋上，仍然保持着使用纵横相重叠的传统做法。凡此，都说明这一时期一般房屋建筑的构架使用穿斗、梁柱、三角架和挑梁出檐等结构形式，都是传统做法的继续应用。

由上图（图5-2-1、图5-2-2）所见均可看到在外围柱间使用横枋。虽然也可理解为安装门窗或编竹墙的构件，但只要注意到，不但加用横枋，还在横枋上加用了一根短柱，这就证明是加强结构的措施，使得全部外围柱子连接成一个整体框架，较之各个独立的柱子要稳得多，因此，也就无需在转角处使用双柱了。这种做法，很可能是本时期内的一项新改进。

图 5-2-1　成都杨子山汉墓画像砖中的厅堂建筑

图 5-2-2　北魏孝子棺画像石中的房屋

二、大型建筑的木构架

规模体量较大的房屋建筑一般称为厅堂，它们都为四阿或歇山屋顶，可以推想也会有与之相应的构架，从外观上虽然看不出构架形式，但按其柱子数量和排列形式，大概都是应用梁柱构架，而不用穿斗构架。屋面以下的结构大致可分为三种方式。

①是在柱上用斗栱承檐枋及横梁。在山东、四川的东汉墓中发现较多，均为石雕，柱高一般约2米左右，模拟木结构很真实。柱、栱比例很大，都是在栌斗上用一只栱，栱两端各用一只小斗。其结合方式亦有多种：四川彭山355号崖墓（图5-2-3）墓门栌斗上用曲栱，檐枋由栱端小斗承托叠压于栱上，栱中部雕出一个方头。由另一墓——彭山460号崖墓（图5-2-4）柱、栱可以

看出这块方头，是栌斗上横向短栱的出头。此短栱里端亦用小斗，应为承托横梁或横架的构件。彭山 530 号崖墓石柱上是转角斗栱（图 5-2-5），它由两个半栱交叠而成，转角斜缝上不用角栱或角梁。还有山东沂南汉墓内（图 5-2-6）石柱栱上更有替木的表示。这些实例，使我们了解到东汉时柱、栱、架、枋相结合的各种方式。

图 5-2-3　四川彭山 355 号崖墓石柱斗栱

图 5-2-4　四川彭山 460 号崖墓石柱斗栱

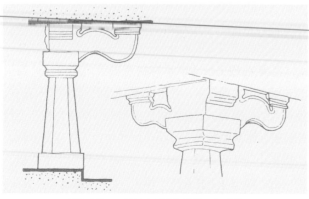

图 5-2-5　四川彭山 530 号崖墓石柱斗栱

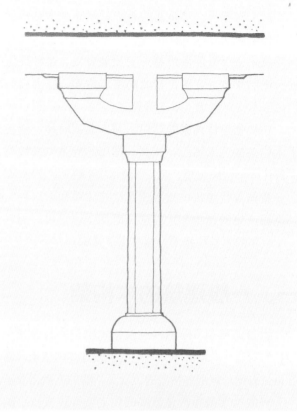

图 5-2-6　山东沂南汉墓石柱斗栱

②是在柱头上用栌斗承通联数间的纵架。四川宜宾黄伞溪崖墓外廊是雕凿最好的一例（图 5-2-7），它的纵架是由栌斗口上的大额枋、斗栱和上面的檐枋组成的。特别是它在檐枋上还雕出了一排方或梁头，按其尺度、排列密度以及与上面的瓦当的比例关系，如果它表示的是檐头，则过大而稀少，所以可能是表示梁头，反映出它的内部应是用截面较小的材料做成较密集的横梁或横架，或者是层叠的枋木。

③是由第二改进而来的，它与前者的区别，只在于将纵架下的额枋位置下移至柱头之间，即将柱子直接连接起来，而又使得柱头斗栱直接置于柱头之上而不是额枋之上（图 5-2-8），使纵架和檐柱的联系更加密切。

这三种结构方式到本阶段后期时，前一种使用较少，后两种使用较多。如在云冈、龙门、麦积山、天龙山等石窟中，经常可见，尤以天龙山第 16 窟窟廊作于公元 560 年，极其真实地雕琢出了木结构形象（图 5-2-9），以其与黄伞溪崖墓外廊相较，其结构方式是一致的，只是艺术加工显然精致得多。

图 5-2-7 四川宜宾黄伞溪崖墓前廊

图 5-2-8（1） 河南睢宁汉画像石中的房屋

图 5-2-8（2） 河南睢宁汉画像石中的房屋

图 5-2-9 太原天龙山第16窟窟廊

三、高层建筑的木构架（包括阙、楼阁及塔的结构）

（一）阙的结构

自周代以来就有阙的记载，那时的阙是如何构造的，不得其详。《史记》载西汉"营未央宫，立东阙、北阙"，武帝时作建章宫，"其东侧凤阙高二十余丈"，《水经注》记此阙高七丈五尺。就算七丈五尺，也要合 19 米左右，是相当高大的。据近年来西安发掘的几处西汉城门遗址及西汉末期的大建筑群遗址，看来那时的阙似乎是在夯土筑成的墩台外面包以木骨架，木屋檐。

东汉石阙保存至今的有将近三十处，还有大量画像砖石上刻画的阙，绝大多数都真实地表现出木结构形式，是研究东汉木结构技术最直接可靠的依据。

冯焕石阙（图 5-2-10），阙身表现为两层，下层正面三柱，侧面二柱，柱头有额枋，柱脚有地栿。柱头上用栌斗承托三层重叠的枋木，每层枋木均各向外挑出少许，下两层是纵横相交成方格状，上一层只沿周边各用一条枋木。此上为一块雕有几何图案的厚石块，可能表示着第二层阙身是很矮的阁楼，其上又有用挑梁或华栱挑出的斗栱，最上是单檐四阿屋顶。参照同类石阙如渠县无名阙（图 5-2-11）上层华栱之下还有短柱，那么可以肯定是第二层阙身的柱子，它是立于层叠的枋木之上的。再上，在椽子下面有一条檐枋，而在另外两个石阙上，这位置也表现为纵横相交的枋木，应该也是当时通用的一种做法。高颐阙的屋顶表现为重檐形式，并且还保存了完整的基座（图 5-2-12）。它的外表雕成短柱，栌斗上用枋木的形象，推测它的内部应是由成排枋木交叉重叠，阙身柱子即又立于枋木之上。可见当时木结构建筑的基座，也有用木构架方式的。

成都出土画像砖所画的傍院中，有个外形和阙完全相同的建筑物，它位于院内，但当时不是作为大门的阙。此阙共为三层，上层是重檐四阿顶，上层门内刻划出楼梯，中层两面均有窗。下层、中层柱头上均刻画出层叠的枋木，表示出楼层的结构。同时还可以辨明带有斗栱的那一层是比较低矮的楼阁。下层柱子极显著地向内倾斜，可以证明侧脚方法在东汉时已是普遍应用的方法。

图 5-2-10　四川渠县冯焕阙

图 5-2-12　四川雅安县高颐墓阙

图 5-2-11　四川渠县无名阙

图 5-2-13　成都杨子山汉墓出土画像砖中的双阙

另一个成都出土的画像砖（图 5-2-13），画出带有子阙的双阙，均为单檐四阿顶，两阙之间以单檐屋顶的门屋相连。结构形式表现得比较粗略，但两层阙身均于柱头上认真地刻画出了层叠的枋木，而且正阙下层枋木多达五层，所以下层檐下也是一个阁楼，连同上檐的阁楼，此阙共为三层。在当中门屋上，也刻出两层重叠的枋木，按其表现形式，是一个长条形的阁楼，是可以通达双阙下层阁楼的通路。

综上所述，阙的结构特点是柱上使用纵横相叠的枋木，柱子已有显著的侧脚。这些阙的形式是如此的一致，使我们只能认为它确实反映了当时的真实面貌，并可据以拟订出阙的结构图（图 5-2-14）。而且直到北魏时壁画中虽曾有高达四层的阙，但其结构仍然未变，如敦煌石窟中许多北魏壁画及泥塑的阙，它们都极认真地在屋面或斗栱下面表示出层叠的枋木（图 5-2-15）。可见在这一时期中它始终是结构上的重要部分，它可能是由井干结构发展出来的。

（二）楼阁的结构

楼阁是画像石上常见的题材之一，还有许多明器陶楼可称制作精细的模型（图 5-2-16）。这些资料中的楼阁最高有五层，都很注意表现出自下至上逐层收小减低的形象。其中只有函谷关东门图的下三层刻画出外廊，其他各例都没有外廊。这些楼阁应用屋檐和平座的方式变化较多，有逐层均用屋檐及平座的；有只用屋檐不用平座的；有逐层相间用屋檐或平座的等。平座做法多数系直接与下层屋檐相接，少数平座下有斗栱承托。

画像石上刻画的楼阁虽多，能够表现出结构的却很少，只有沂南汉墓画像石中有一个阙门和一个仓屋（图 5-2-17）画出了在纵横层叠的枋木上竖直上层柱子，与石阙表现的结构相同。还有铜山的一块残画像石保留着楼层的一角（图 5-2-18），那是用下层柱栱承托着大梁，上层柱立于梁上，但是极可能仍然是层叠枋木的做法，而被作画者所简化概括了的形象。

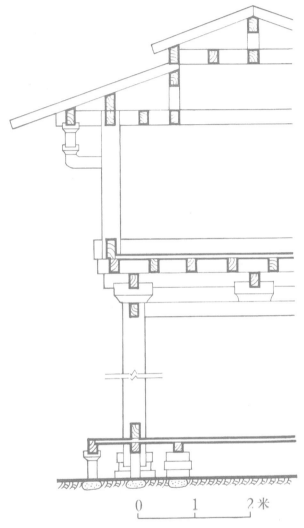

图 5-2-14　汉阙结构想象图

图 5-2-15　敦煌石窟第 275 窟壁画中的阙门

(1)　　　　　　　　(2)

图 5-2-16 (1)　河南陕县汉墓明器陶楼；(2) 甘肃武威汉墓陶楼

图 5-2-17　山东沂南汉墓画像石中的仓屋

图 5-2-18　江苏铜山汉画像石中的楼房

图 5-2-19　汉画像石中的函谷关图

明器陶楼所表示出的屋檐下和少数平座下使用斗栱承托，提供了一些斗栱结构形式。除了少数用华栱如函谷关东门图（图 5-2-19）外，大多数是在挑梁上用斗栱，有一斗三升斗栱，有一斗三升上加替木，有

重栱上加替木，但都只有一挑，挑梁都特别硕大。转角做法多是两面各出一挑梁。有的阁楼在转角上出一个 45 度挑梁，梁头上又加一条正交的大枋木，再于此枋木两端各用一个一斗三升栱，是较少见的转角做法。

（三）木塔的结构

塔是随着佛教传入后出现的宗教建筑，东汉末即有建塔的记载。北魏在洛阳已经建造九层木塔，我们将另作讨论，这里只略述云冈石窟第 21 窟的塔柱。它是北魏时期石窟雕刻、壁画中最真实地表现了木结构形式的塔（图 5-2-20）。这座五层方塔，每层都是五间，逐层间广，层高均小于下一层。每面用六根方柱，上三层，柱头雕有栌斗，下两层没有，可能是雕刻时所省略。栌斗上均不用出跳栱，直接承托大额枋，枋上于柱头位置用一斗三升栱，每间中部用人字栱，角柱上每面只用半只栱，其上便是檐枋、椽子。各层都是在下一层屋脊之上便雕出上一层柱子，没有平座。

根据上述外观形象，对它的结构可作如下推测：檐下枋、栱结构与前述黄伞溪汉墓基本相同，应属纵架形式。所以，在塔身之内至少还应有一周纵架。塔身最上一层即在纵架上用横架承屋面，其他各层可能是在纵架上用纵横相叠的二至五层枋木以承上一层柱子并铺楼面板。由于塔身每两层之间须做屋面，上层柱位必须较下层柱收进较多，才便于安椽子，因此上层柱只能采取又立于层叠的枋木之上的方法。这也是在东汉楼阙上所已经看到的传统做法。

图 5-2-20　大同云冈石窟石雕塔柱

四、北魏永宁寺木塔结构的估计

北魏熙平元年（公元516年）于洛阳永宁寺建九层塔，其规模高度均见于文献，近年又发掘出它的遗址，取得一些具体尺寸，虽然还远不能据以作出复原图，但对于探讨它的形式、结构，多少增加了一点依据，使我们可以试作一点估计，以便对这个历史上著名的高层建筑有稍微具体的印象。现在先节录两种文献记载。《洛阳伽蓝记》卷一载："中有九层浮屠一所，架木为之，举高九十丈，有刹复高十丈，合去地一千尺。去京师百里已遥见之。……刹上有金宝瓶，容二十五石，宝瓶下有承露金盘三十重，周匝皆垂金铎，复有铁镍四道，引刹向浮图四角。……浮图有九级，角角皆悬金铎，合上下有一百二十铎，浮图有四面，面有三户六窗。户皆朱漆，扉上有五行金钉，合有五千四百枚，复有金环铺首……"

又《水经注》卷十六榖水载："永宁寺，熙平中始创也。作九层浮图，浮图下基方十四丈，自金露盘下至地四十九丈。取法代都七级而又高广之。"

据发掘报告现存基址分三层：第一层长101米，宽98米，高2.1米；第二层正方边长50米，高3.6米；最上层正方边长约10米，残高2.2米，并残存六七个柱痕，柱正方边长0.5米。

按北魏尺每尺约合今0.28米。《水经注》记基方十四丈，合39.2米，与发掘出的基址中层相近，因知塔基座为两层，第一层基座应为方三十六丈（100.8米），高七尺五寸（2.1米），第二层基座方十四丈（39.2米），高一丈三尺（3.64米）。此上便是塔身底层。据《洛阳伽蓝记》"每面三户六窗"，未提及外廊，应为每面塔身九间。如每间广一丈四尺，合十二丈六尺（35.28米），每面余阶沿七尺。如每间广一丈六尺，合十三丈五尺（37.8米），每面余阶沿二尺五寸还有所谓上层基址，正方边长仅10米，残存2.2米，原发掘报告说"顶层台基系用土坯垒砌"，所以它不是塔身的基址，可能是塔内佛龛的基座。其大小大致占三间见方面积，即方四丈五尺（12.6米）或四丈二尺（11.76米）。此为底层平面的约略估计。

北魏木塔外形，除前述云冈第21窟塔柱外，还有许多浮雕塔。敦煌石窟壁画中也描绘了不少寺塔。它们共同特点都是从下至上逐层递减间广和柱高，而间数不减，每层有屋面无平座。《洛阳伽蓝记》称"面有三户六窗，户皆朱漆，扉上有五行金钉，合有五千四百枚。"按每面三户，每扉五行，每行五枚计，四面共有金钉六百枚，九层共合为五千四百枚，可知"三户六窗"每层皆同。又"浮图有九级，角角皆悬金铎"，则可断定每层均有屋檐。因此估计其整体外形约与云冈第21窟塔相似。

对此塔高度的估计是困难问题之一，两种文献记载一说高一千尺（280米），一说高四百九十尺（137.2米），相差一倍多，而且似乎都过于夸张。只得按唐宋建筑一般柱高、举折等尺度作一推算，以供参考。现存自唐代以来的木结构建筑的柱高最多不超过间广。为粗略估计塔的高度，暂以柱高与间广相等计算。底层柱高如间广一丈五尺，柱上大额，斗栱纵架，约高五尺，屋面举架约计高三尺，底层总高为二丈三尺（6.44米），如按间广一丈四尺则为二丈二尺（6.16米）。自底层第七层，假定每层间广较下一层减小四寸，柱高亦减五寸；第八层间广减一尺，柱高亦减一尺，纵架及举高不变；第九层间广，柱高各减一尺，纵架高五尺，屋面举架高一丈五尺。如柱高一丈四尺，则举架高一丈三尺五寸。这样可以进行逐层推算。如底层间广一丈五尺总高为一百九十九尺五寸（55.86米），如底层间广一丈四尺总高为一百八十九尺（52.92米），再加基座高二丈零五尺，刹及刹座估计高五丈，则全塔总高不得大于二十七丈一尺（75.60米），似乎是较为合理的。

第三节　隋唐五代的木结构

公元581年，隋朝取代了北周，又于589年灭陈，从而结束了南北分裂对峙达三百余年的局面，在中国的主要部分，实现了统一。隋朝的统一，使封建经济有新的发展。

隋文帝于即位的次年（开皇二年，公元582年），在汉长安以东新建都城——大兴城；这就是举世闻名的唐长安城的前身。隋炀帝继位以后的第一年（大业元年，公元605年）又下令新建洛阳城作为东都。这两座新建的都城，包含许多大规模的营建工程，因此促进了技术的发展。当时出现了一批卓越的建筑技术家，例如宇文恺、阎毗和何稠等人。

隋代前后在岐州（陕西凤翔）营仁寿宫，在皂涧（河南新安）营显仁宫以及营江都（江苏扬州）宫，都是历史上奢侈豪华的宫殿群。

隋文帝时，还曾指定在全国四十一处城市建立佛塔，按统一颁发的塔样，同时兴工，称为"大隋仁寿舍利塔"，估计可能是一种木结构的塔。隋炀帝时，在东都观文殿建立第一座按四部（经、史、子、集）分类排架的图书馆，装有机械；踏上阶道，门扉帘幕就自动开合卷舒（《大业杂记》）；宇文恺所造的观风行殿，三间两厦，上容侍者数百人，离合为之，下施轮轴，推移倏忽，有若神功（《隋书·宇文恺传》），是隋炀帝巡游甘肃、青海一带所用。何稠所造六合城，"其城周围八里，及女垣合高十仞。上布甲士，立仗建旗，四围置阙，面别一观，观下三门，迟明而华……"（《隋书·何稠传》）。这些巨大构筑物或可移动或可拆卸拼装，转运至他处。

以上多少反映了隋代在技术上的发展水平。但是，就全体而言，隋至初唐的木构建筑，大体仍然保持南北朝时期的木构技术传统。存留到现在的初唐宫殿遗址如大明宫麟德殿、含元殿，都有保持早先特点的结构方法。

隋代统一以后，决定恢复古来明堂制度。当时对明堂的形制，聚讼不已，莫衷一是。宇文恺受命规划明堂，为此专门到不久以前平毁的南朝都城建康进行了考察。他追述这次见闻说："梁武（萧衍）即位之后，移宋时太极殿以为明堂，……平陈之后，臣得目观，遂量步数，记其丈尺，犹见焚烧残柱，斫毁之余，入地一丈，俨然如旧。柱下以樟木为柎，长丈余，阔四尺许，两两相并……（《北史·宇文恺传》）。"

这里讲到的刘宋朝庭的太极殿，梁朝用作明堂；它的木柱入地一丈，柱下以樟木为"柎"。这种栽柱入地的做法，即《营造法式》所说的"永定柱"，于其上可以建立平座和上部殿身木构，我们从初唐大明宫的含元殿、麟德殿遗址中，还可以看见这种栽柱入地的做法。再后，我们从宋画的滕王阁和黄鹤楼（它们可能以当时见到的唐代原构作摹写对象）中见到木平座构成的重台的勾栏；虽平座铺作立于地栿，而不

是永定柱上，但犹存一些遗意。到了宋代，用"永定柱"的平座、阁道便不见诸实际，仅在《营造法式》的记载条文中留下一些痕迹。

再看武则天于洛阳（当时称"神都"）所建的明堂："垂拱四年（688 年）二月庚午，毁乾元殿，于其地作明堂，以僧怀义为使，凡役数万人。十二月辛亥，明堂成。高二百九十四尺，方三百尺，凡三层，下层法五时，各随方色；中层法十二层；上为圆盖，九龙捧之，上施铁凤，高一丈，饰以黄金。中有巨木十围，上下通贯，栭、栌、樟、槐，藉以为本……"（《旧唐书》）。

这种作为"栭、栌、樟、槐"恐依的上下贯通之巨木，实即中心柱；这令人想起与隋代同时的日本法隆寺五重塔用中心刹柱的结构。这是南北朝时期木塔结构的主要形式之一，也是古代多层木构的一种形式。

根据一些形象资料，如敦煌唐代壁画（图 5-3-1），大雁塔门楣石刻（图 5-3-2），李贤、李重润等墓内壁画中的建筑形象，所见的初唐木构相当简洁。一般不用补间铺作，各铺作皆偷心，没有赘余的无结构用途

图 5-3-1　敦煌莫高窟第 217 窟唐代壁画中的房屋

图 5-3-2　西安大雁塔门楣石刻唐代佛殿图

的构件，没有繁缛的雕饰。这些资料多少反映一些当时的建筑面貌，但这些资料远远不能反映当时技术和建筑形制的发展水平。例如，敦煌壁画中的建筑很简单，只是在盛唐以后窟中，可以见到有圆形、八角形的建筑形体；但事实上，早在初唐的明堂，已经是三层并且逐层变化，由方而圆的形体。根据日本的记载，唐代中叶已有八角形的多层木塔。而宋画中的滕王阁、黄鹤楼这两座著名的唐代木构皆为几个单位组合成的复杂形体。据现有考古资料看来，麟德殿亦为复杂的组合体。麟德殿从平面上看，由三组单体组合，两翼还有对称的"楼台"、"亭"等夯土基址，周围还有围廊和门。主体部分正面通十一间（453.6 米），进深中殿五间（19.7 米），前殿三间（18 米），后殿因破坏不明，总面积达 5000 平方米。这样的宏伟规模超过后世所知的一切木构建筑的尺度。然而，它不但还比不上当时最高级的建筑如明堂、天堂，而且就同一类型而言，也并非唯一的例子。由于麟德殿这种三组合一的特点，当时习惯称之为"三殿"。当时在东都宫城里又有个"五殿"，是因为它"下有五殿，上合为一，亦荫殿也"（《元河南志》）。关于"荫殿"东都宫城里另外还有一处："闾阖阁在映日台东北隔城之上。阁南北皆有观象台……下有荫殿，东西二百五十尺，南北二百尺，壁前后三丈"（同上书）。

这种"荫殿"建筑的规模和形制似乎上为楼台殿阁，下为奥室，形体复杂。这不是敦煌壁画之类所表现的建筑形象所可比拟的，尤其不是天龙山、响堂山等地的北齐、隋、初唐的石窟门廊凿石而成的柱、斗、人字补间等简化了的木构单体形体所可表述的。仅据石窟的资料

对南北朝、隋唐的木构技术进行分析，是不可能完全反映当时技术水平的。隋、初唐出现如此复杂宏伟的木构建筑，其技术应是南北朝建筑技术的继承和发展。

我们不能低估南北朝的木构技术水平。例如，上节所述著名的北魏永宁寺九层木塔；又如，南朝梁朝所建的瓦官寺阁（升元阁）是历史上著名的建筑，隋文帝平陈毁建康城，它得以幸存，直到北宋占领南唐金陵时被焚毁止，始终为江南胜迹，约五百年间，为许多人描绘歌咏，当不是虚构。其高为二百四十尺，相当宏伟。

唐代各地也出现一些规模宏伟的木构建筑，而不仅集中于都城和宫苑。例如，除了上述的滕王阁（南昌）、黄鹤楼（武昌）、升元阁（金陵）外，汴州的大相国寺也是一例。五代宋初的著名匠师喻皓，由杭州来到开封，即曾对建于唐睿宗时（公元 710 年 ~ 712 年）的大相国寺建筑多次潜心观摩。他说：对于大相国寺楼门的结构，"他皆可能，惟不解卷檐耳"（陈师道《后山丛读》卷三）。这里指的是屋角出檐构造，确是技术上复杂的关键处。可见并不能认为唐代木构简单。

五代时期，黄河流域战争频繁，而长江流域和南方比较安定，经济生产有稳定的环境。这时，建筑技术的活动中心，由黄河流域移到今天江浙一带的南唐、吴越，及四川的蜀国、广东的南汉、福建的闽国，也有较大的发展。今天江浙一带著名的大塔、苏州的园林、杭州西湖风景区，其中一部分就是那时创建，并出现像喻皓这样优秀的匠师。以造木塔著名的喻皓，入宋以后，仍被推崇为"周朝以来，木工一人而已"（欧阳修《归田录》）。足见喻皓代表的五代江南地区技术是相当高的。

今天存留的五代木构为数甚少。如：平顺大云寺大殿（后晋天福五年，公元 940 年），平遥镇国寺大殿（北汉天会八年，公元 963 年），福州华林寺大殿（宋乾德二年，公元 964 年）。这些木构，规模均较小，不过可以给我们提供唐宋之间的木构技术继承发展演变情况的实例资料。五代木构较近于晚唐，是唐代的延续阶段。

就现在存留的唐，五代木结构的实物资料，举一些重要的木构技术问题来分析。

（1）建筑尺度和构件尺度

唐大明宫的麟德殿和含元殿，按其地位言，已属

唐宫第一级大殿；除了极少数的特殊建筑如明堂、天堂，它们应已达到当时单体或复合的建筑尺度的最大限度。然而，麟、含两殿的柱开间，不过 5 米稍多；内部空间最大跨距，不过四橡，平均长约在 8 米左右。由柱距推断建筑各构件的尺度，比后来明代的大型殿宇的构件尺度远为逊色。我们获得的印象是：唐代建筑总体尺度宏伟，但各单件构件尺度并不很大。用较小的料造出规模宏伟的大建筑群，说明唐代利用木结构组合技术的成就。

到了唐代，木结构的主要构件——梁、柱（包括蜀柱、叉手）、斗、栱、昂等的种类和形式（颇、卷杀、比例等项），均已稳定，以后长期变化不大。其中，昂（指下昂）的问题应重点分析一下。

隋、初唐的壁画或石刻中的建筑，没有用昂，因此，曾有人认为昂出现甚晚（在中唐以后），这不合乎事实。

按文字记载，汉赋中已出现"昂"，"橔"（昂的别名）等词。如《营造法式》卷一"总释"上所引何晏《景福殿赋》："正昂鸟踊"，"橔栌角落以相承"。《文选》李善注云："飞昂之形类鸟之飞，今人名屋四阿，栱曰橔昂，橔即昂也。"

以实物形象看，日本所保存的飞鸟时代（相当于我国隋代）的法隆寺金堂及五重塔均有昂。法隆寺金堂所保存的"玉虫橱子"在佛龛仿木构建筑的屋檐下，也用下昂，有角昂和补间用昂。

下昂是一种悬跳承重的构件，在力学性质上和一般梁栿有根本区别。它的力学平衡，类似杠杆。下昂根本不是"斜梁"，尤其不是由"叉手"和"托脚"这样的"斜置构件"发展而来；其实，叉手和托脚实际是柱。《营造法式》在分类时把托脚叉手列入"侏儒柱"项内，概念很清楚、很准确，它们和下昂并无内存联系。估计下昂的出现，东汉已有。最初，它主要用于檐角部位是角梁的补充。昂的充分发挥其用途，应是隋唐时期，佛光寺大殿雄健的铺作使用昂便是明证。唐宋以后，昂的功用逐渐转化为装饰成分为主，昂的本身也就退化了。

昂的主要作用，是用于调整檐的高度，中国古代木构房屋有较深的出檐，其用意在于保护木构本身和夯筑的土墙。因而，建筑身高则要求出檐深，久之，二者形成某种固定比例。出檐深，则栱的出跳级数增加，建筑身高随之而增，又失去比例；势必寻求一种虽然出跳甚多而又不增加（或增加不多）建筑身高的办法——这就是"下昂"。

还有"上昂"。"上昂"和"下昂"力学性质完全不同。上昂实质是斜撑，是受压构件。应当说，"上昂"的出现较早，也最简单。汉代的明器和画像石（砖）上，早见有斜撑式的出跳结构。隋唐虽无资料，但它既然处于汉宋之间，应该使用这类斜撑构件。上昂的优点是：用一件斜撑代替若干层层叠加的水平构件，肯定可以减少工料。但它的局限是斜角不宜太大，亦即外伸长度不能大，这即是它不常用于外檐的原因。《营造法式》所载，它主要用于内檐和平座。但是，可能上昂曾经用于外檐，现在还在浙江天台的民间房屋里见到用于外檐的上昂形状的斜撑，大概不是没有来历的。

（2）材分制度

按《营造法式》所说的材分制度，是"凡屋宇之高深（建筑空间尺度），各物（构件）之短长，曲直举折之势（卷杀和屋面斜率），规矩绳墨之宜（斫料尺度），皆以所用材之分以为制度焉。"

这段话有两方面含义：①说明材分制度的施用范围；②材按等级划分，决定分的绝对值，而分的各种规定值则通用于各等级（或某几个邻近等级）。实际使用的比例单位主要是"分"，"材"和"栔"是"分"的扩大单位。那么，材分制度何时出现形成的呢？如果说编制《营造法式》时才第一次规定了材分制度，而且就已经颇为周密完备，这是不符合事物发展的规律的。它总是逐渐形成，逐渐周密完善的。

按《营造法式》，分值是用料尺度的基础，所以栱的断面也是由分值规定的，其高厚比为 3:2，且规定为 15 分和 10 分，均是整数。但是用 3:2 断面的栱料，唐代的南禅寺大殿和佛光寺大殿已经如此，下至五代的平顺大云寺和平遥镇国寺，栱断面均为 3:2 的比值。现存古代木构从唐到金，梁栱断面高厚比，多数接近 3:2。而这一段时间，正是斗栱在木构中地位较重要的时期。但在各个例子中，各种栱（华栱、泥道栱、慢栱、瓜子栱、令栱等）的长度很少相同，更无和《营造法式》规定值一致者，可见，长度的分值不占重要地位。但是，栱与枋、要头、梁头之间，在高度尺寸上必须有所配合；斗的尺度也必须与之配合。它们之间的共同尺度便是栱高，即"材"加"栔"，即为"足材"。而栔，就是斗（除栌斗外之各种斗），除了耳以外、平、敧两部分之高即斗的实用高度。因此，我们看到，材分制度首先产生于构件在叠接时高度方向相互配合的需要。草架部分的构件则"随宜枝樘固济"，不要求高度尺度的固定配合，只要满足屋面荷载和举折之峻慢圜和要求即可。

实际上，建筑的进深，按椽的跨距为准，开间应与槫（檩、桁）的行有关。这些，和栱高（材）并无直接联系。它们是由常用尺寸转化为"分"值的，是简化计量单位的结果。

因此，可以认为：材分制度开始产生于斗栱和梁架的尺度配合，而且主要是露明部分栱枋在高度方向上的配合。而这一点，唐代木构（佛光寺大殿）已经充分地表现出来。由此可以判断，材分制度在唐代已经实际存在。

（3）木加工技术

举凡《营造法式》所列的侧脚，生起（包括梢间槫背）做法，唐代木构实物均明显存在。近年（公元1974年）落架重修唐代的南禅寺大殿，它的木构榫卯，尤其槫枋等构件拼接均系《营造法式》所谓"螳螂口"，连接牢固，说明木构技术已达到高度水平。

木加工技术之另一标志是柱身的加工。自西安汉代遗址所见，多用方柱；东汉石阙、明器所示，仍以矩形柱为主。南北朝时，多八棱柱，或方柱而微杀四棱圜和。圆柱、梭柱出现虽不迟于南北朝，但成为主要形式，当为隋唐时的情况。日本还存有早期梭柱遗物。嗣后，梭柱遂为庄严宏大殿宇的柱型。圆柱并非天然原木，天然圆木不可能一组柱列几何形态完全一致，卷杀线脚轮廓相同。所以，原木必须经过加工，使之尺度形体整齐划一。方柱最易加工，其次为多棱柱；圆柱与梭柱要求斫削光洁圆滑、形体丰满优美、其难度最大。圆柱、梭柱的普遍使用于高级殿宇，约为南北朝开始，而盛行主要是隋唐时期。

存留到今较为完整的唐代木构遗物，据目前所知最早是山西省五台县南禅寺大殿（唐德宗建中三年，782年）（图5-3-3），其次为同地的佛光寺东大殿（唐宣宗大中十一年，857年）。山西、陕西还有一些唐代木构，但后世维修抽换较大。我们对实例的分析，以佛光寺东大殿为主，同时涉及有关的问题。佛光寺东大殿是一座一般的中等殿宇，并不足代表唐代最高技术水平，但仍具有典型性。

佛光寺原为五台山著名大刹之一。大殿所在地点，原为七间重层的高阁，会昌灭法时被拆毁，至大中年间重修为七间大殿，即今状（图5-3-4、图5-3-5）。

大殿七间，明间阔5.04米，其余接近5米，尽间4.4米，通面阔34米，进深八椽，每椽水平长2.19～2.23米，通进深17.64米，柱高为5米。后来宋代所谓"高不逾间（明间）广"，在唐代已经有了，但也有个别高逾间广的例子。

它所采取的柱网布置略同《营造法式》所谓"身内金箱斗底槽"这种柱网，日本的（相当于隋到初唐时期）佛寺，其金堂（相当于中国佛寺的"大殿"）的柱网布局，如现存法隆寺金堂及大官大寺（九间殿），弘福寺（五间殿），药师寺（七间殿）的金堂柱础遗迹，均为此种柱网。相当我国盛唐时期（玄宗开元天宝年间），由中国著名学者鉴真和尚赴日本后倡建的唐招提寺（745年），其金堂平面柱网，也是"身内金箱斗底槽"式。不过，唐招提寺金堂的围护结构前面自檐柱退至内柱处，形成空敞的前廊（敦煌隋唐窟的壁画中如此前廊形式颇不鲜见）。总之，我们获得的印象是：佛光寺大殿所采用的柱网，是唐代宫殿和佛寺主殿习惯通用的一种形式。其所以采取这种形式，是为了可以获得一个重点突出、具有较高大较宽敞的内部主要空间，作为庄严隆重的一个中心活动场所。适于封建礼仪、宗教活动、宫廷生活上的需要。

按照唐宋时代的建筑分析，一座建筑的主体部分（除去副阶、夹屋、廊庑等）的柱列，分为外围和"身内"两部分。外围柱（通常为矩形平面）形成周边；"身内"则指周边以内。外围柱按开间、椽分尺度、疏密均匀地分布；内柱则视使用的目的要求而有不同变化。按《营造法式》殿阁级建筑的地盘图，内柱分布的类型有四例，即：

殿阁身地盘，九间，身内分心斗底槽。

殿阁地盘，殿身七间，副阶周匝，各两架椽，身内金箱斗底槽；

殿阁地盘，殿身七间，副阶周匝，各两椽，身内单槽；

殿阁地盘，殿身七间，副阶周匝，各两椽，身内双槽。

由以上可知"身内"的柱列方式，即是建筑平面柱网互相区别的主要内容。换言之，选择构架形式主要是选择"身内"的"槽"式（指殿阁而言）。较小的建筑

图 5-3-3（1） 山西五台县南禅寺大殿外观

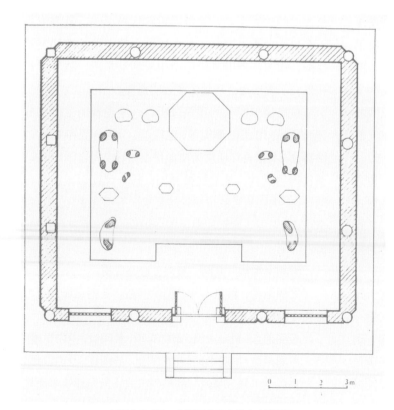

图 5-3-3（2） 山西五台县南禅寺大殿平面

图 5-3-3（3） 山西五台县南禅寺大殿纵断面图
（复原前现状）

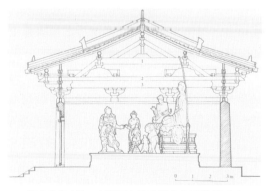

图 5-3-3（4） 山西五台县南禅寺大殿横断面图
（复原前现状）1- 平梁；2- 缴背；3- 四椽栿

物可以身内无柱，例如南禅寺大殿，这即接近厅堂的概念了。身内柱列，虽有种种变化，但为结构合理方便起见，总是位于外柱形成的柱缝交点上。这一规则，到了金代，开始出现例外。

外围柱列及其所承受的外檐铺作称为"外槽"；由身内柱列及其承受的内檐铺作称为"内槽"。"槽"指柱列和斗栱，不是指内空间；否则，"身内单槽"，"身内双槽"之类词句便不可理解。"槽"这样的词，唐代已经使用。

唐代遗留的木构甚少，考古发掘出来的建筑基址也不多，我们不能对各种不同内槽形式加以比较分析。但《营造法式》的记载内容，可以溯源至唐代，是无可怀疑的。

以佛光寺大殿所表现的"身内金箱斗底槽"式结构而言，其内槽柱形成一组完整的矩形柱列，柱上端用枋连接；外槽柱则包绕于外，形成另一个矩形柱列，也在柱端用枋连接。这两组矩形柱列之间，在对应的柱端用明乳栿相联系，角柱处用角乳栿联系。这样，就形成了内外两圈柱列及其间联系构件所组成的空间结构体（图5-3-6）。在其上，安置建筑的上层结构。佛光寺大殿的内外柱等高（图5-3-7），上部结构叠加高度的起点，内外一致，构造比较简便。但内部中央空间增高较多时，叠加的层数也较多，在权衡上，内柱的铺作过大，跳头过远，对平棊、藻井的布置有影响。因此，有些例子就提高内柱，使内槽铺作的起点较高来缩减铺作数和跳头长度。日本唐招提寺金堂一例所见的内柱较外柱高约两材两栔；说明内外柱等高并非通例，是可以变通的，盛唐已然。

佛光寺大殿柱列上的上层结构，分为两部分：露明部分和草架部分（图5-3-8）。

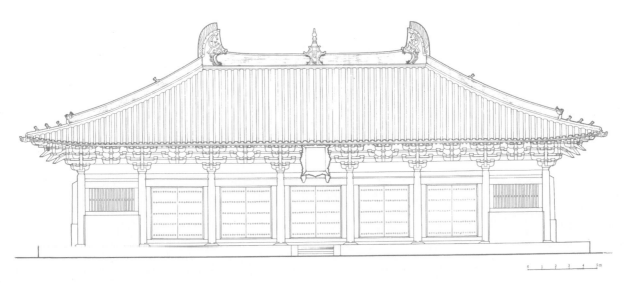

图5-3-4（1）　山西五台县佛光寺东大殿立面图

图5-3-4（2）　山西五台县佛光寺东大殿内景

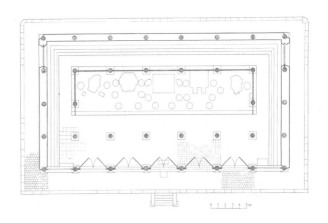

图5-3-5　山西五台县佛光寺东大殿平面图

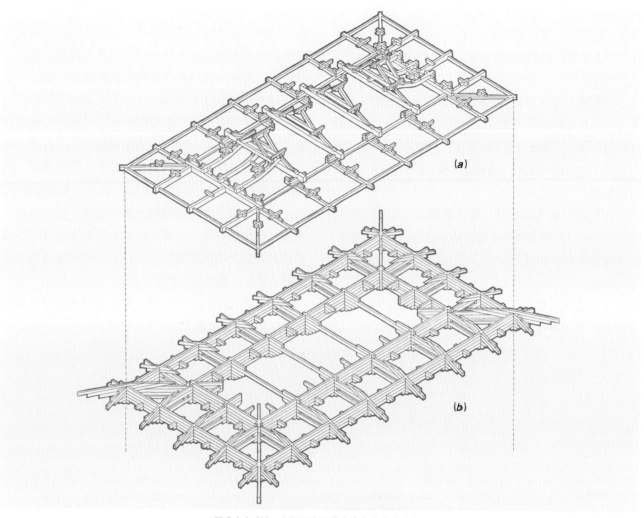

图 5-3-6（1）　山西五台县佛光寺东大殿木屋架
(a) 及斗栱 (b) 示意图

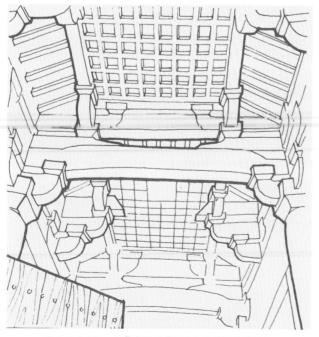

图 5-3-6（2）　山西五台县佛光寺东大殿前外槽梁架

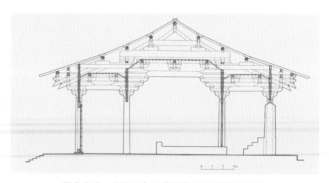

图 5-3-7　山西五台县佛光寺东大殿横断面图

露明部分的构件、为视线所及，所以表面加工整洁，且予以卷杀线脚等艺术处理。唐代建筑较少雕饰，但亦非完全摒弃雕刻花纹。露明部分形成完整的室内空间，且有主有次，突出内槽包绕的中心部位，使之高敞华丽，形成重心。露明部分并不直接承受屋面荷载，但为草架部分提供一个基座。

草架部分的构架，均在平棋（平暗）之上，为视线所不及，因此，木料表面毋需加工光洁，更无卷杀线脚加工的必要；构件的形式和布置，只取决于结构的需要。它形成屋顶（四阿、九脊之类），并直接承受屋面由望板、椽、槫传来的重量。草架承重构件的支点在柱的轴向上，露明部分各构件只在柱上方，起垫木的作用。露明部分只承受本身自重及平棋（平暗）藻井重量。

佛光寺大殿的屋顶举高约为 1 : 4.77（前后撩檐槫距与脊槫高之比），举势平缓，草架部分高度不大；

因此，草架的纵向连接只依赖槫、枋。屋顶为"四阿式"，两侧面各用三道丁栿作为上端角梁的支点。唐代尚无正脊增出和推山的做法。整个上部构架和下面柱列的布局尺度是相呼应的，很少有补救性的附加构件；说明这一型式殿堂木构的尺度、结构方法和建筑造型处理，经过长期实践，相当协调。这也正是一种体系成熟的表现（图 5-3-9）。

佛光寺大殿檐柱有明显的生起，槫、脊也用生头木生起。然而折势平缓，整个屋顶，檐线曲线舒缓优美。

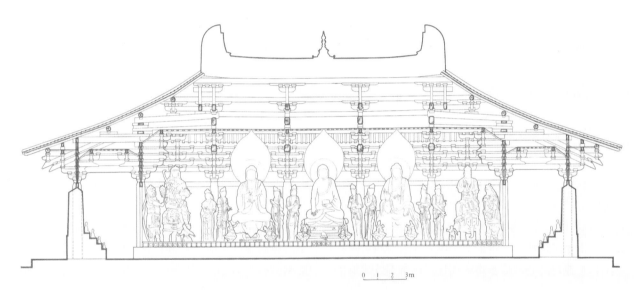

图 5-3-8　山西五台县佛光寺东大殿纵断面图

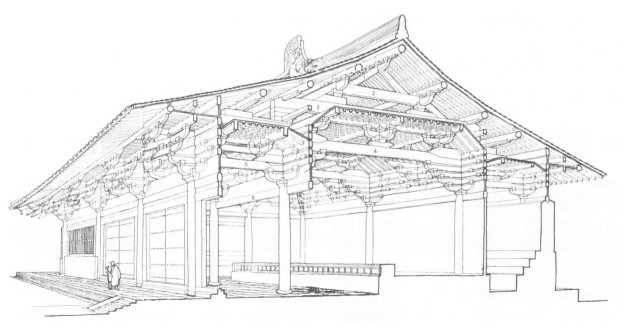

图 5-3-9　山西五台县佛光寺东大殿梁架剖视示意图
1- 叉手；2- 平梁；3- 四椽草栿；
4- 四椽明栿；5- 乳栿；6- 内额

在用料方面，佛光寺大殿明乳栿高约一足材，和出跳华栱相近。露明部分各构件分层高度，即以华栱高为基数。明乳栿不是承重物件，它和华栱用同一材料。外出为华栱，内转即为乳栿（或外出为华栱，内转为驼峰）。所以，乳栿、华栱、驼峰等，实为同样木料视所用地位斫作不同外形而已。既如此，华栱的用材便成为其他各构件的用材标准。而这大约即是材分制度形成过程中采用华栱栱高作为"材"的来历了。

佛光寺大殿只是中等楼阁，而所用的材，按其尺寸相当于《营造法式》的第一等材。那么，唐代的第一等材是否更为惊人？从考古发掘遗址所见，唐代的第一级大殿如含元殿、麟德殿，柱距尺寸亦不过 5 米稍多，和佛光寺大殿差不多；殿内最大跨距，不超过四椽，也同于佛光寺大殿；而宋代，按《营造法式》所载，跨距有达五椽至六椽的。佛光寺大殿柱的开间、最大跨距，和含元殿、麟德殿相近，即是说，其用材等级，应同于或相距不远于唐代一级殿阁。或者可以说，唐代木构用材的分级，可以选择的幅度较大，不如宋代限制严密。时代更早的南禅寺大殿，身内最大跨距也为四檩，但用材仅相当于《营造法式》的三等材。足见佛光寺的选择用材，并非纯粹出于结构考虑，可能出于炫耀主人的地位财富的意图，用超过结构需要甚多的雄壮用料来表现建筑的宏伟庄严。

佛光寺大殿是属于《营造法式》中所谓殿阁级的建筑，其特点是上部构架分为露明与草架两部分。这一级建筑的身内柱列可供选择的形式是有局限性的，远不如彻上露明即无草架与露明之区别的那些木构的形式变化自由。这只要看一下由唐到五代到宋初《营造法式》出现之前的一段时期内留下的实例中，彻上露明占有较大数量，并且其柱列变化往往是《营造法式》所不曾包括的这一事实，就可以理解。因此，佛光寺大殿并不能概括当时可能存在的多种身内柱列形式。

唐代木技术加工，已达到高度水平；《营造法式》的记述，仍然承袭这一时期的成就。可以南禅寺的木架榫卯为例。其中的螳螂头接榫，一如《营造法式》所见；有些地方，其精密程度，甚至超过《营造法式》记载，例如，华栱头用暗榫固定交互枓。

因此，我们可以说，唐代木构技术，从尺度规模、柱列形式、榫卯技术、材分制度的出现等看来，中国古代木构技术发展已达到成熟阶段。

第四节　辽代木结构

辽王朝是 11 世纪～ 12 世纪契丹贵族在我国北部建立的政权。起初，契丹族在潢水（今西拉木伦河）南岸过着渔猎、游牧生活，游牧时期的契丹人长期生活在千里草原上，以毡屋为其主要居住形式，这些毡屋有一个特点，即朝向多面向东方，这是契丹民族生活习俗的反映，他们每月朔旦都要东向拜日，在部落大会聚的时候，也以东向为尊。在这种习俗影响下，辽王朝建国后兴建的某些建筑群，如上京宫殿、大同华严寺等都采取了这一朝向。

10 世纪初，契丹人不断南进，公元 918 年定临潢（今辽宁省巴林左旗）为皇都（上京），在草地上营建京城。公元 947 年定国号为辽。

自 10 世纪末至 11 世纪末，百余年间，辽与北宋边境上兵火较少，处于对峙状态。今天所看到的辽代木构遗物多建于这百余年中。初步统计，辽代的单体建筑物有十数座：

①在西京（今山西省大同市）有上华严寺大殿，下华严寺薄伽教藏殿，下华严寺海会殿和善化寺大殿，共四座。

②在应州（今山西省应县）有佛宫寺释迦塔一座。

③在易州（今河北省易县）有开元寺毗卢、观音、药师三殿、涞源阁院寺文殊殿，共四座。

④在蓟州（今河北省蓟县）有独乐寺观音阁、山门共两座。

⑤义县的奉国寺大殿，宝坻的广济寺三大士殿，新城的开善寺大殿共三座。

上述十数座遗构中，海会殿、三大士殿及开元寺三殿共五座，现已拆除，但尚留有勘测资料。

辽代木构遗物的建造，多出自汉族工匠之手，其所在地区原属晚唐五代所辖，建筑技术手法，当然会保留不少晚唐五代的传统。概括说来，形象上的朴实粗放，有似前代，而尺度的高大则过之。留传至今的十椽屋，如义县奉国寺大殿，则显示出一些独特做法。

辽代木构遗物虽较前代为多，但这个数字（14 座单体建筑物）和当时实际建造房屋数字相比仅是很小的一部分。因此，这里的类型划分有很大的局限性，只能在遗物中分析比较其结构之异同。试依层数多寡和柱架侧样主要构件配置情况分类如表 5-4-1：

主要构件配置情况分类表　　表5-4-1

类别	种别	型别	名称
一			单层单檐建筑
	（一）		门（三柱一梁型）
	（二）		殿
		1.	二柱一梁型
		2.	三柱二梁型
		3.	前后对称四柱三梁型
		4.	前后不对称四柱三梁型
二			多层多檐建筑
	（一）		阁（独乐寺观音阁）
	（二）		塔（佛宫寺释迦塔）

如以《营造法式》中卷第三十一大木作制度图样殿阁、殿堂、厅堂类比，则《营造法式》成于 12 世纪初，辽代木构遗物多建于 11 世纪，时代上有些差别；又因实物的柱架侧样和《营造法式》图样不太吻合，套用殿阁、殿堂、厅堂的类名容易引起误解。因此，暂用上表分类，依次介绍以下实例。

一、单层单檐建筑

（一）门——三柱一梁型

中国古代建筑，无论佛寺、宫殿、衙署，常是由许多单体建筑组成一组建筑群而出现；大门（或山门）则是某组建筑群最前方的一个单体建筑。顾名思义，大门的主要作用是出入孔道，因之，这个单体建筑的中部需要安装门扇以控制启闭。基于使用上的要求，门的平面柱列每每是前后三排，即两排檐柱、一排中柱。其柱架侧样，多属三柱一梁型。

今以蓟县独乐寺山门为例作一分析。

蓟县在北京东 90 公里，独乐寺是蓟县佛教中心，寺内山门与观音阁均辽代所建（图 5-4-1）。

图 5-4-1　天津蓟县独乐寺观音阁

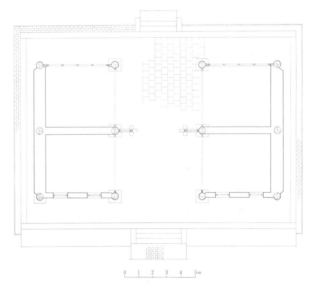

图 5-4-2　天津蓟县独乐寺山门平面图

山门面宽三间，进深二间，两排檐柱一排中柱，依《营造法式》可名"分心柱"，共用柱十二根，柱列整齐（图 5-4-2）。由侧样看到：十二根柱子，柱头内外等高，檐柱侧脚显著，约合柱高百分之二，柱头之间，以阑额相连，各柱头上施硕大斗栱以承梁架。

山门的梁架以四椽栿为主梁，以平梁为上部次梁，主次梁梁头各承圆形断面的槫条，前后共五件，但柱头枋上不施圆槫。脊槫下不用蜀柱直托，而以叉手斜支，这些都反映了当时建筑技法的特点（图 5-4-3）。

山门梁架中最与后代不同的，在于其梁栿的断面比例与形状（图 5-4-4）。

四椽栿高 0.54 米，厚 0.30 米，平梁高 0.50 米，厚 0.26 米。两者比例均超过了 3：2，接近于 2：1。

梁之上下边微有卷杀，使梁之腹部微微凸出，以圆和的曲线代替了机械的直线。

山门斗栱也有两个显著特点：

山门柱头铺作是五铺作重栱双卷头，其补间铺作也出两跳，但栌斗提高了一材一栔，栌斗下以蜀柱支在阑额上。

泥道栱的栱身较长。依《营造法式》，对泥道栱（即栌斗上第一件横栱）规定为 62 分，独乐寺山门泥道栱长 117 厘米，折合 71 分，是可注意之处。

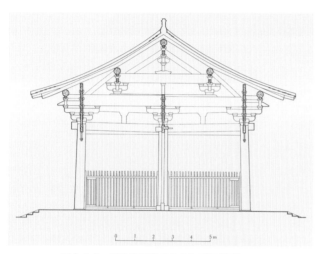

图 5-4-3　天津蓟县独乐寺山门明间横断面图

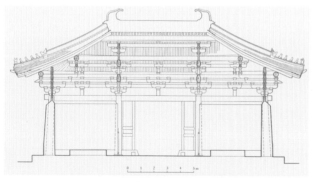

图 6-4-4　天津蓟县独乐寺山门纵断面图

（二）单层单檐的佛殿

1. 二柱一梁型

这是一种最简单的柱架侧样，使用在小型佛殿上。一般民居也会采取这种类型的侧样，不同之处在于不用斗栱和建筑尺度较小。辽代的小型佛殿和唐代大约相仿，宽、深各为三开间，成正方形的比例，檐下用五铺作斗栱，前后檐柱间距常在 10 米以内。

有些辽代遗物显示了一些特殊的斗栱做法，例如

易县开元寺观音殿的外檐柱头铺作，在华栱与栌斗之间添了一层替木，同时，在跳头上不施令栱，华栱头直托替木及其上方的撩檐槫。这前一特点不仅见于开元寺而且见于应县佛宫寺释迦塔第五檐斗栱和大同下华严寺海会殿外檐斗栱，这或许是当时某种简单的斗栱做法。后一特点（即华栱头直托替木）也见于海会殿以及敦煌莫高窟几坐北宋木构窟檐。看来，这一做法流传地域较广，是初期出跳结构的做法。

2. 三柱二梁型

这也使用在小型佛殿上。辽代例证是河北省涞源县阁院寺文殊殿，殿宽深各三间，内柱减去两柱，其柱架侧样近似于《营造法式》卷三十一"六架椽屋四椽栿对乳栿用三柱"的做法，外檐斗栱五铺作。

3. 前后对称四柱三梁型

辽代的中型规模的佛殿，例如面宽五间，进深在六丈以下的，使用这种侧样。大同下华严寺薄伽教藏殿是一具有代表性的实例。该殿面宽五间，进深八架椽。殿内共用内柱十根，明间用前后金柱各一件，到了梢间，则在前后金柱间又加分心柱一件以增强承受上部荷载的能力。内外柱同高（即前后檐柱与金柱同高）是辽代前期建筑的一个特点。内柱柱头上有普拍枋相连，普拍枋上用斗栱，外出两跳华栱以承乳栿，内出三跳华栱以承四椽栿，自四椽栿以上的梁架结构未见详细资料，但其举折（也就是脊槫举高与前后撩檐槫间平距之比值）约为 1：4.5，在所有的辽代建筑遗物中，以此比数最低，但与一些晚唐遗物，却较接近。这平缓的举折是辽代前期建筑又一特色。

薄伽教藏殿的外檐柱头铺作使用五铺作重栱双卷头结构。斗栱细部也有不少时代特点的反映：例如用材比较大，每件栱枋断面 24 厘米 ×17 厘米，约相当于《营造法式》规定的三等材，又如外出两跳并不等档，第二跳长仅为第一跳长的三分之一。在补间铺作和转角铺作结构上，也有独特之处。以补间铺作与柱头铺作比较，尽管也出两跳，但栌斗却提高了一材一栔，栌斗下以蜀柱支在普拍枋上，外观上呈现为一个不完全的铺作。转角铺作也有特点，角栌斗上，在与角华栱垂直方向出抹角栱二层，栱端置菱形平盘斗，这种做法和蓟县独乐寺观音阁上层转角铺作极其相似。

薄伽教藏殿是辽代的重要建筑遗物。现位于殿内的金大定二年重修薄伽教藏记碑上指出，在保大末年（公元1125年）的金人攻城战事中，没有受到破坏，修建940年来，还保存着原来的大木构架未动。

高碑店市开善寺大殿也是一座辽代遗构。梁架斗栱与大同下华严寺薄伽教藏殿多有相同之处，平面柱列富于变化。该殿宽五间深三间，通面阔达25.80米，但在殿内只见四根内柱，显得很空敞，内柱排列且不对称（图5-4-5），这是因为殿内的群像依据密宗经典的观音大士、八大金刚而排列，繁多的群像需要减柱和移柱的做法，以扩大其瞻仰礼拜的视野范围；因此，明间的两缝柱架采取"四椽栿对乳栿用三柱"的侧样，而次间两侧却使用通檐六椽栿下加支柱的办法以承传上部荷重（图5-4-6）。

总之，开善寺大殿的柱列反映出辽代佛殿的设计思想，即结构安排是与实用要求紧密结合在一起的。在前后对称的四柱三梁型佛殿中，需要介绍一下大同上华严寺大殿。上华严寺大殿宽七间深五间，东向建立在高台上。殿的通面阔53米余，通进深27米余，尺度宽大，在辽代佛殿中当推第一。其柱架侧样虽属四柱三梁，但檐、金柱间相距三椽，用《营造法式》的术语说是"十架椽屋前后并三椽栿用四柱"，而前述薄伽教藏殿则是"八架椽屋前后乳栿用四柱"的图形，是其相异之处。

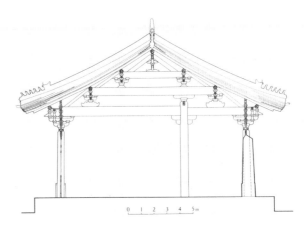

图5-4-6（1）　河北高碑店市开善寺大殿明间横断面图

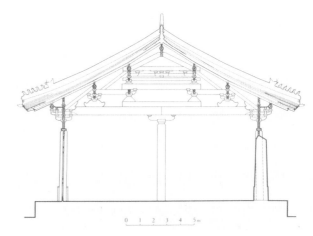

图5-4-6（2）　河北高碑店市开善寺大殿次间横断面图

还应该指出，该殿平面布置及朝向，虽属辽代规模，但自斗栱以上的木架已因辽末兵火而残毁，金天眷二年曾进行较大程度的修理，以致出现了挑檐枋之类的后期做法。

4. 前后不对称四柱三梁型

义县奉国寺大殿是辽代大型佛殿建筑的代表作。据元大德七年《大元国大宁路义州重修大奉国寺碑》记载，寺建于辽圣宗开泰九年（1020年）。殿宽九间，深十椽，单檐四阿顶，屹立在一个高大的基座上，雄伟壮丽。金、元以来，曾经几度重修，不过仅外檐装修和屋顶瓦饰部分有所更易，梁架、斗栱等仍为辽代原构。经初步分析，该殿在木结构方面，主要有下列一些技术成就：

（1）柱网布置

大殿南向，面阔九间（48.20米），进深十椽（25.13米），面阔与进深约为二与一之比。为了在殿内砌筑

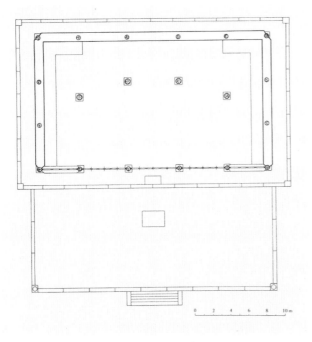

图5-4-5　河北高碑店市开善寺大殿平面图

大砖台，塑造佛像群，并便于举行宗教仪式，因此在中央七间的前槽和内槽各减去内柱十二根，共用内柱二十根，使殿内有一个相当开阔的空间。东西两山和后槽各宽一间，是供人流活动的通道。反映了古代匠师在柱网配置上，从实用出发，突破了匀齐对称的传统习惯，具有较大的灵活性（图5-4-7）。

（2）用材尺寸的选择

大殿的建筑构件，皆以"材"、"栔"为量度单位，材高29厘米，厚20厘米，高宽呈三与二之比。《营造法式》大木作制度规定："第一等材，广九寸，厚六寸，殿身九至十一间用之"。该殿面阔九间，材高选用29厘米，折合宋尺9.3寸，相当于第一等材，恰与殿身规模相符，是现存辽代建筑中用材标准最高的一个实例。

该殿所用梁枋斗栱构件，数量很大，经过匠师的设计，将三十多种用材简化为七种标准断面。对于施工和估料都有很大便利。例如：阑额、扎牵的断面为40厘米×20厘米，普拍枋、华栱的断面为44厘米×20厘米，都采用2:1的断面比例。但大量的构件皆采用3:2的断面比例，如六椽栿的断面为71厘米×48厘米，四椽栿、乳栿、平梁等的断面为54厘米×38厘米，襻间枋、

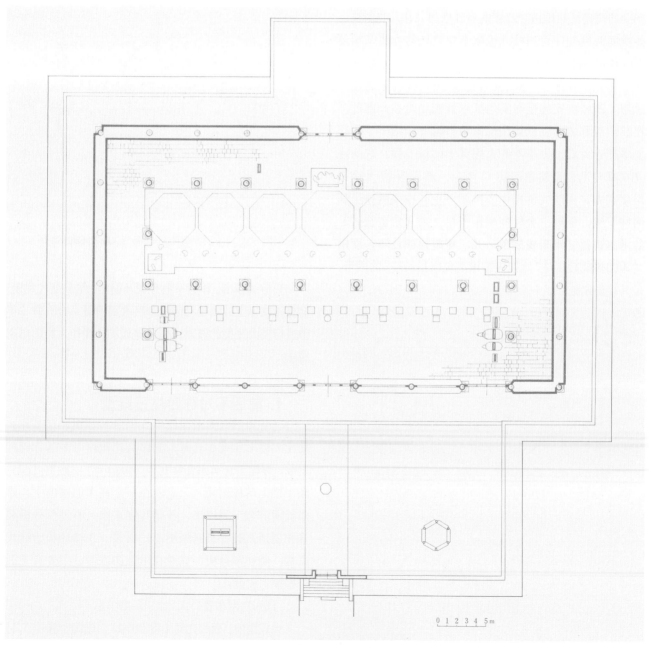

图5-4-7　辽宁义县奉国寺大殿平面图

又手等断面为 29 厘米 ×20 厘米，与蓟县独乐寺观音阁、宝坻广济寺三大士殿等辽代建筑的造梁制度基本相同，用材比较经济合理。

该殿自建成以来，已有九百多年，但这些梁枋构件至今仍平直挺健，没有发生弯折扭曲现象，说明古代匠师通过多年实践经验，已掌握了木材的性能和一般的力学知识，认识到梁枋等承重构件，断面尺寸的选择至关重要，而梁身断面要有足够的高度才能保证刚度。经验证明采用 2∶1 或 3∶2 的高宽比例，是行之有效的，这是古代木结构的一项突出成就。

（3）梁架结构

大殿柱架侧样为四柱三梁式的厅堂构架做法。前槽、内柱高出檐柱约七足材；后槽、内柱高出檐柱约四材三栔。采用了内外柱不等高，前后槽内柱又不对称的排架方式。故在横向与纵向的结构构造方面出现了若干前所少见的新做法，具有一定的创造性。

①横架做法

殿内梁架八缝，当中六缝，前檐柱与金柱之间，进深四椽，每缝用四椽栿二根。下层四椽栿，外端搭在柱头铺作上，后尾插入金柱内，每根金柱正面各加抱柱一根，借以减轻梁端的剪力。为了加强建筑整体刚度，其上复架四椽草栿一根，使内外柱之间的横向联系更加稳固。

前金柱与后槽老檐柱之间，相距四椽，是容纳塑像群的部位，需要一个比较高敞的空间，必须增加内柱的相对高度。因此，在前金柱的柱头栌斗上横穿顺栿串一根；同时，将后槽的草乳栿、扎牵、缴背等构件穿过老檐柱柱缝，逐层向内挑出，做成华栱四跳，然后将一根

长达 15 米的六椽栿抬将起来，有效地解决了垫高和取平的问题。

值得注意的是，后槽一列柱缝上利用多层出跳华栱作为悬臂构件，很巧妙地使结构功能与艺术形象高度统一，处理手法是非常成功的。

同时，为了防止梁身挠度过大，六椽栿上复加缴背一层，从而增高了梁的断面，成为叠合梁。

脊步架，在平梁底下附加顺栿串一根；平梁之上，正中置驼峰、侏儒柱和丁华抹额栱，再上置足材襻间，两侧复施叉手支撑脊槫，使这部分结构具有很好的刚度。在横架上广泛使用顺栿串和缴背等辅助性构件，是该殿梁架结构中的一个突出特点（图 5-4-8）。

②纵架做法

依据柱网配置的特点，在纵架中采用内外双层套框式结构方法。外环，在周檐的柱头缝上叠置柱头枋六层，构成一道十分坚固的刚箍。内环，于后槽和两山面的内柱缝上施普拍枋、内额，其上叠置柱头枋五层；至于前槽，因无老檐柱，则在第三槫缝下安排。做法是：在前槽四椽栿背上槅架内额、普拍枋，其上叠置压槽枋五层，与后槽和两山面的纵架联结成内围刚箍一环，此外，各槫缝下都普遍使用足材襻间作为纵横方向的联结构件，在各槫缝的结构中具有圈梁作用（图 5-4-9）。

从正脊至檐头，各步架的槫背上都用长大的生头木承托着各部椽子，使檐头和正脊微呈反曲形状。兼以四周的外檐柱都有显著的侧脚和生起，不仅使屋架的质量重心具有较好的稳定性，而且还使巨大的屋盖产生了舒展的轮廓线，做到了结构和艺术的统一。

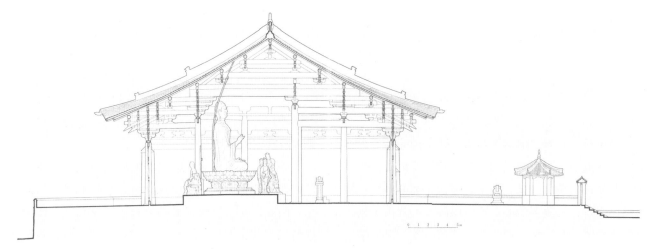

图 5-4-8　辽宁义县奉国寺大殿明间横断面图

图 5-4-9　辽宁义县奉国寺大殿梁架剖视图
1-平梁；2-四椽栿；3-六椽栿；4-劄牵；5-乳栿

（4）斗栱

依据功能和部位的不同，此殿有外檐铺作、转角铺作、补间铺作各一种，内檐柱头铺作、补间铺作各一种，共五种。此外，在扎牵、驼峰、蜀柱、扒梁等交结点上还使用一些零星斗栱构件，结构有繁有简，功能各有不同。

外檐柱头铺作为七铺作双抄双下昂偷心造，外出四跳，内出两跳，使用批竹昂，耍头外端垂直截割，不加雕饰，细部手法与独乐寺观音阁相同。惟其出跳深度：一、三两跳长，二、四两跳短。令栱短，几乎与瓜子栱等长，是其特点。所有出跳的华栱和下昂都分别用以承托横架系统的承重梁和撩檐槫，真实地起着悬臂构件的作用，成为大木构架中不可缺少的组成部分（图 5-4-10）。

外檐转角铺作。沿 45 度方向，从转角栌斗内斜出角华栱二层，角昂二层和由昂一层。由昂上置平盘斗，斗上蹲角神、顶着上面的大角梁。转角栌斗后尾，斜出角华栱五层，用以承托角梁。值得注意的是，栌斗两侧各增加附角斗一朵。转角栌斗的正侧面各出华栱四跳，第一、三跳俱偷心，第二跳跳头上置瓜子栱，与附角斗上的瓜子栱连栱交隐，联成一体。泥道栱与转角栌斗上的泥道栱也联成一体；附角斗后尾各出华

栱三跳，分别承托里外跳的罗汉枋，纵横构件联结得相当紧密，从而大大地增强了转角铺作的刚度和整体性，是一种很有成效的处理手法（图 5-4-11）。

外檐补间铺作。各间俱用补间一朵，七铺作双抄双下昂重栱偷心造。外出四跳，里出二跳，结构形式与柱头铺作基本相同。惟栌斗矮小，下面垫以驼峰一只，使与柱头铺作的栌斗等高。同时，在柱头缝上不用泥道栱，而从护斗口内横出翼形栱一只，其上叠置柱头枋六层。

后尾出华栱两跳，第一跳偷心，第二跳跳上横施瓜子栱，慢栱各一层，其上置罗汉枋四层，用以承托檐椽。整组斗栱在使用构件上采用了一些简化措施。值得指出的是，受力中心部位用一只扁平的驼峰压在普拍枋上，由于扩大了承压面积，从而减轻了普拍枋的挠度，在局部处理手法中，也反映了是巧具匠心的。

此外，在纵架结构中，为内外槽柱头枋和各槫缝下的襻间等都淘汰了扶壁栱，而广泛地隐刻假栱，这是前所罕见的现象。

总之，由于奉国寺大殿的侧样为厅堂构架体系，柱梁是整个构架的主要组成部分，结构形式已趋向简化。因此，斗栱只在外檐部分和梁栿交结点上使用，显然已退居次要地位，远远不如佛光寺大殿、独乐寺观音阁等早期建筑那样的重要了。这在古代木结构中

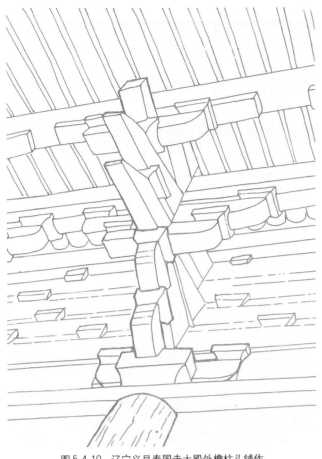

图 5-4-10　辽宁义县奉国寺大殿外檐柱头铺作

图 5-4-11　辽宁义县奉国寺大殿外檐转角铺作

是一个很大的转变，这一简化结构的趋向给后来的辽金建筑带来了极其深刻的影响。

二、多层多檐建筑

（一）独乐寺观音阁

独乐寺观音阁建于辽统和二年（984 年），是一座三层的木构楼阁，其中第二层是平座暗层，外观为两层，通高 22 米。面阔五间，进深八椽，重檐九脊顶。阁中央置有一座高 16 米的观音像。阁的结构特点如下：

1. 用材的标准化

观音阁的内外檐大木构件，因功能和部位的不同，在用材方面采用了三种不同的标准。

（1）外檐斗栱：单材 27 厘米 ×18 厘米，高 11.5 厘米，足材 38.5 厘米 ×18 厘米。使用一等材（18.7 寸 ×5.8 寸）。

（2）内檐斗栱：单材 25.5 厘米 ×18 厘米，高 13 厘米，足材 38.5 厘米 ×18 厘米。使用二等材（8.2 寸 ×5.8 寸）。

（3）平座斗栱：单材 23.5 厘米 ×16 厘米，高 11 厘米，足材 34.5 厘米 ×16 厘米。使用三等材（7.5 寸 ×5 寸）。

但以一等材占支配地位，用材标准仅次于唐佛光寺大殿，材、栔尺度相当雄大，显示了早期木构建筑的特征。

大阁全部结构、梁枋、斗栱不下千数，层栌叠架，结构精巧；但经匠师精心设计，将所有大木构件简化为六种标准截面：

泥道慢栱、慢栱、瓜子栱、令栱；罗汉枋、平棊枋及下昂等皆用单材。

阑额、普拍枋、华栱、泥道栱等，俱用足材。

明栿，广一材一栔。

扎牵，广二材弱。

平梁，广二材。

檐栿，广二材一栔。

观音阁，由于采用了上述六种标准截面，对于设计、施工和估料等都提供了方便条件，这是辽代匠师在建筑技术上所取得的一项重大成就。

此外，从梁枋所采取的截面比例，用料颇为经济合理。例如大阁的主要荷重梁——四椽栿，长 7.43 米，横截面为 58.5 厘米 × 30.5 厘米，高与宽的比例接近 2 : 1。

材料力学表明，大梁截面采用高二宽一的比例，不仅能保证刚度，而且还节省木料，可称是一种成功的经验。大阁自建成以来，历时将近千年，梁犹健直无恙，足以证明其用材标准至为恰当，充分体现了辽代匠师在木结构设计中所具有的高度水平。

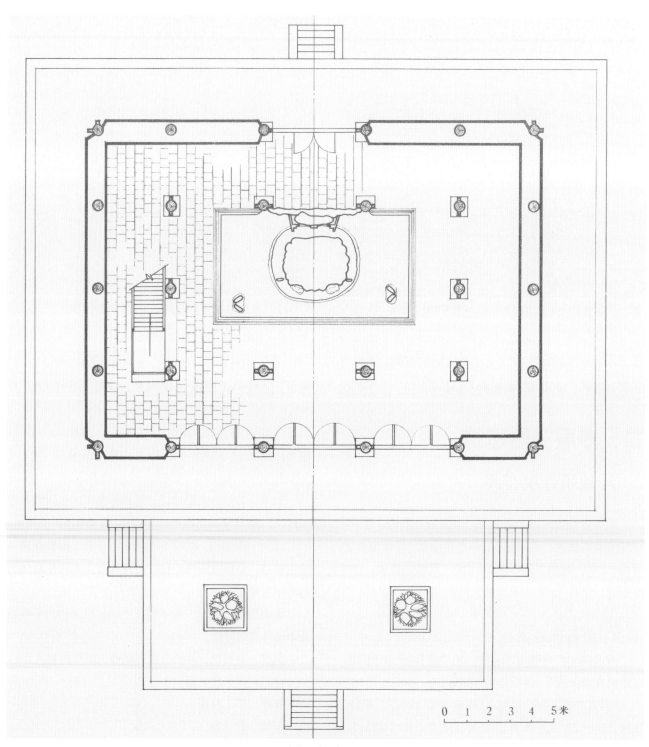

图 5-4-12   天津蓟县独乐寺观音阁首层平面图

2. 柱网布置合理

殿面宽五间，进深四间，柱网布置采用内外两环的配置方法（图5-4-12）。外檐柱十八根，内柱十根，构成一个大圈套小圈的双层柱网平面。东西宽20.20米，南北深14.20米，阁高22米。面宽与进深的比例以及高与进深的比例均在4∶3左右。宽深高低，比例适度，故整座建筑物的重心比较稳定。这显然是当时的匠师经过全盘考虑后所采取的布置方法。

3. 构架方法

观音阁高三层，进深八椽，外观为两层，重檐九脊顶，中间是平座暗层。使用内外两槽构架和明栿、草栿两套屋架。凡露明的梁枋、柱额和斗栱、栏楯等皆用明栿做法，制作精细，平棋以上和暗层等隐蔽部分皆用草栿做法，加工粗略。施工上有糙细之分。

整个构架，从下至上由三个结构层叠置而成。全部结构都是按水平方向分层制做安装的。同时，内外柱约略同高，而且柱身比例低矮，因此具有很好的稳定性，与五台佛光寺唐代大殿的结构原则是一致的，仍保持了唐代的技术传统。

三层梁柱构架都是由双层柱网所组成。柱子的纵横两个方向皆用梁枋、斗栱相互搭接，形成内外两层框架。即外檐柱网所组成的框架套在内檐柱网组成的框架之外。每一个结构层的两套框架之间，皆依据不同的功能要求，用梁枋、斗栱等构件联结在一起，形成一个整体（图5-4-13）。

隐蔽部分，广泛使用斜撑作为加固构件。例如，脊步架槫间的左右使用"叉手"；各缝槫木之下使用"托脚"，可防止檩木位置滑动；上层外墙里面，在柱间施用斜撑支撑固济，并用绳索系枝篱，里外敷以草泥，做成编壁夹泥墙，使斜撑隐在墙内。在围护结构里施用斜撑，能增强墙体刚度，防止框架变形；这比土墼墙（或砖墙）不仅质量轻，而且具有弹性，有利于抗震，是辽宋木构楼阁中一种比较流行的做法。

特别是平座暗层部分，由于开了一个很大的井口，结构刚度因之减弱。一旦受到水平推力，容易扭曲变形，为了弥补这个弱点，特于内外柱之间施以巨大的斜撑，以保持框架的稳定。

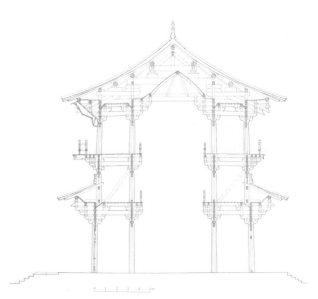

图5-4-14 天津蓟县独乐寺观音阁明间横断面图

以上这些在隐蔽部分所施用的各种斜撑，经多次地震考验，证明确是一种有效的加固方法（图5-4-14）。

4. 柱侧脚与柱生起的应用

侧脚与生起是古代建筑工匠在长期实践中所创造的一种稳定木结构的方法，在《营造法式》一书中，已定为必须遵守的制度。观音阁的各层柱子都有明显的侧脚与生起。以头层外檐正面平柱为例，柱脚向外侧出13.5厘米，约合柱高3.3%。每面檐柱的高度，从次间平柱开始以至角柱，其高度逐个增加，头层正面，角柱生起

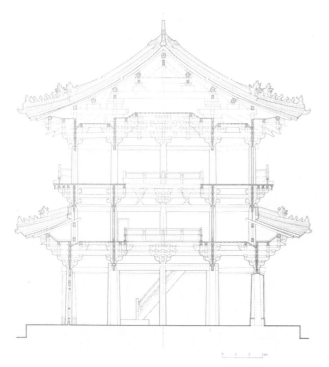

图5-4-13 天津蓟县独乐寺观音阁次间横断面图

14厘米（4.5寸），使整个建筑物的结构重心都向里倾侧。同时，暗层和上层檐柱的柱位，还向里收进约一个柱径，使整个建筑物的构架上小下大，重心为之降低。由于在结构构造中采用了以上这些措施，对于整座建筑物的稳定方面收到了良好效果。

此外，由于外檐柱有生起，屋架四坡的各缝檩条上，还设有"生头木"，椽子、望板钉齐后更形成一个反翘形的大曲面，这样就使四面檐口很自然地形成一种舒展如翼的轮廓线，在造型上取得了优美的艺术效果（图5-4-15）。

5. 不同方向的井口布置

由于观音阁内需要树立一个高达16米的泥塑观音像，就得在中层（暗层）和上层的中心部位开出一个贯通上下的空井。因之，阁内便开了两层井口，对于原构架的稳体性和强度有所减弱，尤以中层的长方形井口，受到水平推力后容易变形。为了克服这一缺点，上下两层井口的方向仍相错配置，上层用了一个扁平的六角形井口。由于上下两层空井的形状不同，改善了受力条件，有助于防止空井的结构变形，而空井又是容纳塑像的空间，做到了结构和功能的统一。这是多层木构建筑在技术上的突出成就（图5-4-16）。

6. 斗栱形式多样

观音阁的斗栱，在全部结构中是重要组成部分，皆以结构为主要功用。故在处理手法上，多根据每种斗栱的特殊用途而异其形制。或承檐，或承平座，或承梁枋，或在柱头，或在转角，或在补间。内外上下，繁简不同，

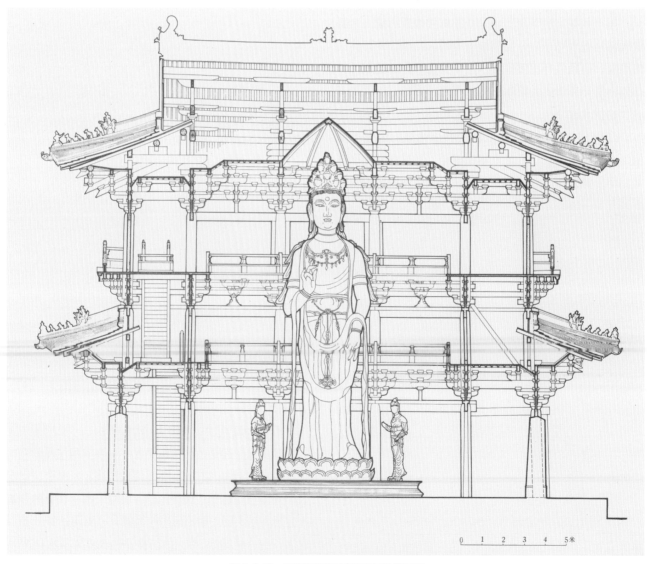

图5-4-15　天津蓟县独乐寺观音阁纵断面图

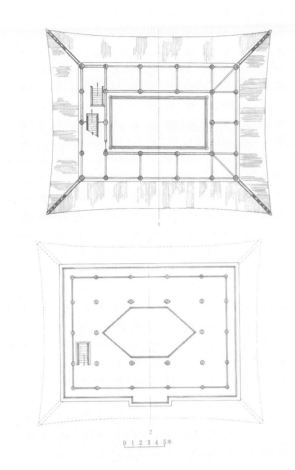

图 5-4-16 天津蓟县独乐寺观音阁暗层及上层平面图
1- 暗层平面；2- 上层平面

共有二十四种之多。但结构功能明确，其使用部位并然
有序。故类型虽多，并无杂乱之感。

例如，下檐用四跳华栱层层挑出，但上檐却使用双
抄双下昂，同是七铺作斗栱，而形式则迥然不同。这是
因为昂的出跳虽和华栱出跳的水平长度相同，但其高度
稍低，可以节省屋顶内的空间和屋架用料；同时，下昂
后尾压于草栿下，加强了外檐斗栱与屋顶构架的整体性。
这种利用下昂和华栱出跳相等而高度不同的特点以调整
屋顶坡度的方法，是唐、辽木构建筑中一种常用的处理
手法。又如内檐上层空井部分，为了增高空间，以利容
纳佛像，经过精心设计，从柱头向内挑出华栱四层，用
以支承上面的平闇和藻井，取得了相当高敞的空间，也
是一种卓有成效的做法（图 5-4-17）。

至于平座部分，则于内外柱之间横施地脚枋和铺板
枋，外出华栱三跳，内出华栱二跳，用以承托衬方和楼板。
华栱俱用足材，而且跳距较短，坚实有力。发挥了斗栱
在木构架中所具有的重要作用。

图 5-4-17 天津蓟县独乐寺观音阁内部结构

但观音阁在结构上也存在若干缺点和薄弱环节，
例如，由于出檐过于深远，檐头产生了弯垂现象，因此，
清乾隆间重修时不得不在四角支顶擎檐柱，以资维持
屋檐的稳定。还有，上下层柱子不是直接贯通，而是
采用叉柱做法，即是将上层柱子的柱脚劈开后骑在下
层斗栱上，由于节点不牢固，致使柱位容易错动或倾斜，
成了全部结构中的一个薄弱环节。因此，到了元明以

后的楼阁建筑，为了加强结构的整体性，便取消了叉柱造和暗层，改用了"永定柱"做法（上层柱子直接从地立起），道理就在这里。

（二）应县佛宫寺释迦塔

山西应县佛宫寺释迦塔，建于辽道宗清宁二年（1056年），是国内现存最古老、最高大的一座楼阁式木塔。作为工程技术成就来讲，这座木塔凝聚了我国古代匠师的聪明智慧和创造才能，九百多年来，经过多次地震考验，至今巍然屹立，不能不说是中国建筑史上的一个奇迹。

应县佛宫寺释迦塔，据明万历田蕙《重修应州志》记载："佛宫寺初名宝宫寺，在州治西，辽清宁二年（1056年）田和尚奉敕募建，至金明昌四年（1193年）增修益完。塔曰释迦，道宗皇帝赐额。元延祐二年避御讳，敕改宝宫寺为佛宫寺。顺帝时（1333～1368年）地大震七日，

塔屹然不动。塔高三百六十尺，围半之，六层八角，上下皆巨木为之，层如楼阁，玲珑宏敞，宇内浮图足称第一。"

塔平面八角形，底层直径30.27米，外观为五层六檐。全塔结构从下至上可分为三部分。最下是砖石垒砌的基座，高4.40米（台基以下基础部分情况不详）。第二部分是塔身，自基座上至塔顶砖刹座下，全部用木结构，高51.35米，砖刹座高1.65米；最上是铁制塔刹，高9.91米。总高67.31米。体形高大，结构复杂，轮廓优美，是一座典型的楼阁式木塔（图5-4-18）。

（1）基座

全塔建立在一个用条石和大砖垒砌的基座上。基座总高4.40米。为了不使上下踏道过长过陡，分为两层。下层基座为方形，边长约在40米左右，露明高2.30米（地面以下埋深尺寸不详），四面各出月台；上层基座随塔身平面作八角形，高2.10米，直径35.47米，南、东、西三面各出月台，设踏道。整个基座体积相当巨大，在设计时，是经过一番周密考虑的。据近年勘测数据，

图5-4-18　山西应县佛宫寺释迦塔

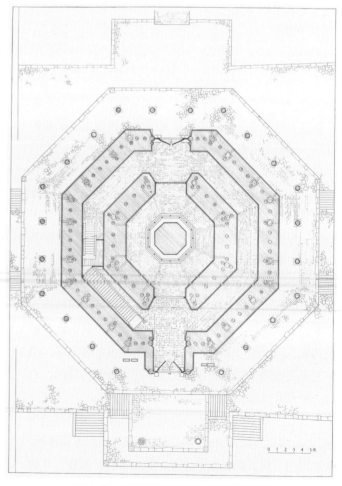

图5-4-19　山西应县佛宫寺释迦塔底层平面图

塔身头层柱根的标高基本上在同一水平高度，标志着木塔的沉降率比较均匀，表明木塔自建成以来，将近千年，塔的基座迄今未发生折沉或倾斜等不良现象，证明基础的工程质量是可靠的（图5-4-19）。

（2）塔身

①塔身的柱网，采用内外两环柱的布局方式。五个明层的内环柱以内为内槽，具有高敞的空间，以利供奉佛像；外槽为走廊；外环柱之外，复有平坐构成的平台走道。全塔结构共九层，其中有四个暗层。实际上是重叠九层，每层为各具梁柱、斗栱的完整构架：底层以上是平坐暗层，再上为第二层；二层以上又是

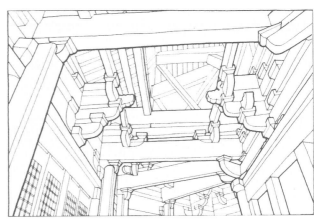

图5-4-21 山西应县佛宫寺释迦塔外槽结构示意图（第四层）

平坐暗层。重复以至顶层为止。全部结构逐层分别制作安装（图5-4-20）。每层柱脚均用地栿，柱头用阑额，普拍枋，内外两环柱头之间复用枋木斗栱相连，使每一层结合成一个坚固的整体，具有很大的稳定性（图5-4-21）。全塔由第二层到第四层，每层的高度（包括柱、斗栱、屋檐和上层平坐）基本上都相等。

各层柱子叠接：每层外柱与其下平坐层柱位于同一轴线上，但比下层外柱退入约半个柱径。各层柱子都向中心略有倾斜，有明显的侧脚和生起，平坐层的柱身侧脚尤为显著；因之构成这塔各层向内递收的轮廓。从整个造型上来看，下大上小，使整个塔身的质量重心具有很明显的稳定感，在立面上构成有韵律的构图。

②释迦塔的构造原则，与佛光寺大殿、独乐寺观音阁和下华严寺薄伽教藏殿大体相同，同属于殿堂结构体系。柱网和构件组合采用环列的内外槽制度。在功能上，内槽供佛；外槽为人流活动的空间。在结构上，外槽和屋顶使用明栿、草栿两套构件。作为多层建筑，各层间均设有暗层，以为容纳平坐结构和各层屋檐所需的空间。各层上下柱不直接贯通，而是上层柱插在下层柱头斗栱中的"叉柱造"。所有这些，都是唐、辽时期木构建筑的传统做法。

③从全塔的结构来看，此塔比南北朝、隋、唐时期的木塔有很大改进。因为那时期的木塔，平面采用方形，结构的稳定主要依靠塔内中央贯穿上下各层的中心柱。而此塔虽仍保持楼阁式的外貌，但平面改用正八角形，不论从任何水平方向传来的外力，如巨大的风压力和地震波等，都会沿着径向和弦向作对称地传递，不会使塔身产生过大的扭曲或变形，因此，比

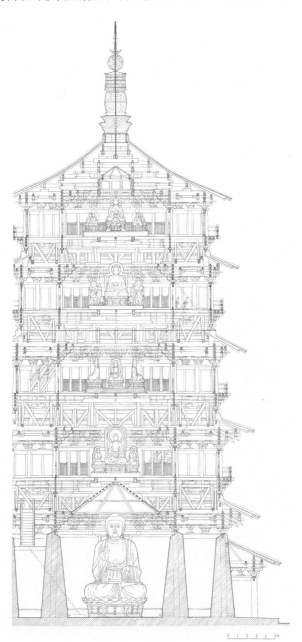

图5-4-20 山西应县佛宫寺释迦塔塔身结构断面图

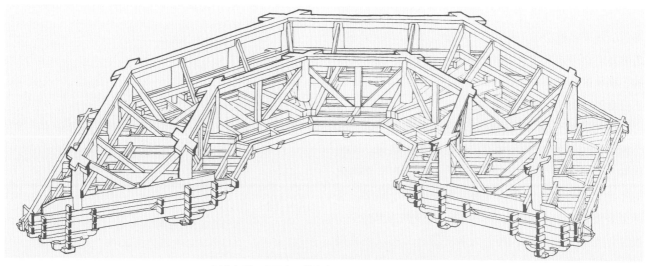

图 5-4-22　山西应县佛宫寺释迦塔结构体系示意图

方形平面更为稳定。同时，使用双层筒式的平面和结构，等于把中心柱扩大为内柱环，不但扩大了空间，而且还大大增强了塔的建筑刚度。

④特别值得注意的是，塔的五个明层和四个暗层中都有特殊的加固措施。为了抵制风力以及地震波的惯性推力，防止水平方向的位移和扭动，各层都使用了一些斜撑固定复梁。例如平座暗层结构，就是用斜撑和梁柱所组成的一道平行桁架式的圈梁（图 5-4-22）。在这个圈梁的内环上，又叠置由四层枋子组成的一道井干式的圈梁。整个暗层实际是一个牢固的构架。在五层塔身中，间隔匀布了这样四道刚环，有效地加强了塔身的整体性（图 5-4-23）。

1933 年调查此塔时，见到二至五层楼的东、西、南、北四个正面明间，各装格子门四扇，次间及其他各面，内槽柱子之间，都有斜撑支撑，封上荆笆抹泥墙，以防止框架扭动变形，也是一种很有实效的加固方法。

此外，二至五层楼，各层平座的内槽柱，均于内外两侧附加柱子一条，顶立于第一跳华栱下。除第五层外檐柱处，所有外檐及内槽柱，均于内侧附加柱子一条，也是顶立于第一跳华栱下，柱子都是方柱截去四角（图 5-4-24）。

1977 年经文物保护研究所 C_{14} 实验室测定，这些附加柱子的木材年龄，距今约在 930～980 年之间，证明都是建塔同时所用的木料。据此推测，可能是大木安装施工后，为了加固保险起见，特意附加了这些柱子。

至于塔身底层的木骨架是承受压力最大的结构层，大木构件须有足够的刚度才能保证安全。当时的设计

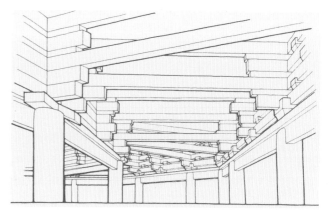

图 5-4-23　山西应县佛宫寺释迦塔平座井干式结构示意图

图 5-4-24　山西应县佛宫寺释迦塔外环柱里侧附附加抱柱（第四层）

匠师基于这种考虑，采用顶柱子的办法来进行加固。做法是：在角柱和平柱的里外侧附加抱柱，每间阑额下附加间柱，内槽和外檐共支顶柱子 102 根。柱位的配置很有规律性。这些柱子都是略经加工的原木，直径约 35 厘米，高 9 米多，比例细长。内槽和外檐，仅

南北两面装板门，其他六面俱用土墼包砌厚墙，把所有柱子都隐蔽在墙内。内墙厚2.86米，外墙厚2.60米。墙下砖砌隔碱，高仅91厘米，俱用辽代沟纹条砖砌筑。隔碱上面铺木枋一层，厚10厘米，以防潮湿，其上则垒砌土墼墙，墙体的做法与大同善化寺辽代大殿相同。经C_{14}测定表明，这些附加柱子的年龄为1000年±70年。再结合墙体的建筑特征来判断，可以肯定这是在建塔的当时所采用的一种加固措施。从九百多年的考验效果来看，这种顶柱子、包厚墙的办法，对于加强底层框架的结构刚度，确实起了很大作用。

尽管木塔选用的木料都是当时质量较高的落叶松，但因塔身自重过大，经历千年自然影响，有一些木构件因断面尺寸不足和材料强度衰减，不胜负荷，产生了不同程度的破损情况，例如木塔各层的普栢枋被压劈裂，乳栿和阑额被压弯，弱点就暴露得十分清楚。

⑤材、栔与斗栱。释迦塔从顶层的建筑规模来讲，相当于一座五间十椽的殿堂建筑，同时又是一座结构复杂的高层木构建筑，因此进行结构设计时，究竟选用多大的材分等第才与木塔的规模相称，这是需要慎重考虑的问题。

释迦塔用材的标准断面为25.5厘米×17厘米(7.74寸×5.16寸)，材广厚比为3:2。但木材年久干缩，必较原尺寸缩小，以宋尺衡之，相当于《营造法式》大木作制度规定的第二等材；高11厘米(合6.5分材)，大于宋式材、栔比例；足材为36.5厘米；与大同善化寺辽代大殿用材标准(26厘米×17厘米)相同。善化寺大殿为七间十椽，两相比较，木塔采用二等材是比较经济合理的。试举几种主要构件用材为例：各层柱径大小不一，51～63厘米，由上至下，柱径逐层加大，大致以两材至两材一栔为标准；普栢枋32厘米×17厘米，以厚为广，阑额36厘米×17厘米，均约为一足材；乳栿高51～47厘米，草乳栿高48～44厘米，大致合两材至一材两栔；六椽栿：二、三层平座者65厘米×40厘米，四层平座者60厘米×32厘米，五层平座者52厘米×30厘米，即约合两材一栔至两材。根据部位和负荷情况的不同，用材有大小之别。

⑥全塔使用了54种斗栱，充分显示了斗栱在楼阁结构体系中的重要性及其在应用上的灵活性。在一个建筑上，集中地使用了如此多种的斗栱，为研究斗栱在建筑结构中的作用，提供了十分可贵的实物例证。

全塔计六层屋檐、四层平座，所用铺作互有异同。变化最多的是外檐斗栱。以外檐柱头铺作为例：

副阶用五铺作，内外各出双抄；

第一、二层檐，外转七铺作出双抄双下昂，里转五铺作出双抄；

第三层檐，外转六铺作出三抄，里转五铺作出双抄；

第四层檐，内外转俱五铺作出双抄；

第五层檐，内外转俱四铺作出单抄。

可以看出，由下至上，各层铺作的出跳制度采用逐层递减的做法，使各层屋檐的深度和坡度构成有规则的变化，塔身因而获得了优美的总体轮廓线，这是当时的设计匠师经过周密考虑的。平座部分：二至四层皆平出三卷头，五层平出二卷头。挑出深度约在1.24米左右，惟出头木外端不施雁翅板，是其特点。

从结构上来分析，一般是里转出两跳，第一跳偷心，第二跳上用栱枋一缝。外转出四跳，隔跳偷心，第二、四跳上各用栱枋一缝。平座外转用计心。出跳的作用，在外檐是用来悬挑出檐，在内外槽是悬跳平闇藻井。跳上横向栱枋主要是加强横向的结合。同时，凡转角铺作皆广泛使用斜栱，因此具有较好的刚度。

从用料上来分析。一般栱枋用单材，铺作外檐出跳，因承受檐部悬跳作用，故华栱、角华栱、下昂、角昂等都用足材。由于上层平座柱子又立在草乳栿上，而上一层塔身柱子又立在平座柱头铺作上，使塔身铺作结构直接承受上面平座及上层塔身的重量，显示了斗栱在木构架中所具有的重要作用。乳栿和草乳栿在各个结构层中都起着简支梁的作用，不同于平座铺作的联系内外枋子，因而用料特大(50厘米×30厘米)。

总之，从斗栱的用材情况来看，由于材料规格自身有差异，在具体施工时则量材施用，以较大材料用于重要位置，以较小材料用于次要位置，用料比较经济合理。同时，并不拘泥于既定规格，凡遇栱枋高度不齐时，即增减栱高以调整所产生的误差(亦即增减散斗的平、欹)，使工程质量获得了保证，在用料方面反映了一定程度的灵活性。

(3) 塔刹

塔刹的结构是以一根10厘米见方的铁刹柱为骨干，刹柱全长14.21米，下端由放在平梁上的两条枋木夹持固定，中部长1.86米，砌筑于砖刹座中，上部伸出于塔顶上，长9.91米。

第五节　宋代木结构

宋代在建筑技术发展中占着重要地位的是：元符三年（1100年）《营造法式》这部建筑法规的颁布。它对我国古代长期的建筑实践做了比较全面的技术总结，尤其是木结构中模数制的确定，对此后的建筑实践影响深远。从许多古建调查证明，隋唐时期木构建筑中以"材"为标准单位的模数制虽然已经形成，斗栱构件的材栔比例的运用已十分成熟，而《营造法式》中对材栔的运用范围更加广泛。这样更便于设计施工的提高，有利于大规模的建筑实践。

宋代木结构建筑中的木构架的式样，就今日所见，重要建筑多属于梁柱式结构系统的殿堂式和厅堂式。较隋唐时期又有许多改进。建筑造型，较之唐代更富于变化。如楼阁建筑中的十字歇山屋顶，正面或侧面加抱厦的设计，配以各种菱花隔扇，色彩绚丽的彩画，使得建筑物的整体造型更加优美。直到南宋末期"柔和绚丽"的建筑风格。已成为宋代建筑造型的显著特征（图5-5-1）。

图 5-5-1　宋画《滕王阁》

一、平面柱网布置的改进

宋代建筑的单体平面中，大型建筑多为长方形，小型建筑则多为方形。柱网的布置，较隋唐时期发生了一些变化，有了一些改进。大体有以下两种形式：

（一）规整的柱网平面

隋唐时期的木结构建筑，平面柱网的布置，绝大多数都是纵横成行整齐划一。宋代重要建筑物仍继承此种手法。如，河北省正定县隆兴寺摩尼殿（1052年），面阔七间，进深七间，四面出抱厦（图5-5-2），重檐歇山屋顶。抱厦的歇山顶山面向前，造型华美。整体建筑除去抱厦部分，殿身由三层柱圈组成，内圈二层为上檐柱，外圈一层为下檐柱。

浙江省宁波市保国寺大殿（1013年），面阔进深各三间，外圈柱十二根，内圈柱四根。《营造法式》卷三十大木作制度图样中所绘殿堂建筑平面图四幅，其中两幅，即"殿身七间，副阶周匝各两椽，身内金箱斗底槽"及"殿身七间、副阶周匝各两架椽，身内双槽"也属于此种类型。

唐代重要建筑大明宫含元殿，据发掘资料，它的正中九间，包括明间、次间都是等距5.29米。仅在最边缘的一间减为4.85米。进深各间皆为4.85米。现存实物中，唐佛光寺大殿（857年）面阔七间，正中五间也是等距5.04米，仅最边一间减为4.40米。宋代初期此种情况有了明显的改变。如山西省太原晋祠圣母殿（1023～1031年），面阔七间，进深六间，明间4.98米，次间4.08米，梢间3.74米，尽间3.14米（图5-5-3）。《营造法式》卷四规定："假如心间（明间）用一丈五尺，则次间用一丈之类。"说明当时此种方法已成定则。南宋时期更加普遍，如苏州玄妙观三清殿（1179年），面阔九间，其开间尺寸也是从明间起逐渐减少。

此外各间开间的尺寸，明显的比唐代加大。如前所述含元殿明间仅为5.29米，河北正定隆兴寺大悲阁（宋代基址，971年）的明间宽达7.20米。开间加大说明宋代匠师对木材的力学性能较之前代有了更加深入的了解。

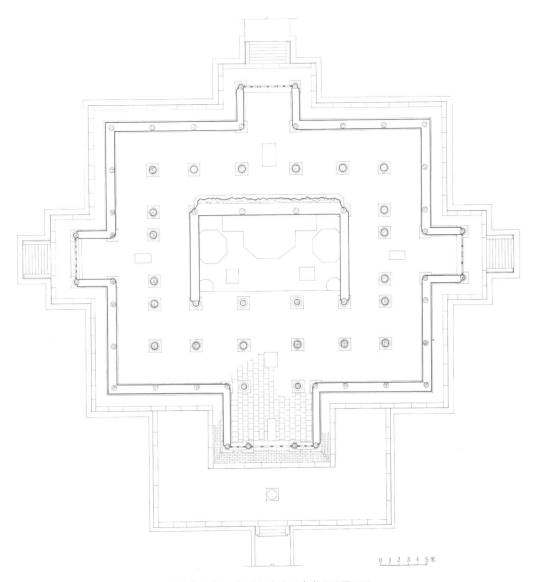

图 5-5-2 (1) 河北正定隆兴寺摩尼殿平面图

图 5-5-2 (2) 河北正定隆兴寺摩尼殿外观

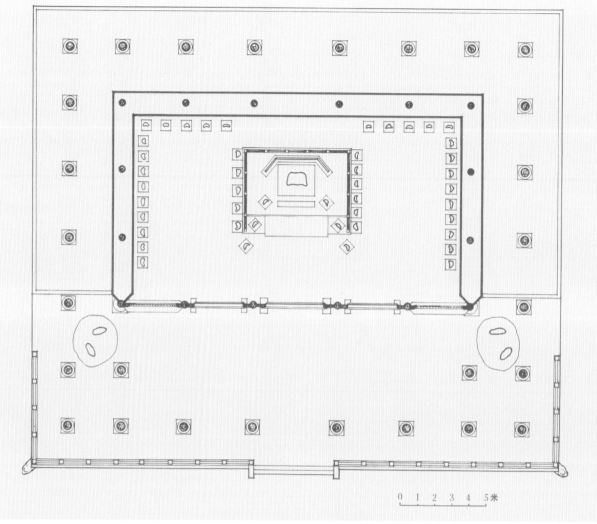

图 5-5-3　太原晋祠圣母殿平面图

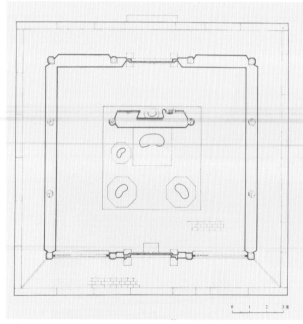

图 5-5-4　太原晋祠青莲寺大殿平面图

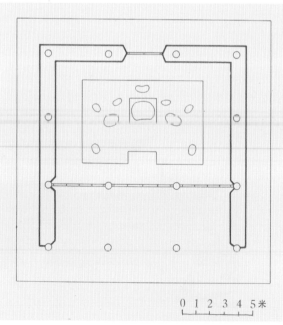

图 5-5-5　山西榆次永寿寺雨花宫平面图

（二）不规整的柱网平面

大体上分为两种类型。

1. 减去前（或后）金柱的平面

现存宋代建筑实物中，半数以上都是面阔进深各三间的小型建筑物，它们的平面柱网的布置，除周围十二根檐柱外，大多数减去前边的两根金柱，扩大了室内的使用空间，保留的后边两根金柱，中间砌以扇面墙，使得殿内没有四面凌空的柱子，造成小殿内具有比较宽敞空间的效果。保留的柱子与周围檐柱仍是纵横成行。山西晋城青莲寺大殿（1089年），是此种类型的代表作（图5-5-4）。榆次永寿寺雨花宫（1008年），它的平面减去后金柱，有前廊，式样与前者稍异，在结构上同属此种类型（图5-5-5）。

晋祠圣母殿的前廊，四根老檐柱不直接落地（在梁架上用童柱立在大梁上），在平面上也呈减柱式样。

2. 移动金柱位置的平面

此种类型的平面，在宋代建筑中以河北省正定县隆兴寺转轮藏殿为最早（北宋中期）。它是一座面阔进深各三间的重楼建筑，底层平面中按照宗教的要求，放置了一座"转轮藏"（中置一个大木轴，可以转动）的放置佛经的大书橱，直径近7米，置于室内正中，转动起来与室内纵横成行按柱缝排列的四根金柱就要发生冲撞，为此，设计者将底层的四根金柱分别向外侧移动，后金柱移动较少，前金柱移动较多（图5-5-6）。

河南省登封市少林寺初祖庵大殿（1125年），面阔进深各三间，单檐歇山顶，殿内四根金柱，后边的两根由柱缝向后移动124厘米，扩大了佛台前的活动面积（图5-5-7）。

图 5-5-7（1）　河南登封少林寺初祖庵外观

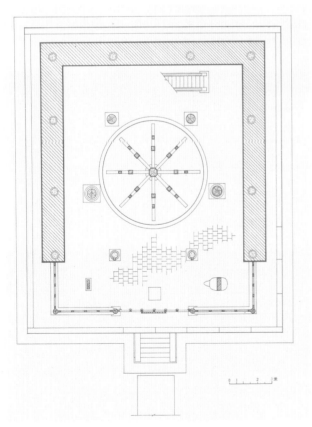

图 5-5-6　河北正定隆兴寺转轮藏殿平面图

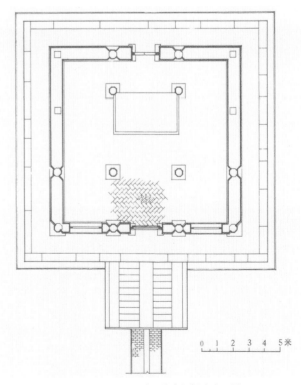

图 5-5-7（2）　河南登封少林寺初祖庵大殿平面图

二、木构架技术的发展

（一）木构架的式样

宋代建筑由于平面和整体造型的变化，木构架的式样也随之多样化。1100年完成的《营造法式》一书，将当时的木构架分为三种大的类型，即殿堂式、厅堂式、柱梁作。书中卷三十绘有殿堂式木构架四幅，厅堂式木构架十八幅（其中十架椽屋五幅，八架椽屋六幅，六架椽屋三幅，四架椽屋四幅），柱梁作没有附图，据一些宋代绘画和原书中片段记载，仍可知其概略情况。

1.殿堂式

据《营造法式》附图所见都是属于大型建筑，进深八椽或十椽，整体构架由柱、斗栱层和梁架组成，主要特点是殿身的内外柱高度约略相等，施工时可按水平层安装或拆卸。现存实物中如隆兴寺摩尼殿、晋祠圣母殿都是此种类型的结构。

摩尼殿（图5-5-8）：进深八椽，木构架为"八架椽屋，前后乳栿用四柱，副阶周匝"。这座建筑物的设计者，将老檐柱间的墙身取消，改砌在周围廊的檐柱间，扩大了殿身的室内面积，故副阶周匝的形式不

甚明显。殿身的木构架由两圈柱网组成，老檐柱高8.65米，内柱比老檐柱高起一个足材。老檐柱与内柱上斗栱虽然都是五铺作，但老檐柱上为单抄单昂，在乳栿下正心用柱头枋三层，内柱上斗栱为双抄，乳栿下正心用柱头枋二层，自乳栿底皮计算，二圈柱子的高度应是一致的。如明间构架平梁下用四椽草栿，四椽明栿（图5-5-9）；两次间构架仅用四椽草栿，而且用两段或三段并接（图5-5-10）。下层檐构架，进深两椽，乳栿后尾插入老檐柱内，抱厦木构架中的脊檩、金檩都是靠紧殿身，不用榫卯连接。

晋祠圣母殿（图5-5-11）：殿身木构架为"八架椽屋，乳栿对六椽栿用三柱，副阶周匝"。内外柱等高，乳栿与六椽栿在内柱中线处对接，实际上是将八椽栿分为前后两段，副阶深两椽，乳栿、扎牵的后尾都插入老檐柱内。由于前廊老檐柱为不落地的"童柱"，故前檐的副阶梁架改用四椽栿，后尾直接插入内柱（图5-5-12）。

2.厅堂式

与殿堂式最明显的区别是："屋内柱皆随举势定其短长"。即内柱比檐柱高出一步架或两步架。檐头的乳栿或扎牵后尾插入内柱，故施工中不能完全按水平层安装或拆卸。依《营造法式》分级，此种式样多用于一般中小型建筑。浙江宁波保国寺大殿属于此种类型。

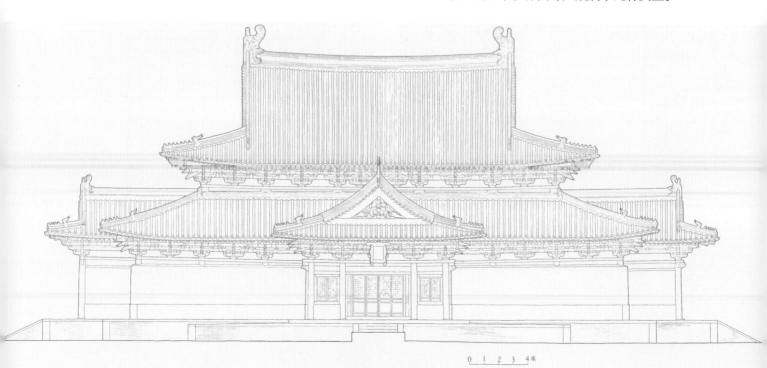

0　1　2　3　4米

图5-5-8　河北正定隆兴寺摩尼殿正立面图

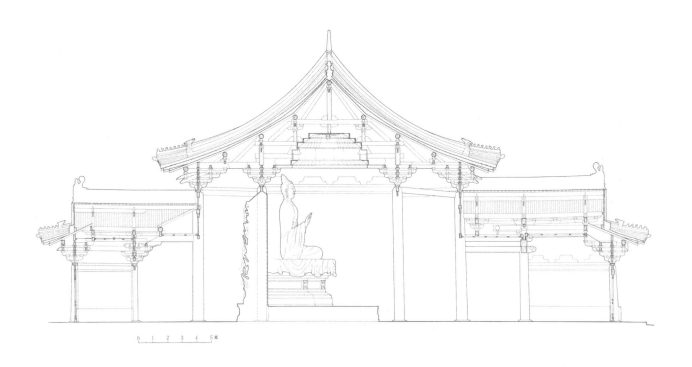

图 5-5-9　河北正定隆兴寺摩尼殿明间横断面图

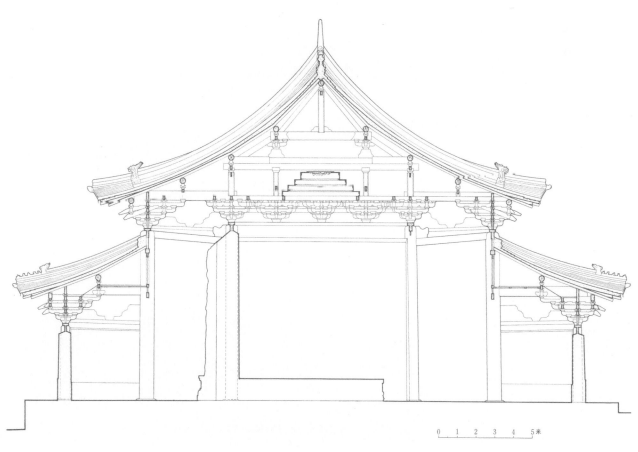

图 5-5-10　河北正定隆兴寺摩尼殿次间横断面图

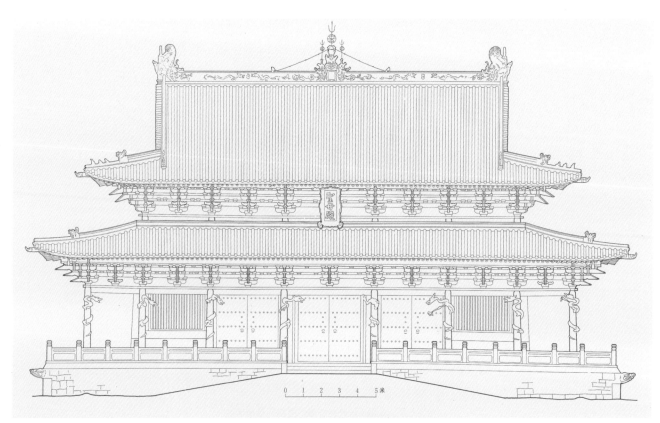

图 5-5-11　山西太原晋祠圣母殿正立面图

图 5-5-12　太原晋祠圣母殿明间横断面图

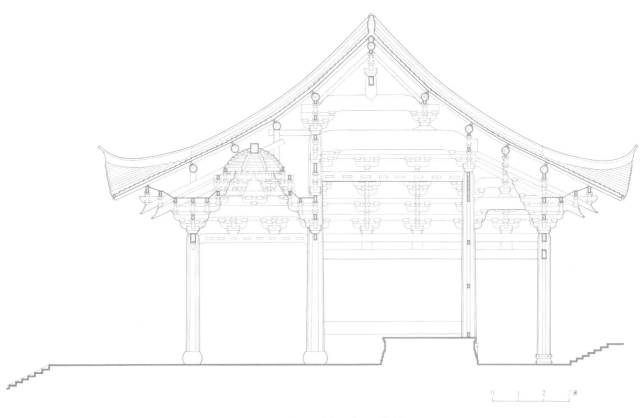

图 5-5-13　浙江宁波保国寺大殿横断面图

图 5-5-14　修复后的敦煌莫高窟第 431 窟檐

保国寺大殿：面阔进深各三间，单檐歇山顶，木构架为"八架椽屋，前三椽栿后乳栿用四柱"。前内柱比檐柱高两步架直达平梁下，后内柱比檐高一步架，乳栿、扎牵后尾都插入内柱，外檐斗栱为七铺作双抄双下昂，昂尾斜上两步架。前檐施藻井，其余三面及内槽梁架露明，梁栿底部砍弯做成月梁形式（图5-5-13）。

敦煌石窟中，宋代初期建筑的几座窟檐，其梁架式样都是用通檐大梁（檐栿），室内不用金柱，依《营造法式》的分类，应属于厅堂结构。如第431号窟檐（图5-5-14），建于宋太平兴国五年（980年）。面阔三间，明间设板门、两次间设直棂窗。柱间上用阑额、由额，下用地栿，柱头不用普栢枋直承栌斗。柱头斗栱为六铺作出三抄，檐栿前端伸入斗栱为第二跳华栱。檐栿后尾直接插入山岩中，栿上置斗栱，短梁支承窟檐顶部。整体结构十分简练。

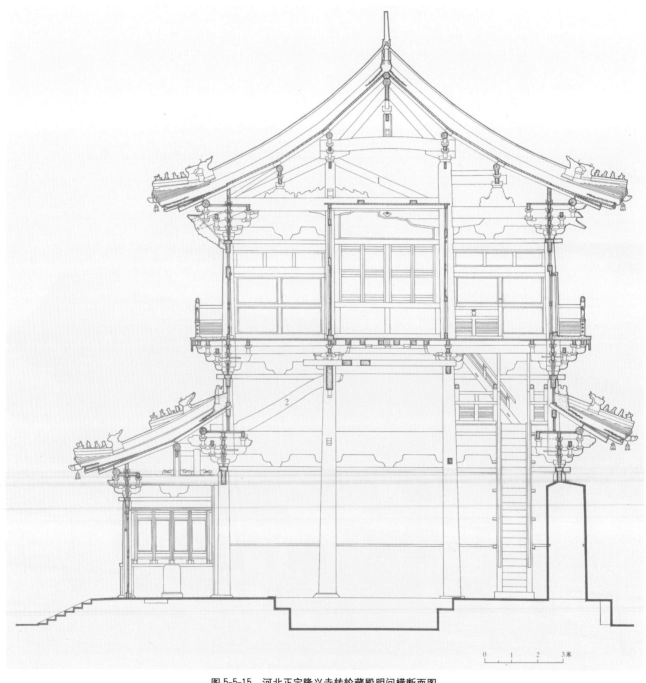

图 5-5-15　河北正定隆兴寺转轮藏殿明间横断面图
1-大叉手；2-斜乳栿

厅堂式的结构在宋代出现了一种变体，如河北正定隆兴寺转轮藏殿的上屋梁架，进深六架椽，脊槫下用叉手、蜀柱、平梁为普通式样，平梁以下由于后金柱升高直达平梁，将整体构架分为前后两部分，后半部长两椽用扎牵、乳栿，前半部用四椽栿、大叉手、蜀柱、驼峰组成一副类似近代的人字形桁架（图5-5-15），支在四椽栿正中的底皮下，可能是因为正中放置佛龛的需要而设。从结构上这是一根可以取消的构件，故转轮藏的梁架如采用《营造法式》的名称，仍可以算作是"六架椽屋，四椽栿对乳栿用三柱"。

3. 柱梁作

此种式样为廊屋及一般住宅、店铺等小型建筑的木构架，主要特点是不使用斗栱，柱上承梁、槫，相当于清代的"小式"建筑。造型多用悬山顶，或加板引檐（俗称雨搭）。《清明上河图》中所绘许多建筑均属此种结构式样（图5-5-16）。

4. 其他

在现存宋代木构建筑中，有些木构架并不明显的属于以上几种式样，多数处于殿堂式和厅堂式之间。如宋代一些中小型建筑中颇为盛行的一种结构式样，即在梁架中采用乳栿与四椽栿在内柱柱头斗栱上对接的方法，内外柱的高度也基本相同。此种式样具有殿堂式施工方便、可按水平层安装或拆卸的优点。最大的特点是能使柱网设计有一定的灵活性，内柱的数目可减可加，位置也可以在梁缝中心线上前后适当移动。单从柱的高度看这些建筑都应属于殿堂式，但从它的整体构造似归入厅堂式更为合适，故在此单列一项。兹举下列三例说明：

青莲寺大殿：面阔进深各三间，单檐歇山顶，平面中减去前内柱，木构架为"六架椽屋，四檐栿对乳栿用三柱"、内柱比檐柱高一足材，加上柱头斗栱至大梁底皮的高度仍相等。故该殿的四椽栿与乳栿可视为大梁（六椽栿）的前后两段（图5-5-17）。

永寿寺雨花宫：平面及外观与青莲寺相似，其木构架是"六架椽屋，乳栿对四椽栿用三柱"，唯在前内柱间置门窗做成前廊形式（图5-5-18）。

初祖庵大殿：面阔进深各三间，单檐歇山顶。木构架为"六架椽屋，前后乳栿用四柱"，前内柱于柱

图5-5-16　宋代柱梁作木构建筑（摹自《清明上河图》）

头斗栱上又立童柱，直达平梁底；后内柱后移124厘米，以扩大佛台前的使用空间，故后檐的乳栿实长一椽半，正中的梁实长二椽半，两根梁在后内柱柱头斗栱上斜接，与平接的效果相近，也可使内柱的位置有少许的灵活性（参见图5-5-7）。

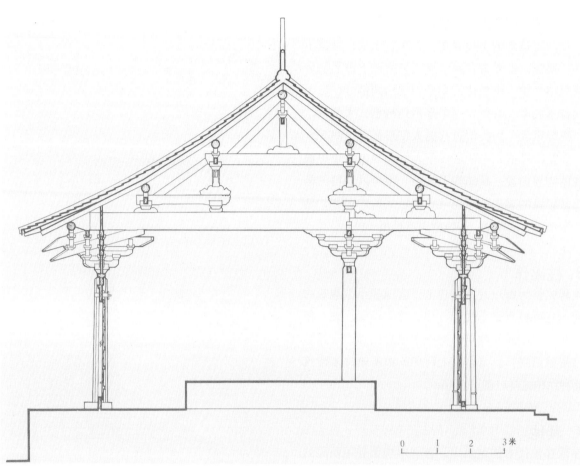

图 5-5-17　山西晋城青莲寺大殿横断面图

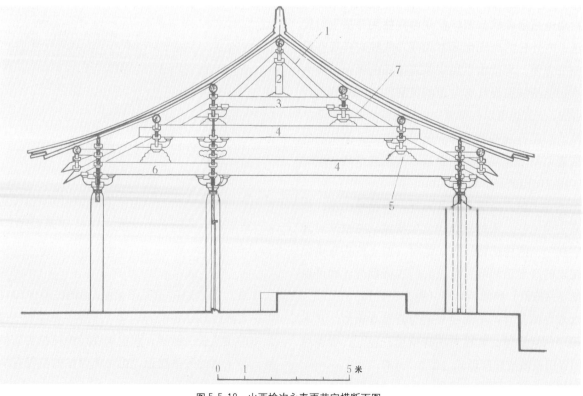

图 5-5-18　山西榆次永寿雨花宫横断面图
1- 叉手 ;2- 矮柱 ;3- 平梁 ;4- 四椽栿 ;5- 驼峰 ;6- 乳栿 ;7- 托脚

（二）木构架技术的新成就

木构架发展到了宋代，与隋唐时期比较技术更加完善，加工更加精细，主要表现在以下几个方面。

1. 柱框刚度增强

我国古代木结构建筑中的木构架，一般可以分为上下两层，下层由柱子、额枋组成柱框，上层由斗栱、梁、檩组成梁架。隋唐时期的柱框，大多数是在周围檐柱或内柱之间，柱头联以阑额（或在阑额下再加一根由额）、柱根联以地栿，阑额和由额都是将端部直接扦入柱内，或略砍稍细，但都属于"半榫"至角柱不出头。此种式样遇大风或地震时的水平推力冲击时，接榫处容易松劲造成柱框歪闪、脱榫，故宋代匠师们采取以下措施，增强柱框的刚度：

①宋代现存木构古建筑中，我们注意到从北宋初开始，在柱头上加用"普拍枋"的逐渐增多，在柱框的顶部用一圈普拍枋联成一道木质的"圈梁"，与现代建筑中的结构原理相似，所用普拍枋各间一根，相接处用比较复杂牢固的榫卯联结，式样有"勾头搭掌"，"螳螂头"等（图5-5-19）。转角处在角柱顶十字相交，上下扣榫出柱头，各个柱头利用柱头的斗栱穿过普拍枋插入大斗底，将柱头、普拍枋、大斗联为一体使之不能轻易移动。

②额与柱相交，出现了如《营造法式》卷三十所绘梁柱对卯的式样，即"藕批搭掌、萧眼穿串"，比半榫入柱的办法坚固的多。此外宋代建筑中，大多数阑额至角柱伸出柱外，上下刻半榫搭交，比唐代不出头的做法有所改进，增强了阑额转角处的固结和稳定。

③强调柱侧脚与柱生起的作用。我国古代木构建筑中外檐柱子，不是垂直的，而是微向里侧倾斜，约为柱高的百分之几。周围的柱子都向内倾斜，表现在平面中就是柱根平面大于柱头面尺寸，此种做法称为"侧脚"。另外一种现象是，建筑物每面的柱子，自明间开始向外至角柱逐渐升高的做法，称为"生起"。这两种技术措施都可产生整体建筑的重心向内的作用，对增强整体建筑结构中柱框的刚度都是有益的。

隋唐以及五代时期，以上两种技术措施虽然都已出现，但并不普遍，如五台佛光寺大殿（857年），福

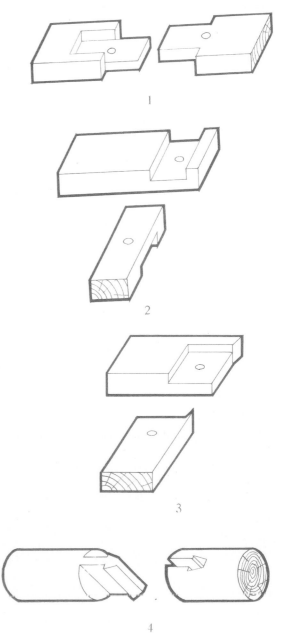

图5-5-19　宋代榫卯示意图（摩尼殿）
1-普拍枋榫；2-普拍枋榫内转角；3-普拍枋榫外角；4-檩头榫

州华林寺大殿（五代）都是只有柱生起，不用柱侧脚。北宋诸建筑中两种技术措施都已经比较普遍的被采用。

2. 拼合构件的出现

拼合构件一般被认为是宋代出现的新结构，宋以前文献无记载，更缺乏实物例证。拼合构件主要是为了节约木材，用小料拼成大料，常用的有拼合梁与拼合柱两种。

①拼合梁：古代常见的拼合梁是在大梁上加"缴背"梁，其目的很明显是补救大梁断面不足。两根构件之间一般用木楔相连，虽不能完全像现代拼合梁那样密合牢固，缴背总是分担了部分荷载、减轻下面大梁的负担。《营造法式》卷五还记载有以下几种：梁栿制作时，"凡方木小，须缴贴令大……若直梁狭即两面安槫栿板"（此即三拼梁）；"如月梁狭即上加缴背，下贴两颊不得刻剜梁面"（这种式样也是一根三拼梁）。

②拼合柱：《营造法式》卷三十所绘合柱鼓卯图中"两段合"、"三段合"的图样，就是现代所说的两拼柱与三拼柱，这是宋代以前未见的新做法。依图中所绘，每根用 2～4 块木料合成一根整柱，各块木料之间的内部用"暗鼓卯"和"楔"，合缝用铁鞠，表面另以"盖鞠明鼓卯"盖面（图 5-5-20）。

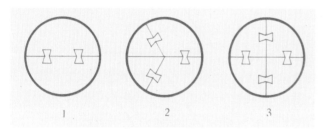

图 5-5-20　宋《营造法式》拼合柱
1- 两段合柱；2- 三段合柱；3- 四段合柱

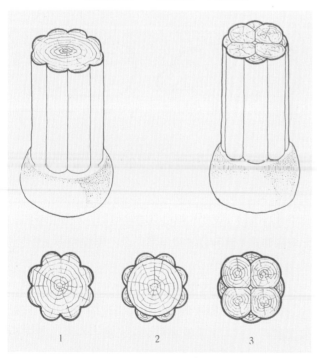

图 5-5-21　浙江宁波保国寺大殿拼合柱
1- 瓜棱柱；2- 贴棱柱；3- 四拼贴棱柱

拼合柱的实例，宋代建筑中仅知浙江宁波保国寺大殿一处。全殿共计 16 根柱，表面都是围以 8 个连续的圆弧，形似瓜瓣称为"瓜棱柱"。这些柱子过去曾被认为是用一根整木料砍制成瓜棱状，在 1975 年维修时发现：外檐 12 根柱与过去估计一致，由整根木料制成，而且是前檐 4 根露明柱砍为 8 瓣，其余半露明柱仅在露明处砍 4 瓣；殿内 4 根金柱全是拼合柱；其中 3 根是用 4 条圆木相拼，接缝处各贴 10 根"瓜棱"，严格计算是由 8 根木料拼成，另一根是中心为整 4 根圆木，周围用 8 根半圆枋木贴成瓜棱状；这根柱共由 9 根木料拼成（图 5-5-21）。

3. 大木构件的艺术加工更加精细

《营造法式》总结了当时流传的部分手法，并附以详细图样，对制作技术的推广工艺水平的提高都起了重要的作用，比较突出的是卷杀。

①柱的卷杀在宋代至少有两种式样，一种是《营造法式》卷五中所述"凡杀棱柱之法，随柱之长分为三分，上一分又分为三分，如栱卷杀渐收至上径比栌斗底四周各出四分。又量柱头四分紧杀如覆盆样，令柱项与栌斗底相副，其柱身下一分杀令径围与中一分同"。这一种尚非完全棱形。

南宋建筑的广州光孝寺大殿（公元 1269 年）的棱柱，上下柱径小，中间柱径大，真正成为棱形。这座建筑物虽经后代大修，但棱柱仍保留了宋代原制（图 5-5-22）。

②露明构件如梁、枋、斗栱等的"卷杀"。它的操作方法，据《营造法式》记载，以四瓣卷杀的栱头为例介绍如下（栱断面高为 15 分）："上留六分，下杀九分，其九分匀分为四大分。又从栱头顺身量为四瓣，各以逐分之盲（目卜而上）与逐瓣之木（自内而至外），以真尺对斜画定然后斫造"（图 5-5-23）。

如为五瓣卷杀，则垂直和水平方向都分为五瓣。以此类推，并不复杂。施于各构件后，整体结构就显得变化多端，例如斗栱中各种栱头卷杀的瓣数互不相同，华栱、泥道栱四瓣、令栱五瓣、替木三瓣；柱头砍成"覆盆"形，也是用此种卷杀方法制成。效果最突出的是对"月梁"的斫制，整根笨重的大木构件，两端砍薄砍细，中间突起，形式美观（图 5-5-24）。值得提出的是，我们调查过的几十座宋代木构建筑中

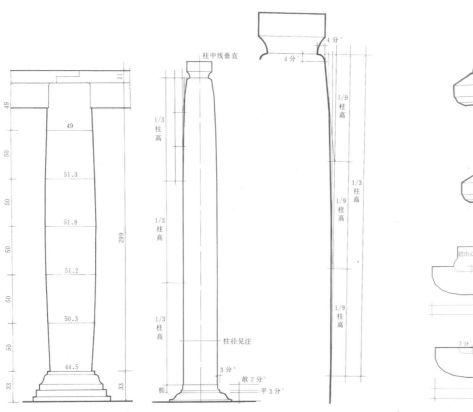

图 5-5-22　棱柱做法示意图
广州兴孝寺大殿（宋）
宋《营造法式》
注：柱径

单位：厘米

殿阁 42 ～ 45 分
厅堂 36 分
馀屋 21 ～ 30 分
宋《营造法式》棱柱局部大样

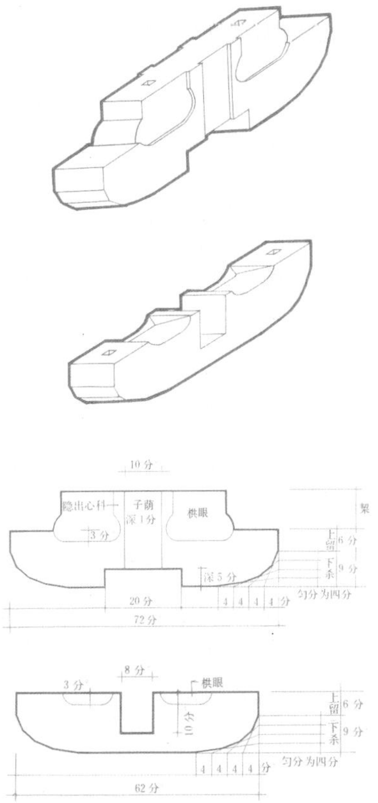

图 5-5-23　宋《营造法式》栱瓣卷杀做法

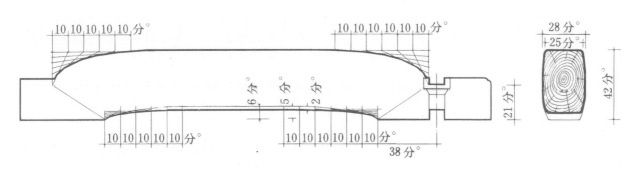

乳栿 立面

乳栿 底面

图 5-5-24　宋《营造法式》月梁做法

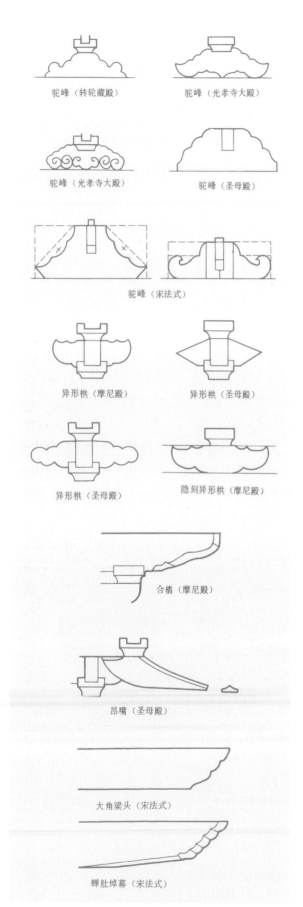

驼峰（转轮藏殿）　　　驼峰（光孝寺大殿）

驼峰（光孝寺大殿）　　　驼峰（圣母殿）

驼峰（宋法式）

异形栱（摩尼殿）　　　异形栱（圣母殿）

异形栱（圣母殿）　　　隐刻异形栱（摩尼殿）

合楷（摩尼殿）

昂嘴（圣母殿）

大角梁头（宋法式）

蝉肚绰幕（宋法式）

图 5-5-25　宋代木构件艺术加工示意图

的月梁、梭柱等艺术加工的大木构件，它的表面都是用斧锛砍成的，外观效果与明、清用刨子刨光的效果相似，这种技巧是相当高的。

宋代建筑中的其他大木构件如大角梁、驼峰、耍头、昂嘴等式样，显著的较唐代增多，《营造法式》中绘有部分图样，连同现存实物中的一些例证，可以粗略地看出宋代艺术加工的一般水平是相当精细的（图 5-5-25）。

（三）斗栱构造的新变化

宋代斗栱的发展，从总体式样到细部，大体上继承了唐代的式样，但也出现了一些新变化（图 5-5-26），明显的有以下几点。

①斗栱结构在整体木构架中所占比例逐步缩小。在唐代建筑中表现为"斗栱雄大"，这是指建筑立面构图中柱高与斗栱面高度（斗栱中大斗底皮至挑檐檩底皮的垂直高度称为斗栱的立面高度）的比例。已知的几座唐代建筑多在 5：2 至 2：1 之间，整体造型给人的印象是头大身短。五代和北宋初期的一些建筑中，仍然存在着三间小殿而使用七铺作斗栱的不合理现象。最突出的实例有山西平遥镇国寺万佛殿（963 年），浙江宁波保国寺大殿（1013 年）等。北宋中期以后的建筑中，这种现象得到了改进。就调查所知，这一时期及其以后所建造的三间小殿大多采用五铺作斗栱，斗栱立面高度多为檐柱高的 30%左右。改变了唐代那种头大身短的现象。

②斗栱的装饰性能逐渐增强，斗栱的功能除了结构上的作用外，不可否认它本身还具有很好的装饰作用。此种功能在宋代建筑中更加强调，首先是改变了唐代那种柱头斗栱大、补间斗栱小或不用补间斗栱的作法。宋代建筑中的补间斗栱大都与柱头斗栱的大小一致。其次是北宋建筑中开始使用假昂。山西晋祠圣母殿上檐斗栱中的昂咀平出，结构上仅是华栱构件加长，伸出部分上部削弯做成琴面昂的形状，实际上只能起到华栱的作用，完全起不到后尾斜挑向上的那种"真昂"的作用。

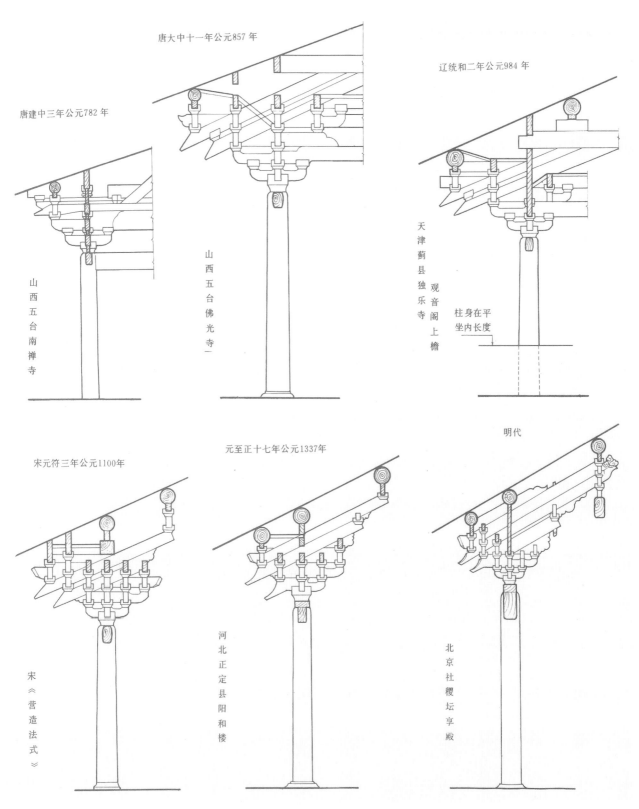

图 5-5-26　唐、宋、辽、元、明、清斗栱比较图

（四）高层建筑中木构架技术的成就

宋代以前高层木结构建筑技术已有较高的成就。北宋初期，通过著名匠师喻皓在汴梁修建开宝寺木塔的情况，可以对当时高层建筑中木构架的技术成就，得到一些概略的印象。当时对木塔的设计，从造型、结构以及抗风等都有一套比较成熟的经验。

我国高层木构建筑结构的类型是以楼层立柱的方法而划分的。常见的有以下两种：

①叉柱造：此种结构是自下而上，一层柱框，一层斗栱相重叠，上层柱根叉于下层斗栱的大斗之上。这是宋以前常见的式样（图 5-5-27）与宋同期的辽代高层木构建筑如应县木塔（1056 年），蓟县独乐寺观音阁（984 年）等都属于此种类型。

②永定柱造：它的特点是二层平座柱子直接从地立起，与下层檐柱相距甚近。河北省正定县隆兴寺慈氏阁是此种结构的唯一实例。这座建筑的上层梁架虽然被清代改建，但平座及下层仍保留北宋建筑时的规制（图 5-5-28）。

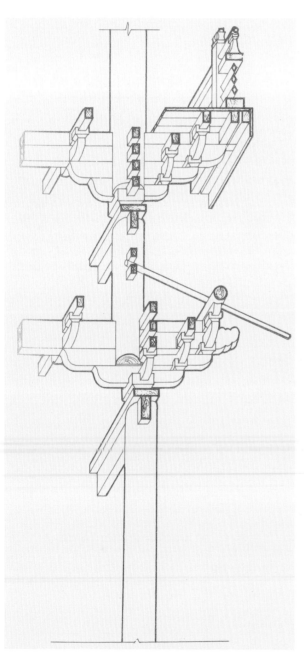

图 5-5-27　叉柱造示意图

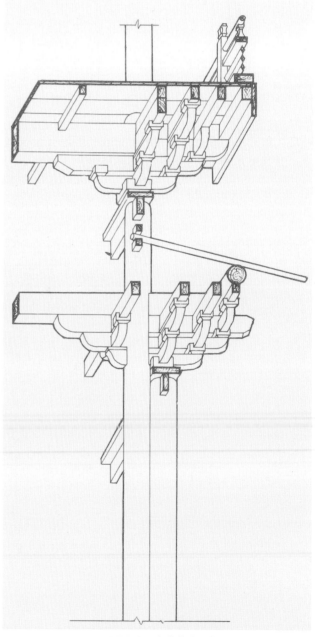

图 5-5-28　永定柱造示意图

此外在《营造法式》中还介绍一种"缠柱造"的做法，它的特点是上层柱根立在下层斗栱后尾的梁上，而且在转角处各加一朵补间斗栱遮住上层柱根。此种类型尚缺乏实物例证。

宋代现存实物中多采用叉柱造，但与唐、辽时期又略有不同，例如前已介绍过的正定隆兴寺转轮藏殿，它是一座两层楼带平座的建筑物，结构上属于叉柱造，平座外檐柱的柱根叉于下檐柱头斗栱之上。但它的内柱则是由底层内柱直上达二层楼板下，如自平座地面计算，外檐仍维持早期作法，由下檐柱、下檐斗栱、平座柱、平座斗栱等四层组成，而内檐则仅由内柱和柱头的简单斗栱共两层组成。

转轮藏殿平座以下内外柱间的联系，由于底层中间大型转动的经橱的关系，各面的结构也不相同，两侧面在前内柱上用两根乳栿，前檐因受转轮的影响不能安置水平位置的梁栿，设计者使用了两根弯梁。后尾插入大内额上，前端搭在前檐斗栱上。如此设计的结果，在叉柱造的高层结构中常见的平座暗层被取消了。高层建筑在内部取消平座暗层的做法，是宋代以前不多见的。内柱加高贯通底层和平座层的做法，应是从叉柱造改变为明清时期高层建筑中使用通柱的过渡例证。

为增加高层木构建筑的抗风、抗震能力，宋代在增加整体木构架的刚度上采取了一些新措施，前文已叙述宋代为增加柱框的稳定性，在柱头上增添了普拍枋，这一构件从《营造法式》中可以清楚地看到，首先是在高层建筑中使用的，因为凡提到普拍枋之外，都和平座相连叙述。

柱侧脚的应用，在楼阁建筑中更加重视，《营造法式》规定："楼阁柱侧脚，祇以柱以上为则，侧脚上更加侧脚，逐层仿此。"此种措施，使得高层建筑物的平面自下而上逐层向内收进，增加了建筑的稳定性。现存宋、金这一时期的楼阁建筑莫不如此，以转轮藏殿为例，整体木构架各层平面尺寸如表。

由表中明显看出，平座柱根处收进较多，这是因为平座属于上层结构，也就是说楼阁分层处收进多，平座柱头与上层柱根同属于一个结构层，故相差甚微。

转轮藏殿木构架各层平面尺寸表 表5-5-1

部位	通面阔（厘米）	比下层向内收进（厘米）	通进深（厘米）	比下层向内缩进（厘米）
上层柱头平面	1325	11	1264	11
上层柱根平面平座柱头平面	1386	8	1275	2
平座柱根平面	1339	41	1277	41
下层柱头平面	1380	12	1318	12
下层柱根平面	1392	–	1330	–

三、独特的木栱桥——"虹梁结构"

北宋仁宗时期（1023～1063年），青州（今山东益都）地方，出现了一种独特的木栱桥，据《渑水燕谈录》记载："青州城四面皆山，中贯洋水限为二城，先时跨水植柱为桥，每至六七月间，山水暴涨，水与柱斗，率常坏桥，州以为患……明道中（1032～1033年）夏英公守青，思有以捍之，会得牢城废卒有智思，垒巨石固其岸，取大木数十相贯，架为飞桥，无柱，至今五十余年桥不坏。"这种新型结构很快得到推广。同书记载："庆历中（1041～1048年）陈希亮守宿州，以汴桥坏，率常损官舟害人，乃命法青州所作飞桥，至今汾、汴皆飞桥，为往来之利，俗曰虹桥。"

从以上记载中得知，桥本身是"取大木数十相贯，架为飞桥，无柱"，无疑是一座木栱桥。宋代画家张择端在《清明上河图》中忠实地描绘了一座此种结构的木栱桥（图5-5-29），这座桥建在当时京城汴梁东水门外的汴河上，据《东京梦华录·河道》记载，此桥称为"虹桥"，无柱，皆以巨木架，饰以丹艧，宛如长虹。这座虹桥虽然早已不存，通过画家的精心描绘，今天还可以了解桥的结构概况。

虹桥是一座单跨木拱桥，跨径近25米，净跨约20米，拱矢约5米，桥宽约8米，拱券高度薄，配以丹饰栏杆和两岸桥头的华表，整体造型轻盈若长虹当空。桥拱主要部分从正面观察为五根拱骨互相搭架，实际可能为六根拱骨，最末一端埋入拱址，被培土后

图 5-5-29　宋张择端《清明上河图》中的"虹桥"

不够明显，每根拱骨搁于另二根拱骨中部的横木上。单独一片拱架是不能站立的，至少须有两片拱架用横木联系起来。横木除了支撑联系的作用外，同时又是拱架分配力量的关键，在各节点上使用类似"铁马"的铁件把下缘的拱骨和上缘的拱骨联成整体。这样就可利用拱骨密排的挤压作用，达到限制结构几何变形，具有现代结构上纵横联结的作用。

此桥的外形虽是拱形，结构的组合仍是以梁交叠而成，称为"虹梁结构"，不仅造型优美，还具有以下几个突出的优点：

①构造简便：整体骨架又有纵横两种构件，纵横搭置，互相承托，具有简单梁的特点。构件类型少，形体简单，加工简易，构件互相连接也比较容易处理。

②短构件，长跨距：以小材建造较大跨径的构造物，从《清明上河图》中所绘的比例来分析，每个纵向构件长约 8 米，恰与估计的桥宽相等，也就是说全桥主桥所用大木，都是用若十 8 米长的木料支起跨径 25 米的人桥。

③结构坚固：《渑水燕谈录》一书成于北宋绍圣二年（1090 年），书中所记青州第一座"虹梁结构"的木拱桥已建成将近 60 年仍未坏。汴京的虹桥至北宋末期的政和、宣和年间（1111 ～ 1125 年）尚完好。以此推算这一批虹梁结构的飞桥寿命，至少也在八九十年以上。九百多年前的木桥，能达到如此较长的寿命，结构的坚固性应是相当强的。

第六节　金代木结构

12 世纪初，东北地区女真民族逐渐强大，在 1115 年建立了金王朝。新中国成立初期，随着统治区域的日益扩大，迅速地吸收了辽、宋文化，先后把阿城、宁城、大同、北京、开封定为金的上京、北京、西京、中都和南京，就是承袭辽代五京之制的。

建筑技术也如此，就现存遗构观察，金代早期建筑受辽代影响较大。辽代一些建筑物使用内外柱不等高的八椽屋，金代的佛光寺文殊殿、崇福寺弥陀殿也采取了这种结构形式；辽代的斜栱，到了金代更是普遍流行，而在同时的南宋建筑中很少见到斜栱的使用。

金代，在建筑技术上又反映为受北宋影响较深，如晋祠献殿（图 5-6-1）。北宋的酒楼、商店、戏

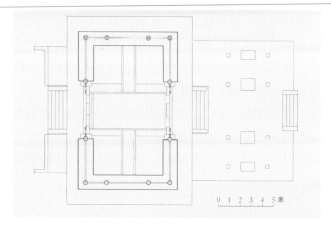

0 1 2 3 4 5米

图 5-6-1（1）　太原晋祠献殿平面图

图 5-6-1（2）　太原晋祠献殿横断面图

图 5-6-1（3）　太原晋祠献殿正立面图

台等公共建筑类型，随着南北的往来，也传到河朔一带金人统治区域。在山西省侯马市发掘出的董氏二号墓中雕出舞台模型，不但是我国戏剧史珍贵资料，其山花屋顶向前的形象，柱、枋、斗栱的手法也是说明当时建筑技术上受到北宋文化影响的间接例证。

金代后期木构遗物较少。金代前期的不少结构手法，后期仍在使用，并延续到明、清时代，例如撩风榑下通长的挑檐枋，阑额出头的雕饰（清官式术语叫霸王拳）等。

一、单体木结构建筑物特征的探讨

（一）平面柱网

仅存的十余座金代木结构佛殿遗物，大多数集中于山西境内，大体可以分为两类：一类是小型佛殿，其台基平面多为正方形或接近正方形，砖砌台基之上，排列着宽深各三间的柱网，前方中央设踏跺四或五级以便登临，这反映了当时南起汝州，中经潞州、泽州，北止代州的一般佛殿布置；另一类是大型佛殿，其台基平面为长方形，宽深比例有大小之不同，善化寺山门宽五间深二间，佛光寺文殊殿宽七间深四间。金代单体建筑的平面柱网使用减柱、移柱的作法和辽代相同。由于柱数减少，梁架排列随之而变化，建筑内部反而避免了雷同单调，这种做法非独辽金盛行，元明也在沿用。

（二）木构架

对于宽深各三间的佛殿，其木构架用"六架椽屋，四椽栿对乳栿用三柱"形式（图5-6-2）。

这是参照《营造法式》第三十一卷"厅堂图样诸例"所拟的称呼，特点如下：

（1）屋架前后对称，各三步架，是为六椽屋。

（2）屋架脊步大多是蜀柱与叉手并用；其他步架都有托脚支撑，蜀柱与梁栿交接处多用合㭼而少用驼峰。

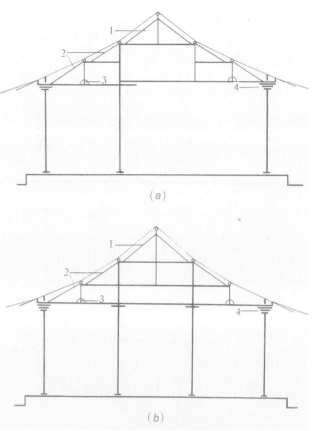

图 5-6-2　六架椽屋柱架侧样示意图
（a）三柱式；　　（b）四柱式
1-叉手；2-托脚；3-驼峰；4-斗栱

（3）山面一般呈现为三间四柱，从当心间横剖面看，则减去前内柱。乳栿伸过内柱，伸出部分斫作楷头以承四椽栿，使前后主梁相互制约。

对于七开间的大型佛殿，其柱架侧样和《营造法式》厅堂图样中的"八椽屋前后乳栿用四柱"极为接近。

（二）斗栱

金代斗栱进一步追求华丽，以致给人以繁琐的感觉。女真族在短短的十余年间，取得辽阔的领土，统治者在建筑外观上追求壮丽，以此夸耀，相沿成风。金代木构遗物不多，但斗栱形制从四铺作单昂到七铺作双抄双下昂都有遗例。试分析如此：

（1）斗栱布置：小型佛殿开间比较小，补间只用一朵，或者在第一层柱头枋上隐出翼形栱。若佛殿开间较大时，补间最多用两朵，布置比较疏朗。

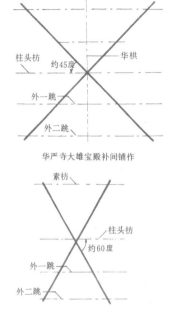

华严寺大雄宝殿补间铺作

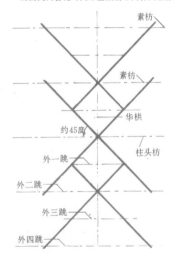

山西大同善化寺大雄宝殿当心间补间铺作

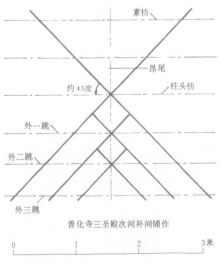

山西朔县崇福寺弥陀殿后檐补间铺作

善化寺三圣殿次间补间铺作

图 5-6-3　斜栱布置比较图

（2）分件雕饰：下昂上皮，多数刻作琴面昂，少数做成批竹昂。耍头出头多采取和下昂相同的式样。大同金代建筑的耍头出头与《营造法式》所记的蚂蚱头相近。有些建筑物上，在耍头出头部位将蚂蚱头式与昂式并列。栌斗、散斗的斗㪷部分有明显的内颤；讹角斗是潞泽一带惯用的手法，可能是北宋的影响。

（3）斜栱：比较普遍地使用斜栱是金代建筑一大特点，虽然斜栱在辽代已经出现（例如大同下华严寺薄伽教藏殿），但金代比辽代更为普遍，13世纪中，金亡元兴，斜栱渐少使用。

斜栱的排列，在平面上或与主轴线成45°，或与主轴线成60°，有的斜栱内外对称，依杠杆原理，可起支撑檐部重量的作用。由于支点增加，荷重分布比起一般斗栱更均匀一些。但如斜栱的后尾或前端没有对称地延长时，均匀分布荷重的优点就没有了，如大同善化寺三圣殿的次间补间铺作，外侧每跳交互斗上都出45°斜栱，而向内侧对称延长的只是栌斗上的两缝斜栱，从结构观点看，是不合理的，外观上也显得繁琐（图5-6-3）。

由于斜栱的使用，撩风槫下支点加多，支距变近，这就促使替木相连，形成贯通全间的扁平的挑檐枋；金代以后，斜栱之制废去，而挑檐枋却保留下来，后来逐渐形成1:2的狭高断面。

随着斜栱的使用，内外跳头上的横栱栱头（包括栱上的散斗）也不得不随着抹料以取得调和一致的外观。附带指出，这种横栱抹料的做法直到明代，在宣化、天镇一带还保留下来，虽然当时斜栱已不再使用。

（四）柱枋

木制檐柱、内柱多属圆形断面，砖塔仿制也成圆形，只是潞泽一带山区，或以地产石材关系，常在当心间施用八角形断面的石柱。一般柱列有显著的侧脚与生起。

柱头之间联系用的普拍枋和阑额的联合断面成丁字形，普拍枋断面的宽厚比约为3:2，与《营造法式》规定接近。阑额出头处常做出线脚，似霸王拳，而如辽式垂直截割者较少。

（五）梁架构件

金代单体建筑物的梁架下部，一般多不装天花板；五台佛光寺文殊殿开间七间，也只是当心间佛像附近使用天花藻井，其他各间是彻上露明造。

各缝槫下的襻间和《营造法式》规定的比较，稍有差异，宋式襻间多系隔间上下相闪，金代则是各间通长，而且每缝槫下所用襻间层数不一。

在金代叉手和托脚的使用比较普遍；有的托脚长达两步架，如朔县崇福寺观音殿，五台延庆寺大殿两例。

合㭼与驼峰都是蜀柱、横梁相交处的扶持构件。金代在脊槫下的蜀柱柱脚处开始使用合㭼，但上下平槫之下，蜀柱与横梁相交处则仍用驼峰。明代以后，合㭼就变成方直的角背了。

（六）桁架雏形的出现

由于金代建筑平面上采取了减柱、移柱的做法，主梁荷重不能直接传到立柱，常常是前檐内柱之间的

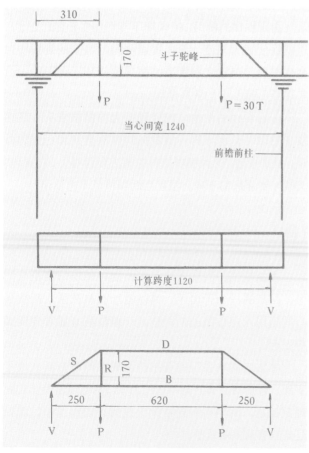

图 5-6-4　山西朔县崇福寺弥陀殿横枋受力分析（厘米）

大额要承受主梁传来的巨大荷重，当时使用近于桁架的大额以解决承重问题。桁架雏形的实例可见于朔县崇福寺弥陀殿和五台佛光寺文殊殿两座开间较大的木构遗物中。

以崇福寺弥陀殿为例（图 5-6-4）：

该殿当心间的两根主梁（依《营造法式》可称为四椽栿）的荷重没有直接传到前檐柱上，而是使用了上下两根横枋（D、B）（依《营造法式》可称为内额与由额）、斗子驼峰（R）以及约 45 度的斜材（S）（依《营造法式》可称为叉手），共同把主梁荷重向金柱传递。为了降低下横枋端部的剪力影响，柱上端还加用两道悬臂梁（依《营造法式》可称为绰幕枋），承托在横枋与金柱之间。

若只由横枋受力时，下横枋受力较大，根据静载估算，约需断面 30 厘米宽、130 厘米高，但若添用斜材，使 D、B、R、S 形成桁架时，下横枋只要 30 厘米见方即可敷用[①]。

实际上，斜材的使用没有达到桁架要求，如断面小，轴线方向不正等，以致下横枋目前有弯垂现象。

尽管崇福寺弥陀殿前檐金柱间的横枋结构还是不完全的桁架，但在八百年前的金代出现了这样的实例，是在木结构技术发展过程中的一种创造。

二、金代木构遗物

（一）五台县佛光寺文殊殿

在山西省五台山佛光寺内保存着两座较古老的单体建筑物，一座是唐建，一座是金修，金修的一座就是文殊殿。

文殊殿是佛光寺前院的一座配殿，宽七间，深四间，

---

① 节点荷重估计为 30^T。B 杆件受力有两种情况：
　　a. 在和使用 S 杆件时，B 与 D 考虑为复梁共同承受弯曲力。
　　　弯曲力矩 $M=30^T \times 2.5^M=75^{T \cdot M}$，
　　　当 B 杆件断面增到 30 厘米 $\times$110 厘米时，
　　　相应断面系数 $f=1/6 \times 30 \times \sqrt{30^2}=85 \times 10^3$，
　　　此时可抗力距 $=85 \times 10^3 \times 90=76^{T \cdot M}$（275）。
　　b. 加用 S 斜料后，B 杆件仅受拉应力 $T_b=\dfrac{30^T \times 2.5^M}{1.7M}=44^T$
　　　此时 B 杆件断面用到 30 厘米 $\times$30 厘米时 $=81000$（单位）
　　　可抗拉力 $30 \times 30 \times 90=81^T$（744）故已安全。

坐北朝南，悬山屋顶。前檐七间的当中三间各用两扇五路门钉的版门。两侧各一间用槛墙、直棂窗；再外两侧砌厚重的檐墙与山墙相连。外观朴素，殿内却给人以空旷的感觉，这是由于大量减去内柱的缘故。

文殊殿的木构架属于《营造法式》卷三十一"八架椽屋，前后乳栿用四柱"的类型，由于减柱、移柱的作法，上部屋面荷重需由内额传递，出现了桁架梁式的结构。殿内后槽只在当心间使用了内柱两根，内柱与山柱之间的内额，长贯三间，跨度达14米余，其内额与由额只使用48厘米×33厘米断面的构件，上下额之间立侏儒柱两根，辅以合㭼以承乳栿的后尾；侏儒柱顶端使用了一根通连的枋木，枋木两端更用叉手支撑，这样，就形成了梯形构架。这是一个大胆的尝试，也是一个罕见例证。

文殊殿前后檐下的斗栱使用斜栱。前檐当心间和次间的补间铺作都是在五铺作重栱造的基础上加用斜栱。从硕大栌斗口内，伸出三缝华栱，一缝正出，两缝45°斜出，这三缝华栱之上各出第二跳，而正出华栱之上更加以斜栱两缝，于是，第一跳共有栱斗三缝，其上横施云形栱；第二跳出栱头五缝，其上横施令栱；每缝之上端又出耍头，和令栱平交，其居中三耍头雕作麻叶云，两侧者雕为蚂蚱头。

（二）朔县崇福寺弥陀殿与观音殿

崇福寺在朔县东门里，是一处较大的建筑群，现存有山门、天王殿、钟鼓楼、藏经阁、文殊殿、地藏殿、三宝殿、祇园坊、左右禅房、弥陀殿和观音殿等单体建筑物。从建筑特征看，大部是明、清增修，只有弥陀殿和观音殿为金代建筑。

1. 弥陀殿（金皇统三年，1143年）

平面柱列，宽七间，深四间，通面宽和通进深各为40.94米和22.30米，尺度宏伟（图5-6-5），

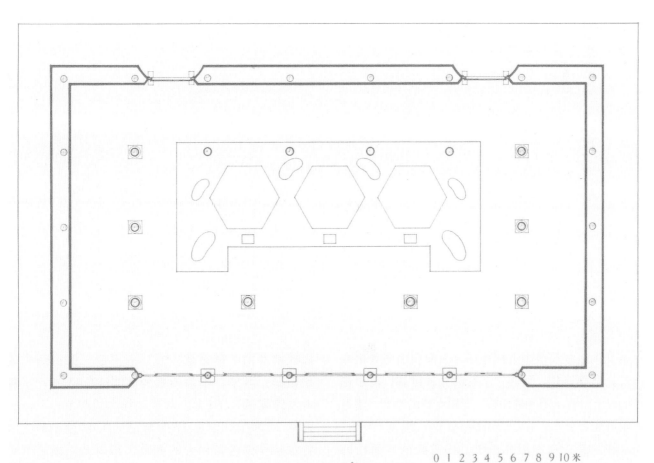

图 5-6-5　山西朔县崇福寺弥陀殿平面图

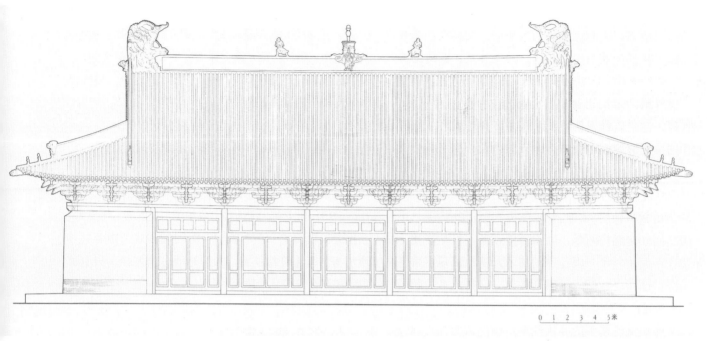

图 5-6-6 山西朔县崇福寺弥陀殿正立面图

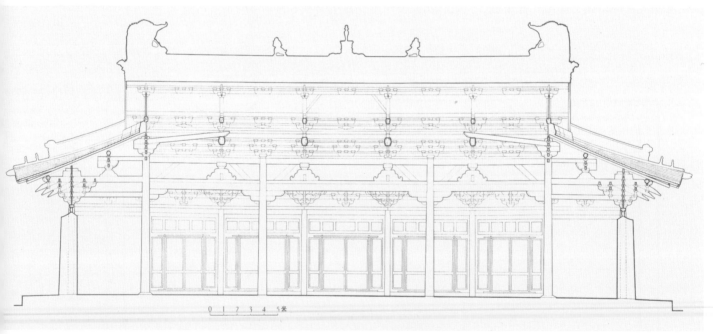

图 5-6-7 山西朔县崇福寺弥陀殿纵断面图

在雁北地区，仅次于大同华严寺大殿和大同善化寺大殿，居第三位。加之，下有高大的阶基，前出宽广的月台，檐下繁复的斗栱，屋顶奇特的吻饰，使得弥陀殿成为全寺最引人注目的单体建筑物(图5-6-6)。

和佛光寺文殊殿相仿佛，弥陀殿的平面柱列上也使用了减柱、移柱的手法，前檐内柱比后檐减少了两根，由于柱位的移动，明、次间四缝四

椽栿前端的上部荷重，需要利用加长的内额传递到柱身，其中，中央内额跨度是 12.45 米，左右内额跨度是 8.70 米。对于这样大的跨度，只由一根宽 32 厘米（中宽 37 厘米）、高 41 厘米的内额势难承担四椽栿以上的荷重，所以，内额之下又安置了由额。由额是由宽 31 厘米、高 51 厘米和宽 31 厘米、高 22 厘米两根枋木叠梁组成。在每

缝梁架的直下方，内额与由额之间使用斗子驼峰，以承托前檐乳栿后尾，两侧并用叉手，以使内额上的荷重更好地向柱身传递，这样，便形成一个不完全的构架梁（图 5-6-7）。

弥陀殿的木构架是"八椽屋，前后乳栿用四柱"（图 5-6-8）。内金柱柱头与四椽栿之间只用十字华栱一层承托，而不是唐辽所见的庞大的内檐斗栱，然而，外檐斗栱却呈现为繁复的外观。以前檐柱头铺作为例，这是七铺作重栱双下昂的做法。从栌斗向外，正面出华栱两跳，更施下昂一对；复自栌斗两角在 45°斜线上左右各斜出华栱两跳，跳上施用蚂蚱头式耍头。第二跳华栱跳头复左右斜出华栱两跳，跳头上各用蚂蚱头式耍头，与正面的批竹昂式耍头并列，与挑檐枋相交，上承撩风槫。繁复的斜栱，到金代差不多达到了顶点，无论木构建筑物还是仿木构砖塔上，使用极其广泛，但自金以后却很少用之（图 5-6-9）。

2. 观音殿

观音殿，宽五间，深三间，单檐歇山顶。檐下斗栱制度简单，斗栱细部比例与《营造法式》相近。内檐梁上用长大的叉手，与正定隆兴寺的转轮藏殿梁架仿佛。观音殿的历史价值虽不及弥陀殿，从结构来看，却是一座不可多得的精品（图 5-6-10）。

（三）大同善化寺三圣殿
（金皇统三年，1143 年）

善化寺在山西省大同市南门里，为辽金时期的名刹。现在，全寺还保存着大殿、西朵殿、普贤阁、三圣殿、天王殿等几座辽金时期的建筑物，而三圣殿反映出金皇统年间建筑特点最为明显。

三圣殿，殿宽五间，深四间，其通面宽与通进深分别是 32.30 米和 19.28 米，平面柱列也采取了减柱做法，即当心间只在后檐用了两根内柱，而次、梢间

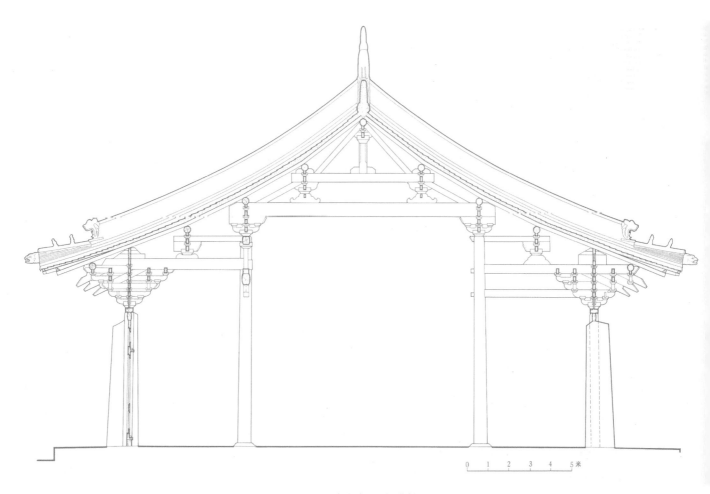

图 5-6-8　山西朔县崇福寺弥陀殿明间横断面图

图 5-6-9　山西朔县崇福寺弥陀殿梁架剖视示意图
1- 蜀柱；2- 叉手；3- 平梁；
4- 四椽栿；5- 大内额；6- 大由额

图 5-6-10　山西朔县崇福寺弥陀殿梁架剖视示意图
1- 叉手；2- 托脚；3- 平梁；4- 四椽栿；5- 乳栿；6- 金柱

的内柱却比当心间前移了一步架，布置颇特殊。

斜栱在三圣殿次间补间铺作的使用最为显著，从硕大的栌斗口向外，正面出华栱三跳，其次自栌斗两角，在 45° 斜线上，左右各斜出华栱三跳至跳头，与正面华栱出跳跳头并列。继之，在第一跳华栱跳头，复左右斜出两跳；第二跳华栱跳头也左右各出一跳，都出

到与第三跳跳头并列为止，这样，在第三跳正斜华栱之上，计有耍头七，排比并列，与特别加长的令栱相交，而承于撩檐枋之下。三圣殿的斜栱结构不仅比本寺大殿和普贤阁为复杂，而且比崇福寺弥陀殿、佛光寺文殊殿也显得繁赘。

在当心间、梢间及山面，补间铺作的结构是六铺作单抄双下昂。其中，华头子的使用，琴面昂的手法，以及下昂后尾的轮廓线，均与《营造法式》相似。

三圣殿的木构架不见了《营造法式》，但可借用"八架椽屋，乳栿对六椽栿用三柱"说明其大概。当心间的六椽栿，位于前面檐柱与后檐内柱之间，由上下两根料拼为复梁。下一根高两材一栔，置于华栱上；上一根高两材两栔，外端斫为耍头。六椽栿、乳栿相交于内柱中部偏上处，下以硕大的雀替承托。梁架举高角度为 33 度余，屋面显得高峻，各榑缝的水平距离不均等。角柱与平柱之间，生起显著，从平柱开始，在榑上施生头木，使檐口成一缓和的起翘曲线。

第七节 元代木结构

一、元代的建筑概况

蒙古族原是一个游牧部族，生活在大草原上，以"黑车白帐"为家，毡包和庐帐是通用的居住建筑，自元朝建立后，大力吸收汉族先进文化，采取中原地区传统的封建制度。从公元1264年起，创建了举世闻名的大都（今北京）。

元代，北方除了辽、金、西夏时期原有的城市外，又出现了一些新的城市，其中重要的如上都（今内蒙古锡林郭勒盟正蓝旗）。这座城市内矗立着许多雄伟华丽的宫殿和寺庙建筑，有的宫殿全是用大理石修建的，有的宫殿则通体是竹子构成并且可以移动。木构殿阁建筑上绘有各种壁画，描绘着各色鸟兽花木的图案以及精巧的雕刻装饰，有着浓厚的民族特点，显示了劳动人民的高度智慧。

元大都的宫殿建筑尤为雄伟华丽。据陶宗仪《辍耕录》、肖洵《故宫遗录》等文献记载，殿阁门原以名贵的紫檀、楠木作梁柱；以白玉石雕制台基、栏板；以浚州文石铺地；以翠色琉璃装饰檐脊；屋盖并冠以鎏金宝顶。金红琐窗，柱楣饰以起花金龙云，殿内多用斗栱攒顶，雕镂龙凤、遍涂金彩。复有畏吾尔殿、盝顶殿、圆殿、棕毛殿及龟头屋等奇特罕见的建筑物，真是争奇斗艳，丰富多彩。当时经始设计者，如也黑迭儿（大食国人）、张柔、段天祐、杨琼、邱十亨、李郝宁、慈剌令儿及养安等人，都是一代名匠。尤以杨琼世为石工，技巧绝伦，在两都宫殿的建筑活动中，曾做出了卓越贡献。

蒙古统治者对于宗教采取兼容并蓄的态度。虽然他们笃信佛教崇敬喇嘛，但也容许道教、伊斯兰教和也里可温（即基督教聂思脱里派）的传播。因之，宗教建筑相当发达。除了继续修建佛教和道教建筑外，许多地方还建造了不少喇嘛教寺院和伊斯兰教礼拜寺，开始与内地传统建筑相结合，产生了若干新的装饰题材与雕塑、彩绘的新手法。经过相互交流，给中国建筑的技术与艺术增加了不少新的因素。

二、元代木构遗物

（一）大型殿座

1. 芮城永乐宫三清殿

永乐宫是元代道教建筑的典型。原来规模很大，现在中轴线上还保存着四座元代建筑——无极门（龙虎殿）、三清殿、纯阳殿和重阳殿。其中以三清殿最为壮丽。

三清殿，建于元中统三年（1262年），是宫内最主要的建筑。殿为单檐庑殿顶，屹立在一个高大的台基上，造型比例和谐匀称（图5-7-1）。大殿面阔七间（共28.44米），进深八椽（共15.28米）。平面柱网，仅后半部用金柱，两梢间及前檐第二槫缝下的金柱皆减去不用（图5-7-2）。

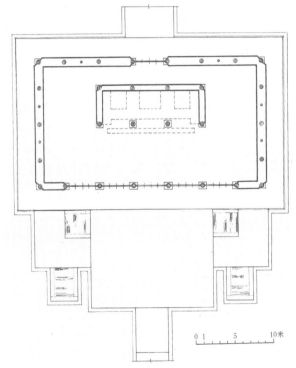

图5-7-2 山西芮城永乐宫三清殿平面图

屋架侧样当心间和两次间，为"四椽栿相对，前后用四柱"。以两根四椽栿相对搭在中柱头上，类似于"殿堂六铺作分心槽草架"侧样。殿内柱头以上，前后槽施平栱，内槽施藻井。平栱以下用明栿做法，平栱以上用草栿做法，仍保持着唐、宋时期的传统。

前后四椽栿上，俱按对称方式设置蜀柱和柁墩，然后由下至上，逐层叠架扎牵、四椽栿和平梁。平梁

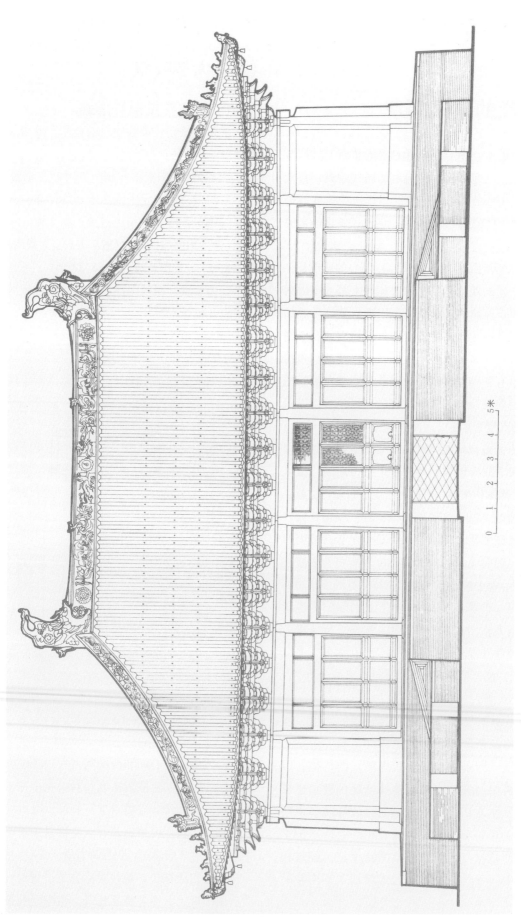

0　1　2　3　4　5米

图 5-7-1　山西芮城永乐宫三清殿正立面图

前后槽还广泛使用斜梁。如当心间的两缝乳栿上，各使用两根斜扎牵前后搭接，外端用驼峰，大斗墩樀，以资隔架下平槫，后尾斜抵四椽栿底皮，起挑斡作用。至于次梢间，则用斜梁一根取代乳栿，外端置于斗栱上，后尾搭在内额上。斜梁背上复施斜扎牵一根，前端隔架下平槫，后尾穿过金柱缝，直抵四椽栿底皮，借以保持里外的平衡关系，在力学上起着杠杆作用（图5-7-8）。

纵架结构由于殿内柱网分隔的间数少于梁架分隔的间数，致使次梢间的四缝梁架不能直接置于柱头上。设计人匠心巧运，大胆创造，于前后槽各用大内额和由额一根相叠，长达11.50米，架在当心间两侧的金柱上，用以承载上面两排梁架。后槽二金柱间复用枋子一根，两端出楷头，贴在由额下，起纵向联系作用。

当心间前槽的两金柱头上，复施普拍枋、阑额，作为纵向承重构件，各槫木下，皆用襻间枋作为纵向联系构件，采用间隔相闪做法。根据具体情况，或用令栱、替木，或用重栱素枋，处理手法比较灵活（图5-7-9）。

④柱生起与侧脚：角柱仅生起三寸，比例过小。外檐柱头皆微收相闪，仅当心间平柱有0.2%的侧脚，其余各柱仅有0.05%～0.03%的侧脚，几乎等于没有侧脚，可证此殿柱的生起和侧脚的幅度较宋、金建筑已大为缩小。同时，各间的檐柱高度都已超过了间广，致使殿身比例显得高耸。

屋顶举折为1:3.25，较殿堂建筑1/3的举折略平一些。各缝步架的水平距离，由檐步至脊步采用逐缝递减的做法，与一般惯例不同。

悬山出际深1.66米（折元尺五尺一寸四分），与《营造法式》规定"八椽至十椽屋出四尺五寸至五尺"的制度基本相符。普拍枋伸出柱外部分，垂直截断；阑额外端斜杀成蚂蚱头形式，手法古朴。

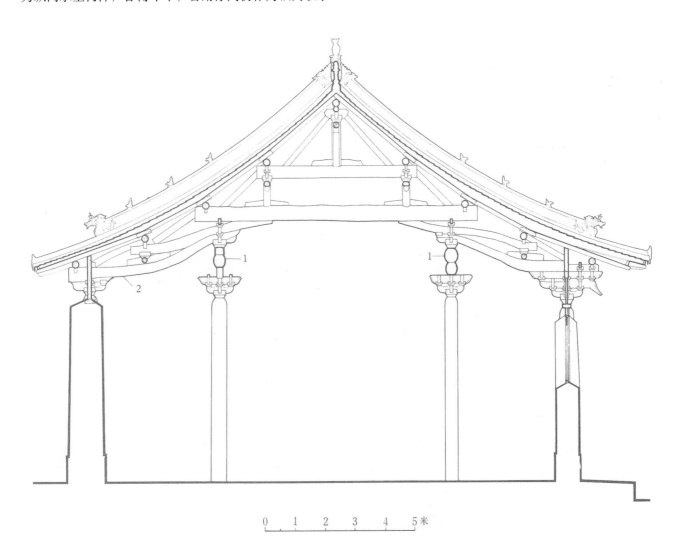

图5-7-8　山西洪洞广胜下寺后大殿东梢间横断面图

1- 大内额；2- 斜乳栿

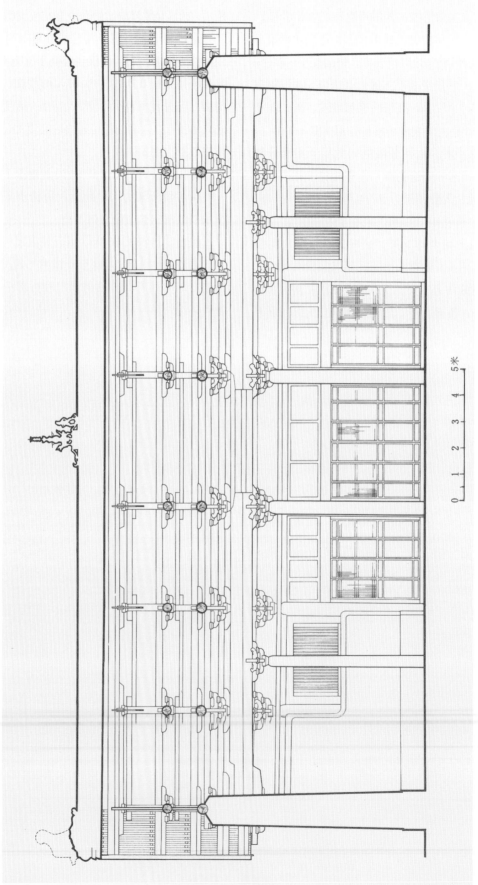

0 1 2 3 4 5米

图 5-7-9 山西洪洞广胜下寺后大殿前视纵断面图

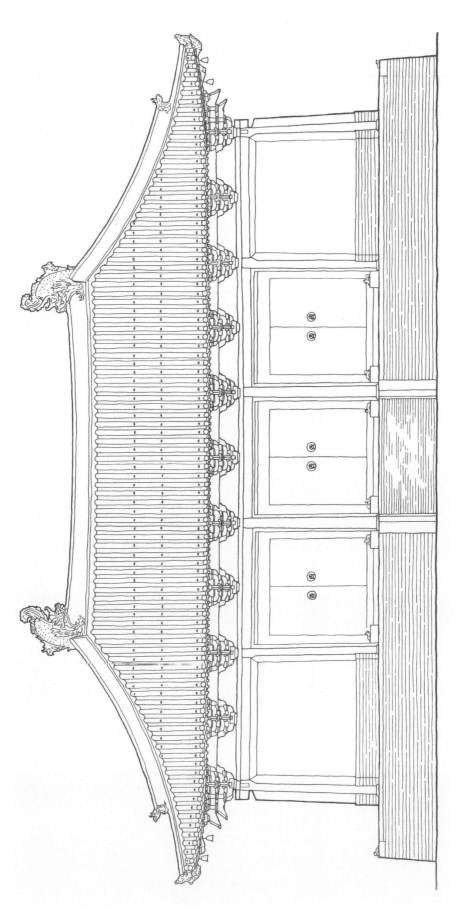

图 5-7-10　山西芮城永乐宫无极门正立面图

大殿的后檐阑额与内额，凡与柱头交接部分皆采用透榫做法，相互迭交，隔间相闪，是在细部处理上的成功经验。

（二）中小型佛殿

1. 芮城永乐宫无极门

无极门又称龙虎殿，是永乐宫原有的宫门。面阔五间（共20.68米），进深两间（共9.60米），单檐庑殿顶。举折为1：3.5，屋顶坡度比较平缓（图5-7-10）。

①斗栱：为五铺作单抄单下昂，材高六寸，合六等材。补间铺作用真昂，后尾压在下平槫的下面，在结构上仍具有实际承挑作用。斗栱构件用材比例，大体上接近宋制，但也间有出入。例如檐柱头上所用栌斗，宽仅三十分，比例嫌小，但各种栱子的长度却都稍大于《营造法式》的规定，这可能是由于补间只用一朵，间距较疏朗，故此增加栱长，对于结构的稳定更为有利。

②柱：檐柱径有粗细之分：如明间檐柱径两材，而四角柱往往则用两材一栔；这是设计者有意识地选用粗料，以增加建筑物四角的结构强度。明间平柱高4.34米，大于开间24厘米，也突破"柱子不逾间"的传统习惯。檐柱都微向里倾，有1.8%的侧脚，同时，四根角柱都较明间的平柱略高，"生起"5.7厘米，使周檐的阑额形成一条圆和的曲线，取得了轮廓秀美、重心稳定的造型效果。

③梁架结构：为"彻上露明造"。进深六椽，柱架侧样为前后三椽栿用三柱。内外柱等高。中间竖立中柱一排，以内额相连贯。前后檐各用三椽栿相对，后尾搭在中柱头上，其上再叠架平梁、扎牵，立蜀柱，戗叉手（图5-7-11）。

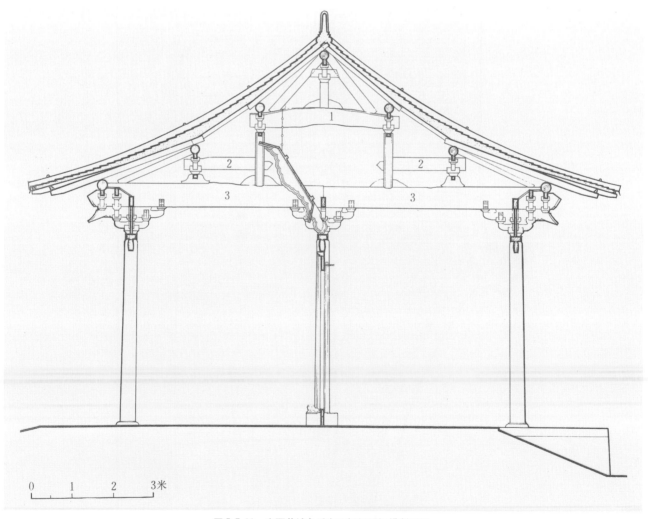

0　　1　　2　　3米

图5-7-11　山西芮城永乐宫无极门明间横断面图
1- 平梁；2- 劄牵；3- 三椽栿

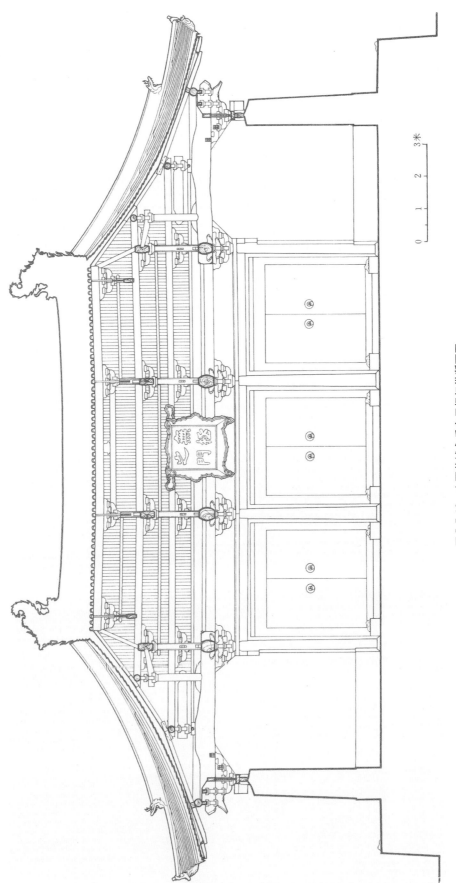

图 5-7-12 山西芮城永乐宫无极门纵断面图

④节点处理：扎牵外端用斗子、蜀柱和丁华抹额栱支承脊槫。所有蜀柱柱脚皆开长榫插入梁背，用合楷加以固定，驼峰等艺术性构件已渐被淘汰，标志着工艺制作出现了日趋简化的倾向。

至于两山则用"丁栿"（图5-7-12）承载上面的梁架，两次间于前后上平槫的背上各架太平梁一根，其上置栌斗和襻间令栱、替木等承托脊槫，并用顺脊串作为纵向的水平连结构件，手法简洁。四个里转角各置抹角梁一只，用以稳定角梁后尾，从而加强了四角的刚度（图5-7-13）。

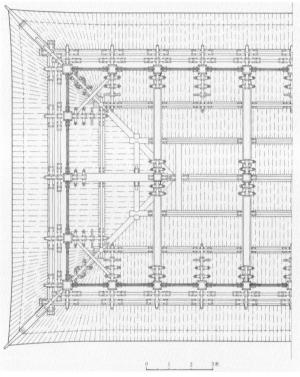

图5-7-13　山西芮城永乐宫无极门梁架仰视图

同时，各缝槫木由中间向两侧逐渐生起，使正脊和四面瓦坡构成一种圜和舒展的轮廓线，无僵直笨重之感。

从工艺手法上看，大木构件多用原木成做，断面无定比例，肥瘦参差不齐，加工粗糙，是草栿做法。阑额断面为3：1.74，比例高狭。阑额和普拍枋的出头部分均垂直切割，不加任何雕饰，与晋中所见金代建筑同出一范。至于柱头、椽头等俱作圜和的"卷杀"，犹存辽、宋遗制。

2.洪洞广胜寺上寺前殿

①柱网布局：面阔五间（共13.82米），进深四间（共12.45米）。殿内只留明间前后金柱四根，但柱的位置不在前后檐柱缝上，而是位于两次间的中线上，形成减柱、移柱的做法。檐柱、山柱径38厘米，后金柱径40厘米，前金柱径49厘米，根据大木构件受力情况的不同，用料有粗细之分（图5-7-14）。

②斗栱：前檐为五铺作重昂、重栱计心造，后檐及山面为五铺作重抄。昂嘴偏弯，微微向上反翘。补间铺作：明间两朵，次间一朵，梢间无。山面无补间铺作。转角铺作用附角斗，对于加强檐角的结构刚度能起辅助作用。各朵斗栱后尾皆出华栱两跳。值得注意的是，柱头铺作上使用大斜昂（即大斜栿）作为承重构件，成为梁架的组成部分，是一种非常罕见的做法（图5-7-15）。

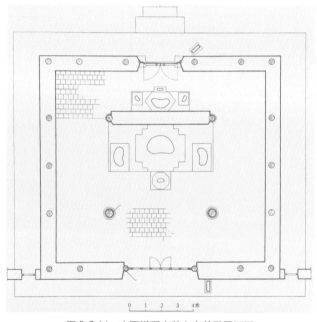

图5-7-14　山西洪洞广胜上寺前殿平面图

图5-7-15　山西洪洞广胜上寺前殿斜栿的应用
1-栿；2-梁

③梁架：为了在殿内供设高大塑像，需要有比较开敞的空间，因之，在梁架结构上采用"平栿"，与"斜栿"合用的做法，手法非常奇特。屋架系六架椽，单檐歇山造（图5-7-16）。

横架：平梁之下不用四椽栿，其两端由明间柱头铺作后尾伸出的大斜栿来支撑，斜栿中部搁在内额上，长达两椽。在次间的前后两金柱亦各施大梁一根，与内额相交，使中央部位构成一个井口形框架（图5-7-17）。

纵架：按五间殿连同山面应有六缝梁架，而在这座殿里只用四缝，省去了两缝。山面与正面一样，在柱头铺作的耍头上也伸出大斜栿一只，尾端压在平梁底皮。这样就由纵横方向的斜栿构成一个相当高敞的空间，效果十分突出。

山面前后平柱与明间前后金柱之间，用水平丁栿相联系。至于两山部分，则于斜栿背上置承椽栿，以供搭交檐椽之用。承椽栿以上，则用蜀柱支承平梁。各缝梁架之间，皆用顺脊串作纵向联系构件，以保持各缝蜀柱

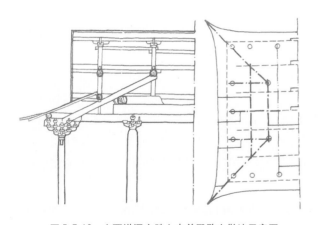

图 5-7-16　山西洪洞广胜上寺前殿歇山做法示意图

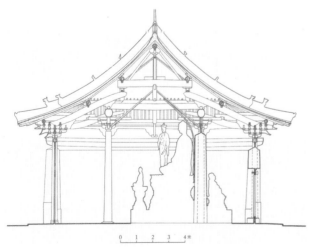

图 5-7-17　山西洪洞广胜上寺前殿横断面图

图 5-7-18　山西洪洞广胜上寺前殿纵断面图

的稳定。同时，在两梢间的脊步架中，还各施斜撑一只，下端馂在山面平梁上，上端撑在脊槫下，从而加强了框架的刚度，也是一种有效的技术措施（图5-7-18）。

里转角结构：正面梢间柱头铺作上的乳栿搭在山面丁栿上；转角铺作后尾的斜栿又搭在这根乳栿上，斜栿背上立矮柱一根，用以支顶角梁后尾，使转角结构获得了较好的刚度和稳定性。

应该指出，斜栿在该殿结构中的充分使用，是一大特点。《营造法式》及金代五台佛光寺文殊殿虽有斜栿，但宋以前其他遗构中未曾见到。而晋南元代木构中却用得比较广泛，几乎成为构架中不可缺少的部分，是元代木结构的一个成就。

3. 武义延福寺大殿

延福寺在浙江武义县桃溪镇。现寺内还保存着一座元代木构佛殿，建于元延祐四年（1317年），明清两代曾多次重修。从建筑特征及制作手法来看，下檐不似原构，应是后代增建的。上檐的斗栱、梁架中有部分构件已为后世更换，但整个木架基本上仍是元代遗构。

①大殿平面：宽、深各三间，正面通长8.51米，山面通深8.61米，平面呈正方形。为了在殿内供置佛像，需有较大空间，因此将当心间面阔扩展为4.51米，适为次间面阔的两倍，故当心间宽度特大（图5-7-19）。

②斗栱：单材10厘米×16厘米，足材10厘米×23厘米，相当于七等材，与殿身规模尚属相称。外檐六铺作单抄双下昂。第一跳偷心，上施双下昂，昂嘴瘦长，颤杀手法遒劲有力，是典型的元代作风。后尾出双跳华栱，偷心，上施靶楔，承托下昂。昂后尾斜伸向上，直

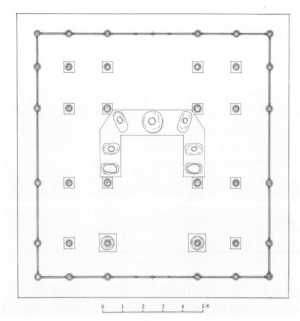

图 5-7-19　浙江武义延福寺正殿平面图

抵下平榑，起挑斡作用。斗栱结构形式与延祐五年（1318年）所建金华天宁寺正殿大同小异。惟各种栱身长度，均比《营造法式》规定为短。如慢栱长仅 40 分，令栱长仅 37.5 分，泥道栱长仅 40.6 分，瓜子栱长仅 37 分。瓜子栱与令栱等长，是其特点。

③梁架：当心间横架侧样为进深八椽，双三椽栿对后乳栿，前后用四柱，与金华天宁寺大殿横架侧样相同。屋面举高为 2：1。特点是柱身都有明显的卷杀，工艺质量精巧。前后内柱特长，前金柱比后金柱高出一个举架，长 6.40 米，径 40 厘米，约为 10：0.625，比例突出的瘦长。

前槽和内槽俱深三步架，各施三椽栿一根。前槽：三椽栿上，前部置驼峰、大斗和令，用以承托"下金扎牵"，与苏州虎丘山云岩寺二山门做法相同；后部施骑栿蜀柱、大斗，用以承托"上金扎牵"。为了迁就柱头标高两部扎牵都有很大弯度，使结构与艺术造型密切结合。内槽：在三椽栿后部，施长大驼峰一只，上置栌斗、重栱；前金柱头上亦置栌斗、重栱，承架平梁。平梁上不用叉手，而于梁背中心置栌斗、令栱和丁华抹额，用以承托脊榑。

后槽：进深长两步椽，下施乳栿，上施弯月形扎牵，形制与前槽相同。

平梁：三椽栿和乳栿等俱采用月梁造，有柔和的卷杀，其剥腮挖底的工艺手法，仍保持着宋代技术传统。梁端入柱部分俱用丁头栱支托，犹存宋制。所有梁栿用料都比较经济合理。例如前槽三椽栿断面为 40 厘米 ×28 厘米，

内槽三椽栿断面为 48 厘米 ×33 厘米，平梁断面为 41 厘米 ×31 厘米，乳栿断面为 37 厘米 ×26 厘米。高与宽略呈三与二之比（图 5-7-20）。

纵架：外檐柱头之间，施阑额和由额，金柱头之间施内额，形成两道围箍，具有很好的刚度。各榑缝之下均设襻间斗栱，或用单栱素枋，或用重栱素枋，视举架的高低而灵活应用。檐柱缝上，施泥道栱一层，其上置令栱两层，柱头枋三层，相间迭置，用以承载牛脊榑，在框架上构成一道刚度较强的围箍。

两山面采用"厦头两造"，出际深达 85 厘米。脊榑悬出部分，则于承椽枋上立夹际柱子以支承之。两山并无山花板遮挡，犹存宋代遗制（图 5-7-21）。

总之，该殿木结构，柱架侧样与金华天宁寺大殿基本相同，仅梁枋用材尺度及体量规模稍逊一等。至于梁栿、斗栱的细部制作手法，两者几乎如出一范，充分反映了

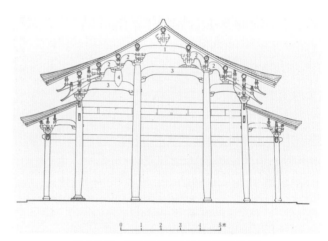

图 5-7-20　浙江武义延福寺正殿横断面图
1- 平梁；2- 劄牵；3- 三椽栿；4- 蜀柱

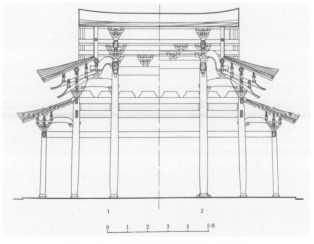

图 5-7-21　浙江武义延福寺正殿纵断面图
1- 后视；2- 前视

当时当地小型佛殿流行的一种构架方法，地区性特点十分明显。这种方法对于以后江浙一带的明清木结构产生了深远影响，如明代苏州文庙大成殿的屋架、虹梁、童柱及牌科等仍然继承元代的传统。足见它为群众所接受，故此一直流传下来，历久不衰。

4. 真如寺正殿

真如寺位于上海嘉定区真如镇,元延祐七年(1320年)建，是一座单檐歇山顶的三间小佛殿（图5-7-22）。

①平面布局：东西三间，宽13.4米，南北三间，进深13米，基本上呈正方形。按小型佛殿采用正方形平面，是宋、元以来常见的方法。但在进深方面，各间的尺寸设计颇为特别，由南往北：第一间深5.3米，第二间深5.1米，相差很少，可是第三间进深仅2.6米，竟减少二分之一；三间的进深，约为2 : 2 : 1。大约因为第一间是信徒膜拜的地点，而第二间中央部分设置佛像，都需要较大的面积，所以平面布局，也就依照实际需要来决定各间的进深。

②柱与柱础：殿内全部使用木柱，柱身上端多数有卷杀，而以明间四金柱的形制比较秀美。四根金柱皆用柏木制作，底径40厘米，高621厘米，柱径与柱高比为1.55 : 10。柱根有十字形通孔，当系拨正柱位时所用的"撬眼"。柱身中部微凸2～3厘米，呈梭状，工艺颇精致。檐柱底径32厘米，高427.5厘米；而角柱底径36厘米，柱高429厘米，几乎没有生起。但内外柱的柱头均微向内倾：金柱约侧2.5%，檐柱约侧1.8%，侧脚斜度都已超过1%的比例，故整座建筑物的重心比较稳定。

石柱础，下为素覆盆，上施石礩，形制绝似苏州玄妙观三清殿（1179年）和定慧寺大殿宋代遗物。

③梁架结构：排架侧样为"十椽屋，四椽栿对乳栿前后用四柱"。在前金柱与前檐柱之间，施四椽栿，前端搭在檐柱柱头铺作上，伸出檐外斫作要头，后端插入金柱内，承以双跳丁头栱，作月梁造，斫制颇工整。丁头栱俱用足材，栱头卷瓣与苏州虎丘山云岩寺二山门丁头栱的斫制手法一致。

图 5-7-22（1） 上海真如寺正殿立面

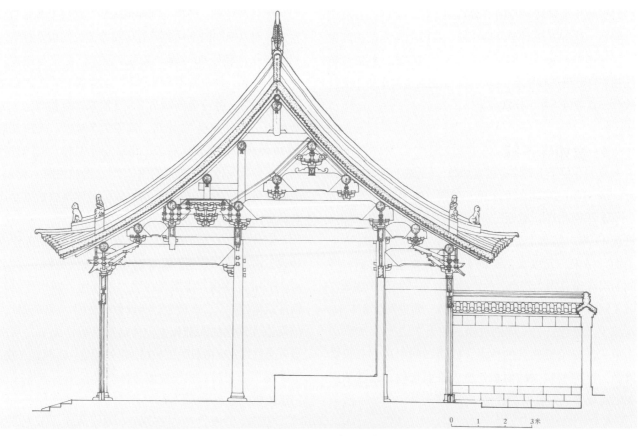

图 5-7-22（2）　上海真如寺正殿横断面图

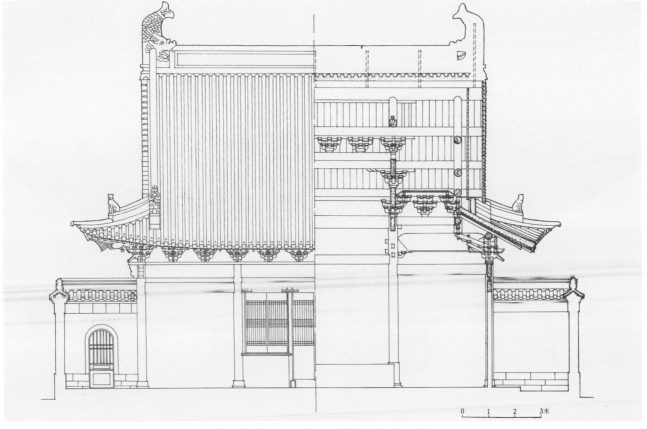

图 5-7-22（3）　上海真如寺正殿纵断面及后立面图

前槽，在四椽栿中部立蜀柱一根，径大于四椽栿的厚度，骑在栿背上；柱头有覆盆式卷杀，斫制秀美。蜀柱之前，于四椽栿背上置栌斗、十字栱，承托下中槫。栌斗与蜀柱间用扎牵，蜀柱与金柱之间长两架椽，设素枋一根联系。自蜀柱伸向两侧山面檐槫间，亦施素枋一根，一头插在蜀柱内，一头搭在檐槫背的矮柱上，通长三架椽。

后槽，在后金柱与后檐柱之间施乳栿，外端搭在后檐柱头铺作上，后尾插入金柱内。乳栿下设随梁枋一根，以加强内外柱之间的联系。随梁枋俗名抬梁枋，在大梁下，与大梁平行之枋，惟在《营造法式》中不见著录，应是元代后出现的一种新构件，到明、清时期大量应用（图5-7-23）。

图 5-7-23　上海真如寺正殿后槽梁架结构之一

前金柱位于正脊前一架椽地位，后金柱位于正脊之后三架椽地位；正脊未居中，因而上部有草架之设。

在前后金柱上设覆水椽一层：以上中平槫为脊，前部施望板及覆水椽，后半部利用原来屋面覆水椽。椽、望板下的梁架构件，斫制工整。前后金柱之间施四椽栿、平梁及襻间，以承正脊、上平槫，制作相当工整。平梁上施叉手、驼峰、栌斗、瓜子栱及丁华抹额栱。复于前后两金柱头之间施大随梁枋一根（40厘米×18厘米），在明、清建筑中叫做"跨空随梁枋"。

覆水椽以上的梁架，采用"草栿"做法，概用直梁、直柱造、工艺粗率。据明计成所著《园冶》，此部应是"草架"。草架是我国梁架结构的古法之一，可是后来北方已不使用，而苏南一带清代的民间厅堂建筑中犹沿用这种做法。从年代上来讲，现存遗构中，要以此殿草架结构最为古老，实为难得的实物例证。

纵架结构：两平梁间置大顺脊串一根，上置襻间斗栱，用重栱素枋。各檐柱间置有普拍枋、阑额。由于柱身高大，故阑额之下复施由额（40厘米×18厘米），以加强建筑物之刚度。

阑额出柱部分雕作霸王拳。

阑额（50厘米×20厘米）因过高狭，采用数木拼合，与苏州玄妙观三清殿做法一致。外檐令栱上面，使用狭而高的撩檐枋（40厘米×9厘米）直接承载檐椽，柱缝上不用牛脊槫（正心桁），也是古法的一种。

④斗栱：此殿斗栱用材，高13.5厘米，宽9厘米（栔高5.2厘米），断面比例为3∶2。折元尺：材高四寸五分，宽三寸，与《营造法式》规定相符，相当于第八等材。分外檐斗栱、平棊斗栱及襻间斗栱等数种。

外檐斗栱：补间铺作为四铺作单昂，排列比较疏朗，正背两面明间各用四朵，东西两次间各用两朵；东西山面，自南起，第一、二间各用三朵，第三间用一朵。各朵斗栱的间距，正背两面约为斗口宽度的13.6倍；比明清官式建筑斗口11倍的规定，约大四分之一；山面则为14.4倍，约大三分之一。说明了等距离分布斗栱的规律在元代尚未成熟。

柱头铺作与补间铺作的权衡比例相同，均为四铺作单昂。月梁出头斫作蚂蚱头，但并未加宽，仍存宋法（图5-7-24）。

补间铺作结构：自栌斗出平直的假昂一跳，昂背置齐心斗、令栱与耍头相交，用以承托狭高的撩檐枋。昂尾为两根不平行的挑斡，上层挑斡的上端支于下平槫底面，下端通过柱头枋至檐外与令栱相交，但不出头；

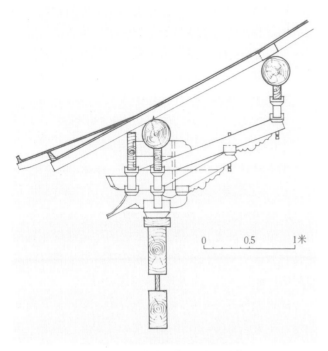

图 5-7-24　上海真如寺正殿柱头铺作

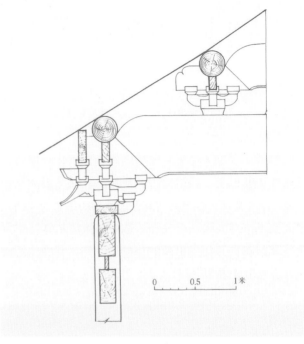

图 5-7-25　上海真如寺正殿补间铺作

正是自宋代真昂向明代假昂过渡的典型例证。铺作跳距：内、外的第一跳皆为 31 分，但尾部的第二、三两跳深度皆为 57 分。跳距有深有浅，并不受宋代固定程式的约束（图 5-7-25）。

平棊斗栱：殿内，在明间前金柱之前施斗栱一周，以承托平棊。平面上，平棊的面积，东西尽明间的面阔，而南北仅有两椽的深度，平棊斗栱的结构层次，系在内额与素枋上置坐斗，出栱一跳。其上用菊花头和六分头，承载令栱与算程枋。而菊花头内侧仅刻斜线一道，略示上昂痕迹而已。斗栱的材契比例，和外檐斗栱完全一样，栱瓣卷杀手法也很相似，证明是同一时期的产物（图 5-7-26）。

⑤工匠墨笔题记：1963 年，该殿落架修缮过程中，从木构件的榫卯隐蔽处发现许多工匠书写的墨字，清晰可辨者共有五十四则。字迹绝大部分出现在平棊斗栱、抄头（丁斗栱）及部分随梁上，构件的名称、部位与墨字所示相符，可证为原件原位未曾改动过。所书构件名称如平棊、抄头、扶壁枋等多与《营造法式》著录相合。但也有一些构件名称，如令柱、轩梁、随梁和上、下眉等，为《营造法式》所未著录，而江浙地区这种名词术语却流行到明清时期，反映了宋元之间，建筑术语中继承与发展的关系。

图 5-7-26　上海真如寺正殿平棊斗栱一角

同时，这些墨字全部出现在柏木和红松制作的构件上，构件的斫制手法与宋代相近而与明清相去甚远。可判断此殿初建时是用柏木作柱，用红松制梁及斗栱。而杉木构件为清代所换，未发现墨字，证明该殿初建时，用料标准是比较高的。

（三）楼阁建筑——定兴慈云阁

慈云阁又名观音阁，建于元大德十年（1306年），是定兴城内一座重要古建筑。

阁的结构分上下两层，是一座重檐歇山式的楼阁建筑。宽、深各三间，平面近于正方形。下檐四周俱筑以厚墙，仅前后檐明间设木隔扇门，以供采光和人流出入之用（图5-7-27）。因内部纵横两向都未超过9米，所以柱网的平面布局，仅有檐柱而无金柱。但檐柱分内外两层，都包在墙内，与正定隆兴寺慈氏阁柱网的处理方式相似，应属同一种结构体系。外围的一圈柱子是下檐柱，用以支承下层屋檐，内围的一圈柱子是"永定柱"，则延长而直接承载上檐的梁架。在结构上，内外两圈柱子分工明确，具有很好的稳定性（图5-7-28）。

①斗栱：南北二面，补间铺作上下檐都是明间两朵，次间一朵；山面上下各间都只一朵。上檐，为五铺重昂重栱造，第一层用假昂，第二层用真昂；昂尾向后挑起，压于下平槫的下面，还保存着宋代遗法。昂下的华头子也随着挑起，紧紧贴在昂下，在结构上对昂起着有力的辅助作用，与元至元七年（公元1270年）所建曲阳北岳庙德宁殿使用斗栱的方法完全一致，是元代斗栱结构的一个重要特征（图5-7-29）。

下檐，用四铺作单昂栱造。柱头铺作用假昂，昂与耍头（蚂蚱头）的后尾俱平直地插入永定柱内。补间铺作用真昂，从栌斗口向里出华栱一跳，上面横置翼形栱，承托真昂的后尾。华栱外端直抵昂下，斫成菊花瓣。所有斗栱，不仅结构简练，而且斫制得非常工整。

②材、栔：上下檐斗栱用材标准相同，材高18厘米，材宽12厘米，栔高7

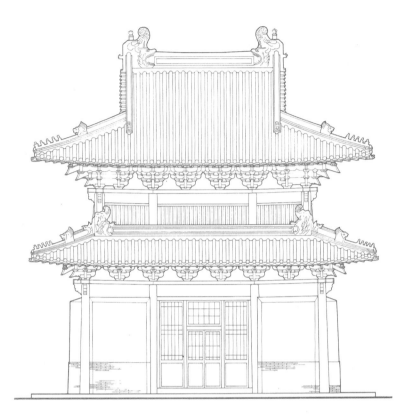

图5-7-27 河北定兴慈云阁正立面图

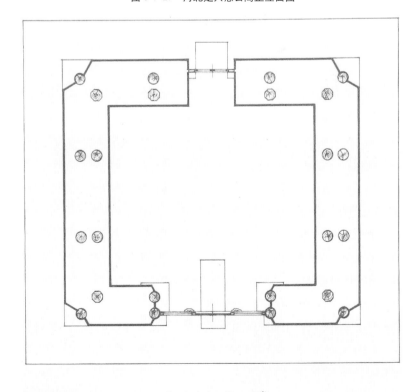

0 1 2 3米

图5-7-28 河北定兴慈云阁平面图

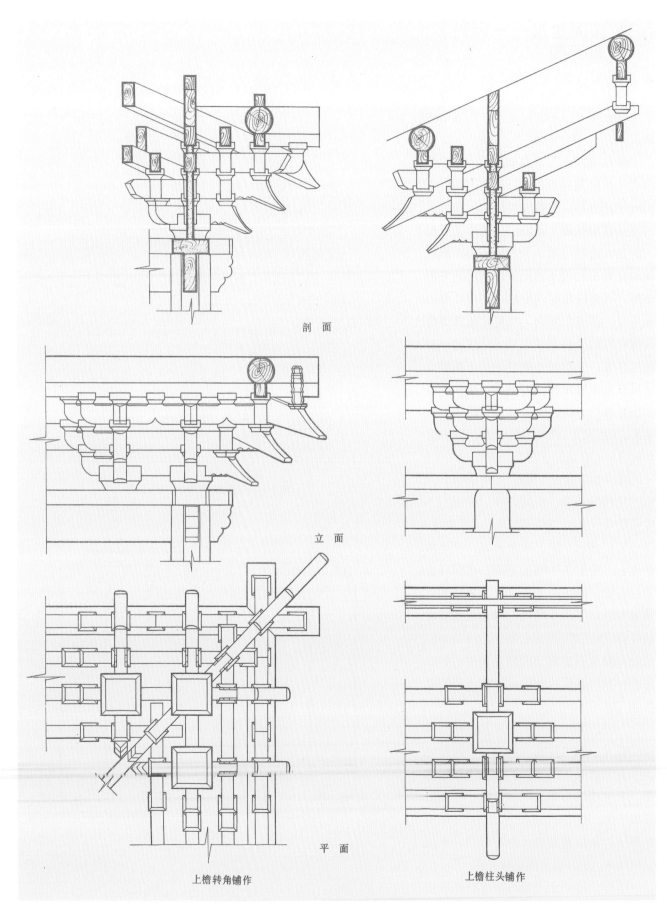

剖 面

立 面

平 面

上檐转角铺作　　　　　　　　　　　　　　上檐柱头铺作

图 5-7-29　河北定兴慈云阁斗栱图

厘米；合六等材，用材尺度比较粗壮。各种栱子的长度和跳距，大体上与《营造法式》造栱的制度相符；昂嘴等细部斫制手法，也与宋代手法相近。

③檐柱与永定柱：柱头皆向里倾斜，"侧脚"显著。例如永定柱，正面侧1.4%，山面侧1.3%，已超出《营造法式》所规定的比例。

同时，内外柱都有"生起"，角柱比平柱高出5厘米。由于柱子都有侧脚和生起，不仅使整座建筑物重心稳定，而且在外观上产生了一种圆和的艺术效果。

④阑额：上檐37厘米×15厘米，下檐35.5厘米

×12厘米，两者断面比例约为3∶2．1，用材标准接近宋制。至角柱出头部分，雕成五瓣枭混曲线，其式样已经近乎明代的霸王拳，是宋、明之间的一种过渡形式。

⑤普拍枋：上檐36.5厘米×14.5厘米，下檐36.5厘米×13厘米，宽度大于柱径6.5厘米。伸出柱外部分刻作海棠瓣，与曲阳北岳庙德宁殿及安平圣姑庙等元代建筑同一风格，应是当时流行的一种做法。

⑥屋顶梁架：只有东西两缝，其做法是利用上面的下平槫做平梁，两端搁在山面上檐斗栱的昂尾上，四角复用垂莲柱和抹角梁，以承载上部梁架（图5-7-30）。

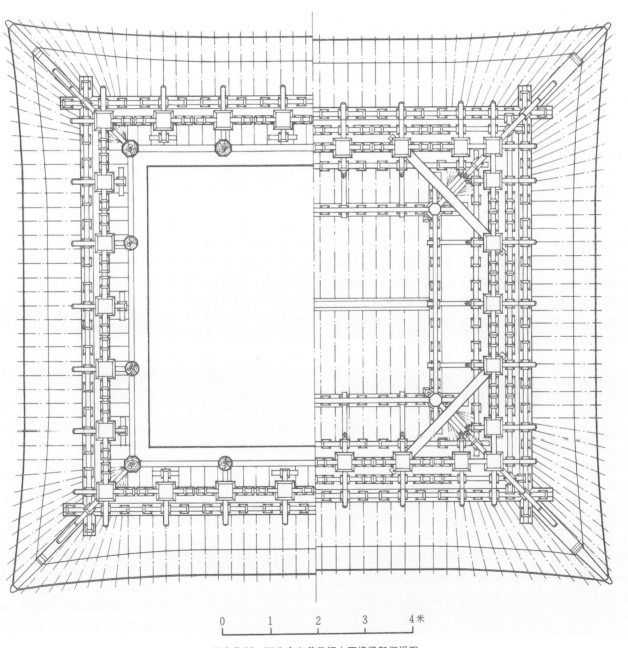

图 5-7-30　河北定兴慈云阁上下檐梁架仰视图

抹角梁斫成弯月形,做法很奇特。平槫之下辅以襻间枋,襻间枋两侧隐刻令栱,形象逼真。脊槫之下施用顺脊串;蜀柱两侧以巨大的叉手相撑(图5-7-31)。在纵断面上,左右平梁上各出斜撑一只,以支撑脊槫,构成一个桁架式的框架,加强了屋架的刚度(图5-7-32)与金代的五台佛光寺文殊殿和朔县崇福寺弥陀殿一脉相承。此阁梁架结构具有不少巧用匠心的处理手法,制作工艺也很精致,充分反映了元代匠师在木结构方面的杰出成就。

三、元代木结构的主要成就

文献所载元大都的雄伟华丽的宫殿建筑,可惜早已荡毁无存,无由窥其真相,同时,元朝又未曾留下专门学术著作,故关于元代的营造制度,实难确切地得其要旨。幸而国内今天还保存着若干座元代木构建筑,其规模等第和工艺质量,虽然够不上当时的第一流作品,但经初步分析研究,对于元代木构的一般技术成就,仍可从中获得一些规律性的认识。

元代木结构,从整个发展趋势来看:一方面,南方仍保持着唐、宋以来的旧传统,继续发展,例如江浙地区的元代木构建筑,还保持着南宋时期的技术传统,但从总体来看,它们的结构手法和艺术风格都起了显著变革,"从简去华"是元代木结构的主要发展趋势;另方面,部分北方地区建筑则直接继承了金代传统,进一步大胆运用"大额式"结构和"斜栿"构架法,具有很高的创造性。

(一)柱网布置多样化

实例表明,一般仍遵循着唐宋传统,柱网布置采用整齐对称的格局,柱列与梁架位置上下相对。但有些建筑,柱网布置却非常灵活,根据实际需要有多种多样的布置方式。最突出的一点是柱子的排列,往往与屋架不成对应的关系,形成减柱或移柱的做法。减柱的结果,往往在一殿之内,仅存当心间两根后内柱。或者面阔五间的大殿,由于又减又移而使殿内简化成为宽敞的三大间,形成"明五暗三"的局面,反映了柱网布局的设计思想具有很大的灵活性和创造性。如洪洞广胜寺和芮城永乐宫两组元代建筑,就是典型例证。

(二)草栿做法盛行

我国唐、宋时期的木构殿阁,因室内有无天花而有明栿、草栿两种做法。一般彻上露明造的,梁架均采用明栿做法,加工细致,棱角规整,表面光滑;有天花的,则天花以上用草栿,制作都很粗糙,天花以下则采用明栿做法。说明早期木构草栿与明栿的区分是十分严格的。

但北方所见元代木构建筑,草栿做法却占有突出地位。有些殿宇虽系彻上露明造,也习惯于采用草栿做法。用材不讲究规格,梁架多用原木制造,并就木材的自然形状而因材施用,斫制比较粗糙,很少加工雕饰,呈现一种粗犷自然的风格。

草栿做法的特点是:省工、省料、施工进度快。利用较短、较省的木料,经过匠师们的精心设计与精心施工,同样能够建造规模较大的房屋,具有较高的经济效果。缺点是:技术规范不严格,用材不规整,工艺质量粗糙。这是由于当时财力物力不足,故而采取这种省工省料的办法。

(三)大内额的应用

在内柱头上横施通长二至三间的"大内额",用以承载上部梁架,这是元代木构中所常见的一种奇特做法。从结构功能来看,大内额与"檐额"的作用略同,主要是为适应殿宇内部减柱而产生的一种构架方法。最早的实例见于五台佛光寺文殊殿和朔县崇福寺弥陀殿两座金代建筑。而元代则直接继承了金朝的技术传统,大内额的使用,在木结构中占有突出地位。

它的特点是:殿内柱子少,活动空间大,在内额上排立屋架,不仅可以节省几根大梁,而且使结构关系产生了变化。有时在一座殿宇内,各缝梁架会出现几种不同的处理手法,这是元代匠师在结构设计上的一项大胆尝试。

(四)斜栿的应用

辽、宋时期的木构殿阁,外檐斗栱多用真昂,借昂尾来承挑平槫,以维持檐部里外的平衡。宋《营造法式》及金代五台佛光寺文殊殿中已出现"斜栿",

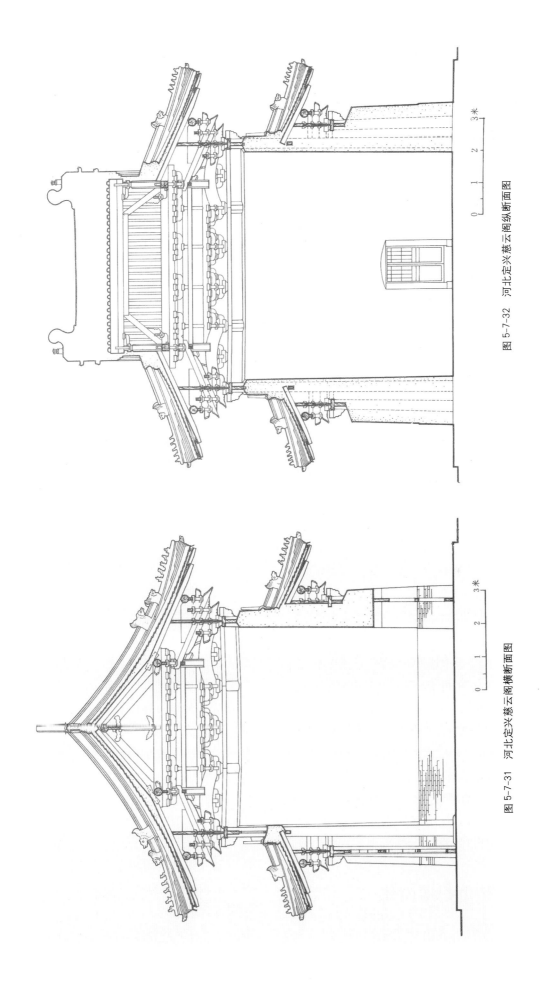

图 5-7-32　河北定兴慈云阁纵断面图

图 5-7-31　河北定兴慈云阁横断面图

但在宋代以前的其他遗构中未曾见到实例。到了元代，斜栿又获得了进一步的发展，在梁架中占有突出地位。

其结构手法是：在平梁之下使用巨大斜栿作为荷重构件，外端搁在外檐柱头斗栱上面，后尾搭在内额上，承托两步至三步椽子，使与梁架结成一个有机整体，不仅简洁利落，而且符合力学原理。这种做法在元代木构中取得了很高的成就。如广胜上寺前殿斜栿的应用就是一个典型实例。

（五）抹角梁的应用

在歇山顶或庑殿顶的木结构中，内檐四个转角部分，多使用抹角梁，作为里转角的辅助构件。不仅对于保持角梁后尾的稳定性起着有效的作用，而且在加强四个屋角的建筑刚度方面也起着重要的作用。因此，在元代木构中，这种构件使用得非常广泛，如定兴慈云阁、芮城永乐宫无极门和济南正觉寺大殿等都是成功的范例。

（六）斗栱结构的变化

木结构发展到元代，以柱、梁为主干的结构体系发生了巨大变革，变化最显著的是斗栱：用材尺度大为缩小，结构机能减弱。唐、宋以来柱头斗栱的下昂（真昂），到了元代已变成装饰性的构件（假昂），而将梁的外端斫成耍头，伸出柱头斗栱的外侧，用以承托挑檐檩（或挑檐枋），具有更好的刚度和稳定性，在结构上取代过去依赖斗栱承托屋檐的传统做法。因此，从元代起，外檐斗栱使用"假昂"已成普遍现象，标志着柱头斗栱的结构机能较宋、金时期大为退化。

只是在补间铺作中，有时还继续使用"真昂"作挑斡构件，后尾斜伸向上，以支撑平槫，在一定程度上仍起着杠杆作用，但在大木结构全体中只起辅助作用而已。值得注意的是，如永乐宫重阳殿，补间斗栱出现了"起秤杆"和"菊花头"等新型构件，已开明代"溜金斗栱"的端倪，正是斗栱自宋代"真昂"向明代"假昂"逐渐过渡的有力证据。

（七）节点构造趋向简化

梁架节点构造，早期木构习惯使用栌斗、驼峰和

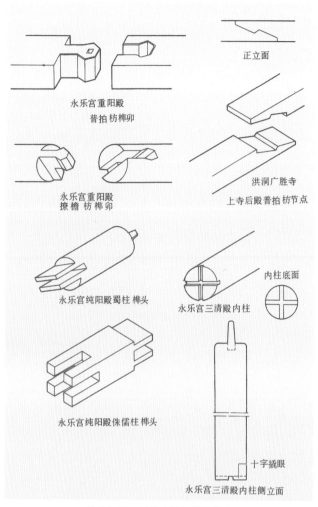

图 5-7-33　元代木结构榫卯做法

骑栿令栱等作连结构件。从元代起，节点构造则日趋简化，往往将梁身直接置于柱上或插入柱内，使梁与柱的结合更加紧密。蜀柱的柱脚改用开榫做法，直接插入梁背，两侧用"合楂"固结，从而淘汰了栌头、驼峰一类的构件，所有柱、额、槫、枋的交接点，普遍使用各种奇巧的榫卯来结合。例如：檩条的节点使用"螳螂头"榫卯，普拍枋的节点采用"勾头搭掌"做法，阑额两头入柱部分采用"透榫"穿过柱头，使节点结合得牢固有力，加强了结构的整体性（图5-7-33）。

（八）刚度与整体性的改进

若干木构遗物清楚地表明，元代匠师总结了辽、宋木结构的实践经验，十分重视建筑物的刚度与整体性。以楼阁建筑为例，从元代起取消了早期惯用的"叉柱造"，淘汰了平座暗层部分的复杂结构，将内柱直接升向上层。

这样，不仅简化了结构，加强了整体性，而且改善了室内采光效果，使楼阁建筑的结构体系产生了巨大变革。如定兴慈云阁就是一个典型例证。这种结构形式，曾对之后的明、清楼阁建筑产生了深远的影响。

元代后期的某些殿宇建筑，如上海真如寺正殿，曲阜颜庙杞国公殿等，出现了穿插枋、跨空随梁枋及由额枋等辅助性构件。纵架中的襻间结构，这一时期也开始趋向于简化，取消了结构复杂的襻间斗栱，或代之以随檩枋，或采用足材实拍襻间。所有这些新出现的大木构件，对于改善整座建筑物的刚度都产生了良好效果。

（九）柱的生起与侧脚的变化

早期木构中柱生起与柱侧脚的制度，元代建筑仍在继续沿用着，但其比例关系却因地而异，地区性的差别比较显著。以永乐宫和广胜寺的几座元代建筑为例，角柱生起的比例一般都偏低。如七间殿，角柱仅生起五寸，五间殿，角柱仅生起三寸。但檐柱侧脚的比例却非常突出。例如檐柱侧脚 2%～3%，而山柱的侧脚则为 1.3%～2%。因之，对于整座建筑物的造型与质量重心都产生了一定影响。

同时，檐柱高度一般都比面宽略长，柱高已逾间广，使房屋的尺度感也起了变化。

但江南地区的元代木构，生起与侧脚的比例却与北方木构不同。以元延祐七年（公元1320年）的上海真如寺正殿为例：面阔三间，角柱生起二寸，与宋制相同；而檐柱侧脚比例为 1.8%，内柱侧脚 2.5%，侧脚程度都已超过 1% 的比例。但檐柱高度却小于面宽。整座建筑造型，基本上仍保持了宋代的比例。

（十）南北建筑风格的差别

由于南北方建筑匠师的技术传统有所不同，因此元代木结构的造型，南北方在艺术风格上存在显著差别。大体说来，北方木构一般都采用直梁、直柱、大木构件，用材比例粗巨雄壮。梁、柱、椽等皆用简单斫截做法，设有卷杀一类的艺术加工，工艺质量粗糙，线条轮廓比较僵直，呈现一种稳重而苗壮的艺术风格。而江南一带的元代木构，仍保持着南宋时期的艺术传统，木构件细部处理广泛采用"卷杀"手法。如梭柱、月梁、椽头、昂嘴等都有细致的艺术加工。梁、额用材比例挺秀，线条轮廓柔和，呈现一种轻巧绚丽的艺术风格。

第八节　明清木结构

我国明清时代木构建筑，较之以前各时期保存得最多、最为完整。许多居住房屋今天还在继续使用着。尤其是集中劳动人民所创造的财富、役使最有经验的工匠建成的宫殿、坛庙、寺观、园林等实物大量被保存了下来。明清故宫是保存下来的一处规模宏大而又完整的宫殿建筑群。沈阳宫殿规模虽小，但也反映了东北地区的建筑特点。北京的北海、颐和园以及苏州、扬州等南方园林，把各种亭、台、楼、阁、厅、堂、轩、榭等木构建筑及假山叠石荟集一起。各种寺观和陵墓、坛庙等的木构建筑规模宏大，结构精巧。因此，明清时期的木构建筑实物具有古代木构建筑类型与结构的丰富实例，表现了我国封建社会后期木构技术上的成就。

明清两朝在政治制度方面更进一步强化等级观念，在城市规划、宫廷制度、建筑装饰各方面都充分反映了这样的情况。就以技术性较强的木结构来看，也同样得到鲜明的反映。明朝洪武二十六年规定：庶人房舍不得超过三间五架，不许用斗栱、饰彩色。就是统治阶级内部的房屋也是等级森严，不得逾越，例如：一品、二品官员的住宅厅堂为五间九架，三品、五品官员的厅堂为五间七架，六至九品官员的厅堂为三间七架等。甚至在明清皇宫中的建筑也有帝、后、妃、嫔等的等级，以及前朝、后寝、游乐等按使用性质的分级。开间的大小，梁柱的尺度，所用斗栱的级别或不许用斗栱，都有严格的规定。清工部《工程做法》也正是从技术方面来体现皇家建筑的等级观念的。

一、明清木结构技术的发展变化

明清时期的木构建筑技术，与当时的政治、经济、文化艺术情况相适应，在官式建筑上尤为突出。主要表现在以下几个方面：

①建筑设计更加规格化、程式化：我国木构建筑的设计到唐宋时期已经有了一套完整的设计规范，宋

《营造法式》即是总结了以往两千年来的建筑经验订出的官式建筑设计规范。其中很重要的一项是对于木结构部分，提出了以"材"（斗栱的断面高度）为"模数"的制度。材分八等，按规模大小选用。选择了某一等材之后，梁、柱、檩、椽等构件的用料尺度即可按比例推出。但在用料尺度上还有伸缩余地，可以根据实际情况酌宜加减。而总结了明清时期设计经验的《工程做法》则较之《营造法式》更为规格化、程式化。殿式建筑以"斗口"为基本模数，只要定了一种斗口的等级，整个建筑的各部分用料尺度就可以得出，伸缩变通的余地很少。柱网的布置到了明清时期也进一步规格化了，在宋、辽、金、元的建筑实物中，常常有减柱造的做法。这种做法能满足使用的功能要求。减柱造要求设计人离开陈规，进行探索试验。明清的官式建筑，如明十三陵棱恩殿、故宫太和殿都不用减柱造（在明初和清代少数建筑中尚保存有减柱造的做法）。这种不用减柱造的柱网布置固然简单，但是也使建筑设计更加死板，束缚设计人员根据实际情况发挥主观能动性的积极作用。

②大木构件力学功能减退：我国古代建筑工匠们在长期的营造实践中，得出了材料性能的力学规律，特别是对木材的承压、抗弯、受剪等能力方面有丰富的经验。如唐代佛光寺大殿梁枋的高度比为 3∶2 左右，《营造法式》中，梁枋等构件的断面高宽比也为 3∶2；辽代独乐寺观音阁梁的高宽比约为 2∶1 等。这样的高宽比从材料力学原理上看，是比较经济合理的。而明清官式建筑，特别是到了清代，《工程做法》规定梁枋断面高宽比为 10∶8 或 12∶10，已经接近正方形了，不仅不符合材料力学的原理，而且加重了结构本身的自重，这是一种技术发展停滞的现象。

③斗栱功能的减弱：斗栱是我国工匠在长期的营造实践中创造出来的木结构构件中重要的组成部分。它对于挑出屋檐和减少梁、檩、枋、椽的剪力和弯矩方面起着实际的作用，同时也是构成我国木构建筑艺术的重要因素。《营造法式》和《工程做法》以斗栱的"材"、"栔"或"斗口"做为设计的模数。斗栱这一部分构件从早期的实物和文献、图刻、绘画资料中，我们可以看出它和整个建筑的比例比较雄大，结构功能上起着较大的作用。而我们从实物、图像和文字资料的研究中，发现斗栱从早期到晚期逐渐缩小，到了明清时期更为缩小，在结构功能上也随着大大减弱，有些建筑上的斗栱已成为纯粹的装饰构件了。斗栱功能的减弱，是明清时期木结构的一个重要的变化，影响到建筑物的外形。有一种如意斗栱，成了房檐下的华丽装饰（图 5-8-1）。

④侧脚、生起的逐渐减小或消失：侧脚和生起，是我国古代木构建筑中的两种重要的技术处理方法。这可以使建筑构架下大上小，重心稳定，对于抵抗风力和地震外力的危害都起着一定作用。在现存古代实物如唐代南禅寺、佛光寺以及宋、辽、金时期的木构建筑都存在这种重要的结构特征。《营造法式》上也有明确规定。到了明清时期，柱生起的做法已不多见，柱侧脚的做法虽然仍被保留下来，只是倾侧的角度已经很小，不易看出了。

⑤木构件砍割手法简化：我国古代建筑工匠为了取得艺术的效果，在木构件各部分砍割手法上充分发挥了艺术才能。如柱头卷杀，只是砍削了柱头上本来不承载压力的边沿部分，使柱头产生缓和的效果，柱身上小下大，也收到稳定感的效果。月梁的做法同样只是砍削梁头，但弓背向上，有背驮千钧之感。其他如斗栱、替木的颐、杀，也都无伤构件的功能，而能取得柔和、圆转的艺术效果。明清时期，这些木构件的砍割手法，逐渐减化消失了。除明初一些建筑之外，斗栱的底侧略去了颐；柱头卷杀、月梁的做法已逐渐消失。这一变化虽然在艺术效果上有些减色，但施工比较简便易做，也有合理的一面。

其他如细部雕作，艺术加工手法等也都有着一定程度的变化。由于这些变化，给明清时期建筑的风格也带来了很大的影响，唐宋时期那种斗栱雄大、出檐深远、侧脚生起显著、梁柱构件砍割圆转所形成的曲线轮廓等，为僵硬刚直的风格所代替。

明清时期木结构的变化，有一个过程，从明到清的五六百年中，不是突然的，而是逐渐的，所以有些结构和技术上的变化到了清代晚期才更为明显（图 5-8-2）。

以上所说明清时期木结构技术的变化，主要表现在皇家建筑和一些官式建筑上，在当时的京城北京及华北地区较为显著，而广大的民间建筑和边远地区，建筑工匠们受《工程做法》的约束较少，多是根据实际的情况发挥自己的创造设计修建（图 5-8-3）。

我国两千多年来的木结构技术发展到明清时期

为什么会发生这样的转变，仍需从封建社会末期的政治、经济条件以及建筑材料和技术条件等方面去进行分析。

明清封建社会的政治、经济正在走向没落和崩溃的阶段。封建统治阶级愈是感到末日的来临，愈是要加紧对劳动人民的镇压与剥削。从思想和精神上来麻痹人民，是其重要的手段。明清王朝的统治者要显示他的威严，在京城、皇宫和坛庙等规制上力求复古，在建筑形体上则力求显示帝王的威严。故宫中象征封建皇权的太和殿，企图以高耸的构架、雄大的殿宇来显示帝王的威风；天坛的祈年殿，十三陵的棱恩殿以及雍和宫、承德八大庙建筑群等也都以构架高耸、殿阁巍峨来显示皇权、神权的威风，从而达到思想和精神统治的效果。

为了达到这样的政治目的，需要有经济的基础，要有充足的建筑材料资源和技术的力量。然而，封建统治阶级对自然木材资源只知砍伐而不知植造，到明清时期华北地区的木材资源已将采伐殆尽。明代初年，为了北京宫殿、陵墓和坛庙的修建，役使了大量的劳力在四川、云南、贵州以及华南等地砍伐。当时还能采伐到一些珍贵的木材，如现存长陵棱恩殿直径1.17米、高13米的楠木柱子，就是例子。掠夺性的砍伐，使全国性的木材资源日益枯竭。木材的缺乏，也是使明清木结构技术发生变化的一个重要原因。此外还有工匠技术的改革，金属零件的使用等都促使了明清木结构发生变化。

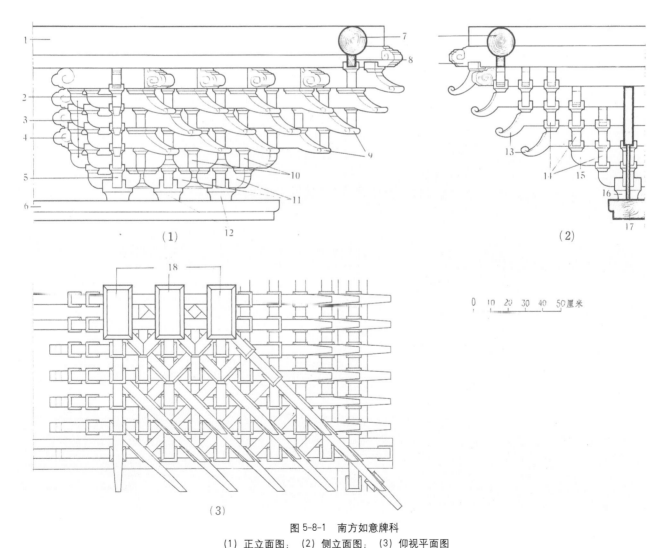

图 5-8-1　南方如意牌科
(1) 正立面图；(2) 侧立面图；(3) 仰视平面图
1- 廊桁；2- 凤斗昂；3- 斗六升栱；4- 云头；5- 十字栱；6- 斗盘枋；7- 廊桁；8- 连机；9- 斜凤斗昂；10- 十字栱；11- 网状斜栱；
12- 大斗；13- 凤头昂；14- 斗三升栱；15- 十字栱；16- 大斗；17- 斗盘枋；18- 大斗

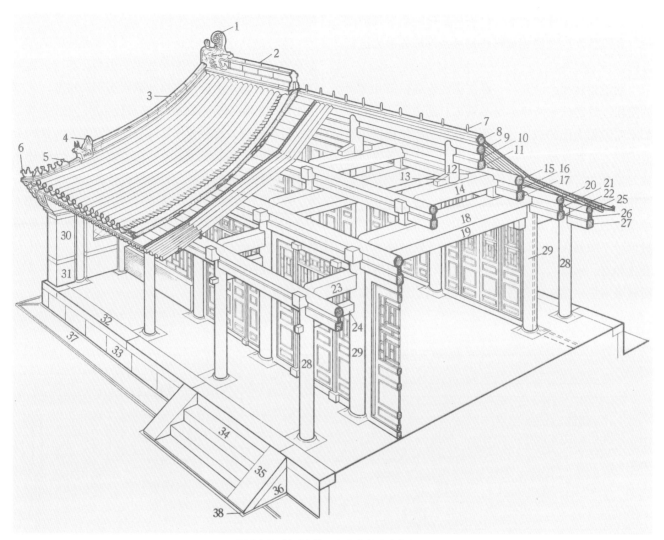

图 5-8-2　清式七檩硬山大木大式木构架图

1- 吻兽；2- 正脊；3- 垂脊；4- 垂兽；5- 走兽五件；6- 仙人；7- 脊桩；8- 扶脊木；9- 脊檩；10- 脊垫板；11- 脊枋；12- 脊瓜柱；13- 角背；14- 三架梁；15- 上金檩；16- 上金垫板；17- 上金枋；18- 五架梁；19- 随梁枋；20- 老檐檩（下金檩）；21- 老檐垫板；22- 老檐枋；23. 抱头梁；24- 穿插枋；25- 檐檩；26- 檐垫板；27- 檐枋；28- 檐柱；29- 老檐柱（金柱）；30- 墀头；31- 墀头腿子；32- 阶条石；33- 陡板石包砌台基；34- 踏垛；35- 垂带石；36- 象眼；37- 散水；38- 土衬金边

图 5-8-3（1）　浙江东阳卢宅肃雍堂剖面

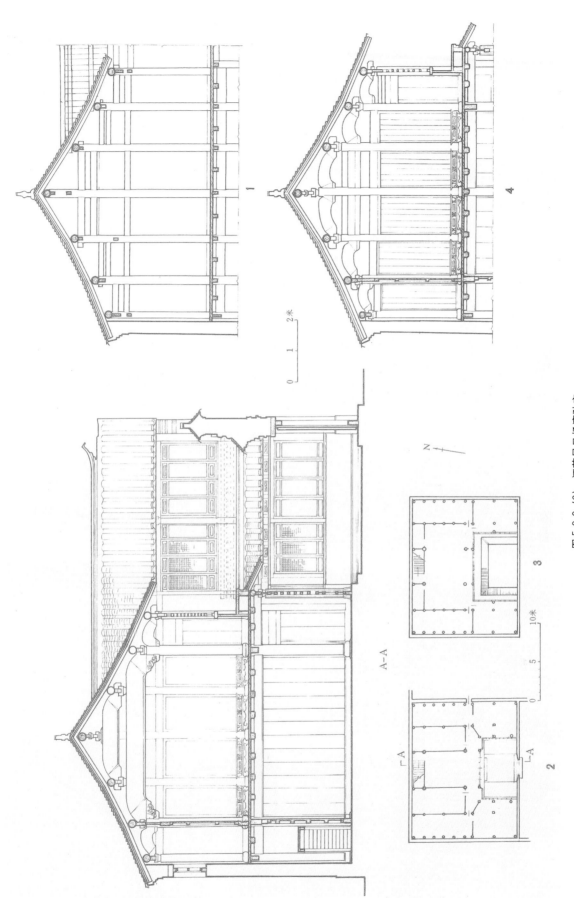

图 5-8-3 (2)　江苏吴县杨湾孙宅
1- 楼层山面屋架；2- 底层平面；3- 楼层平面；4- 次间缝楼层屋架

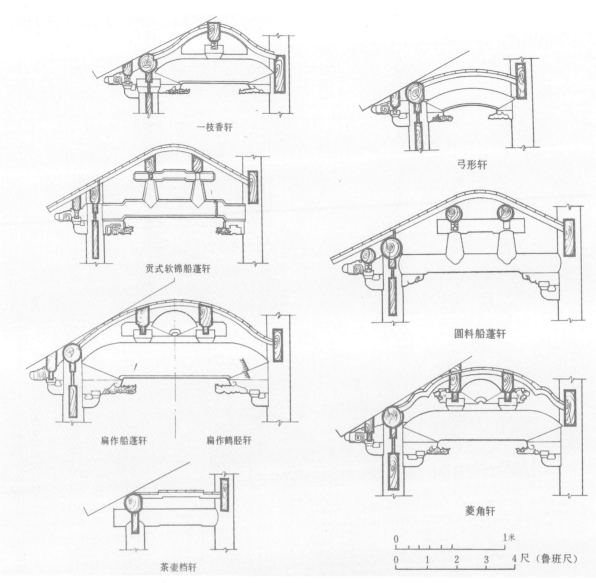

一枝香轩

弓形轩

贡式软锦船蓬轩

圆料船蓬轩

扁作船蓬轩　　扁作鹤胫轩

菱角轩

茶壶档轩

图 5-8-3（3）　苏州各种轩的做法

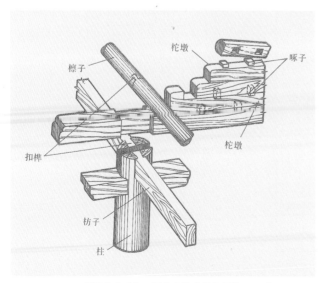

檩子

柁墩

啄子

扣榫

柁墩

枋子

柱

图 5-8-3（4）　云南白族木构架局部

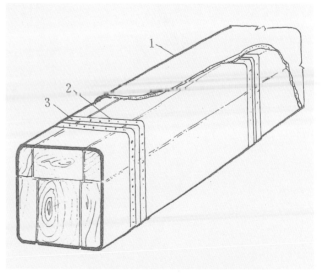

图 5-8-4　北京故宫畅音阁双层拼合梁示意图
1- 披麻捉灰；　2- 铁箍；　3- 铁钉

二、明清时期木结构技术的发展

明清时期的建筑工匠们在木材资源日益枯竭、封建统治阶级提出建造宏伟高大建筑物的困难条件下，发挥了高度智慧，使木结构技术得到了发展。

（一）拼合梁柱构件技术的发展

明清时期木结构技术重要的特点之一是拼合料的大量使用。一座高大的建筑物，如长陵棱恩殿内的金柱，共计 16 根，全部用金丝楠木做成。这样的珍贵大料，需要数百年甚至上千年才能生成，砍伐之后不可能短时期再有。清代时期山林几乎砍伐殆尽，大料非常稀罕，迫于实际困难，工匠们在实践中发展了小料拼大料的方法，创造了包镶柱子、包镶梁。今天在故宫太和殿和天坛祈年殿所看见的直径 1.06 米、高 13 米的绘金龙柱子，外表好像一根整料，其实是许多块木料拼合、斗接、包镶而成的。拼合柱、包镶梁，宋代已有，《营造法式》上称作"合柱"、"缴贴"，实物中也有个别的例子，如浙江宁波保国寺北宋时期的合柱。但是如此大规模地、普遍地使用拼合材料，则是明清以来，特别是清代的突出现象。

拼合构件的方法大约有以下几种：

①拼合梁：用两块或三块以上的木料拼合而成。两块拼合一般用同样大小的木料拼合成一根梁，拼缝用鱼尾榫（又称燕尾榫、银锭榫等）连接，内部用槽沟暗套榫或是落脚榫，防止上下错动，外用铁箍加固。三块拼成的大梁，一般中间一块木料较大，两边帮上较薄的同样大小的料，也需要榫和铁箍加固，或用扒钩加固（图 5-8-4）。

②斗接柱子：用两段或三段以上木材接成一柱。斗接通常称墩接，接头处用暗榫，如在山墙内部，外表不作处理。

③包镶梁：当中用一根较大的料，四周用数块小料包镶而成，接缝处用榫卯或扒钩联系，外加铁箍。

④包镶柱子：中间用一根较大的木料，作为心柱，四周用多块木料包镶而成。包镶木料内部要随心柱形状砍刨，外表随形刨光，用铁钉把包镶木料钉在心柱之上，外面加铁箍箍紧。包镶柱子大都是圆柱，也有一些方形或多角形的。

⑤斗接包镶柱子：过于高大的柱子，可用斗接和包镶两种方法制作，先用两根或多根木料斗接做成心柱，然后外做包镶，包镶木料也需要斗接。这种斗接加包镶的拼合构件，抗压无问题，但抗弯能力很弱，只适用于柱，不适用于梁（图 5-8-5）。

图 5-8-5（1）　包镶柱子做法图

图 5-8-5（2）　包镶柱子局部

拼合、斗接、包镶的梁柱构件，要求很高的制作技术，榫卯、钉、箍的制做都需要认真过细才能达到坚固的效果。

由于拼合木结构构件的大量使用，建筑的外表油饰彩画工程也发生了重大的转变。披麻、挂灰打地仗的技术发展起来，解决了拼缝保护和美观的问题。

（二）穿斗式构架的普遍应用和发展

我国木建筑木构架的结构，一般分为"梁柱式"（也称作"抬梁式"）（图5-8-6）和"穿斗式"（也称作"立帖式"）两种。

梁柱式的梁架结构，在前一部分木结构中已作了详细地叙述，这里不再重复。在此着重谈一谈明清时期保存实物较多的穿斗式木构架情况。

由于穿斗式木构架的建筑物较小，大多用于住宅等房屋上，所以早期的实物保存不多。穿斗式结构的特点，就是用枋子穿过柱子，斗成房架，原则上以柱承檩不用梁。这就是与梁架式构架的不同之点。

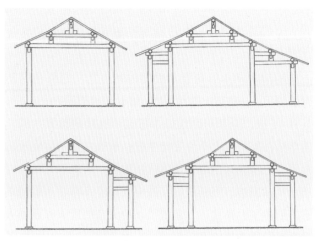

图5-8-6（1）　梁柱式构架图

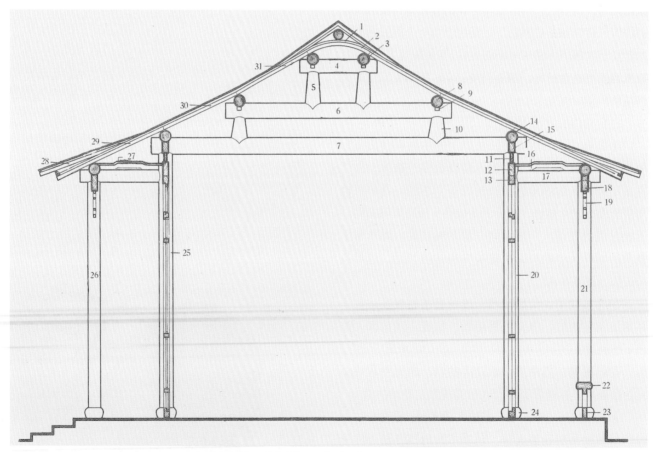

图5-8-6（2）　南方卷棚顶梁柱式构架（回顶鳖壳正贴式）

1-鳖壳；2-回顶椽；3-回顶后桁；4-月梁；5-脊童柱；6-三界梁；7-大梁；8-金桁；9-金机；10-金童柱；11-夹堂板；12-步枋；13-上槛；14-步桁；15-连机；16-茶壶档椽；17-川廊；18-拍口枋；19-挂落；20-后步柱；21-后廊柱；22-坐槛；23-下槛；24-鼓磴；25-前步柱；26-前廊柱；27-望砖；28-飞椽；29-出檐椽；30-下花架椽；31-上花架椽

图 5-8-12　北京明长陵棱恩殿内檐梁柱

图 5-8-13　北京明长陵明楼全景

立在一个高达 7 米的三层工字形白石台基之上，前面是一个 30230 平方米的空阔的广场，两旁陪衬着东西廊庑和高阁（体仁阁和弘义阁），使大殿建筑更为突出壮观。

明朝初建的奉天殿，按照明代长陵棱恩殿的规模推断，应该比现在的太和殿结构还要雄大。即以现在的太和殿而论，在结构上也是现存木构大殿中最大的一个，殿的规制等级是宫殿建筑中最高的（图 5-8-14）。

太和殿的木构架与棱恩殿同属于典型的梁柱式结构。平面柱网的配置是面宽十一间，进深五间，前檐廊的平面（图 5-8-15），在木构架上实际是面宽九间周围廊的结构。因为东西山墙和后檐墙均砌在下层檐柱的分位上，檐柱属于廊檐柱（宋式副阶）的结构形式。老檐柱以内进深三间，十二步架，金柱支托七架梁，前后老檐柱与金柱之间各用三步架连接。太和殿的斗栱上檐用单翘三昂，下檐用单翘重昂，尤其是在上下檐用了非常华丽的花台科溜金斗栱，昂尾安放在预先做好的花台枋上，使昂尾不会下垂。但是，它的装饰作用大，而结构作用则很小（图 5-8-16）。

（二）高层楼阁

明清时期的工匠们，运用拼合技术创造了许多高大的楼阁。兹举以下几例。

（1）普宁寺大乘阁

大乘阁是承德外八庙中普宁寺的主体建筑，建于清乾隆二十年（1755 年）（图 5-8-17）。普宁寺虽然说是仿西藏三摩耶庙，但建筑布局和造型并不同于三摩耶庙，而有新的创造（图 5-8-18）。就以主体建筑大乘阁而论，也与三摩耶的主殿乌策大殿不完全一样，而有所创新。如乌策大殿五顶分立，而大乘阁则把五顶组合在一起成为一个屋顶，在建筑艺术上是一个成功的发展与创造（图 5-8-19）。大乘阁五顶象征佛教的曼荼罗、须弥山五形和金刚宝座五方佛等，属于宗教内容，但就建筑艺术形象和完成这一形象的结构技术来说，当时的工匠们是付出了极大的劳动和智慧的。

大乘阁是现在保存高层木构建筑的第三名，第一是应县佛宫寺塔 67.31 米，第二是万寿山佛香阁高 41

图 5-8-14　北京故宫太和殿

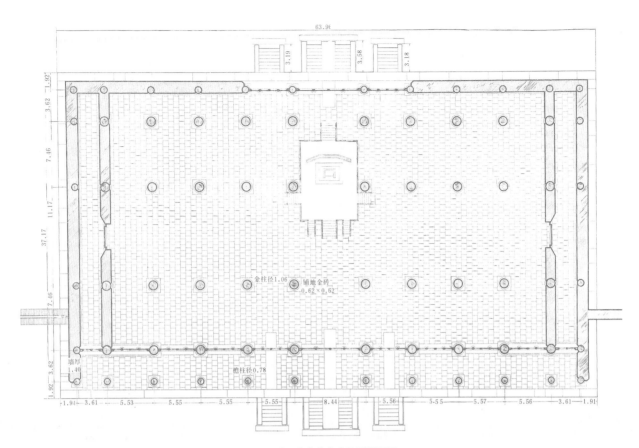

图 5-8-15　北京故宫太和殿平面图

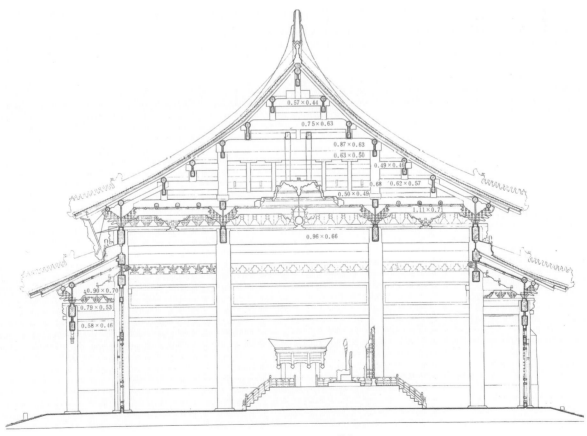

图 5-8-16　北京故宫太和殿横断面图

图 5-8-17 河北承德普宁寺大乘之阁

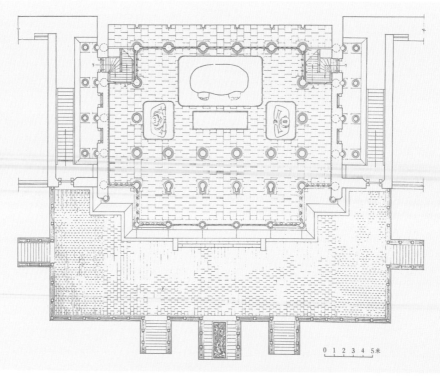

图 5-8-18 河北承德普宁寺大乘之阁底层平面图

图 5-8-19　河北承德普宁寺大乘之阁正立面图

米，大乘阁高约 40 米。大乘阁较之以上两座高层木构更有其不同之处：第一，上述两座木构的平面柱网均是内外两层和下层廊柱平均分布，中空较小，而大乘阁则为了正中安设一个高 23 米的大佛（这个大佛实际也是木架包镶而成的），所以阁的中心创造一个高近 25 米的空井，井口柱上巨大的梁跨度达 10.62 米，除太和殿等殿宇之外，高层楼阁中这要算最大的跨度了；第二是屋顶五个组合在一起，在结构上也比上述两座复杂得多，因此，像大乘阁这样五层檐、高 40 米、五个顶组成一个屋顶、结构宏大又具有汉藏民族风格的高层楼阁，是明清木构建筑中不可多得的遗物（图 5-8-20）。

（2）颐和园佛香阁

佛香阁是颐和园中的主体建筑，建立在一座高达 20 米的石砌台基之上，阁本身又高达 41 米，耸立在颐和园万寿山正面正中的轴线上，成了颐和园的标志。

图 5-8-20　河北承德普宁寺大乘之阁纵断面图

佛香阁所在位置，在乾隆十五年（1750年）兴建清漪园的时候，原来计划建一座九层的"报恩延寿塔"。但是到乾隆二十三年延寿塔工程砌到八层时，忽然"奉旨停修"，并将已建好的八层全部拆除，改建为佛香阁。1860年此阁被英法联军烧毁，光绪十七年（1891年）按原样重建，经过4年时间才完工，用银七十八万五千六百三十余两，是颐和园恢复工程中最大的一项。

佛香阁的平面为八角形，周围廊、内外两层柱网的布置，每面约11米，对角约28米，与高度的比例为1:1.4，结构比较稳定，抗震性能较好，在1976年7月28日唐山强烈地震时，高阁并未发生影响。

阁为八角三层四檐结构，内圈柱用八根通柱直达三层，每层均用梁枋和外圈柱及廊檐柱连接成为一个整体。整个木构均为清式做法，结构为梁柱式体系（图5-8-21）。

（3）雍和宫万福阁

此阁是雍和宫内的高大建筑，万福阁在结构做法上与大乘阁并无特异之处，规模也较小，高约25米，

但是在布局上却有很大的特点，这就是三阁并列的形式。

万福阁本是一座七间两层三重檐的巨构，加上与东西两旁的两个高阁并列（东为永康阁，西为延绥阁），在半空中用复道飞廊相连接，形成了一个雄壮灵活的外观。这是现存木构中珍贵的例子（图5-8-22）。

（4）万荣飞云楼

在山西省万荣县，相传建于唐代，现存遗物为清乾隆十一年（1746年）所重建。飞云楼在结构和造型上都达到了高度的水平。整个建筑比例匀称恰当，外观雄伟而玲珑，在我国古代绘画中常可看到这种形象的楼阁，但在现存实物中已不多见。

飞云楼为梁柱式带斗栱的木构架。楼建于较低的方形石台之上，面宽进深各五间，外观三层，连平座两个暗层共五层。上两层每面凸出歇山顶抱厦一间，山面向前，最上一层为十字歇山顶。第一层为方形平面，两山砖墙内用方石柱，内檐金柱较檐柱为高，柱头上以斗栱承托二层平座，在明间的大梁上立童柱以承托凸出的抱厦。二层平面为十字形，第三层仍为方形，但承托抱厦不用童柱而用穿插枋和斜撑木。整个木结

图 5-8-21 北京颐和园佛香阁

图 5-8-22　北京雍和宫万福阁

构梁架极富变化而又严密紧实，表现了木结构设计施工的成熟手法（图 5-8-23）。

（三）圆形殿亭

我国古代木构建筑中的平面布局和构架一般都是方形和多边形的，但弧形和圆形的也有不少，在园林中的小亭形式尤多。明清实物中，保存了不少大型的圆型殿亭，结构雄大，造型优美，值得介绍几处。

（1）天坛祈年殿

这是我国现存少有的巨大木构。祈年殿高 38 米，除了颐和园佛香阁高 41 米、承德普宁寺大乘阁高 40 米、应县木塔高 67.31 米之外，祈年殿要算高为第四名现存巨大木构了。祈年殿为圆型，在结构上有许多特殊的地方（图 5-8-24）。

祈年殿原建成于明永乐十八年（1420 年），起初

图 5-8-23　山西万荣县飞云楼

是方殿，叫大祀殿，1530 年才改建为三层圆殿。现存建筑是光绪时（1890 年～ 1899 年）重修的。

祈年殿的柱子平面为三层柱网（图 5-8-25）。十二根檐柱支托下层檐，十二根金柱支托中层檐，正中四根巨大的金龙柱支托上层檐。内部顶子梁架的结构是在四根金柱之上做成四方形的梁架，然后在上面安置圆形托斗枋任其上立童柱，承托上层斗栱。上层屋顶用扒梁、圆形托斗枋、井口枋、十字梁等组成圆形屋架。在圆形檩子之上铺设放射形的椽子、望板，再铺瓦，做成一个圆形攒尖大屋顶。殿内的结构与装饰都形成由圆心向外放射图案，正中顶上以圆形藻井的龙头为中心向外放射，都达到圆形结构与圆形图案的统一效果。

祈年殿的圆形结构也属于梁柱式体系，但与一般方形殿的梁柱构架略有不同，除了用弯圆的枋檩构件之外，直梁的搭架也是作为达到圆形构架而考虑的。

弯梁的制做技术也较一般直梁的难度大。它的做法有两种：小型的构件可以用加热、水湿弯压方法使之弯曲；大型构件，则使用内剜外砍加拼镶找圆的方法制作。一般圆形的构件只用于枋、檩不承受重大压力的地方。承重梁枋，则仍用直的大料制做（图 5-8-26）。

祈年殿的外观在建筑艺术上显示了中国古代建筑的优美风格。三重檐蓝色琉璃瓦的巨大圆殿，耸立于高大洁白圆台之上，加之红色柱子、门窗和梁枋彩画，色彩丰富，气势雄伟（图 5-8-27）。

（2）天坛皇穹宇

皇穹宇在天坛的南部，也是明代的建筑。它与圆丘坛是一组，是用来储放祭天时所用"昊天上帝"牌位的小殿（图 5-8-28）。

皇穹宇建于一个圆形石台之上，四周围绕一圈高墙，屋顶用青琉璃瓦做成攒尖圆顶，由地面至顶高19.80 米，平面为两层圆形的柱网形式（图 5-8-29）。

图 5-8-24　北京天坛祈年殿

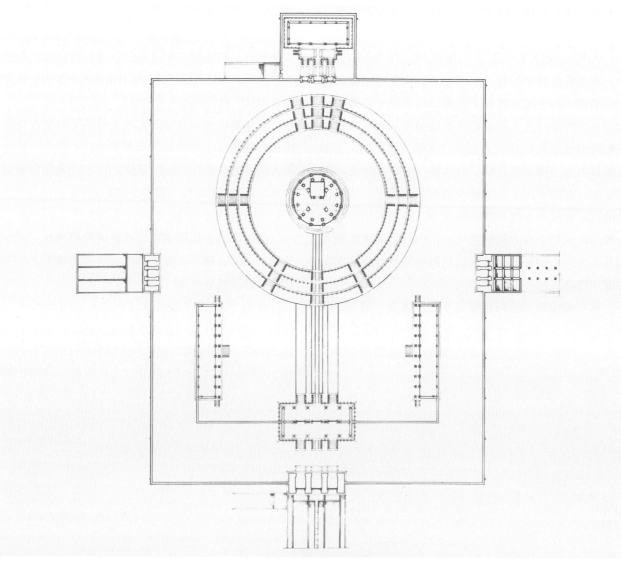

图 5-8-25　北京天坛祈年殿平面图

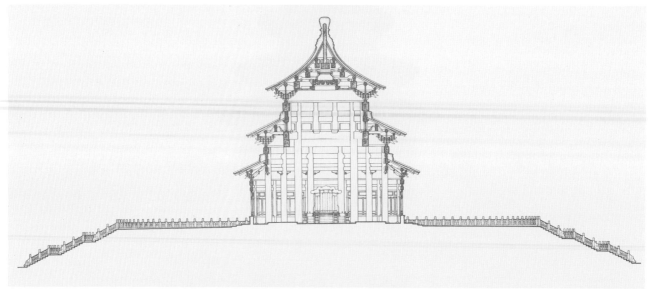

图 5-8-26　北京天坛祈年殿断面图

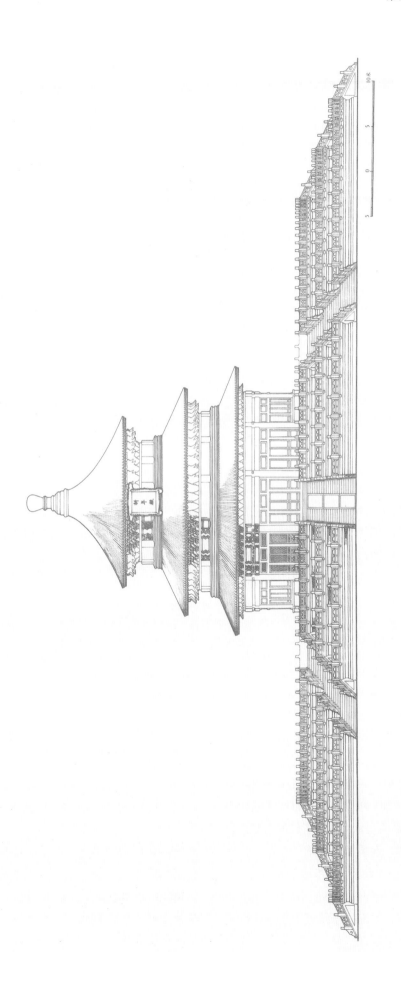

图 5-8-27 北京天坛祈年殿立面图

图 5-8-28　北京天坛皇穹宇全景

檐柱八根支托外檐，金柱八根支托屋顶。在金柱上用七踩镏金斗栱承托上部圆形额枋，在上部额枋上做天花，内部做成三层藻井，形成一个伞盖。特别是用了后尾很大的镏金斗栱挑承屋顶和天花，形如伞的支架，设计施工都很巧妙，在建筑艺术装饰上也达到了高度水平（图 5-8-30）。

（3）普乐寺旭光阁

旭光阁是承德普乐寺的主体建筑。因为它远望是一座巨大的双层圆亭，所以俗称为"圆亭子"。普乐寺建于乾隆三十一年（1766 年）（图 5-8-31）。

旭光阁在寺的后部，本是按照西藏喇嘛教的所谓"曼荼罗"形式而设计的，但是在建筑艺术上有许多新的创造，是汉藏建筑艺术结合的范例。旭光阁建在一个两层高大的方形石台（叫做阁城）之上（图 5-8-32），共高 39 米余。阁城和阁基层层收进，形成一个稳定而高突的轮廓，在建筑艺术上达到了很好的效果。据说此阁是仿天坛而建，规模虽较天坛祈年殿小，但艺术造型与祈年殿相比并无逊色（图 5-8-33）。

旭光阁的平面为双层圆形柱网布置（图 5-8-34），外圈柱子承托第一层檐，内圈柱子承托上层檐。内外之间用穿插枋联系，使之稳定。最为精巧的木工活要

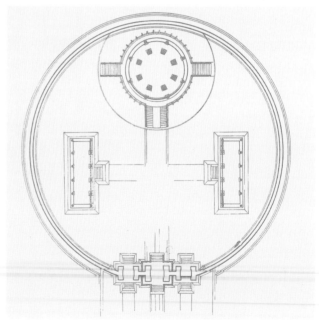

图 5-8-29　北京天坛皇穹宇平面图

算是阁内的天花藻井，共由五层构成，层层收小，第一层为彩绘天花板，第二层为木雕贴金天花，第三层和第四层为木雕小木作贴金斗栱，第五层雕云水波涛、悬龙宝珠。层次逐深、光彩夺目，较之北京天坛皇穹宇的华丽藻井又有了发展（图 5-8-35）。

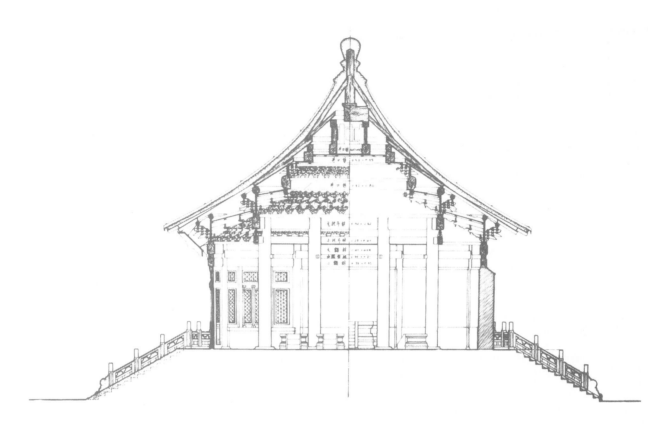

图 5-8-30　北京天坛皇穹宇断面图

图 5-8-31　河北承德普乐寺旭光阁全景

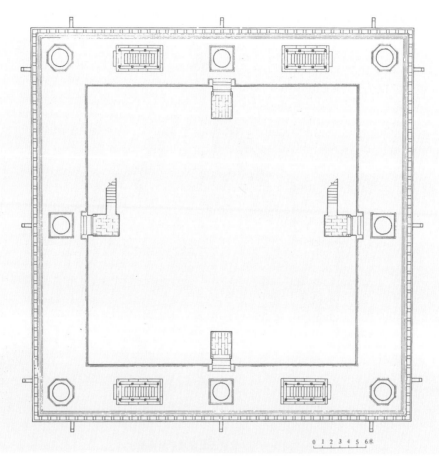

图 5-8-32　河北承德普乐寺阁城二层平面图

图 5-8-33　河北承德普乐寺旭光阁正立面图

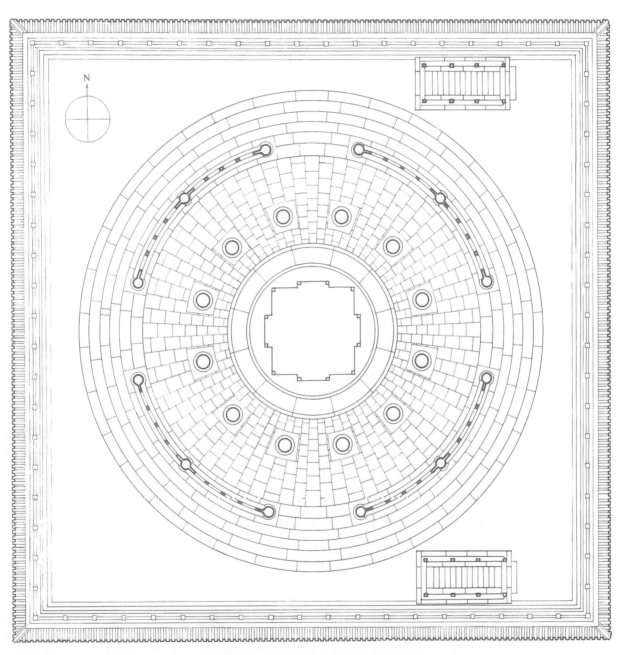

图 5-8-34 河北承德普乐寺旭光阁三层平面图

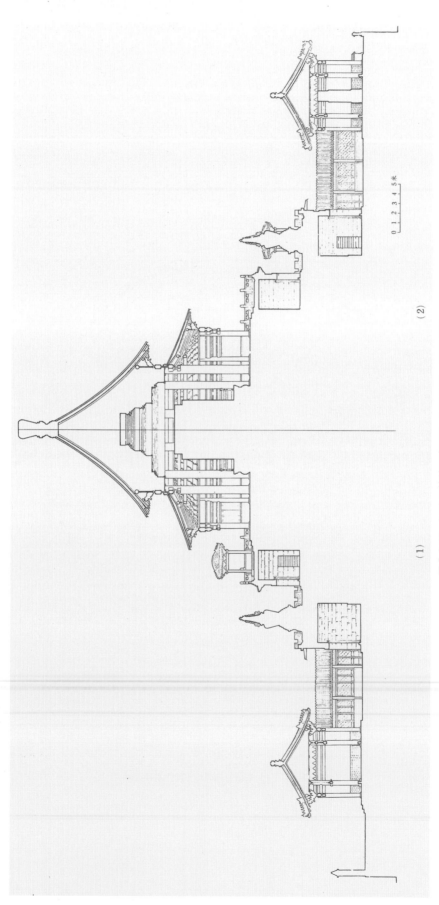

0 1 2 3 4 5 米

(1)

(2)

图 5-8-35　河北承德普乐寺阇城、旭光阁纵、横断面图
(1) 纵剖面图；　(2) 横剖面图

（四）高大戏台

我国歌舞戏剧有着悠久的历史。早期的歌舞大都在厅堂、场院内表演。约在公元12世纪前后（宋、金时期）出现专门为歌舞、戏剧演出修建的舞台。那时的戏台（或舞台）建筑实物已经不存，但我们还可以从出土的一些文物和砖砌模型中看出来。元代以后的戏台，在山西境内实物保存较多。保存得最为完整而又规模宏大的是清代戏台，尤其是几座皇家戏台规模最大。北京故宫的畅音阁、承德避暑山庄的清音阁、颐和园内的德和园大戏台，被称作清代的三大戏台。除避暑山庄的清音阁已不存之外，其余两座保存完好，为我国现存规模最大的古代戏台，其中尤以颐和园大戏台规模最大。

（1）德和园大戏台

德和园在颐和园内仁寿殿之北，原是清漪园时的怡春堂旧址，被英法联军侵略时破坏，光绪时重建，从光绪十七年至二十一年（1891～1895年）经过4年时间才完成，耗银七十一万余两，是颐和园重建工程中的重大项目。

德和园的建筑以大戏台为中心，正面是颐乐殿，为帝后看戏之处，两旁廊庑是王公大臣们看戏的地方。大戏台上下共三层，高21米余，底层台面宽17米。大戏台的上下三层每层都可以演出。第一层戏台的顶板上有七个天井，在演出神仙鬼怪戏的时候，神仙从天井中降下，好似从天而降。在地面上有活动地板通向地井，是鬼怪出没之处。在戏台的底部还有一个深10米的水井和五个1米见方的水池，在演出水法剧目时，可以从地下喷出极为壮观的水景。

为了满足演出的特殊需要，大戏台的平面柱网布局仅为四柱，台前二柱凌空，以便不妨碍观看的视线，内部用巨大的抹角梁承托上层结构。屋顶梁架仍为典型的梁柱式结构，卷棚顶（图5-8-36）。

（2）故宫畅音阁

畅音阁位于故宫宁寿宫后面，是故宫内的宫廷大戏台，系乾隆时期的建筑。戏台坐南朝北，对面为阅是楼，为帝后观戏之处。戏台两侧用廊庑相连，形成一个院子。

图 5-8-36 北京颐和园德和园大戏台

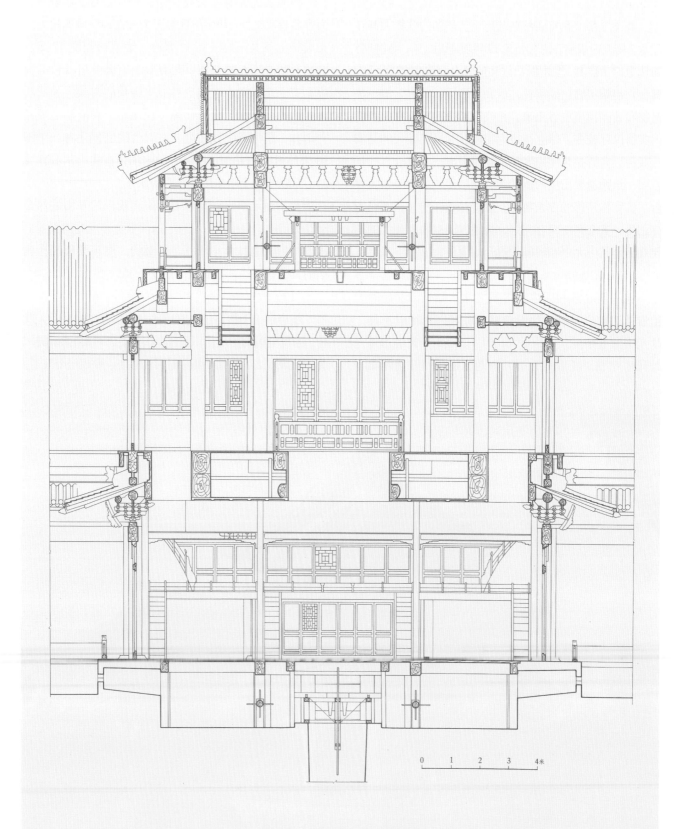

图 5-8-37 北京故宫畅音阁纵断面图

畅音阁在结构上与一般单栋建筑不同，有它自身的特点（图5-8-37）。它是以三层高阁与两层扮戏楼和单坡后抱厦勾连搭接而成。畅音阁这种北部为"阁"、中部为"楼"、后部是"厦"的三种不同类型的建筑，在搭接处两缝梁架合用在一根柱子上，而层顶连接，俗称为"勾连搭"形式。

畅音阁的平面布局呈十字形，戏台纵横各三间，扮戏楼五开间，后厦三开间。在柱网布置上由于受横平竖直的木构架的限制，台口虽然宽14.5米，但仍然是三间四柱，使看戏时视线受到一定影响。

戏台周围共十二根柱子，在柱子上除按面宽安置额枋、平板枋，用斗栱挑出第一层屋檐之外，在45°方向施抹角梁，在抹角梁的正中安设纵横交圈的井口扒梁。第二层的金柱、楼楞都安在井口扒梁上，上层重量通过抹角梁传到下层柱子上。三层楼的柱子退至二层楼的金柱位置上，外面安设平座，与一般"三滴水"的城楼做法相同。屋顶为歇山卷棚顶，三层檐下均施以斗栱，上檐为重昂五踩，中檐为单昂三踩，下檐为单翘单昂五踩。柱头科斗栱为抹角梁出头，在出头处用兽面装饰遮盖。

扮戏台为五开间的两层楼，通面宽为14.64米，通进深为9.6米，前后均带廊。金柱为通柱，中部安装承重梁，上端安装六架梁与单步梁。北面一排檐柱也是戏台的后排柱子，而在平板枋上安装品字科斗栱，形成勾连搭的做法。屋顶的搭接处做哑巴椽子，上铺天沟。

畅音阁在结构上有高度成就，主要表现在：

①把三种不同的层高、不同的平面、不同造型的单体建筑，用"勾连搭"的做法，组合在一起，成功地解决了明次间的面宽统一和梁枋柱子的勾连顺线问题，使建筑造型富于变化。

②阁式建筑一般都要在第一层用两排或两圈柱子（即金柱与檐柱），在内外两柱之间架挑尖梁或扒梁，在其上安设童柱作为上层檐柱，使之构成阁的形式。但因畅音阁是戏楼，不宜多用柱子，第一层不能使用金柱。如果设计用14.5米中距的大梁架来承受三层楼的荷重，不仅结构不合理，而且这样的大木材也难找到。为了解决这一功能上的需要，畅音阁在第二层下面采用了抹角梁与井口扒梁相结合的办法，把上部荷重分配在井口扒梁上，再传到抹角梁上，由于抹角梁的长度仅6米，比14.5米的大梁架跨度小了两倍多，节省了长料，增加了功效。

③在第二层楼板下的抹角梁与井口扒梁同在一个水平上，结点略似斗八藻井的榫卯咬接，成为一个能抗水平推力的平面力系。在力学上它与水平桁架的作用相同，是高层建筑中较好的抗震措施。所以，畅音阁的结构虽然高达20.91米，第一层也只有一圈疏朗的柱子，看起来有点头重脚轻，无倚无靠，但是经过地震的考验，它的木构架依然完好。这种加强抗水平推力的结构方法，不仅是我国古代建筑史上的重要实例，而且是今天抗震建筑常用的原理。

畅音阁三层楼下的楞木与承重梁虽然不是按45°水平杆件布置，在稳定性与节约木材两方面看来不如用三角形的杆件做成的水平桁架好，但是把楞木的断面适当放大，既作为龙骨用又起到水平桁架的作用。这样一举两用，便于挖卯合榫，虽加大一些断面，也是合算的。1976年唐山地震波及北京时，畅音阁没有出现什么问题。除上述抗水平推力等结构之外，这三层楼板下的承重枋，楞木纵横交搭，榫卯咬合牢固，也起了作用。

（五）七十二条脊的玲珑亭殿

在北京故宫紫禁城的城角上，有四个玲珑秀丽的角楼，由于它的结构精巧，久为人们所传颂。与角楼形状相似的，原在景山大高殿前也有两座习礼亭，同是明代的建筑。像这样玲珑的屋顶，在我国古代绘画中也常见到，但实物则是明清时期最多，表现了明清时期建筑工匠们的建筑技巧。

故宫角楼建于明代，它本来是作为防御用的，但它建筑优美，同时成为故宫的装饰点缀建筑。由于角楼的屋顶复杂，平面曲折，多檐、多脊、多角，造型秀丽，所以传说这样复杂的建筑只有鲁班做出模型才能修建。但是，只要我们剖析一下角楼的木结构，便可看出，它也不外是我国古建筑中木构架基本方法的巧妙组合。宋画黄鹤楼、滕王阁以及元代大内宫城四隅的三垛楼等，都有类似的形状。现存实物中，如正定宋代隆兴寺摩尼殿、北京团城承光殿等，也都有些相似。不过故宫角楼在布局上更加紧凑，造型更加玲巧，装饰的效果更为突出。它的建筑情况如下：

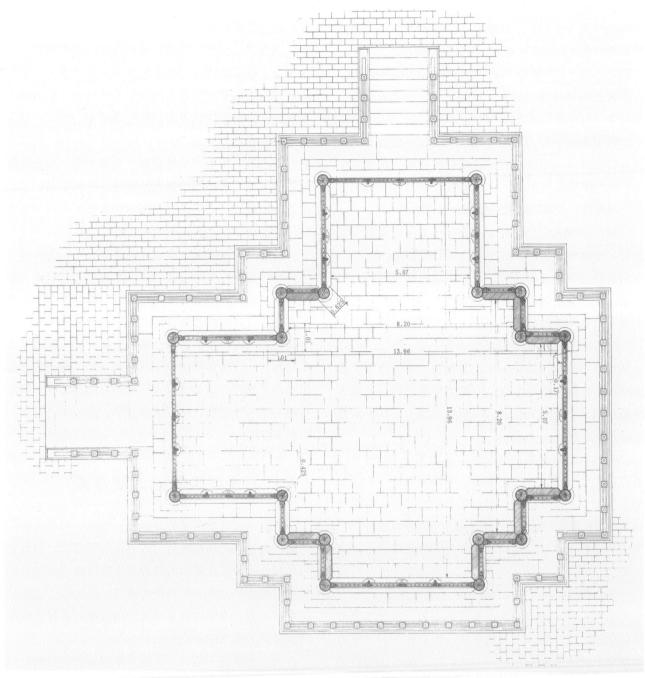

图 5-8-38   北京故宫紫禁城角楼底层平面图

角楼的平面是一个四面凸出的十字形平面,周围有三十根柱子,十二根出脚柱子与八根窝脚柱子。中间是一个三开间的正方形,四面各加抱厦一间。由于角楼处在城墙的转角位置,所以它的平面也随着变化,因地制宜地采用了 45° 斜中轴线的艺术处理手法,把它与城墙转角的形式统一起来考虑。就是说,角楼的纵横柱位线用南北的子午线方向,与城墙的南北方向是一致的,但其设计轴线不同于子午方向,而是在城墙里外皮的转角点的连接线上,与城墙成 45° 的斜线,即顺城墙的两面是大抱厦,朝城墙外的两面是小抱厦。因此,从转角的 45° 方向上看,它是有规律而对称的(图5-8-38)。

角楼的大木构架与一般古建筑的梁架基本相同。由于二层楼的屋顶变化较多,而且室内没有柱子,所以上两层屋顶的五架梁都是采用扒梁方法,把扒梁落在正心枋上。这交圈的扒梁又兼做额枋、平板枋。

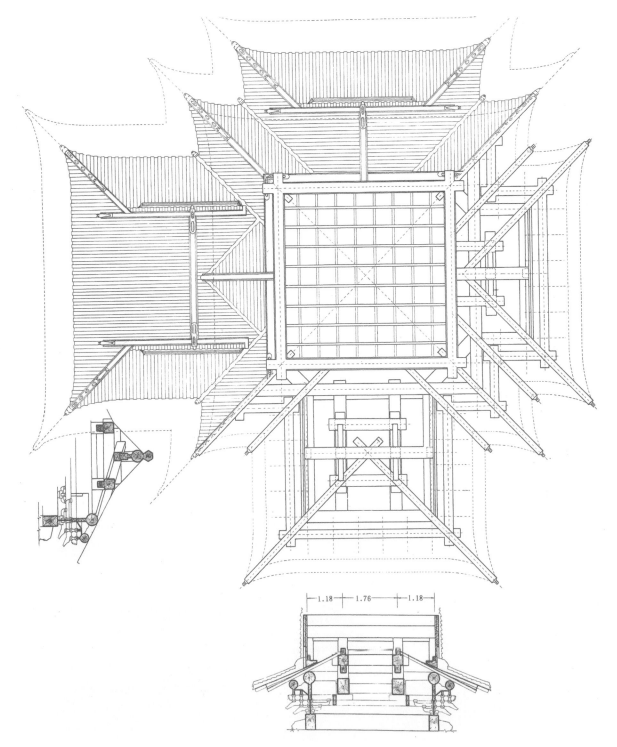

图 5-8-39　北京故宫紫禁城角楼三层平面图

上施交圈的斗栱与正心枋，以搭抹角梁，上层檐的四根童柱，即落在下层的抹角梁上，以之造成多角多檐、纵横勾连搭配的歇山顶（图 5-8-39）。

　　角楼的中心建筑是一个方形亭子，纵横面宽各三间四柱，计角柱四根，明间柱子八根，以十二根柱子围成中央方亭，每面抱厦各立二根柱子，共计八根柱子。

这八根柱子从勾连搭的构造情况来看是檐柱，但从外观上看又是角柱。所以形成了十二个出角与八个窝角，共计二十个内外角（图 5-8-40）。

　　角楼的屋顶是组合得非常玲珑的，共有三层檐七十二条脊。抱厦出檐两层，属于重檐歇山顶，但整个下层檐采用腰檐的方法环绕建筑一周，与正中方亭

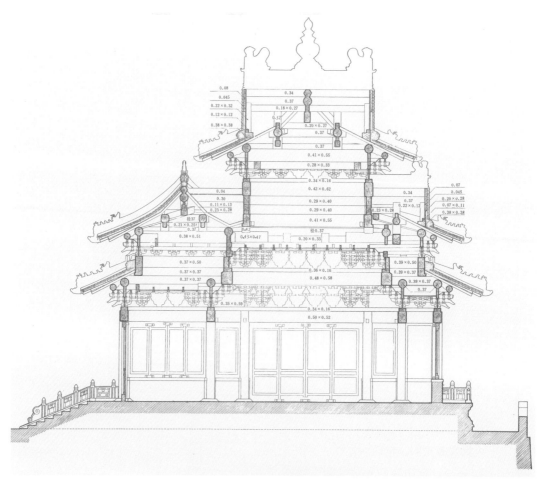

图5-8-40　北京故宫紫禁城角楼纵断面图

图5-8-41　北京故宫紫禁城角楼

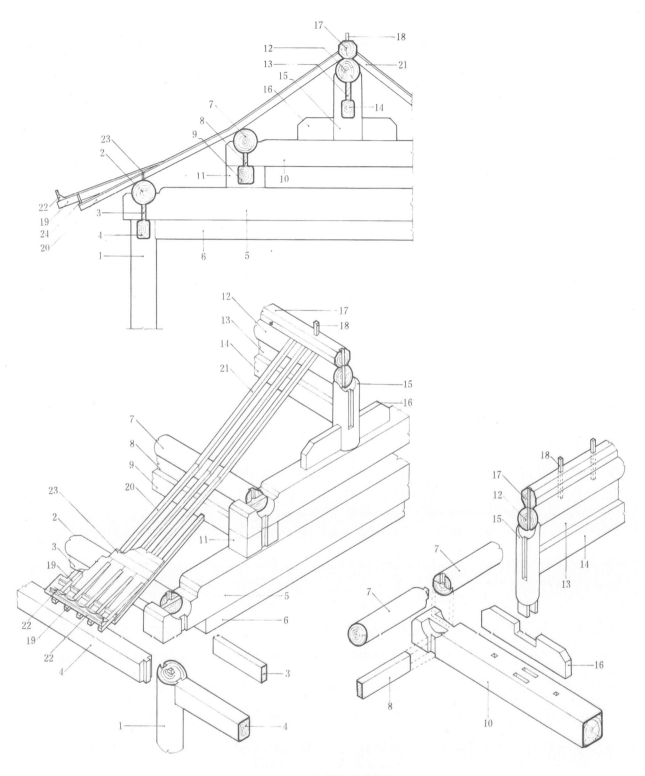

图 5-8-46 清式梁架分件做法

1-檐柱；2-檐檩；3-檐垫板；4-檐枋；5-五架梁；6-随梁枋；7-金檩；8-金垫板；9-金枋；10-三架梁；11-柁墩；12-脊檩；13-脊垫板；
14-脊枋；15-脊瓜柱；16-角背；17-扶脊木（用六角形或八角形）；18-脊椽；19-飞檐椽；20-檐椽；21-脑架椽；22-瓦口与连檐；23-望
板与裹口木；24-小连檐与闸挡板

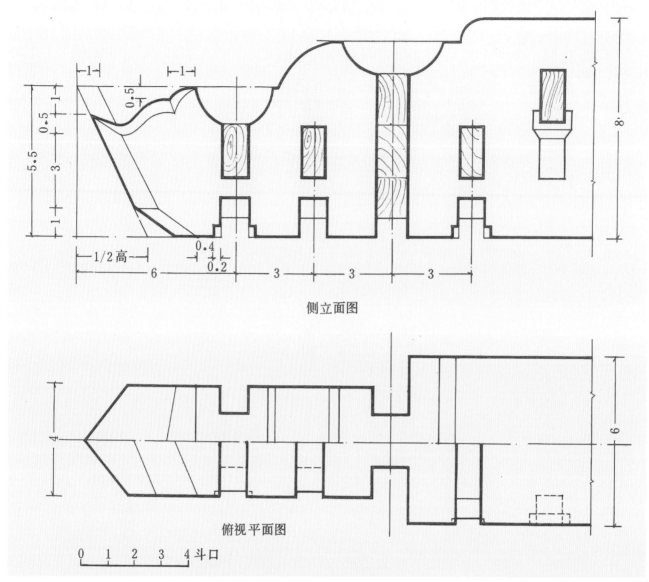

侧立面图

俯视平面图

0   1   2   3   4 斗口

图 5-8-47 清式挑尖梁头做法

以上是硬山、悬山顶的梁架，大式做法。在庑殿、歇山梢间梁架中还有下列做法：

①顺梁法。在一栋房的两尽间的左右柱子上，顺着正身檩子的方向所放的梁称为顺梁。如为挑尖梁头，这个梁也叫挑尖顺梁。这种梁的做法与一般正身梁的做法一样，梁尾多插在金柱上，梁背做卯眼以放交金墩或交金瓜柱。歇山顶的踩步金即放在交金墩上（图 5-8-48）。

②扒梁法。扒梁是梁头扒在桁条上的一种梁，基本做法是，梁的下皮与其所扒的檩中线在一条水平线上，梁头在檩外皮内（檩与檩外皮之间），并随举架（椽子坡度）斜锯梁头，挖出椽槽，以尽量减少梁头断面。梁的两侧及熊背的剔槽凿眼与一般梁的做法相同。扒

梁头下面的中间做暗榫（银锭榫）与桁条的卯槽咬合，两侧挖桁椀（反桁椀）。

根据扒梁的方向不同，与顺梁方向一样的扒梁称为顺扒梁，在庑殿构件中往往使用多层顺扒梁。一端扒在檐桁（正心桁）上，一端搭在九架梁上的扒梁，也就是承托下金桁的扒梁称为下金扒梁；一端趴在下金桁（或中金桁）上，承托中金桁（或上金桁）的扒梁称为中金扒梁（或上金扒梁），庑殿顶多用这种方法，做出推山。同时在上金桁上安放太平梁雷公柱以承托脊桁的梢端（图 5-8-49）。

③抹角梁法。在屋架的边角处，斜放一根与面宽或进深成 45 度的斜梁（与角梁成 90 度），从屋架

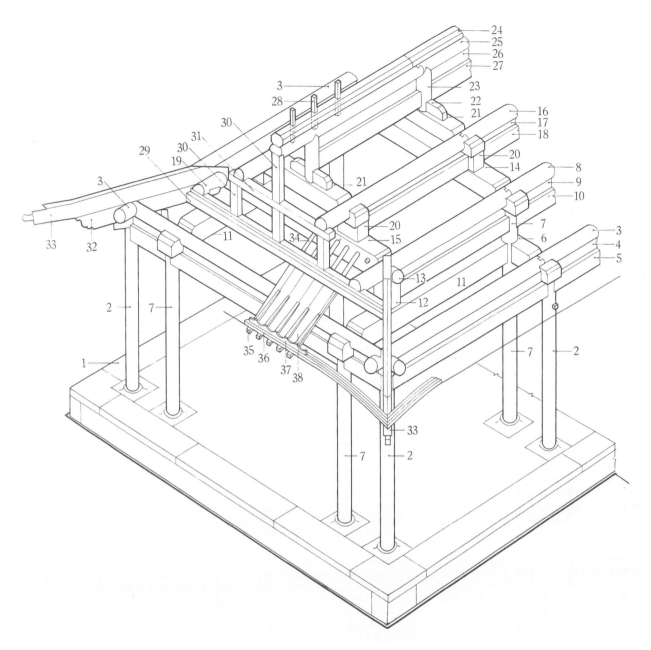

图 5-8-48 清式歇山木构架

1- 台基；2- 檐柱；3- 檐檩；4- 檐垫板；5- 檐枋；6- 抱头梁；7- 金柱；8- 下金檩；9- 下金垫板；10- 下金枋；11- 顺扒梁；12- 交金墩；13- 假桁头；14- 五架梁；15- 踩步金；16- 上金檩；17- 上金垫板；18- 上金枋；19- 挑山檩；20- 柁墩；21- 三架梁；22- 角背；23- 脊瓜柱；24- 扶脊木；25- 脊檩；26- 脊垫板；27- 脊枋；28- 脊椽；29- 踏脚木；30- 草架柱子；31- 穿梁；32- 老角梁；33- 仔角梁；34- 檐椽；35- 飞檐椽；36- 连檐；37- 瓦口；38- 望板

平面图的位置来看，是斜抹屋角的构件，所以叫做抹角梁。一般抹角梁放在额枋、平板枋上或斗栱上。抹角梁上可以放童柱或井口枋等。庑殿顶的抹角梁上常放交金瓜柱以承搭角桁条，也有层层趴在檩子上的抹角梁，梁头按扒梁做法，但开槽、挖桁椀、做银锭榫均须按 45° 抹斜进行画线。

④递角梁法。在转角房中往往利用转角檐柱与金柱，水平安放 45° 斜梁。由于其位置很似角梁的水平投影，其作用是将里外角柱连接在一起，并将屋顶荷重传递下来，所以把这种斜梁叫做递角梁。这种梁的做法与正身梁架做法一样，只是在长度上是三角形的弦，故用计算长度术语"方五斜七"（即等于正身梁长乘1.41）。

（2）柱子制做：首先选料截料，长度按设计尺寸加出榫尺寸（馒头榫与管脚榫），弹中线、迎头十字线，

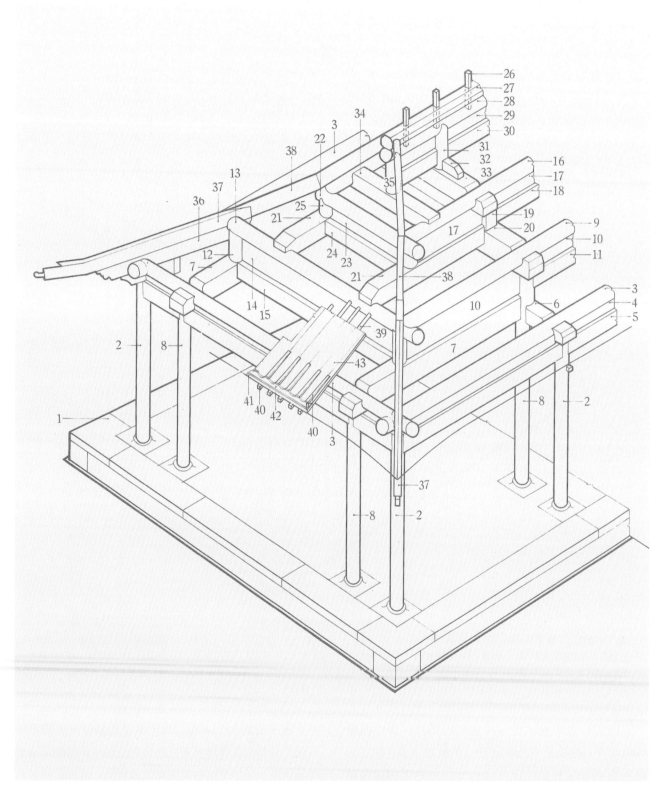

图 5-8-49 清式庑殿木构架

1- 台基；2- 檐柱；3- 檐檩；4- 檐垫板；5- 檐枋；6- 抱头梁；7- 下顺扒梁；8- 金柱；9- 下金檩；10- 下金垫板；11- 下金枋；12- 下交金瓜柱；
13- 两山下金檩；14- 两山下金垫板；15- 两山下金枋；16- 上金檩；17- 上金垫板；18- 上金枋；19- 柁墩；20- 五架梁；21- 上顺扒梁；22- 两
山上金檩；23- 两山上金垫板；24- 两山上金枋；25- 上交金瓜柱；26- 脊椽；27- 扶脊木；28- 脊檩；29- 脊垫板；30- 脊枋；31- 脊瓜柱；32-
角背；33- 三架梁；34- 太平梁；35- 雷公柱；36- 老角梁；37- 仔角梁；38- 由戗；39- 檐椽；40- 飞檐椽；41- 连檐；42- 瓦口；43- 望板

放八卦线（柱径超过一尺的要把八角线变为十六角形），做收分（柱高一丈径一尺收一分，超过一丈的收八分），有侧脚的柱子要弹升线。然后划活，把已过好的丈杆放在中线上，按丈杆点出柱高馒头榫、管脚榫、枋子口和各梁枋眼。搭尺寸（画垂线时）有升线者，按升线做垂直线，无升线者按中线搭尺。画大小额枋、由额垫板时均按中线，锯柱根时要在三个方向下锯，所以术语中有"一锯柁、二锯檩、三锯柱子立得稳"。柱子做好后，在柱根四面剔出撬眼（为安装时入撬棍拨动用）。柱头擦楞（早期柱头做卷杀）。方柱均为梅花柱，即在柱子的四角做出梅花线。小式山柱除凿眼外，还要在柱头上挖做檩椀。

做大小额枋时，要按柱皮到柱皮（按柱径的 $1/4 \times 2=1/2$ 柱径）划线截料，在房屋两端大额枋的尽端应加霸王拳（从角柱中加出一个柱径）。木料截好后刮光，在上下面弹中线、楞线，两侧面的上下两端弹棱线，然后在额枋两端划缠腰线、肩膀线与银锭榫倒楞，做榫卯，并把霸王拳锼出来。

各种枋子（包括正心枋、里外曳枋、挑檐枋、平板枋）、桁条等都是预制构件，在预制时注意以下五点：

①注意面宽。连接时按成品尺寸加出扣榫，如桁条平板枋的扣榫为其直径的 $3/10$。

②注意入榫。如枋子与挑尖梁相交时，要把枋子入在梁侧的槽眼内（深为枋子高的 $1/2$），所以在做枋子时应加出这个尺寸。

③注意搭勾。房屋两梢的搭交枋子，要加出头尺寸，如平板枋的出头从角柱中加出一个柱径、截料、挑檐桁与挑檐枋的出头，从角柱中加上出挑的曳架尺寸，再加上桁径的 1.5 倍，才是挑檐桁与挑檐枋的梢头，搭交檩、枋要做出刻半榫。与角梁搭交的桁条要做出腰子，使两个桁条与角梁合槽，做法是把搭交处从水平方向把桁径分为四分，去掉两分，留中间的两分；从垂直方向把檩径分为三分，各留一分做出扣榫以放角梁。

④预制构件时要考虑安装时的便利，因此在每个构件上都画着中线、升线（侧脚）、构件位置（如故宫太和殿左三缝前童柱）。在写位置时也有一定的地方，如柱子都写在里面，这样柱子的部位与方向就确定了。梁枋的位置都写在它上面的中间，写方向都站在梁枋的两端（面向梁枋中），所以大木构件虽然很多，由于有了统一名称和统一写法，所以安装时的方向部位不会紊乱。

总之，一切大木构件、斗栱以及承椽枋与踩步金的椽窝都是事先做好的预制构件。在明清营建故宫时，崇文门内台基厂为大木构件的预制场，北海大小石作为石材加工场，鼓楼方砖场为磨砖对缝的加工场，沙滩银闸为白灰加工场。这种构件由工场预制加工的施工方法，是建筑施工的成功经验。

⑤立架上梁。大木构件的预制工序完成后，即将制好的构件运到现场进行立架上梁工序，这时基础工程已做好。上梁前须将起重架木准备好。古代的起重多是杠杆的办法，即运用加长力臂的办法起吊笨重的构件，同时利用杠杆的办法改变作用力的方向，使工人站在地上向下拉，比站在架木上向上提方便得多，还可以用很多人来拉大绳。在吊装大料时，要用几杆秤进行起吊，在高大建筑物上料时，由于秤的臂高有限，往往在起吊后用接力秤使其继续上升，一直到需要的高度，然后落位入榫。

立架的第一道工序是立柱，立柱时要从明间里排柱子开始，使柱脚中线与柱础中线对准，随即吊装梁以下的各种枋子（额枋、间枋、随梁枋等），在枋子榫落槽时，如需微转柱身，可用撬棍插入柱根的撬眼，然后按升线吊垂线拨正大木，拨好后再用丈杆与垂线核对后绑迎门戗与罗门戗（十字戗），便可使纵横榫卯落位。额枋上好后，安装平板枋、摆斗栱、上大梁，然后安装廊步的穿插与柱枋。明代及其以前的建筑，在安装梁枋前应先装雀替与丁头栱等（因为柱子两侧的雀替是联通的，必须从柱子上端的沟槽向下装，清代的雀替改为插榫，属于装修工程，多为后装）。

由于上梁是立架中的主要工序，是检验预制构件的组装成果，也是检验瓦、木、石工的配合成果（梁枋中线与柱顶石的中线对正），又是木工起重的精彩表演。所以，在古代建筑上梁时是一道重要工序，常举行一些仪式。

一般小式硬山顶的房屋，上梁方法与大式不同，无须上一间拨正一间，可以把所有柱、枋、梁、檩上好后再拨正。大式的木架必须上一间拨一间，否则就拨不动了。在庑殿、歇山顶正心身上梁后还有很艰巨的工作，如扒梁踩步金、角梁及翘飞的安装，必须尺寸精确。

以上所举，为北方大式木架施工方法。各地木工技术都有自己的独特方法、术语，然同为木构架，其基本规则是相似的。

第九节　木装修技术

木装修分为外檐装修与内檐装修。前者包括建筑物外围的门、窗、栏杆等，后者包括建筑物室内的天花、藻井、木隔断等。

内外檐装修，最早都是从实际用途出发而设的。门用板，制作简便，又可分隔室内外；窗开洞，即可采光、通风，又可外窥；简单的几根横木栏杆足以防止登高时坠落的危险。随着对建筑质量要求的不断提高，门窗、栏杆（图5-9-1）、天花、隔断等的艺术加工也越为精美，故这些物件被称为装修（或装折）。

在唐末或五代出现了格子门窗，这是外檐装修发展中一个变化较大的时期。在此以前，板门、直棂窗是最通用的式样。采用格子门窗以后，不仅增加了室内采光面积，更重要的是对整体建筑外观的影响，殿堂的华丽壮观，居室的雅素淡洁，都和它们的门窗格子的花饰题材、棂条的繁简有着密切的关联。

装修的制作，由于它的艺术要求很高，逐步从制作普通木构件的大木作中分出另一个专行，称为小木作（除装修外，连同屏风、靠椅、牌、匾及佛寺中的佛道帐、壁藏等都归入小木作内）。最迟在宋代小木作已成为一个专行。现存实物也可证明，这一时期的装修制作是相当细致的。明清时期更加精巧，《园冶》中就曾提出"凡造作难于装修"，又说格子门窗中各种棂条的搭交应是"嵌不窥丝"，其精细程度可想而知。不论是内檐装修还是外檐装修，连同室内的家具，对于它们的式样、雕花、色彩等都作统一考虑，适当安排，以取得协调的效果。

在封建社会里，装修不仅单纯为了实用、美观，某些构件在发展过程中，逐渐成为封建等级制度的标志，如华丽的藻井（图5-9-2），就被作为封建皇帝至贵的一种象征性构件。《新唐书》卷二十四中明确规定："王公之居，不施重栱藻井。"又如板门上所用门钉，本来

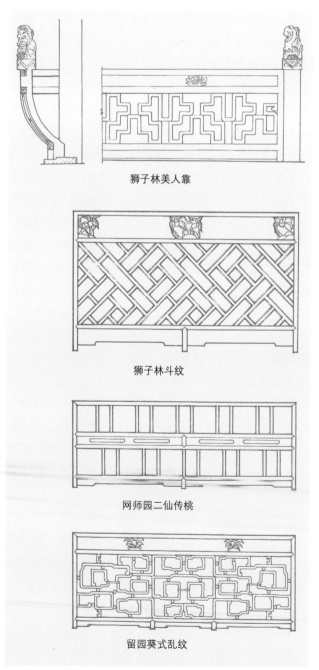

狮子林美人靠

狮子林斗纹

网师园二仙传桃

留园葵式乱纹

图5-9-1　苏州园林木栏杆样式

图5-9-2　河南登封中岳庙大殿内藻井

是用以钉牢板后横带而设的，清代就曾做出严格规定，各级官员衙署、宅第的大门所用门钉数目，不得僭越。

装修的种类、技巧，是我国古代建筑中极为丰富多彩的一项成就。现只撮其大要，简述于下。

一、外檐装修

外檐装修在我国木构建筑中是灵活多变的部分。《园冶》称为"装折"，含有可以拆卸的意思。

（一）门窗的演变和发展

根据历代文献记载和墓葬出土的文物资料，我们可以看到的门窗，最早不过西汉。当时通用的门是双扇板门和单扇板门，板门上有门楣（上槛），下有门限（下槛）。双扇板门上一般有铺首和门环，有的还用了挂锁的铁拉栓。

在门的一侧或两侧施用窗户。从汉到唐多用直棂窗。在门的上部有的也用了窗，这可能是后期横披窗的前身。汉代陶屋、陶楼、画像石中所示，窗的形状以长方形居多，也有方形、圆形的。窗棂的式样，最多的为斜方格眼，其次为直棂、横棂、网纹、十字交叉等（图5-9-3）。安装窗户的方式，大部分是安在墙中，也有安装在外墙皮的棂窗，其应是文献里所称的"交窗"，这是窗洞外面安装的一种风窗。

北魏熙平元年（516年）在洛阳建造的永宁寺方形九层木塔，《洛阳伽蓝记》卷一记载它的构造情况时，有"浮图有四面，面有三户六窗。户皆朱漆，扉上有五行金钉，其十二门二十四扇，合有五千四百枚，复有金环铺首"。说明这座木塔每层每面都装置了门窗，在门扇上用了门钉、铺首和门环。这是门板上施用门钉最早的记载。

魏李宪墓出土的陶屋，其外檐装修式样十分别致，外檐墙面全用板棂安装，两侧各装门一道。板棂下半部是横棂三根，上半部是直棂六根。下半部可能是隋唐以后盛行的窗下做木板壁的前身。

从汉至唐的千余年的岁月中，无论是建筑实物，或是壁画、出土明器、画像砖，还是各种文献记载，都可以看出双扇板门仍然是最通用的门；直棂窗或破子棂窗（图5-9-4）仍然是通用的窗，山西五台佛光寺

图5-9-3（1）　广州西汉墓室直棂窗

图5-9-3（2）　广州东汉墓出土陶屋

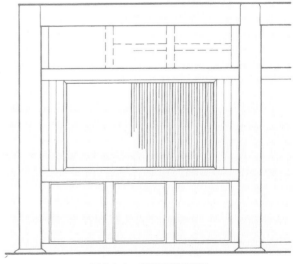

图5-9-4　破子棂窗示意图

大殿（857年）的五间双扇大板门及两间直棂窗，都是与建筑物同时期的遗物（图5-9-5），这是迄今为止已知我国古建筑中最早的木装修实物。这样的门窗式样还可以从陕西乾县唐懿德太子墓（701年）壁画里看到。

根据《营造法式》小木作制度中有关门窗的记述，可知宋代的门已有板门、乌头门、软门及格门四种。宋代乌头门又名棂星门，其制度在《唐六典》中已予著录，但并没有留下实物。按照记载分析推测，它可能是装置在院墙中间的大门。明清时期孔庙的棂星门，陵墓前的石坊，是其遗制。它的做法只立两根挟门柱，"柱下栽入地内，上施乌头"，不用屋盖。在两柱之间装两扇下有障水板、上有成偶数的棂条（并用承棂串）的门（图5-9-6）。软门是四边做框，"用双腰串或用单腰串"，四边框与腰串之间均装木板的一种门，类似今天新建筑用几道横头的木板门，它可能是板门演变为格门的一种过渡式样，它比板门灵巧，但仍和板门一样存在着不能采光的缺陷。因此，当它还没有普遍推广应用时，便为格门所取代。

《营造法式》中还谈到，用辐（清叫穿带）"合板软门"，实际还是属于板门的类型，与板门不同之处，它用了牙头护缝（压障水板接缝处的板条）。

格门，宋代叫格子门，清代叫隔扇。至迟在唐末五代即已开始应用了。上海博物馆馆藏的五代白釉建筑枕上，四面均装格门。这是现在所知最早的格门式样，比这稍后的实物是河北涞源县阁院寺文殊殿（辽代）的格门（图5-9-7）。《营造法式》卷七格子门项内，有"每间分作四扇（如梢间狭促者只分作二扇），如檐额及梁栿下用者或分作六扇造，用双腰串（或单腰串造）"。文殊殿内格门以及与《营造法式》成书之年（1100年）上下不过一百多年的几处实物，如河北涿州市普寿寺辽塔（1079年）的砖刻格门，山西大同卧虎湾辽墓（1091年）壁画里所见的格门，山西朔县崇福寺弥陀殿（1143年）的格门（图5-9-8），基本上符合《营造法式》的规定。除五代建筑枕格门用了双腰串（清名四抹头）外，其余都是用单腰串（三抹头），不施腰华板（清式叫绦环板）。它的每扇门的体形矮而宽，可以明显看出它们和板门之间的发展关系，不像明清时期的格门已经是高而窄了。山西孝义市下吐京金墓（1197

图5-9-5　山西五台山佛光寺东大殿外檐装修

图5-9-6　乌头门

年）砖雕四扇格门已用了三腰串（五抹头），超出了《营造法式》的规定。

阁院寺文殊殿前檐三开间与崇福寺前檐五开间，每间都装四扇格门，但只有中间两扇是可以开关的门，两侧均为死扇，尺度也窄于中间的两扇，如同板门两侧的余塞板（宋名泥道板），但和余塞板不同的是，

图 5-9-7　河北涞源县阁院寺文殊殿格门

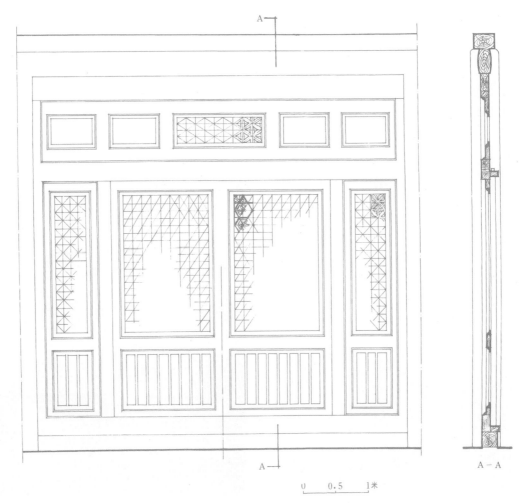

0　0.5　1米

图 5-9-8　山西朔县崇福寺弥陀殿棂花隔扇

它增加了建筑物的采光面积，起到了窗户的作用，而且在外观上取得了与格门一样的艺术效果。

关于格门的格心式样，《营造法式》只有四斜球纹格眼（图5-9-9），四直方格眼等有限的几种，但在早期的实物中式样却丰富得多。五代的建筑枕格门的格心就有斜方格眼、龟背纹和十字纹三种；文殊殿格门的格心虽然多数是斜方格眼（怀疑是后期重装），但在西次间东侧格门的格心却是正斜三交的棂花，制作规矩，外观轻巧古朴（图5-9-10），应是辽代的原作。崇福寺弥陀殿的金代格门以及山西侯马金墓、河南洛阳宋墓等砖雕格门，其式样极为丰富，计有菱花、球纹变体、柿蒂纹、簇纹填华、龟纹十字锦、亚字勾交、卍字纹、拐字纹等数十种。

图5-9-9　宋式四斜毯纹格子门

图5-9-10　河北涞源县阁院寺文殊殿格心棂花

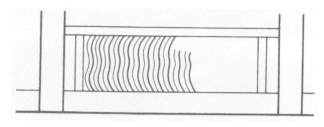

图5-9-11　睒电窗示意图

格门的障板做法，五代建筑枕格门是中间加心柱的壶门；大同卧虎湾辽墓壁画、涿州市普寿寺砖塔及陀弥殿等处格门所见的障水板如出一辙，都是用了垂直的"护板条"，这可能就是《营造法式》多次提到的"牙头护缝"。

金墓砖雕格门的障水板，大都雕有精美的图案，题材是牡丹、芍药、菊、莲、葵花等花卉及各种人物故事，由此可知金代木构建筑的格门已达到何等精致的程度。

辽、宋、金、元时期的窗，仍以破子棂窗和板棂窗为主要形式。虽然在《营造法式》中介绍了破子棂窗、睒电窗（图5-9-11）、板棂窗及阑槛钩窗四种，但是睒电窗并没有实物留存下来。至于阑槛钩窗，是外施阑槛，内装格门式的槛窗而已，当时还应用得不普遍。值得一提的是，这一时期凡用格门的建筑，较多地用了横披窗。阁院寺文殊殿、崇福寺弥陀殿以及新中国成立前已毁掉的易县开元寺，这三处的格门之上都施用横披窗（图5-9-12）。尤其是前两处的横披窗，它们在时间上虽然相隔近二百年，但仍是同时代相互媲美的姊妹作，是我国早期建筑外檐装修中极宝贵的精品。它们的共同特点是，式样富于变化，棂花各有六七种之多。在安排

图5-9-12　河北涞源县阁院寺文殊殿横披窗

上虚实结合，既有重点，又有对称，每一扇都制作得精致规整、一丝不苟，明显地反映出辽金时代的小木作技术已经达到了相当精细纯熟的水平。

木装修在明代进一步趋向工整和细致，所用花纹式样更加灵活多样。至清代因受官式工程做法的制约，以致北京等地区大型建筑中的门窗等基本上规格化和定型化，缺乏变化创新。但在其他地区的寺庙、府第和民居中，类型较前期增多，花样也更加

丰富多彩（图 5-9-13）。比较讲究的建筑常用窗棂子组成各种图案，有直棂条纹、曲棂条纹、冰裂纹等，还有采用种类很多的棂花小木构件，构成多变的窗扇纹样，使装饰趣味更浓，赋予建筑的艺术效果也比较灵活（图 5-9-14）。

明清时期的宫殿、寺庙及府第中，较普遍地应用了格门。洪洞广胜上寺毗卢殿弘治年间的格门，制作优美，是明代的代表作。

图 5-9-13　苏州园林建筑中的西槅扇
1- 怡园长窗——整纹川如意心；2- 怡园长窗——青条川万字纹；
3- 怡园槅扇——井字嵌凌纹；4- 拙政园槅扇——冰纹嵌玻璃

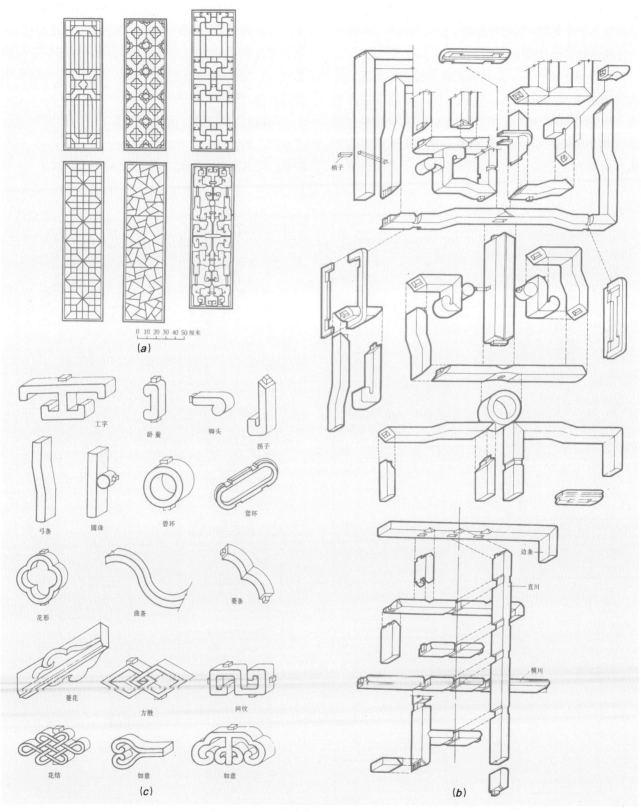

图 5-9-14　窗扇

(a) 窗棂式样；(b) 窗棂子（心仔）分解图；(c) 棂花分件图

清代官式建筑中的格门，其格心以菱花为主（图5-9-15），其他地区的寺庙建筑，多用正、斜方格眼，用菱花较少。一般府第民居中比较自由随意，多数是用平棂组合成各种几何图案，讲究的整个格心满雕复杂的内容，有飞凤、花鸟及故事人物等，简直是一种优美生动的木雕工艺品。在山西晋城、高平，云南大理、剑川以及江浙的不少民居中都可以看到实例（图5-9-16）。

板门在这一时期主要用于宫殿、寺庙及府第民居中的入口处大门上，此外还出现了屏门、风门等多种形式的门。

这时期的窗户，破子棂窗已不多用，直棂窗也只用在仓库、磨坊等次要建筑上。槛窗和支摘窗是通用的形式。

（二）门窗的做法及安装

我国木构建筑的门窗，一般是在建筑物的柱枋之间安装的。在外檐柱之间的叫做"檐里安装"；在廊子里面金柱（老檐柱）之间的叫做"金里安装"。

安装门窗，须先在各槽柱枋之间装置能承受门窗的槛框，因其所处位置的不同而有各种名称，如下槛、中槛、上槛、风槛、榻板、抱框、间柱等。在两柱之间紧贴地面的横木是下槛（宋名地栿，俗名门限、地脚枋）；上接檐枋或金枋的横木是上槛（宋名额）；水平安于槛墙上的木板叫榻板，在这上面的横木叫风槛（宋名腰串），紧靠柱子的立木叫抱框或抱柱（宋名桯柱或立颊），较大的开间如作分间用的立木叫间柱。上下槛（风槛）与抱框之间形成的空档，就是安装门窗的部位。如果上下槛之间尺度过大，在中间另加一根横木是中槛，又名挂空槛。上槛与中槛之间如用窗就叫横披窗，如用板就叫走马板（宋名障日板）。

各种槛框一般都是用8～20厘米厚的大方子斫作，其断面尺寸，《营造法式》和《工程做法》中均有规定。前者是以门高作为准绳，后者则以靠近装修的柱子直径的大小而定。

佛光寺大殿唐代大板门所用的槛框，从表面看去硕大，其断面：上槛是50厘米×20厘米，下槛是31厘米×24厘米，抱框是40厘米×24厘米。经过勘察，发现这些槛框并不是一根整料所作，而是各用三

图 5-9-15 北京故宫中和殿槅扇门

图 5-9-16 云南大理白族建筑的槅扇门

块厚木板拼成像凹形的断面，空心部分用梢木支撑（图5-9-17），装置时豁口靠着柱子或阑额。这种少见的做法优点是：外表上与粗壮的柱额斗栱等构件相适应，在不影响受力的情况下，节省了大断面的木料，这是一种创造。

槛框及门窗本身的边梃、抹头乃至棂条等，一般都有各种线脚。早期的实物因木材年久干裂收缩，大多看

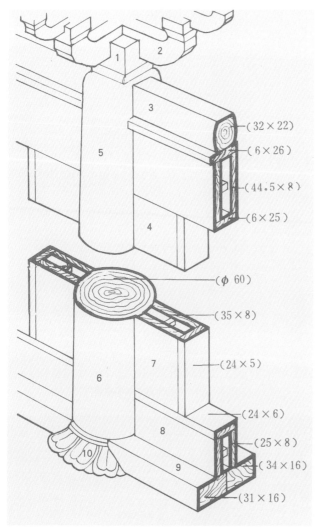

图 5-9-17　山西五台山佛光寺东大殿板门槛框做法
1-斗；2-栱；3-阑额；4-由额；5-柱头卷杀；
6-柱；7-榑柱颊；8-下槛；9-地栿；10-柱础

不出来，金代建筑佛光寺文殊殿和崇福寺弥陀殿的门框（立颊）和上槛（门额）等都有线脚。《营造法式》对格门的边挺、抹头的线脚总结了六种（图 5-9-18）：四混中心出双线入混内出单线（或混内不出线）；破瓣双混平地出双线（或单混出单线）；通混出双线（或单线）；通混压边线；素通混，方直破瓣（或撺尖或义瓣造）。除第一种，其余五种都可以从实物中看到，以三、四、六种用得最多。北京故宫建筑中多用第三种。在各地的实物中，所用的线脚远远超过了这六种。

1. 门

（1）板门

依做法的不同可分为棋盘门、镜面门及实榻门三种，均向内开启。板门的高宽，《营造法式》有"造版门之制，高七尺至二丈四尺，广与高方……如减广者不得过五分之一"的记述。佛光寺东大殿唐代板门实例高 3.75 米，当心间宽 3.63 米（次、梢间略同），基本上是 1∶1，说明宋代沿用了唐制。宋、辽、金建筑实物的板门，门宽一般都小于门高，这是因为当开间尺寸过大时，则"如颊外有余空，即里外用难子安泥道版"（《营造法式》），这给设计门宽以活动的余地。

棋盘门是先用木做成框架. 然后装板，门背面用 3～5 根穿带，两端做出榫头交于门边挺。门正面，装板与框平齐，背面形成格状，看上去像棋盘，所以叫棋盘门。把棋盘门的正面加工得光面无缝，就是镜面门。

实榻门是每扇用 3～5 块同等厚度的木板拼合（有的板与板之间打眼加梢钉），然后用几根穿带串联加固而成。《营造法式》谈到的板门（图 5-9-19），也是用几块木板拼合成的，但门两边的木板（里边那块上下做成转轴的叫肘板，外边的那块叫副肘板）要厚于门心板。用穿带联结加固门心板的做法有二：一种是只用铁钉把穿带和拼合的门心板钉牢，早期建筑的

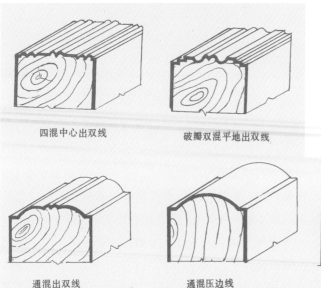

四混中心出双线　　破瓣双混平地出双线

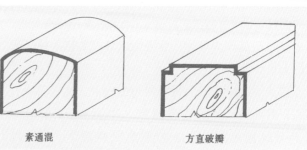

通混出双线　　通混压边线　　素通混　　方直破瓣

图 5-9-18　宋《营造法式》格门边挺线脚做法

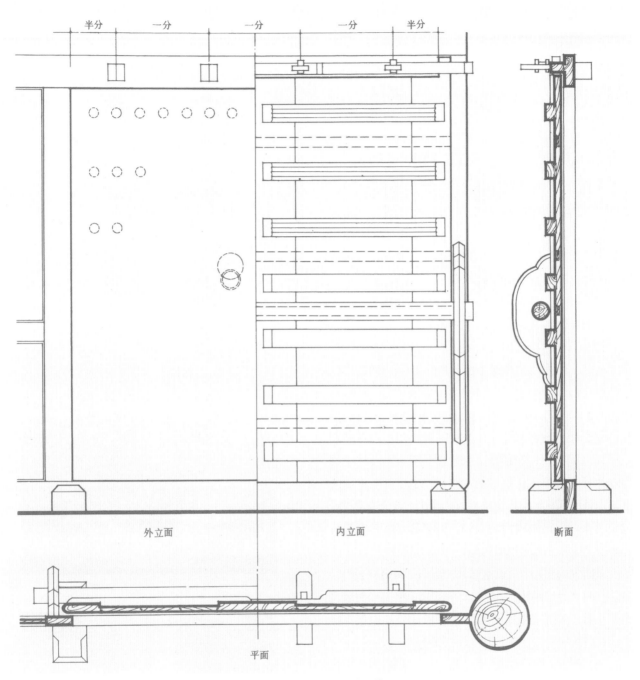

图 5-9-19　宋式版门做法（单位：营造尺）

一些板门就是这样做法；另一种是在门心板安穿带的部位，凿出半银锭卯口，深约 1～2 厘米，穿带从门心板一侧通过卯口穿插到另一侧，然后再用钉钉牢（也有不施钉的）。很显然，后一种做法是先进的，它提高了板门经久耐用的性能。

早期寺庙里的主体建筑与明清以来的宫门、庙门及府门等的板门，除背面用穿带外，正面还用门钉。门钉的路数取决于穿带的根数，即有几根穿带就用几路门钉。早期建筑的门钉，其路数与每路的钉数并不一致，清式却规定了路数钉数要相同，即门钉七路、每路用钉七枚。

门钉最初只是把穿带和门心板相联结的铁钉外露部分锻打成蘑菇状，以后为了装饰上的美观，便把钉帽单独作为一个装饰构件制作，所用材料是铁、铜或木头。使用时或套钉（钉帽中心留有空眼）在门上，或嵌套在门钉露头上。铁门钉一般用在早期寺庙建筑的板门上；明清的宫殿、衙署、府第等的大门用铜门钉或木门钉，铜的镏金，木的漆黄色，门漆成红色。朱门金钉是造成这些建筑威严豪华气派的重要因素，是适应统治者的要求的。一些门第的大门不施门钉，常绘以门神，以增加"不可侵犯"的气氛。喇嘛庙的大门绘经文或各种怪兽，门框做出各种复杂的线脚，给人以压抑和深奥莫测的感觉。

在宫殿、衙署、寺庙以及一些府第民居的大门上施用铺首，以铜或铁铸成兽面，口衔门环，也有把铺首的式样做成内圆外八边形的，北方的民居大院中随处可见。图5-9-20为蟠螭立凤铜铺首（公元前425～前221年）。铺首作兽面衔额上正中饰一立凤，凤翼各有一蟠螭缠绕作回首状。

（2）格门

根据开间的大小决定门扇的数量，每开间做二扇、六扇乃至八扇。格门的优点是，在需要时可以随时摘落下来。一扇格门的体形，宽与高的比例，宋式为1∶2或不足1∶3；明清为1∶3或1∶4，江浙一带的府第民居还有1∶5和1∶6的。格门均向内开。格门的构造一般由格心和裙板两部分组成。用四抹头的格门在格心与裙板之间加一道绦环板（宋名腰华板），五抹头格门在裙板下再加一道绦环板，六抹头格门则在格心之上加一道绦环板。裙板与格心的高度比，《营造法式》规定为1∶2；清式规定为2∶3，但多数实物并没有拘泥于这些规制，而是因时因地，各行其是。

最讲究的格门，《营造法式》所谓"两明格子门，其腰华障水版格眼皆用两重"。清式只把格心做两层，名叫夹纱或夹堂，裙板和绦环板仍做单层。内外式样全同，外层固定，内层可随时取下换糊纱或纸。

格心是格门中最富于变化和引人入胜的部分，棂花的种类繁多，举不胜举。一种是用平直的棂条制作一码三箭、步步锦、灯笼框、拐子纹、龟背纹、冰裂纹、盘长、卍字、亚字和回字等多种几何图案，在棂条空档过大的地方，加工字、卧蚕、方胜、卷草、蝙蝠等卡子；再一种是以曲线为主的各种菱花和球纹及其变种，最讲究最高级的做法是用整块木板精心雕刻成龙凤、鸟、花卉及人物故事，实际上是装在格心内的一幅雕刻艺术品。

裙板的式样也很多，常常是随着格心的繁简和精细程度而作不同的处理。最考究的裙板上有龙凤（图5-9-21）、花卉及人物故事等镂空雕刻，一般的以各种

如意云头、卷草、夔龙等居多，最简单的板上没有任何线条和纹样。

还有一种不用裙板全用格心的格门，叫做落地明造，制作相当玲珑精美，是封建官僚、士绅府第里常用的格门式样。

（3）屏门

一种类似屏风的门，其形式类同格门。做法是在格门的框架上装置木板，门表面光平如镜。用于外檐

图5-9-20　蟠螭立凤铜铺首

图5-9-21　北京故宫乾清宫槅扇局部

装修时，一般安置在府第及小庭院前的大门后檐柱之间。北方民居中的屏门，一般油漆绿色，上面书有"福"、"寿"等吉利的大字，最讲究的屏风正面嵌入镜子，背面做成格门式样，这种门给人以雅素恬静的感觉。

（4）风门

风门是居住建筑中常用的门（图5-9-22），北京、大同等地的住宅大都用这种门。门为单扇，向外开启。体形矮而宽，是格门的变种，用四抹头、裙板与格心的高度比约为1:1。格心亦常做平棂，做出步步锦、灯笼框等图案，背面糊纸。在炎热的夏天，门可以摘下换上竹帘。风门一般只是外层门，内层多数装有双扇小板门；讲究的人家，在格门中央两扇的部位先装置帘架框，然后安装风门。

（5）栅栏门

栅栏门装在府第最外面的大门，即装在官署的棂星门及作坊场院的出入口，起一般的阻隔防范作用。其做法是，立两根断面较大的方形柱或圆柱做抱框，然后装上由横竖小方板组成的栅栏门。分双扇或单扇，一般向内开。

（6）其他

在上述几种门的基础上，不同的地区、不同的实用要求，还创造了不少其他形式和做法。如四川住宅中，常把一个开间分作三段，装门六扇，中门两扇为屏门，两侧四扇为格门，均可随意开关，所以叫做"三关六扇"。在府第、园林里，有一种独立的小厅堂，满面都是剔透美观的窗棂，只在开间的两侧做小门，叫做花厅门。在长江以南气候温暖而少风的地方，常用不施门窗的敞口厅，有的在檐柱旁安格门，上装横披叫落地罩，还有在开间上枋下用各种棂条做出花样的叫做天穹罩。

2. 窗

（1）直棂窗

直棂窗是宋以前常用的窗户。《营造法式》中的破子棂窗均属于这一类。直到清代，它还在一些库房、厨房等附属建筑中应用。破子棂窗棂条的断面为三角形，它是由一根方棂，沿对角线锯割为二做成；板棂窗棂条的断面是矩形，是一般的板条。这两种窗每边窗户用棂条7～21根不等，一般多为奇数。如棂条过长时，在中间加一段承棂串。早期的做法是承棂串做出卯眼，将棂条穿插通过；后期的做法是将承棂串和

图 5-9-22　北京颐和园风门

图 5-9-23　北京故宫保和殿西库房直棂推窗
（俗称"一码三箭"）

图 5-9-24　北京故宫槛窗

桯条相交处各去一半咬口衔接。直棂窗的进一步发展是一码三箭（图 5-9-23），即在棂条的上、中、下三段各施横向水平桯条三根。

直棂窗一般安装在砖槛墙、土坯墙及夹泥墙上，先以木枋做框架，内装直棂。

（2）槛窗

做法同格门，只是把格门的裙板部分去掉，安在槛墙之上即为槛窗。这种窗常在宫殿、寺庙里的主要建筑上与格门并用（图 5-9-24）。槛墙的高矮以槛窗下部的绦环板相对应而定。墙上安厚约 10 厘米、宽与墙厚齐平的榻板，上置风槛，然后装窗。南方一般个用砖槛墙，而改装木板壁，需要时可拆下来，将厅堂做为敞口厅。

按开间的大小，每间装 2～6 扇，均向内开。格心的做法和式样与格门相同。它的缺点是开关不便，实用功能差，优点是可以使建筑物整个外貌的风格和谐一致。

（3）支摘窗

南方叫和合窗多用于居住建筑。北方的支摘窗先在槛墙上的正中立间柱，分隔为两半，每一半再分上下两段装窗，上段者可支起，下段者能摘下，所以叫做支摘窗。支窗有向外支的，也有向内支的。南方不少地方，每开间有加间柱二、三根分作三、四段的；上下也分三段，然后装支摘窗。有的在下段的小空档内再加一根分心小柱，装两扇窗。这种又有对称又有变化的做法，装饰趣味极浓。支窗与摘窗的比例，在北方大多是 1:1，南方则以 2:1 或 3:1 居多。

支摘窗的格心，灯笼框和步步锦用得最多，其次有盘长、龟背锦、卍不断等，种类繁多。后期下段摘窗大多装上玻璃，是房间光亮的主要来源。上段支窗多糊纸。在山西大同一带民居的每扇支窗上都有窗画，画的内容有花卉、山水、鸟兽虫鱼、博古以及人物故事等，应有尽有。每逢春节，由匠人画在连史纸上的水彩窗画在市场出售，家家户户都在支窗上换糊新的窗画，与窗户两侧檐柱上的春联相映衬，更增加了送旧迎新的节日气氛。

（4）其他

窗的种类很多，不胜枚举，常用的还有推窗，俗名风窗。在北方寒冷地区，做两层窗户，外层者白天可以支挂起来，晚上再放下。在一些地主官僚宅第里，施用这种窗时，还在内层窗户里边装置木板，可以像门似的随意开关。此外，还有"翻天印"等拉窗，不过用得较少。

各种类型的窗户，早期的大都是糊纸，讲究的糊绢。清代中叶以后开始使用玻璃。

（三）栏杆及其他

外檐装修除窗户之外，还有楼阁的平座及廊下檐柱之间施用的栏杆，厅堂、大门、垂花门等檐部用的各种花饰，其类型和式样也颇不少。

①栏杆：一般起围护和装饰的作用。汉画像石、陶楼上种类很多，四角或每间安望柱，中置横木或花板。《营造法式》卷八钩阑项内，对栏杆的规定，按其尺度的大小及制作的繁简程度分为"重台钩阑"与"单钩阑"两种，实物中以后一种居多。这种栏杆的做法是：先在靠近柱处立望柱，两望柱之间上施寻杖，下用栏板，二者之间的余空，唐、辽、宋等早期建筑用瘿项云栱、撮项云栱和斗子蜀柱；明清则多用荷叶净瓶。栏板上的花纹图案极为丰富，如大同华严寺薄伽教藏殿的辽代壁藏（1037年）平座上所用栏板的花纹就多达 34 种。最常见的有勾片纹、卍字及绦环等。明清时期的栏杆式样更加丰富，

在一些商店、园林、会馆及晚期的寺庙中的栏杆不用寻杖，而是整体由有规则的几何图案或棂花所组成。在商店的平屋顶上临街的一面安装纯为装饰的栏杆称为朝天栏杆。在南方的园林里近水的游廊、亭、榭等处，有一种靠背栏杆，即在栏杆上部加做弯曲棂条的靠背，游人可当作靠椅来息坐，同时它也起到了围护作用。

在园林和大住宅中，廊柱之间安装一种高40～50厘米的低栏杆，它只有普通栏杆的下半部即栏板那一部分，盆唇宽约20厘米，可供人们息坐，所以叫坐凳栏杆。在北京的景山、北海等处均可看到这类栏杆。

②柱枋等饰物：清代中晚期在一些寺庙的厅堂、大门、垂花门、廊子等建筑物的檐柱上端、檐枋下部，常常精心装置各种花饰。与前述的坐凳栏杆相对应，在额枋下的花饰北方叫倒挂楣子，近柱处类似雀替的纤小构件叫花牙子。在晋东南各地晚期的寺庙大门檐部，较普遍地将额枋做成有雕饰的月梁，梁两侧下垂莲柱并有花牙子，当地匠人通称为"嵌口、月梁、滴溜牙"。

二、内檐装修

内檐装修也称室内装修，在我国木构建筑中独树一帜，它包括装置在室内的隔断、格门、屏风、各种花罩以及天花藻井等。

（一）隔断

隔断是居住建筑中，为适应实际需要而分隔室内常用的构造。从所用材料来看，有砖、泥、竹、木等，但应用最广、变化最多、成就最大的莫过于木结构的了。如板壁、格门、花罩、太师壁、博古架、书架等，它们多用高级的硬木（紫檀、红木、沉香、铁栎、黄花栎等）制作，有的还有极复杂精细的雕刻。

①板壁：通进深先立大框，然后满装木板，里外刨光，施油漆或彩绘。这等做法常因板壁面积过大而发生翘曲、裂缝等弊病。其后有的在板壁上里外均糊纸；有的加几道横竖木支条分成支格，然后装板。在寺庙、祠堂、会馆及大府第的板壁上，常绘出壁画，题材有神佛、花鸟、竹树、山水及人物故事等。

②格门：又名碧纱橱。在通进深的部位，有的满装以格门，按照通进深的大小定格门的多少，一般以

八扇居多数。中间两扇格门可向里开关，并挂竹帘或布帘。格门的边框、抹头、格心、裙板等的比例关系及其手法，基本上同外檐的格门，但所用木料较高级，加工也精细得多。格心的式样常用灯笼框，框内糊纸或纱，在灯笼框心或画花鸟山水，或书以诗词。讲究的格门在上面嵌以玉石或珐琅等。

③罩：各种罩都是装饰性极强的分隔的构造，按照形式和使用的不同，可分为几腿罩、落地罩、栏杆罩、花罩等。这些罩以其玲珑剔透、富丽的镂空雕刻为主要特征（图5-9-25）。

葵式万川挂落
（通常用于廊下）

藤茎飞罩
（通常用于内部）

图 5-9-25 (1) 挂落飞罩

图 5-9-25 (2) 苏州留园鸳鸯厅飞罩局部

图 5-9-25 (3)　苏州留园圆光罩

④其他：除以上几种外，还有太师壁、博古架、书架等。

太师壁：在南方一些公用建筑中应用，装置在后金柱之间，壁面用棂花拼成各种花纹，两侧设小门可以出入。

博古架及书架：既是家具，又用作隔断，只在宫廷和大府第中才有。花格优美、组合得体，在北京故宫、颐和园及南方园林中有很好的实例。

明清时期内檐隔断式样上的丰富多彩和工艺上的精美成熟，达到了高度水平，表明这个时期小木作已取得了超越前人的成就。

（二）藻井和天花

在宫殿、寺庙里的主要建筑中，多数施用藻井和天花，后者尤为普遍。

藻井和天花，实际上是建筑物内部顶棚中最尊贵、最高级的做法。它的实用功能除了隔断过高的空间以保持室温和避免灰尘下落外，还力求在室内装潢上取得富丽堂皇的艺术效果。

藻井一般只限于寺庙的主体建筑有佛（神）像的顶部或宫殿里"宝座"的上方使用。

藻井像伞盖一样，高出于天花之上，是一种特制的小木作结构，统治阶级用以烘托和象征"天宇"般的"崇高"和"伟大"，带有明显的封建迷信色彩。留存至今的许多木构古建筑中，有着丰富多彩的藻井和天花，有不少是精丽的工艺美术品。

（1）藻井

藻井一词，在历代文献记载中还有龙井、绮井、方井、圜等许多叫法。

根据《西京赋》"蒂倒茄於藻井，披红葩之狎猎"及《鲁灵光殿赋》"圜渊方井，反植荷蕖"等词句，可以想见藻井在汉代即已在建筑中应用了。其式样可能是简单的方井。到了六朝隋唐时代，藻井的式样已有了不少变化和发展。从敦煌 101、103 窟及云岗 9 窟等可以看到，藻井主要是各种式样的方井，间有斗四，这无疑是仿照当时的木构建筑而雕镂的。

辽、宋、金时期的藻井，较普遍地出现了斗八藻井。蓟县独乐寺观音阁上层藻井与应县佛宫寺释迦塔第五层藻井是现存古建筑中最早的斗八藻井实例（图 5-9-26）。《营造法式》卷八小木作项内介绍了斗八藻井与小斗八藻井两种。对斗八藻井的具体做法是："造斗八藻井之制，共高五尺三寸，其下曰方井，方八尺，高一尺六寸；其中曰八角井，径六尺四寸，高二尺二寸；其上曰斗八，径四尺二寸，高一尺五寸。于顶心之下施垂莲，或雕华

图 5-9-26　天津蓟县独乐寺观音阁斗八藻井

打法同上，"共三回九转为止"。

此种基础做法，确实相当坚固，但这样做太浪费劳力，同时超过了实际载荷的需要。

3．清崇陵隆恩殿的灰土基础

据崇陵工程档案记载，隆恩殿面阔五间，进深三间，重檐歇山顶，台基宽97.1尺（31.07米），深73尺（23.36米），台基露明高6尺（1.92米），深入地平以下4尺（1.28米），连用灰土基础，总计深度（基础挖槽）12尺（3.84米）。殿内有檐柱、金柱等34根。其基础施工顺序大致如下：

①在台基的四周各延伸6.5尺，挖基槽深12尺（3.84米），沿台基四周砌拦土墙作为筑打灰土的四边，基槽底用碾拍平后打柏木桩加固地基，先依立柱位置每柱下打9根长15尺（4.8米）的柏木桩。四周石须弥座下密打柏木桩两排，长同柱下桩，其余空档密打长7尺（2.24米）的柏木桩（称为柏木地钉）12917根。全部木桩头露出槽底5寸（16厘米），用碎石填满。

②整个基槽内满打小夯灰土15层，共高7.5尺（2.4米）。

③灰土上按立柱位置用条石垒砌礤墩，上承柱顶石，各柱礤墩间砖砌拦土墙，台基四周砌石须弥座，背后用砖满砌。

④台基内除去礤墩、拦土墙以外的空档，全部筑打大夯灰土17层，再上即为室内的地面工程（图5-10-6）。这种基础的形式是，底部满堂红式，上部为礤墩式。一般城市居民住宅的基础，最好的做法多使用3∶7灰土，柱基槽深0.6～1米，夯打灰土2～3

步，打夯三遍，打碢二遍，俗称"三夯两碢"。然后在灰土上砌筑砖礤墩以承柱顶石，既不打桩，更不泼糯米汁加固。据试验，此种3∶7灰土28天抗压强度为10公斤／平方厘米，三个月后为15公斤／平方厘米，浸水后减少强度1/4；抗冻性能较好，7天冻融抗压强度为4公斤／平方厘米。

四、桩基础

地基打桩是加固地基的一种方法，习惯上称为桩基础。

隋代郑州超化寺塔基础打桩的情况记载较为详细。据唐人所著《法苑珠林》卷五十一故塔部记载："其寺塔基在淖泥之上，西面有五六泉，南面亦有，皆孔方三尺，腾涌沸出，流溢成川。泉上皆下安栢柱，铺在泥水上，以炭、沙、石灰次而重填，最上以大方石可如八尺床，编次铺之，四面细腰，长一尺五寸，深五寸，生铁固之。近有人试发一石，下有石灰，乃至百团，便抽一团，长三丈径四尺，现在。"

《营造法式》卷三筑临水基条云："凡开临流岸口修筑屋基之制，开深一丈八尺，广随屋间数之广，其外分作两摆手，斜随马头，布柴梢令厚一丈五尺，每岸长五尺钉桩一条（长一丈七尺，径五寸至六寸皆可用），梢上用胶，上打筑令实（若造桥两岸马头准此）。"

上述两条记载打桩的方法与清代做法基本一致，只是记录简略，不能说明它的细部处理情况。

现存木结构建筑中的桩基础，应以山西太原晋祠中心的一组建筑为最早，它们是北宋天圣年间（1023～1031年）建的圣母殿、鱼沼飞梁和金代天会八年（1130年）建的献殿。中间的鱼沼飞梁是一座十字形的石木结构的桥，鱼沼内清泉涌流。三座建筑物的基础都打有木桩，至今其基础均未发现不均匀沉陷，也没有发现翻修基础的迹象，足证其桩基础相当牢固。

据清工部《工程做法》等有关文献记载，桩基础的做法大致如下：

①遇有地基松软或临水建筑时，地基使用木桩加固，所用木桩以柏木、杉木及红松木较好，木桩中径小且短的称为"钉"或"地钉"。

②常用的打桩式样有以下几种：

梅花桩：每组打五根桩，又称"聚五"，排列形

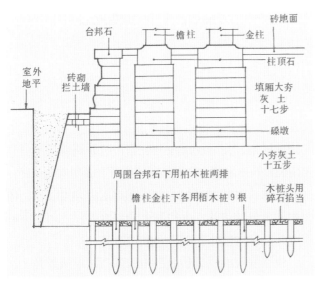

图5-10-6　河北易县清崇陵隆恩殿基础示意图

式如梅花五瓣，常用于柱基下。

马牙桩：每组打三根桩，又称"三星桩"，排列形式如马齿相错。

排桩：根据需要可以单排、双排或多排，多用于台基边缘或临水驳岸。

③打桩的方法，一般是用铁碌拍打入地，较小的地钉仅用铁锤打击。为防止打桩时击坏木桩，还要在桩头安铁箍，桩头安铁箍帽，桩头露出基槽空档用碎石填充，并灌灰浆使之坚实。

五、普通住宅的浅基础

1. 石基础

石基础大致可分为三种：

（1）条石基础

多用于南方江浙一带的高大房屋中。《营造法原》地面总论对此有较详细地记述："筑础掘土谓之开脚，开脚之深浅视负重之多寡而定。柱下较墙壁负重为多，开脚亦深。其法先铺三角石，以木夯夯之，谓之领夯石。其上覆石多皮，以覆石之多少称一领一叠石，一领二叠石，一领三叠石。叠石之上四周驳砌石条，称为绞脚石，以石料之整乱，分塘石及乱纹绞脚石。或以砖砌，谓之糙砖绞脚。"

（2）片石基础

各地山区常用此种做法。沿墙身立柱处挖槽，槽底夯实后用片石干砌，或掺灰泥浆，一般情况是基础砌出地平与基台联成一体。

（3）卵石基础

陕西省长安市有些地区用卵石做基础，基槽深宽各约60厘米，底用铁锤打实，填进河卵石，然后用黄土填充空隙，有的还加一些碎砖并用泥浆灌实，夯打后上边即砌勒脚。

2. 利用自然地基不挖基槽

（1）原土基夯实

西安市草滩镇为沙滩地，土质差，一般基础不向下挖，仅在地面层用铁锤打实后立即砌墙立柱。此种基础根据最近几年我国地震地区对沙质地基液化问题的分析，认为荷载比较轻的房屋，从抗震角度考虑，遇有此种地基时，不挖或少挖，充分利用表层土作为持力层，

效果是良好的。许多山区直接利用坚硬的岩石作为基础，一般仅在建筑范围整平后就可以立柱垒墙。

（2）掺沙基础

这是辽宁海城一带的一种基础做法。基槽深约1米，宽约0.7米，用中沙分层填入槽内，每层厚约20厘米，填沙后往基槽内灌水，使沙密实，这种方法称为掺沙。掺沙2～4层（40～80厘米），上面砌片石墙。这种基础经1975年2月4日强烈地震后检查，没有发现不均匀沉陷。

通过以上几例，可以看出这些做法大都是因地制宜，经济适用的，它们的形式都属于基槽宽、深度浅的浅基础。处于强烈地震区的以上基础做法，经震后调查证明，除干砌石片的一种做法外，其余均未发现严重沉陷和断裂，说明都具有一定抗震能力。

六、柱础

柱础是置于柱基础之上承托柱子的构件，我国古代木构建筑物的柱础，从已有的资料证明，绝大多数都是用石料做成的，故又称础石或柱顶石，南方各地习惯称为"磉"。

柱础的作用，一般说来有三点：第一，防潮，使用石料可以减缓地下湿气侵入木柱的根部，防止木柱槽朽；第二，在结构上可以将柱子的集中荷载更加均匀地分布到柱础上；第三，在施工中它又是地面找平的主要依据，如古代木结构施工中，筑打基础后，在安装柱础时要仔细地进行抄平工作，因为安装木构架或铺墁地面都要以柱础顶面做为测量中找平的依据，所以柱础可以说是施工中的临时水准点。《营造法式》把柱础的抄平工作列入定平项内，应是从实践中总结出来的。

使用柱础的时代，至迟可以上溯到奴隶社会。河南二里头早商时期的宫殿建筑中，柱洞下部就垫有一块或三四块自然石以承木柱柱根，这些石块实为柱础。在这一时期，使用柱础还不普遍，例如藁城台西商代中期的建筑遗址中，柱洞里有的垫石质或陶质的柱础，有的仍保持原始社会的办法，用碎石夯填加固[3]。随着木构建筑的进步，木柱完全升到地面以上时，柱础就成为建筑构造中不可缺少的构件之一。

最早发现的柱础都是利用天然石块或略加凿平。西安郊区发现的辟雍遗址中出现打制方整的素平柱础

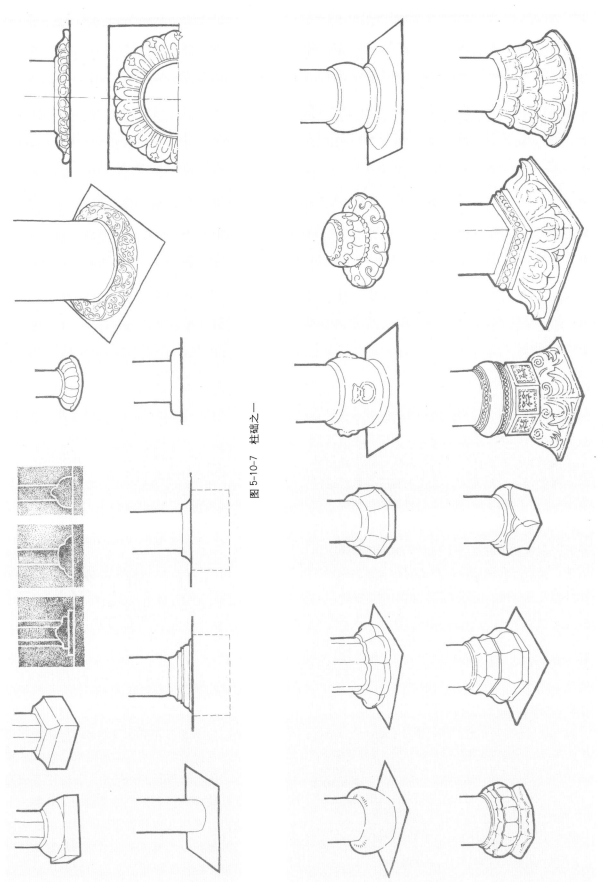

图 5-10-7　柱础之一

图 5-10-8　柱础之二

石，此种式样一直延续下来，唐、宋、元许多古建筑中均使用这种柱础。近代农村中，一般建筑也还使用这种式样。汉代画像石及石墓、石祠中出现了高出地面的柱础，有的用一个倒置的大斗。南北朝时期出现了制作规整的覆盆式柱础，周围雕刻莲瓣。明代时又出现了高出地面部分凿成枭线的柱础，称为古镜式，它与覆盆式的混线恰恰相反。不过，古镜式的柱础都是打磨光洁，不加雕饰（图 5-10-7）。与此同时，在南方的许多木构古建筑物中，多使用尺度较高的柱础。表面雕刻花草鸟兽，各地匠师互相争奇斗艳，成为引人注目的建筑装饰（图 5-10-8）。

在殷墟曾发现柱础上使用柱櫍的情况（即在柱础上垫一块铜质的柱櫍），可能是为了更好地防潮。唐宋时期的柱櫍多为木制，明清时期南方诸建筑中多用石柱櫍，称为礩磉。石柱櫍与柱础同时成为显示匠师们雕刻技术的构件之一。

1. 柱础

从发掘的实例看，元代以前的柱础，有不少是直接放在夯土或瓦渣筑打的基础之上，如河北正定隆兴寺转轮藏殿内柱柱础。元代建筑中发现了在瓦渣基础与柱础之间垫以石块的例证，如永乐宫三清殿，这是利用石碾上的旧碌碡安置于此的。明清时期重要建筑物的柱础与灰土基础之间，大多数都增加用砖或石垒砌的礩墩，在金柱下的称为金礩墩，廊内二个礩墩相连称为连二礩墩，转角处四个相连的称为连四礩墩。此种柱基础系由柱础、礩墩和灰土基础等三层组成。独立的柱基础俗称"礩墩式"。清工部《工程做法》还规定，在各个独立礩墩之间还要另砌卡墙，高与礩墩相同，宽度稍窄，称为"拦土墙"，在拦土墙之上有墙处砌"衬脚"，无墙处砌"柱顼当。"

柱础的规制，基本上都是方形，每边的尺寸比柱根直径大一倍左右。《营造法式》规定"造柱础之制，其方倍柱之径"。柱础的厚度依每边尺寸大小规定如下：

表 5-10-1

柱础每边尺寸	柱础厚度
1.4 尺以下	"每方一尺厚八寸"
3 尺以上	"厚减方之半"
4 尺以上	"以厚三尺为率"

2. 柱櫍

柱櫍的规制，根据《营造法式》规定："凡造柱下櫍，径周各出柱三分，厚十分，下三分为平，其上并为敧，上径四周各杀三分，令与柱身通上匀平。"

现存常见的柱櫍，多用石料做成，置于石柱础之上，连同柱础都雕刻花纹。据《营造法式》记载，此种石柱櫍称为礩磉，它的规制是"高按柱径七折，面宽或径按柱每边各出走水一寸，并加胖势各二寸"。

殷代的铜柱櫍主要是为了防潮。石柱櫍实际上是将柱础升高，防潮作用更好一些。唯有使用木质柱櫍作为防潮的实际效果并不显著。在古建筑调查中发现，有的古建筑在过去修理时，在石柱础之上，于柱根处垫以木墩或石墩，尺寸与柱径一致，不注意会被误认为柱櫍。实际上它是由于柱根糟朽，在修理过程中用此法墩接根柱，节约了工料，延长了原来旧木柱的使用年代。此种办法在今天修理木构古建筑中，也是经常被采用的措施之一。由此推断，木柱櫍的使用，最初可能是修理工作中的一种措施，日久在立柱时预加此构件，外表做些艺术加工，逐渐形成一种制度。但由于木櫍本身的高度太低，仅为十分，即相当于斗栱中一个栱子的厚度，最大不过 20 厘米左右。按此规定，施工中所选用的木料，无论是横纹或顺纹都不能保持受压后不变形，因而后代很少使用木櫍而改用了石柱櫍。

第十一节　附竹结构建筑技术

竹建筑在我国已有悠久历史，主要是竹材在南方各地出产极丰富，分布也很广，是一种多产而价廉的建筑材料。竹本身有许多优良性能，如质地坚韧，富有弹性，自重很轻等。从力学角度看，竹的杆身为圆柱形壳体，是一个理想的结构物，无论受弯或偏心受压时，都是良好的材料。但竹有虫蛀、开裂、易腐、易燃等缺点，又因其为管状截面，带来了连接技术上的困难，因此到今天整体用竹结构的建筑物已逐渐被淘汰。不过，在竹构建筑的发展过程中还是获得了不少的经验和成就。

我国自古以来就有不少学者对竹的种类进行过研究，据晋戴凯之《竹谱》所述，竹类有50余种，宋赞宁《笋谱》又分为85种。其他如元朝李衎的《竹谱》等书，也均有详细分类论述。到目前为止，据调查我国竹的种类已有170余种，如连同变种可达200余种。

竹主要分布在南方各地，其中产量最多的是毛竹，它广泛分布在长江中下游和浙江南部以及福建、两广的山区。其杆身圆直中空，高约6～15米，直径约10～20厘米，肉厚坚实，表皮光滑，外附白色蜡质层。毛竹生长快，成林早，是建筑上常用的栋梁之材。毛竹属中另一种相竹（或称楠竹，俗称楠竹），盛产于四川、湖南、湖北等地。其杆高可达10米以上，节稀、肉厚，也适于建筑用材。

竹的各部分各有许多不同用途。建筑工程上所用的竹材，即采自竹的杆身。竹杆壁近根处最厚，至上部逐渐减薄。竹壁分竹青、竹肉和竹黄三部分。竹肉是杆壁中间的木质组织；竹青是杆壁的外侧部分，即表皮，组织紧密，质地坚硬而张韧，表面光滑，内含有叶绿素呈青绿色；竹黄是杆壁的内皮，组织较疏松，质地也脆弱，一般呈淡黄色。在竹结构工程中，有时为了显示外观华丽，每有竹材展开摊平制成竹板的做法，以内皮向外俗称"翻黄"。竹的杆身每隔相当距离都有明显的节，称为结节，节上有环，略微突起；节的内部有横隔膜一层，称为节膜，它在整个竹杆中主要起防止竹杆纵向开

裂和屈杆的作用，并具有增加杆身强固的功能。竹的梢部一侧有沟，俗称水斑（图5-11-1）。

据文献记载，我国在汉代时已用竹建造宫殿。汉武帝时，利用云阳甘泉山秦代林光宫旧址扩建甘泉宫苑囿，于元封二年（公元前109年）建有祭祀太乙之神的通天台，在其附近用竹造了一座"竹宫"[1]。甘泉宫周围十余里，是离宫性质的一组建筑群。

竹在建筑工程上的应用范围很广，除宫室外，还用于桥梁、水利、给排水管甚至军事城防等。房屋上可以全部用竹为料，如汉代的竹宫，园林中的亭、榭、竹棚之类；也可以局部用，如屋架（梁、柱）、屋面（桁条、椽、瓦）、墙面、地面、平顶、装修以及施工用的鹰架、脚手板等。竹经过剖、劈加工之后，还可用作联系材料，如竹索、竹钉之类。宋《营造法式》竹作制度中，就有竹笍索一项，文云："造绾系鹰架竹笍索之制，每竹一条劈作一十一片，每片揭作二片作五股辫之，每股用篾四条或三条，造成广一寸五分、厚四分，每条长二百尺，临时量度所用长短截之。"宋李有《续博物志》说用篦竹制最佳，因篦竹"青皮、肉白如雪，软韧可为索"。

竹钉一物由来已久，清李斗《扬州画舫录》卷十六云："梅花厅，奇石为壁，两壁夹涧，壁中有第五泉。昔时剖竹相接，钉以竹钉，引五泉水贮僧厨。"1957年6月苏州市博物馆在修理建于后周显德六年至宋建隆二年（959～961年）之虎丘云岩寺塔时，曾在该塔第四层墙壁泥灰中发现钉有不少长4.5厘米不等之毛竹钉，钉形上粗下锐，帽头绕有麻丝，其作用在于拉紧灰泥和砖的粉刷面[4]。但竹钉不易保存，故各地遗物甚少。

民间竹结构是丰富多彩的，以房屋而论有一层也有多层；多层者称"竹楼"，它的历史很久，唐刘禹锡"淮阴行"的诗中有"簇簇淮阴市，竹楼缘岸上"句。至今我国云南傣族等少数民族地区所住的房屋，犹多用竹构成[2]，经济美观，精巧实用（图5-11-2）。试分论之：

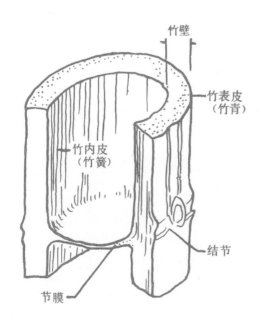

图 5-11-1　竹林构造图

竹壁

竹表皮
（竹青）

竹内皮
（竹簧）

结节

节膜

① 《三辅黄图》载："竹宫，甘泉祠宫也，以竹为宫，天子居中"。宋敏求《长安志》卷四云："竹宫，汉书曰，武帝用事甘泉圜丘，昏祠至明，夜常有神光，光如流星止集于祠坛，天子自竹宫而望拜。"
② 少数民族地区之竹楼，自古已有，明朱孟震《西南夷风土记》说："所居皆竹楼，人处其上畜居下，苫盖皆茅茨"。又景泰《云南图经志书》记述傣族人因"其下土湿，夜寒昼热，多濒江为竹楼以居"。

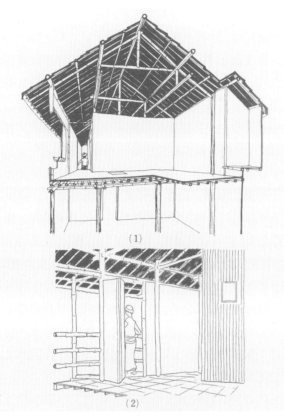

图 5-11-2   云南傣族竹构住宅
(1) 竹构剖视   (2) 室内一隅

（一）房舍

除整座房屋用竹建造外，更多的是将竹用在建筑物的组成部分上，如屋架、椽、瓦、墙、竹饰等。

（1）竹屋架

竹材在房舍建筑局部构件应用上最主要的是竹屋架，竹棚基本上也就是竹屋架的一种形式。

木屋架的形式，有立帖式、人字式。竹屋架与木屋架基本一样。屋架用柱，当须采用直径大、杆身挺直的竹。横向构件"川"或梁，则可采用竹片或直径较小的竹。前者用两根半爿毛竹对夹于竹柱两侧，以钉钉牢，再以竹篾捆扎即成。后者用整竹与柱作十字形交接时，可用"穿接"方法，先在竹柱上开一对穿的孔眼，然后将"川"横贯插入（图 5-11-3）。至于人字形的，上下弦可采用单支竹或数根竹片拼合组成。另外，如做成拱形竹屋架，则更能发挥竹材的物理性能。

（2）竹椽

唐方千里《竹室记》有"撑者为榱桷"之说。榱桷即屋椽。榱断面呈方形的名桷。古时每用簳竹或篁竹做屋椽。

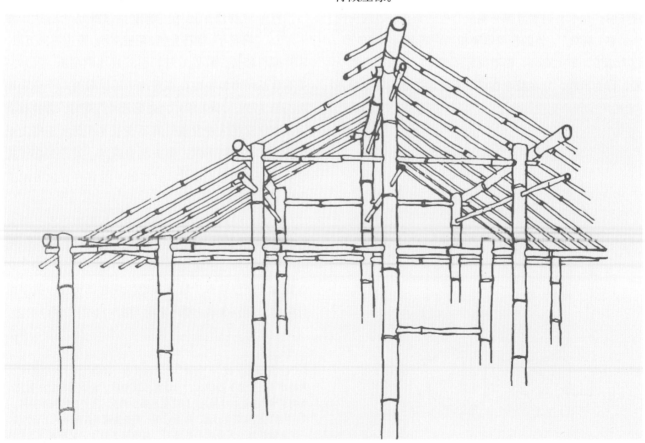

图 5-11-3   竹构架示意图

在南方亭榭建筑中常用竹椽。如伏滔《长笛赋》序云："蔡邕避难江南，宿于柯亭，柯亭之馆以竹为椽，仰而眄之曰：良竹也。取以为笛，奇声独绝。"故后人也叫笛椽（柯亭在今浙江绍兴）。宋苏轼有诗云："竹椽茆屋半摧倾，肯向蜂窠寄此生。"

根据经验，竹椽以用野生竹最为坚韧。叶梦得《岩下放言》记云："竹殊易种。但如欲为用，不如瘦瘠地硗硞非人力所营，或崖谷间自生者。其质坚实而肉厚，断之如金石，以为椽，常竹十岁一易者，此倍之。"

（3）竹瓦

用竹子劈开制成竹瓦作为屋面覆盖材料由来已久。宋赵彦卫《云麓漫钞》引房千里《竹室记》云："环堵所栖，率用竹以结其四角，植者为柱楣，撑者为榱桷。王元之《竹楼记》盖其余意。予常至江上见竹屋，截大竹长丈余，平破，开去其节编之。又以破开竹覆其缝，脊檐则横竹夹定。下施窗户与瓦屋无异。"

制造竹瓦要选择直径较大、生长年龄至少有四年、杆身挺直硬朗的毛竹。制造时先将竹子按照需要的长度锯取。竹瓦之长应视屋面的斜向长度而定，但最好以丈余（4米左右）为度。否则屋面过长，由于竹子直径有一定限制，排泄雨水不爽，易造成屋面漏水现象。锯取后的竹段，对劈成二片半圆竹，然后剖去其节，将膜除掉即成竹瓦（图5-11-4）。铺盖时先将一条条竹瓦（底瓦）向上仰列，在二瓦之间另用一条竹瓦（盖瓦）覆盖，与桁条固定。屋脊上二瓦相接处则用一条直径较大的竹瓦覆盖，作为脊瓦。此即赵彦卫文中所说的"截大竹长丈余，平破，开去其节编之。又以破开竹覆其缝，脊檐则横竹夹定"之意。竹瓦的优点是自重轻、房架各部结构用料尺寸可以减小，造价低廉。缺点是耐久性较差，必须经常加工维修。宋王禹称《黄冈竹楼记》中也说："竹之为瓦仅十稔，若重复之得二十稔"，意思是用竹盖屋只有十年可用，若重新翻盖一下，即能用上二十年。

（4）竹墙

宋《营造法式》卷十二竹作制度列有造笆及隔截编道作法，文中说："造殿堂等屋宇所用竹笆之制，每间广一尺，用经一道。每经一道用竹四片，纬亦如之。殿阁等至散舍如六椽以上所用竹，并径三寸二分至径二寸三分。若四椽以下者，径一寸二分至径四分。其竹不以大小，并劈作四破用之。""造隔截壁桯内竹编道之制，每壁高五尺，分作四格。上下各横用经一道。格内横用经三道，至横经纵纬相交织之。每经一道用竹三片，纬用竹一片。若棋眼壁高二尺以上分作三格。高一尺五寸以下者，分作两格。其壁高五尺以上者，所用竹径三寸二分至径二寸五分。如不及五尺及棋眼壁屋山内尖斜壁所用竹径二寸三分至径一寸，并劈作四破用之。"

云南等地区，民间建筑盛行用竹篾编成墙身和山尖部分，更突出了竹制品纹样的图案化（图5-11-5）。

（5）竹网

古代木构建筑为了防护，每在宫殿檐栱、窗牖等处张以网形物，使虫雀不得穿入殿去。此网形物有用铜丝或其他可卷之材料制成，也有用竹制成。宋《营造法式》卷十二记述"竹雀网眼"的做法是："造护殿阁檐斗栱及托窗棂内竹雀眼网之制，用浑青篾每竹一条，劈作篾一十二条，刮去青，广三分，从心斜起以长篾为径，至四边却折篾入身内，以短篾直行作纬，往复织之。其雀眼径一寸，如于雀眼内间织人物及龙凤华云之类，并先于雀眼上描定，随描道织补。施之于殿檐斗栱之外，如六铺作以上即上下分作两格，随间之广分作两间或三间，当缝施竹贴钉之，其上下或用木贴钉之。"

（6）竹饰

竹材是富于装饰的材料，无论在形态、花纹或色彩上都有它的艺术性。在古代用竹做装饰的例子很多，如明顾亭林《历代帝王宅京记》卷十二说："邺城南城，大海之北有飞鸾殿，其殿十六间五架。青石为基，珉石为柱础，镌作莲花形。梁栋、榱柱皆包以竹，作千叶金

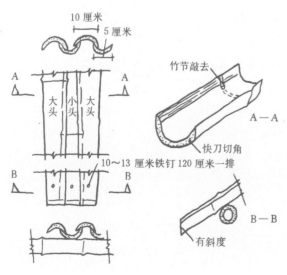

图5-11-4 竹瓦详图

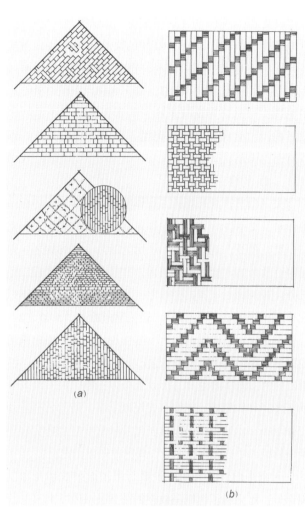

图 5-11-5 竹编墙竹篾编纹示意图
(a) 山尖部分；
(b) 墙面部分

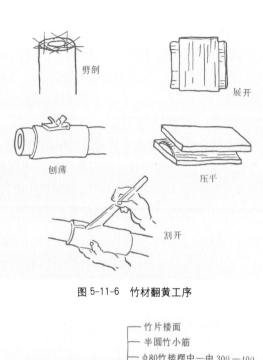

图 5-11-6 竹材翻黄工序

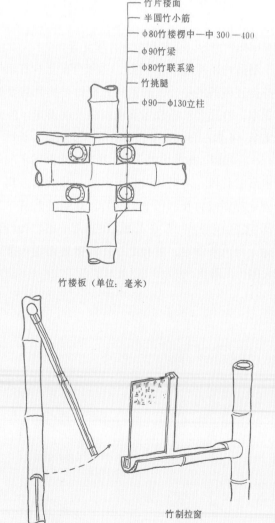

图 5-11-7 竹楼板及竹窗图

莲花等束之，其上舒叶长一尺八寸。斑竹以为椽，织五色簟为水波纹以作地衣……"飞鸾殿的遗址在今河南临漳县境。飞鸾殿的"梁栋、楹柱皆包以竹"，说明那时竹材已用在装饰上了。斑竹盛产于我国湖南省、广西壮族自治区境，俗称"湘妃竹"，因竹上花纹斑斑有如泪痕，又称"泪竹"，在竹材中是比较名贵的一个品种。

装饰用竹除斑竹外还有对青竹，宋赵潘《养疴漫笔》引《成都古今记》云："对青竹，竹黄而沟（俗称水斑）青，故每节若间出。此竹今浙中亦有之，惟会稽颇多，彼人呼为黄金间碧玉。"《华阳国志》云："成都有竹名对青，半青半紫，二色相映可爱。"

竹材除装饰房屋构件外，还用于桥亭，《扬州画舫录》卷十三说："梅岭春深即长春岭，在保障湖（今瘦西湖）中。岭在水中架木为玉板桥，上构方亭。柱、栏、檐、瓦皆裹以竹，故又名竹桥。"在工程技艺上，它采用"翻黄法"以显华丽。同书续载道："湖北人善制竹叶青用黄，谓之翻黄，与剔红、珐琅诸品同其华丽。"所谓"翻黄"，就是在竹制品的手工艺生产中，把竹内皮（竹黄）展开成竹板的做法。首先截取竹材的节间部分，将其四周竹青劈去，再将竹黄衬在圆柱体上，以滚刨刨薄，割开为二（图5-11-6），然后放入沸水中烧煮，或者放在火上烘炙，上面不断洒水亦可。竹黄经煮沸后质地渐变柔韧，乘热涂上胶液，使二片竹黄相背胶合，或用一片竹黄与薄板胶合，再夹入二块平板之间，用重力压之，经过24小时冷却后即可保持平展。竹材还可装饰墙门。依照绍兴所见竹门做法，是在木板大门的外面加钉横条竹片，再以黑漆油饰。苏州、皖南一带，亦有此法（图5-11-7）。

（二）桥梁

用竹材构筑桥梁在我国南方产竹地区虽民间早已采用，但一般只能建在河面较狭处，或作为临时性架渡之用。至于在中原地区采用竹桥，首先出于军事上的需要。如《水经注》卷十八渭水条载诸葛亮表文云："臣遣虎步监孟琰据武功水东，司马懿因水涨攻琰营，臣作竹桥越水射之，桥成驰去"。

到了南北朝时期，西域盛行过"引绳而渡"的一种绳桥，在我国西南地区也有。绳桥所用的索有竹、藤、铁数种，其中构造比较原始的是用竹索或藤索的溜索桥，古时我国西南地区居民惯用它来渡河。因竹索谓之"笮"或"筰"，从而绳桥又有"笮桥"之称。

单索溜索桥，关键在于索的制作，因为它直接关系桥的寿命。在南北朝、唐时代，竹索又谓之"百丈"，同时又为牵舟具，故浮桥也应用之。

除上述早期的单索溜索桥外，竹桥发展到后期又出现竹板桥、竹吊桥乃至适宜于水流湍急、难以建造其他桥梁的宽阔水面的竹浮桥、竹索桥。

（1）竹板桥

这是竹桥中结构最简单、形式最普遍的一种。桥座有的用毛竹构成，但也有用竹篾编成"竹笼"，内盛大块卵石以充桥墩。桥面则用整枝毛竹，大小头一倒一顺，并排架搁，再在上面横向密铺毛竹片即成。今四川雅安县的雅江桥，即以"竹笼"盛石为桥墩的竹板桥。

（2）竹索桥

这是竹桥中结构较复杂、形式较特殊的一种。它的构造是用许多竹缆索并行组合而成。竹缆索的制作方法，先将竹材劈成篾条，浸于石灰、盐卤和水的混合液中，然后取出晒干再浸，经反复多次，竹篾就会变红，质地也更趋柔顺，用来编织缆索就可以经久不坏。竹缆索是整个桥面长向的骨干，它被固定在桥身两端的桥墩架上，起着主要的荷重作用。在竹缆索上横铺一系列板材，把长向竹缆索并排连接起来，作为桥面。竹索桥的栏杆也是由竹缆索充任的，它同样起着负荷的作用。栏杆与桥面之间，竖有许多木柱或竹绳，起着组合连系竹缆索的作用。

我国最大的一座竹索桥在四川灌县西北岷江上，名"安澜桥"（又名珠浦桥），重建于清嘉庆年间（1796年）。桥共十间，东西全长320米。结构方法是，先在岷江两岸各建桥楼，又在江中石碛上建石墩一个，东西桥楼之间各建木架四处（其净跨小者仅几米，大者50余米）。墩与木架上悬竹索十根，各以直径10～15厘米小竹索三条纽结而成。索的两端绕于东西桥楼下的横梁下。横梁皆粗巨圆木，位于楼内地栿下，共十根，其方向与索成90°，每梁固定一索，各装把手以便旋转。梁的两端插入桥楼两侧之后墙内，其上压以巨石条，石的上皮与地板面平。石桥上建将军柱二排，每排十三柱，夹峙道的两侧。此两排将军柱上又各装通长之梁，与下部石条遥遥相应。木梁与木梁间再装楞木，铺楼板累石其上，使与桥之荷重平衡。它的桥面结构则在十根竹索上铺以横板一层与诸索成90°。板的两端各压以较小的竹索一根，使板不致跳动。又在桥身两侧自桥楼将军柱起悬竹索五根，每隔1.2米以垂直木板二块夹持诸索构成栏杆，将军柱亦装把手与前述横梁起同一作用。栏杆木板下端再贯以横木兜于桥面竹索之下，使桥面与栏杆联成一气，兼补桥面竹索张力的不足。在整个架桥工程中没有运用一枚钉子或一片铁料。

在四川汶川县还有一座铃绳桥，结构方法用细竹为心，外裹以篾长四十八丈，索用三股合为一股，一尺五寸为圆。桥宽八尺，左右各四绳木，底绳用十四绳，上铺密板。东西两头各五十步，平立两大木柱为架，长达六丈，名将军柱。桥绳俱由架上铺过，使不下坠。东西建层楼，楼下各有立柱、转柱，立柱以系绳，转柱以绞绳。

从上述例子来看，竹板桥基本上还未脱出木结构方法的窠臼，而竹索桥却已充分发挥了竹材的性能，具有与木构桥完全不同的特殊形式了。

（三）城防工程

竹除用之房屋、桥梁、水利工程之外，在城防上的应用也有一定成就。其中比较大型的是城墙，在南宋时代即已应用。

广东地方出产一种长满刺芒的"笏竹"（又名"棘竹"），黄济于绍兴二十年（1150年）曾把它用来修筑新州（今广东新兴县）城，环袤一千二百八十四丈，再月而华[5]。唐段成式《酉阳杂俎》卷十六云：笏竹"节皆有刺，数十茎为丛，南夷种，以为城，卒不可攻。或自崩根出，大如酒瓮，纵横相承，状如缫车"。又《广东新语》述此竹"长芒密距，五出如鸡足，可蔽村寨"。说明此竹是筑城的好材料。

（四）竹笕

用长竹架设水路通道称"笕"。这种利用竹子做成的给排水管道，在我国南方产竹地区的民间建筑中早已广为采用，但大规模用在城市工程上还不多见。

苏东坡致王敏仲的信（《东坡全集》卷七十七）中提到："罗浮山道士邓守安……常与某言，广惠一城人好饮咸苦水，春夏疾疫时所损多矣。惟官员及有力者得饮刘王山井水，贫下何由得？惟蒲涧山有滴水岩，水所从来，高可引入城，盖二十里以下耳。若于岩下作大石槽，以五管大竹续处以麻绳漆涂之，随地高下直入城中。又为一大石槽以受之，又以五管分引散流城中为小石槽以便汲者，不过用大竹万余竿及二十里间用葵茆苦盖，大约不过费百千数可成。……闻遂作管引蒲涧水甚善，每竿上须钻一小眼如绿豆大，以小竹针窒之以验通塞，道远日久无不塞之理，若无以验之，则一竿之塞辄累百竿矣。"信中所云各项，可谓规划之周详。时在宋绍圣年间（1096年）。在其前，唐代宗李泌开凿杭州相国寺等六井（762年），埋置竹管以引西湖水，也是利用上述原理。在南宋扩建德寿宫时，所用水笕竟长达数里之远。当时第宅中也有使用者，如杨存中住洪福桥西，也是采用竹管引水蜿蜒凡数百丈到房舍四周水池中去的。

竹管的缺点是不耐久。对此，历史上也有记载，如宋仁宗嘉祐年间（1060年），沈文通于李泌所开六井南凿一大井，起初也是用竹笕引水的，但到哲宗元祐年间（1090年）管已损坏，僧子珪乃以瓦筒易竹，盛以石槽。

宋《营造法式》关于竹作工程曾谈到竹笆、竹墙、竹栅、竹网、竹席、竹索，但没有竹笕，特补充如上。

参考文献

[1] 见《中国营造学社汇刊》第五卷第四期，刘敦桢：《河北省西部古建筑调查纪略》。

[2]《西安半坡》，文物出版社1963年版。

[3] 河北省博物馆：《河北藁城县台西村商代遗址1973年的重要发现》，《文物》1974年第8期第42页。

[4] 苏州市文管会：《苏州虎邱云岩寺塔发现文物内容简报》，《文物参考资料》1957年第Ⅱ期第38页。

[5] 见《图书集成·考工典》卷二十六《新州竹城记》及《格致镜原》卷六十七引《天中记》。

第六章 砖结构建筑技术

概　说

砖瓦是最早的人工建筑材料。早在新石器时代，我们的祖先已熟练地掌握了制陶技术，为以后烧制砖、瓦创造了条件。从已知的实物看，铺地砖和瓦在西周已产生，空心砖及条砖出现于战国。砖瓦在建筑上的运用，对我国建筑的发展有着重大的影响。

经人工烧制后的砖，与土墼（即未烧的砖坯）有着质的差别。它的强度、耐磨、耐水性等方面都较土墼大为提高。由于烧制砖的上述特性，它最早被广泛地运用于我国古代建筑的防水及易于磨损等部位。最早的砖砌墙体的实例则有河南新郑市战国时期的冶炼通气井井壁和陕西临潼秦始皇陵陶俑坑中的一段壁体。到了汉代，条砖使用的范围及数量已大为增加，它不但在建筑、衬井壁、砌下水道等方面被运用，而且还在地下的墓葬上代替空心砖被大量地广泛运用了。为了保护城门洞附近的夯土墙，在唐代已出现用砖包砌的做法，而至南宋时我国南方不少州府城已有用砖包砌的记载，如临安城、扬州城、福州城、静江城等。据陆游《入蜀记》所述，南宋已开始出现全部用砖砌的建筑[①]。遗存至今的有元代的杭州凤凰寺、明代的南京灵谷寺、太原永祚寺、五台山显通寺、中条山万固寺、北京皇史宬等，但为数不多。明代制砖技术有了很大的发展，砖的产量剧增，已成为一种并不昂贵的建筑材料，因此它就被普遍地运用于民居、宫殿、庙宇、城墙等建筑上。

条砖墙有各种各样的砌法。初期的砖墙砌法，砖与砖之间是缺乏联系的，如墙体垂直通缝，转角没有拉结，顺砌墙体的内外砖之间也没有联系等。经过不断的实践与总结经验，砖墙的砌法朝着相互拉结的方向发展，取得了较好的整体性。从秦始皇陵出土的曲尺形砖来看，应是一种墙体转角用砖，表明秦代砖墙体的砌筑已考虑到转角处的拉结问题；从曲尺形砖存

在着两个边长不等的情况，说明此时已采用错缝砌法。到汉代墙体的内外砖之间已有各种拉结的砌法，原则是使上下砖层相互错缝，避免墙的垂直通缝，以加强砖墙的整体性。此后直至明清以前，多数砖墙基本上沿用汉代已奠定的砌法。至明清时代在我国的南方地区出现各种节省砖材的空斗墙砌法。空斗墙的砌法早在汉代已见之于北方砖墓的封门砖墙，但以后历代未见有沿用者；故明清时代我国南方地区出现的空斗墙，并非因袭而是新的发展。为了加强墙体的整体性而采用各种相互搭接方式，必然会导致砖块长、宽、高之间的一定关系，砖的定型化就是在这种情况下逐步形成的。汉代条砖的大小虽有不同，但其长、宽、高的比例已近 4∶2∶1。可分成大小二类。小条砖的尺寸已与现代砖的大小尺寸相近，可见汉代的砖墙砌筑技术已有一定经验积累。砖墙在明代以前并不普遍，多数用于包砌，以砖保护夯土墙。有屋顶覆盖的墙早期可能仅砌至隔碱部分，以保护土墙下部易损部位，隔碱以上则为土墙，墙面采用粉刷。明清时隔碱以上部分虽改为砖砌，但墙的外观仍保持以前形式，即隔碱部分露明砖墙，其上往往仍为粉刷墙面。此外，土筑墙多有较大的收分，其后以砖包砌土墙则必随之而有收分，但用砖包土墙已不如赤裸时易受损坏，故其收分亦渐趋缩小。至纯以砖砌墙体时，墙体往往已无收分，可以便利施工与统一砖的规格。明清时宫殿庙宇建筑的墙体已用碎砖灰土填馅的做法，这种做法是由包砌土墙脱胎而来的。填馅墙的出现对减少砌筑工程量，加快施工都有很大意义。

砖在墙体上的运用，对建筑的发展产生了下述影响：

①提高墙体下部的抗雨水侵蚀性能，为以后建筑出檐短创造有利条件。

②使墙体的使用寿命增长。

③使墙体的收分由大变小而至消失。

④墙的厚度逐渐由厚而薄。

⑤墙的厚度变薄，既减少了筑墙工程量，同时亦使建筑面积中墙体面积所占的比例减少，从而产生建筑经济效益。

⑥使硬山墙的出现成为可能，从而产生出一种新的建筑形式（硬山）。

用砖包砌城墙的最早记载是后赵石虎的邺城（今

---

① 陆游《入蜀记》："采访殿前有钟楼，高十许丈，三层，累砖所成，不用一木而栭栱翚飞，虽木工之良者不能加也。"此种纯用砖砌之钟楼原在江西庐山宋太平兴国宫，陆游至该地，时在乾道六年（1170年）八月。

河南临漳)①，到宋代南方地区城市也有所运用，但普遍地使用是在明代，其规模最大的当推长城。明代对北京附近的居庸关一段的长城，在防御上进行了加强措施，采用内外许多城墙，并用砖石包砌。城墙的砌筑在坡度较小时采用与地面坡度一致的砌法，坡度较大时则采用水平跌落砌。建筑长城的工程十分浩大，而多数工程又在复杂的地形上进行，古代人民克服施工、运输条件种种困难，终于建成这条穿平原、跨峻岭、蜿蜒起伏、绵亘万里的长城。

早期砖顶结构多见之于砖墓。我国古代"事死如生"的观念，使人们对墓葬极为重视。砖以其耐腐、耐压等特点而在墓葬上长期被运用，因此砖顶结构技术也早在砖墓上出现，并在长期运用过程中有所创造及发展。在元代以前能说明砖顶结构发展的跨度较大的地面建筑遗存不多，而地下遗留的大量完整的砖墓，为研究砖顶结构技术的发展提供了历史资料。元代以前的砖顶结构主要是用在墓顶上，而此后才转向用于较大跨度的地面建筑。

砖顶结构在战国时是以梁板结构方式出现于空心砖墓的。当这种结构方式所使用的材料——空心砖，不能适应跨度增加的需要时，结构就逐步向拱的方向发展，至西汉出现了条砖顶的筒拱结构。拱结构的产生，是砖结构技术的必然发展。这种结构方式，以后就长期被运用于砖墓、砖塔、城门洞、无梁殿以及砖墙体的门窗上。在砖拱结构的发展过程中，先后形成了两种拱结构体系：一种是以拱券为基础的筒拱结构，其结构特点为两个平行边支承；而另一种为空间形态，即拱壳结构，如四边结顶，盝顶及穹隆顶等，其结构特点为周边支承。其中筒拱结构产生在前，拱壳结构则发展于后。西汉末年出现的拱壳顶，矢高较小，结构上具有壳的特性：即砖块在X、Y两个方向上都受压，充分发挥了砖材的耐压性能。而拱壳顶在施工技术上采用了无支模施工方法，虽然当时拱壳的跨度不大，但其结构性质仍与现代的双曲砖扁壳类似。二千年以前出现的这种结构及其施工技术，是我国古代砖结构

技术上的突出成就。随着拱结构施工方法的改进，拱壳的矢高增大，从而派生出一种新的砖结构形式——叠涩结构。叠涩结构产生于东汉，它保持了拱壳结构的外形，采用逐皮砖面成水平逐层出挑的砌法。这种砌法，较之不断地改变砖缝面角度的拱结构，在施工上简便得多，所以叠涩结构的出现，乃是探索一种简便的砖拱结构施工方法的结果。以后，历唐、宋、辽、金诸代叠涩结构在砖墓、砖塔上被长期运用。到南宋，砖筒拱结构开始在城门洞上出现，明、清时则砖砌城门洞、无梁殿等建筑多采取筒拱结构形式。此时筒拱结构较之早期的汉代筒拱结构有很大的发展，其特点是拱跨增大，已从汉代的拱跨3米左右，延长到11米以上，并采用了支模施工方法及石灰灰浆的砌筑技术。总结以上砖顶结构的发展，依其出现的先后次序为：梁板式结构→两边支承的筒拱结构→四边支承的拱壳结构（包括四边结顶、盝顶、圆穹隆顶等）→叠涩结构。上述次序，并非是砖结构发展的"新陈代谢"关系而是出现的先后关系。如拱壳结构出现后，它只用于主要墓室，而甬道、耳室等次要的部位，却仍采用筒拱结构。

砖塔是我国古代主要的高层砖结构工程，建造数量很多，地域很广。许多砖塔高度达到60米～70米，最高甚至超过80米。不少砖塔历经千余年的岁月，经受了强烈的风暴和地震等灾害的考验巍然屹立，表现出高层砖塔的良好结构性能，是我国古代砖结构技术的重大成就。从遗存至今的各时代砖塔，可以清晰地看出塔身结构和各部分构造做法的发展演变。

纵观我国封建社会的砖结构技术发展，在历史上曾出现过两次高潮。一次是在汉代，此时已出现加强砖墙整体性的各种砌法，从而出现具有定型比例的砖，而砖顶结构的各种结构类型此时几乎都已形成，为以后砖结构的发展奠定了基础。第二次发展高潮是在明代，当时制砖技术有了很大进步，砖在建筑上被大量地采用，砖结构的砌筑技术有了显著提高，石灰灰浆普遍地使用，砖结构的跨度大大增加。

我国封建社会的砖结构技术在劳动工匠的不断实践、不断总结提高的过程中获得了较高的水平，但它的发展毕竟受到历史的局限在建筑上没有被全面使用，从而亦就使它不可能向更高的水平发展。

砖铺地在西周已出现，以后逐步发展，在整个封

---

① 后赵石虎建武元年（公元335年）迁都邺（今河南临漳）。其北城东西七里，南北五里，原是齐桓公时期（公元前685—前643年）所筑的土城，石虎乃用砖包砌，《水经注》所述"石虎城尽表饰以砖"，即指此。

建社会中作为一种高级地面被长期运用。砖铺地面在耐磨、耐水、强度及光洁度等方面都较白灰面、红烧土地面优越。但砖铺地工程要求铺地砖与其下的基层有较好的结合而不致松动，并使铺设的地面保持平整。故铺地砖出现后，为适应铺地技术的要求而不断地改进铺地砖的形式，如西周晚期的方形铺地砖底面四周各有半球形乳突一个，春秋战国时在方砖底面四边做成凸出的边框，到秦时则在铺地砖侧面做榫口等等，以后至迟到唐代已演变成斜边砖。这种砖的底面平整，砖与砖之间的面缝拼接严密，底缝则有较大距离，砖缝形成一个楔形断面。这种铺地砖的形式已能较好地满足砖铺地的技术要求，故以后一直被沿用。

用预制块铺设地面的做法，至今在地面工程上仍被广泛采用，我国古代劳动人民在公元前8世纪创造的预制块铺地方法，至今仍显示其生命力。

砖贴面是用砖来防护和装饰墙体及其他构件的表面，开始时贴面用于土墙及土台基壁面等，以后进一步运用于防护某些木构件。随着砖贴面的发展，其装饰意义就逐步增加。贴面砖在战国时已有发现。初期的形式与铺地砖一致，只是一种铺设于地面，而另一种贴筑于土壁，可以说砖贴面的做法乃是砖铺地做法的延伸。关于砖面的装饰处理，有以下几种方式：砖面平整的饰面；砖面有模印纹饰的饰面；砖面平整、细致、光洁、经过打磨或刨削的"磨砖对缝"饰面；色泽鲜艳，光亮的琉璃饰面；细致玲珑的雕砖饰面等。砖面平整的素面砖，装饰性不太强，但被长期运用。战国秦汉时期采用模印纹饰的饰面砖，唐代仍有沿用。磨砖壁面早见之于汉墓，是素面砖进一步的装饰化加工，而从唐麟德殿出土经磨制的铺地砖看，磨砖技术当亦可能在当时的贴面砖上运用；以后"磨砖对缝"的做法在饰面上逐步增多，如砖塔的外墙面，砖墙的隔碱、照壁、园林建筑的门窗框等部位都常运用。琉璃饰面是贴面的进一步装饰化，具有很好的装饰效果，琉璃饰面对被饰物虽仍具防护意义，但主要是着眼于装饰作用，因此，往往贴饰于砖墙表面，如宋、明、清时期有的砖塔用琉璃饰面，同时由于琉璃饰面的装饰性较强，为了取得装饰效果，常将琉璃饰面用于建筑的显著部位，如照壁、槛墙、砖建筑的檐下斗栱以及琉璃彩画的额枋等；雕砖饰面也与琉璃饰面一样具有很强的装饰性。透雕砖饰

早见洛阳汉墓，明清时出现了雕工精巧的雕砖饰面，常用于檐下、门头上等处。从明代中期起，一些无梁殿上也大量采用雕砖装饰。

瓦屋顶在我国出现很早，最晚到西周初期已经用于官室建筑。无论是从高质量的陶瓦质地和丰富的瓦件品种来看，还是从屋面做法的技术措施来看，我国古代铺瓦工程都取得了出色的成就，有许多值得总结和借鉴的经验。由于古代瓦作和砖作常属于同一工种（南方苏州一带统称为"水作"），故将"铺瓦工程"一节并入本章。

第一节　墙体砌筑技术

我国封建社会初期（战国）已经用小条砖作为建筑材料。秦汉时期，砖材用于地面建筑的仍然不多，但已较多地用于地下的墓室。从东汉开始，用条砖建筑墓室已发展到全国各地，为适应砖结构及施工技术的需要，砖块规格逐渐趋向于统一标准。当时在各地建筑活动中，智慧的劳动人民创造出许多不同的砌组合形式，但这一时期对于砖墙墙体构造同砖建筑的整体结构还在摸索阶段中，方法比较原始。及至魏、晋、南北朝时期，人们对如何使垒砌墙体的牢固与稳定已有所认识，便对墙体结构采取了许多增强整体性和稳定性的方法。这些方法经过唐宋继承下来加以丰富，为以后明清砖结构技术的发展奠定了基础。

一、墙体垒砌技术的发展

我国封建社会初期所见到的砖砌体多是单砖、单向、单面垒砌，但已经考虑到砌体的稳定，采取了上下错缝的方法。到汉代随着砖的规格趋向统一标准化，砌砖形式便发展到单砖多向多面及空斗等各种组合形式，其中有些形式为后代继承并沿用至今。在砖的垒砌技术方面，初期的砌法多是干砌（不用胶结材料），而东汉以来已较多地使用泥浆、灰浆等胶结材料，砌砖技术也有各种不同做法，同时也产生了各种不同的墙体构造，分别简述如下：

（一）垒砌砖墙的各种形式

古代用条砖砌墙，曾有多种多样的垒砌形式。由于砌砖的组合方式不同，而有各种不同方位的砌法。各时代各地区对砖的摆法，名称既不一致，也不能定面、定向，很多称呼彼此混淆（图 6-1-1）。自战国以来，小砖的砌法计有以下几种：

（1）平砖丁砌错缝：这是一种较早的墙体砌法，见之于河南新郑市战国时期冶铁遗址的通气井，及西安西汉长安礼制建筑周围圜水沟拥壁下部墙基[1]（图 6-1-2）。这种砌法的砖块上下错缝，互相交搭，墙体较厚。由于墙体为弧形，故其稳定性更好，能承受一定的侧向推力。

（2）平砖顺砌错缝：这种砌法，开始见于上述战国时的冶铁遗址浇铸槽壁及西汉条砖基壁[2]。均为单砖墙，墙体较薄，稳定性差，不能过高，能承受一定的力，许多条砖汉墓都用这种形式的砖壁（图 6-1-3）。有些为了加强墙身的稳定，采用两道单砖墙体相并的砌法，如上述西安市西汉长安礼制性建筑圜水沟拥壁的上部墙身，但实际并没有多大作用。

（3）侧砖顺砌错缝：这种砌法，在河南新安铁门镇西汉中期墓群 10 号墓墓室，除墓门外，其余三面壁体都是如此砌法。[3] 壁厚只有 6.5 厘米（一砖厚），上面还承载同样厚的立砖侧砌的并列券顶。这样薄壁

还见于附近同时期的条砖墓（图 6-1-4）。因这种壁体单薄，受力及稳定性都很差，不可作为承重或受力结构墙体，此后也未再见这种墙体出现。

（4）平砖顺砌与侧砖丁砌上下层组合式：这类墙在江南地区称"玉带墙"或"实滚墙"，墙厚已增至一砖长或两砖宽。玉带墙的组合方法有多式多样。其

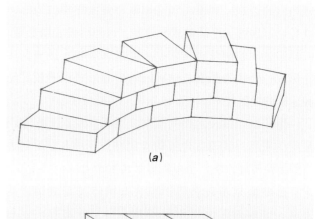

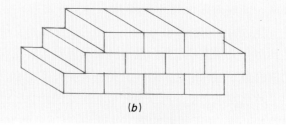

图 6-1-2　直砌与环砌
（a）新郑战国冶铁遗址通气井；
（b）长安礼制建筑圜水沟壁

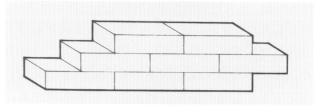

图 6-1-3　平砖顺砌错缝（洛阳烧沟汉墓）

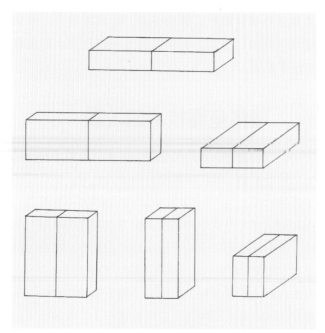

图 6-1-1　砖的几种摆法

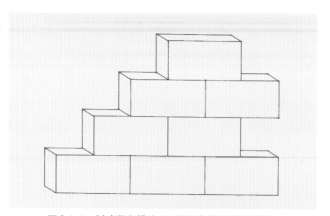

图 6-1-4　侧砖顺砌错缝（河南新安铁门镇西汉墓）

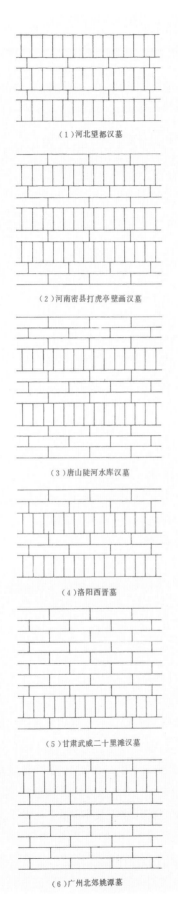

（1）河北望都汉墓

（2）河南密县打虎亭壁画汉墓

（3）唐山陡河水库汉墓

（4）洛阳西晋墓

（5）甘肃武威二十里滩汉墓

（6）广州北郊姚潭墓

图 6-1-5 玉带墙砌法

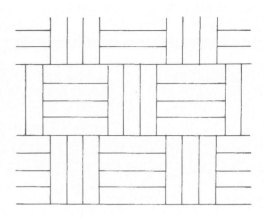

图 6-1-6 编席式砌法（甘肃武威雷台汉墓）

组合方式是在平砖顺砌错缝的墙体当中，每隔一层或二、三层加砌一层侧砖丁砌的砖；也可将上下各平砖顺砌的层数灵活增减，如逢单为一或二层则逢双为二或三层，有规律的轮换平摆砖的层数；或只在墙脚，或只在墙头用一道或二道侧砖丁砌，作为墙面装饰[4]。这种砌法在东汉时期已盛行于黄河流域，以后扩展到江南地区，并流传到近代建筑。如上所述的"玉带墙"、"实滚墙"就是封建社会末期民间工匠的术语[5]（图6-1-5）。

（5）簟纹式或"实滚芦菲片"式：其砌法为平砖顺砌与侧砖丁砌两者轮流砌一层后，上层砖的砌法则与下层（平、侧）相反，即单层砖的砌法与双层砖的砌法相反。例如墙面外观如编簟纹样，流传至后代，江南一带称为"实滚芦菲片"或"编苇式"墙[6]（图6-1-6）。

（6）空斗及空斗式：其砌法可以空砌，可以实砌。空者可以节省工料，减低造价。这种砌法首见于洛阳烧沟汉墓封门砖、甘肃嘉峪关汉画像砖墓[7]（图6-1-7）。流传至明清民间建筑，发展为多种多样。北方称空斗墙叫"丁抱斗"，但很少用，而南方较为普遍。江南一带因空斗式的用砖结构不同，分单丁、双丁、大镶思、小镶思、大合欢、小合欢[8]（图6-1-8）。小合欢与小镶思墙厚仅半砖长，只能作隔墙或简易房屋用。四川地区的空斗墙基本为一砖长的厚度，它的做法有"盒盒斗"、"马槽斗"、"高矮斗"等[9]。一般空斗墙均在斗里装填泥土、碎石、碎砖等。西南地区的空斗墙只在下部填泥，上部仍作空斗。

（7）平砌或扁砌式：这种墙分若干种形式，全作

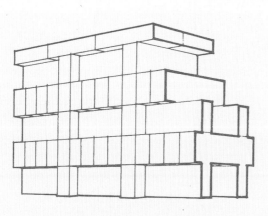

洛阳烧沟汉墓 47 封门砖示意

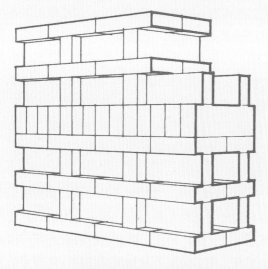

洛阳烧沟汉墓 166 封门砖示意

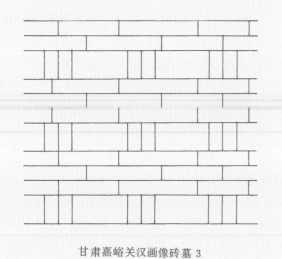

甘肃嘉峪关汉画像砖墓 3

图 6-1-7　空斗式砌法

平砖丁砌者较少、全作平砖顺砌者极为常见。在汉代时期的砌法（见"平砖顺砌错缝"），为双砖并砌墙，并不牢固，得到唐宋时期其砌法在较厚的西面顺砌的墙中加砌"暗丁"（见下面砖的垒砌技术）。一层平砖顺砌，一层平砖丁砌，上下错缝的见于河南密县打虎亭砖石混合壁画墓后室后壁（图 6-1-9）。其他大多数的砌法都为几层平砖顺砌之后砌一层平砖丁砌。如洛阳汉河南县城居住遗址 304 号房基北壁砖墙，残高十三层，第一与第十一层皆平砖丁砌，其他各层都作平砖顺砌。唐宋以来一般地面建筑墙下隔碱或槛墙都全作平砖顺砌，墙的上身每隔三、五层平砖顺砌加一层平砖丁砌，及至明清官室建筑，仍多采用平砖顺砌的墙。一般建筑中常可见到每层平砖三顺一丁、二顺一丁、一顺一丁（工字、十字）等各种砌法（图 6-1-10）。此外还有一些其他的砌砖式，如封门砖砌法，除空斗式外还有侧砖丁砌上下通缝，横人字式、横人字夹平砖式，这类砌体，不能独立，没有什么结构意义，它的特点是任意抽出少数，其上部砖块即行下落，可以防止抽砖挖洞，故流传至今还用它来堵塞孔洞及门窗等[10]（图 6-1-11）。临潼秦俑坑内还见到一种平砖顺砌通缝的方法，其中不用胶结材料，稳定性极差。估计是临时修补之用，不能算作一种正规砌筑方式[11]。

（二）砌砖技术

砌砖技术的优劣与墙体牢固、墙面的美观及是否经济都有关系。它包括斫砖、磨砖、灌浆、填料、粉刷、镶嵌、贴面等工艺环节。建筑的功能性质、墙体所在部位及砖材品种的不同，垒砌的技术也不同。从战国起砌砖即有用泥浆胶结，到汉代已有磨砖对缝、灌灰浆、镶嵌贴面等做法，历代相传，虽无文献记载，但从明清做法还可见其大概。按砌砖技术的精粗不同，约可分为如下几种：

①磨砖对缝（干摆）：对缝是指砖缝密合，不是指上下砖缝相对。干摆是指先将砖块摆好后再灌灰浆，与砌砖不用胶结材料的干摆不同。

磨砖对缝的砌法，开始于汉代，唐宋元明皆有实例，如唐代在运城的泛舟禅师塔就是一个代表作品。后来流传到明清，如河北望都 1 号、2 号汉墓，河南密县打虎亭砖石壁画墓，陕西兴平北宋墓，北京后英房元代

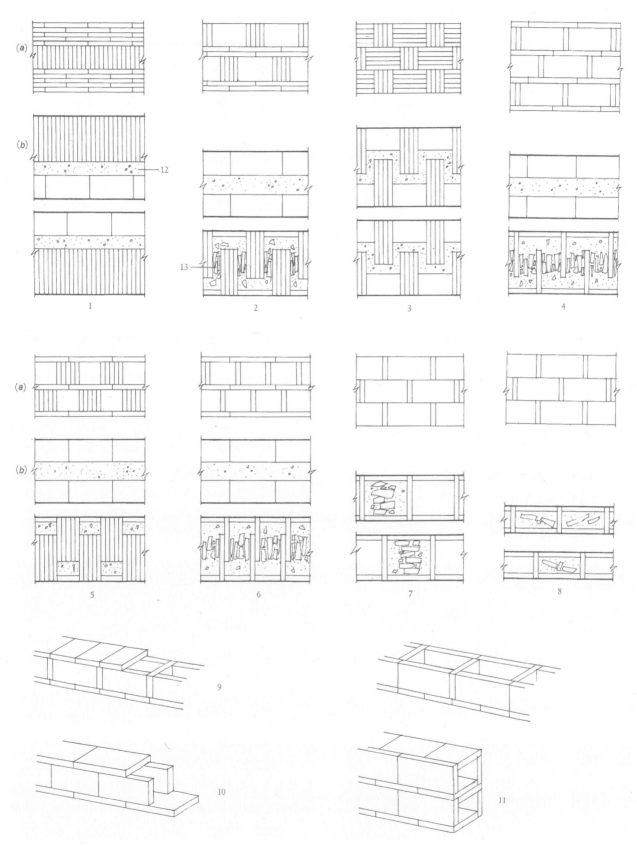

图 6-1-8　实墙与斗墙砌法

(a) 立面；(b) 平面

1- 实滚；2- 花滚；3- 实滚芦菲片；4- 单丁斗子；5- 实扁镶思；6- 空斗镶思；7- 合欢；8- 小合欢；

9- 盒盒斗；10- 马槽斗；11- 高矮斗；12- 填灰砂；13- 填灰砂及碎砖；

建筑遗址等的砖墙，都是磨砖对缝砌法。及到明清时代封建统治者的宫室、殿宇、居室、苑囿等重要建筑，墙壁下部的裙肩、槛墙、影壁、看墙、门墙等，凡属露明及重点装饰之处，莫不磨砖对缝。在清代如墙身全用磨砖对缝，便叫"干摆到家"；这种做法的工价约为"糙砌"工价的8倍。

磨砖对缝的技术要求是先将条砖五面中心部分进行"五扒皮"。即砍掉一层，砖的四边及露明一面用

图6-1-9　河南密县打虎亭壁画汉墓砖墙砌法示意

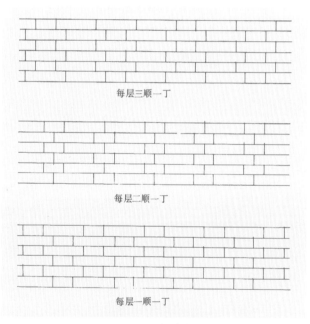

每层三顺一丁

每层二顺一丁

每层一顺一丁

图6-1-10　平摆砖墙砌法

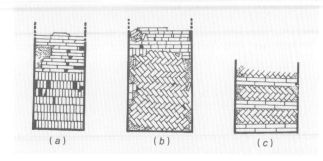

图6-1-11　封门砖方式示意图
（a）侧砖丁砌（洛阳烧沟汉墓1034）；（b）横人字式（洛阳烧沟汉墓1035）；（c）横人字加平砖（浙江黄岩秀岭水库晋墓）

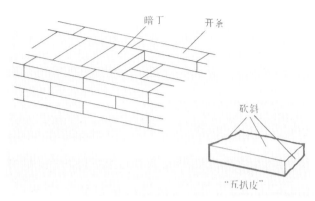

图6-1-12　暗丁与"五扒皮"

砖加水磨光，达到角正边直，规格一致（图6-1-12）。砌墙时先在边口刮油灰（桐油合灰）少许，以免碰伤边角，再干砖平摆顺砌错缝，然后在每层内部灌注白灰浆。砌完后，外面再用砖加水磨平，达到外观有缝不见缝为止。每砌五线（层）内加暗丁（丁砖）一道，使之上下叠压与墙体相连。暗丁的做法系用开条砖，中间摆丁砖称为暗丁，使其上下层叠压，将墙体内外皮联成整体。凡在建筑的重要部位均用这种方法。

②撕缝（缝子）又叫磨砖勾缝：其做法细致仅次于磨砖对缝。外面露细灰缝，一般灰缝不大于4毫米。用砖仍需"五扒皮"或磨五面，砖面加工略为粗糙。墙心仍加砌暗丁，砌筑时在下面垫瓜子灰或碎砖片（背山）。墙表面用水磨平、勾缝，再用黑烟加胶水用毛笔刷黑。这种砌法用于较为重要的墙体，从下到上都一样做法的叫"缝子到家"；如裙肩（下减）作磨砖对缝（干摆），上身作缝子砌法，则称为"干摆下减缝子心"。这是一种很费工的做法。

③淌白撕缝：这种砌法用于一般房舍墙垣，砖只磨外露一面。砌砖用泼浆灰（白灰加白泥），砌好之后墙面仍须磨平，使灰缝与砖面成一平面，用青灰与胶水调匀再加石灰的灰浆（线子灰或月白灰）刷灰缝，达到灰缝与砖色一致。

④带刀灰：是砖不加工，用砖刀括灰勾缝的砌法，为垒砌一般房舍墙垣上身之用。墙身如为全顺砖，则墙心仍需加暗丁，否则砌三顺一丁、五顺一丁或梅花缝等。

⑤糙砌（草砌）：砖不加工，不勾缝，灰缝较大，多为加抹灰面的墙体（浑水墙）的砌法。砌砖可作三顺一丁等砌法，若为顺砖清水墙面，其墙心仍需加砌暗丁。

（三）几种砖墙

我国古代地面建筑用砖砌墙比夯土墙与土坯墙都迟，目前发现最早的是洛阳市汉河南县居住遗址的几处房基[12]和方仓等，都比较简单，不如同时期的墓室建筑那样规整。除砖塔外，此后进展也相当缓慢。到唐宋时期才较多的在土坯墙下用砖砌筑"隔减"。元代已有质量较高的实砖墙、包砖墙、包框墙。明代起较广泛的用砖砌墙，并在南方发展了空斗砖墙。历代地面建筑的砖墙砌法，除空斗砖及饰面砖外，基本上都是用平砖砌筑。现将上述几种砖墙分述如下：

1．实砖墙

明清建筑除无梁殿砖塔之外，仍以木构为骨架，砖墙只作围护或分隔之用，不承受荷载。墙体做法，除窗下槛墙以外，墙的下部做"裙肩"（宋代称"隔减"）按清工部《工程做法》规定，裙肩高度为柱高的1/3。上部墙身较裙肩约薄五分，墙身"收分"每高一尺收进一分。元代以前隔减与墙身同样收分，在裙肩墙的四角置"角柱石"。裙肩与上部墙身之间砌"腰线石"一道，或称"押砖板"。这些"裙肩"、"收分"、"腰线石"、"角柱石"等的构件和做法，是渊源于唐宋或更古老的夯土墙或土坯墙做法。古代的裙肩（隔减）是为防止雨水侵蚀之用，角柱石可能是为保护转角处夯土或土坯免受碰伤，腰线石或押砖板是为了便于在上面夯筑土墙，收分则全是模仿古代筑墙的遗规（见《考工记》）。但是全用砖砌筑时，这种方法只会费工折料，徒具形式而已。

2．包砖墙

包砖墙在明代或更早以前即有此做法，比较经济。它是用整砖与土坯或碎砖合砌的砖墙。它又分两种砌法：一种是墙体四周砌砖，中心填馅用碎砖或土坯，俗称"金镶玉"。如河北正定隆兴寺摩尼殿后檐墙，在裙肩以上墙身为明代改建，外砌平砖面，间有平丁砖，中间用碎砖填馅，墙心下部靥白灰土，上部靥泥土。到清代这种做法更多，如故宫大红墙及北海永安寺各殿墙壁及很多民居都是好砖砌外皮，中加暗丁，内用碎砖灰土填馅。南方空斗墙斗内填碎砖土等，俗称"金满斗"，也是包砖墙的做法。另一种做法为外面作平砖顺砌，内侧砌土坯，每隔三到五层加平砖丁砌，使其互相叠压，俗称"里生外熟"。如正定隆兴寺摩尼殿侧墙上身（明代改建），就是使用这种砌法，外皮砖墙为平砖顺砌，每隔几层砌平砖，作三顺一丁，使与土坯联系。

3．包框墙

元代已有包框墙做法。到明清时代，尤其清代，这种做法很多。墙体的裙肩及上身两侧与墙顶四边作实砌砖墙，形如镜框，框内壁心的构造与四周包框不同。壁心略为收进，可砌实砖、碎砖、空斗、土坯等，但壁心外表都装有饰面层或抹灰，不能看见内部构造。这种墙壁多为门墙、影壁、看墙、院墙等的做法。按其壁心表面装饰分两种，一种叫"硬心"做法，是在壁心用斧刃方砖磨砖对缝斜摆贴面，华丽的则在壁心当中及四角用各式雕砖嵌饰。另一种叫"软心"做法，是将壁心抹灰做成白色素面，周边用木条做成花纹图案压边，中间挂字牌上写如平安、鸿禧等，或在粉墙上加壁画，或作光面影壁；在它的前面立石、种树、植花（类如盆景）。或在包砖框墙与壁心四界处作各种砖线脚及柱枋（图6-1-13）。一般简单院墙如北京后英房元代居住遗址的院墙，则在壁四边与包框砖墙相接处用一层砖压边起混[13]，或如北京北海永安寺万佛楼前照壁框两侧，将砖向壁心作牙状伸出半截砖，每隔五块伸出五块，俗称"五出五进"（图6-1-14），壁心垒碎砖抹素灰面。这类墙是既经济而又美观的墙体。

4．封火墙

封火墙是山墙的一种，一般称为硬山墙，也是在明代砖的生产大发展之后，才较为普遍。硬山墙是将山墙伸出两山屋面来保护山面木构。在夯土墙或土坯墙做山墙时不可能有此做法，北方地区的硬山墙，民间做法与官式做法基本相似，山尖伸出屋面不多，只是墀头，墙顶装饰繁简不同。南方地区的硬山墙则与北方的不同，一般按其功能称为"防火墙"或"封火墙"，因防火墙高出屋面，确实有防止火灾蔓延的作用。

封火墙在我国南半部地区民间建筑运用甚广（图6-1-15）。墙身上部高出屋面最低在三尺以上，最高可达五六尺不等，系根据脊饰的形式和高低而定，即墙

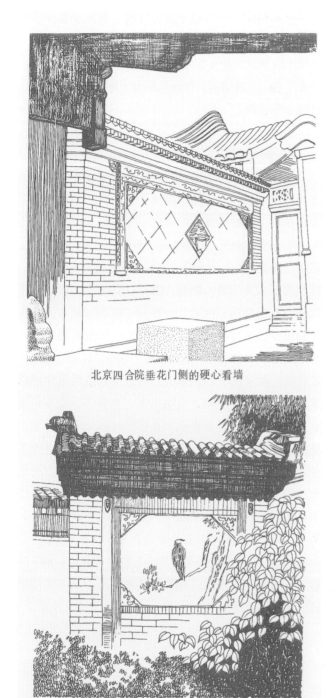

北京四合院垂花门侧的硬心看墙

北京四合院元宝脊软心影壁

图 6-1-13

碎砖填心石灰粉面

图 6-1-14　"五出五进"砌法（北京北海永安寺照壁包框墙边）

顶、花边要高于脊饰，这类山墙有多种形式。有些形式相同而各地称呼不同，如牌楼式又名"五滴水"（四川）、"五山屏风墙"（江浙）、"五岳朝天"（广东）。其余有人字式、观音兜、小僧帽式、如意式、弓背式、三滴水等形式。这类墙顶有的盖两坡瓦顶与瓦脊，有的则披砖垒脊抹灰，檐下抹花边并加彩画，或在脊上与花边等处用瓷片嵌花与作粘塑装饰，或作雕砖花脊等等，内容丰富，技巧各异，而且防火效果较好。

二、墙体整体性的演变

砖墙是否牢固，要看墙体中的各砖块是不是结合成整体。结成整体的条件，必须砖块规格统一、垒砌搭配（砌缝分布）合理、并有较强的粘结材料；这三者具备，才能使零散的砖块联成整体。封建社会初期，劳动人民已用模制砖，砖的尺寸已具有统一规格。到西汉初期已开始趋于定型，到东汉时已基本达到定型，为以后垒砌较为复杂的墙体构造准备了条件。但在西汉时，还只垒砌单砖（一砖宽）墙体或两单砖墙相并，待到东汉才有少数两砖以上的厚墙构造，垒砌搭接才比较合理，有一个经验积累过程，至于运用粘结材料则更晚。战国时期虽然已用泥浆粘结，实际只起垫平作用。东汉有用纯灰胶泥砌筑，但为数不多。宋代以后用灰浆砌筑才较普遍。故在唐代以前还有很多采用黏土胶结。这一方面对墙体构成整体性的进展，又比砖的定型标准及砌缝合理搭配更迟一些。

（一）砖的定型

条砖的长、宽、厚等尺寸的比例在西汉中期以前，还处于探索过程中，长、宽、厚的比例还没有定型。如河南新郑市出土战国时期郑、韩故城冶铁遗址，通气井壁的砖尺寸就有长为 25、26、28 厘米三种，宽为 14、15 厘米两种，只有厚度同是 10 厘米。陕西临潼区秦俑坑的铺地砖有 24 厘米 ×14 厘米 ×7 厘米、42.5 厘米 ×19.1 厘米 ×9.7 厘米、42 厘米 ×14 厘米 ×9.5 厘米、38 厘米 ×19 厘米 ×9.5 厘米等四种。在始皇陵附近还发现一种 40 厘米 ×12 厘米 ×8 厘米的条砖。以上这些砖的长、宽、厚比例，既不成整数，也不是级数（见附表 6-1）。故这类砖只能作某一特殊而简单的砌体之用。但应指出，砖的尺寸比例（主要是长与宽成 2:1）此时已出现，西汉长安（今西安市）礼制建筑圜水沟拥壁砖为 37.5 厘米 ×18 厘米 ×9.2 厘米，它的长、宽、厚比已接近 4:2:1（整数、级数）。从西汉后期各地砖室墓砖的尺寸看，除为少数贵族、豪门所特制的外，一般都趋向定型化。即成 4:2:1 的比例，大约可分为两种类型，一种类型砖长为 40 厘米左右，宽 20 厘米左右，厚 10 厘米左右。另一种类型砖长为 25 厘米左右，宽 12 厘米左右，厚 6 厘米左右。它们的长、宽、厚比例都接近 4:2:1，既为整数比又是等比级数。垒砌墙体可以灵活配搭。另一种类型砖的长、宽比为 2:1，而其宽、厚比则为 3:1 或 4:1（见表 6-1-1 中带⊕者），这类砖用来砌墙也较灵活，因为厚度对砌缝安排无直接影响，只涉及手工操作时单件砖料的重量是否合适。

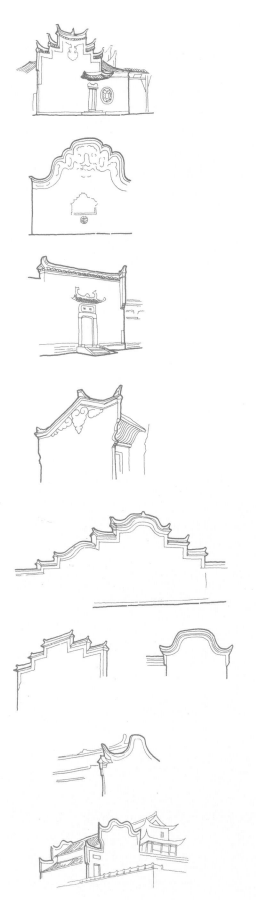

图 6-1-15　南方民间建筑封火山墙

历代小砖规格表

表 6-1-1

时代	地点	建筑类型	砖的尺寸（厘米）			长：宽：厚	说明
			长	宽	厚		
战国	河南新郑	冶铁遗址通气井壁	25 26 28	14 15	10	2.5：1.4：1 2.6：1.5：1 2.8：1.5：1 2.8：1.4：1	丁顺配搭不方便，只宜单砖垒砌
秦	陕西临潼始皇陵附近	用处不明	40	12	8	5：1.5：1	同上
秦	陕西临潼秦俑坑	铺地	24 42.5 42	14 19.1 14	7 9.7 9.5	3.4：2：1 4.4：2：1 4.4：1.5：1	同上
			38	19	9.5	4：2：1	灵活配搭
西汉（初）	西安长安城郊	礼制建筑水沟拥壁	37.5	18	9.2	4：2：1	同上
西汉（中）	河南新安铁门镇姚礼台村	4 号墓壁	30	15.5	6.5	4.5：2.3：1	只宜单砖垒砌
西汉（末）	同上	10 号墓壁	26	14.3	6.5	4：2.2：1	尚可搭配
西汉（末）	西安韩森寨	墓壁	38	18	9	4：2：1*	灵活配搭
西汉末及东汉初	河南洛阳烧沟	墓群墓壁	25	12.5	5.5	4：2：1*	可配搭
东汉（初）	郑州二里岗	墓壁	31	15.5	4.2	⊕7：3.5：1*	同上
东汉（初）	河北定县北庄	墓壁	45	23	11	4：2：1	同上
东汉	河北石家庄	墓壁	42.8	21.5	10	4：2：1*	同上
东汉	广东动物园	墓壁	40	20	5	⊕8：4：1	同上
东汉	广西贵县墓群	墓壁（最长者）	40	20	6	⊕7：3.5：1*	同上
东汉（末）	河北琢县半壁店	墓壁	26	13	6	4：2：1	同上
	山东禹城	墓壁	40	20	7.5	⊕6：3：1*	同上
东汉（末）	湖南长沙墓群	墓壁	36	18	5.5	⊕6：3：1*	同上
	江西遂川天子池	墓壁	37	18	7	⊕5：2.5：1	同上
	甘肃武威雷台	墓壁	32	16	4	⊕8：4：1	同上
汉魏	河南洛阳汉魏遗址	建筑	26	13	6	4：2：1*	同上
唐	陕西乾陵永太公主墓	墓壁	42	30	9	4：2：1	同上
唐	扬州	建筑	30	14	5	⊕6：3：1*	同上
唐	扬州	炉灶	26	12	5	4：2：1	同上
辽初	内蒙古和林格尔土城子	7 号、10 号墓壁	34	17	6	◑6：3：1	同上
五代至南宋	四川成都	墓壁	33	16.5	3.5	⊕10：5：1*	同上
宋	营造法式	建筑	13寸	6.5寸	2.5寸	⊕6：3：1	同上
		建筑	12寸	6寸	2寸	⊕6：3：1	同上
明	南京	城砖	37～44	19～21	8.3～11	4：2：1*	同上
明清	北京	城砖	14寸	7寸	3.3寸	4：2：1	同上
明清	北京	建筑	8寸	4寸	2寸	4：2：1	同上

注：* 表示近似值　⊕ 表示薄砖（其长、宽比为 2：1，宽厚比为 3：1 或 4：1）

从表 6-1 中可以看出，自东汉开始，在很多地区，由于墙体砌筑需要方便砖的组合搭配，砖块需要有一定比例，促进了砖的生产逐渐趋向定型化，并已形成上述两种比例，此后一直沿用到明清时期。

（二）砖块砌筑与搭接

从已知例证看，用条砖砌墙，在西汉时期多为单砖顺砌墙体。少数为使墙体稳固或能承受压力与推力，曾将墙壁增厚，由单砖增加为双砖或三砖宽的厚度。不过都是二或三道单砖墙相并，还没有彼此搭接，联成整体。如西汉长安礼制建筑圜水沟的拥壁上部七层砖砌墙体，厚 54 厘米，约三砖厚，即为二或三道平行单砖墙相并，各不相联。同时期有些砖室墓墓壁也有这种现象。对于墙体转角或两墙相交的地方，也多彼此相倚而不相搭接（图 6-1-16）。到东汉开始，为了砌筑搭接方便，在垒砌双砖或三砖的墙体时，就采取了丁砖与顺砖交互垒砌，使前后的单砖砌层联成整体。如河北定县北庄东汉初期的砖墓壁[14]，一种壁厚 1.35 米（三砖长），一种壁厚 0.96 米（两砖长）都采"玉带墙"式的砌法（图 6-1-17）。甘肃武威管家坡 3 号汉墓[15]门券上的 37 厘米厚照壁砌法，则在平砖顺砌的墙体中每隔几层加一层平砖丁砌，皆可达到墙体的完整与稳定。对于墙体的转角或两道墙体相倚的地方，也已在两墙之间用丁砖相互拉接，彼此联系成一整体，如广州东郊汉墓、山东禹城汉墓[16]，都是相倚的墙联成整体的例子（图 6-1-18）。从此以后改变了以前两墙相倚不相连的砌法。到宋元时期的地面建筑，砖墙内外皆用平砖顺砌，但在墙体中间必加"暗丁"搭接，联成整体。

（三）胶结材料的运用

古代劳动人民为使砖墙稳定，联成整体，除了改进砌砖合理搭接外，最初采用泥浆垫平砖缝。这种做法在战国冶铁遗址通气井壁已有运用，直到宋、元时代的各类砖墙都还广泛采用。至于用石灰浆作粘结料，在东汉时期也已采用。如河南密县打虎亭及河北望都 1 号、2 号汉墓等就用石灰浆胶结与灌浆，不过为数极少，到宋代才较普遍用石灰，明代才更广泛用石灰浆砌墙，清代则于重要工程如宫殿建筑用纯灰浆，次者用石灰

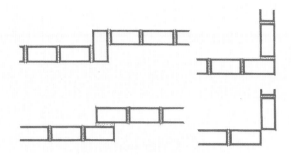

图 6-1-16　汉代初期砖墓墙体接头示意

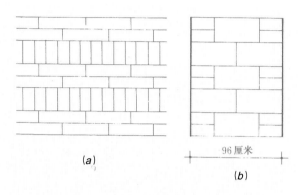

（a）

96 厘米

（b）

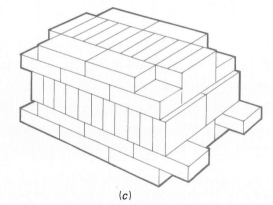

（c）

图 6-1-17　河北定县北庄汉墓墙体砌法
（a）立面；（b）剖面；（c）透视

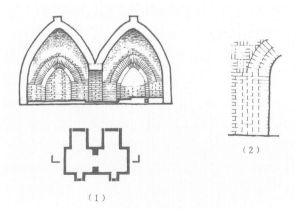

（1）

（2）

图 6-1-18　（1）广州东郊汉墓两相倚墙联成一体示意；
（2）甘肃武威雷台小砖墓转角墙

砂浆，再次者用灰沙黄土的混合灰泥。至于用石灰浆掺糯米粥作胶结料以加强墙体的整体性，则为较高级的做法，早期所见如江苏淮安一号北宋墓[17]及南宋和州城城门与城垛皆用石灰浆加糯米粥粘砌；以后，明代较普遍地用于城垣、陵墓的砌砖工程。

三、墙体稳定性的发展

我国古代垒砌砖墙，有多种稳定墙身的方式。地面建筑采取厚墙收分和依靠木构架来增强墙体的稳定。地下建筑（墓室）有带壁墙、弧形墙、椭圆形墙、圆形墙、多角形墙及扶壁等做法。

（一）厚墙收分

我国古代建筑的墙身以夯土墙和土坯墙为主，西汉才有小砖砌的墓室砖壁，到东汉才有地面建筑用砖砌墙的实例，但墙体为单平砖顺砌，比较单薄，不够稳定。以后历代宫室及寺庙建筑的墙垣，仍用夯土墙和土坯墙，它们均采取厚墙收分的做法。虽然后来改为垒砌砖墙，仍采用厚墙收分的方式。如唐长安兴庆宫遗址几处次要建筑房基，其砖墙厚为0.6米。及到宋代官式建筑垒砖墙，据《营造法式》卷十五规定，墙厚为墙高的一半，每次收分为墙高1/10，若是"麤（同粗）砌"，收分取13/100，没有阐明是什么墙。根据它的高厚比（2:1）同收分率（10%～13%），与筑露墙（夯土墙）的规定相同，而大于垒土坯墙的高厚比（4:1）同收分率（3%），所以并不适于砌筑宫室建筑之墙。而山西地区宋、辽、金建筑墙体的高厚比多在4～5:1之间。河北蓟县辽建独乐寺观音阁底层的砖墙高4米，其高厚比为4:1，收分率为2%，与《营造法式》垒土坯墙的高厚比相同，收分率稍小些。由此可知古代采用厚墙收分，是仿照土墙或土坯墙的做法。明清以来，砖墙建筑比较广泛，墙体厚度与收分略有减少。清工部《工程做法》规定：大式建筑墙的高厚比（墙高60斗口，厚12斗口）还是5:1左右，收分率为10%，实际墙的体积并未减少多。这种形式是砖构中最保守的做法。因此若干建筑为了节省材料，墙体采用了"填馅"与"包心"（土坯）的做法，但表里联系不紧密，受到震动反而有崩裂的危险。

至于砖室墓墙体的稳定问题，西汉中后期的承重墙厚一般不超过20厘米，薄的只有6.5厘米（砖的厚度）。这些墙体对于应付上部拱券向外的推力及室外泥土向内的侧压作用，都不够稳定有效。及至东汉初期，有的砖墓已从稳定墓壁的要求考虑，对受力墙体增加厚度，而且有的已达到或超过《考工记》的"墙厚三尺，崇三之"的3:1高厚比。如河南密县打虎亭画像砖石墓，其甬道与前室墓壁厚0.96米（两砖长），平水墙高2.1米，墙体的高厚比约近2.1:1；河北望都一号、二号汉墓墓壁的高厚比2.8:1；南京御道街标营一号汉墓墓壁高厚比为2.7:1[18]等。墙体都当作拥壁垒砌。这类墓室，规模庞大，用砖料特多，不是当时的贵族豪强，是无力修建的。约略与此时或者稍晚，各地出现了规模较小的带有壁柱的墓壁。

（二）壁柱

用壁柱稳定墙体，东汉时期我国南北各地均已出现，较多用于当时小型砖墓中。壁柱的运用是为了减薄墙体节省砖材而发展起来的。以后在两晋、唐、宋时期都有承继，唯至宋代趋于模仿木柱形式，没有按照砖结构的特征发挥其优越性。

（三）木构架对墙体的稳定作用

明清以来，南方地区许多以木构架为主的民间建筑，砖墙只作围护分隔之用。不论平房、楼房，硬山山墙有的高达十几米，长度也在10米左右，而墙脚厚不超过40厘米。稳定墙身的办法，往往在墙身上部用铁栓、蚂蟥攀分别攀贴在墙上，穿进墙内拉接在贴墙的木构架或楼层的梁柱上，使高大的山墙与木构架紧密相连，收到木构架稳定墙身的良好效果。这种做法在长江流域和江南各省随处可见（图6-1-19）。

壁柱的做法，是在方形或长方形墓室的墙角或墓壁中部受力较大的地方，加砌壁柱或双层壁柱，用以加强结构，稳定墙身。如江西清江武陵东汉1号、2号墓[19]，墓一，墓室全长9.37米，近墓壁中部砌出一组对称的双层壁柱，柱上砌拱券，加强了两侧壁体及券顶；四角起角柱，柱上也砌拱券；后墙正中加砌中柱，用以增强墓室端部结构（图6-1-20）。墓壁厚53.5厘米（三块

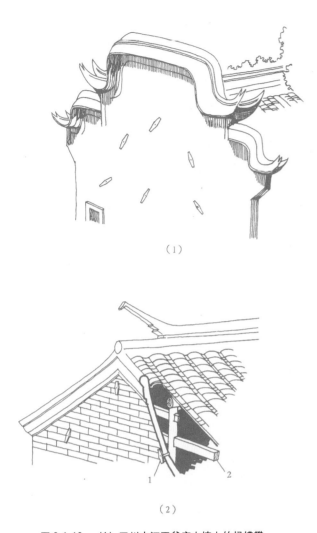

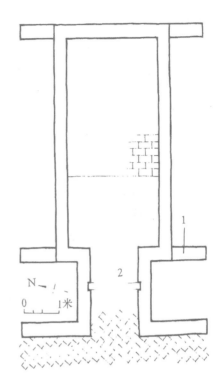

图 6-1-21 南京幕府山六朝墓 1 号墓
1- 扶壁；2- 门槽

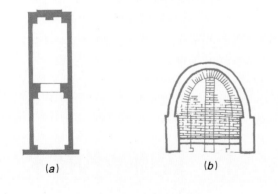

图 6-1-19 (1) 四川内江王爷庙山墙上的蚂蟥攀；
(2) 南方建筑硬山墙与木构架的连接示意图
1- 蚂蟥攀；2- 木构架

图 6-1-20 江西清江武陵东汉墓示意图
(a) 平面；(b) 后壁

及四川成都地区唐、宋中小型墓[23]等，它们的墓壁厚大都为一砖的长度，都是采用壁柱稳定了墓壁。此后明代的无梁殿如太原永祚寺、清代的北京西山无梁殿，它们下面墙体就是采用密集的壁柱以支承它们上部结构。

（四）扶壁

扶壁墙是帮助受力墙体稳定的一种墙体，它开始出现于东晋末期，发展于南朝，盛行于南京地区。南京幕府山 1 号墓[24]在墓室外两侧各有三道砖墙，横立在墓壁与土坑壁之间，分前、中、后三道（图 6-1-21）。墓室建造在事先掘成的一个长约 20 米、宽约 8 米、深约 7 米的大竖穴内。墓室连甬道共长 8.16 米，宽 5.4 米。上部为圆弧形券顶。壁厚 0.36 米，周围及上部填筑黄土。两侧的三道横砖墙墙脚宽约 0.9 米，墙厚 0.36 米，前、中、后三者高为 3.84、3.6、3.5 米。后两道横墙的高，基本与墓券顶同高。两翼逐次减低。《清理简报》"认为是作挡土和保护墓门和墓室用的"。从它位于墓壁外侧来看，不起挡土的作用。而应是为抵抗券顶对于

砖宽），作平砖顺砌错缝。与这种结构相同的汉墓，在清江地区及赣江流域很多。其他如河南邓州市彩色画像砖墓[20]，洛阳西晋洞室墓第 8 号墓[21]，江西南昌晋墓[22]

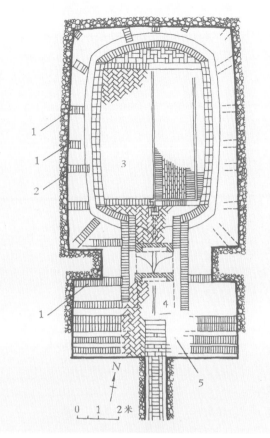

图 6-1-22　江苏丹阳胡桥南朝大墓
1- 扶壁；2- 山岩；3- 墓室；4- 甬道；5- 封门墙

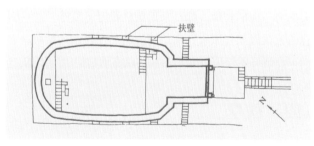

图 6-1-23　南京栖霞山甘家巷六朝墓 6 号墓

墙体向外的水平推力而设。在这一地区，曾经发现很多比这座墓稍晚而具有这种扶壁的六朝砖室墓，如在江苏丹阳胡桥的南朝大墓[25]（图 6-1-22），南京栖霞山甘家巷六朝墓群第 4、6、13 号墓等，都在预凿石坑或土坑内的坑壁与墓壁周围建筑扶壁，支撑着承重的墓壁。丹阳胡桥南朝大墓及南京栖霞山甘家巷六朝 6 号墓[26]（图 6-1-23），墓室平面都是长椭圆形，上砌穹隆顶，建造在挖凿入地的土坑或石坑之内，上筑封土。胡桥大墓墓壁周围砌有扶壁 23 道，平均每道长 1.3 米，高 2 米，厚 0.34 米。每道扶壁都一端垂直顶住墓壁，

另一端抵在坑壁上，起着稳定墓壁的作用。栖霞山甘家巷 6 号墓墓壁外周只砌有扶壁 8 道，数量比胡桥大墓的少，而且位于墓壁稳定性较差的地方，其位置的选择，无疑是经过考虑的。扶壁的运用是砖结构穹隆顶建筑技术发展中的新做法。是我国古代劳动人民的创造。不过这种扶壁还没有很好地与砖壁联成一体而发展下去，到唐宋时期又逐渐为仿木构造所代替。

（五）弧形墙（包括椭圆形、圆形）、多角形墙

弧形墙体也是从东汉开始发展的一种较薄（一砖厚）的壁体，有利于抵抗墓室四周土的侧压。它的做法是将墓室四壁向外凸出成一弧形墙面，甚至发展成为双曲线墙面，在两晋、南北朝、隋、唐时期都有这种做法。到了辽、宋、金时期墓室平面进一步发展成多种样式，如椭圆形、圆形、腰鼓形、多角形（六角、八角）等（图 6-1-24）。墙体的弧度更加凸出，更有助于墙体的稳定，它的受力分布也更均匀，结构形式也更合理，墙体更适合于上部结顶及室外填土的侧压。这类墙的做法流行很广，如在内蒙古自治区以及甘肃、山西、辽宁、陕西、河北、河南、安徽、湖南、江苏、浙江等省都可见到。

砖结构的发展受木身材料性能的支配，但是社会思想意识也给予影响。显著的如辽、宋时期的砖塔、砖墓用砖石材料模仿木结构形式非常突出，往往在砖壁的转角、墙头、墙面等处镶砌直柱、斗栱、梁枋、檐椽等，如洛阳涧西宋墓，在墓壁转角处所镶嵌的直柱均作竖砌，与两侧墙砖不相搭接，有损墙体的整体性与稳定性。

第二节　砖顶结构技术

砖顶结构具有耐腐、耐水、耐火等特性，我国古代多用于墓葬、砖塔、城门洞、无梁殿等建筑上。在长期使用过程中，砖顶的结构和施工方法都不断地有所创造、发展，由梁板式结构发展到筒拱结构、拱壳结构，在砖顶结构技术上获得较高的成就。

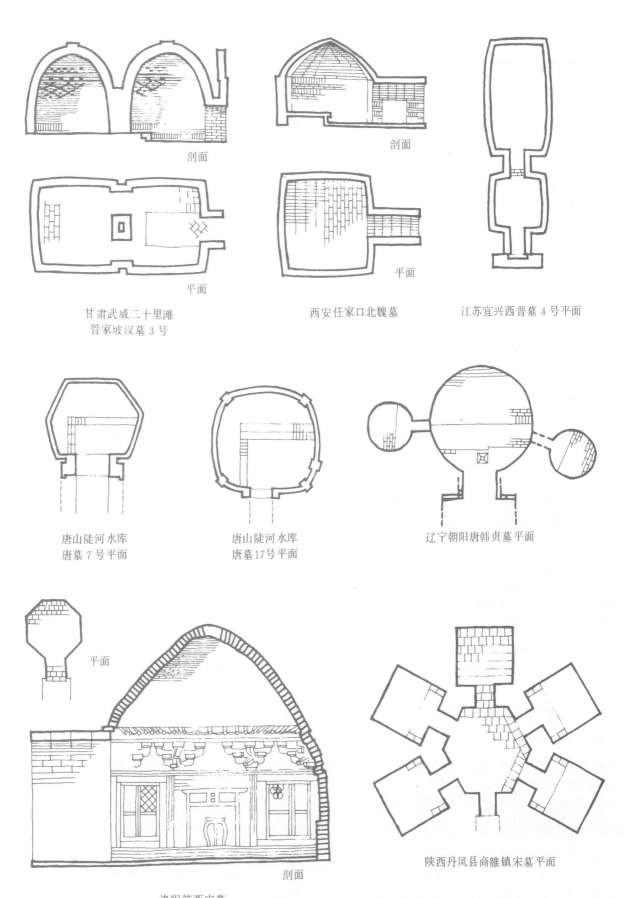

剖面

剖面

平面

平面

甘肃武威二十里滩
管家坡汉墓 3 号

西安任家口北魏墓

江苏宜兴西晋墓 4 号平面

唐山陡河水库
唐墓 7 号平面

唐山陡河水库
唐墓17号平面

辽宁朝阳唐韩贞墓平面

平面

剖面

洛阳简西宋墓

陕西丹凤县商雒镇宋墓平面

图 6-1-24　各时期墓室表现的弧形墙与多角形墙

一、梁板式砖顶结构的产生及其发展

这是砖顶的一种早期结构形式，见之于空心砖墓的墓顶结构（图6-2-1）。空心砖墓出现于战国晚期，盛行于西汉前期，当时制砖技术的进步已能烧制出一种质量较高的空心砖，来代替木椁，因此空心砖墓也可以说是砖椁墓。早期的空心砖墓是砖木混合式的，即四壁及地面用砖，顶盖用木板。以后才用空心大砖代替了顶部的木板，所以，空心砖墓所采取的梁板式墓顶结构，是因袭木椁墓的墓顶结构而来的。

以砖代木来作墓顶结构，构件的断面却并没有全仿木材做成实心，而是根据砖的特点把砖做成一个空腔，犹如现代的混凝土空心板。这样不但减轻了砖的

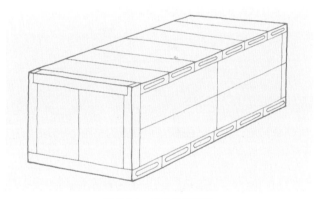

图 6-2-1　空心砖墓示意

自重，并有利于把砖坯烧透。同时从梁板式受力构件的断面形式看，空心砖是一个比较合理的断面形式，但用砖来作受弯构件，就不能很好地发挥砖的特性。因为砖是一种耐压而不耐拉的材料，空心砖的梁板式结构是一个受弯构件，跨度不能很大，以免空心砖下部拉力过大而断裂。也就是说用空心砖来做顶盖，它的长度将受到一定的限制，另一方面空心砖的长度也受到制坯上的局限。因为工匠用"片作法"制坯时，须将手臂伸入空腔里合缝抹平，故空心砖的长度不能超过手臂长度的两倍。因此，一般的空心砖长都在1.3米左右，最长亦不超过1.5米。

由于葬制从单棺葬变为双棺葬，空心砖顶盖结构的跨度也必须随之增大，这就出现了顶跨加大与空心砖长度有限之间的矛盾，于是用两块空心砖作顶盖，并在墓室中间加一道纵墙，以使横跨墓室的两块空

心砖在中间获得一个支点。上述解决矛盾的方法，并不能满足双棺葬的要求，实际上是把双棺分开为相邻的两个单棺墓室。必须找到一个办法，去掉中间那道墙，使墓室成为一个空间。于是由两块空心砖构成的"尖拱"就产生了。但尖拱并不能完全解决问题，因尖拱如做得坡度很平缓，则对两侧墙身的推力较大，墓的牢固性亦不能保证。如拱的坡度做得陡，则墓室的宽度仍感局促。为了改变上述状况，"折拱"就继而产生。

为了增加空心砖顶盖跨度而产生的这种"尖拱"、"折拱"形式，在结构上是不成熟的，加之空心砖与空心砖之间的榫卯和制坯较复杂，以及空心砖的规格品种多等原因，故它的出现时间不长，数量亦不多。

二、砖筒拱结构技术的产生与发展

筒拱结构的产生必须具备一定的条件。这些条件有：

（1）对砖的材料性能和拱的结构作用逐步有所认识，如在春秋时期已出现筒状陶制下水管，可以给予均匀受压构件的启示。至烧制陶器的窑顶上用拱结构也早已存在，如根据秦都咸阳遗址中发现的窑址残迹推测可能原为土坯砌筑的拱顶等。总之，在砖砌筒拱结构出现之前，人们对拱的力学性质的认识已有相当长的历史了。

（2）砖墓中原有的梁板式砖顶结构形式已不能满足顶跨增大和结构强度要求增高的需要，要求产生新的结构形式。跨度增加的结果，陶质材料用梁板的形式不能适应，必然向拱的方向发展。而实践的过程是由梁板结构转变为"尖拱"、"折拱"，发展到拱结构。当空心砖墓发展到"尖拱"、"折拱"阶段时，在结构上和构件制作上仍存在不能克服的困难。这时，原始的拱结构和烧制简便的条砖结合起来，组成了条砖并列筒拱。因此，可以说"尖拱"和"折拱"是由梁板式结构发展到筒拱结构之间的一个过渡阶段，筒拱结构的出现是必然的。但条砖墓并非一下就全部代替了空心砖墓，而是存在着一种空心砖与条砖混合使用阶段。这种混合砖墓用条砖筒拱结构做顶盖，而墙身及门等仍用空心砖，可见变化首先是发生在顶盖结构这个关键问题上。

（3）采用了合适的砌拱材料——条砖。条砖是砌筑筒拱的主要材料，但它并非因筒拱顶的需要才产生，而是早已有之；只是顶盖结构发展到拱券时，条砖被认为是一种比较合适的砌拱材料而加以运用。烧制条砖的出现是比较早的，汉以前的条砖实物有河南新郑的战国砖和陕西临潼始皇陵陶俑坑用作铺地及补墙的秦砖等。但随着拱的出现也产生了一种新的条砖类型——楔形砖，这是一种为了适应拱的弧度需要而做成一边厚一边薄的砖，以便与等厚的条砖配合使用而叠砌成弧形拱顶。楔形砖常和条砖合并使用，以调整拱券弧度，如广州东汉墓所见（图6-2-2），稍后就有用榫卯砖。榫卯砖最早用于墙体，后来才用于筒拱顶盖。榫卯砖的运用对并列筒拱的整体性有所加强，同时也便于施工（图6-2-3）。

筒拱的砌筑技术在西汉中叶盛行起来，开始时筒拱结构采取并列拱的构造方式（图6-2-4），这可以从空心砖与条砖混合墓的过渡形式中看到，如河南禹县白沙汉墓，及洛阳西汉壁画墓等。也可见之于早期条砖筒拱墓，如洛阳烧沟汉墓等。并列拱的构造有（图6-2-5）所示三种方式，图中前两种一般拱厚为半砖，也有拱厚二层半砖的，前者配用楔形砖，而后者配用扇形砖，第三种是以条砖的厚度起拱，这是随着墙厚

图 6-2-3 （1）　东汉榫卯砖凹的一头

图 6-2-3 （2）　东汉榫卯砖正面
（长 33.5 厘米，宽 18.8 厘米，厚 9.2 厘米）

图 6-2-2　广州汉墓出土墓 5081 的券形过道　（东汉后期）

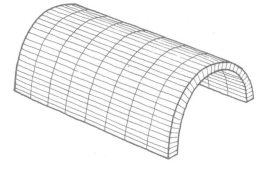

图 6-2-4　并列式筒拱

为条砖厚而产生的一种构造方式。用砖量较经济，但较少使用，其中以第一种方式使用较为普遍。稍晚，出现纵联拱（图 6-2-6），这种同为筒拱而采用两种不同的构造方式，并非仅是外观上的变化，实质上是代表着两种不同的施工方法，并列拱易于在里面衬砌，故早期的筒拱多采用并列拱砌法。但券与券之间联系差，故筒拱的整体性不强。而纵联拱的衬砌较困难，故其出现亦较并列拱迟，但筒拱的整体性较好。

筒拱结构到西汉末年由于墓室平面由长方形向方形变化而逐步被拱壳及四边结顶结构所替代。但它并非如空心砖墓顶部结构那样逐步被淘汰，而用于一些平面仍为长方形的墓室中，以及墓道、甬道及耳室的顶部。这说明筒拱形式对平面为窄长形"廊道"式空间是比较合适的，而对平面为方形或近乎方形的"厅堂"式空间则不合适。故筒拱结构从西汉末年起就退居次要位置，直至元末由于解决了大跨度问题，又回复到砖顶盖结构中的主要地位。

我国古代早期的砖拱结构，除了用于墓葬、涵道之外，还用于军事地道工程。发现于安徽亳县的砖筑地道工程，沿城内十字交叉的干道两侧修筑，工程规模很大。部分为两道并行，相距 2.5 米，其间有传声筒（20 厘米 ×30 厘米）相通。地道两壁砌砖，近于汉末至晋代习见的侧砖与平砌相间的砌法。其上为单皮砖砌券顶，有纵联与并联两种，跨度在 0.64 ~ 0.80 厘米不等，地道入口为券顶所留通至地面的方孔（40 厘米 ×40 厘米）。据研究，这处地道经汉末至宋代长期使用与修补，其上限当约在三国时期，这是我国现存的古代军事地道工程孤例。

元末明初砖砌筒拱结构在地面建筑上运用较普遍。城门洞元以前多为木架承重。南宋至元代才逐步改用砖砌筒拱承重，如元大都和义门瓮城门洞。砖砌筒拱建筑——无梁殿在明代兴起，如明初的南京灵谷寺无梁殿、北京的皇史宬、苏州开元寺无梁殿以及山西等地的无梁殿，以后筒拱结构亦在居住建筑上用于砖砌窑洞。

既然我国在汉代已掌握起拱技术，那么为什么那时的城门洞不使用筒拱而迟至南宋才开始运用呢？这首先是攻城火器的发展从而对原有的城门洞顶盖结构产生威胁所致。其次是起拱的施工技术之改进，要在高大的城门洞上起拱无支模施工是不可想象的。

在南宋以前，城门洞的梁柱承重方式并未引起防

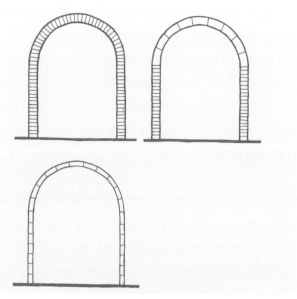

图 6-2-5　并列拱的几种基本构造方式

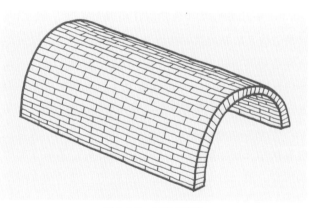

图 6-2-6　纵联式筒拱

御上的很大问题。但自南宋末到元代火药在军事上的运用日益频繁，攻城火器的进一步运用，使城门洞上的木架结构成为防御上的薄弱部位，所以改用耐火、坚固的砖材砌筑筒拱城门洞。另一方面我们从元大都和义门上防火攻城门的灭火设备的设置上，也能印证当时城门洞由木架结构改变为砖砌筒拱结构的上述原因。

元大都和义门瓮城门洞为砖砌筒拱，拱跨 4.62 米，纵联拱，用券四层，未见用伏。

拱券上用伏和券伏相间之制是什么时候形成的呢？在拱券出现时是有券无伏的，但到了东汉时券上已有伏，如河南中牟西关的汉墓墓门的拱券结构是二券二伏的（图 6-2-7），以后到两晋时期在拱券上也有用伏的情况，如南京象山 5 号墓是三券一伏。此外，宋《营造法式》券三，卷辇水窗条曾载有"用斧刃石斗卷合，又于斧刃石上用缴背一重"之句，此即在石拱券之上

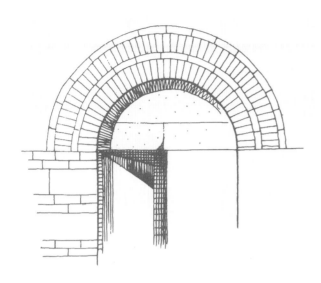

图6-2-7　河南中牟西关汉墓拱券

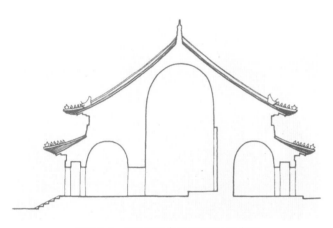

图6-2-8　南京灵谷寺无梁殿剖面示意图

用伏一道。这说明在宋代有在券上施伏的做法，但在明代之前尚未形成券伏相间的定制，只是到了明代才在拱券上普遍使用券伏相间的构造方式，如南京明孝陵明楼拱门是三券三伏，南京灵谷寺明代无梁殿也是三券三伏，北京正阳门是五券五伏。这种券伏相间的构造方式对加强拱券的整体性是起一定作用的。因此券伏相间的做法是拱券结构的进步方式。

砖砌筒拱结构在地面建筑上的运用，从而在我国古代建筑史上出现了一种新的建筑类型——无梁殿。无梁殿的特点是：建筑全部用砖砌成，顶部用筒拱结构，筒拱的跨度大，拱的弧度规整，多用纵联拱砌法，无梁殿以砖砌墙身承重，壁体厚重。例如南京灵谷寺无梁殿，筒拱主跨达11米多（图6-2-8）。

为什么会出现无梁殿建筑？无梁殿建筑产生后，砖砌筒拱结构发展过程中的一些问题如何理解？如以前筒拱的拱跨都较小，为什么到明代就一跃而能建筑10米以上的筒拱？筒拱产生后经过一个阶段发展，接着拱壳、四边起坡顶等相继出现，从而筒拱结构退居次位，而至明代筒拱结构为什么又兴起？

无梁殿出现的主要原因，应是对建筑的"长久"的要求。与木构建筑比较，砖砌无梁殿在满足上述要求方面，有十分明显的优越性。如南京灵谷寺、苏州开元寺等建筑组群，木构建筑尽毁，而仅无梁殿独存。此外，明代建无梁殿来存放皇室的档案文件及佛教经书之用，也说明是力图发挥无梁殿防火、坚固、耐久的特点。如北京的皇史宬就是存放皇室档案的无梁殿建筑；苏州开元寺无梁殿是藏经书的，其前身为木构建筑，被火焚毁后才改建为砖砌无梁殿，上述要求只有在具备一定的物质技术条件下才能实现，而明代则已具备建造无梁殿的物质条件，这些条件是：

（1）支模技术在砖结构上的运用，使筒拱拱跨由原来的3米左右而一跃达11米以上，这才能使无梁殿建筑有一定的体量与内部空间，从而使砖建筑在一组建筑中能与其他木构建筑的体量相协调。

（2）制砖技术进一步发展，砖的产量增大，已不是十分昂贵的建筑材料，这可以从明代一般民居中普遍地使用砖的情况得到证明。

（3）石灰灰浆在砖结构上的普遍应用，加强了筒拱结构的整体性与受力的均匀性，这对拱跨的增大，及筒拱结构强度的提高都有很大作用。

砖砌顶盖结构到明代又采取汉代在墓葬里盛行过的筒拱结构形式。但是，把早期筒拱结构与晚期的筒拱结构作一比较，就能清楚地看出它们之间的区别：早期筒拱拱跨小，一般无灰浆，以并列券砌法为多，拱的弧度不甚规整，整体性较差，筒拱易溃塌，而晚期无梁殿筒拱结构跨度大，用石灰灰浆砌筑，多为纵联拱砌法，整体性较强，弧度规整，牢固度较大。筒拱结构形式自汉以来只用于墓葬、下水道，或砖塔的某些部位上。而至元、明已能用于城门洞及无梁殿等跨度较大的地面建筑上，这些都说明是筒拱结构的进步，是砖结构技术的发展。砖顶结构发展到明代为什么采取筒拱结构形式，而不朝其他砖结构形式发展？这可能与砖结构的支模及施工有关。因为筒拱的模板为单向曲线，远较拱壳、穹隆顶的双向曲线模板简单，施工也方便。

无梁殿建筑，对筒拱所产生的水平推力的处理，在明初是用厚重的砖墙来抗衡，如明初南京灵谷寺无梁殿（图6-2-9）和灵谷寺无梁殿内景。而至明万历时则用类似扶壁柱的办法来防止水平推力，如明万历时所建的山西永祚寺无梁殿（图6-2-10），苏州开元寺无梁殿等，都用此种处理办法。这种由厚重的纵墙改变为用扶壁柱式的横墙来对付筒拱的水平推力，是处理水平推力问题上的进步。这种处理办法，不但符合力学原理，节约用砖量，同时增加了门窗的面积，有利于室内采光。

关于筒拱曲线问题，其初期曲线弧度较平缓，例如洛阳西汉壁画墓耳室拱跨1.08米、矢高0.25米，其矢高与拱跨比为0.25:1.08=0.23。洛阳烧沟汉墓的初期筒拱墓中，墓403的拱跨为1.16米、矢高为0.92米，高跨比为0.405；墓82拱跨为1.94米、矢高为0.92米，高跨比为0.474。半圆拱的高跨比应为R:2R=0.5。可见初期筒拱都在半圆以下高跨比逐渐增加的趋向，可能是因为初期筒拱的高跨比小，产生的水平推力大，故稍后筒拱的曲率就采用半圆拱。半圆拱为以后砖砌筒拱结构长期运用的基本形式，一直到明初所砌南京城的城门洞、孝陵明楼拱门、灵谷寺无梁殿等仍为半圆拱。而明迁都北京后所砌筒拱，矢高大于拱跨的为多，也就是说这时筒拱已不是半圆的"单心拱"，而是高跨比已大于0.5的"三心拱"了。自明代开始筒拱结构就被广泛运用于官式砖建筑上，诸如北京故宫、天坛、十三陵和各地的城门洞等。由于官式砖作工程中筒拱运用得较多，为了便于施工、估料，统一拱曲线的做法，在总结明代筒拱曲线的基础上，定出了拱券计算方法。

《营造算例》中"发券做法"规定："凡平水墙，以券口面阔，并中高定高。如面阔一丈五尺，中高二丈，将面阔丈尺折半，得七尺五寸，又加十分之一，得七寸五分，并之，得八尺二寸五分，将中高二丈内除八尺二寸五分，得平水墙高一丈一尺七寸五分，平水墙上系发券分位"。

今将上述规定列算式如下：

$$矢高 = \frac{拱跨}{2} + \frac{拱跨}{20} = \frac{11}{20}拱跨$$

拱跨 $=0.55$ 拱跨

已知：拱跨（券口面阔）$=1.5$ 丈

中高 $=2$ 丈

矢高 $=0.55$ 拱跨 $=0.55$ 丈 $\times 1.5$ 丈 $=0.825$ 丈

发券分位线高：中高 $-$ 矢高 $=2$ 丈 -0.825 丈 $=1.175$ 丈

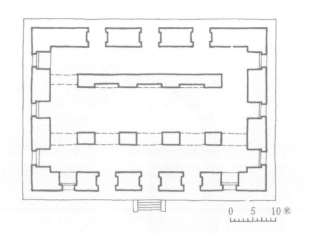

图6-2-9（1） 南京灵谷寺无梁殿平面图

图6-2-9（2） 南京灵谷寺无梁殿内景

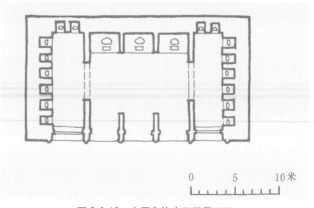

图6-2-10 太原永祚寺正殿平面图

由上列算式知高跨比为0.55，大于高跨比为0.5的半圆拱，其矢高的增高量为 $\frac{拱跨}{20} = 0.05$ 拱跨。

从"发券做法"的规定中，可以看出筒拱的拱跨与高度是设计提出的要求，因此是已知的。目的是根据已知的条件求出平水墙高，即发券分位线所在，这样在筒拱施工时便于工匠掌握砌筑墙身至某一高度就要开始发券，以及对发券的高度要求等。

三、砖拱壳结构技术的产生发展

（一）拱壳结构的产生

砖拱壳结构出现于公元前 1 世纪的西汉末期。它的产生是平面成十字交叉的筒拱顶相互穿插的结果。洛阳烧沟 632 号墓是砖拱壳顶的较早例子（图6-2-11），其拱壳是甬道筒拱顶与两旁的耳室筒拱顶相互穿插形成的。拱壳的特点是：其拱脚落在四个拱券上或墙上，因此在受力上为四边支承结构；在结构上采用方圈式是因为两个并列拱十字交叉、相互贯穿而形成的一种构造方式。即由拱脚的四边随着拱的弧度，以平面为方圈的砌法，逐圈向中心收砌成顶（图6-2-12）。所以拱壳结构的出现是砖拱结构的重大发展，使砖拱由原筒拱的单向结构发展成双向结构。

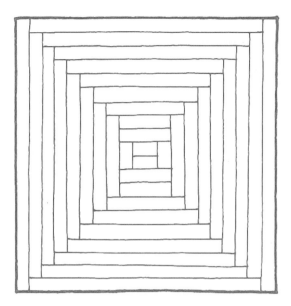

图 6-2-12　拱壳顶仰视

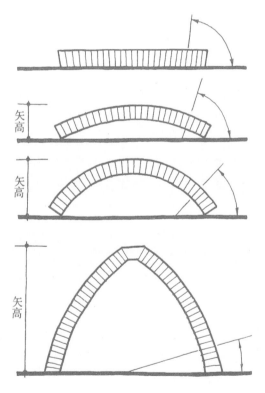

图 6-2-13　拱的矢高变化与砖缝倾斜度的改变

图 6-2-11　洛阳烧沟 623 号汉墓拱壳顶

（二）拱壳结构的运用与发展

拱壳结构的特点使它适合于在方形平面上运用，拱壳的矢高开始时较小，以后逐步增大，这一点与简拱矢高的变化相同。拱壳矢高逐步增高的趋向，可能是逐渐了解矢高增加可以减少拱脚处水平推力，创造一种方便的拱壳施工方法，以及墓室室内空间要求增高等几方面原因的结果。拱壳越扁即矢高越小，则无支模施工就越困难，而拱所产生的水平推力也越大，反之，拱壳矢高越大其砖缝与地面所成角度就越小（图6-2-13），砌筑就较方便。因此，在无支模情况下，为了便于拱壳顶的施工，砖缝与水平面的夹角就逐步缩小，从而拱壳顶的矢高就逐步增大。根据一些拱壳顶的资料，可以看出拱壳顶无支模的衬砌方式，即自发券分位线开始，由下往上层层内倾、斜砌，使每层形成一个方弧形的环（图6-2-14）。这样一圈圈逐步收小，直砌至方形平面的中心而形成一个矢高较大的穹隆顶，随着拱壳矢高的增大，拱壳对角线上的脊就

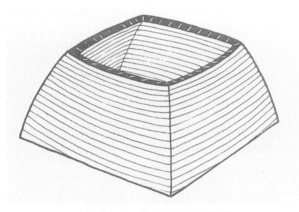

图 6-2-14　拱壳顶方弧形圈砌图

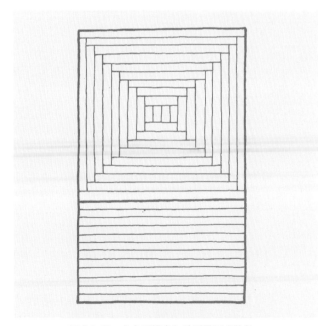

图 6-2-15　由方形拱壳与并列拱组成的长方形拱壳顶

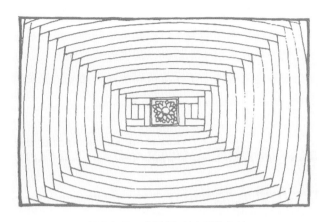

图 6-2-16　″顶式″长方形拱壳顶

明显起来。东汉时，矢高较大，四边起坡的穹隆顶较为盛行。

拱壳顶早期是运用于方形平面上，稍后在长方形平面上被采用。开始在长方形平面上使用拱壳顶，是以方形拱壳再加一段并列拱的办法来组成长方形顶的（图6-2-15），如洛阳烧沟1029号汉墓后室顶部的组成。以后拱壳顶的中心就移到长方形平面的中心，即东汉的墓顶上常见的所谓盝顶结构（图6-2-16）。

拱壳顶出现后，就产生拱壳与筒拱、拱壳与拱壳的交接处理问题，一般是以拱券来承托相邻二拱的拱脚的办法来解决，在施工时做出几个曲面相交的曲线是需要较高技术的。至东汉中期以后，墓室平面的前堂后室部分已不如早期那样分而不隔，前后贯通，而是前堂与后室分开，中间以一甬道相通（图6-2-17），甬道用筒拱顶，其空间较矮小，故前后二室的拱壳顶的拱脚除一部分落在筒拱顶上外，其余部分则落在甬道门洞两旁的壁体上。这样就避免了几个曲面相交的问题，而相邻二拱壳就彼此脱离，各自独立，使拱壳的施工简单化（图6-2-18）。

三国时期拱壳顶的砌法出现了一种新的方式。这种拱的构造方式，我们推知其施工步骤及方法是：在墙顶的四角先以条砖作斜卧抹角垫砌，再在其上砌一层斜卧抹角弧拱，这样一层层作斜卧弧拱，每上一层其弧拱拱跨都较下一层加大，直至弧拱的拱脚落在墙身的中线与邻近的弧拱拱脚相碰，至此墙的四角已形成四个三角形帆拱（图6-2-19），其拱脚都落在墙上。然后继续往上砌拱，每上一层，其拱跨就较下一层的砖拱缩短些，其拱脚则交替落在相邻拱的拱脚上，如

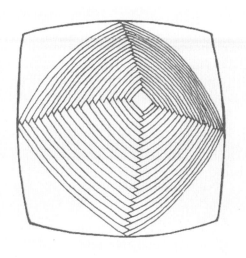

图 6-2-20 十字形接缝拱壳顶——再以方弧形圈砌向上聚合成顶

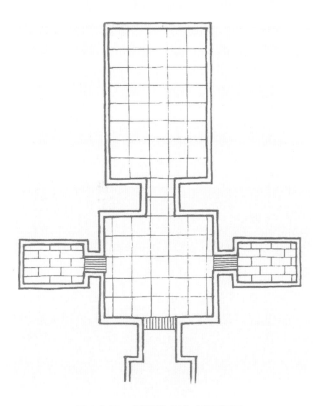

图 6-2-17 嘉峪关汉画像砖墓平面图

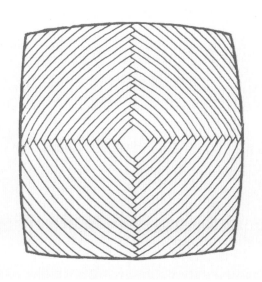

图 6-2-21 十字形接缝拱壳顶

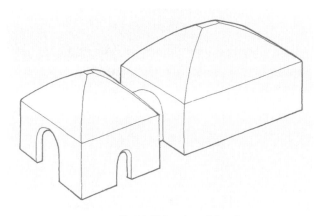

图 6-2-18 前后室拱壳顶相互脱离示意图

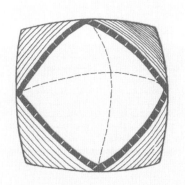

图 6-2-19 十字形接缝拱壳顶——先以抹角砌成四个三角形帆拱

图 6-2-22 对角线接缝拱壳顶

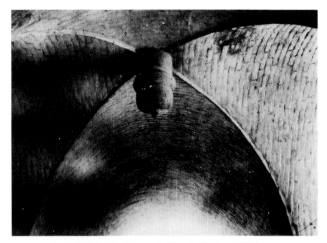

图 6-2-23　银川市鼓楼砖砌拱顶及垂莲石

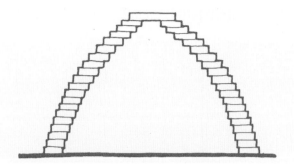

图 6-2-24（1）　叠涩顶剖面示意图

此层层往上向中央聚合成顶（图 6-2-20）。此种砌法的拱壳顶在两晋时期较为盛行。其外形特点为十字形接缝（图 6-2-21），而汉代的拱壳顶则是对角线接缝（图 6-2-22）。上述十字形接缝拱壳结构的起拱方法，乃是砖拱结构技术发展进程中，无支模施工方法上的创新。

　　银川清代鼓楼砖十字门洞，十字交叉处，先用石料做拱肋，然后砌砖券，结顶处用石垂莲柱，是又一种结构处理（图 6-2-23）。

四、砖砌叠涩结构技术的产生与发展

　　叠涩顶结构始见于东汉，它是在拱壳顶发展过程中从拱壳顶矢高增大后的砌筑方式中变异而产生的。故叠涩顶的轮廓线仍与拱壳顶相似，但构造方式不同。叠涩结构的砖缝是水平的，以砖层层出挑的方式成顶（图 6-2-24），而拱壳结构的砖缝是与水平面成角的，即砖为层层斜砌向中央收拢而成顶（图 6-2-25）。由于构造方式不同而形成二种砖结构，在受力上拱壳顶是一种拱结构，故砖块是受压的，而叠涩顶的砖块不但受压还要受剪，从结构受力上比较，叠涩顶不如穹隆顶，但在施工上叠涩顶的砌筑较拱壳方便而砖的规格也较少。早期的叠涩顶实例，有河南襄城茨沟汉墓的中后室墓顶，广州东汉墓（编号 5041）墓顶以及内蒙古和林格尔东汉壁画墓，其特点是：叠涩顶的高跨比都很大。襄城茨沟汉墓建于公元 2 世纪 30 年代，是一座多室墓，除了中后室墓顶用叠涩结构外，其他如

图 6-2-24（2）　广州汉墓出土墓 5041 顶部结构仰视（东汉后期）

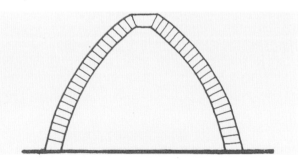

图 6-2-25　拱壳顶剖面示意

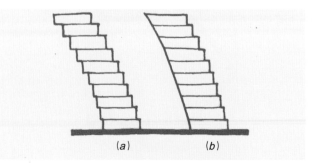

图 6-2-26　叠瑟顶的二种外观形势
（a）斜头砖砌叠涩；（b）普通条砖起程叠涩

左右前室，左后室等墓顶仍用拱壳结构，该墓叠涩顶是以斜头砖作叠涩砌，其所以做成斜头，估计是要模仿拱壳顶的外观。这些情况说明此墓的叠涩顶应是叠涩结构的初期形式，但斜头砖加工较麻烦，故以后都以普通条砖作叠涩砖。例如建于公元2世纪60年代的和林格尔东汉壁画墓叠涩顶（图6-2-26）。

叠涩结构在东汉产生后并没有获得推广，砖墓墓顶仍以拱壳结构为主，直至唐代才常见叠涩结构方式。以后宋、辽、金的穹隆顶用叠涩结构就较多，随着墓室平面向多角形及圆形变化，叠涩圆穹隆顶就被较多运用。这并非是说圆穹隆顶是在出现圆形平面时才产生的，穹隆顶早在方形平面时期已出现，这就产生方形墙体如何向圆形顶部过渡的问题。例如河南襄城茨沟汉墓的中、后室平面为方形，而顶部是圆穹隆顶。其过渡方式是：在墙的四角从砖第17层开始，用叠涩方法往上逐层出跳，砌成一弧形三角体，作为直角形墙与圆形拱壳顶的过渡部分。这种解决直角形墙与圆穹顶之间的处理方法，至元代在砖建筑上仍被采用。如杭州凤凰寺无梁殿（图6-2-27），殿面阔三间，每间的顶部各用一圆穹隆顶，明间上的穹隆顶较大，直径达8.1米，其方形平面与圆顶之间的过渡处理，仍用河南襄城茨沟汉墓的方式，即以叠涩砌三角体作

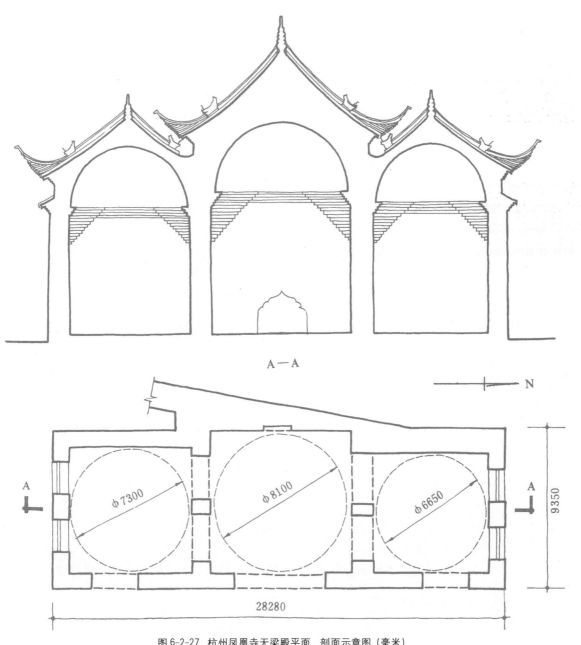

图6-2-27　杭州凤凰寺无梁殿平面、剖面示意图（毫米）

为方形墙角与圆形拱脚过渡。此外，砖砌叠涩结构方式在汉代以后还在砖塔塔顶、塔檐、门窗等处被普遍运用。

第三节　砖铺地和砖贴面

一、砖铺地工程

我国古代建筑上用砖，最早是出现在铺地工程上。砖铺地面的出现，很可能是受到红烧土地面的启发。经火烧烤后的泥土，变得比较坚硬。在铺地砖出现以前，红烧土地面是一种较普遍的人工地面。在河南新郑仓城战国遗址中，发现一种近似铺砖地面的红烧土地面。它是先将泥土平铺以后，在平铺泥地上划一些不太整齐的方格，再焙烧而成的。这种划了格的红烧土地面，虽然避免了整体红烧土地面产生不规划裂缝之弊，但对于古代木构建筑的施工是很不方便的，它必须先做好了地坪才能盖房子。又由于红烧土的火候较低，耐磨程度不及高温焙烧的砖。用分块的砖铺地，施工方便，也适应我国古代早期人们席地而坐习俗的要求。

《考工记》中，有"堂涂十有二分"的记载。据东汉末郑玄对这句话的解释是"若今令甓䃺也"。"䃺"，于旨堂前的道路，"令甓䃺"者，就是用砖铺成的道路。说明在《考工记》之前已有砖铺地是无疑的。

（一）铺地砖形式的变化与铺砌技术的发展

目前发展得最早的铺地砖属西周晚期。今陕西扶风县齐家区黄堆公社出土的西周铺地砖，约50厘米见方[①]，底面四角各有半个乒乓球大的乳突一个。河南新郑郑韩故城的遗址中，也发现过构造原理相似，形式不同的铺地砖[②]（图6-3-1）。这类砖底面有四个边棱，约34厘米×39厘米，35厘米×47厘米；表面有米字纹、绳纹、回纹几种纹案。

那时铺地砖与基层的结合，是靠砖本身的形状来解决。把底面做成乳突或凸棱，就像扒钉一样嵌紧于泥土底层。用这种砖铺地，由于垫层泥的干缩，铺地砖容易翘起，这样，整个地面很难保证平整。在秦咸阳宫遗址中，还发掘出一种截面为锯齿形的平行线纹砖，这种砖的两长边，有素面子母榫相接，砖大50厘米×33厘米×5厘米，边宽1.7厘米，厚2.5厘米[27]。这种带子母榫的铺地砖，则进一步解决了地面平整的问题。两长边的子母榫，在更大的面积上一块扣住一块，这种地面的整体性，比单块的带乳突或带边框的铺地砖要好。显然，这些异型砖的制造都比较复杂，特别是砖坯再经高温焙烧后，砖的变形很难避免。铺地砖的外轮廓不规整，就会直接影响到铺地的质量。所以这些异形铺地砖并未得到发展。

在秦汉以后用方砖和条砖铺地，逐渐普遍起来。异形铺地砖虽被淘汰，但早期的铺地方砖、条砖，在外形上仍有些特点。如临潼区秦俑坑长廊内的铺地砖、条砖的两端横断面略呈楔形，二砖端相连，互相咬结，使砖铺地十分牢固。在望都1号汉墓中，用扇形砖铺地[28]（图6-3-2），也同样具有使砖互相咬结的道理。铺地砖的外轮廓线虽逐渐简化，早期往往还常在砖的背面留有绳纹、文字或整个手印纹，这在构造上的意义是使砖的毛面与基层结合得更紧密些。广州秦汉造船工场遗址出土的铺地砖，尺寸为（70厘米×70厘米×12～15厘米）[29]，其四侧及底部都有许多小圆洞。可能是由于砖型厚大，有3小圆洞更便于烧透之故；而它在构造上也有使铺地砖与基层紧密结合的作用。随着砖作砑磨技术的发展以及石灰作为建筑的胶结料以后，铺地砖的形式就更趋简洁，因此，施工简化而工程质量也有很大提高。

汉代已出现了磨砖技术。从考古发掘一些汉代墓葬的铺地砖来看，对缝都非常严密。如望都的1号汉墓，用扇形砖铺地，一正一反，弧线相接严密，可见砖经过磨制是无疑的。到唐代铺砌技术更有发展。唐

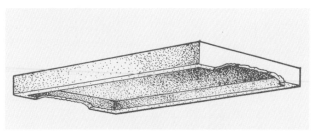

图6-3-1　河南新郑出土战国铺地砖

① 陕西博物馆藏品。
② 新郑郑韩工程考古队藏品。

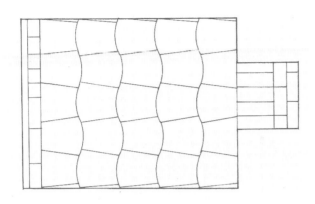

图 6-3-2 望都 1 号汉墓地面

大明宫出土的铺地砖,其制作均上大(表面)下小(背面)。又从麟德殿被火烧后的地面痕迹看,砖嵌缝的断面呈三角形,而铺砖地面的表面,几乎可以不见缝。地面砖是靠挤入缝隙中的泥土与基层紧密结合。砖断面的这种变化其意义在于:把砖的一面与基层结合扩大到五个面与基层结合。不仅如此,而且砖与砖之间有了共同的胶结层,把分块的铺地砖结成了一个整体,表面还不见灰缝。这种砖铺地面坚实平整,不易渗水。它的做法宋《营造法式》卷十五载:"铺砌殿堂等地面塼之制,用方塼,先以两塼面相合,磨令平,次斫四边,以曲尺较令方正,其四侧斫令下棱收入一分"。也就是说,室内铺地用方砖,在铺砌之前要先磨砖面,使其表面平整,磨砖的方法是两砖对磨。然后砍磨四边,用曲尺(角尺)校正,使各边互成直角。斫四侧的目的,是留有缝隙,使胶结物能挤进砖缝而表面不露缝。从铺地砖本身形式的变化,到铺砌技术的进步来看,是我国古代铺地工程技术上的一个飞跃。这种铺地技术直到明清仍沿用。明清建筑中的铺地,已普遍采用白灰作胶结材料。在一般的铺地工程中,胶结料用粗灰泥(1:3 的白灰与泥土);宫廷建筑的铺地,也有全用白灰膏,其上灌白浆,保证砖缝中的胶结料饱满。石灰硬结以后比泥土更坚固。

(二)室内铺地的防潮处理

《墨子·辞过》中有"古之民未知为宫时,就陵阜而居,穴而处,下润湿伤民"之说,说明我们的祖先早就认识到潮湿对人的危害。土壤的潮湿,部分由于毛细现象,夯土地面、草泥地面、红烧土地面都在一定程度上起着防潮的作用,原理是切断毛细通道。直到唐代,

官府的重要粮仓——含嘉仓[30],其地面防潮也只是将窖底夯打焙烧以后,铺上一层夹杂红烧上灰烬的混合泥作防潮层。我们的祖先还很早认识到"宫室之法,高足以辟润湿"的道理,房屋一般都是建筑在比较高的夯土台或者是砖的台基上。由于砖本身就比红烧土更密实,再加上铺于高台基上,这对室内防潮更有利。

砖本身仍有一定的吸水性,为克服这一缺点,又创造出用油类物质处理瓦、石、砖的做法。《邺中记》中,载有北齐邺城"屋瓦皆以胡桃油油之"。唐大明宫出土的大形铺地方砖,表面光亮莹润,呈漆黑色,可能即经过这种处理。在《营造法式》中,有用墨灯刷砖瓦基阶以及用黄蜡和桐油油碑瓦之制。到明清时,工匠把这种方法称为泼墨(刷墨灯)钻渗(浸刷植物油)。其做法是:将砖铺好以后,用调稀的墨灯刷之,待干后再刷核桃油或生桐油,也有烫黄腊的。在清朝宫廷建筑中,还有更精致的做法,它是将制好的砖坯,晾干以后,砖的表面层用烟脂调油,抹上约 1 厘米厚的面层,再焙烧而成。用墨球和油类物质处理砖表面,就像木材刮腻子油漆一样。砖的微小孔隙被墨灯和油填满,破坏了砖的毛细吸水,提高了铺地砖防潮的性能。不过,这种表层易磨损,在经常有人走的部位,须加保护,如用地毡之类。在铺砌过程中,除了用磨砖的方法使对缝十分严密以外,还用桐油和蜃灰调成很柔和的油面,括在砖的四个上棱上,这样既保证了施工时不至碰坏棱角,又能堵塞砖与砖之间的微缝,从而更进一步堵塞了毛细作用的通路。有了高高的台基,严密的砖铺地面,室内防潮就可以得到保证。对于民间建筑而言,不可能有这样高级的地面防潮做法。只能用铺地砖或在铺地砖下垫沙或灰渣滤水而已。另外一种是统治阶级的陵墓之类的地下建筑,因接近或低于地下水位,他们为保护其尸体和随葬品,也十分重视地下的排水和防潮。一般砖墓中的砖铺地面,都是中间略略凸起,靠四壁处较低,便于散水,以保持中间地面的干燥。有的就在铺地砖下,用砖砌成排水沟。这些地下建筑的防潮层,实际上只能起垫层的作用。无论是用卵石或灯渣、细砂,只是滤水的好材料,可以把四壁渗入的水较快地排掉。也有用地上建筑的方法来铺砌地下建筑的地面,墓底用数层砖砌成,或在每层砖下都铺一层白灰。也有先将墓底铺一层砖,砖上夯一层土,再铺面砖。以上这些方法,对于地下建筑的排水防潮都能起一定的作用。

（三）室内铺地的耐磨与清洁

我国六朝时垂足坐之风开始盛行，至唐代渐绝。此后穿鞋进屋，必然会由室外带进更多的尘土到室内来。为了除尘方便起见，室内铺地也必须平整而光滑。所以室内铺地一般都用素面砖。古代宫室砖铺地面所用的泼墨、钻渗的方法，除了有防潮作用以外，也提高了地面砖的强度及光洁度。铺地砖本身不起尘，是室内地面清洁的先决条件。如北京宫廷建筑内的砖铺地面，距今已五百多年了，仍然明洁似镜。一般民间建筑虽不能使用泼墨、钻渗的方法来提高砖的质量，但也要把砖打磨光平。我国南方民间常用的方法，是先用砖刨粗刨平，然后再用砂磨砖打光，以保证除尘方便。

《营造法式》中总结了殿堂地面的铺砌，应当是"每柱心内方一丈者，令当心高二分，方三丈者，高三分"。也就是考虑到经常被摩擦的房间的中心部位，应比靠柱壁的地位稍高起一些，以免因长期走动磨擦，使房间中央的地面形成凹地。在以后明清的铺地工程中，仍基本承袭此制。

（四）室外的砖铺地面

室外铺地的意义，主要在于解决雨水冲刷、排水、防滑等问题。特别是檐口下的散水、道路等处，都是需要加以重点处理的。

早期的散水是用卵石砌成的。卵石是一种非常坚硬的天然材料，在用砖砌散水之前，用卵石砌筑散水较普遍，只要取材方便，以后也常见用。殷墟就已有卵石散水，岐山西周遗址亦用卵石散水，凤翔先秦宫殿的散水，也是全用大小卵石铺砌的 [31]。但由于卵石大小不均，形状不一，又不带棱角，若没有很好的胶结料，是很容易被水冲散的。当砖出现以后，很快就用它与卵石合砌散水，克服了全用卵石砌筑散水的缺点。如秦咸阳宫回廊外的散水铺砌，是将卵石居中，两边平行铺方砖各一排。[32] 到汉代以后，更改进为用条砖竖立镶砌散水的两边 [33]，竖砖嵌入土中较深，比平铺砖更为坚实牢固（图 6-3-3）。随着砖的普遍采用，天然卵石散水就逐渐被淘汰。虽然卵石质地较砖坚硬，但它必须用胶结料组合起来，古代的胶结料，无论是黏土，粗灰泥还是纯白灰都抵不过屋檐"滴水穿石"

的力量，胶结料被水冲跑，卵石筑的散水就很容易破坏。用砖铺砌的散水，即使没有胶结料，也不那么容易损坏。如唐长安大明宫重玄门的散水及西夹城内房屋遗址的散水砌法，其整体性、稳定性都很好（图 6-3-4）。

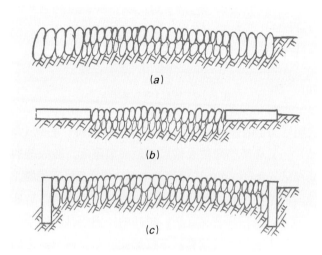

图 6-3-3　卵石散水
(a) 凤翔先秦宫散水；　(b) 秦咸阳宫散水
(c) 汉建筑遗址散水

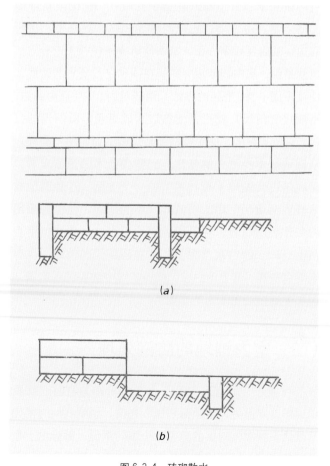

图 6-3-4　砖砌散水
(a) 唐长安大明重玄门散水；　(b) 唐长安大明宫西夹城散水

道路的铺砌比散水要求更高，因为除了雨水对它的冲击以外，还有车马人行对它的撞击、沉重压力和磨损；因此《营造法式》上总结露道的砌法是"长广量地取宜两边各侧砌双线道，其内平铺砌，或侧砖虹面垒砌，两边各侧砌四砖为线"（图6-3-5）。两边侧砌的砖，较深的埋入地基中，它就像一个箍一样来固定路面砖，使其不易发生位移。一般室外砖铺地，多用侧砖也是这个道理。

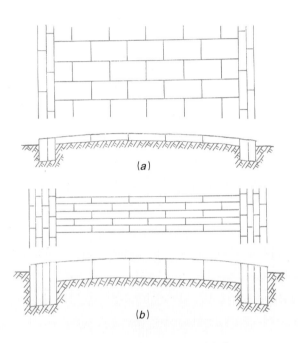

图 6-3-5 宋《营造法式》露道砌法
(a) 平铺砌；(b) 虹面垒砌

室外排水、散水的铺砌应略做排水坡，即"批水"。铺砌的宽度，以屋檐滴水的位置而定，散水中心应在滴水线上。为保证室内的干燥，台阶边沿的铺砌也应向外倾斜，使雨水不至倒流。排水的坡度在《营造法式》上定为"柱外阶广五尺以下者，每一尺令自柱心起至阶齦垂二分，广六尺以上者垂三分"。室外铺地与室内铺地的要求不同，铺地砖表面要考虑防滑。自秦汉以来的地面建筑遗址中，一般都有素面砖及花砖两种。从使用要求看来，可能就是分别作室内外的铺地之用。唐以前花砖铺地较多（图6-3-6），一般用在慢道或庭园之中。到明清以后，花砖铺地则少见，而进一步发展为利用废料与砖合用于铺地（图6-3-7）。如炉干石、破缸片、破瓷片、废瓦片、卵石等，都是铺砌庭园的好材料。特别在我国南方的很多民居及园林中，因地

1.蔓草纹铺地砖（秦咸阳宫出土）

2.回纹铺地砖（楚皇城遗址出土）

3.卷瓣莲花纹铺地砖（敦煌莫高窟53窟窟前建筑遗址出土）

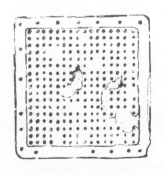

4.乳突纹铺地砖（汉长安城出土）

图 6-3-6 (1) 铺地花砖

图 6-3-6（2） 河北易县燕下都出土方砖（汉）

图 6-3-6（3） 西安大明宫遗址出土唐花砖

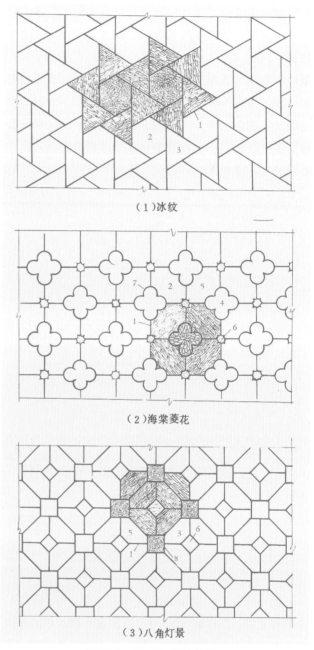

（1）冰纹

（2）海棠菱花

（3）八角灯景

图 6-3-7 砖、瓦、石合铺地面
1- 砖；2- 青石；3- 缸片；4- 卵石；5- 黄石；
6- 银粒；7- 瓦；8- 白卵石

制宜，就地取材的地面工程，不胜枚举。这些铺地的特点，是利用薄砖、瓦片作边框，其他材料作填充料。因为砖嵌入基层不易发生位移，并且有砍磨加工方便的特点，常用它来组成各种图案。

（五）屋顶平台的砖铺地面

屋顶平台的地面，是一种较特殊的工程。因为它既是屋顶又是地面，所以两者的功能都要满足。作为屋顶，就必须严格防止雨水渗透和方便排水；作为平台，

人就要在上面行走，面砖必须平整、耐磨。因此它的铺砌技术要比一般地面复杂。高级的构造是：先在望板上铺五层砖，作为屋顶平台的基层，再上铺一层青灰，其上铺锡背作为防水层，防水层上为结合层，3厘米厚的粗灰泥（1:3 的石灰与泥土）上面铺面砖。这种面砖因为是屋面的面层，防的是雨水由上而下的渗透，所以砍砖正与《营造法式》所说相反，令上棱收入，目的是便于所嵌油灰（4:1 的白灰与桐油）饱满严密，

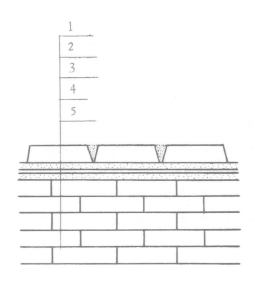

图 6-3-8　承德普陀宗乘庙大红台平顶
1- 面砖；2- 1：3 石灰泥；3- 锡背；4- 青灰；5- 砖基层

使雨水不至由砖缝中渗漏下去。如承德普陀宗承庙大红台的屋顶平台就是这种作法（图 6-3-8）。

以上种种铺地工程技术，在我国古代建筑技术成就中，只是一个很小的方面，然而已反映了劳动人民的高度智慧和创造才能。有的技术措施，直至今天还可作为借鉴，这些技术成就，在封建社会，多为封建统治阶级占有，所以一些优秀的技术成果，多反映在宫殿、庙宇及士大夫的第宅园囿之中。

二、砖贴面工程

在砖铺地技术的基础上，采用砖来贴砌墙面是很自然的事。如在河南新郑五眼井战国陶窑遗址中，就是把铺地的带边框的方形花砖又用来贴砌土壁。可见贴面砖的出现，最初并不是为装饰的需要，首先是为满足防护的功能要求，以后才更多的注意到了建筑的美观要求。

据目前考古发掘的资料得知，我国古建筑中采用贴面砖，最早是在战国时期。贴面砖一开始出现，就是根据建筑上不同的要求，而具有各种形式。如在陕西凤翔县先秦宫殿遗址中发掘出的饕餮纹贴面砖[34]，厚度只有 1.7 厘米，宽 23 厘米，高 11 厘米，砖的上边平直，其他三边呈弧形（图 6-3-9）。这种饕餮纹的贴面砖与春秋时代鲁国半瓦当上的饰纹很相似。也可能它就是用于檐下或檐口部位的贴面砖，多出于防水

图 6-3-9　饕餮纹饰面砖（陕西凤翔先秦宫殿遗址出土）

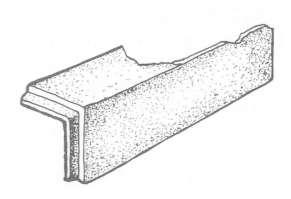

图 6-3-10　L 形饰面砖（河北燕下都出土）

之需要。又如燕下都发掘出的曲尺形的贴面砖[35]（图 6-3-10）一端带子母榫，无疑是用于建筑的转角部位。因为在建筑的阳角部位是很容易受到碰撞损坏的。

我国古代木结构建筑，以木架承重，土墙围护，为了防止木构件受潮腐烂，房屋常建在夯土的高台基上。但泥土本身无论是在强度、耐水性方面都是较差的。为了保护土墙和夯土台基，故常用砖包砌其表面。土墙采用包砌的方法，是因为当时砖还不能大量普遍采用之故。这种根据构造要求，面、里分别采用不同性质的材料，既提高了建筑质量，又经济美观，在工程技术上有着进步的意义。早在汉代，就有用砖镶砌房屋内壁和贴砌囷壁的[36]（图 6-3-11）。东汉时期，在四川的墓室中流行一种画像砖的贴面做法。河南邓州市出土的六朝画像砖，还有精致的雕刻（图 6-3-12）。六朝并出现了彩色画像砖的贴面，例如，南京西善桥油坊楼的南朝大墓，土坑的两壁用砖贴砌[37]（图 6-3-13）。唐代普遍采用砖包砌台基，如敦煌壁画所反映之例[38]（图 6-3-14）。直到明清仍沿用此法包砌土墙、碎砖墙及夯土台基。

到宋以后，雕砖、磨砖技术有了很大发展，砖用做装饰性的贴面材料就逐渐普遍起来，而且常用在建筑中显著的部位。槛墙、影壁、硬山墙、墀头、包檐墙等，都处于雨水经常冲刷侵蚀的部位，故用砖贴面

图6-3-11　砖贴砌困壁（洛阳西郊出土）

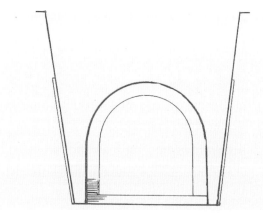

图6-3-13　砖贴砌护坡（南京西善桥油坊村出土）

图6-3-12（1）　河南邓州市出土六朝画像砖（舞蹈）

图6-3-12（2）　河南邓州市出土六朝画像砖（牵牛）

图6-3-12（3）　河南邓州市出土六朝画像砖（牛车）

图6-3-12（4）　河南邓州市出土六朝画像砖

图6-3-14　壁画中的砖包台基（敦煌217窟）

较为普遍。一方面既起着保护木构架、土墙、土台基的作用，另一方面在建筑的显著部位经过特别的雕刻加工，磨砖对缝，或者刨出各式线脚纹样，使其各细部完整而美观，可以达到很好的装饰效果。在我国古代建筑中，还常用砖嵌贴栏杆、门框、窗框等。因为这些部位的抹灰特别容易被碰掉，用磨砖对缝，砌成各式嵌砖线脚，不仅能起到护角的作用，而且在白粉墙上突出了装饰重点，青灰色的门窗边框与大面积的白粉墙，形成强烈对比，显得格外精致、光洁、素雅。

总之，砖贴面有其特殊的装饰效果，它一开始是满足构造功能的需要，到以后装饰性逐渐增强，而常被用于建筑的某些显著部位。我国古代工匠充分掌握了砖材料的性能，不仅使砖贴面满足了构造及使用功能方面的需要，而且使贴面砖的装饰效果独具一格，在砖贴面工程方面取得了很高的技术成就。

作为贴面的砖与一般的砖要求不同。它要求更光洁美观，故在贴面之前一般都需经过刨磨或雕刻等加工方法。明清时把这种经过加工的砖称为"细清水砖"。不是所有的砖都可以做细清水砖，而必须选择平整的，孔隙细小的砖，这种砖是选料特制的，特别是需施雕刻的砖尤为讲究。砖雕方法是先用砖刨将砖刨平、刨光，然后再施雕刻，雕刻完毕，再行打磨。如遇空隙，还需用油灰填补；一边填一边磨，才能保证色泽均匀。料砖起线则由不同的砖刨口而定。各种起线的应用，可以随意组合，不过一般室外经常受风雨日晒的侵蚀，线条多较粗壮。室内则因光线较弱，而且更接近人的视线，故常采用较精细的线条。将加工好的面砖再用粘接、嵌砌、勾挂等方法固定到各种墙上。

一般砖饰面的方法，可分为拼砌和贴面两种。拼砌的面砖多用在普通砌砖过程中，它与砌墙、砌券是结合在一起的，即直接用模制的花砖、刻花砖或画像砖砌墙及起券。如南京西善桥油坊村南朝大墓，第一甬道的两壁各有拼砌1.05米×0.65米的整幅砖刻狮子图案[39]。它是由若干块砖拼砌而成，为了施工方便，在每块图案砖的侧面，均刻上编号文字，如"右师下行第五"、"右师下行十六"等。足证在砖贴面工程中，我国早已采用了整体装配的施工方法。这种砖结构中的砖贴面，是根据装饰面的需要，把砖的一个面（图6-3-15）、两个面甚至三个面加工饰有纹样（图6-3-16），在砌筑时把饰纹面朝向外表，而构造方法与普通砌墙、

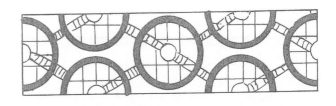

图6-3-15　饰面花纹砖（四川成都出土）

图6-3-16　L形三面花纹砖拓纹（山东掖县出土）

砌券无多大区别，只是在组成图案和花纹时，对这些贴面砖需经过一定的磨制校正，以消除制砖过程中产生的变形[40]。

面砖需要与某种基层结合的，称它为贴面。面砖与基层结合的方式，与基层材料有很大关系。如果基层是土结构或砖结构，则多采用胶泥贴面的方法，胶结料有泥土、石灰等。纯用胶结料结合面砖，关键在于胶结料要细腻，若太粗糙就会影响贴面的质量，不平而且容易脱落。这种贴面砖一般都较薄，轻便、便于施工。如湖北宜城"楚皇城"遗址发掘的贴面砖[41]，厚仅2.2～2.8厘米（图6-3-17）。在邺城发掘出的贴面砖仅厚1.2厘米[42]。除了胶结料要细、面砖薄以外，面砖的贴砌方式也有很大关系。如（图6-3-18）的（a）图贴法只有水平砖缝受压，垂直灰缝不受压力；而图（b）则砌灰缝呈棱形，就使面砖的四个边均受到挤压，更有利于面砖间的相互咬接而不易剥落，而且这样的贴面，没有砖墙的厚重感，装饰效果更好，明清的照壁、

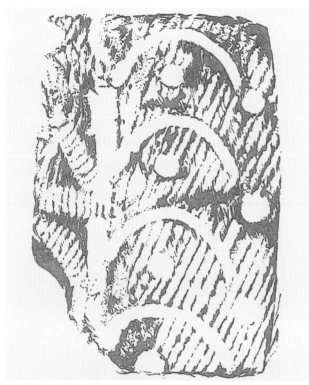

图 6-3-17　饰面花砖（湖北楚皇城出土）

图 6-3-19　兽面雕饰面砖（汉魏洛阳城出土）

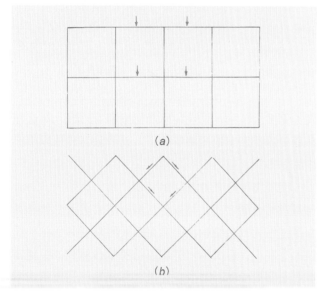

图 6-3-18　贴面砖的受力比较

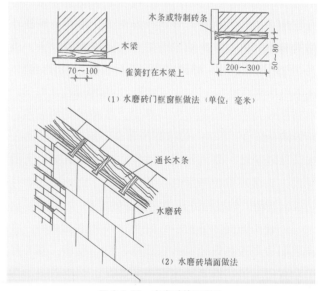

图 6-3-20　南方砖饰面做法

槛墙多用此法贴砌。

　　对于木质的基层，如额枋、过梁、檩条等，面砖的固定常采用钉、挂的方法来固定。这种贴面砖都预先在适当的位置留出孔洞，用铁钉、竹钉来钉或用铁丝绑扎在基层构件上。如汉魏洛阳城 1 号房址中发掘出的北魏大型兽面贴面砖[43]（图 6-3-19），大块的 57 厘米 ×45 厘米 ×6 厘米，小块的 43 厘米 ×34 厘米 ×5 厘米，面

砖的钉眼很巧妙的留在兽面的两眼洞中。明清时还常把搏缝砖做成 L 形，或把额枋、过梁的面砖做成匚形，并把钉眼留在面砖的上方或底部，采用既钉又挂的方法固定面砖。

　　明清以来我国南方地区的水磨砖墙及门框、窗框的做法，常常是把面砖的背面开出榫槽，直接挂在木质榫头上嵌入基层，既牢实又美观（图 6-3-20）。

第四节　铺瓦工程

我国古建筑的屋顶，由小型铺面材料——瓦组合成巨大的屋面，能够经受长久岁月的风雨考验，使整个建筑得以完好保存，这不能不说我国古建筑的屋面技术（即铺瓦工程）是有相当成就的。

我国古建筑的铺瓦工程技术，不仅体现在宫殿、寺庙等官式建筑的琉璃瓦屋顶上，民间建筑广泛采用的陶瓦（布瓦、小青瓦、蝴蝶瓦）屋顶，也凝聚着古代劳动人民因地制宜的许多成功经验。

我国的瓦屋顶是有着悠久历史的。《考工记》上已有"茸屋三分，瓦屋四分"的记载；陕西扶风、客省庄等西周遗址出土有西周板瓦实物[44]，说明我国早在西周就已经出现了瓦屋面，而且规定了它的坡度。从秦汉建筑遗址中大量出土的板瓦、筒瓦、瓦当、瓦钉来看，不仅说明这一时期瓦的制作技术大为提高，而且反映出铺瓦技术也有了很大进步。关于铺瓦工程，在《营造法式》卷十三《瓦作制度》中，对结瓦、用瓦、垒屋脊、用鸱尾、兽头等以及有关功料，都做了详尽记载。清工部《工程做法》、《扬州画舫录》（卷十七《工段营造录》）等也有关于铺瓦工程的记载。

一、屋面的防水措施

《易·系辞》云："上栋下宇，以待风雨。"遮蔽风雨是屋面最主要的功能。为了使屋面切实起到防风避雨的作用，古代工匠在铺瓦工程方面，采取了一系列的有效措施。

为了尽快排除雨水，并避免雨水飞溅到墙脚和墙身上，古代建筑的屋面采用了较陡的坡度和较深的出檐。当然，这样处理在很大程度上也加大了屋面体量，使建筑造型更加雄伟壮丽。

我国古建筑的屋面构造，一般包括：面层（瓦）、结合层（坐瓦灰）、防水层、垫层、基层（望板、望砖、柴栈、苇箔等）。官式建筑做法较考究，层次多一些；民间建筑及南方地区建筑根据具体条件，层次少一些。

西安半坡遗址和安阳小屯殷宫室遗址，都发现有一层或数层夹草泥屋面，这是我们所知道的最原始的屋面做法[45]，也是最原始的防水措施。瓦的出现标志

着屋面工程的一大飞跃。经过焙烧的瓦，防水性能远较草泥优越。由小块瓦所组合成的屋面还可以避免整体夹草泥屋面因开裂而引起的渗漏现象。现代建筑整浇混凝土屋面的防止开裂问题，仍然是屋面工程的一个不易解决的难点。瓦屋面则没有这种困难，而且也容易检修、维护。瓦的制作、搬运、施工也都比较方便，因此，它成为古代主要的屋面材料。

瓦出现之后，即作为直接承受雨水的面层，但下面仍保持有夹草泥层。《营造法式》卷十三载："其柴栈之上先以胶泥编泥，次以纯石灰施瓦"。这里纯石灰是用来结瓦，而胶泥的作用则是作为防水层和垫层。同书料例部分还可看出，泥中掺有麦麸（破碎之麦壳）、麦麹（破碎之麦秆）等纤维材料，以防龟裂（图6-4-1）。

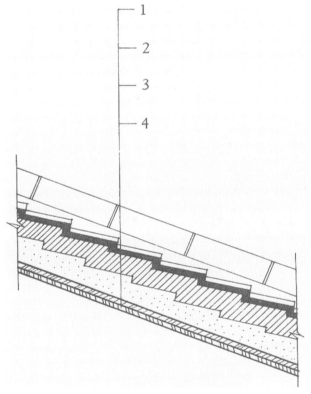

图 6-4-1　宋《营造法式》中的铺瓦做法
1- 瓦；2- 纯石灰结合层；3- 胶泥；4- 版或笆箔

明清时期的民间屋面，一般是以青灰背作为防水层。青灰是一种产于北方的黏性无机材料，掺有麻刀的青灰，施工时经过拍打出浆，这样做成的青灰背，其防水效果远胜于草泥层。北方的民间建筑，采用单纯的青灰背屋面，上面不另施瓦，这在北方少雨地区，仍不失为一种经济可行的做法。标准稍高一些，则在

靠近屋脊及梁架支点处易变形开裂部位局部铺瓦，其余部分仍为青灰顶（北方称"棋盘心"屋顶）（图6-4-2）。明清的官式建筑，屋面防水处理很讲究，除青灰背之外，在望板上也做了防水（也是防腐）处理：或是刷桐油，或是铺一层护板灰（麻刀青灰或桐油灰），故宫太和殿等处还有加铺2毫米厚铅背的做法。经过这样处理之后，就使屋面防水的安全性大为提高（图6-4-3）。

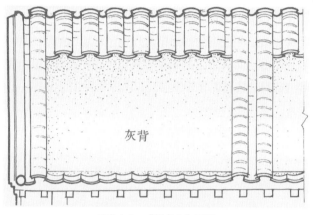

图6-4-2　"棋盘心"屋顶

板瓦屋面宋时用压四露六方式铺葺。各垄仰瓦分别形成汇水沟，两垄仰瓦间的空隙为一行合瓦所覆盖，合瓦上的雨水大都汇集到仰瓦上排出屋面。这种瓦屋面的排水情况是十分流畅的。我国南方气候温暖，风力较小，因此有些地区往往不用结合层及保温层，而是将仰瓦直接铺放在椽子（或桷子）上，再盖以合瓦，这样的屋面，仍能起到很好的遮雨作用，其检修也十分方便（图6-4-4）。

根据屋架的举折，屋面从正脊至檐口并不是坡度一致的曲线，而是近脊处陡，近檐处缓。为此，古代屋面近脊处瓦的搭接较多，近檐处瓦的搭接较少，以减少近脊处瓦向下沉移而造成漏雨的可能性。

北方地区雨量较小，不少民间建筑为经济原因，屋面铺瓦只用仰瓦而不用合瓦，各行仰瓦密铺，上面不再覆盖合瓦（北方称"单撒瓦"）（图6-4-5）。较仰瓦屋面稍进一步者为仰瓦灰梗屋面，即每垄仰瓦交接处用灰泥抹成一道窄灰梗（图6-4-6），防水性较前者有所改进，施工也较前者简单。

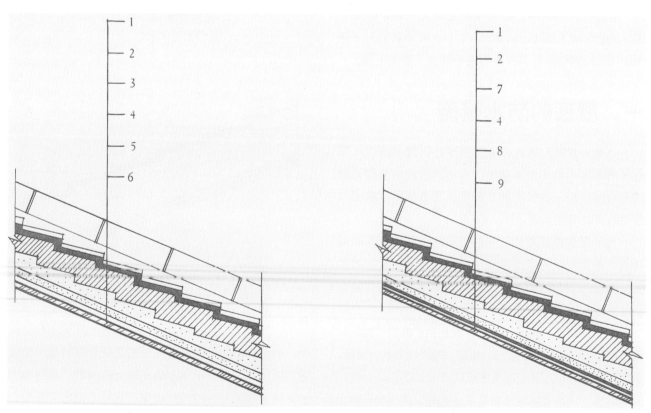

图6-4-3　明清官式建筑铺瓦的一般做法（左）、北京故宫太和殿等处带铅背屋面做法（右）（单位均为毫米）
1-琉璃瓦；2-坐瓦灰（纯石灰或灰泥）；3-20厚青灰背上铺麻布或长麻刀拍打出浆；4-20～40厚
麻刀泥苫背（用于调整屋面曲线）；5-20厚护板灰（麻刀青灰，考究者用桐油灰）；6-望板；7-20
厚青灰背；8-20厚铅背合金钉钉至望板；9-望板刷桐油

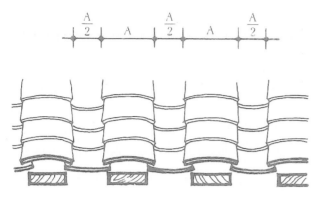

图 6-4-4 南方常见铺瓦做法示意图

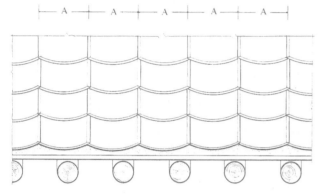

图 6-4-5 仰瓦屋面

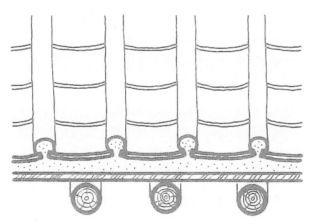

图 6-4-6 仰瓦灰梗屋面

仰瓦屋面和仰瓦灰梗屋面，可能是起源很早的铺瓦方法。瓦屋面一开始出现，必定不会是十分完美的，已出土的比较早期的西周瓦，不仅制作上带有原始性，而且只有板瓦并未发现筒瓦，出现筒瓦已是西周晚期。可能最初的屋面只用仰瓦，为了防止瓦垄间漏雨，遂用草抹成灰梗。这或许就是我们从汉明器、画像石、画像砖中所看到的板瓦宽、筒瓦窄这种屋面的前身（图6-4-7）。出现筒瓦之后，仰瓦屋面及仰瓦灰梗屋面就作为民间建筑采用的铺瓦方式而一直被保留下来。

(a)

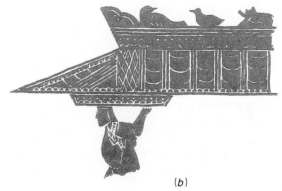

(b)

图 6-4-7 汉明器及画像石中所反映的屋面做法
(a) 牧城驿汉墓明器;
(b) 武梁祠画像石

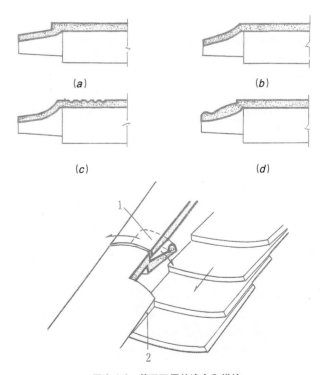

图 6-4-8 筒瓦瓦唇的演变和搭接
(a) 河南新郑出土春秋筒瓦; (b) 河南新郑东关出土战国筒瓦;
(c) 洛阳汉河南县城东区出土汉筒瓦; (d) 清代筒瓦代筒瓦
1- 筒瓦搭接外渗水的排出经路; 2- 桐油灰

带筒瓦的屋面，系用于殿阁厅堂亭榭寺观等官式建筑上，筒瓦的作用相当于板瓦屋面的合瓦，不过这种屋面更富于装饰性。筒瓦不像合板瓦那样压四露六地搭接而靠类似子母榫的突出瓦唇相互搭接；如果瓦唇形式处理不当，筒瓦接头处就会形成漏水的缝隙。从我国历代筒瓦瓦唇形式的演变，可以看出这一问题是逐步得到了妥善解决，瓦唇的形式逐渐趋于合理化，防止了从该处漏雨的可能性（图6-4-8）。

图6-4-8中1式、2式瓦唇为向下倾斜的斜线或斜曲线形，筒瓦上的部分雨水容易通过瓦唇渗透到屋面上。3式瓦唇沿筒瓦弧线方向形成半环状沟，即令有少量雨水从筒瓦接缝处渗下，也会沿着瓦唇的半环状沟流到仰瓦上，这样就避免了1式、2式瓦唇那种渗水到屋面上的可能。4式瓦唇在3式基础上加以改进，将半环状沟推到瓦唇前端，瓦唇的大轮廓仍为一个斜面，这样既可防止渗水，又利于两块筒瓦的搭接。

瓦身构造防水措施的进步，还体现在瓦当和滴水的演变上。根据出土情况来看，秦代以前只有半瓦当而无圆瓦当，秦咸阳宫殿遗址已发现有圆瓦当。西汉时圆瓦当仍占少数[46]，主要还是半瓦当，到东汉以后基本上才都改用圆瓦当。

半瓦当之所以会逐渐被圆瓦当所代替，为了造型美观是一个方面，另外，很大程度上是为了排水要求；圆瓦当比半瓦当的束水性能要好得多。此外，半瓦当与筒瓦壁成直角，雨水容易沿瓦当逆流而上；早期的圆瓦当仍与筒瓦壁成直角，以后演变为斜交，下部向外倾斜，雨水不易逆流（图6-4-9）。

滴水瓦也同样起束水作用（图6-4-10）。汉魏时尚有花卉状及锯齿状的花头板瓦[47]，北齐时有了板瓦沿，唐代已出现了滴水瓦[48]，但都还没有发展成后来的滴水瓦形式。

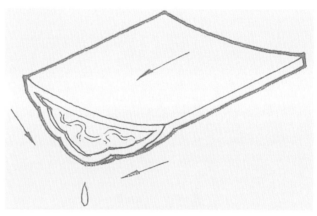

图6-4-10　滴水瓦的束水作用

筒瓦屋面还有一种做法，是在筒瓦铺好之后，整个筒瓦垄用青灰抹面（北方称为"滚垄"），不仅外观齐整，而且加强了屋面防水性能。这种做法只适用于陶瓦，琉璃瓦屋面是不必采用的。

铺琉璃筒瓦时，为了色调一致，铺黄琉璃瓦时在铺瓦灰中掺入适量土红，铺绿琉璃瓦时掺入适量青灰；这样，灰缝不致过分显眼，加强了筒瓦行垄的整体效果。

圆攒尖顶铺瓦与其他类型屋面有所不同，由于它逐层收小的特点而采用了两种特制的瓦，即"竹子瓦"与"扇形瓦"。前者是上小下大的单块瓦件，逐层规格不同；后者更为特殊，它是在一块大的瓦件表面做成数垄窄垄筒板瓦的形状，用于攒尖顶的近端。

二、瓦的固定

瓦的固定问题，也是铺瓦工程的一个重要方面。我国古建筑屋面坡度陡，加之北方地区风力大，如何保证瓦在屋面上的稳固，不致被风吹落，或因重力下滑，需要加以妥善解决。

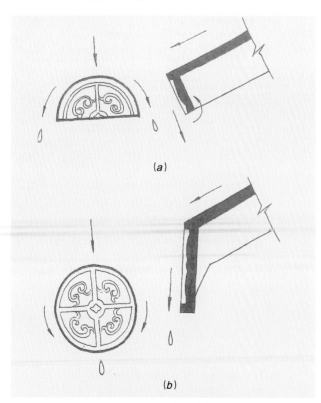

图6-4-9　瓦当的束水作用
（a）半瓦当；　（b）圆瓦当

在这方面，我国古代工匠采用了黏结材料与瓦钉结合使用的方法。《营造法式》中说明宋代是纯石灰施瓦，也有用泥结瓦的。已发掘的大量汉墓中，虽已发现有涂了石灰的壁画，但墓室的砖结构仍用泥砌筑，说明当时在建筑上使用石灰还不普遍。因此可以断定，至少在汉代仍是用泥作铺瓦的黏结材料。出土西周板瓦的固定瓦钉长度约为 5 厘米，从而可推测出当时铺瓦的草泥层厚度应不少于 5 厘米。明清的官式建筑一般用纯石灰或灰泥（石灰加黄泥）铺瓦，民间建筑则多用草泥。

瓦钉形式的发展，也反映了铺瓦技术的进步。西周的瓦钉是附在板瓦上，与瓦身整体烧制而成。陕西扶风周代遗址出土的板瓦，带有突出的锥形瓦钉，用以直接插入草泥层中而使瓦固定。西安客省庄出土的西周板瓦带有瓦环。陕西扶风上康村出土的西周晚期板瓦，瓦钉呈两个方形乳突状。

战国以后的瓦钉，开始脱离瓦身而形成单独的构件，这样既不易断损，又便于瓦的制作。瓦钉一端为蘑菇形钉帽，一端为尖锥形钉身，钉帽顶部往往有各种纹样。瓦钉系陶土制成，也有一些是陶钉帽、铁钉身，如洛阳东王城出土的就有这种瓦钉。出现单独瓦钉之后，相应地出现了带瓦钉孔的筒瓦，瓦钉穿过瓦钉孔而钉入苫背使瓦固定。汉魏洛阳城还出土有带菱形镂孔钉帽的陶钉瓦，使瓦钉的功能作用与装饰性很好地结合起来（图 6-4-11）。

《营造法式》卷十三规定："当檐所出华头瓪身内用葱台钉"。对规模较大的屋面，为了瓦的稳定还规定："六椽以上屋势紧峻者，于正脊下第四瓪瓦及第八瓪瓦背当中用著盖腰钉"。明清时采用的金属瓦钉、琉璃顶帽，以及屋面较大时使用腰钉等做法，基本上都是因袭宋式。

三、屋脊与脊饰

屋脊是屋面的一个重要组成部分，它是两坡之间的交接及转折部位。这一部分是整个屋面防水的薄弱环节。

客省庄西周晚期遗址，有一块残瓦片，断面成人字形，可能已是脊瓦。秦始皇陵出土的脊瓦形状简洁近于现代的机制陶脊瓦。汉代的石阙、明器等所反映的建筑，有些屋脊是用筒瓦垒成的。一般明器在正脊

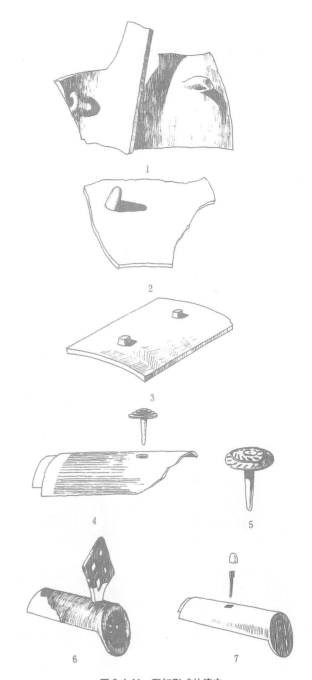

图 6-4-11　瓦钉形式的演变
1- 西安客省庄出土西周板瓦；2- 陕西扶风出土西周板瓦；3- 陕西扶风上康村出土西周板瓦；4- 河南新郑出土战国筒瓦及陶瓦钉；5- 洛阳汉河南县城出土陶瓦钉；6- 汉魏洛阳城出土瓦当与瓦钉；7- 明清勾头瓦及瓦钉帽铁瓦钉

两端常有用瓦当头贴面者。还有不少汉明器正脊两端向上隆起，形状略似后来的鸱尾。它当初的出现，必有其功能意义，可能是为了保护脊檩处原始木构的节点而特意把屋脊这一部位的草泥抹厚一些，以后因袭下来并与装饰性相结合逐渐演变为鸱尾、正吻等脊饰形式（图 6-4-12）。

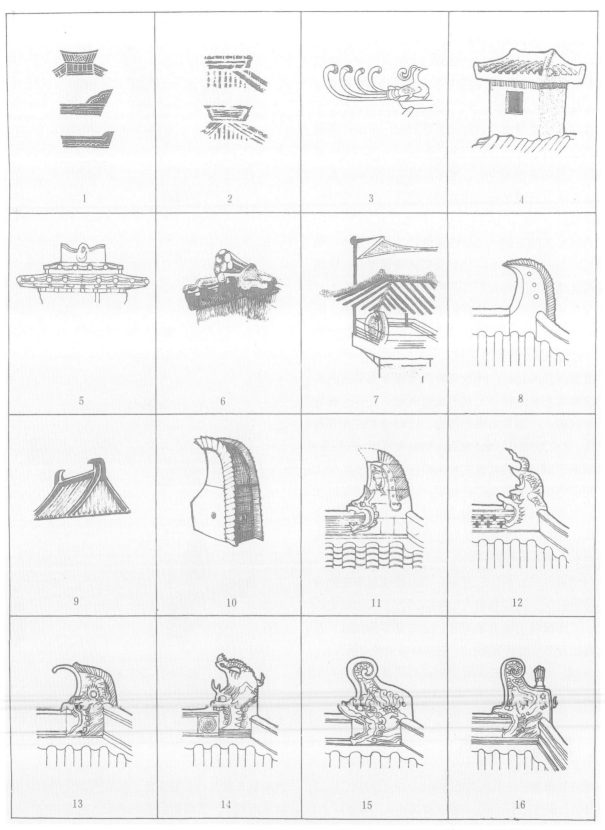

图 6-4-12 历代脊饰及鸱吻

1- 武梁祠汉画像石；2- 两城山汉画像石；3- 纽约博物馆藏汉画像石；4- 汉明器陶屋；5- 四川雅安高颐阙；6- 河南嵩山太室石阙；
7- 河北安平出土东汉壁画；8- 大雁塔门楣石刻；9- 懿德太子墓壁画；10- 唐昭陵献殿鸱尾；11- 五台山佛光寺大殿唐鸱尾；
12- 河南登封少林寺初祖庵北宋鸱尾；13- 蓟县独乐寺山门辽代鸱尾；14- 永乐宫无极门元代鸱尾；15- 北京智化寺正吻；
16- 北京故宫太和殿正吻

北魏石窟所反映的建筑形式中，已经出现较正规的鸱尾。鸱尾起源于印度的摩羯鱼形式[49]，由于我国的木结构建筑十分易燃，封建统治者为了"避火"，于是就把传说能灭火的摩羯鱼形式用到建筑脊饰上而形成鸱尾的形象。汉代一些重要建筑的屋脊上曾采用朱雀、铜鸟等脊饰，当鸱尾兴起后即逐渐取代之。

唐《营缮令》规定："宫殿皆四阿，施鸱尾"，西大雁塔门楣石刻及懿德太子墓墓道壁画等处反映了其具体形式。从唐昭陵献殿遗址出土的鸱尾实物来看，这时已发展为涂釉的大型瓦件。

《营造法式》记载，宋代建筑脊饰除鸱尾外尚有嫔伽、蹲兽、滴当、火珠等。明清时则演变为正吻、戗兽、仙人、走兽等。这些脊饰反映了屋脊构造节点和造型装饰的统一。脊饰的增多势必加重屋面负荷，如北京故宫太和殿的正吻即重达4.3吨，这给建筑结构和施工都增加不少困难。

正吻如此巨大沉重，必须妥善解决它的固定问题。明清做法是以柏木桩穿过扶脊木立于脊桁上，将正吻瓦件的空腔套在柏木桩上，其间填以瓦片、石灰等使之稳固，此外瓦件之间再以铁件勾连。正脊也用柏木桩固定。以上做法基本上也是因袭宋制，不过宋式垒

脊用若干层瓪瓦叠成，而明清改用空腔的预制件代之。

《营造法式》卷十三还规定："正脊当沟瓦之下垂铁索，两头各长五尺"，并注明为"以备修整缚系杧架之用"，说明当时还考虑到屋面的检修问题（图6-4-13）。

民间建筑尤其是南方地区，屋脊做法则式样多不胜数。最简单的做法是在屋脊位置的瓦垄间扣以板瓦，外面抹灰，形成锯齿状的外轮廓，上面不另垒脊。北方采用较多的做法是用砖垒砌线脚的"清水脊"。南方则多采用小青瓦堆砌并带有各种花饰的"片瓦脊"（图6-4-14）。

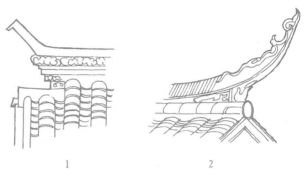

图 6-4-14　民间建筑屋脊
1- 北方清水脊；2- 南方片瓦脊

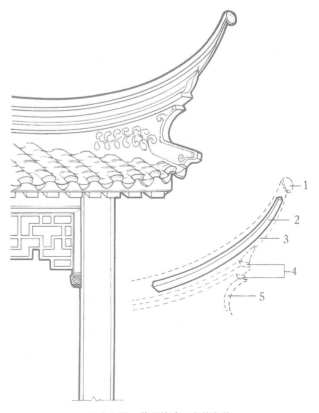

图 6-4-15　苏州拙政园水榭发戗
1- 筒瓦当；2- 铁板；3- 灰泥粉；4- 线砖外白灰粉面
5- 砖砌灰泥粉面

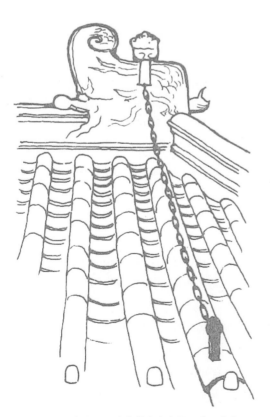

图 6-4-13　北京故宫太和殿正吻及吻索

南方地区尤其是福建、广东沿海一带，明清时的脊饰愈趋繁琐华丽，用灰泥、小青瓦、碎瓷片等堆砌了神仙走马、花鸟鱼虫，甚至一出出的戏剧、故事人物等。这不外是豪绅大贾借以炫耀其富有而已，其内容则往往带有浓厚的封建迷信色彩；但也反映一定的工艺水平（图6-4-15）。

四、屋面瓦料尺度规格

《营造法式》中根据建筑的不同类型、规模、等级，规定了瓦件的形状、尺寸及铺瓦做法，使瓦件尺寸（特别是吻、脊、火珠、走兽、嫔伽等脊饰的尺度）与整个屋顶体量相称。其中规定了瓪瓦、仰瓪瓦各有六种规格，用于散瓪瓦屋面的瓦有三种规格。关于垒脊、用鸱尾、用兽头等，《营造法式》也分别详细规定了它们的尺寸、类型和数量等。清代琉璃瓦规格分八种等级，比宋代更为细密。每级有规定尺寸，十分严格。除了反映封建社会的严格等级制度外，也体现了瓦件的规格化。例如，清工部《工程做法》规定正吻按柱高2/5或24斗口定高，根据尺寸大小，或做成单件，或分别由七、九、十三等块拼装而成。正脊也是由赤脚通脊、大群色、黄道等构件分层、分段装配而成。为了使屋面与屋脊结合熨贴，而制作了适应沟垄形状的正当沟、斜当沟、吻下当沟、托泥当沟等构件。这些瓦件按级配套，施工拼装时各就其位，这就使得造型复杂、类型增多、等级严格的屋面工程的施工大大地简化了。由于瓦件制作和屋面施工明确分工，瓦件制作专业化，因而使瓦件的质量也得以不断提高。这表明我国古代铺瓦工程从材料制造到施工密切配合，已达到高度成熟的水平。

第五节　高层砖结构——砖塔

一、砖塔的发展概况

砖塔，是我国古代建筑技术发展的一个重要标志。砖塔的出现和发展，使我国古代砖结构的技术大为提高。

塔是随佛教传入而出现的，最初发展于三国时期，西晋时洛阳已造寺四十二所，其时已有砖塔。见于杨衒之《洛阳伽蓝记》的早期砖塔有：

晋太康寺塔"崇义里内京兆人杜子休它……时有隐士赵逸，正光初来至京师，见子休宅，叹息曰：此宅中朝时太康寺也。时人未之信，遂问寺之由绪。逸云：龙骧将军王浚平吴之后，始立此寺。本有三层浮图，用砖为之。指子休园中曰：'此是故处'。子休掘而验之，果得砖数万，并有石铭云：'晋太康六年岁次乙巳九月甲戌八日辛巳仪同三司襄阳侯王浚敬造'。……子休遂舍宅为灵应寺，所得之砖，还为三层浮图。"（卷二）

王浚卒于太康六年（公元285年），即石铭所云造塔当年。可能是王浚遗命为寺建塔。这虽是砖塔的最早记录，但未必是第一座砖塔。

《洛阳伽蓝记》又记有一事："步兵校尉李澄问曰：'太尉府前砖浮图，形制甚古，犹未崩毁，未知早晚造？'逸云：'晋义熙十二年刘裕伐姚泓，军人所作'。"这是公元416年所造，时为东晋末年，下距杨衒之作记，不过一百年稍多，已被目为"形制甚古，犹未崩毁"；可以想见，早期砖塔的发展变化较大。

我们认为杨衒之的记载是可信的。因为，写于东魏武定五年（公元547年）的《洛阳伽蓝记》，所述的不过是二十年前的北魏正光年间（公元520～524年）的事，所说的砖塔、石铭，特别是"犹未崩毁"的"太尉府前砖浮图"，是当时尚在而不可能向壁虚构的东西。那么，最早出现砖塔的时间，应该早于太康六年（公元285年）。晋代已有了三层砖塔的砌筑技术，在它之前理应有一个发展过程。

我国古代的塔，一开始，木塔和砖石塔差不多是同时期出现的。只是由于我国固有的木构技术已有较高发展，而砖石地面建筑的水平早期尚较简单、低级，因而早期的塔以木构为主；后来由于砖结构技术的提高，渐渐砖塔取代木塔成为主流。砖塔的发展，显然经历了摸索总结经验、巩固提高的长期过程。

我国早期的塔是受到印度的塔形影响的。印度塔的原型，系由三部分组成，塔基、复钵状的塔身和刹（伞盖），称作"窣睹波"（Stupa），以山基（Sanchi）大塔为代表。这种塔是圆形平面，实心石构。流传到我国新疆一带时，又出现方形基坛上加圆形穹隆的结构样式方坛中空成内室，穹隆为半球状，也是中空的，上面加有刹杆，作为塔的特别标识。这种塔已不复是原型的"窣睹波"，而成为《魏书释老志》所称的"塔庙"了。与我国砖塔有较多直接关系的，则似应为这种中亚土坯构造的方坛穹隆顶式结构，这应是"精舍"（塔庙），它与作为坟墓起源的"窣睹波"用意不同。我国的塔，实际一开始就比较接近"精舍"的概念，如《洛阳伽蓝记》卷四"白马寺"条中记载说："明帝崩（永平十八年，公元75年），起只洹于陵上，自此以后，百姓冢上或作浮图焉"。这里，"只洹"与"浮图"为同义语，只洹为佛精舍名。明帝陵上浮图，是我国佛教建筑的开始。中国早期塔（无论木或砖石）接近"精舍"型，而不近于"窣睹波"型，这对理解中国系统佛塔与印度系统佛塔的区别是很重要的。

我国早期砖石塔，见于石窟浮雕和壁画中的很多，一般形式为：方形塔身，中辟龛室（图6-5-1），上为半球状复钵，再立木质刹杆，用铁链系引向四檐角。后来，底层（方室）由单层而多层，半球状复钵的体量逐渐缩小，成为方锥形屋顶上端的结束部分，最后仅成为刹的一个组成部分——露盘下的复钵了。木刹杆也逐渐为数层叠加的石刻莲花和宝珠所代替，此时，复钵则成为饰有山花蕉叶的一段石刻了。敦煌、云冈等石窟所见，这种形式大约发展于4世纪～5世纪，现存的我国塔系的最早砖石塔实例，例如建于隋大业七年（公元611年）的山东济南神通寺四门塔，西安慈恩寺塔（原为十级，后改七级，建于公元701～705年），均属于这种方锥顶的单层或多层砖塔（图6-5-2）。

我国砖塔的结构薄弱部位，一是檐部容易剥落残

图6-5-1　大同云冈石窟第6窟后室

图6-5-2　西安慈恩寺大雁塔

缺；二是门窗洞造成的墙体断面削弱，容易断裂而倾倒。由于结构技术缺乏经验或地震等而导致的自然崩毁，当然是早期砖塔很少保存下来的一个重要原因，但还不是全部原因。还有社会与政治的原因。由于皇室与宗教势力之间的矛盾而引起的灭法事件，如北魏太武帝（拓跋焘）太平真君七年（公元446年）下令毁佛，声势迅猛，"土木宫塔，声教所及，莫不毕毁矣"。当时北魏政权到达范围，以及于包括洛阳在内的华北广大地区。这样，幸存的早期砖塔就很少了。北魏末年在洛阳所造的一些砖塔，经过秀容部落尔朱氏的入据和高欢宇文泰的战争，随整个洛阳的毁坏而泯灭。其后在6世纪末，还有统一了中国北方的北周政权的毁佛运动。因此，隋以前时期的砖石塔很少保存，迄今幸存的只有河南登封嵩岳寺塔。

我们看到：西晋的太康寺塔，已达三层，北魏献

文帝（拓跋弘）天安二年（476年）在平城建有七级砖浮图；孝明帝神龟元年（518年）在嵩山地区造了七层砖塔。庾信登云居寺塔一诗云："重峦千仞塔，危登九层台"，诗中所描述的是九层砖石塔。其时，当为庾信入北周后所作，在梁简文帝大宝元年（550年）以后。

从3世纪到6世纪中，砖塔由单层发展到三层、七层、九层，这不能不说是技术上大步前进的结果。它们虽已无存，但按现存的7世纪早期砖石塔的高度来估计，可以达到几十米。除了砌筑砖石本身的技术经验而外，还必须有相应的高空施工的技术（包括脚手架，垂直起重运输工具的配合）和测量技术。因此说，砖塔的发展，是我国古代建筑技术的一个重要标志。

早期砖石塔，以方形平面为主。我们看到，建于北魏正光元年（520年）的嵩岳寺塔则是正十二边形平面，外形为卷杀收分的密檐塔型（图6-5-3），似乎有

图6-5-3　河南登封嵩岳寺塔

点突如其来。这一现象，不能不加以分析。

在中印度菩陀伽耶大塔附近的古姆拉合尔遗址，曾发现公元3世纪时的有高塔型"精舍"浮雕的泥板。它所表现的"精舍"特征，正是一座密檐式塔。这种"精舍"有一个较高的底层，有内室供祀偶像；其上，高耸着叠涩石块构成的密檐顶部。这种形式，源于婆罗门教的"天祠"，南印度称之为Vimana。在唐玄奘《大唐西域记》中，是明确地区分了"窣睹波"和"精舍"二者的。

嵩岳寺塔很可能受到上述"天祠"型"精舍"的影响，在外观造型上非常相似。但是，它仍然产生于我国砖技术的基础之上：它的砖构方法，出檐用砖叠涩，细部仍然是中国式的；它的第二层塔身除了四个正向外，其余八面，采用了早期中国砖塔形式（方塔身上加半球复钵顶）作为佛龛的外形，这就表明，嵩岳寺塔系统，对后世影响不小，持续时间甚长，由南北朝以迄于明清；分布范围甚广，遍及于河南、河北、山东、山西、陕西、四川、云南、内蒙古、辽宁等地区，在我国古代砖塔中占有相当大的比重。嵩岳寺塔在施工技术上，也有新的创造，因为正十二边形塔的施工精确度很大程度上要依赖几何学（十二等分一个圆周）和测量标定技术的高度水平。

按照佛教教义和印度型塔的构造，并没有登塔的要求；我国塔则不然，这是我国塔系的又一大特点。何时开始已无从考查。以文献而言，《魏书·崔光传》所述神龟二年（519年），"灵太后幸永宁寺，躬登九层浮图"，是登木塔最早的记录；砖石塔则见前述庾信登云居寺塔事，为550年。

塔自可登之后，遂产生对塔的结构、梯级、走道、门窗开口方式等一系列改进的要求。我们可以看出，这些要求对塔的平面形式（图6-5-4）和结构方式的演变有很大影响。例如：

视野：早期砖塔壁厚，门窗开口狭小；方形平面，只能有四个方位，视野受到限制。于是，砖塔后来出现八角形平面，可以增加四个方位的视野。后来八角形平面取代方形平面成为主流，固然有结构方面的原因，而视野的优越，不能不认为也是理由之一。其次，又出现用木料或石料悬臂梁，挑出塔身，或者，用砖叠涩出跳的办法来构成塔身外走廊（平坐），使登塔者可以出塔身外绕塔行走，进一步解决了视野的问题。

图 6-5-7　北京妙应寺白塔

图 6-5-8　武昌圣像宝塔

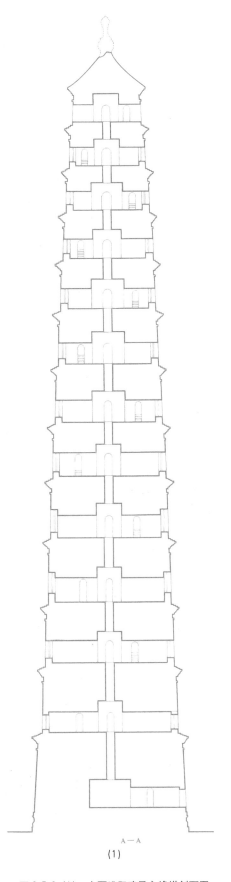

A—A

(1)

图 6-5-9（1）　山西汾阳建昌文峰塔剖面图

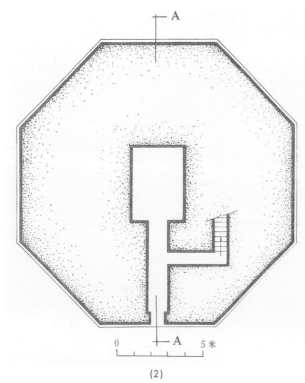

图 6-5-9（2）　山西汾阳建昌文峰塔平面图

家的佛塔，没有这种世俗特色。作为宗教而言，佛教的盛期是两晋、南北朝、唐初一段时期。盛唐以后，开始了佛教世俗化的演变。宋代以后，佛教的地位日益衰落，但建塔之举层出不替，维修旧塔延绵不断。修塔资金来源不像早期出于皇室贵族而主要来自民间，和塔的性质由纯粹宗教信仰与世俗生活成分增加的变化密切相关，这是我们在研究中国砖塔的演变时所应予以注意的。

二、空筒结构砖塔

　　空筒结构砖塔，全塔用砖砌成很厚的壁体，中心形成一个空筒，故称之为"空筒结构"。

　　现存空筒结构的砖塔，最早是河南嵩山嵩岳寺塔。平面外部十二角，内部八角，塔底总宽 20 米，总高 41 米。外壁全用砖砌，壁体厚达 5 米，中心构成一个空筒，以木楼板分成各层塔室，外部为十五层密檐。早在 6 世纪初，就建造了象嵩岳寺塔那么高的空筒结构砖塔，表明我国砖石结构高层建筑的技术成就。

　　唐代中外交通发达，佛教文化大量传入，统治阶级极力提倡佛教，砖塔的建造数量大增。这时期建造

的砖塔主要都采用"空筒结构"，成为唐代砖塔特征之一。唐代空筒结构砖塔现存的实例很多（详见下表 6-5-1）。它们分布在唐代政治经济文化繁荣地区，主要是河南、山西、陕西、陇东、四川等广大省份和地区，其中以河南、陕西省最多。唐代空筒结构砖塔发展达到高峰，影响到宋代以后的一些砖塔亦采用此种结构方式，不过没有唐代砖塔那样雄壮和高大。

唐代空筒结构砖塔一览表　　　　表 6-5-1

地点	塔名	形式	层数	内部结构	塔砖尺寸（厘米）
河南武陟	妙乐寺塔	方	13		36×16×17
陕西蒲城	崇寿寺塔	方	13	空筒木楼板结构	
甘肃宁县	正平砖塔	方	5	空筒木楼板结构	33×18.5×6
甘肃宁县	毛不拉塔	方	13	空筒木楼板结构	36×18×7
陕西蒲城	梵彻寺塔	方	13	空筒木楼板结构	
陕西周至	周至砖塔	方	11	空筒木楼板结构	35×17×6
陕西兴平	兴平砖塔	方	7	空筒木楼板结构	38×18×9
陕西礼泉	香积寺塔	方	7	空筒木楼板结构	36×18×7
陕西长安	香积寺塔	方	11	空筒木楼板结构	
陕西澄城	澄城砖塔	方	5	空筒木楼板结构	37×17×8
云南昆明	东寺塔	方	13	空筒木楼板结构	
云南昆明	慧光寺塔	方	13	空筒木楼板结构	42×20×6
四川新都	宝光寺塔	方	13	空筒木楼板结构	
四川彭州市	隆兴寺塔	方	15	空筒木楼板结构	23×34×7
云南大理	崇圣寺塔	方	16	小空筒	40×21×6
云南大理	一塔寺塔	方	16	空筒木楼板结构	40×20×7
云南下关	佛图塔	方	13	空筒木楼板结构	40×20×6
陕西富县	西山塔	方	11	空筒木楼板结构	33×17×6
陕西西安	大雁塔	方	7		
陕西西安	小雁塔	方	13	空筒木楼板结构	
陕西澄城	城里砖塔	方	9	空筒木楼板结构	

唐代空筒结构塔平面采取方形，四边尺寸相等，前端开一塔门，各层开窗或在壁面做壁龛供佛。门、窗和壁龛都采用券顶，因此方塔券洞成为唐塔形制的又一特征。据目前所知仅仅个别的例子平面做八角形。唐塔实物 90% 以上都是方形的。在外观方面，总体一般简朴无华，仅在个别塔中仿照木结构做法砌出一些外檐装修以及平坐栏杆等，如陕西西安市的香积寺塔作外檐梁枋及斗栱（图 6-5-10），平坐用砖雕出纹样线条。甘肃宁县唐塔也与之相仿（图 6-5-11）。唐塔第一层塔身特高，往上层层逐渐缩小，塔身宽度亦逐渐变窄，这样使塔身整体出现曲线轮廓。凡各层塔檐都砌一至三层菱角牙子，再上用砖叠涩出檐。有的塔在整个塔身或第二层以上的塔身还分间，砌出壁柱、角柱、梁枋以及简单的斗栱等，如西安大雁塔各层壁面分为九间、七间、五间等，塔顶，一般都用叠砖封顶，上部安装塔刹，遗物以采用金属或石刹为多。还有一种塔做密檐式，各层檐子均为叠涩式样，例如嵩山法王寺塔就是一个例证（图 6-5-12）。

图 6-5-11　甘肃宁县政平塔

图 6-5-10　西安香积寺塔

图 6-5-12　河南登封法王寺塔

唐代空筒式塔内部结构主要以厚壁来承担上部的重量，由壁体传达至基础。外观有两种式样，一种是密檐，与内部楼层不一致，叫做密檐式塔；另一种外观的层数与塔室层数一致，叫做楼阁式塔。登塔采用木楼梯，沿塔内壁面折上。登塔的目的除了眺望景物外，还有为了要点燃灯龛里的灯火之用。

在塔壁的檐口与门窗洞口以及檐角部位都加木枋、角梁、木过梁，加强砖壁体薄弱部分的强度，使砖墙加强坚固性，这是唐宋以来砖塔相当普遍的一种构造特点。

砖塔的楼板面主要用木材构造，当砌外墙时，根据塔的平面尺度，将木梁砌入墙中，在木梁上横铺木板。空筒结构的楼层做法，十分简单。现存的塔大部分由于年久火烧和破坏，致使木楼层毁去。唐代空筒结构塔砌砖方式，一般都是采用"顺砖措口砌"，表面非常平整、简洁、美观。内外表面，以及壁龛等都砌得非常精致。但是壁心填加不整齐的砖块，砌法没有一定规律，砌砖采用黄土泥浆，所砌塔体高度可以达到50多米，经历千年之久，仍然坚固完整（图6-5-13）。

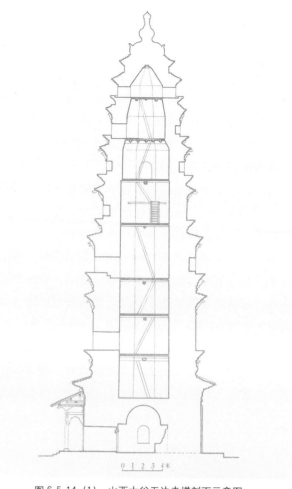

图6-5-14（1） 山西太谷无边寺塔剖面示意图

图6-5-13 云南大理崇圣寺千寻塔

图6-5-14（2） 山西太谷无边寺塔细部

宋以后，还有一些塔仍做空筒型（砖壁、木楼层），因为，塔内净空尺度不大，木梁足可胜任；而这一形式的砖壁砌筑也较简单。虽有火灾朽坏的危险，但修复并不困难，例如太谷无边寺塔，可以做为代表（图6-5-14）。宋以后各地空筒型砖塔数量颇多，密檐式，楼阁式均有。如洛阳金代白马寺塔（图6-5-15）及陕县宝轮寺塔都是这种类型（图6-5-16）。

三、砖阶梯塔

早期砖塔为空筒结构，内部的楼层和梯级，仍用木料构成；这种方式一直沿用到明清，不曾绝迹。由于木料的易朽易燃，约从五代末起，开始尝试用砖料代替木料来做楼层和梯级。有的用砖楼层而仍用木梯，例如苏州云岩寺塔（五代末北宋初建，图6-5-17）；有用木楼层而做砖阶梯，例如广州六榕寺华塔；但主要的方向，则是全部用砖代木。其中，砖阶梯的构造方法，经历多种尝试，有几种不同处理，对塔体的结构影响也最大。

图6-5-15　河南洛阳白马寺塔

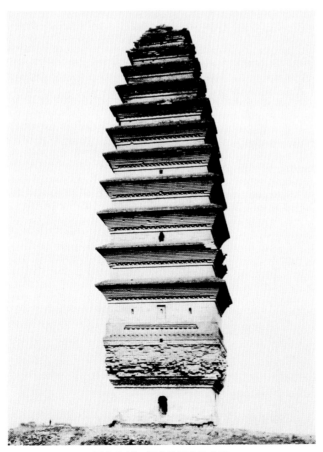

图6-5-16　河南陕县宝轮寺塔

图6-5-17　苏州云岩寺塔

木梯是斜置的梁，两端以上下楼层为支点（层高大则分为几段），而且比较轻，它的布置和架设是自由和简便的。砖阶梯则不然，其下须有承重的砖砌实体，如若专为阶梯而设置承重的基底，事实上是不可能的。

只能利用塔的壁体或中心柱，在其中开辟阶梯通道，实际上就成为在墙体内阶段状逐段升高的券洞。

现存的砖阶梯塔的最早实物，当属开封繁塔（图6-5-18）。此塔建于北宋太平兴国年间（977～984年），

图 6-5-18　开封繁塔

图 6-5-19　安徽蒙城万佛塔

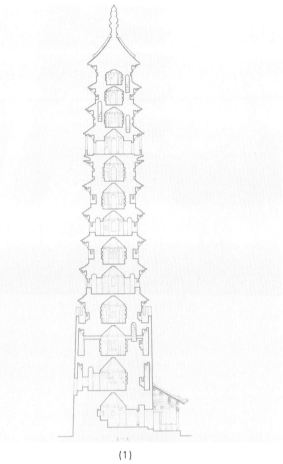

(1)

图 6-5-20（1）　山西阳城龙泉寺塔底层剖面图

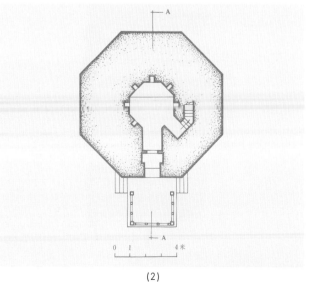

(2)

图 6-5-20（2）　山西阳城龙泉寺塔底层平面图

建至第三层即止，原因不明；其上另加小塔，是明代续建的。它的底层墙体内，辟甬道形成阶梯达到上层。后来沿用这一方式的塔为数不少，据目前调查资料统计，约有数十座，散布在山西、陕西、四川、甘肃、浙江等省，大多数均为宋代、明代所建。这种把阶梯甬道布置在外墙之内，随外墙的转折而转折的方式，姑名为"壁内折上"式。例如安徽蒙城万佛塔即为宋代的"壁内折上"式（图6-5-19）。山西汾阳明代建昌文峰塔属壁内折上式，此塔高近80米，是现存高塔之一。山西阳城龙泉寺塔也属壁内折上式（图6-5-20）。

这种塔的结构方式一直发展到清代，数量也是不少的（图6-5-21）。

这种塔多数只有外壁，实际是空筒式塔。它的砖阶梯也唯有外壁可以利用。而其内部楼层，则往往仍用木料，这在砖壁的内径（即梁的跨距）不大时，比较适用。因此，这种塔往往是中小型塔。但是，也有中心有塔柱或塔心室而采用壁内折上式的例子，如四川宜宾旧州坝白塔。

砖阶梯的第二种方式，是在塔心柱内开辟登塔的阶梯甬道。姑名为"穿心式塔"。塔心柱径须相当大，

图 6-5-21　北京玉泉山玉峰塔平面图、剖面图
1-头层平面；2-二层平面；3-三层平面；4-四层平面；5-五层平面；6-六层平面；7-七层平面；8-立面；9-剖面

因而很厚重。这种方式例子不多，著名的河北定州开元寺塔（料敌塔）即是一例（图6-5-22）。这种塔见于山西、四川、河北等省。宋代、明代均有建造，如四川大足宝顶山砖塔（宋代），山西五台山狮子窝梁砖塔（明代），四川大足北山白塔寺塔（宋代，图6-5-23）。

图 6-5-23　四川大足宝顶山宝塔寺塔

穿心式塔的厚重的塔心柱，也是塔的结构上的主干，外壁则相应地减少负担，可以做得较薄。因此，外壁的塌裂，往往不足影响到全塔的稳定存在，例如定州开元寺塔，即是在外壁塌毁四分之一的情况下，依然屹立不倒。

因为塔心位置为厚重的塔心柱占据，为了登塔活动的需要而有了内廊。内廊宽度不大，楼层可以用砖券或叠涩砖构成。因此，就构成全部用砖料的塔，其彻底的程度比壁内折上式又进了一步。

砖阶梯的第三种方式，是穿过外壁（而不是在外壁之内盘旋）开辟阶梯甬道。可以称为"穿壁式塔"。这种塔例也很多，已知的只有江西九江能仁寺塔和广州六榕寺华塔两例。这种塔梯由塔外平坐进入外壁开口，穿过此侧外壁后，中途进入塔心室，然后又穿过另侧外壁，达到上一层的塔外平坐（图6-5-24）。因此，这种由塔身外进入而又穿出塔身之外的梯级，就必须有外走道平坐的设置。塔心室的楼层位置，恰在上下两层外平坐当中，而不是像通常那样，楼层和平坐位于相同或接近的标高上。

第四种方式，可称为"回旋式塔"。这种塔没有塔心室，也没有内廊走道，全塔可以视作一个实心柱体，梯级在其中盘旋而上，甬道向外一侧的墙身上适当位置（对于外观而言）开窗口采光和通风。这种塔既无内室

图 6-5-22　河北定州开元寺塔（料敌塔）平面、剖面图

图 6-5-24（1）　江西九江能仁寺塔外观

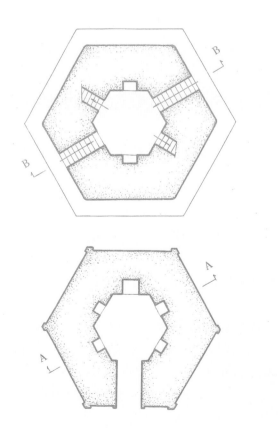

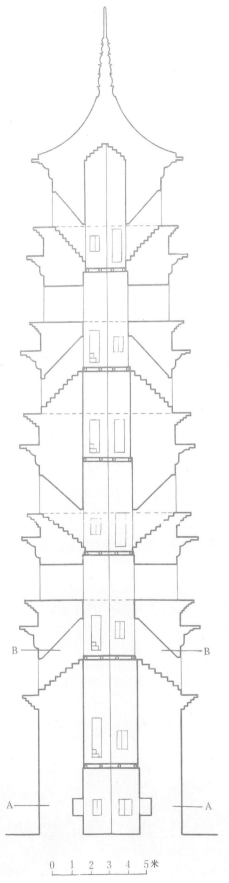

0 1 2 3 4 5米

图 6-5-24（2）　江西九江能仁寺塔平面、剖面示意图

及内廊，所以平面面积相对较小，外观比例瘦高，阶梯甬道所占空间很小，而且匀布在塔体的各侧，没有集中的薄弱部位；这样，全塔的结构整体性优于其他各种平面型式。它的纵断面积比较小，因而，风力的作用也相对要小些；它的整体性好，有利于抗震。比较起来，抗风抗震较优于其他型式砖塔。实践证明也是如此。回旋式阶梯的著名实例开封祐国寺塔（铁塔），历史上曾受到多次地震冲击，至今巍然屹立（图6-5-25）。采用这种阶梯布置方式的塔例，还有四川宜宾旧州坝白塔，安徽池州清溪塔，浙江宁波阿育王寺西塔（元代）等。

砖阶梯在墙体或塔心柱内辟出，它的下面和两侧是密实的砌体，问题是甬道顶部的结构处理。甬道一般宽度不大，小者约60厘米，可容两人侧身过；大者120～150厘米，多人上下通行绰有余地。这样的跨度情况下，甬道顶部结构小者一般用叠涩，大者往往用半圆券。为砌筑方便起见，顶部常常不是随阶梯的坡

度作平行的斜度，而是水平起券（或叠涩），一段距离后，突然升高次一段券顶，以最低处不影响人的通行为度（图6-5-26）。

砖砌体内的孔洞，是结构的薄弱部位。为了避免使它们集中在同一垂直面上，必须逐层改变阶梯甬道的方位；这一点，所有的砖阶梯塔都是如此处理的。这和门窗开口不宜集中在同一垂直线上的道理相同，早已为古代劳动人民从实践中所认识。

图6-5-26　浙江诸暨娄家荡塔塔内阶梯通道

还有一种特殊的例子，即不用踏级，而是在甬道两侧壁面上留出小洞，左右交互上升，供手攀足蹬之用，故称谓"扶壁攀登"式。这种甬道很窄，只容一人通过。山西赵城广胜寺飞虹塔即其例（图6-5-27）。山西陵川积善塔亦为其佳例（图6-5-28）。

也有的塔采用不是逐层相同的塔梯方式，而是兼用两种以上方式，即底层为一种，以上则改用其他方式的。如定州开元寺塔（料敌塔），底层为壁内折上式，以上为穿心式。

从历史发展看，楼层首先实现用砖代木，例如苏州云岩寺塔，建于五代末宋初，即已用砖楼层，采用基本是叠涩的结构方法，在楼层适当位置留孔，置木

图6-5-25　河南开封祐国寺塔（铁塔）

图 6-5-27　山西洪洞广胜寺塔（飞虹塔）

梯登塔。一般说来，楼层的砖结构方法不外拱券、叠涩两种，是汉代已经出现和解决了的问题。此外，也有楼层采用在局部加用石条、木料，做成梁式结构的办法。但是，砖楼层上留阶梯孔洞则是很不利的，因此，以后的各种砖阶梯布局，均避免在砖楼层上开洞。

　　整个看来，包括阶梯、楼层在内，全部用砖料的楼阁式砖塔的各种处理方法，宋代均已尝试和解决，留下了丰富的塔例。以后，元、明、清各代，并无更多增添。所以可以说宋代是古代砖塔技术成熟和高峰的时期。

四、砖木混合结构的塔

　　砖木混合式塔的特点，是在砖砌塔身上，加有木构的塔檐和平坐，其顶端用木刹柱；塔的底层一般有木构的围廊。塔身虽然用砖砌筑，但也模仿木构的柱、枋、窗棂等形象，使整个塔的外貌，给人以木构的印象（图 6-5-29）。

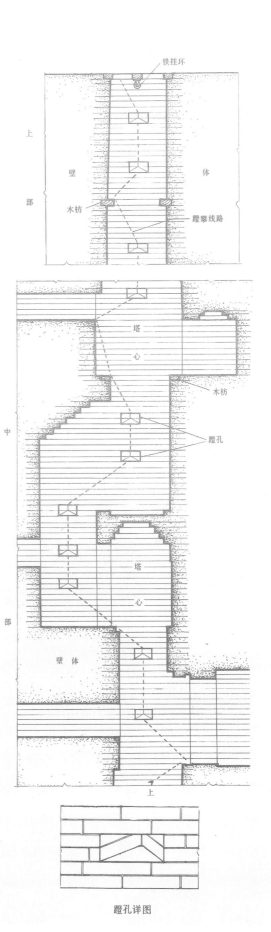

图 6-5-28　山西陵川三圣瑞现塔（扶壁攀登式）示意图

这种塔的结构要点，就在于解决木料与砖的结合。

木料作为承重构件，主要是承载屋檐部分和平坐部分荷重的挑梁。木挑梁埋固于砖砌体内，成为悬臂梁。悬臂梁一般以斗栱形式出现——外檐斗栱和平坐斗栱，主要是转角华栱和平坐华栱。

悬臂梁的原理，很早已为古人所知。可以溯源到战国、秦汉时期嘉陵江上源峡谷地区的栈道结构；栈道有以木柱和石壁为支点的简支梁形式和由石壁直接外伸的悬臂梁形式两类。因此，在砖结构物上挑出木悬臂梁的结构物形象，最早出现于和嘉陵江上源地区毗邻的天水麦积山石窟的壁画中，并非偶然。估计南北朝以前已出现此类砖木混合建筑。麦积山石窟本身就是用悬空栈道攀登绝壁，作为来往各窟的主要交通方式。

从麦积山石窟的栈道结构中，可以看出，很早人们就理解，要使悬臂梁稳固地与石壁结合，保证它的刚性，必须加楔。木料会湿涨干缩，必须在干燥时把木梁与安置梁木的孔眼之间的缝隙用楔塞紧，以避免

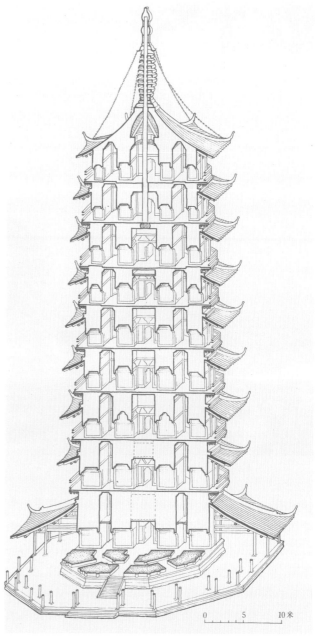

图 6-5-29 (2) 苏州报恩寺塔剖视图

松动。为了加楔的施工便利，孔眼外口大而内底小。孔眼的深度过大施工困难，但是一定的埋深，对于保证木梁与石壁刚性的结合是必要的。木楔一般加于木梁底面，孔眼的开凿也略有斜度，以便木梁外悬时微向上翘。这样，人们行走时重心略向内倾，较为安全。

在砖砌体内埋置木梁，比在石壁上凿眼施工方便多了，埋置深度可以很深，甚至穿出内壁，后尾转成内壁的斗栱。但是，埋置木梁的砖孔外口，仍然需要加楔，加楔的痕迹，一般用外形为栌斗的粉刷层遮蔽；也有用栌斗形的木片来掩盖，例如瑞光塔那样。砖木

图 6-5-29 (1) 苏州报恩寺塔

混合塔，最早出现于五代末，如已毁的杭州雷峰塔例。

砖木混合塔的一些结构情况：

（1）华栱断面的尺寸和出跳长度的比例关系，由于华栱本来就是斗栱的外挑承重构件，长期以来，已经在木构建筑体系中形成了华栱断面与每级出跳的尺度比例。在砖壁上出跳华栱，仍大致遵循这一比例。不过，现存的砖木混合结构塔的木构件，一般均经过后世的抽修重修，因此已非原来状况。我们只能大致了解这种尺度关系。根据这一比例，所有砖壁作斗栱（泥道栱）的材高和栱长也遵循木斗栱的本来比例。因此，外形上塔的外檐比例与木构的权衡相仿，如上海吉云禅师塔上残存木构件所示（图6-5-30）。

（2）平坐斗栱和外檐斗栱彼此独立。平坐承受外走道荷载，宽度一般不超过1米。屋檐的檐檩则一般与平坐跳头同长，但由于加上檐椽与飞椽，使出跳长度超过平坐。平坐斗栱由上下相叠的出跳木料构成，紧密贴合，全为足材，所以在砖壁上留出狭高的孔眼，其上为铺板枋和楼板；楼板面标高略低于门槛，如南京牛首山塔身孔眼（图6-5-31）。

（3）出檐构件。分成两组：下为华栱和角华栱，这些是水平出跳构件。其上为斜置构件：角梁和搁于檐檩上的椽；其后尾插入砖壁内，在砖壁上形成分离的椽孔或一排水平凹槽。前者似为砌筑时即逐层架设檩椽，后者则在砌筑完毕之后再架设檐檩，安置椽条于预留的凹槽和檐檩上；前者似能起部分挑梁作用，甚至檐檩已朽断，椽子仍能依赖后尾的嵌入而不坠，但已不能荷重（图6-5-32）。有时，角梁成为昂形，补间也用斜昂，其上再置檩和椽。角华栱角梁和角昂是最吃重的材料，后尾插入砖壁较深，尤以角华栱为甚，一般达50～60厘米；跳头则不超过1米。所以塔身屋檐的深度，靠加大檐椽和飞檐的出檐尺寸来满足。其出檐比一般木构为大。一般木构，檐椽的出檐部分（檐檩以外）长度，不应大于檐檩以内长度，即檐檩内屋面重（瓦重）大于檐檩外屋面重，基本是靠瓦重来平衡的；砖塔的木檐则反是，因为椽后尾锚固于砖壁内，足以抗衡出檐过重引起的力矩。

（4）凡是砖木混合塔，木构屋檐是必具的部分，但是平坐出跳有限，不能绕塔身外通行，只能偶作塔身外站立用，或只是示意而已。

（5）塔的砖壁向上逐屋内收。一般，每层内收一

图 6-5-30　上海青浦吉云禅师塔局部

图 6-5-31　南京牛首山宏觉寺塔

柱径。柱径的尺度，也是大约依照木构比例得出。除了墙身的内收，还加上墙身的侧脚（早期收分显著，晚期多有直立不收者），砖塔的外轮廓遂成为微带弧线的截锥体。砖壁收缩的位置，一般在承椽孔处上方（图6-5-33）。

（6）墙面。用砖隐出额、槏柱、直棂窗等线脚，阳光阴影反差强烈时，突出醒目，给人以木构件感觉，表面涂土红，与白墙相映，也构成鲜明对比（图6-5-34）。门口宋代用壶门式，由叠涩砖组成，壶门式上加木板过梁（或在叠涩层中以木板代砖）这是南方砖木混合塔特点，明以后则多用半圆拱券。

（7）角柱。因为模仿木构件，做成圆形。为了减少砍削方砖料成圆料的工料浪费，烧制了一种专用的圆砖，加有尾柄，以便和墙体结合。这种砖柱坐落在平坐角华栱之上，而角华栱出跳长、吃重大、最易损折，角华栱处墙体出现的空洞也特深、特大，因此圆柱砖是墙身砖件中最易坠落剥离的部分，但对整个墙体不

图 6-5-33　上海青浦吉云禅师塔外观

图 6-5-32　上海金山华严塔

图 6-5-34　上海龙华塔

起严重影响。这种圆柱砖一直沿用到明清（图6-5-35）。

以上所述，为比较典型的宋塔作法，明清则大体沿袭宋式。各层塔身收分与层高的降低并不遵循固定比例，出檐深度变化也并非成比例；有时，轮廓会成为外凸的曲线。看来，古代对于各层高度和出檐，事先有按比例绘制的图纸，按图放样，决定主要尺度（层高、出檐）。各塔权衡不一致，有的纤细，有的粗重，有的直线上收而僵直，有的成弧形而丰满。

砖木混合塔的重要特色之一是一律用木刹（固然其他塔式也有用木刹的，但甚少），加上露盘相轮、风铄、铃铎，与木塔特色最为吻合一致。塔刹的长度，一般在塔身内穿透两层；出顶部分，一般较下段为稍短或相等。

刹柱下端用大柁承重，并用枋木夹固（图6-5-36）。大柁往往两料相并。刹柱的中点和上端的固定则分两种办法：

图6-5-36 浙江诸暨娄家荡塔刹仰视

其一，顶层砖壁依预定屋面坡度收分成锥体，内壁也叠涩内收，至已植立就位的刹柱中点包绕其外，缝隙加以填塞，其上用铁（或铜）制复钵盖罨。刹柱出顶部分套有若干金属（铁或铜）件，为相轮，宝盖和顶珠。其近端宝盖处有铁铄引向各戗脊下端，锚固于埋设在砌体内的老角梁上。它的作用是制风力引起的刹杆摆动（图6-5-37）。

其二，砌体至顶层墙身为止，不再叠涩内收，塔顶另用木架构成。此时木架各戗柱之间用枋木穿过刹柱，联系成为整体，刹端铁铄仍然锚固于埋置在砌体内的角梁上（图6-5-38）。

通常，砖木混合结构塔的底层，有木构的围廊。木廊梁架内侧以塔体为支点，外侧用木柱。由于围廊较深，举高较大，因此，塔身的底层高度，较之以上各层显著加大，几乎相当于两层的高度。根据木梁架的构造，在角砖柱上留的孔眼也较多较大。各塔现存的围廊不多，且均属后世重建；但是，根据遗留的柱础、阶沿石、角砖柱上留下的孔眼，对这一部分的结构尺度和构造方法，容易分析理解。

根据姚承祖所藏家传抄本整理的《营造法原》一书的记载，所谓塔高等于底层周边长度，所指应为围廊的周边总长，证以实物，近似而稍有出入。但是，砖砌体底面积（或底径、底周边长）与高度的比例，出入幅度很大，似无定式（姚氏记载似以光绪重修苏州双塔的工料记录为底本，可作参考）。

在宋代，早期砖木混合式塔的平坐与屋檐二者没

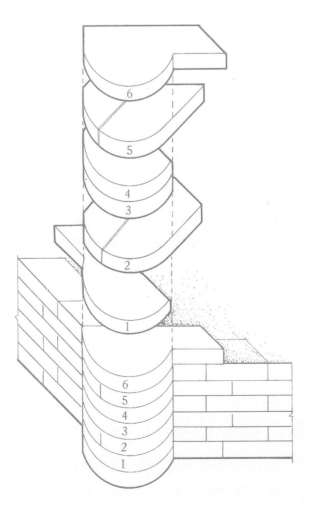

图6-5-35 江苏苏州光福寺方塔砖倚柱砌作示意图

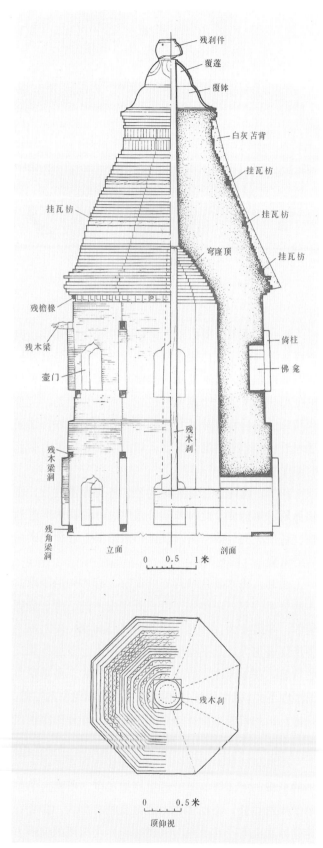

图 6-5-37　苏州灵岩寺塔塔顶结构（现状）示意图

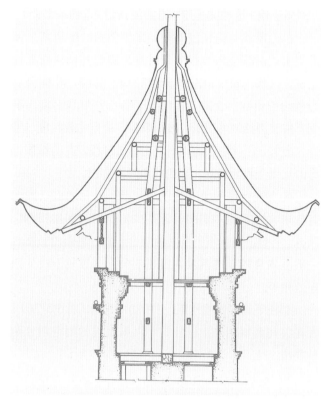

图 6-5-38　苏州瑞光塔刹木剖视图

有联系；但是在后世重修时，常把平坐的栏杆（主要是转角处，也有中间部位）望柱伸高支撑在角梁之下，这样，屋檐戗脊的重量部分由角望柱传递至平坐角华栱上。由于此类塔的屋檐深度特大，这种补救办法，似乎由经验得来，是合理的，但在外形上不如宋式疏朗利落。望柱上端有支点加以固定，对栏杆的防护可靠性有所加强，也是好的。后来为了补救角平坐华栱增加的荷载过重，于是在平坐跳头下加短柱，传递荷载于下层角梁上。这样实际把各层出檐的重量，一部分逐级下传由底层的梁架承担了。这种做法，在结构上是有好处的，但失去了木塔外观的特色。

砖木混合塔的平面有方形、六角、八角三种。砖木混合式塔的内部，或为内廊式，或为空筒式，均用木楼层，各层楼层与楼梯的布置构造，与其他用木构楼层和楼梯的方法并无原则的不同。

五、实心砖塔

实心塔全部用砖砌出塔型，从外观看似一坐楼阁，实际是一座用砖砌成的实心体。它最初用于墓塔和小型佛塔，到辽代将这种实心结构扩大建成高大的塔，用它来模仿密檐塔和楼阁式塔。塔身布满雕刻，造型美观，成为佛塔的一种类型。

金、元、明、清各个时期，或多或少都建造了实心塔，但远远没有辽代建造的实心塔那样高大精美，也没有辽代那样普遍。

辽代实心塔分布的范围主要是辽宁西半部，内蒙古东部，河北、山西北半部以及吉林西半部，就是辽代当时的几个京城地区。在这些地区辽代遗留至今的实心塔总数大约有百余座。其中一些经后世重修而有所改观。

遗留到今天的有代表性的实心塔，有易县泰宁寺塔，北京天宁寺塔，宁城大名城（辽中京）塔，庆州（巴林右旗）白塔，上京南塔，上京北塔，北镇崇兴寺双塔，辽阳凤凰山云接寺塔，灵邱觉山寺塔，锦州大广济寺塔等（图6-5-39）。

从遗留的大塔进行分析，可以分为两种式样，一种是密檐式塔，另一种是楼阁式塔。密檐式塔第一层塔身特高，从第二层以上做成多层檐线。从唐代开始，塔做密檐式的数量很多。辽代吸取唐代文化，在建造密檐塔方面也大量吸取唐代风格与式样。只是平面改成八角形，而形式没有大变化。辽代密檐塔以易县泰宁寺塔，涿州普救寺塔，灵邱觉山寺塔，北京天宁寺塔为代表作。楼阁式实心塔数量较少。从外部来观察，楼阁式塔与宋代楼阁式塔没有多大的区别。塔身、门窗、檐子等应有尽有，唯独实心体多。如庆州白塔，呼和浩特万部华严经塔（图6-5-40），是楼阁式塔的典型。

无论密檐式塔和楼阁式塔，它们的式样都是同一风格，除个别的塔采用方形平面外，一般都采用八角形平面，在塔的最下边都有一个基坐，基坐有一层或两层，而且都做成须弥坐式，雕刻非常繁琐。塔身亦都施用很繁琐的雕刻，刻出梁枋、券门、佛像、金刚力士、飞天、莲花、彩云和小形佛塔等等。凡楼阁式塔都有塔檐和平坐，檐下及平坐下都施用斗栱，塔面分间，柱头都施用斗栱，一般补间和转角斗栱，做得很丰富复杂。上部做檐枋和挑檐，圆形椽子，方形飞子，在檐下不做斗栱者，常常用一排大莲瓣来代替。不论花样和构造如何变化，全部都用砖砌筑，而且都用磨砖对缝，加工细做，形象与尺度完全仿木结构的手法。这是砖工技术的一大成就。

辽代庆州白塔，位于巴林左旗（林东县）（图6-5-41），八角七层，塔下一个高基座，上再做一个扁座，

图6-5-39（1）　山西灵邱觉山寺塔

图6-5-39（2）　北京天宁寺塔

图 6-5-39（3）　辽宁宁城大塔细部

图 6-5-39（4）　辽宁朝阳凤凰山云接寺塔

图 6-5-39（5）　辽宁北镇崇兴寺双塔

图 6-5-39（6）　锦州大广济寺塔

图 6-5-40 内蒙古呼和浩特万部华严经塔

图 6-5-41 辽宁巴林左旗白塔局部

第一层塔身每面均做三间，在中心处东西南北四面开假门，无门之处当心间设直棂窗，稍间雕出密檐小塔，其余部位为莲花纹飞天等；第二层以上各层，每间均刻出密檐小塔，塔刹部位，用砖砌出一种小型塔，上端做金属相轮刹或者用金葫芦刹。

辽代上京南塔在巴林左旗，八角七层，为密檐塔式，下边有一个大型基座，第一层塔身特高，相当于四层密檐，转角使用圆柱，每面构成一间，每间壁面仍然雕出小塔、直棂窗、飞天、彩云、佛像等，正南开券门，内部为一小型塔室供以佛像。凡辽代实心塔常常都有这种塔室，而只在第一层开辟，其他部位全部实心，因此还得算是实心塔。此塔柱头之上用额枋和普拍枋，上部为檐子斗栱，而且层层做斗栱，檐角略有升起，施工造塔时在檐角处都加一条木角梁，使转角处和塔心相连，对砖塔起到加固的作用，同时在角梁头悬挂铜铃。

还有的塔在密檐部位不施用斗栱，用砖叠涩出檐，形制简洁，如辽代中京（宁城县）大塔就是这类塔的代表。辽代中京小塔也是这样的做法。各种式样辽塔，为什么都在第一塔身砌得比较高，并在第一层塔身做出复杂的雕刻呢？第一层塔身高度往往采用人们的房屋高度，给人一种房屋高度的习惯感觉，所以第一层塔身以人的高度视野范围来着眼，适合人们的远近观摩。以上各层的密檐则如同屋顶部分，不过等于将重檐加多，象征屋顶的意义。

塔心内部构造方法，当施工时，先砌外壁，接着就将内部填砖砌平，逐层高起，而将塔心即都用砖砌平，有的砖塔内部即用小砖，大砖根据平面需要砌平。基本上按层，但内部砌砖没有严格规律。如河北丰润区天宫寺塔，由于唐山地震第一层壁面塌落，可以看出内部砌砖方法，砖层砌法虽然有一定的规则，但是并不严密。如第一皮砖斜砌（左向 45°），第二皮直砌，第三皮横砌，第四又斜砌 45°，第五皮为斜砌（右向 45°）。而且内部砌的规格不一、大小不同，在斜角部位常常用小砖块。在塔外壁面砌砖方法大部分是二皮顺砌一皮丁头，有的均用顺砌，丁头不露在外部。砌砖使用的灰浆全部为黄土，或在黄土中加入少量的白灰。此外在辽塔中因为雕刻花纹多，故常用磨砖对缝砌，这样多用白灰渗浆，内部结构全部用黄土泥浆。

关于塔身半圆雕和浮雕、斗栱、柱子等均采用预制方法，事先进行砖刻、雕琢、镂刻、磨制等加工过程，还有的在制造砖坯时就预制好的，然后应用。

辽代实心砖塔实例　　　　表 6-5-2

地点	塔名	平面	层数
易县	净觉寺塔	八角形	13
北京	天宁寺塔	八角形	13
涞水	西岗塔	八角形	13
宁城	中京大塔	八角形	13
林东	白塔子白塔	八角形	7
林东	上京南塔		
辽阳	白塔		
北镇	崇壁寺东塔	八角形	13
锦州	大广济寺塔		
农安	龙弯塔	八角形	13
灵丘	觉山寺塔		
房山	云居寺南塔	八角形	11

在辽代砖塔中具有强烈地模仿木构建筑的作风，这是辽代和同时代宋代砖塔的基本特征之一，它影响到后期砖塔的仿木结构的形制。在我国历史上长期以来都采用木构建筑，人们对木结构建筑非常熟悉，而且非常喜爱，用砖造塔时，也要反映出木结构式样，这就表现传统观念给予建筑型式的影响。

六、塔的壁体构造

（一）墙身

古代砖塔，都用砖砌出很厚的壁体，承受上部传递的压力，才能达到坚实稳固的要求。特别是空筒结构的塔，一切重量靠外壁来承担，所以做成厚壁是非常必要的。壁内折上结构的塔，因为登塔的梯级砌筑在厚壁中间，如果外壁体太薄，在结构上是不安全的。

早期的塔壁构造一般从基础开始用砖砌壁体，直接从地面开始，不加基座。到宋、明时期，塔壁下部用砖基座或用石块砌筑基座，特别是明代以后，用石块砌塔的基座（台基）就用得更多了。塔壁部分砌砖，一般都采用顺砖平砌，内外相同，中间夹砌碎砖或块砖，随意填砌。壁体表面砌砖方法：唐代砖塔常用一层丁头、三层顺砖、互相叠错的方式；宋代砖塔砌法主要是采用一层丁头、一层顺砖、互相叠错的式样，也有顺砖连续交错砌筑；明代砖塔砌法，除了采用宋代的一层丁头、一层顺砖、互相叠错砌筑外，还采用在一层中，顺砌丁头间砌，各层相闪，这是历代砖塔砌筑的基本特点（图 6-5-42）。

塔的壁体，为了稳定起见，越往上体积越收小。同时塔身壁面随之向里收，产生了侧脚。还有的塔，墙壁砌成向内凹的弧面，这就产生施工砌墙的复杂性。如：山东济南九顶塔，安徽宣城景德寺塔就是这样砌法；南方与北方各有一些例证，不过为数不多。

宋、辽、明各时代砖塔随着仿木构外形手法的发展，在塔身上砌出倚柱、梁枋、斗栱、门窗、龛头、壁柱、垂莲柱、浮雕和半圆雕等，均用砖砌出，增加砌砖的复杂程度。倚柱的砖采用预制砖，斗栱用砖也是采用预先烧制的砖，棱角制做非常整齐细致；施工时，用这种预制构件进行安装（图 6-5-43）。

塔身壁体的门窗，是施工重要部位。在一座塔上，门窗洞口位置有很多方式，有的在一条直线上上下对直，有的隔层相闪。一般看来，凡唐代砖塔门窗洞口多是上下对直，如西安大雁塔就是这个式样。宋塔则隔层相错的较多，最早一例为苏州定慧寺双塔，以后成为较普遍的方式，南北均有不少例子。门窗洞券拱的式样，有券洞、壶门、椭圆、方形、圭角形等。北方砖塔绝大多数都是采用券洞式。南方砖塔则主要为壶门式，特别是江浙一带砖塔，如苏州北寺塔、罗汉院双塔、虎山光福寺塔、苏州虎丘塔、九江琐江楼塔等，但也有从壶门上进行变化为凸形，江西能仁寺塔，就是这个样子。这种壶门式窗头，是宋代风格。椭圆形为数较少，如陕西兴平市兴平砖塔就是一例。还有开方形窗，平拱拱窗头，如浙江余杭功臣塔开平拱窗头式样。门窗洞口式样，还产生真窗与假窗两种，假窗主要是由于楼梯所影响不能开直窗，是为了从远望统一风格做出的。

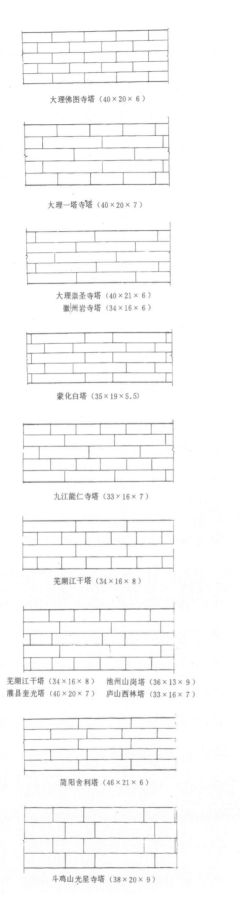

大理佛图寺塔（40×20×6）

大理一塔寺塔（40×20×7）

大理崇圣寺塔（40×21×6）
徽州岩寺塔（34×16×6）

蒙化白塔（35×19×5.5）

九江能仁寺塔（33×16×7）

芜湖江干塔（34×16×8）

芜湖江干塔（34×16×8） 池州山岗塔（36×13×9）
灌县奎光塔（40×20×7） 庐山西林塔（33×16×7）

简阳舍利塔（46×21×6）

斗鸡山光星寺塔（38×20×9）

图 6-5-42 塔外壁面砌砖法（厘米）

上下门窗位置相闪，是为了避免在砌体上出现开口过于集中的薄弱部位。当外为八角、六角形，而内部为方形井状的塔体时，方井也逐层成45°相闪，同样也是为了避免薄弱部位集中在同一垂直面上，如上海吉云禅师塔（图6-5-44）。

壁龛是在塔的门窗部位两侧壁面上砌出的一种小方洞，用它供祀佛像的叫佛龛，燃灯的叫灯龛。灯龛，在宋代砖塔上比较多，它的尺度以20厘米×30厘米，深度15厘米为最常见，大小一致、棱角整齐，是塔壁上一项重要设施。早期的塔壁面平整，装饰极少，宋代起砖塔壁面开始花样增多，模仿木构建筑，有槏柱、槛墙、角柱、梁枋、斗栱等等，因为是严格的模仿木构建筑，在砌塔壁时极其复杂。

带有平坐栏杆、斗栱的塔，构造非常复杂，特别是平坐斗栱，花样很多非常繁复，尤其是宋辽砖塔，在斗栱中还出现45°、60°斜栱，全部是用砖砌出的，都是磨砖对缝，质量很高。凡砖塔在砌砖时，不细加工者，均在外表面上涂抹白灰。

关于塔的壁面上镶嵌石刻构件之类，这是常见的，一般都放在重要部位，并且作为重点装饰，其安装的部位如：门楣、石柱、石斗栱、石门框及石窗框。由于开采石工价格高，又不易运输，所以在砖塔上使用石构件较少。唐代砖塔，在门的部位常用石条镶嵌，如西安大雁塔门楣，大理南诏的一塔寺塔门框等。宋代砖塔采用石材做基座的不少，四川大足县北山塔，平面八角形，在每个转角都建立一根石柱，做雕龙缠柱。九江能仁寺塔、琐江楼塔、庐山东林寺塔都用石做斗栱。

此外，在砖塔壁体中也加用石构件。如在塔的天花、穹隆以及叠涩栱顶等处用石材，用以代替易于裂缝、脱落的砖砌体。

（二）出檐

从各种类型砖塔的分析中，看到砖塔的出檐方式有：木檐，砖木混合檐，砖石混合檐，砖叠涩檐。实际上，基本只是两种：以木料和石料作悬臂梁承载出檐重量的檐以及用砖石叠涩构成出檐。也有下一半为叠涩，上一半用木、石料挑出的混合方式。

用木料和石梁的方法，已见本节"砖木混合式塔"，现在着重分析砖叠涩出檐（或平坐）的构造。

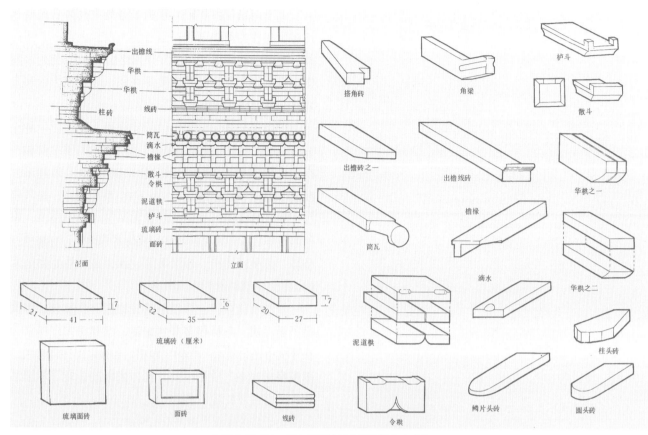

图 6-5-43（1） 河南开封祐国寺塔外檐琉璃砖图

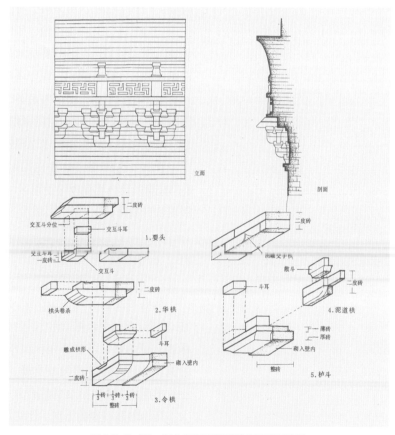

图 6-5-43（2） 河北易县千佛塔基座面砖示意图

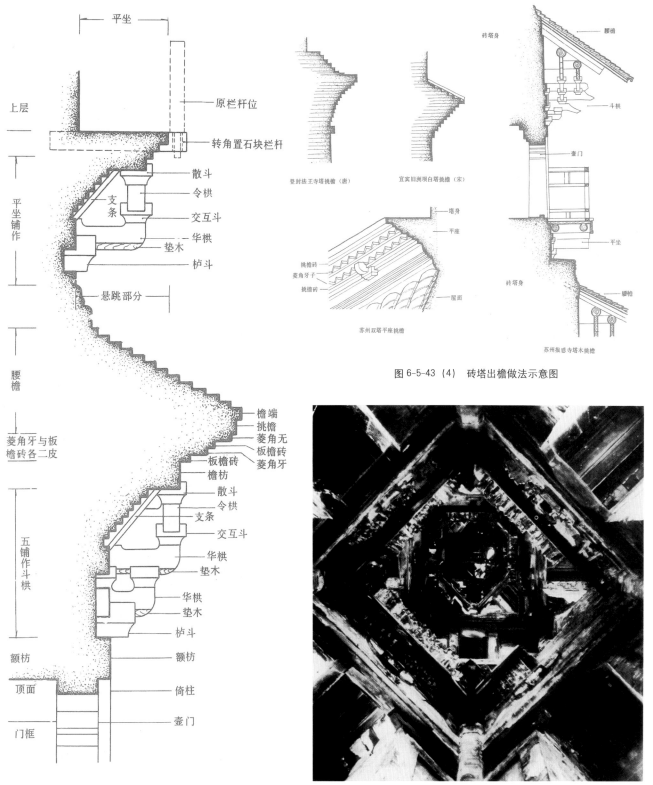

图 6-5-43（3） 苏州云岩寺塔外挑檐示意图

图 6-5-43（4） 砖塔出檐做法示意图

图 6-5-44 上海青浦吉云禅师塔内景仰视

砖叠涩出檐是早期砖塔已有的古老方法，它无疑来源于汉代砖墓顶部的叠涩结构。不过可以看出，古代人们对于砖的材料力学性质早已有所认识，表现在叠涩所呈现的曲线上。我们已经分析过，砖叠涩的原理，是建立在利用砖的抗剪强度而不是它的耐压强度（如栱券那样）的基础上的。砖的出跳超过一定限度（砖厚与出跳长度的比例）砖的应力就从剪应力为主变为弯应力为主，砖是抗拉较弱的材料，容易被折断。因此，某一出跳长度，所承载的重量有一定限度。

究竟重量与出跳的极限尺度的关系究竟如何，没有明确的记录来证明当时人们的认识水平；然而那时的叠涩结构确实向我们证明了，当重量不是正比例增加时，出跳的减小也就不应是直线而是曲线关系。我们看到：叠涩结构檐部的出跳，由下而上，呈一曲线，是完全合乎这个道理的。这也可能出于视觉要求的关

图 6-5-45　济南九顶塔

系，用柔和优美的曲线来替代僵直的线条（这正是砖砌体容易产生的感觉），不过，它同时当然必须立足于力学的可能性基础之上（图 6-5-45）。最合理的结构形式，必须是最大限度地发挥材料的力学特性。

这种早期叠涩，我们常见它的剥落（由于砌筑方法不妥产生），却很少发现折裂。因为，早期习惯用砖的长边向外，引起内皮压缝很浅，稍有走动（灰浆冲刷流失或冰冻破坏），即易坍落。关键是须有丁砌砖层较牢地与内层咬合。于是出现"菱角牙子"的砌法。这种砌法，早在唐代已经有了（兴教寺玄奘塔）。随后，我们又看到侧砖砌法。后者一定程度上，还可以减少砖的用量，减少静载，因此更为合理。

平坐与屋檐不同，它须考虑人的活载，而且力的作用的部位从近墙直到边缘，因此不像屋檐只是自重静载问题。于是，平坐常以较陡的斜线叠出，不呈现越远离墙面越平缓如屋檐处的曲线现象。有些例子（如定州料敌塔）为了保持叠涩的弧线，在平坐的叠涩砖上层出跳较远的砖层中，增加了木梁来实际承受平坐活载，作为补救。

由这些比较可以证明，古代人们对砖的材料物理性质和不同的荷重情况以及为此采取区别对待的结构方法，确有较细致深入的观察和理解。

（三）抗风、抗震

对于像砖塔这样一种高耸的结构物，它的结构要求，在静荷载情况下，主要是胜任本身自重和楼层重，以及附加的木构件如外檐、平坐、刹杆（以及所附的金属件）的重量。这一问题，由砌体的允许荷载是否与静载平衡来确定。我国古代砖的质量是好的，砌法基本是合理的；一般说来，砌体的厚度，由上而下递增，也是符合逐级向下传压增加的要求的。不过，总是嫌厚了一些。特别是底层，远远超过由现在砖石结构技术观点所要求的必要厚度。这一现象不是简单归之于缺乏砖石结构理性认识，处于经验阶段所可解释。事实上，这即是对抗风抗震要求的一种措施。

风压和地震横波，虽都是水平作用力，但二者是不同的，风力的作用点是地面以上，地震横波的作用点则是结构物的基底。

在近代的高层结构体（烟囱、水塔等），抵抗风压强调结构的整体性以及结构物与基础的整体性（竖向加筋）；在此前提下，扩大基础（板状）加筋面积，以平衡风力引起的弯矩。古代则不然，那时没有实现结构整体性的有效手段，基础与塔身不是整体，因而要依靠：降低重心，减少力矩；增加砌体本身自重，以增加与风力平衡的反力矩。二者所得的结果是：加厚以增加墙身自重；以较大的比值由上而下增加砖砌体的截面积以降低重心；增加底层面积以加大反力臂。早期砖塔，此类现象相当显著（例如大雁塔），以后略为减缓，但基本原则仍然保持。

地震横波的冲击短暂而强烈，其方向是往复的，对结构体产生由惯性引起的力矩。结构体自重大，惯性也越大，这样，自重又成为不利因素。同时，对结构体破坏最大的是中性轴处产生的纵向（轴向）剪力；一般说来，这即是砖塔门窗开口集中的部位，因而又是砌体强度薄弱的部位。此外，当作用力沿砌体多角形平面的对角线方向时，对应的尖角处砌块常会因超过抗压强度而剪裂。因此，避免较锐的角度（90°）改用钝的角度（大于120°）是有利的。这样可以减少角尖处应力集中。由于这样的考虑，我们看到砖塔砌体避免使薄弱环节集中在一个中性面上使逐层门窗开口相闪错开；改用六角形、八角形平面；在保证降低重心和有足够底面积情况下，适当减轻自重，这些措施，也是合理的。前二者对抗风也有利。

从中国古代砖塔的实践看来，由于风荷载是常有的（季节风盛），而地震比较少，因此，较为重视抗风。在所知记录中，毁于风灾的甚少（主要塔刹易受风灾），毁于地震较多。

就已知的著名震害例子来看：

西安小雁塔（图6-5-46），它从中分裂为两半，就是中性轴处剪力破坏的显著结果。这是发生于1555年（明嘉靖三十四年）的一次八级地震的后果。震中位于华县，横波的方向是东西向，因而，沿南北向砌体薄弱处——门窗集中的中线开裂。不过，尚未达到完全坍毁的程度。

四川彭州市的隆兴寺塔，受过两次地震。第一次，由于中性轴剪力破坏，分裂为两半，其中一半坍毁。第二次，剩余的一半，又受到与上一次直角方向的另一次

图 6-5-46　西安小雁塔

地震横波冲击，再裂为两半，其中坍毁一半，仅余1/4的砌体，突兀孤立，岌岌可危，但至今尚在（图6-5-47）。

定州开元寺塔（料敌塔），在清康熙年间受到一次强震，震中在东北方，因此，沿东西向的北侧1/4部位产生裂隙，至乾隆时明显断裂，至光绪年间突然向下滑坍，成为今日的状况（图6-5-48）。

这些例证告诉我们高层砖塔在地震时受力破坏的状况，一般和砌体本身的薄弱环节处于轴向剪力强烈区有关。与上述例证相反的是开封铁塔。这座塔历史上经历过多次地震，但迄今巍然屹立。它内部结构密实，通道和开口匀布在塔的各个侧面，没有集中的薄弱环节，抗剪能力较强，保持了整体性。这样，在外来推力（以及惯性）产生的力矩不超过本身自重产生的平衡力时，始终是不会倾倒的。

开口位置上下层相闪，避免集中在一个垂线上，

图 6-5-47　四川彭州市隆兴寺塔地震后残状

图 6-5-48　河北定州开元寺塔地震后残状

应用这个道理，从现存遗物说，最早表现在苏州的双塔（始建于宋太平兴国七年，982年）。这是从有砖塔以来七百多年历史经验教训的结果，表现出当时造塔工人对水平破坏力的认识和应付的措施。以后，采用这个方法的砖塔越来越多，占有主导地位。

古代人们没有可能较严密地测定风压、冲击波的数据，也没有建立科学的结构力学分析方法，但是他们看到了现象，有了经验，寻找到了应付风力、地震破坏的方法，他们建立了比较合理的结构系统，一批古塔经受住了风害和地震的袭击，我们不能视为偶然。

七、塔基与塔刹

（一）塔基

建造砖塔这类高层建筑，基础工程显得十分重要。砖塔的基础深度与做法，根据塔的高低、大小、地点位置以及土质性质等都有所不同，这些都需要根据具体要求情况分别处理，分别确定。

每一座砖塔，基础工程做得坚固耐久，是塔能达到坚实稳定、年代久、寿命长的根本保证。我国古塔保存至今者，有的达到千年以上的历史，虽然经历了长期风霜雨雪的侵袭，大多数仍然完好，这充分证明建造砖塔时对基础进行了妥善的处理。个别砖塔歪斜走闪或者倒塌，多数是基础出问题所影响的。

砖塔塔基的特点是基底面积小而承载重量大。将基础面向外扩展，是使塔基稳固的一个办法。如西安小雁塔塔基夯土范围自塔身向外扩展达30多米。人工处理地基面积大，就需要有一定深度，才能保证传力的要求，才能对塔身的坚固稳定有利。

根据已发掘的砖塔塔基有以下五种做法：

夯土基础——唐代以来常常采用此法；

木桩灰土基础——唐代已有采用此法；

木桩砖基础——宋代以来常采用此法；

岩石基础——宋代以来采用此法；

砖石混合基础——宋代以来采用此法。

（1）夯土基础：以西安小雁塔基础为例，先取土挖槽，再进行全面夯打。大片夯土2米深，边缘

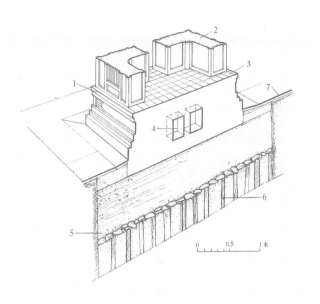

图 6-5-49　江苏太仓茜泾塔塔基剖视示意图
1- 须弥座；2- 塔身；3- 塔内地面；4- 地宫；5- 塔基础；
6- 木桩；7- 地面

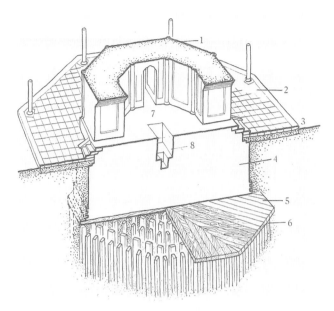

图 6-5-50　上海龙华塔塔基示意图
1- 塔身；2- 副阶；3- 地面；4- 塔基；5- 木枋；6- 地丁；
7- 塔室；8- 地宫

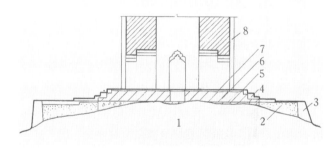

图 6-5-51　苏州云岩寺塔塔基示意图
1- 岩石；2- 夯土；3- 挡土墙；4- 石块；5- 三合土；6- 砌砖；
7- 砖铺地；8- 倚柱

减至 1 米深，呈锅底形。范围自塔中心向四周展出 30 米。在夯土上施用木炭一层；木炭吸水率强，能防水防潮，防止地下水的侵蚀。再用石条纵横相砌。石条之上开始砌砖二皮再砌 3.3 米高的基座，这样构成为一个大型台基基础，在这个基础上再砌砖塔的第一层塔身。

（2）木桩灰土基础：这种做法主要以木桩为主。凡遇到土质杂乱或松土的地基上进行造塔时，常采用这个方法。以江苏太仓茜泾塔的桩基础为例（图 6-5-49），首先是在地面下按设计深度夯打木桩，木桩布置为"梅花桩"。在木桩头及桩子周围放上砖块或石块，用夯夯紧，这可使木桩桩头挤紧无空隙。砖上再加 10 厘米砂，2～4 厘米石灰层，再交替地铺一层石灰一层夯土共二十层，全部经过夯实夯紧，在这个基础上即可砌筑砖塔的基坐与塔身。

（3）木桩砖基础：这种做法仍然适用于纯土地带及土质松软地区，必须打木桩，挤紧松土，承担重量。而且砖与枕木混合使用，以能固定地基基础。以上海龙华塔为例（图 6-5-50），自地面以下的设计深度打木桩，木桩布置方法为满堂乱桩，每根断面为 14 厘米 ×18 厘米的方木桩，每桩间距 80 厘米，木桩深度据发掘得知为 1.50 米左右。木桩上铺垫木一层，垫木断面为 22 厘米 ×13 厘米，在垫木上砌砖一皮，其上再砌方砖 1.40 米，然后找平，即开始砌塔的台基与塔身。

（4）岩石基础：以苏州云岩寺砖塔为例，就是将砖塔基础直接置于岩石层上，从岩层上直接砌塔身（图 6-5-51）。这可以说是一种天然基础。但是，这只适用于岩层以上的土层很薄的情况。但无论表土层厚度如何，都必须将土层挖去，达到岩石层，才能正式砌塔基的基座及塔身。苏州云岩寺塔没有做到这一点。它正是由于表层土的流失，引起塔基的不均匀沉陷，使塔身倾斜。

（5）砖石混合基础：在建塔时，碰上软土和松软土地基时，地基要加固，才能建塔。其处理方法除上述桩基础外，还有用碎石碎砖加固的方法。首先，将碎砖块与石块填充基坑，分层夯打、逐层填土夯实。在石块之上砌筑条石，纵横交错。再在条石上砌砖做塔基。碎石碎砖填充，实际起改良地基作用。

基础处理中最易发生的现象是下沉或不均匀的下沉，使塔身造成歪斜、滑坡，构成斜塔。基础砌在倾斜岩层上，最易发生这种现象。早期砖塔还未发现有斜塔，而在宋金时代已产生许多斜塔。如杭州雷峰塔（已倒塌）、苏州云岩寺塔、平遥麓台山慈相寺塔。后者建塔之时紧靠河岸，年深日久，河水冲刷砖塔基处土层，因此塔身全部向西北倾斜。明代则有河南宝丰县大普门寺塔，山西太原永祚寺双塔等也是变成了斜塔。

地宫是砖塔内部埋藏遗骨的地下小室。一般将它放在砖塔基础的上部，底层塔室的中心地面以下部位。当砖塔年久失修，地宫破坏，地面雨水常常从塔门流入地宫内，使地宫中积存雨水（因此常常误认为塔里有井），往往会影响砖塔基础的坚固性。

（二）塔刹

塔刹是塔的最高部分的构件，也是塔顶的收束。大致有五种类型：

第一种下为砖基座，上施刹杆。砖座上置金属（铜或铁）承露盘，刹杆上串联相轮3～7层，其间有水烟，日月元光及宝珠等，加设铁拉链牵引至檐角，以抵抗风力防止歪倒。这样的刹杆全部用金属制造。唐、辽、宋三个时期的砖塔用这个式样最多，其中以辽、宋砖塔制做的式样尤为突出。

第二种为葫芦刹，其式样如同束腰葫芦的造型。在塔顶端先用砖做基底，座上安置葫芦，石造或砖造，其中心仍置刹杆。唐、宋、明三个时期砖塔均有此式。如陕西西安市长安区兴教寺玄奘塔、山西广胜寺明代飞虹塔（图6-5-52），云南巍山明清砖塔均采用此式，全国来说比较普遍。

第三种为宝珠刹，又叫做宝顶。宝珠刹是最简单的一种，也是晚期使用最多的一种。因为它的做法非常简单，施工方便。如九江能仁寺塔用铜宝顶，河北丰润区天宫寺砖塔采用铜合金制做的。它的方法是用很粗的一只铜杆，下端伸入砖塔顶中，上端套入这个尖桃形铜刹，这代表明代流行的式样。明清两代建塔大多数使用宝珠刹。即或重修唐宋砖塔时，也常常改用铁刹和宝珠刹。

第四种为喇嘛塔刹，这种式样在塔刹部位先砌基座，然后安装一个小型喇嘛塔代替刹尖。在喇嘛教流行地区，如青海、甘肃、内蒙古、河北、东北三省等地明清两代的塔刹常采用这个形式。

第五种即砖木混合塔所采用的木刹柱塔刹（图6-5-53）。

塔刹形式不同，用材亦有很大差异。不外采用金属、砖材、石材以及陶制材料等做成。在金属材料中一般都用铜镀金，称为镏金。采用镏金可以保持较长久的光亮，如河北省丰润区的天宫寺塔，塔刹就是采用镏金做成的。

还有铁刹。凡用铁制刹不能镀金，年代久了，铁刹生锈变黑，影响美观。松江方塔，铁制九层相轮，用拉链牵引；松江区西林塔铁刹相轮七层，"水烟"一个，及铁制复钵等；苏州北寺塔相轮亦做6～7层。用铁球作铁顶者，常套用1～2层，施工与制做简单，如浙江临安市功臣塔，安徽休宁南山塔，海宁盐官塔，各有特点。

采用金属刹时，铁刹都用锻铁，进行锻造加工，预先做好各种锻造的铁件，使之结合于一起，用铜及铜合金制做塔刹，均用铜制，外表镏金。

用陶制刹是材料上的一大变化。元、明、清三个时期，烧制琉璃大量发展，用琉璃刹能起到色彩丰富、光亮华美的作用。结顶常为宝珠形式。不过凡琉璃刹按比例制作，体形高大，自重增加，施工安装十分不易，是它的缺点。砖刹，早期建筑运用砖刹亦很多，在唐、宋、元各时期的佛塔和墓塔上常常用砖做刹，这是一种朴素的做法。有的砌出葫芦式刹，陕西周至县大秦寺宋代砖塔，塔刹七层均用砖砌，高陵县砖塔塔刹亦用砖砌，而且做得很高，砖刹中常砌出各种形式的宝顶，周边砌出山花蕉叶4～6瓣，特别是在各地唐代墓塔做砖刹的非常普遍。此外，还用石材做刹，石刹在山西、江西、湖南各地一些明代砖塔上常用之，特别是湖南、江西各地砖石混合式的砖塔，往往用石材做刹，因石材坚硬，不易雕琢，式样比较简单，一般常见的仅雕出宝顶宝珠式样。砖石结顶的形式，已距"上累金盘"、多重相轮的原型刹很远了。

八、施工方法

古代没有留下砖塔施工的技术文献资料。我们从古塔遗留的一些现象来分析古代人们为造塔所可能采取的步骤方法和他们所达到的技术水平。

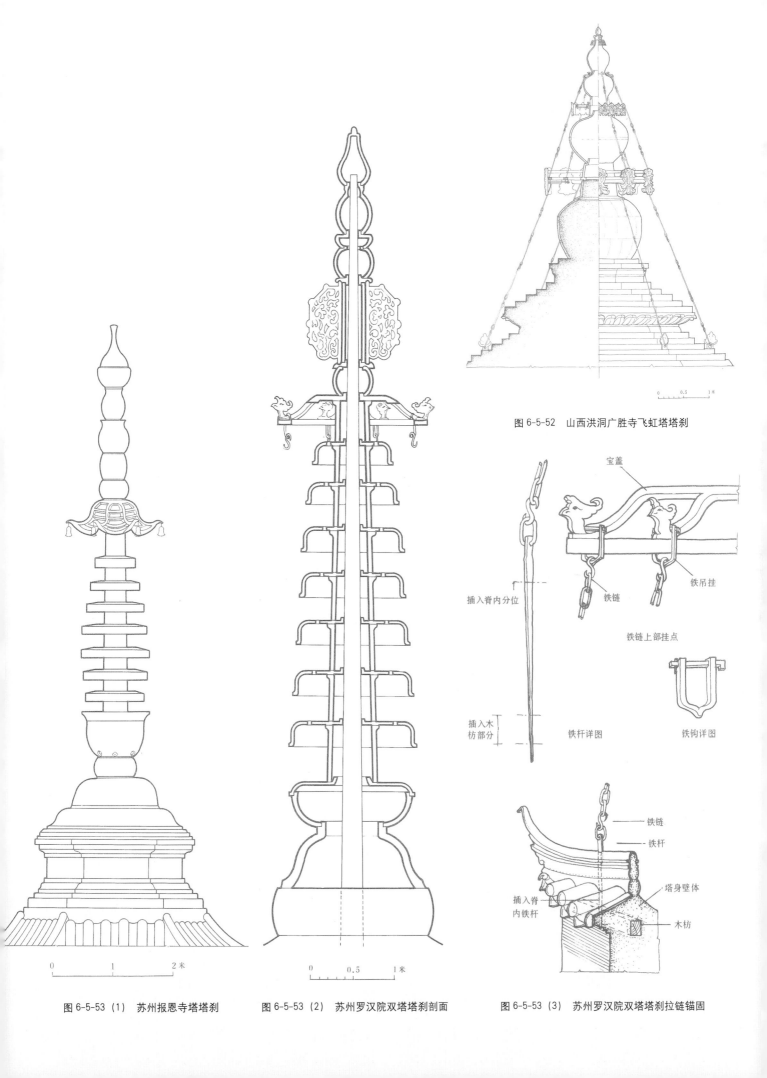

图 6-5-52 山西洪洞广胜寺飞虹塔塔刹

宝盖

铁链

铁吊挂

铁链上部挂点

插入脊内分位

插入木枋部分

铁杆详图

铁钩详图

铁链

铁杆

插入脊内铁杆

塔身壁体

木枋

0　　　1　　　2米

图 6-5-53（1）　苏州报恩寺塔塔刹

0　　0.5　　1米

图 6-5-53（2）　苏州罗汉院双塔塔刹剖面

图 6-5-53（3）　苏州罗汉院双塔塔刹拉链锚固

造塔施工，一定预先有按比例尺绘制的图样，至少有平面和侧面两项。因为，几乎每层的层高、收分、出檐深度，都在不成比例地变化着；而且施工时砖塔之外包围了厚密的脚手架网，用目测来判断某一高度、收分的变化，几乎是不可能的。有人认为，造塔似乎也像中世纪欧洲哥特式教堂那样建造，历时数十到百余年，慢慢地用目测直感来权衡、调整，没有一种预定的成法，那样的观点是不符合实际情况的。

可以肯定，造塔有较高的垂直运输，必须有脚手架，也有了滑车一类起吊装置，最大的起重件，不是砖料（数量虽多但单件重不大），而是刹杆（可长达 20 余米）。它的起吊是很困难的。关于塔刹的起吊《洛阳伽蓝记》中记载有一段故事：

道荣传云："王修浮图，木工既讫，犹有铁柱，无有能上者。王于四角起大高楼（即四组独立的脚手井架），多置金银及诸宝物，王与夫人及诸王子悉在楼上烧香散花，至心请神，然后辘轳绞索，一举便到。"这个故事最后说："故胡人皆云四天王助之，若其不尔，实非人力所能举。"分明是劳动人民的智慧与力量，却归功于神，当然荒唐。故事说的是雀离浮图，是古代有名的大塔，位于北印度犍陀罗地区，建于 2 世纪大月氏贵霜王朝的迦腻色迦王时代。这里应注意的是"辘轳绞索"一词。虽然讲的是外国故事，但无疑当时这种提升工具也为中国所习见。例如汉代早已常用辘轳提升井水。

建立高塔，砖料的制造和砌筑技术是不成问题的，关键在于足可承受最大起重件重量的脚手架和有效的提升工具。在这种技术条件前提下，才有可能着手进行。我们看到，中国出现砖塔的最初时期，这些条件已经相当具备。

塔的施工第一步是塔基。塔基常选在丘陵山冈之巅，这里黏土复坡较少，容易达到岩石层。这种基础一般可靠。开挖至岩石层或作一般平整。许多著名大塔，多数如此，如六和塔、虎丘塔（云岩寺塔）、雷峰塔等。虎丘塔因为岩层倾斜，塔基表土流失，引起塔身倾斜，是比较特殊的例子。处于平原黏土层地压，也仅是一般平整夯实，不作特殊处理。因为砖塔施工进度很慢，最长的纪录达 51 年，这样，塔身的沉降是逐渐地、平稳均衡地进行，在施工终了时，塔身沉降已近终止。一般，只有在土壤情况不佳时，才深挖、回填、夯筑或者加桩，这种技术，也早已有之。

宋代和宋以前的塔，没有基座，塔身从平整后的基层直接开始。首先，是定中。塔址中心，按佛教造塔，即埋藏舍利所在。有时其规模相当一间小的地下室。舍利井口盖石中心，就是塔的中心。

根据预定图纸的比例尺，或某一习惯尺度，得到底层平面尺度，在基层面上划线定位，开始砌筑。在划线定位时，须要先定方位，再划多边形的各角位置。一般，正多边形（六角、八角、十二角）的定位，是由外接圆作出。无疑在古代，至迟 6 世纪，等分一个圆周为六、八、十二的几何作图法已经完全为造塔工匠所掌握。实际上，所作的分角线只是 45° 和 60° 两种，也是只用直尺和圆规很快可以作出的几何图。古代砖塔除了正四边形（90° 角）外，采取过的只有正六、正八、正十二边形，是因为这种多边形的几何作图最为简易。这种几何作图，不仅底层需要，以上逐层为了校正塔身的准确性，还需要再作。不过，在作出分角线后，各边的长度还应根据图纸预定尺度来确定，逐层变化。

除了保证正多边形在逐层尺度缩小而分角不变的同时，还应保证各层的几何中心保持在同一垂线上。一般说来，即是需要有垂直贯通各层达到底层中心标志的垂锥，锥尖与中心刻记是否吻合要逐层校对；根据校对正确的垂绳来确定各层平面几何中心的位置，作出标记，继续砌筑。但是，这样直接由垂绳来校正的办法只适用于构筑物有一个井状的空腔，每层可以使垂绳直达底层中心的情况。在塔心为实砌层（例如用塔心柱）时，逐层的几何校正和垂直校正已不可能，只能依赖间接的方式。这种间接方式，一般估计，有两种：一是由标记在地面上的底层各角分角线的记号加以校正，换言之，即在逐层的各角引垂线至底层各角的分角线上；二是由砌体本身逐层上引，这种办法比较容易产生误差。

实地观察存留的古塔，就可以发现古塔各层檐角的校正技术虽有高下差别，但均经过慎重的校正手续。一般说来，在砌塔身时，首先就应定出各角位置（有角柱时，为角柱中心位置）：各层檐角位置和角梁尽端的位置。我们可以看到，许多古代砖塔的轮廓，各角的位置，相当准确挺直，我们应该理解到，这即是古代匠师在校正技术上的水平表现。这一现象，不是凭目测所可达到。垂绳、分角线作图，是最基本的手段。

直到今天，尽管仪器复杂，精确度增高，但基本原理，并无改变。

特别是许多塔，它的外轮廓和内壁是不一致的；外壁为八角或六角形，而内壁却为正四边形，且逐层45°相闪，尺寸逐层变化。这一现象，如若不是逐层几何定位，是不可能解释的，用目测尤其不可能。

砌筑砖塔的重要手段之一，是脚手架。就现在所知，一般均为外脚手，完全包绕塔身，但与塔身之间有一些支点用插杆相联系，以增强脚手架的稳定。脚手架与塔身需离开一定距离，以避开出檐平坐等构造突出部分。脚手架为井状构架，且随塔势向内倾斜，并依附于塔身，重心无外倾的可能，因此，这样的脚手架一般不需要牵缆、戗柱等，而且对于高度大的塔，牵缆戗柱也无从施用。

当然，砖塔的各级楼层本身，有时可以作为内脚手来使用，特别是空筒结构式的砖塔，内部用木楼层楼梯时，在砌砖的同时，即需要安置过梁，无疑可以利用。但对于其他塔式，上下楼层间封闭而梯级曲折狭窄，不便于运送砖瓦木料和灰浆，因此，仍然需要从外脚手运输材料。塔身以内，则只可以作逐层的工作面。外脚手必不可缺少的原因是：垂直运输必需外脚手；砖塔外檐有需要安装加工的地方如木构平坐，屋檐或砖平坐砖檐等；此外，塔外表一般还有粉刷，砖雕等装饰层，单凭里脚手是不可能完成的。因此，高塔的脚手架本身，也是水平很高的技术。

然而，砖塔最困难的施工环节是安装木塔刹，以松江方塔为例（这是一个中小型塔），刹柱重1700斤，铁刹重1400斤，这是最重的起重件。同时刹柱也是最长的起重件。

塔的最高点是塔刹，使刹杆起吊就位。是否需要有超过塔刹顶尖标高的脚手架？不一定。一般而言，就后世修理时的经验看，它可能采取两种途径：

第一，刹杆是用高于刹顶标高的井状脚手架上的起重设备起吊。

第二，刹杆起吊重心位置超过工作面标高，而工作面标高只超过最上一层楼板面即可。脚手架到达这一标高时，即可进行刹杆的起吊就位。这时，刹杆的金属附件可以用桅杆和滑车起吊进行套接，个别节点，可以利用单梯登上操作。刹杆在起吊时根部向上，重心在下，重心超过工作面时即可水平移动就位。竖立刹杆是利用辅助杆位起，刹杆沉降就位要用几组牵缆、绞盘来控制。

刹杆可以从塔心逐级提升。这种方式，只限于塔体中心为贯通各层的空井状构造时才有可能。这样作的优点是完全不需要超过刹尖标高的脚手架，而且刹柱的重量，承载于厚重的已经砌好的塔身上，这样，就会降低对脚手架的荷载要求和刚度要求，从而比较经济。它可以在刹杆提升过程中套接各种金属刹件，最后就位之后，再砌砖封顶。这一种方式，无疑先须立刹杆于塔址中心，加以临时固定，然后开始砌筑，这样是完全可行的。有木刹顶的塔，多数是砖木混合式塔，它们多数是空筒结构，个别大塔（六和塔、北寺塔）的结构，也在中心留有垂直井道；这使我们有理由推测，采取从砖塔内部提井刹柱的办法，或者就是产生这种中心有空井的结构方式的原因。空井是在塔刹就位之后才用木楼板逐层封闭（图6-5-54）。

在高达60米以上乃至90米的大塔，脚手架势必也达到相应高度。这样的高度，脚手架所要依靠的刚性基面来免致风力的震撼动摇的，就是砖塔本身。要达到刚性结合，联系件必须深入塔身，而不仅只是浮浅的接触。这种孔眼，在拆去脚手架之后，需要加以填补。或者留下孔眼，以备后世修理时仍做固定脚手架之需。有时，孔眼用装饰性的面砖填补、用时拆去。例如银川西塔（承天寺塔，始建于1050年，重建于1820年，高63.4米）塔身所嵌的镂空琉璃面砖（图6-5-55），就是专为填补脚手架孔眼用。

塔身所留的孔眼，水平差距往往大于工作面分层所需，说明它主要为脚手架固定于塔身之用；各工作面随砌筑操作要求，另外设置。

在早先，砖塔的用砖没有特殊砖。塔身的线角、装饰也比较简单。但是例如嵩岳寺塔，单纯的长条砖已加工为各种形状而组合为整幅构图。这就需要每层做一个单元（例如十二边形、每边为一单元）的完整构图。根据这个足尺放样来确定每一砖块所需要斫去和磨制的形状尺寸，或者，根据样本来专门制坯定烧塔砖。无论哪一种，施工过程都要求尺度的精确。古代塔砖相当厚重，在砌筑时再加斫削磨砻是不可能的，必须事先在地面准备就绪，然后分皮（由下而上）送砖至工作面砌筑。在苏州云岩寺塔（虎丘塔）中，发现了建塔时砌入的一些木瓦刀，可谓现存最古的瓦工工具（图6-5-56）。这种工具只能铺灰，不能砍砖，我们据此可以推断：所有特殊型砖，是预先砍磨试拼无误后，再加以砌筑的。仅此一端，我们可以想见造塔所耗费的劳动量多么大。

后来，砖塔上的专门制造的特殊砖多起来，这是北宋开始的现象。仿木构的柱、窗棂隔扇、斗栱以及各种线脚图案都可以是特制的砖（图6-5-57）。不仅塔上如此，坟墓里也大量使用这种特殊的砖，是当时盛行的风尚。比较起来，用一般条砖砍削磨砻，既费工，又易出废料，且不易细腻准确，满足一定要求；而制坯时即预为塑形，自然轻易省工得

多，因此大量重复使用的特殊砖用模制专烧。在简陋的财力弱的情况下建的小塔，此类特种砖就较少。大型的塔如六和塔、北寺塔、定州开元寺塔，都有十分精美的特制砖，如斗栱、小斗八藻井、须弥座（壸门有多种花纹）、平棊（图6-5-58）等，这些表层砖砌缝精密准确，至可令人赞扬。

里层砖的用砖和砌法，则降低要求，属于"填馅式"做法。从一些断裂的塔例，可以看出。

由于"填馅式"砌法，表层与里层砖的联系不够紧密有效，因此，相当多的砖塔，不同程度地采用"木筋"即木料加筋的办法。例如松江方塔，砖层中所用枋木为楠木，质地极佳，至今完好。又如义乌大安寺塔，第一层塔身共61皮砖高，共有水平枋木八层之多，位于门过梁、平坐下、柱身、门两侧等处；最后，在逐

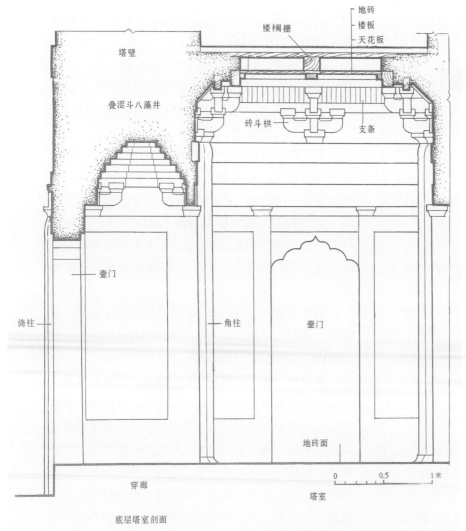

底层塔室剖面

底层塔室局部仰视

图6-5-54 苏州罗汉院双塔塔室局部图

图 6-5-55 (1)　宁夏银川承天寺塔外观

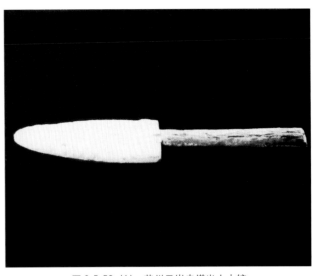

图 6-5-56 (1)　苏州云岩寺塔出土木铲
（通长 34.8 厘米，铲长 17.4 厘米，铲宽 7.2 厘米）

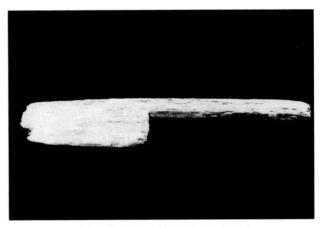

图 6-5-56 (2)　苏州云岩寺塔出土木刀
（通长 37.4 厘米，刀身长 16.30 厘米，宽 8.8 厘米）

图 6-5-55 (2)　宁夏银川承天寺塔插杆洞眼（万字形）

图 6-5-57　山西原平灵泉寺塔砖雕

层顶部有环塔身一周的木圈梁，足证当时对用木料加筋办法的重视。苏州瑞光塔，则柱头、额枋、斗栱全部直接用木料。这种现象，无非是认为这些部位用木料性能比砖料为好。同时，免去斫制特殊形式砖，节省劳动量。

以上，是一般常见砖塔在施工过程中的若干问题。还有一些特别的砖塔（如喇嘛塔），有一个凸出甚远的塔肚部分（当然，它的上斜角不应大于叠涩的刚性角）。它的各皮砖内外必须精确砌筑，有时用铁箍加固（例如北京妙应寺白塔），最后，全部粉刷。类似底小顶大的不合常规的砖塔，例如安阳天宁寺塔（图6-5-59），云南大姚白塔，它们仍然遵循叠涩结构的规律。在砌筑时保证内外砖层的结合和逐层砌缝的安排。

以上分析并未涉及一切细节，但大致可以看到造塔所需的繁重劳动。中国古代遗留下的数以千计的大小砖塔，值得我们珍视和研究。

图 6-5-58（1） 河北定州开元寺塔平棊

图 6-5-58（2） 河北定州开元寺塔斗栱及平棊

图 6-5-59 河南安阳天宁寺塔

参考文献

[1]《考古学报》1954 年第 2 期第 5l 页。

[2]《洛阳烧沟汉墓》，科学出版社，1959 年版。

[3]《考古学报》1959 年第 2 期第 26 页。

[4]《河北望都一、二号汉墓》，文物出版社 1959 年版。

[5]《营造法原》，建筑工程出版社 1959 年版。

[6]《考古学报》1972 年第 12 期第 2 页。

[7] 嘉峪关市文物清理小组：《嘉峪关汉画像砖墓》，《文物》1972 年第 12 期第 24 页。

[8]《营造法原》，图版三十八，建筑工程出版社 1959 年版。

[9] 刘致平：《中国建筑类型及结构》，建筑工程出版社，1957 年版。

[10]《考古学报》，1958 年第 l 期第 5 页。

[11] 始皇陵秦俑坑考古发掘队：《临潼县秦俑坑试掘第一号简报》，《文物》1975 年第 ll 期第 l 页。

[12] 郭宝钧：《洛阳西郊汉代居住遗迹》，《考古通讯》1956 年第 1 期第 18 页。

[13] 元大都考古队：《北京后英房元代居住遗址》，《考古》1972 年第 6 期第 2 页。

[14]《考古学报》，1964 年第 2 期 127 页。

[15] 甘肃省文管会：《兰新铁路武威一永昌沿线工地古墓清理概况》，《文物参考资料》1956 年第 6 期第 39 页。

[16] 广州市文管会：《广州市东郊东汉砖室墓清理纪略》，《文物参考资料》1955 年第 6 期第 6l 页；山东省文管会：《禹城汉墓清理简报》，
　　见同期第 77 页。

[17] 江苏省文管会：《江苏淮安宋代壁画墓》，《文物参考资料》1960 年第 8、9 期第 43 页。

[18] 葛家瑾：《南京御道街标营第一号墓清理概况》，《文物参考资料》1956 年第 6 期第 47 页。

[19] 黄颐寿：《江西清江武陵东汉墓》，《考古》1976 年第 5 期第 33l 页。

[20]《邓县彩色画像砖墓》，文物出版社 1958 年版。

[21]《考古学报》1957 年第 1 期。

[22] 江西省博物馆：《江西南昌晋墓》，《考古》1974 年第 6 期第 373 页。

[23] 洪剑民：《略谈成都近郊五代至南宋的墓葬形制》，《考古》1959 年第 l 期第 36 页。

[24] 华东文物工作队：《南京慕府山六朝墓清理简报》，《文物参考资料》1956 年第 6 期第 29 页。

[25] 南京博物院：《丹阳胡桥南朝大墓》，《文物》1974 年第 2 期第 44 页。

[26] 南京博物院：《南京栖霞山甘家巷六朝墓群》，《考古》，1976 年第 5 期第 316 页。

[27] 秦都咸阳考古 T 作站：《秦都咸阳第一号宫殿建筑遗址简报》，《文物》1976 年第 ll 期第 12 页。

[28]《望都一、二号汉墓》，文物出版社 1959 年版。

[29] 广州市文管处：《广州秦汉造船工场遗址试掘》，《文物》1977 年第 4 期第 l 页。

[30] 夏鼐：《无产阶级文化大革命中的考古新发现》，《考古》1972 年第 1 期第 29 页。

[31] 陕西省文管会：《凤翔先秦宫殿试掘及其铜质建筑构件》，《考古》1976 年第 2 期第 12l 页。

[32] 秦都咸阳考古工作站：《秦都咸阳第一号宫殿建筑遗址简报》，《文物》1976 年第 ll 期第 12 页。

[33] 考古研究所汉城发掘队：《汉长安城南郊礼制建筑遗址群发掘简报》，《考古》1960 年第 7 期第 36 页；雒忠如：《西安西郊发现汉代建筑遗址》，
　　《考古通讯》1957 年第 6 期第 26 页。

[34] 陕西省文管会：《凤翔先秦宫殿试掘及其铜质建筑构件》，《考古》1976 年第 2 期第 12l 页。

[35] 中国历史博物馆考古组：《燕下都城址调查报告》，《考古》1962 年第 l 期第 10 页。

[36] 郭宝钧：《洛阳西郊汉代居住遗址》，《考古通讯》1956 年第 l 期第 18 页。

[37] 罗宗真：《南京西善桥油坊村南朝大墓的发掘》，《考古》1963 年第 6 期第 29l 页。

[38]《敦煌壁画中所见的中国古代建筑》，《文物参考资料》第 2 卷第 5 期。

[39] 罗宗真：《南京西善桥油坊村南朝大墓的发掘》，《考古》1963 年第 6 期第 29l 页。

[40] 于豪亮：《记成都扬子山一号墓》，《文物参考资料》1955 年第 9 期第 70 页；刘桂芳：《山东掖县古墓出土的鎏金器和其他文物》，《文物参考资料》1956 年第 12 期第 34 页。

[41] 湖北省文管会：《湖北宜城＂楚皇城＂遗址调查》，《考古》1965 年第 8 期第 377 页。

[42] 俞伟超：《邺城调查记》，《考古》1963 年第 I 期第 15 页。

[43] 考古研究所洛阳工作队：《汉魏洛阳城一号房址和出土的瓦文》，《考古》1973 年第 4 期第 209 页。

[44] 林直村：《陕西扶风黄堆乡发现周瓦》，《考古通讯》，1958 年第 9 期第 73 页。

[45] 刘敦桢：《中国住宅概说》，建筑工程出版社 1957 年版。

[46] 郭宝钧等：《一九五四年春洛阳西郊发掘报告》，《考古学报》1956 年第 2 期。

[47] 考古研究所洛阳工作队：《汉魏洛阳城一号房址和出土瓦文》，《考古》1973 年第 4 期第 209 页。

[48] 考古研究所西安工作队：《唐青龙寺遗址发掘简报》，《考古》1974 年第 5 期第 322 页。

[49] 刘致平：《中国建筑类型及结构》，建筑工程出版社 1958 年版。

第七章　石建筑结构技术

概 说

石构建筑是我国古代建筑的一个组成部分。早在辽宁盖平县、复县所发现的原始石棚，已经使用打磨过的细花岗石，前壁高 16.5 米，盖板宽 4.5 米，建造得平直方正。商早期宫殿遗址，在木构建筑的柱下使用了石础。《礼记·曲礼》记载："天子之六工，曰：土工、金工、石工、木工、兽工、草工"。说明石工是六工之一。春秋战国之交，我国进入封建社会。铁工具的普遍使用，为石材的开采和加工创造了有利条件。秦汉以后，石材较普遍地应用于各类建筑上。

我国古代建筑运用石材主要可归纳为四种：

①开凿山岩的洞窟工程；②石构建筑物；③石建筑小品；④木构建筑中的石构件。

开凿山岩的洞窟工程是石结构建筑的一种特殊类型。现知的洞窟工程最早为西汉时的；河北满城一号、二号墓开凿于西汉武帝元鼎四年（公元前 113 年）前后。东汉永平四年（公元 61 年）在陕西开褒斜道，凿了一段历史上著名的隧道——石门。同时在四川乐山、彭山等地盛行一种因山开凿的崖墓，当地山石为红砂岩，易于开凿加工。有的崖墓深达数米，平面复杂，墓壁有大量雕刻；就开凿山岩的工程来说，已有巨大规模。南北朝以后，随着佛教的传播，开凿了大量的石窟寺，至宋元逐渐走向衰落。现存石窟群在一百处以上。其中著名的如敦煌莫高窟、大同云冈石窟和洛阳龙门石窟等。这些石窟群散布在山崖上，鳞次栉比，是古代劳动人民智慧和血汗的结晶，也是洞窟工程最重要的史迹。石构建筑可分为地下工程——墓室，地面建筑——塔、房屋、桥梁等。

我国古代出于"事死如生"的厚葬思想，对墓室建筑的耐久性一向很重视。在发展过程中，砖石墓逐渐取代了木椁墓。最早遗物如东汉辽阳石墓是用石灰质板岩建造的，为板式结构；山东沂南石室墓采用梁柱结构。东汉中期以后，石室墓很盛行，其平面以长方形单室为最多，壁体用石块叠砌，上下用石板铺盖。直到隋唐以后，石室墓仍多用石梁、石板盖成平顶。

在结构上，东汉砖墓已使用拱券；这种拱券结构方法在石墓中也得到了应用，如安徽亳县东汉墓、四川重庆东汉墓等。明定陵的地宫结构使用了筒形拱结构，与明代一般地面石建筑的结构相同。

桥梁是重要的交通工程，它不仅要承受很大的荷载，而且跨度大，恒处露天环境，所以石材是建造桥梁的适当材料。

秦汉时在渭水桥采用了石柱；长安灞桥、洛阳建春门石桥都是梁式石桥。东汉画像砖上所反映的裸拱桥可能是石拱桥的最早资料。隋大业年间出现了赵州安济桥，它是我国至隋代为止石桥工程技术的总结，而且往后一直影响到金、元时期。

宋代我国石工技术有较大的发展。在一些宽阔的水面上，出现了多跨梁式石桥。如福建泉州的洛阳桥、安平桥、金鸡桥等。宋代以后又普遍出现多跨连续拱桥。以金明昌三年（1192 年）始建的北京卢沟桥为最典型。

塔是一种高层建筑。《魏书·释老志》载皇兴中（467～471 年）构三级石佛图"榱栋楣楹，上下重结，大小皆石，高十丈，镇固巧密，为京华壮观"。现存石塔以山东济南神通寺四门塔为最早，建于隋大业七年（611 年），是一座单层方塔。从全国来看，石塔以福建地区最为集中，保留了不少五代至宋的遗构，而形式上都属于仿木构楼阁式。除个别的为实心砌体的石雕小塔外，一般都能攀登。其规模和建筑技术在古代石塔中具有代表性。

石塔的类型可分为三种。第一种是没有塔室的小型塔，塔心部分仅设阶梯踏道，直通上层平座。这种塔仅比实心砌体的石雕小塔大些。建于五代晋天福六年（947 年）的福州崇妙保圣寺坚牢塔（乌塔），就是这种类型。

第二种为空筒型石塔，外围用石块砌出八角形塔壁，一般用叠涩出檐。塔室各层用石梁、石板分隔，这是福建地区比较普通的一种类型。如福清水南塔、莆田东山寺塔和广化寺释迦文佛塔、晋江关镇塔等。

第三种为带有塔心柱的石塔。这种塔仿木构的特点最为显著。以著名的泉州开元寺双石塔和晋江六胜塔为代表。

纯用石材构成的建筑物，如石屋、石亭、石室等为数不多，规模也不大，其外观亦多仿木构建筑，最早遗例是山东肥城郭巨祠。

石构中建筑小品占有一定比重，而且种类繁多。它介于建筑工程与雕刻艺术之间，就工程技术来说比较简单。例如石阙、经幢等。

古代在宫殿、祠庙、陵墓前往往建有阙，以标志入口。东汉时的石阙至今尚存二十几处。汉阙的造型有两种：一种是单阙，形状类似石碑，另外一种是子母阙，在主阙的外侧连有小阙。其造型一般为石砌体，顶部雕刻成屋盖，如河南登封少室阙。有的阙身雕琢了不少木构建筑形象，如雅安高颐阙。石柱和华表也是出入口的重要标志。遗物以六朝陵墓前的石柱为最早，而且造型奇特，柱身刻出垂直的凹槽。河北定兴北齐的义慈惠石柱是纪念性建筑。华表原为木构，晋崔豹《古今注》卷下云："以横木交柱头，状若花也，形似桔槔，大路交衢悉施焉。"后改为石料，以北京天安门前的一对为最有名。明清封建地主阶级为了在思想上加强统治，大力宣扬封建礼教和旌表忠贞，除了石碑外，大量建造牌坊。石牌坊分布很广，著名的如北京明十三陵石牌坊，安徽歙县明大学士纪功坊等。

经幢是佛教特有的一个类型。也是佛教寺院中的建筑小品。原来是在一根木杆上饰以彩帛，立于佛殿前，后来改为石构，具有宗教上的意义。经幢的基座多雕刻成"须弥座"，幢身为八角形，上刻陀罗尼经，幢顶饰以莲花火焰。唐代的经幢造型简朴，有很高的艺术价值。此外，实心的小石塔，也是佛教寺院中的建筑小品，由石块叠砌，或加以丰富的雕刻。如杭州闸口宋白塔，灵隐寺五代双石塔，南京栖霞山五代舍利塔等。

在木构建筑需要重点防潮、防腐的部位，一般都采用石材。河南偃师二里头商代宫殿遗址中，就出现了石柱础。柱础可以使上部的荷载均匀地传给地基，而且对木柱有防潮作用。一般木构建筑的台基外沿包砖上有阶条石，转角处有角柱石，正中设有石踏跺。大型建筑，采用须弥座台基，周围有石栏杆，在踏跺的正中雕有云龙阶石。如故宫三大殿、天坛祈年殿、圜丘等都使用三层旱白玉须弥座，是台基中最华贵的。此外，一些木构建筑的外檐柱，也有使用石柱的。宋太平兴国七年（982年）建造的苏州寿宁万岁禅院大殿，尚存有青石加工的石檐柱、石础等，在这些石构件上均有精美的雕刻。山东曲阜孔庙大成的前檐柱，是明代雕刻的盘龙石柱，形象生动雄健；福州孔庙大成殿内外也全为石柱。在我国南方产石地区，石柱、石墙以及石屋面的使用相当普遍。

我国古代匠师在石结构建筑的结构与施工方面积累了丰富的经验。在结构上汉代就有板式结构、梁式结构和拱券结构三种。板式结构一般使用石灰质板岩作为墙壁，上下铺盖石板，但这种结构限于板料的尺度，一般规模都比较小。

梁柱结构在石构建筑上使用很普遍。山东沂南东汉墓周围为块石砌筑，顶部用条石叠涩封顶。在中轴线上有一排石柱。该墓的梁柱关系可分为三种情况，第一种是以八角擎天柱为代表，柱上的斗栱横梁为一整块石头雕成，石梁成悬臂结构。第二种是方形的柱子，梁端头搁置在柱头上，成一般简支梁形式。第三种即长约2.8米的门楣石，中间有一石柱，把墓门分为两间，门楣石为两跨的连续梁。所以，作为梁柱结构的基本形式，在沂南东汉墓中都得到了反映。

石材在受力性能上和砖有着共同的特点：它们都适合于承受压力。花岗石的抗压强度为1200～3000公斤／厘米^2，而它的抗拉强度约相当于抗压强度的1/50；所以，材料完全受压的拱券结构是石结构的最理想结构方式。

东汉画像砖上的裸拱桥是石拱券使用在桥梁上的最早资料。隋代的赵州安济桥是一座37米跨度的单跨拱桥，由28排并列券组成；这种组合的桥施工时可以避免满堂脚手，但结构的整体性比较差。宋代，石料的开采技术有了提高，大石料可达数十立方米，因此在一些产石地区出现了大型的多跨梁式石桥。随着石梁的加大，对运输安装带来了困难。宋代以后发展了多跨拱桥。明清时期，多跨拱桥在各地得到了普遍的建造。石拱的构造也从并列式筒拱发展到纵联式筒拱，使桥的整体性大大加强。多跨拱结构多半采用半圆拱。在等跨连续拱的石桥上，拱模板可以重复使用，对施工放样都很有利。

石材的砌筑，一般采用上下错缝、平叠垒筑，和一般砖砌体没有多大区别。为了加强墙体的稳定，也有采用空斗墙的砌法。在需要出挑的部分，使用叠涩。石块与石块之间一般不用胶结材料。在拱券上使用铁构件，加强横向联系。《新唐书》曾记载唐乾陵"玄阙石门，冶金固隙"。经初步勘察，墓道长63.10米，宽3.9米，全用石条填砌，从墓道口至墓道门共39层，每层石条各用铁栓固定，并灌注铁水。在宋《营造法式》上载有"卷輂水窗"（即跨河石拱）的做法，施工中石拱的水平联系用"熟铁鼓卯"，石缝中"溉以锡"，上下层之间"每二层铺铁叶一重"。明清以后，一般工程在石缝中灌石灰浆。根据清工部《工程做法》，灌浆在白灰中加有江米和白矾；石缝勾抿用白灰加桐油；粘补石料使用黄蜡、芸香、木炭；补石须加白蜡、石面。它们都有一定的配合比。在各石构件之间，为了稳定起见，有时垫铜片或铁片，在江河堤岸的石块间，普遍使用铁锭，使石块之间联系紧密。

纵观我国古代的石结构建筑体系，同样是一脉相承，有着一贯的传统。由于岩石一般都暴露在地层的表面，具有较大的硬度，容易为人们所认识和利用，所以，在人类认识自然和改造自然的过程中，石料是最先被利用的材料之一。但在我国建筑发展史中，石结构建筑与木结构建筑相比，又始终处于从属地位。石料的硬度大，耐久性好，但开采与加工都不如木材方便，同时自重大，运输不便，所以石材仅在带有纪念性的建筑和在露天需要经过长久岁月的建筑，以及木构建筑的台基、拉杆、踏跺上才被采用。我国古代石砌体承重结构（如泉州开元寺双塔）可高至 48 米，拱券结构（如赵县安济桥）跨度达 23 米多，梁式结构（如漳州虎渡桥）石梁跨度 23 米，连续长度（如泉州安平桥）可达 2000 米。虽然在一些石构建筑上，构造与形式又往往受木构建筑的影响，暴露了仿木结构的痕迹，但在结构上都能符合石材的性能与力学原理。此外，石料的加工与石雕刻也都表现了古代匠师的高超技巧和艺术才能，成为古代劳动人民留给我们的一份优秀遗产。

第一节　石窟工程

石窟寺是一种依山开凿的佛教寺院，自佛教传入我国后就陆续地兴建起来。

佛教产生于印度。公元前后我国新疆等地区就已盛行，大约到东汉时传入中原地区。石窟寺创始于印度，僧侣们在远离城市的山林中开凿石窟，过着清净修行的生活。印度石窟分为两类，一是昆诃罗（Vihara），也叫精舍、僧房，是一个方形的窟洞，惯面是佛堂，左右是小室。另一种是制底（Caitya），原意是塔庙。制底窟的后部凿成半圆形，中央有覆钵形的小塔，塔左右凿有八角形石柱，前部是长方形的礼堂。作为一种开山工程来说，中国有很早的历史。西汉元鼎四年（公元前 113 年）开凿河北满城一号、二号墓属石灰岩，一号墓长 51.7 米，最高处 6.8 米，容积达 2700 立方米，洞窟容积已很大（图 7-1-1）。在公元 1、2 世纪时，四川在山崖上开凿崖墓的风气很盛，其中彭山和乐山地区的崖墓多沿山依天然红砂崖石凿成，高低参错地分布在峭壁上，规模宏大，墓室内外都有极丰富的石刻浮雕，墓壁还凿有反映木构建筑特有的构件——梁柱、斗栱。在石龛上有汉代风格的屋顶、屋檐、屋脊等形象。开凿年代，从已发现墓表上的文字看，有东汉建初二年（公元 77 年）到光和三年（公元 180 年）的。襄城

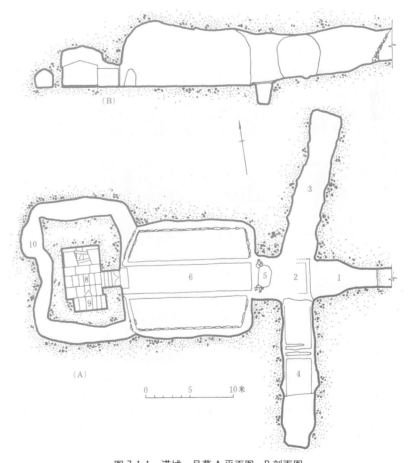

图 7-1-1　满城一号墓 A 平面图、B 剖面图

1- 墓道；2- 甬道；3- 北耳室；4- 南耳室；5- 渗井；6- 中室；7- 棺床；8- 后室；9- 小侧室；10- 回廊

栈道石门，更是汉代著名的隧道工程。

石窟寺在我国西北地区和黄河流域最为著名，在新疆、甘肃、河南、山西、山东、河北以及陕西、辽宁等省都有。至于南方，如四川、江苏、浙江、云南等省也有。开凿的时间，以南北朝、隋、唐为高峰，五代以后逐渐衰落。全国各地现存大小石窟群在 200 处以上。其中又以克孜尔、敦煌、云冈、龙门、麦积山、炳灵寺、天龙山等处最为著名。

从年代来说，现存最早的石窟在新疆。新疆是古代亚欧交通要道，也是我国佛教最先传播的地区。在天山以南，现存石窟群有 13 处。其中，拜城克孜尔石窟是早期的石窟群之一（图 7-1-2）。克孜尔石窟在拜城东南 57 公里的戈壁悬崖上，蜿蜒长达 1 公里，现残存 235 窟。克孜尔石窟的石质为红砂岩与黄土的混合物，比较松散，不宜于雕刻，也经不起风雨的侵蚀。但新疆地区气候干燥，雨量稀少，对石窟的保存是有利条件。有的石窟是靠着悬崖用土坯砌起的窟洞，窟内多壁画和泥塑，反映了古代劳动人民因地制宜的创造。

图 7-1-2　新疆克孜尔石窟第 227 窟正面窟型

克孜尔石窟的早期窟型，可分为三种：一种是平面长方形，分前后二室。前室几乎全崩塌了。后室为纵券顶，在正面凿佛龛，龛前有壁塑。佛龛两侧开甬道，甬道后有隧道相连（图 7-1-3、图 7-1-4）。另一种是前室凿摩崖露天大龛，龛内塑像，室内两旁开甬道，

甬道后开横券顶或盝顶的后室，室内的后壁凿长条形的石台（图 7-1-5、图 7-1-6）。第三种是僧侣的"精舍"。平面很简单，但在其他石窟群中，却很少见到（图 7-1-7）。克孜尔石窟开凿年代可能在东汉后期。

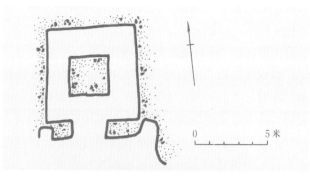

图 7-1-3　新疆克孜尔石窟第 17 窟平面图

图 7-1-4　新疆克孜尔石窟第 17 窟窟型

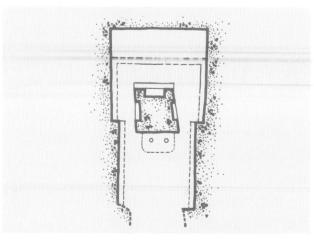

图 7-1-5　新疆克孜尔石窟第 47 窟平面图

图 7-1-6　新疆克孜尔石窟第 47 窟窟型

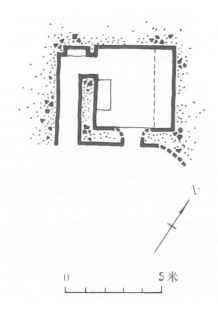

图 7-1-7　新疆克孜尔石窟第 10 窟平面图

在现存石窟中，有确切纪年而又具有高度艺术价值的当首推敦煌莫高窟。敦煌在甘肃省河西走廊的西端，在西汉和魏晋时是中原地区经新疆与中亚之间的交通要道。敦煌石窟包括莫高窟、西千佛崖、榆林窟、水峡口四处。其中以莫高窟最为著名。莫高窟在敦煌市城东南 45 公里处的鸣沙山下。根据文献记载，在前秦建元二年（公元 366 年）僧乐傅开始凿窟造像。其后，历经北魏、西魏、隋、唐至宋、元，均有修造。在它的盛期，有窟一千多个。现存洞窟 492 个，南北长 2 公里，上下层叠相接，密如蜂窝。敦煌地质为玉门系砾岩，是卵石

与砂土的混合物，不宜于雕刻，所以也以泥塑与壁画为主。莫高窟现存塑像 2415 尊，最高的达 33 米，壁画达 45 万平方米，是伟大的文化艺术宝库。莫高窟的各时期石窟，都有各自的特点（图 7-1-8）。莫高窟 492 个窟中，属于北朝的约占十分之一，分布在南部崖面的中心。魏窟的形制有两种，最普通的平面是长方形。窟的中心稍后凿成方柱，上面与窟顶平棊天花相连，方柱的四面都凿有佛龛，龛内塑像，僧侣们绕围方柱佛像进行宗教活动。方柱前的窟顶凿成人字形及椽子，脊的两端有栱，明显地反映了中国木构建筑的传统形式。另一种是方形石窟，正面设佛龛塑像。左右为排列整齐的小佛龛塑像。窟顶有凿成人字形的，也有凿成覆斗形的，中心是藻井。

隋代各窟在魏窟崖面的北端及下层开凿，石窟的形制除继承了北朝的中心柱石窟外，又出现了正中设坛的方形窟。

唐代在北朝、隋代的石窟基础上，继续向南北两端发展，并向下发展到第一层，现在 96 窟至 130 窟之间为盛唐时的中心地带。石窟平面大部分是方的，仅后壁凿了一个很深的龛，内有塑像。窟顶演变为覆斗形，正中心凿成方形藻井形式。

莫高窟在唐代是它的盛期，唐窟有 232 个，几乎占现存总数的一半。其崖面已达到现今之长度，所以在东西、上下层之间的交通就显得很突出。

由于唐代时在崖面上已经满布窟洞，五代及宋，只能在各窟洞之间见缝插针，有的只好改建旧窟，所以五代及宋的各窟显得更为分散。由于开凿的时间不一，不可能有一个通盘的规划，以致有的开洞过密，造成各种损坏。

莫高窟原来都有前室。唐代末年崖面崩坍，莫高窟受到严重破坏。不少石窟前室已毁坏，仅后室暴露在崖面上。为了保护窟洞和解决上下、左右的交通，宋代进行了大规模的修缮，加建了木窟檐和栈道。原有窟檐、栈道的痕迹以 96 窟到 130 窟最为显著，窟上下皆有整齐成列的梁孔痕迹。大约中型窟有窟檐三间。有些有梁孔并无椽孔痕迹的，可能是栈道。现存唐宋木构窟檐六个，大多为单层建筑（图 7-1-9 ～图 7-1-16）。挑梁后尾插入崖壁，挑梁头承阁道栏杆，之上为地栿、柱、梁架、斗栱，如一般的木构建筑。建造年代最早的约在唐景福元年到乾宁元年（892 ～ 894 年），其余

图 7-1-10　敦煌莫高窟第 426 窟窟檐

图 7-1-11　敦煌莫高窟第 427 窟内部

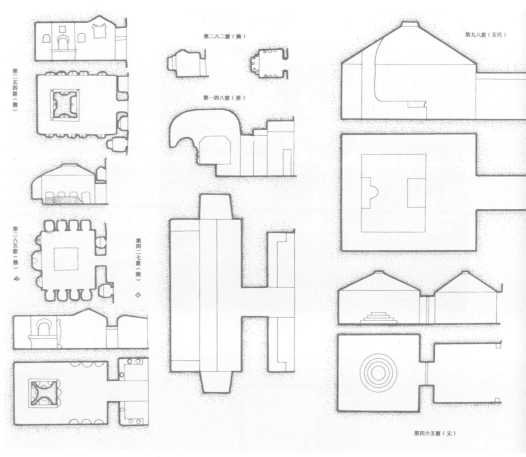

图 7-1-8　敦煌莫高窟窟型示意图

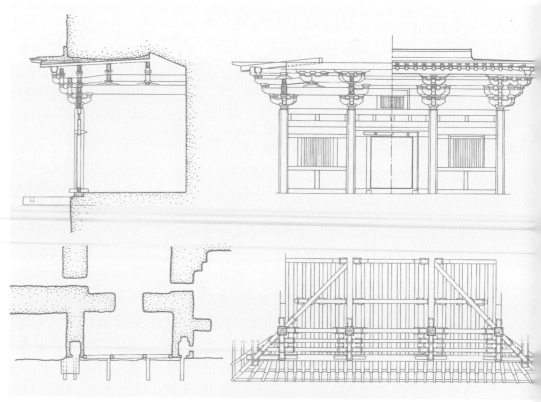

图 7-1-9　敦煌莫高窟第 427 窟窟檐示意图

图 7-1-13　敦煌莫高窟第 431 窟修缮前状况

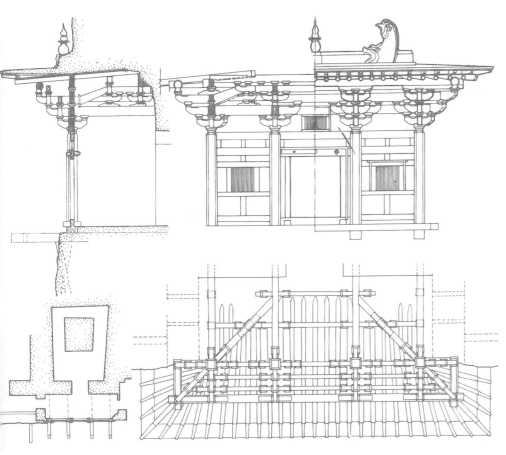

图 7-1-12　敦煌莫高窟第 431 窟木窟檐示意图

图 7-1-14　敦煌莫高窟第 431 窟修缮后外观

图 7-1-15　敦煌莫高窟第 444 窟木窟檐

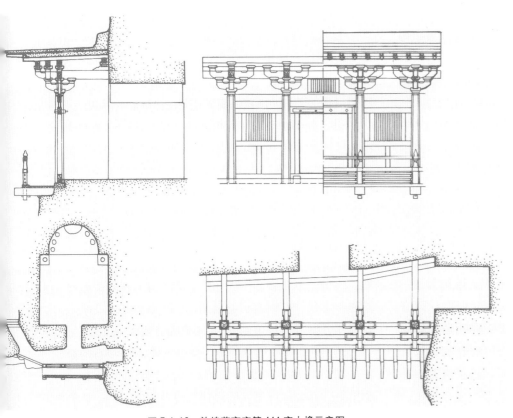

图 7-1-16　敦煌莫高窟第 444 窟木檐示意图

图 7-1-17　大同云冈石窟总平面图

有宋乾德八年（970年）、太平兴国五年（980年）等。这些窟檐一方面为了保护石窟，使不致受流沙的埋没；一方面使与栈道相连，从这里可以通行各窟。

宋代的石窟平面也多是方形，正中为佛坛，复斗式窟顶。主要特点是：入口处甬道长，佛坛后边设有石屏，上连窟顶，这种形式可能与一般寺院佛像的背光有一定联系。

莫高窟元代的石窟为数很少，仅有几个，与唐代的窟型没有多大差别，唯的中心作一圆形台阶式佛坛，也算是一种比较特殊的形式。

云冈石窟在山西大同市西北16公里的武周山南麓。石窟依山开凿，根据自然地形，分为东、中、西三区，东西绵亘1公里。现存主要洞窟53个，造像5万余尊，是我国古代最大的石窟群之一（图7-1-17）。

公元398年，北魏道武帝拓跋珪建都平城（今大同）。北魏王朝是鲜卑贵族集团的政权。当时的社会矛盾很突出，作为意识形态的宗教从来就是为政治服务的，北魏王朝在信佛还是信道这个问题上，经过了几次反复。直到文成帝继位后，终于奉佛教为国教。据《魏书·释老志》记述："初，昙曜以复佛法之明年，于京城西武周墓凿山石壁，开凿五所，镌建佛像各一。高者七十尺，次六十尺，雕饰奇伟，冠于一世。"又说："高宗（文成帝）践位，诏有司为石像，令如帝身。"云冈石窟工程就是僧昙曜奉文成帝之命首先开凿起来的。云冈的岩石为灰黄色的中粗粒砂岩和暗紫红色的砂质页岩，绝大部分石窟开凿在砂岩上。砂岩易于雕琢，但也易于风化，易受雨水的冲刷浸害。昙曜五窟即西部编号16～20

窟，开凿于北魏和平年间（公元460～465年），可能到太和末年才完成，是云冈石窟的最初形制。其特点是平面呈椭圆形，窟中以造像为主题，佛像最高的达17米，充满了整个石窟空间。

中部各窟平面多是长方形，分前后室（图7-1-18～图7-1-21）。此外，1、2、21等窟，在窟中央有方形塔柱（图7-1-22），几乎是木构楼阁式塔的石雕模型。有2层、5层的，上接平顶天花。各层每面有佛龛，以21窟5层方塔最为完整，和敦煌方柱形窟洞同属于一个类型。

云冈石窟中，第3窟是最大的一个。前面峭壁高25米。洞崖上面凿出塔柱一对。石窟为前后二室，深15米，高13.6米。从遗迹来看，可能是一个没有完成再经后代加工过的魏窟，相传这里是昙曜的译经楼。

云冈石窟在当时并不仅是一些窟洞，在它前面还配合了许多木构建筑群。据《水经注·漯水》条："凿石开山，因岩结构，山堂水殿，烟寺相望"，又从《朔平府志》所述："寺原十所，由隋唐历宋、元，楼阁层凌，树木蓊郁，俨然为一方胜境"的记载来看，当时佛寺的规模是相当大的。1972年在第9、10窟前发掘，还曾发现先后建过五间与七间的木构窟檐遗迹，同时，崖壁上的梁孔历历在目。据分析，五间窟檐可能建于辽代，七间窟檐通面阔27.26米，深4.3米，始建年代应在9、10两窟雕刻完成之后。第12窟下为三间四柱，上有脊饰瓦垄，应该是仿木构致石构窟檐（图7-1-23）。除第9、10、12窟外，在第3、4窟崖上，亦残留有梁孔的痕迹。但现存第5、6、7窟前的木构则为清代所重建。

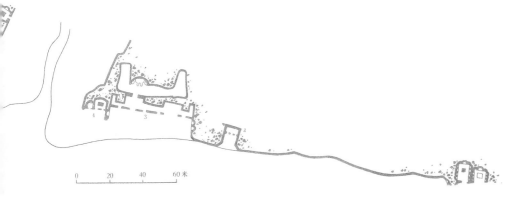

图 7-1-20　云冈石窟第 10 窟前室一隅

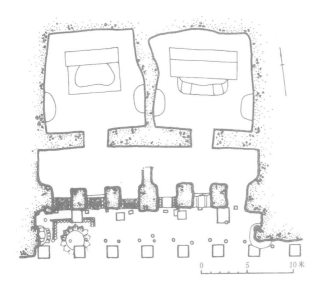

图 7-1-18　云冈石窟第 9、第 10 窟平面图

图 7-1-21　云冈石窟大佛

图 7-1-19　云冈石窟第 9 窟前室一隅

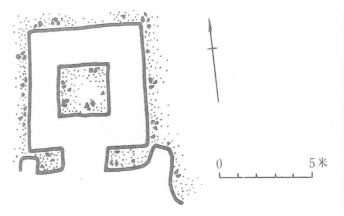

图 7-1-22　云冈石窟第 21 窟平面图

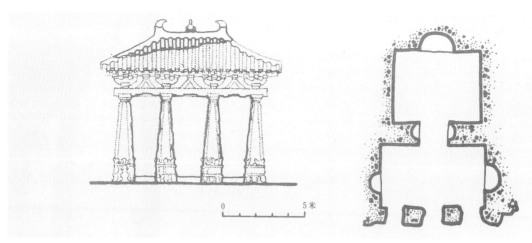

图 7-1-23 云冈石窟第 12 窟平面、立面图（石窟瓦垄复原）

图 7-1-24 洛阳龙门石窟西山全图

1- 净土洞；2- 石窟寺洞；3- 火烧洞；4- 古阳洞；5- 药师洞；6- 奉先寺；7- 唐字洞；8- 魏字洞；9- 赵客师洞；10- 莲华洞；11- 老龙洞；
12- 惠简洞；13- 狮子洞；14- 万佛洞；15- 摩崖三佛；16- 敬善寺洞；17- 宾阳南洞；18- 宾阳洞；19- 宾阳北洞；20- 斋祓洞

北魏太和十八年（公元494年）迁都洛阳，在洛阳南13公里的伊阙，开始了大规模的石窟工程，这就是著名的龙门石窟（图7-1-24）。这里伊水自南向北流去，两岸西为龙门山，东为香山，互相对峙，山青水秀，风景优美，是洛阳的名胜地区。

龙门石窟从古阳洞的铭记来看，应上溯到太和七年（483年）以前。其后经东魏、西魏、北齐、北周、隋、唐，于盛唐之后逐渐衰落。据《石言·洛阳龙门》记述，全山造像共92306尊，窟洞1352个，佛龛785个。

古阳洞是最早开凿的一个洞窟，经历了80多年，于北齐武平六年（575年）完成。窟深13.5米，宽6.9米，高约11.1米。平面椭圆形，穹隆顶，洞的后壁中央为大佛像。从壁面到穹隆顶满雕佛龛、佛像，是北魏中期的代表作品（图7-1-25、图7-1-26）。

宾阳三洞是北魏迁都洛阳后首先开凿的石窟（图7-1-27），其中宾阳中洞是龙门石窟中最为富丽堂皇的一个佛洞。精美的"帝后礼佛图"原来嵌在中洞的南壁，1934年被美帝国主义者盗走。洞窟大体作椭圆形平面，深约11米、宽11.1米、高9.3米，穹隆顶，顶部藻井为重瓣大莲花。

关于宾阳三洞，《魏书·释老志》有如下的记述："景明初，世宗诏大长秋卿白整，准代京灵岩寺石窟，于洛阳伊阙山为高祖文昭皇太后营石窟二所。初建之始，窟顶去地三百一十尺，至正始二年中始出，斩山二十三丈。至大长秋卿王质谓：'斩山太高，费功难就，奏求下移就平，去地一百尺，南北一百四十尺。'永平中，中尹刘腾奏为世宗复造石窟一，凡为三所。从景明元年至正光四年六月以前，用功八十万二千三百六十六。"三所，就是指宾阳三洞。在没有崖壁的情况下，首先要人工斩出崖壁，然后开凿窟洞。宾阳三洞斩山 100 尺，南北 140 尺，可能到完成宾阳洞时告一段落。共花了 24 年之久，用人工 822366 个。从文字记述看，原来计划工程更加庞大。建造过程中计划一改再改，规模一次比一次缩小。尽管如此，宾阳三洞还是在统一计划和统一安排下开凿的，平面、结构、造型都很相似。布局采取对称的手法，有机地组合成一个整体，是比较成功的一组石窟建筑。

莲花洞开凿于正光元年(520 年)以前。平面长方形，穹隆顶，顶部雕刻有精美的大莲花，莲花周围绕以飞天，

充分发挥了雕刻的特有效果。这正说明了龙门石窟所在处的石灰石坚硬细腻，适宜于雕刻加工。另一方面也使我们看到这时期雕刻水平的进步（图 7-1-28）。

在龙门唐代石窟中，奉先寺是最为雄伟的一个（图 7-1-29），其规模之大，超过了龙门所有的石窟。据《大卢舍那象龛记》载："粤以咸亨三年壬申之岁（672 年）四月一日，皇后武氏助脂粉钱二万贯……至上元二年乙亥（675 年）十二月卅日毕功"，计历时 3 年 9 个月才完成。奉先寺南北宽约 36 米，东西深约 40.7 米，卢舍那佛坐像高 17.14 米。奉先寺不采取开凿窟洞的方式，而是在人工斩出崖壁的基础上，就露天雕造佛像、佛龛。严格地说，它是一个巨大的佛龛，而不是窟洞。这就可以更有利于利用山势，减少开凿山崖的工程量，有利于组织大规模的施工，这也许是在较短时间内能够完成的一个重要因素（图 7-1-30）。

麦积山石窟在工程技术方面有它的特点，主要反映在窟形和栈道上（图 7-1-31、图 7-1-32）。

麦积山在甘肃省天水市东南，山高 142 米。现存洞窟 194 个。已知最早的纪年墨迹是北魏景明三年(502

图 7-1-25　龙门石窟古阳洞局部

图 7-1-26　龙门石窟古阳洞内景

年），其后历经各代增修，成了壁画与雕塑艺术的宝库。

崖阁是麦积山石窟的重要窟型。一般窟前设有窟廊，用廊柱分隔为三间、七间。廊后每间设一佛龛，如第四窟是一个七间八柱的崖阁，称七佛阁（图 7-1-33），为北周保定、天和间（561～568 年）开凿于高出地面约 70 米的悬崖峭壁上。现存窟廊仅留两侧石柱两根。廊柱八角形，莲花柱础。佛龛平面近乎方形，四角雕出石柱，上有四根角梁，中悬垂莲柱，成四角攒尖顶，窟顶绘有彩画。窟廊外观高 8.87 米，窟龛仅高 5.52 米，与窟廊的空间形成对比，使外观显得更为高大宏伟，是麦积山石窟中规模最大的一个。其造型模仿了中国古代木构建筑的传统。《秦州天水郡麦积崖佛龛铭》写着："载葺疏山，穿龛架岭，乳纷星汉，回旋光景。壁累经文，龛重佛影，雕轮月殿，刻镜花堂。横镌石壁，暗凿山梁"。使我们可以大概地看出石窟的经营情况。

第 30 窟是保留最完整的一个（图 7-1-34）。三间四柱，柱下为方形柱础，柱子是不等边八角形，比例粗壮，有收分，上有栌斗。屋顶为四柱式，檐口雕有檐子、屋脊有鸱尾。第五窟牛儿堂，也是三间四柱，佛龛明间大、次间小，柱头上还雕刻有一斗三升和人字形斗栱。

麦积山是一座形如圆锥的峭壁奇峰（图 7-1-35）。五代时《玉堂闲话》说："其青云之半，峭壁之间，镌石成佛，石龛千室，虽自人力，疑其神功。"说明了在峭壁上施工的苦难。铭文又说："乃于壁之南崖，梯云凿道"。其中"梯云凿道"，应该是架设鹰架和栈道的意思。鹰架即现在的脚手架。一般工程的鹰架随着工程的进展逐渐架上去。但麦积山石窟工程正如《玉堂闲话》所说，则为"自平地积薪，至于岩巅，从上镌刻其龛室神像。功毕，旋拆薪而下，梯空架险而上"。它是从平地架鹰架到岩巅，然后自上而下施工，最后拆去鹰架，架起栈道，作为平时的交通道路。

但这一记载，是否属实，尚待研究。

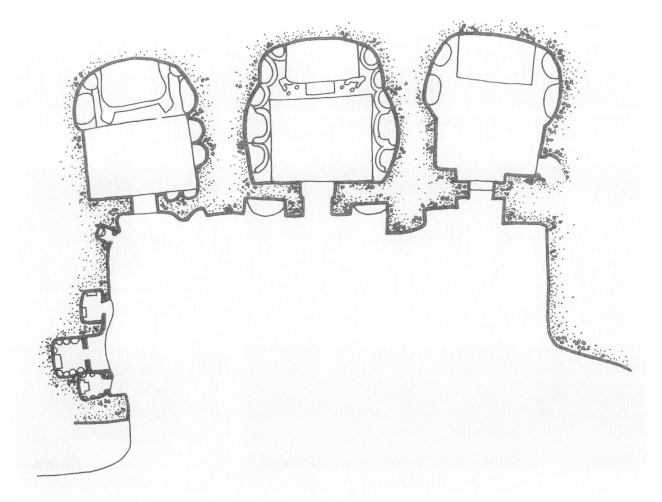

图 7-1-27　龙门石窟宾阳三洞平面图

图 7-1-28　龙门石窟莲花洞

图 7-1-29　龙门石窟奉先寺北眺

图 7-1-30　龙门石窟奉先寺外观局部

图 7-1-31　甘肃天水麦积山石窟东崖外观

图 7-1-32　甘肃天水麦积山石窟西崖外观

处于悬崖峭壁上的石窟，密如蜂巢，它们之间的交通联系主要靠木构的栈道。栈道的构造取决于它的宽度。一般挑出较少的，在峭壁上开凿一排垂直于峭壁的梁孔，置以挑梁，挑梁上铺板，外边设有栏杆。如栈道较宽，则在梁头加撑柱，撑柱下端插入岩石内。在栈道的局部地方，还使用了"悬梯"和"独梯"。《玉堂闲话》说："麦积山由西阁悬梯而上，其间千房万

图 7-1-33 天水麦积山石窟第 4 窟七佛阁平面、剖面图

图 7-1-35 天水麦积山石窟外观

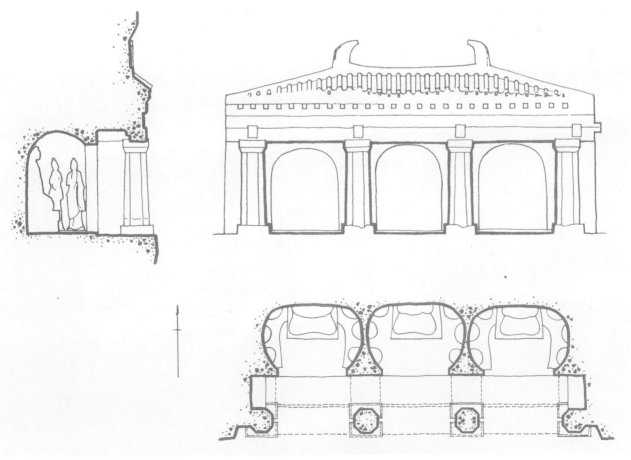

图 7-1-34 天水麦积山石窟第 30 窟示意图

屋，缘空蹑虚，登之者不敢回顾。"在七佛堂之上，"更有一龛，谓之天堂。空中倚一独梯攀缘而上。至此，则万中无一人敢登者。"除麦积山外，炳灵寺石窟的栈道工程也很突出（图7-1-36）。

甘肃张掖马蹄北寺的第三窟，即"三十三天"，由19个窟洞组合成一个窟群。自下而上排列五层，第一至三层各并列地开五个窟，第四层三窟，最上一层一窟。在岩壁内部有隧道，使上下各层相连，窟洞外原有木构窟檐，重重叠叠成一宝塔形。第8窟名万佛殿（图7-1-37），是马蹄北寺中最大的一个窟洞，总深33.5米，宽26.3米，由前堂、大殿（主洞）、甬道（环洞）等组成。窟门有四根长方形石柱，前堂深9.85米，凿成券顶。前堂之后为大殿，平面近方形，其正壁及甬道均凿成排佛龛，供佛教徒绕行巡礼膜拜。整个石窟平面规整，工程巨大，表现了早期"支提"窟的遗制。它的修建年代不详，窟内现存元代遗物，可知始筑应在元代以前。这是在石窟营造方面比较特殊的两个例子。

这种主洞与环洞相套的方式不仅在张掖马蹄北寺存在，北宋绍圣年间（1094～1097年）开凿的陕西黄陵万佛寺石窟（图7-1-38），辽乾统二年（1102年）开凿的赤峰洞山石窟，也都同样地使用了这种方式。可

能是宋代出现的一个新窟型。从平面布局上看，也许是方柱形石窟的一个变例。它和创始于两晋的新疆焉耆西克辛的明屋（千间房）寺院组合群布局是一致的，也许是模仿明屋寺院组合群的痕迹。此外，金皇统元年（1141年）开凿的陕西富县阁子头寺石窟以及石泓寺石窟（图7-1-39）窟中都有四根方柱，平面布局仿佛是一座面阔三间的小型木构殿堂。这些石窟规模虽不大，但说明了北宋以后石窟的平面又趋向于模仿寺院殿堂的形式了。

四川省是全国石窟造像密度最大的地区。已发现的达120余处。以唐、宋两代为最多。著名的如大足的北山、宝塔（图7-1-40），广元的千佛崖和皇泽寺，乐山凌云寺大佛等。其中，广元千佛崖凿在古代由秦入蜀的栈道崖壁上，龛窟层叠密接，有如蜂房。最多叠有13层，高达40米。红砂岩是四川省最普遍的岩石，质地细密，宜于雕刻，也为造像提供了有利条件。

四川石窟的特点是摩崖造像，很少开凿窟洞，这样就大大减少了开凿工程。由于不开凿窟洞，造像就可以打破石窟空间的限制，出现巨型的佛像。如乐山凌云寺唐代坐佛高达71米，比云冈最高立佛高三倍多，也是已知世界上古代最大的造像之一（图7-1-41）。

石窟工程汇总见表7-1-1。

图7-1-36　甘肃炳灵寺石窟

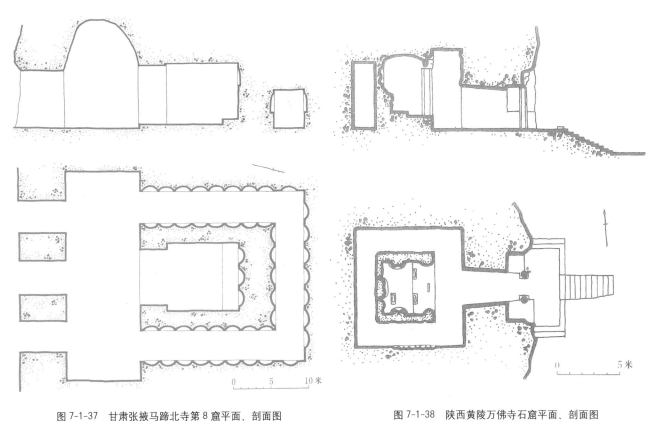

图 7-1-37 甘肃张掖马蹄北寺第 8 窟平面、剖面图

图 7-1-38 陕西黄陵万佛寺石窟平面、剖面图

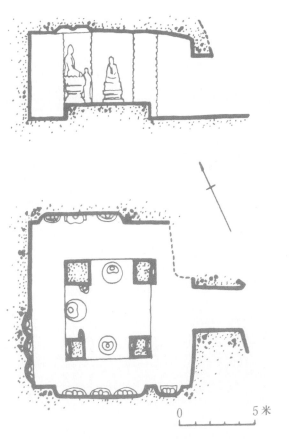

图 7-1-39 陕西富县石泓寺石窟第 6 窟平面、剖面图

图 7-1-41 四川乐山凌云寺大佛

图 7-1-40 四川大足宝顶山全景示意图

石窟工程简表

表 7-1-1

编号	名称	地点	时期	地质情况	工程概况
1	克孜尔千佛洞	新疆拜城	3～11 世纪	红砂与黄土混合	蜿蜒约 1 公里, 现存 235 窟, 有"精舍", 多壁画, 为中西文化交流的代表
2	台台尔千佛洞	新疆拜城	3～11 世纪	红砂与黄土混合	残存 8 窟, 全部坍毁
3	克孜尔朵哈洞	新疆拜城	3～11 世纪	红砂与黄土混合	现存 39 窟, 王树楞《新疆访古录》有载, 但所载情况今已不见
4	库木吐喇洞	新疆拜城	3～11 世纪	红砂与黄土混合	现存 99 窟, 分南北两处, 前有院落遗址
5	玛扎伯赫洞	新疆拜城	3～11 世纪	红砂与黄土混合	现存 32 窟, 分成四个院落, 僧侣寮房较多
6	森木撒姆洞	新疆拜城	3～11 世纪	红砂与黄土混合	30 窟, 八角套斗式穹隆顶, 有壁画, 前有院落
7	托和拉克店洞	新疆温宿	—	红砂与黄土混合	残存 6 窟, 全部坍毁
8	吐火拉克埃艮洞	新疆新和	3～11 世纪	红砂与黄土混合	残存 19 窟, 全部坍毁
9	西克辛洞	新疆焉嗜	8～10 世纪	红砂与黄土混合	12 窟, 有唐藻井。东南约 1 里, 有佛祠式明屋一区, 建筑 90 余所
10	雅克崖洞	新疆吐鲁番	6～10 世纪	红砂与黄土混合	10 窟, 隋代千佛洞及"精舍"
11	吐峪沟千佛洞	新疆吐鲁番	6～14 世纪	红砂与黄土混合	94 窟, 大部坍毁
12	伯子克里克洞	新疆吐鲁番	6～14 世纪	红砂与黄土混合	57 窟, 有"精舍", 部分用泥坯修饰
13	胜金口洞	新疆吐鲁番	6～14 世纪	红砂与黄土混合	10 窟, 全部坍毁, 窟顶有葡萄装饰图案
14	敦煌石窟	甘肃敦煌	前秦建元二年 (366 年) 至元	玉门系砾岩（第四纪岩层）卵石与砂土混合物	分四处, 莫高窟 492 窟, 西千佛洞 20 窟, 水峡口 6 窟, 榆林窟 41 窟, 魏窟有长方形柱洞, 方形佛殿, 四壁凿龛。隋唐中心设坛, 石壁凿龛。有人字坡顶和复斗藻井。唐有大佛, 高三层。石窟以绘画泥塑为主。存唐宋木檐 6 个
15	马蹄山石窟	甘肃张掖	北魏至明	黏红砂岩	分 7 处, 60 余洞。现存 30 个, 窟形特殊, 以有回廊的藏佛殿和天王的"三十三天"为代表。绝大多数为泥塑
16	文殊山石窟	甘肃裕固族自治县祁连山中	北魏孝明帝孝昌二年 (526 年)	玉门系砾石	存数十窟, 石柱形, 泥塑
17	昌马石窟	甘肃玉门	—	白垩纪泥岩层	存 11 窟, 石柱形, 有五代宋初壁画

续表

编号	名称	地点	时期	地质情况	工程概况
18	天梯山石窟	甘肃武威	北魏至唐至明	红砂岩（红砂土夹石片）	现存 13 窟，明代存 26 窟。方柱形，方形复斗，地震区
19	炳灵寺石窟	甘肃永靖	北魏	红砂岩	存 36 窟，98 龛，多飞桥栈道，佛龛为单层塔状
20	固原石窟	甘肃固原	唐至明	—	圆光寺有方柱形石窟 8 个，内有石胎泥塑造像，有大佛两躯，寺北与后山约有窟洞十余
21	麦积山石窟	甘肃天水	北魏景明三年（502 年）	砾岩	窟有七种，以崖阁为典型。多为泥塑，施工有"平地积薪"的记录。天梯栈道突出，地震区
22	庆阳寺沟石窟	甘肃庆阳	北魏永平年间（508～511 年）	红砂岩	窟龛 280 多个，窟前原有木檐
23	镇原石窟	甘肃镇原	北魏永平二年（509 年）	红砂岩	窟龛 224 个，造像 948 尊，泾川刺史创置
24	武山石窟	甘肃武山	魏至隋	红砂岩	拉梢寺、水帘洞、千佛洞、显圣池北木梯等。天然洞，有木檐
25	圆光寺石窟	宁夏固原	北魏至周	红砂砾石	窟 60 多个，有佛像者 17 个，魏 2 个，隋、初唐 2 个，中唐 13 个
26	巴林左旗石窟	内蒙古巴林左旗	辽	花岗石	分洞山石窟寺、三山屯、前昭寺，后昭寺四处，后昭三窟有前殿七间
27	赤峰洞山石窟	内蒙古赤峰市	辽乾统二年（1102 年）	—	主洞环洞相套
28	大佛寺石窟	陕西邠县	唐贞观二年(628 年)	红砂岩	大佛洞为半圆形，西南有小佛群、千佛洞
29	石泓寺石窟	陕西鄜县	唐景龙年间（707～709 年）至明		东西 70 米，存 7 窟。第 6 窟方形，中心有坛，坛四角有云柱如殿堂，铭文纪年为金皇统元年（1141 年）和金贞元二年（1154 年）
30	阁子头寺石窟	陕西鄜县	宋		前有石板屋五间，中有四石柱如殿堂、窟，为宋元符三年（1100 年）四月开凿，政和二年（1112 年）二月竣工，历时 12 年又 2 月
31	麟游摩崖石窟	陕西鄜县	唐		分慈善寺、南窟、北窟三处，摩崖四处，有木檐
32	万佛寺（石空寺）石窟	陕西黄陵	北宋绍圣年间（1094～1097 年）		有"∩"形基台，甬道外有三间檐廊。有剁斧凿痕及匠师名字"鄜川介端"等。铭文有"勤劳不辍二十年，佛像才成莹寒玉"
33	万佛洞	陕西延安	宋元丰年间（1078～1085 年）	砂岩	清凉山麓，有三洞
34	云冈石窟	山西大同	北魏和平年间（460～465 年）	侏罗纪灰黄色中粗粒砂岩和暗红色砂质页岩成互层状	主要窟洞 53 个，分中、东、西三部分。造像 51000 余尊，有椭圆形、长方形，前后室与塔柱三种平面，史称："凿石开山，因岩结构"，"山堂水殿，烟寺相望"

编号	名称	地点	时期	地质情况	工程概况
35	天龙山石窟	山西太原	北齐天保七年（556年）至唐	—	包括童子寺、龙泉寺、明山村三处，残破，明仙村有三层，一层为方柱形，二层为方柱小室，三层为圆形，受天龙山影响
36	天龙山石窟	山西太原	北齐至唐	—	共21窟
37	石宝山普照寺石窟	山西高平	—	砂岩	6窟。有东魏武定元年（543年）、唐咸通九年（868年）、宋嘉祐元年（1056年）、元延祐五年（1318年）纪年
38	宝岩寺石窟	山西平顺	明	—	7院，14窟，8龛，大多为方形复斗。第5窟仿木构三间，有石屏
39	佛凹山石龛造像	山西平定	隋	砂岩	8个方形龛
40	龙门石窟	河南洛阳	北魏太和十八年（494年）至唐	石灰岩	长1公里，西山1352洞，750龛，造像10万余尊。北朝30%，唐60%。有马蹄形穹隆顶，方形平顶。宾阳三洞，有文字资料。奉先寺为最大的唐龛
41	鸿庆寺石窟	河南渑池	北魏	黄砂石	6窟
42	浚县千佛洞	河南浚县	唐	—	2窟。椭圆形，穹隆顶，前有木构
43	汤阴石窟	河南汤阴	北朝晚期	石灰岩	方形覆斗，莲花似云冈
44	陕县摩崖造像	河南陕县	晚唐	—	大龛4个
45	裕山石窟造像	河南沁阳	唐、宋	—	6龛2窟。有1窟为自然状态
46	巩县石窟寺	河南巩义市	北魏、东魏、齐	砂岩	5窟。方柱形4个，方形平顶1个
47	隆尧摩崖石室	河北隆尧	唐、宋	—	摩崖6个，石室1个
48	响堂山石窟	河北磁县	北齐至明	—	南响堂山主要窟7个，以方形平顶为主，第7窟有石窟檐，北响堂山9个
49	黄山崖造像	山东济南	北魏正光四年（523年）	黄色悬岩石灰岩	现存石窟1个，石龛25个，造像75个，造像有皇帝、贵族、地方长官、僧尼、善男信女等
50	云门山驼山石窟	山东胶东	北周至唐	—	摩崖上有檐。方形平顶窟
51	济南大佛寺	山东济南	唐初	—	方形，深5.1米，高9.25米
52	九龙山造像	山东曲阜	唐	—	现存6龛，前有木构痕迹

续表

编号	名称	地点	时期	地质情况	工程概况
53	万佛堂石窟	辽宁义县	北魏	—	—
54	千佛崖	四川广元	唐、宋	红砂岩	龛重叠 13 层，高 40 米。原有佛 1 万 7000 余尊，现存 7000 余尊，凿在古栈道旁崖壁上
55	千佛崖	四川夹江	唐开元十四年（726 年）	红砂岩	龛 220 个。有唐大中十一年刻石
56	大足石刻造像	四川大足	唐、宋	红砂岩	北山、南山、宝顶等 13 处。宝顶（北山大佛湾）龛窟 290 个，造像 3000 余，石窟长五六里，为有计划的开凿，利用自然地形。和尚赵智风主持开凿
57	仁寿石刻造像	四川仁寿	唐	红砂岩	有望峨台、千佛崖、龙兴寺、蛮子洞、父子寺等五处。龛方形，有工人伏元俊等十余人题名，岩石疏松，大部风化
58	乐山凌云寺摩崖大佛	四川乐山	唐兴元年间至贞元十九年（803 年）	红砂岩	坐佛高 71 米，为云冈立佛三倍
59	荣县石刻造像	四川荣县	宋元十八年至元祐七年（1085~1092 年）	红砂岩	分大佛崖、罗汉洞、二佛崖、千佛堂四处。龛为长方形，窟仿木构，三架椽，人字坡顶。石质粗劣疏松
60	玉女泉造像	四川绵阳	唐	红砂岩	小龛 20 余，造像 50 余。属道教造像
61	皇泽寺造像	四川广元	唐贞观五年（631 年）	红砂岩	石窟 6 个，龛二十几个，方柱形，方室，方龛，长方形龛
62	巴中摩崖造像	四川巴中	唐、宋	红砂岩	分东、西、南、北和大佛寺 5 处
63	安岳石刻	四川安岳	唐至明	红砂岩	有千佛寨等 15 处。华严洞就石洞内岩壁凿成，外有木构建筑
64	通江摩崖造像	四川通江	唐	红砂岩	51 龛。有石匠张文进、赵敬简题名
65	石钟山石窟	云南剑川	南昭大理（649~1094 年）	黄色悬岩石灰岩	石钟山石窟，狮子关区 3 窟，沙登村区 4 窟，是我国古代白族人民创造的石窟
66	栖霞山石窟	江苏南京	南朝	白英矿岩	—
67	云龙山石佛	江苏徐州	北魏正平元年（451 年）	—	佛像两侧造像 72 处，250 余尊，前有石佛殿，为皇帝皇后求福。刻山峰、瀑布、洞穴、天然如画
68	新昌大佛	浙江新昌	南朝梁	砂岩	大坐佛一躯
69	杭州石窟造像	浙江杭州	五代至元	石灰岩	包括飞来峰、烟霞洞（凝灰岩）、石屋洞、南观音洞、将台山、玉皇山、慈云岭、宝石山（凝灰岩）等处。特点为天然洞穴加工
70	福清弥陀岩	福建福清	—	—	存弥陀坐像一躯
71	福建泉州瑞象岩	福建泉州	宋元祐二年（1087 年）	—	造像一尊。另外，泉州尚存弥陀岩、老君岩及摩尼造像等

第二节　石结构建筑

我国原始社会已出现用天然石块垒成的"石棚"。利用天然卵石来作柱础，在殷商之前亦早应用。可是将岩石用作建筑材料，除天然状态石料的应用外，更进一步是对岩石的开采和加工。加工的主要工具是"凿"，因此在没有硬度较强的金属工具产生以前，大量的较精确的石材开采是不可能的。从历史上的记载与现有实物来看，石材开采迅速发展时期应该在秦汉以后，这与冶铁技术有密切的关系。

汉代冶铁技术进步，铁工具增多，为石构建筑提供了有利的条件。在天然石材较多的地区，如山东、四川等地，石建筑出现了不少。实物一直保留到现在的，如东汉山东肥城市孝堂山郭巨祠（图7-2-1），就是一例。祠中有东汉永建四年（129年）的题刻，说明墓祠是永建以前所建。石祠的平面为长方形，正面中央立八边形石柱，柱顶置大斗，将正面分为两间。此种形式普遍见于汉石墓及画像中。屋建于矮台基上，屋顶为仿木构悬山式，上有屋脊，两端向上微曲，并在石柱构件上凿出瓦垄、瓦当及圆形椽子。因建筑为仿木结构建造，为了适应石材的性能，所以比例粗壮，也不要求做到绝对的肖似。在技术上能将石凿雕出柱、斗以及细部如瓦样等。在开采中又能制成石条石板，证明已掌握劈面及磨光等方法。

图7-2-1　山东肥城市孝堂山郭巨祠石室

辽阳东汉墓，主要是用石板建造的。墓平面近方形，左右后三方各突出耳室一间，墓室左右宽8米，前后深6.6米，高约1.4米。墓门列石柱四根、石扉三扇，

以回廊相通，前廊左右各有耳室一间，后廊背面偏右突出耳室一间。其形式与孝堂山郭巨祠一样，为仿木结构形式。石材为青色大块石灰质板岩。石灰质板岩在开采时可依岩层的自然纹理层层揭取，开采容易。石板打制方正，表面光滑，这说明当时已使用较硬的铁工具。墓室封闭固灰极为严密，四周以石板为壁，因为石材抗拉强度低，顶上石板下加石条横枋，地面亦铺石板，石与石间用石灰勾缝。

如果从石构建筑中看建筑技术的成就，沂南石室墓是有代表性的，其建造年代当在东汉末（图7-2-2～图7-2-4）。这墓拥有石室八间，前、中、后三主室各由两间合成，室与室之间都有门，墓的55块画像石刻出了精细的图像，石面的磨光亦有高度的水平。

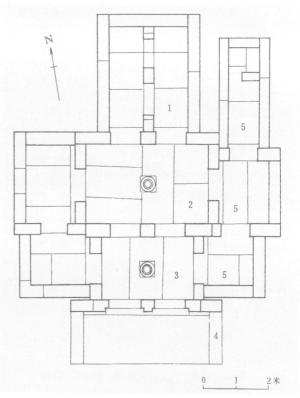

图7-2-2　山东沂南古画像石墓平面图
1-后室；2-中室；3-前室；4-挡土墙；5-侧室

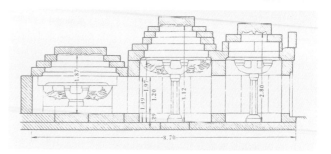

图7-2-3　山东沂南古画像石墓南北断面（单位：米）

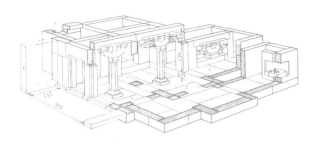

图 7-2-4 山东沂南古画像石墓剖视（单位：厘米）

汉代石构建筑中，从垒砌而成的，当以汉阙为最典型。

在汉代祠庙和陵墓前都置阙，下为高台，上起楼阁，今存者唯石阙而已。汉阙分布在四川、河南、山东等地，据调查尚存 23 处，大多是东汉时所建（图 7-2-5），阙高一般 4～6 米，多用石块垒砌而成，上施雕刻。每一处阙都是由完全相同、对峙而立的两个阙身组成，又称双阙，或东西阙；阙身内侧较高大的部分称为正阙，外侧较低矮的部分，称为副阙或子阙；阙身下面有基座，上面有单檐或重檐屋顶。

太室阙在河南登封市，建于东汉元初五年（公元118年），全部用石块垒成。阙身之下是平整方直的基座；子阙和正阙在平面上联成一体，在立面上则正阙高，子阙低；阙身最上一层石块平面增大，其下四周斜削与阙身相接，其上承托挑出的屋顶。屋顶为庑殿式，上面雕出瓦垄、角脊，另以石块雕成正脊，下面雕出橼子。同地同时期的少室（图 7-2-6）、启母二阙为同一类型。

这种阙用石块垒砌垂直的阙身，上面挑出平缓的出檐，浮雕图案等装饰及铭文的构图，都是以每层每块为单位的，石块不过是砖的代用品，沿用花纹砖的图案。从这里可以证明砖石两种结构间的相互关系。

高颐阙在四川雅安县，建于东汉建安十四年（209年）（图 7-2-7～图 7-2-9）。阙身立在一个基座上，基座四周雕刻出矮柱和方斗，阙身上也雕出柱子、额枋。阙身宽 1.63 米，高 5.88 米；屋面宽 3.81 米，约为阙身高的三分之二，伸出阙身以外达 1.49 米，并排两门

图 7-2-5 四川绵阳市平阳府君墓阙

图 7-2-6 河南登封市少室祠阙

图 7-2-7 四川雅安县高颐墓阙外观

图 7-2-8　四川雅安县高颐墓阙局部

宽 2.6 米，室前两间宽 2.84 米。这墓石质系深石灰岩、砾岩（再成岩）及部分砂岩。前室面宽两间，从石柱划分，上置石门楣，前中二室各有擎天柱，高 1.10 米，上置一斗二升斗栱，中列蜀柱，下置柱础，一如木结构。室顶为藻井，前室用石条抹角重叠方法，中室用叠涩方法，其他侧室顶部亦皆用此两种做法，画像石 55 块，面积达数十平方米。

沂南汉墓虽然是仿木结构形式，但古代的匠师考虑到石材挠力差，跨度不能大，因此面宽开间采用中柱。藻井用抹角叠涩重叠，以发挥石材之抗压性能，在技术上有新的创造。至于雕刻根据不同石质有粗细之分，石灰石质细而易于雕刻，1.2 米；在造型比例上是十分大胆的。但是从阙身到屋檐，其间用了五层石块，逐渐向外挑出，使得屋檐部分极为舒展。整个外形呈现活泼而又稳定之感。

五层石块上的雕刻，是此阙的重要部分。从下而上第一层石块，雕成几个大栌斗，上面承托着三层纵横相叠的枋子；第二层石块雕刻成一周一斗二升横枋托着一周枋子，斗栱略向外倾，栱下有蜀柱形的支承物；第三层是一层石块，周边浮雕；第四层石块上大下小，四边向外倾斜，四周浮雕；第五层也是一层薄块，四面雕成纵横相交的枋子。

在以上五层石块之上，即是伸展的重檐屋顶。下檐与上檐相距很紧，屋面坡度甚平，但椽子是水平的。屋面上又用另一石块雕成正脊，脊两端雕出重叠的瓦

图 7-2-9　四川雅安县高颐墓阙平面、立面图

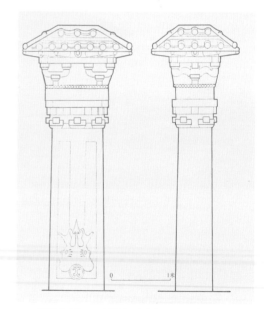

图 7-2-10　四川渠县冯焕阙立面示意图

当形，以表示屋脊是用筒瓦垒成的。子阙与正阙做法相同，但无第五层石块，屋顶则为单檐庑殿。

毫无疑问，它完全是模仿木结构的式样。可能因为最早的阙是木结构建筑，后来改用石材造阙，也多模仿木建筑形式。

四川渠县冯焕阙和沈府君阙等是另一种式样，形象较简洁，可以冯焕阙为代表（图7-2-10）。

冯焕阙的阙身以上只有三层石块，其上便是屋顶。第一层石块雕成纵横相交的枋子，第二层石块较薄，四面平直，第三层石块雕斗栱。阙身正面镌铭。

以上三种阙的形式差别，在于阙身所砌的石块层次有所不同。其构造方法略分以下几种：

扁平石料重叠，如嵩山少室阙；

石块横垒加丁石，如嵩山启母阙；

大块石重垒，如梓潼杨公阙；

大块方石并列重叠，如雅安高颐阙；

方石重垒加嵌碑石，如梓潼李业阙。

从石阙的构造可以见到，早期在堆垒时较为朴素，模仿木结构亦较简单；后期踵事增华，具体而繁琐。因此，在我国古代建筑技术史上，石阙成为研究汉代石、木结构的重要证物。

南北朝的石构建筑，又有了新的发展，就是石柱的建立。如南京附近的南朝石柱、河北定兴县的北齐石柱都是代表之作。较高石柱的竖立与稳定，表示在运用石材上对力学的了解又有了进步。同时，石柱的竖立，与施工工具也有很大关系。绞车已有应用。《晋史》卷一百零七《载记第七》石季龙（约公元336年）云："邯郸城西石子堈上有赵简子墓，至是季龙令发之。初得炭深丈余，次得木板厚一尺。积板厚八尺乃及泉。其水清冷非常，作绞车，以牛皮囊汲之，月余而水不尽，不可发而止。"这些石柱的施工，可能运用了绞车设备。

北齐义慈惠石柱（图7-2-11），不但是一个完整的石构，同时它对研究石、木两种构造都有很大的价值，尤其重要的是它表示凿石的技术、装配的技术比前代进步。

义慈惠石柱在河北定兴县，北齐天统五年（569年）建立。石柱结构系于莲座上建八角柱身，柱顶为长方形平板一块，上琢石屋，顶离地高约7米。石屋面宽三间，进深两间，单檐四柱顶，完全仿木构，比例甚好。

此石柱为分段建造，石柱、石屋、石屋盖，进行分段叠接。故交接面必须磨平，尽量达到紧密，以求稳定，少用胶结物及垫片。中国石工不论石构、假山皆用此法。汉石阙高度低，底盘大；而此柱则下小上大，对重心的掌握又进了一步。

南北朝陵墓前的石柱，在形式与构造上有所不同，最显著为的柱身的槽。北方从汉晋到北朝的例证如琅玡相刘灵、汉骠骑将军石柱，圆弧皆向外，尖棱在内，并横束绳纹，形状很像一束竹竿，名"束竹交纹"。南朝陵墓的直槽则相反，以尖棱向外，圆弧向内。南朝石柱上部横段的背部，仍有束竹交纹，并横施水平绳段三道（图7-2-12）。

图7-2-11　河北定兴县的北齐石柱

图 7-2-12　南京梁萧景墓神道石柱

图 7-2-13　济南历城神通寺四门塔

图 7-2-14　山东长清区灵岩寺慧崇塔

经历南北朝，我国的石构与石刻确有很大进步，在风格上由粗犷趋于谨严。如果没有优良的工具与熟练的技术是不能达到此地步的。至少这时期的凿石工具比汉代已经多样化了，而磨光的技术，亦与前代不同。

北魏时出现了石塔，这是石构建筑的新类型。

济南历城神通寺四门塔（图 7-2-13），隋大业七年（611 年）造，纯用当地的青色岩石筑成。平面正方形，东、西、南、北四方正中各辟有半圆形拱门，所以称四门塔。每边 7.35 米、高 13 米，室中置方形石柱，柱头施以五角石梁，承托上顶，柱的下端立在方形石板上，墩较石柱宽三尺余。此塔除壁面全部用石砌造外，四周塔檐及塔顶均用叠涩法，顶为方锥形体叠涩 23 层，逐层收小，其上冠以塔刹。

山东长清灵岩寺慧崇塔，亦单层石塔，建于唐贞观中，平面正方形，正面辟方门，饰以圆券，刻作火焰形，侧面为假门扇。塔顶叠涩出檐，其上置塔刹（图 7-2-14）。

唐代石塔建造数量增多，有八角楼阁式如沁水玉溪石塔；经幢式如交城华严经塔、汤城北留石塔、晋城慧峰石塔；圆形石塔如长治县羊头山石塔；方形单层塔如房山云居寺石塔，平顺县明惠大师塔等，形式多样，基本上都是用大型石块构造的。

唐末五代石构建筑中有利用叠石建造石塔的。在此以前，唐代的经幢就是从南北朝的石柱发展而来，所以此三者是一脉相承的。但是在构造上，经幢与实垒的石塔同一做法，在施工中已应用了绞车之类的起重工具，胶结方法上石缝间灌铁水已开始应用，到宋后更向高耸发展。

杭州灵隐寺双塔、闸口白塔，大小高低大致相同，八角九级，为仿木结构塔型。每层八角均立圆柱，上施阑额；塔之四正面刻作假门；柱额之上，各层均雕单抄单下昂铺作以承檐，每层之下均承以平座，用一斗三升斗栱。此三塔为五代北宋初物。

五代石塔在结构上有用塔柱中施石梯者，其实是从实心砖塔发展而来的，最早之例为福州坚牢塔。

福州崇妙保圣坚牢塔（图7-2-15），在乌石山下，为五代所建。七层八角，全高35米的实心塔体中置石梯级折角上升。外以叠涩出檐，檐上为外走道及栏杆。

图 7-2-15　福州坚牢塔

宋代石构建筑发展比前代快速，有许多建筑为了永久性皆采用石构。在石料的开采上，除用"火烧"办法外，同时火药的应用对开石也起促进作用。在采石地区以石梁为主，在非采石地区，则采用石拱，即以小料为主，这个现象到明清更为显著。

宋代石塔建筑，达到极盛时期；今存之最古最大石塔是此时期的作品；福建泉州开元寺双石塔可推为代表作。

闽南产石，多石塔，今存遗物自五代至明清皆有保存，平面多八角形，外观仍仿自木结构。

泉州开元寺双塔，东称镇国塔，西名仁寿塔（图7-2-16～图7-2-18）。东塔始建于南宋嘉熙二年（1238年），高48.24米，竣工于淳祐十年（1250年），前后12年完成。西塔建于南宋绍定元年（1228年）～嘉熙元年（1237年），高44.06米，10年完成。两塔平面八角形，五层，各层塔身八隅列圆柱，上施阑额；

柱之间为门或窗及柱等；阑额之上出双抄斗栱以承檐；各层腰檐以上为勾栏无平座。内廊出华栱两跳承枋，用以联系塔中心柱与塔壁。此二塔形制几乎完全相同，在结构上亦都完全模仿木结构。西塔内部之石梁枋，皆作月梁形，较东塔更为形似木构。

图 7-2-16　泉州开元寺塔

图 7-2-17　泉州开元寺塔西塔（仁寿塔）

图 7-2-18　泉州开元寺塔东塔（镇国塔）

此两塔虽高大，为国内石塔第一，然就其结构而论，用石料并不大。倚柱用数段拼接，塔壁以横条石与丁石互砌。因此该塔之塔心柱与塔壁，就今日泉州石工砌石墙技法推测，似应为"双轨"造，类似空斗砖墙，而非实砌。这样不但减轻塔身自重，在砌垒时亦平整妥帖。在转角处皆用搭角交接以增强联系，使成为整体。此时之石面加工，已能用水磨光，表面平洁，砌缝严密。

福建南部宋元石塔，其平面多为八角形，在构造上可分以下几种：

八角形实心塔（泉州应庚塔）；

八角形石柱式，内置梯级、外施腰檐（福州坚牢塔）；

空筒状加施腰檐（泉州万寿塔、蒲田广化寺塔）；

中具塔心柱、内廊、外施腰檐（泉州开元寺塔、六胜塔）。

其构造发展过程似应为实心塔－石柱藏梯式塔－空筒状塔－塔心柱式塔。

还有一种实心塔，外表雕刻精美，中间不能登临，只是一种佛教纪念物。例如，南京栖霞山五化舍利塔即为代表（图 7-2-19）。

图 7-2-19　南京栖霞山舍利塔立面图

现存宋代石构除石塔外，尚有多处石幢。石幢结构较唐代层数加高，在施工技术中吊装与胶结技术更为提高。其最著名者为赵县经幢，高15米余（图7-2-20）；浙江杭州梵天寺经幢，高 15.67 米，浙江临安海惠寺经幢，高12.10 米。至于石亭建筑，构造几乎全是仿木结构，在江西庐山万杉寺南一里之宋石亭（图 7-2-21），全部用花岗石造，亭平面方形，上覆四角攒尖顶，仿木结构形式。亭四隅用八棱柱，下贯地栿，上以檐额相连，再加普拍枋。在栌斗上安明栿，栿的正中置圆栌斗，斗上覆盘石，分置大角梁四，斜栿四，以石板铺屋面。每面正中又加斜栿一道。明栿下有北宋熙宁十年（1077年）题记。

图 7-2-20 河北赵县经幢

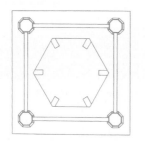

图 7-2-21 江西庐山石亭（宋）

总观宋代石构建筑，在形式上模仿木结构更为具体，《营造法式》按石每立方尺重143.75斤折算，对石的比重亦有所计量。但是，无论如何这时期的石构技术仍不出叠涩、挑梁、过梁这几种方法。而石材运输和吊装工具的改进，亦为促使此时期石构建筑增多的原因。

元代石构建筑基本上未出宋代的做法。举例如下：

北京居庸关过街塔的云台（图 7-2-22、图 7-2-23），其下穿以梯形券门道，券面外圆。它用石块构筑，实际上是一座城门洞，工程艰巨。

图 7-2-22 北京居庸关云台入口细部

图 7-2-23 北京居庸关云台外观

苏州天池山元代寂鉴寺石屋计三座，两座形似佛龛，一座为殿堂。佛龛式石屋位于山门两侧，高5.8米，形式用石仿木结构，屋顶用拱券法，外为重檐九脊顶，上下檐之间夹有短柱。屋身较高，四隅各有角柱一根，面阔进深皆一间，正面开门，上施阑额，两旁各有四抹隔扇，屋下奠须弥座台基。东屋较低仅5米，单檐歇山顶，因倚岩而筑仅成半爿廊屋。建于元至正十八年（1358年）。殿堂式石屋，建于元至正二十三年（1363年），位于寺内西北。内部以石构架为主与叠涩法相结合。殿面宽三间，进深三间，近似方形，前檐与内柱，前后相称，后檐因山岩故无柱。此殿除正面三间开有隔扇门外，两山侧有旁门。梁架亦仿木结构立帖式，顶部用六个大小不同的藻井组成，藻井边缘架石梁，石梁至藻井中心皆用石叠涩。正中大藻井作八角形，凸出较高，四角有斜承托。屋顶全部用大而整齐的石板构成，顶为九脊式。

江西庐山秀峰寺前有元至正七年（1347年）造麻石亭（图7-2-24），单檐六角攒尖顶，柱为六棱形，两柱间施雀替、檐额及普拍枋；角柱上置大栌斗，对角檐月梁形明栿，栿中部置侏儒柱，柱下部作石硕形，柱上覆圆盘斗，出角梁六根，"斜栿"六根，不施槫椽，上承石板屋面。柱与柱间贯以地栿，其上装修。此亭与同地宋石亭，虽同为石制，形式又皆仿木结构，然用材已减小，月梁亦平直。其形式之变迁与木结构相同。此时期之石构建筑，只是在形式上随木结构在变。至明代，石牌楼与木牌楼几无两致。

元代石塔如安阳白塔已呈喇嘛塔形，浙江临安石塔，为楼阁式小石塔，普陀山太子塔形式略似金涂铜阿育王塔。这些石构建筑有的仿木结构，有的仿砖结构；普陀山太子塔则较特殊，较少仿砖石形式。

明清石构建筑在技术上有两种发展的趋势，一方面竭力模仿木结构，最突出的是石牌坊。另一方面是向拱券方面发展，达到了巨大的成就。不论陵墓、桥梁，都产生了较大的石建筑，似乎与明代的砖结构中无梁殿的盛行有关系。

大型拱券结构的代表作如定陵地下宫殿。

北京昌平定陵是明神宗朱翊钧之墓，1956年经过发掘，使地下结构昭然于世。地宫平面形式仍然照地面建筑平面布置原则布置，有正殿、左右配殿；此外，尚有在中轴线上的前殿、中殿以及由中殿通向左右配殿的甬道。地宫结构形式为拱券结构，全用白石块砌成。前、中殿高各为6米及7.2米，前殿长为20米，中殿长为32米。正殿为地宫的主体部分，宽9.1米，高9.5米，长30.1米，配殿规模较正殿小，宽3.1米，高7.4米，长26米。

石构技术到明清时期加工及磨光精确度有显著的进步，北京天坛圜丘坛即是在石建筑技术上的好例子。

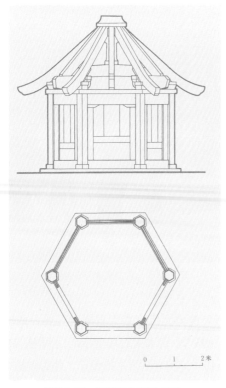

图7-2-24　江西庐山石亭（元）

图7-2-25　北京天坛圜丘

明嘉靖九年（1530年）建圜丘坛（图7-2-25），清乾隆十四年（1749年）拓展坛址。坛三层，上层径九丈，高五尺七寸；二层径十五丈，高五尺二寸；

三层径二十一丈，高五尺，都是一三五七九阳数。上层石面砌成九圈，由一个九环砌递加到九个九（计石面八十一块）；二层由十个九（九十块）递加到十八个九（一百七十一块）；三层由十九个九（一百七十一块）递加到二十七个九（二百四十三块），都是九数。各层石栏杆也有一定数字：上层以踏级分为四段，每段十八块，四段共合七十二块；二层每段二十七块，四段共合一百零八块；三层每段四十五块，四段合计为一百八十块，总数为三百六十块，合周天 360 度的数字。

因为石料加工精确，在石面的磨光上做到细磨，因此又产生了声学上的好效果。如果有人正立于坛的中心点，偶发一音，四面都有回音。

除此外，皇穹宇、祈年殿的石台基亦极工整华丽，充分反映了明清时代在石料开凿上能掌握精确规格，在雕刻加工上有较大成就。

明中叶以前，牌坊以木制为主，到明中叶后石造牌坊如雨后春笋，不但在间数上增多，并且在雕刻上更踵事增华。其时砖石结构突然兴起，其原因似可认为自宋以后随着起重工具的进步，盘车在起重上发挥了强大作用。北京十三陵之明嘉靖石牌坊计五间，为今存牌坊之最大者（图 7-2-26）；其次为河北遵化清东陵石牌坊（图 7-2-27），均属其中优秀代表。

安徽歙县明万历间许国牌坊，建在十字路口，前后造两座三间四柱石牌坊，左右再以单间二柱坊连之，成为长方形平面，当地人称为八角牌坊。此石坊仿木结构，坊上彩画悉以石易木为之，雕刻工整，公推为明中叶之代表作。山西龙泉寺前石牌坊，雕刻精致，水平也很高（图 7-2-28）。

明清砖木结构建筑的台基、墙基、栏杆、柱础、角石、华表、夹干石、上马石、抱鼓石、石狮之类又多与石雕工艺分不开。总之，永久性的构件或建筑物，都用石料制成。产石地区如泉州、上饶等，至有以石筑屋；有些木构建筑，以石片代瓦；皆是就地取材的办法。

总之，我国古代石构建筑，在开采石料上能掌握石矿的特性，开采出不同大小的石料，同时能运用简单的工具加工成各种石材，并进行磨光雕刻等加工方法。几千年来，在施工技术上，积累了很丰富的经验，历代相传，是一份极宝贵的遗产。

图 7-2-26　北京十三陵石牌坊

图 7-2-27　河北遵化市清东陵石牌坊

图 7-2-28　山西龙泉寺石牌坊

第三节　石桥

我国古代石桥的历史，根据石料生产和建桥技艺的发展，结合社会历史分期和断代年限，可分为四个阶段。

（1）原始阶段：相当于原始社会以后至春秋末年（公元前475年），至少有1700余年。那时铁制工具尚未广泛应用，人们缺乏开采和加工石料的有力工具，只能用天然石块搭建极简陋的石梁。

（2）创始阶段：这个阶段，相当于战国以后至三国末年（公元前475年～265年），约经历740年左右。由于铁制工具的广泛应用，人们有了石料开采和加工的能力，可以用经过加工的规格石料建造桥梁。但石料生产技艺还比较落后，同时，对如何建造石桥，尚在摸索阶段。

（3）发展提高阶段：这个阶段，相当于西晋以后至北宋末年（265～1127年），约经历860年左右。这个时期，石料生产技能有所提高，但工效仍不高，石料的大量供应仍有困难，建桥规模和数量仍有限制。建桥技术则有了明显的提高。

（4）建桥技术继续提高阶段：这个阶段，相当于南宋以后至第一次鸦片战争为止（1127～1840年），约经历700余年。这段时期石料生产技术和效率都有明显提高，石料的大量供应已不成问题；石桥建造的规模和数量随之有了明显的增加，相应地建桥技术上也有各方面的改进和提高。

一、原始阶段的石桥

传说，公元前2100年前后，"禹"治水渡越江河时，"鼋鼍以为桥梁"（《古今图书集成·考工典》引《拾遗记》）。这是有文字记载的传说中最早的原始石梁。以后，在记载周穆王（约公元前840年）出巡的传说中，也曾提到这种"鼋鼍为梁"的渡河方法。它是由堆积在河中的大小卵石，上架树干供人们步涉过河。开始，这种石梁是由天然堆积的卵石形成，以后人们受其启发，于是用人工堆积。据《秦会要补订》，秦始皇东巡途中，曾率百官以下人各投石，在济水上建造一桥，这就是用人工筑成的"鼋鼍"石桥。

我们推测"鼋鼍为梁"有可能是一种极原始的石墩木梁跨空式桥梁。它是把堆积成石堤式石梁的卵石和砾石，适当集中，形成一个个石堆，提高出水高度，上架木梁，供人通行。但这种石堆很容易被水冲散、冲垮，因此，人们或用竹条、树枝编成篓子，或用木条做成木框，将石块盛入竹篓或木框中，再架木梁成

桥。这种原始的跨水桥，近几十年内还可在四川、福建、浙江等地山区溪涧上看到（图7-3-1）。从考古发掘中证实，在石器时代的原始社会，人们就已有了砍制木梁和编扎竹筐等技能，但那时他们还缺乏加工石料的能力。上述这种原始石墩木梁桥，恰和当时这样的劳动技能相符合，是我们作此推测的根据。

图7-3-1 竹篓石墩桥示意图

二、创始阶段的石桥

战国时代我国开始大量使用铁制工具，为人们加工石料、建造石桥提供了必要的条件。史书中关于当时桥梁的记载逐渐增多。如豫让桥、西门豹治邺时在渠道上所建的十二座桥梁、李冰在成都所建七星桥（七座桥梁的统称）等。但都未说明是用什么材料建成。可以查证为石柱或石墩台架木梁桥的例证如下。

（一）齐故城临淄石桥台遗迹

据目前为止的发掘资料，齐国故城临淄的某些遗迹，可能是用人工加工石料建筑的最早一批石桥台之一。临淄作为齐国都城，从公元前9世纪50年代开始，至秦灭齐（公元前221年）为止，历时630余年，经营时间之久是少有的。该遗址的小城东门和北门外两侧城墙向外凸出，城壕在通过东门和北门处屈曲弯折，宽度显著变狭，显然是为便于架桥。在正对城门的城壕两岸，地下发现有石块和夯土，发掘者认为应是石桥台遗留。[1]

（二）秦汉渭桥

秦始皇征服六国，结束了各诸侯国割据局面，政治经济实现大统一，工艺技术得到大交流。在营建帝都咸阳时，集中了各地工匠技师，大兴土木，修筑宫

室、道路、园林。在咸阳，出现了一座横跨渭水的大桥，这是我国古代桥梁中第一座有详细文字记载的名桥，桥的一部分据传是用石头构筑的。

根据《水经注》、《三辅黄图》、《三辅故事》、《关中记》和《史记》的注释，对渭桥有如下记述：

建造年代：渭桥始建于秦昭王当政时期（公元前306～前251年）；秦始皇统一六国，扩建咸阳都城时，进行了重修或加固。桥毁于秦末战争中。汉代，渭桥基本上按秦时形制予以修复。

桥梁规模："桥宽六丈，桥长二百八十步，六十八间，八百五十柱，二百一十二梁。"按秦制，一步为三尺，一尺约合 27.65 厘米，则桥宽为 16.6 米，桥长为 464.5 米，跨径平均约 6.8 米，每排桥柱应不少于 12 根。如属简支梁桥，每跨搁大梁约 3 根，如按每两跨一联，每跨大梁约 6 根。

桥梁所用材料：根据史料记载，桥之北首，垒石水中，故称为石柱桥。根据和林格尔汉墓掘出画像砖上渭水桥图（图 7-3-2），至少桥面部分应是木构，桥柱也可能是木构，但该图只提供一个局部形象，不能排除桥的另一部分（北首）是用石柱。

图 7-3-2 渭水桥图

其他附属建筑：桥南北两端各立石柱一，两岸筑有堤激。石柱可能是华表一类东西，堤激即泊岸，用以防波抗冲刷，保护桥台[①]。

（三）汉代长安灞桥和洛阳建春门阳渠石桥

根据《初学记》和《西安府志》，灞桥在西汉时兴建于长安东北，跨越灞水，位于潼关至西安交通要道的灞桥，已不仅是石柱桥，而且"以石为梁"，发展为石柱石梁桥了。不过这个记载过于简略，且是后人追述，根据尚不充分。

早期的石柱石梁桥较有可靠记载的，是东汉洛阳城东建春门石桥。《水经注》载："毅水又东屈南，迳建春门石桥下，桥首建两石柱，桥之右柱，铭云：阳嘉四年乙亥（135年）壬申，诏书以城下漕渠，东通河济，南引江淮，方贡委输，所由而至。使中谒者魏郡清渊马宪监作石桥梁柱，敦敕工匠，尽要妙之巧……仲三月起作，八月毕成。"这一记载与《洛阳伽蓝记》卷二所载略同："水周围绕城，至建春门外，东入阳渠，石桥有四柱，在道南，铭玄：汉阳嘉四年将作大匠马宪造。逮我孝昌三年（527年），大雨颓桥，柱始埋没。道北两柱，至今犹存。"

值得注意的是，建春门石桥施工期并不长，只五六个月，且历汛期而桥龄很长达 380 余年，可见当时施工技艺之精。如果在此以前没有建筑石梁石柱桥经验的积累是不可能的。

（四）东汉画像砖上的一座裸拱桥

石拱桥的创建，是我国石桥创始阶段中一项突出的成就。关于我国石拱桥的创建历史，一直是人们感兴趣的一个问题。史籍中有关石拱桥的最早记载，是在晋太康三年（282年）于洛阳所建的旅人桥。

考古工作者于 1954 年 4 月，在河南新野县北安乐寨村发现了一批东汉画像砖，其中一块有我国初期石拱桥及桥上车马行驶的生动图景（图 7-3-3）。这是一座单跨拱桥，桥上正通过一马车驾四马。河上有船，说明桥下可以通航。桥面似无铺砌，属裸拱桥。桥面呈弧形，因而车骑通过时可能相当费力，且难免发生事故。为保障车骑安全，有必要采取一定的措施。画面清晰地显示：正在过桥的马车前后，各有三名力士，手挽绳索，车前的三人正在用力牵引车辆上桥，车后三人似是待车辆下桥时从后面牵制以减速。根据考古工作者初步鉴定，这一画像砖属于东汉中期作品，证明我国至迟在东汉中期（公元 120 年前后）已经有了石拱桥[2]。东汉出现石拱券墓室（见本章第二节），与石拱桥的出现时间吻合，当非偶然。

---

① 前面提到的那些桥梁，其上部结构多属木构，按现代习用的桥梁分类，只能说是木桥，但考虑到这些类型的桥梁是石桥发展中必经的过程，所以不能不在此提及。

图 7-3-3　东汉墓砖上的拱桥

三、石桥的发展、提高阶段

自东汉末至隋近 400 年中，建造石桥增多，但大型石桥需投入大量人力物力，工期也较长，不能不受到当时政治动荡和经济衰退的影响，这段时期有关石桥建造的资料发现得很少。

据《水经注》水条："其水又东，左合七里涧……涧有石梁即旅人桥也……桥去洛阳宫六、七里，悉用大石，下圜以通水，可受大舫过也。题其上云：太康三年（282 年）十一月初就功，日用七万五千人，至四月末止。"这是最早见于文字记载的一座石拱桥。从用工数量和桥下可通"大舫"等的记述，可知这座桥规模相当大，对比东汉中期的裸石拱桥，已有所发展和提高。其中每日用工数达 7 万 5 千人的记述，可能包括采石、运输的人力，但也说明当时建造石拱桥需要费的功力甚大。

（一）赵县安济桥

久经战乱以后，隋统一全国。在开皇至大业年间（600 年前后），河北赵县造安济桥。该桥跨度之大，施工之精，桥形之美，桥龄之长，在古桥史中可称首屈一指，是石拱桥发展的一个顶峰。

安济桥（图 7-3-4），位于河北赵县城南五里的洨河上，是一座敞肩式（即空腹式）单孔圆弧形石拱桥，净跨 37.02 米，拱矢高 7.23 米，桥身连同南北桥堍，共长 50.82 米；在大拱的两肩对称地踞伏着四个小拱。靠桥堍的两个较大，平均净跨约 4 米，里边两个小拱

平均净跨 2.72 米。桥宽约 10 米。桥侧 42 块栏板上，"龙兽之状"的浮雕，形态逼真，若飞若动。44 根望柱，大多数形似竹节，中间数根顶上雕塑着狮首，精致秀丽。在帽石和锁口石上，分别装饰着栩栩如生的莲花和龙头。整个桥形稳重又轻盈，雄伟又秀丽，是一座高度的科学性和完美的艺术性相结合的作品。

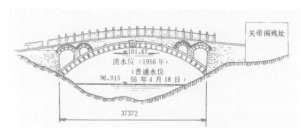

图 7-3-4　河北赵县安济桥西侧立面图

图 7-3-5　河北赵县安济桥拱腹

桥由李春、李通等工匠建造，约于隋大业初年（605年前后）完成，至今已有1370多年。安济桥在漫长的岁月里，承受着各种车辆、人畜无数次的反复重压，经受了八次以上地震的考验，饱尝了千年雨水风雪的侵蚀，仍然傲然挺立。由纵向并列的28道拱券（图7-3-5）组成的承重拱板；除西侧5券及东侧3券在明、清时塌落外，有20道券仍然是隋朝原构。

安济桥是一座坦拱桥，其拱矢高度与拱跨之比，比1/5还小。大拱肩上还放着四个小拱；这样，就使拱桥从实腹式拱发展到了空腹式拱，从半圆形拱发展到了弧形拱；建拱技术达到了一个新的水平。

洨水两岸地势平坦，河岸地层上面是冲积而成的粗砂，下面是含有细石、粗石和细砂的土层。如采用半圆拱形，将使桥高距河水面至20米以上；桥高坡陡，车辆难以通行。同时，这样的陡桥将使桥梁的自重成倍地增加，使天然的粗砂地层很难承受得住。据新中国成立后修缮时实测，粗砂允许承受力是每平方厘米4.5～6.5公斤，而桥自重对地基的垂直压力已达到每平方厘米5～6公斤，极为接近。可以推断，对于降低桥梁纵坡、减轻桥梁自重等问题，李春等匠师确曾花费不少心血。

除选用弧拱来降坡减重以外，还在大弧肩上放置了四个小拱，这样不仅利于排洪（增加泄水面积16.5%），且可减轻桥身自重。

建造这样的大拱桥，拱券要承受巨大的力量，其中拱脚将比拱顶受到更多的力，因此从纵向、横向两个方面加大了拱脚的受力面积。纵向，在拱背两侧平铺一层护拱石，厚度靠拱脚处约30厘米，向拱顶逐渐减薄，到拱顶仅为16厘米；这样，亦有利于降低桥梁纵坡。横向，把拱券做成拱顶较窄、拱脚较宽的形式。

用19世纪才形成的弹性拱理论，对安济桥进行计算和验核，发现由于在拱肩上挖了四个小拱和采用30厘米厚的拱顶薄填石后，使拱轴线（一般就是拱圈的中心线）和恒载压力线甚为接近，造成拱券各个横截面上均受压力或受到极小的拉力。大大提高了拱圈的承载能力和稳定性，是造成拱圈千年不坠的一个重要原因。世界上数以万计的古代石拱桥中，拱轴线与恒载压力线比较接近的桥只占极少数。赵州桥达到两线接近，在当时条件下，确可说是工程技术上的一个奇迹。

赵州桥拱圈用纵向并列砌券法，把大拱圈和小拱圈都纵分为28券（南端有一小拱是27券）逐一砌筑合拢。大拱每道由43块，每块重1吨左右的拱石砌成。拱石高度均为1.02米；长度从70厘米到109厘米不等，以适应砌成所需圆弧拱的需要；拱石宽度由25厘米到40厘米，各不相同，以便由拱脚至拱顶砌成变宽度的大拱券。拱石间是用白灰或泥浆砌，拱石各面均凿有斜纹，相当细密，以加强相互之间的结合，且在每道拱券的拱石间安放了一对腰铁，使整个拱券形成一个坚实的整体（图7-3-6）。

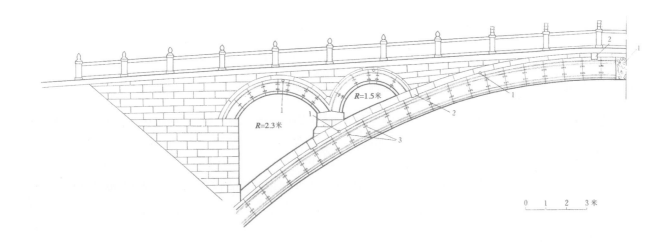

图 7-3-6　河北赵县安济桥半立面局部详图
1- 带帽头铁梁；2- 钩石；3- 腰铁

造桥石料由距桥址 30 公里的元氏、赞皇、获鹿等县利用冰道运来。石质为青白色的石灰岩，比重为每立方米 2.85 吨；冻融十次无裂纹，抗压强度每平方厘米平均达 1000 公斤，质地优良。如何选材和运材也是花了一番功夫的。

用纵向并列砌筑造桥，只要搭起宽度为 0.5～1.0 米的脚手架便能施工，一券合拢，就能单独受力，帮助相邻拱券的施工。不仅简便安全，省工省木料，也便于维修。一券或几券的损坏，倒坍，不会影响全桥，修复也较为容易。传说明末桥西侧五券塌落，到 100 多年后的清朝乾隆年间才修起来。修缮前，所存的 25 道拱券略有扭曲，形成 S 形，北端东倾，南端西倾。但其中大部分拱券还无塌毁的危险，说明了这种砌券法对桥台、地基的多种沉陷情况有较大的适应性。

纵向并列砌拱法有许多优点，但也有缺点，主要是各券之间横向联系较差。李春等匠师对此作了周密的考虑，除了上面已经提到的用拱顶拱圈较窄于拱脚拱圈的办法，借助护拱石与主拱石的摩擦力来阻止两侧拱券向外倾倒以及拱石各面凿有斜纹，提高拱石间的抗剪能力，加强结合外，还借助于当时的冶铁技术和铁制工具，在拱背上各券拱的中间安放腰铁；在主拱跨中拱背上安放五根铁拉杆，四个小拱顶上也各放一根铁拉杆来使拱圈形成一体。又在两侧护拱石间放置六块钩石（图 7-3-7）（两块放在大拱的拱顶，四块放在小拱的拱脚处）钩住大拱，以防外倾。钩石长 1.8 米，外露一头的下端有 5 厘米高的钩。经过如此精心的处理，基本上克服了各拱券横向联系差的弱点，使拱券保持了 1000 余年，直到明末才发生少量拱券倾塌。

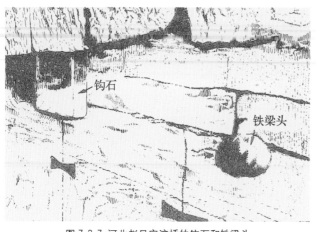

图 7-3-7 河北赵县安济桥的钩石和铁梁头

修缮时，实测所存 25 道拱券的拱腹各点高度，然后反求拱券内侧弧的半径，得到西侧是 27.7 米，东侧是 27.3 米；若根据净跨度和拱矢高度推算，得到拱圈内侧圆弧半径为 27.8 米，二者相差不大。拱券砌筑得这样好，说明了当时的测量、拱架制作、拱石加工等技术达到很高水平。

经仪器测量，桥台顶端起拱线处的高程，北端东西相差 17 毫米，南端相差 3 毫米，东侧南北相差 12 毫米，西侧南北相差 32 毫米，均在允许范围之内。1000 多年来桥台的沉落走动甚微，这是使 20 道主拱券千年不坠的关键所在。其原因是采取了一系列办法减轻桥梁的自重，使桥台受到较小的垂直与水平压力以及桥台砌筑得好，基础处理得牢固等。

桥台只用五层料石砌成，厚 1.55 米，台宽比拱宽稍大些，约 10 米挂零，直接放在天然的粗砂层上，比一般石拱桥桥台轻巧得多。为了防止拱圈拱脚向外走动，桥台与拱脚有铁柱相连。根据 1956 年在桥台边 2 米深的淤泥下发现的木桩来看，桥台下基础很可能用桩来加固，减少桥台的沉陷。从地形上分析，两边桥台后座可能较长，以此减少桥台的水平移动。如安济桥那样的低桥台，长后座，充分利用自然条件来使拱桥耐久坚固，是长时期以来采用的好方法，现在仍有采用。

安济桥的建成，对以后各地桥梁的建造影响很大。敞肩拱的石拱桥，在全国各地都有建造。

（二）石桥墩的发展

汉代出现了多跨石柱梁和单孔石拱桥，对跨越较开阔的河川带来了方便。但柱式结构较单薄，难以适应深水急流，单跨石拱桥能适应深水急流，却难以跨越宽阔的河面。要解决这个矛盾，只有建造比石柱结构更牢固，能承受石拱圈的巨大水平推力，并能在深水中砌筑的石桥墩。这是石桥建筑发展中的一个关键。

石桥墩的修筑到了唐代，进入了逐步趋于完善的阶段。

《元和郡县志》卷五："洛阳天津桥，在县北四里隋炀帝大业元年（605 年）初造此桥以架洛水。唐太宗贞观十四年（640 年），更令石工垒方石为脚"。这是文献中第一次提到的大型石桥墩；石墩的平面，应是方形或长方形。

方形石桥墩的采用，比起石柱结构应该更为稳固，但立即产生了新的矛盾，即由于桥墩体积扩大，受到水流冲击的力量也增大了。为解决这个矛盾，于是出现了新型的石墩——船形墩。

《旧唐书·李昭德传》："初都城洛水天津之东，立德坊西南隅，有中桥及利涉桥以通行李，上兀中（675年），司农卿韦机始移中桥置于安众坊之左街，当长夏门，都人甚以为便，因废利涉桥，所省万计。然岁为洛水冲注，常劳治葺，昭德创意积石脚，锐其前以分水势，自是竟无漂损。"李昭德改建中桥桥墩是在武则天长寿年间（692年前后）。记载用"创意"二字可知船形墩的出现是从李昭德改进中桥时才开始的。

为砌筑自重很大的石桥墩，在基础工程方面应有相应的措施。1978年年初，江苏扬州市挖出了可能是唐代桥梁基础的几组木桩桥基，可以确证至迟在唐代已有了桩基础；它和唐代石桥墩的修筑及日趋完善，是有密切关系的。

石桥墩构筑的日趋完善，为在大江大河上建造多跨石桥进一步提供了条件。北宋时在福建泉州所造的洛阳桥，是这一阶段多跨石墩石梁桥的一项代表作。

（三）福建泉州洛阳桥

北宋福建泉州建成的洛阳桥（图7-3-8），是桥梁史上的一次突破。在此以前，还没有造成过像洛阳桥那样长的永久性大桥，更没有在江海交汇处建造过多孔式的跨空梁桥。近千年前建成的洛阳桥，它达到了一个新的长度纪录，开创了在江河入海口上建桥的先例。

泉州港位于福建东南沿海，早在6世纪的南朝，文献上就有泉州与海外通航的记载。到宋代，泉州逐步发展为我国最大的外贸港口之一。在泉州城东北洛阳江口的洛阳桥，处于从泉州北上福州，转从江西、湖北，抵达汴京（开封）的"官道"上，南北物资，都要经过这里。洛阳桥建成前，走陆路需绕道洛阳江上游的小道，困难很多。人们在这里等船渡。但人流拥挤，货运繁忙，遇到风潮袭来，有翻船沉溺的危险。因此，建桥是出于人们迫切的愿望。桥始建于宋皇祐五年（1053年），完成于嘉祐四年（1059年）。据当时记录，桥长三百六十丈，宽丈有五尺，分四十七桥孔，建造时间达6年8个月。

洛阳桥工程的最大困难是桥基的建造。桥址位于江海汇合处，潮浪夹击，流急水深。在这种困难条件下，千余年前的桥工，首先创建了现代称为"筏形基础"的新型桥基。所谓"筏形基础"，是在江底沿着桥梁中线满抛大石块，并向两侧展开相当的宽度，成一横跨江底的矮石堤，作为桥墩的基址。洛阳桥的筏形桥基，宽约达25米，长度约有500余米。

堤刚筑成时石块与石块间仅靠自重互相叠压，联结很差，加之堆垒零乱，石块间的孔隙大小不一，经过一段时间风浪潮汐的摇撼冲击，石堤的各部分必定会发生陷落、坍塌、漂动等情况；在这样的基础上砌筑桥墩，显然很不稳固，因此，需要采取加固措施。当时又发明了"种蛎固基"的方法。

牡蛎是一种生殖在浅海区域、长有贝壳的软体动物，它的背附在岩礁上，与附生物相互胶结成一体，繁殖力很强。成片成丛的牡蛎无孔不入地在海边岩礁间密集繁生，可以把分散的石块胶结成很牢固的整体，形成一堆堆"壕山"。"种蛎固基"，就是利用这种牡蛎的大量迅速繁殖，把原来比较松散的石堤胶结成牢固的整体。种殖牡蛎固基的过程，大约只需两三年时间，这两三年时间里，一方面是牡蛎在石堤上大量繁殖，同时石堤经受浪潮的往复冲击撼动，乱石孔隙调整密实，使整条石堤达到相当稳定坚固的程度。用牡蛎加固桥基的做法，后来应用于加固桥墩。

关于洛阳桥的筑墩和架梁工程，周亮工《闽小记》中有"激浪以涨舟，悬机以弦牵"的简略描述。周亮工，明朝人，他的记述，究竟是根据明代桥梁施工情况所作的推测，还是从北宋建桥时的历史资料转引得来，还待考察。据分析，"激浪以涨舟"就是利用潮汐的涨落，控制运石船只的高低位置，以便于石料的浮运、

图7-3-8　泉州洛阳桥

下卸、就位，和现代的浮运架桥法基本相同。"悬机以弦牵"，大约是指一种当时的吊装设备。以上两种施工方法，仅用人工、简单设备和借用自然力就可以办到。用这样的方法，将每块重达 20 ~ 30 吨，共计300 余块的大石梁和几万块桥墩石条（重的达 10 吨左右）起架于洛阳江上，可以想见前代桥工所付出的艰辛劳动！

四、建桥技术继续提高阶段

（一）南宋泉州的造桥热潮

到了南宋，出现了大规模的民间造（石）桥活动。当时福建泉州的造桥热潮，是一个突出典型。短短 150 余年中，泉州地区建造了几座大中型石梁桥；桥梁的总长度据不完全统计有 50 余里，其中 5 里以上的长桥有三四座，与北宋洛阳桥不相上下的桥梁就更多。南宋绍兴年间（1131 ~ 1162 年）是泉州造桥热潮的高峰；每年造桥 1 里以上，连续 30 余年，造成了 30 余里石梁桥。

当时，石料生产的技术，达到了一个新的阶段。石料生产技术的大提高从物质条件上促进了大规模的造桥热潮，而大规模的造桥又促进了石料生产技艺的发展。

北宋泉州洛阳桥的建造，为此后的造桥工程提供了经验，因而产生了南宋时期泉州的造桥热潮；但根本的原因，还是出于泉州港迅速扩展的需要。

南宋时期的泉州，造成了畸形发展；很短的时期内，由全国四大外贸商港之一，上升为全国第一大港，也为当时世界最大港口之一。修桥铺路，主要是为了商民往来，货物转运的需要。

从当时津桥的布局，也可以看到造桥和外贸发展的密切关系：绝大部分桥梁，都是近海、靠海甚至伸入海湾，目的是尽量使各个港区、码头和泉州联系紧密，来往便捷。例如，晋江上的三座桥（石笋桥、顺济桥、金鸡桥），其中两座建于晋江下游迫近入海口上，一方面贯通从泉州通往闽南、南粤的交通，同时也把大部分城南港区和市区直接连接了起来。又如普利大通桥、王澜桥、苏埭桥等，都在泉州城南或东南当时的海边或海滩上。从桥的残迹看，桥长而弯曲，有如海边石路，显出尽量要和港湾码头接近的需要，

以便于从海船运卸货物。再如安平桥、东洋桥、盘光桥、无尾桥、獭窟屿桥等，或伸向海湾，或与隔海市集相通，或与海中岛屿相接。其中盘光桥和无尾桥（未全部建成），都通往泉州湾内一个名为岛屿的小岛。一个小岛却有两座长桥与之相通，似乎不可思议，原来，岛的东边港道深邃，可以通行和停泊大型海船，对岸西、南一带是后渚、浔美、万安等码头或转运渡口，附近西方村又设有造船、修船的工场；岛上商栈林立、市集繁荣，有"金岛屿、银后渚"的说法。为连接"金、银"之地，通畅财货流转，架起两座长桥也就不为多余了。

由于桥梁要近海、靠海、入海，势必造得很长，南宋泉州桥梁之长和长桥之多是一大特点。

以"天下无桥长此桥"闻名的安平桥（图 7-3-9），是泉州长桥中的代表。桥跨越于安海港海湾上，东塅是石井镇，西塅是水灵镇。桥的长度，建桥时记载为811 丈，362 跨，超过 5 里，因此又名五里桥。桥上设5 座亭子，供过桥人休息，中间一座称"水心亭"，是两县分界处。在郑州黄河大桥于 1905 年建成以前，七八百年的长时期中，这座桥是我国古代历史上遗留下来最长的一座。

图 7-3-9　泉州安平桥

其他几座跨海桥梁，长度也很可观，如盘光桥，长400余丈，160跨；无尾桥长500余丈；东洋桥长547丈，242跨，都比北宋时所建洛阳桥长。比安平桥更长的桥亦有，如泉州南门外的玉澜桥，长1000余丈，超过安平桥200丈左右；惠安县大海中的獭窟屿桥，有770跨，超过安平桥跨数一倍以上。可惜这些桥梁随着泉州港的兴衰变迁和海岸地形的沧桑变化，都已先后倾毁无存。

建筑桥墩的问题。如安平桥已从原长的2500米（由811宋丈折算）缩减为2070米，桥墩从原有的361座减少为331座，长度缩减的部分现在都成了陆地，其中大部分已成为市镇的街道。在保留下来的2070米桥身下，大部分已成为农田，只留下三股水道通行船只，说明过去这里大片地区泥沙淤积，水域不深。建桥时真正处于水深急流的地段只是小部分，大部分属海湾浅滩，桥面高于涨潮时最高水位即可。再如盘光桥，桥址原有石路，潮落路出，潮涨路没，桥墩就修筑在这样的海滩石路上。其他几座桥分别与安平桥和盘光桥的情况相似。

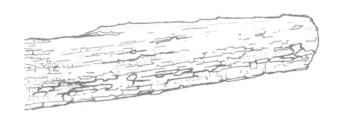

图 7-3-10　泉州金鸡桥"睡木沉基"木桩原物

虽桥址水域不深，然而水底泥沙受到浪潮冲刷，经常漂移集散，很不稳定，难以采用围堰筑堤、抽水筑基直达水底岩层的做法。在这种困难条件下，这里的桥基大多采用筏形浅基础的形状。北宋所建洛阳桥基的长条石堤是一种筏形基础，而南宋时所建的金鸡桥桥基，称为"睡木沉基"，是另一种筏形基础。筑基的方法是先在潮落水枯时，将墩基泥沙抄平，然后用几层纵横交错编成的木筏，固定在筑墩处的水面，再在木筏上垒筑墩石，随着墩石逐层增高，分量逐渐加重，木筏也就逐渐下沉到水底。新中国成立后，在金鸡桥桥位上修筑水闸时，挖开旧桥墩，发现了"睡木"桥基。这是用几十根5～6米长的松圆木（图7-3-10），一层横一层纵编扎成的两层木筏，面积达30平方米左右。利用这样的木筏作桥基，一方面使石墩下传的巨大压重，得到了大约一倍于墩身平面面积的河底来共

同承受；另一方面对河底大片泥沙起到压实、固定的作用；都对桥墩的稳定安全极为有利。这是继洛阳桥的长条石堤式筏形基础之后又一项可贵的创造。

南宋泉州所造的大量桥梁，总长达50余里，全都是花岗石条筑成。花岗岩材质坚实，有效地解决了抵抗江潮冲击，压实桥墩基址，增强桥身整体性和加快造桥速度等问题。

南宋泉州地区所建都是石梁桥而没有造过石拱桥，一个重要原因是当时桥工任务浩大、时间要求较急，如建石拱桥，费时费工，需大量木材和伐木、运木、加工等人力，与架设简支石梁桥比较，工程量要大得多。

泉州当时的桥梁又都是石墩桥，不是石柱桥，明显的是由于柱式结构过于单薄，难以抵抗急流的猛烈冲击。同为石墩桥，泉州桥梁石墩的构造和其他地方常见的形式也有所不同，都用整条大石，一层纵一层横垒置而成，不用胶结，构造简单，施工快捷，压重大，整体性好，可以很好地对付水流冲刷和浪潮拍击。

但工程技术的关键，还在于基础问题的解决。泉州海边架桥的基址，多在泥沙冲积层上，以当时条件，做深基础工期很长，工程量很大。当时的桥工在洛阳桥施工中首先创造了石堤式筏形基础，在南宋桥梁中又创造了"睡木"桥基，又比石堤式筏形基础工程量减少很多。它们都属浅基础的类型，都是利用了桥梁结构上下部分石料的巨大压重，压实和固定水底大片泥沙层，作为自己的基础。

（二）石桥技术的广泛发展

我国南宋（在北方是金朝）时期以后，拱式桥也有很大发展，著名的卢沟桥、宝带桥就是其中的代表。在明清时期，石桥的修建继续发展，各地出现一批质量高、规模大的石拱桥和石梁桥。它们适应不同地形和河川情况，适应通航和陆上交通的要求，有许多新的创造。江西南城万年桥、抚州文昌桥、分宜万年桥等是其中的代表。由于经验的积累，北方官式石桥建立了一套按河床宽度为基准的分孔和跨距的比例制度，有完整的基础、桥墩、桥塅和拱券的施工方法，著有成书《石桥分法》（见于《工程备要随录》）。北京颐和园十七孔桥（清乾隆年间建）（图7-3-11），是这种官式石桥的典型代表。

图 7-3-11 北京颐和园十七孔桥

图 7-3-12 北京卢沟桥全景

连拱石桥：多跨石墩桥早见于记载。唐东都洛阳跨洛河的天津桥，就是多跨石墩桥。以实物而言，现存最早的连拱石桥为卢沟桥。

卢沟桥（图 7-3-12），在北京西南 10 余公里处，跨永定河，金明昌三年（1192 年）建成。全桥 11 孔，每孔跨距约 16 米，桥身长 212 米，连桥堍长 265 米，宽约 8 米。后世经元、明、清历代修理，但基本形式未变。卢沟桥位于金、元、明、清的都城近郊，为交通必经孔道，车马行人频繁；桥的结构坚密，尺度宏伟，早已闻名中外，成为北京近郊名胜。卢沟桥所采取的砌拱方法，不同于赵县安济桥的并列拱而是券石横向成列的横联拱，这种拱券的整体性显然比并列拱为好，荷载的传达分布更为均匀，没有向外分离崩裂的可能。由于各跨距离相近，各拱矢高约略相同，在拱背填平之后，桥面坡度平缓，可以行车。永定河河床宽阔而水浅，所以，主要考虑陆行交通而不考虑通航。

苏州附近运河支流澹台河上所建的宝带桥（图7-3-13），全长317米，为我国最长的连续拱桥之一。重建于南宋绍定五年（1232年），桥头现存石狮石塔，为南宋时物。明正统十年（1445年）大修。全桥共53孔，跨距除3孔外，均为4.6米左右，故保证了桥面平坦。位于主航道上的3孔，中间一孔跨距7.45米，两旁各6.5米。桥面至此有一段斜坡。在最大桥孔处，运河船只放下桅杆后均可通行，桥宽4.1米。除了人行交通外，主要是纤道用；由于纤挽所需，桥两侧不设栏板。石拱券由一段纵向并列石条与一条（与桥宽等）横向石条（锁石）相间砌成；这是南宋以来江浙一带常见的砌拱方法，不仅用于石桥，也见于砌石拱门道。这种砌法，减少了

图 7-3-13　苏州宝带桥

石料整形修边的加工工作量，显然加工比较简易。还可以注意到，宝带桥的桥墩，大多做得相当单薄，对比起卢沟桥等桥墩的厚重刚实，应属于柔性墩之列。江南河道上的多孔拱桥，采用这类桥墩的很多（图7-3-14），它的好处是，可以减少阻水面积，节省石料用量。

图 7-3-14　浙江湖州哑巴石桥

江西境内，明清时期所建巨大石桥颇多。最为著名的如：

南城县万年桥，建于明清之际（1634～1647年），跨盱水，共23孔，长约350米，为国内最长的连拱石桥。但屡经后世重修，已非原貌。

抚州市文昌桥，建成于明嘉靖三十八年（1559年）。跨汝水（抚河），长约200米，共12孔。

分宜县万年桥，建成于明嘉靖三十七年（1558年）。跨袁水，长174米，11孔。砌拱用纵横石条相间的连

锁砌法，与江浙一带常见方法相同。

单拱桥：这种单跨石拱桥，矢高很大，其用处有二：一是用于跨越内河航道，来往船只多，船的体积甚大的情况下；二是用于跨越山区涧谷，无法设置桥墩，并常有山洪，短期流量可以骤增几十倍以上，必须有足够的跨空截面宣泄山洪。这种拱桥桥面坡度往往很大，不利于行人通过，但为考虑上述的原因，不得已必须采取较大的矢高和跨距。这种桥拱身很薄，形体非常轻巧优美，苏、浙、皖等省的山区河流常可看见（图7-3-15）。颐

和园的玉带桥，就是受到南方影响而建造的。但是平静的水面上，建造坡度如此陡峻不便行人的桥，则主要出于观赏的要求，而非实用的目的。

梁式石桥在各省均有建造。一般用于小河道（跨距不大）情况下。著名的绍兴八字桥（图 7-3-16），建于南宋宝祐四年（1256 年），是一座梁式桥，其特点是引桥与桥身垂直，沿河岸延伸，不致截断沿河道路。类似八字桥的布置方式，浙江还有不少。梁式桥也有用于内河航道上的，用成排的石柱式桥墩，逐跨提高，各梁相接，成为弧拱形。这一类桥，在技术上比较简单。

图 7-3-15　安徽黄山石拱桥

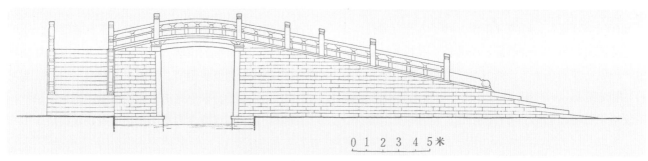

图 7-3-16　浙江绍兴八字桥立面示意图

总体来看，宋代以后，石桥逐渐取代浮桥和木梁桥，成为桥的主流。梁式桥在福建有较大规模发展，但更为普遍的，则是石拱桥。造石桥的技术经验不断丰富改进，桥形艺术处理高超，在 13 世纪至 16 世纪之间，确已达到当时世界上的先进水平。

第四节　石海塘

海塘和万里长城、大运河一起为我国古代的伟大工程。其规模之大、工程之艰巨、动员人员之多是十分惊人的。今天，浙江、上海两省市的海塘（图 7-4-1）[①]，依然发挥巨大作用，犹如"海上长城"挡住钱塘口杭州湾世界闻名的汹涌海潮，保卫着这沃野千里的三角洲和滨海平原。

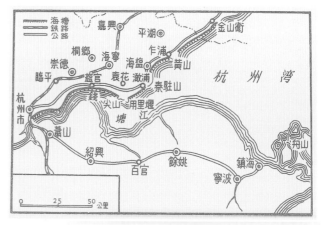

图 7-4-1　江浙海塘略图

历史上潮灾大约有四个方面：①侵蚀海岸，冲塌陆地；②冲毁堤岸，漂没房舍，淹毙人畜；③海水涌入，土地盐渍，败坏庄稼；④淹没盐灶，影响盐产。在历史上潮灾十分严重，相当频繁，沿海各省的地方志有着大量记载。钱塘江潮十分壮观，自古闻名（图 7-4-2），但危害也更大。每年 5 ～ 10 月台风季节，如大潮和台风方向一致时，风助潮威，潮灾就更加严重。

___
[①] 普通所指江浙海塘，是北起上海的金山卫，南至浙江杭州的一段。我国古代沿海各省均筑有海塘。钱塘江口的江浙海塘最为宏伟壮观，技术水平最高，具有代表性。

水处再打上高大木桩。浙江盛产竹，山石则到处都有，方便、经济。《咸淳临安志》所说的"造竹笼，积巨石，槛以大木"，就是指这种方法。这种竹笼法早在公元前250年李冰筑都江堰时就用过，其后在河流水利工程中广泛采用过，但用于筑海塘，有据可考的以五代钱锡时为最早，故后代用此法修筑海塘均称"钱氏旧法"。《宋史·河渠志》载："发运史李溥、内供奉官卢守懃，请复用钱氏旧法，实石于竹笼，倚垒为岸，固以桩木，环亘可七里，斩材役工凡数万，榆年乃成"。可见到宋大中祥符七年（1014年）"钱氏旧法"还没有被新的筑塘技术所代替，竹笼法仍被采用。

图 7-4-2　钱塘观潮

最早的海塘是沿海人民为保护农田、发展生产修筑起的简陋海堤。这种原始海塘分布零星、规模小、抗潮性能很差。汉代以后，东南沿海地区经济开发，人口密集，修筑海塘保障经济发展开始被地方政府所重视，文献上出现关于修筑海塘的记载。最早的记载，见于《水经注·浙江水》注引"钱塘记"。我国较大规模的海塘远在汉代就已兴筑，至今有 2000 年历史。

《唐书·地理志》载："盐官有捍海塘，堤长二百二十四里，开元元年重筑。"但唐及以前的海塘究竟是土塘还是石塘，已不可考。然据海塘工程技术发展的一般规律推测，大概为土塘。宋《咸淳临安志》载：五代钱锣筑海塘之前，土塘的建筑技术主要用"版筑法"；自钱锣以后，尽管不少地段的海塘在很长时期仍为土塘，但开始了石塘的发展历史。石塘建筑技术可以归纳为以下六个发展阶段。

一、竹笼法

海潮昼夜冲击，来势凶猛，所以版筑土塘是无法成功的。进一步的办法是实石于竹笼，筑成海塘，临

二、巨石砌成海塘

竹笼法虽有优点，但竹笼浸在水中，日久就要朽坏，不到两三年必须修塘一次。长此以往，不仅耗钱耗工，而且也经常发生危险。

北宋时，屡次修筑钱塘江北岸海塘，起初还用"钱氏旧法"，后来发明纯用巨石砌成的海塘。（景祐元至四年）（1034～1037年）张夏做转运使，专门采石在杭州六和塔至庆春门一带修塘，这是钱塘江上最早的石塘。庆历元年（1041年）又筑石塘 2200 丈。

三、石塘内侧实填黄土

单纯的石塘内侧的土堤不厚，因此也不牢固，钱塘江潮水量大，高差大，流速快，能量很大。在这样强大的海潮冲击下，大条石也会晃动的，时间一长，石塘就倾圮了，并且造成巨大潮灾。如果石塘内侧厚筑土堤，大条石依靠土堤，就不容易晃动，海塘也较安全。所以1041年以后，就出现内侧实填黄土堤的石塘。明丁宝臣的《石堤记》记载，北宋时筑的 2200 丈石塘，其中新筑的自御香亭下的 200 丈，内侧厚筑黄土。"石坚土厚，相为胶固，杀上而广下，外强而内实"，因此，"形势遂安，可持而无恐矣"（《浙江通志》卷六十二）。《海盐县图径》也记载："宣德时海盐塘部分更筑。时以石堤内虚，始筑土，五丈实其里。"这种方法和好处，《盐邑志林》有过进一步的说明："石塘垒砌者用石，方丈尺余，长八尺或六尺，纵而磊之，取海潮冲捍不动，内厚筑黄土以衬之，高与之齐，厚必五倍之，若少工力，

石可冲捍，潮必内浸，石塘有罅，土塘必坏，土塘内溃，石塘不能独存"。由此可见，内侧厚筑黄土堤的石塘远比普通的石塘牢固得多（图7-4-3）。

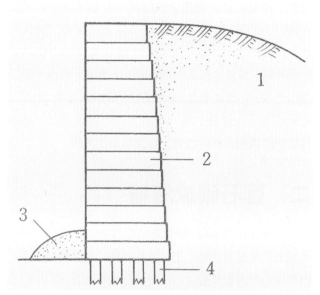

图7-4-3　内侧为实土的早期石塘示意图
1-土塘；2-条石；3-沙涂；4-木桩

四、坡陀法

宋庆历七年至皇祐二年（1047～1050年）王安石任鄞州市（现宁波市）知县。在领导修筑海塘时，对石塘有所改革：临潮面用坡陀形。前人筑石塘，临潮用垂直面；潮来势凶猛，正面冲击海塘，塘身往往支持不住，容易倾倒。坡陀法的采用是个进步（图7-4-4）。

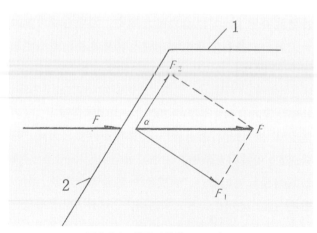

图7-4-4　坡陀形科学原理示意图
1-海塘面；2-海塘临水面

如果设F为海潮的水平冲击力，那么，海塘临潮面是垂直形还是坡陀形，有不同的结果。在垂直形海塘，F就成为潮汐对海塘的正面冲击力。在坡陀形海塘，F在坡陀形塘面将分成F_1和F_2两部分力：F_2平行于塘面，对海塘没有冲击作用；F_1才是正面冲击力，但较F为小。

由于F_1和F_2垂直，则$F_1=F\sin\alpha$（α为塘面的坡度角）。由此可以看出，海塘临潮面坡度越小，潮汐对海塘的正面冲击力量就越小，海塘越安全。

明初建都南京，对东南沿海比较重视，后来朱棣（明成祖）虽然迁都北京，然东南仍为漕粮供应中心，所以明代对于修筑海塘始终十分重视。明初对于海塘有五次规模较大的工程，但这些工程均没有采取坡陀法，建后往往不到四五年，便被海潮冲垮了。多次的严重教训，使人们想起了坡陀法。所以在明中期以后修筑的海塘，均恢复了坡陀法。《海盐县图经》载：成化十三年（1477年）"改旧塘为坡陀形，筑成凡二千二百丈……塘云坡陀者，竖石斜砌，磊碎石于内支之……稍斜之，杀潮势，因石坡陀，其法仿宋王安石之鄞州市塘"。尽管后来砌塘法有了改变，但自此潮面成坡陀形作为一个先进方法一直留传下来（图7-4-5）。

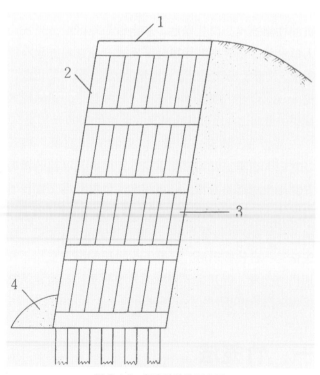

图7-4-5　竖砌坡陀塘示意图
1-纵条石；2-竖条石；3-土塘；4-沙涂

图 7-5-6　辽宁义县奉国寺大雄宝殿柱础

图 7-5-7　浙江东阳市卢宅大厅前柱础

图 7-5-8　上海浙宁会馆柱础

图 7-5-9　北京故宫台基与山墙石构件

水性差，对于柱脚防潮也有裨益。古代匠师很早就掌握了这种经验，一直沿用以石为础的做法。宋代另有柱下木柎做法，到明清时代北方已不施用了。石础厚度一般要求按一柱径定分，上顶部分自厚 80% 以上处做成圆鼓径形，自下而上逐渐收成凹圆，与柱径圆形相应，四周留出二寸"金边"，便于柱木安装时留有挪动余地。方柱顶上面鼓径则随方就方。一般房座也有不做鼓径的平柱顶做法。每一房座所用的全部石础，不论大小，鼓径部分高低一律取齐，处于同一水平面，保持柱脚平整一致。

台明周缘、边角、镶面、衬脚所用各种石件及石踏跺各种分件见图（图 7-5-9）。

这种石件，主要是基于实用的目的兼顾到整体建筑的观瞻，与柱顶石性质不同，一般并不荷载。石件断面规格多采取扁方形的条石，宽高比例一般保持在 1:0.4，随使用部位，或平放，或斜放，或贴面、抱角。例如，前后檐阶条石定宽方法，即以下檐出为根据，除去半个柱顶石宽度即为阶条净宽，一般房座用的宽度在一尺六七寸左右，厚六寸四五分。大式房座用的，长度要求合间安装，如"三间五安"、"五间七安"、即从前檐迎面，每间的阶条，必须按每间左右檐柱中至中的间距为准而定其长，至梢间角柱中以外，随角拐角，转到两山角柱中线为止，要求做成整块的曲尺形的"好头石"（即角石），与两山的阶条相接。阶条石也叫压面石，平放在台明周围边缘，长短按檐柱中线分缝，取其外观整齐一致，防备年久柱基、台帮或有沉陷、走闪，便于拆卸归拢，两方面互不影响。台基四角安装埋头角柱石，也简称埋头，见方尺寸随压面石宽度，是用以支承好头石的支柱。台基周围迎面砌砖的，埋头用整块石料做，叫混沌埋头；迎面通用石陡板镶砌的，分两块做，迎面一块宽同压面石，两山面的拼缝凑宽。周围镶砌陡板石的"满装石座"，限于宫殿大座使用，石的厚度和压面一样，宽窄可以适当调配。沿着陡板石及角柱下脚，安装土衬石一圈，里皮与陡板取齐，外面露出二寸金边。土衬石即台帮砖石的基础。

房屋墙垣使用的石件，主要是硬山墙当前后檐两端墀头腿子安装的角柱石，下肩与墙身衔接部分的压砖板，腰线石和檐头（墀头）出挑的挑檐石四种，这种石制分件，除腰线石断面近乎正方形，其余三种都是随山墙身、腿砌砖厚度镶安的扁平条石。角柱石维护墙角砖不致被撞坏。两山墀头、搏风都是用砖逐层向外探出的，下层枭混砖改用长条石材雕作，随檐步进深插入砖墙以内，比用砖砌的更加坚固。压砖板外端压在角柱石上，后身砌在砖墙内，使角柱更加牢固；随前后压砖板之间安装的一道腰线石，对于墙身表面抹灰层可以起有隔潮防碱的作用。民间房舍常有使用芦苇或薄木板条的；宫殿利用石材，从质量方面说是高一级的做法。

（二）石须弥座

须弥座做法，和一般台基工程的设计基本一致，即依据房屋的檐柱高度和出檐深浅按一定比例而定。其间明显不同之处是，须弥座迎面是分层叠造的，自地平圭脚（龟脚）以上，当座身之中束腰一层，上下各叠为上、下枭混，上、下枋子各一层，通身合计分六层组成。以上、下枋外口之间的连线为准，上、下枭混各层，逐层分别向内收分，至当中束腰为止，各有规定分数。这种形制与宋代《营造法式》的砖须弥座，

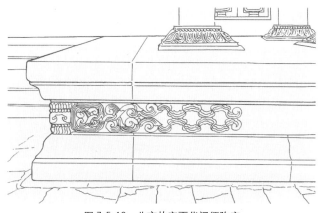

图7-5-10　北京故宫雨华阁须弥座

砖石叠涩座（明清叠涩做法已罕见）制度有密切的渊源关系。明清宫殿实例所见，多限在主体大座或亭台楼阁之类，随殿身的台基有安石栏的，有不安石栏的，月台、露台须弥座一般都安装石栏。座身束腰和圭脚部分局部雕作花饰，其余各件一般采用素平做法。栏板柱头、阶级、御路等石，则往往饰以华美的雕刻，与朴素的基座形成鲜明的对比。明代石工技巧在这方面具有突出的表现力（图7-5-10）。

须弥座通身高度，按官式做法《营造算例》规定，随房身安装的即按台基露明高度尺寸，各分层高度则按台明高分为51份，按一定比例将份数分配到各层，自下而上，其中：

1. 圭脚高，10份；

2. 下枋高，8份；

3. 下枭高，6份，带皮条线高1份，共7份；

4. 束腰高，8份，带上下皮条线各高1份，共10份；

5. 上枭高，6份，带皮条线高1份，共7份；

6. 上枋高，9份。

上下层高之间相差不过1～2份，层次线条基本保持匀称，使得立面看起来很稳重。这种比例关系是作为一种基本规则提出来的，实际上，为了避免由于具体尺寸的畸零尾数过多，难以划一，造成加工困难，仍然可以适当调整。尽管台座有高有低，层次划分大体不出三种尺寸：圭脚与束腰必须同高；上下枋基本保持同高；上、下枭厚薄一致。首先以圭脚作为定分基准；枋子、枭混递次减薄；上枋压在台面，为了视觉关系，又比下枋略微加厚，看起来才更安稳。须弥座和一般台基性质一样，也是包砌台明或月台用的挡

土墙，各层石件都是分件安装的，背后砌砖填土。石件本身宽度也有规定份数，上枋是作为压面用的，一般要求按 1.1 圭脚宽定分，随房身安的还必须根据台明宽窄核计，里口与柱顶石外边取齐。月台露台须弥座用的上枋同圭脚宽。其余各件则比照圭脚厚度为标准，均按 2.25 圭脚厚定宽。各层收分份数，以上、下枋为准，束腰比枋子收进份数按枭混连皮条线高度 5/7，圭脚比枋子出唇子一寸，自枋子边缘退进一皮线宽至束腰皮条线外口止，即为枭混凸凹曲线起讫分位。另外，须弥座下面处于地皮以下埋深部位，也安有土衬石，宽厚同圭脚，作为石座的垫脚。

（三）石踏跺

也叫石陛、石阶级、石台阶，是用为登降台基的主要走道。宫殿建筑有几种处理方法：从体制做法上分，与正阶并列的两侧阶称为垂手踏跺；还有三阶并排的连三做法；两山单阶做法的称为抄手踏跺。另外一种用趄砖露龈砌成斜道的，称为蹉礠（宋式称"慢道"），也有单阶或连三做法，主要随房屋间数安砌一间或三间台阶而分。这种台阶在构造上也都是表面用石，背底砌砖的砖石混合造。随普通台基做法的石踏跺，分件包括踏跺石（按上下位置也叫中级石、下级石）、砚窝石、象眼石、垂带石、如意石、平头土衬石等。踏跺石按大、小式做法，断面宽高分两种尺寸：大式的宽度以 1～1.5 尺为度，高 0.3～0.4 尺；小式的以宽 0.85～1 尺，高 0.4～0.5 尺为度。平头土衬石、垂带石宽厚同踏跺石。砚窝石（平地一步）、如意石（台阶前面平地铺的）比踏跺石宽厚各增加 0.2 尺。象眼石是台阶两侧面三角形的陡板。这种台阶是普通台基工程上安装的，通身宽度随房屋迎面间数，或仅明间安装，或明次间并列三阶。小式房座则仅明间当门口处安阶。须弥座做法，宫殿大座本身的台基在前后檐安踏跺，多采取三阶并列的形式；或用连三做法，中间用垂带石隔为三段。月台两侧安单阶，正门带月台做法相仿。台阶通身长度（直长称为进深）一般采取台基明高的两倍（1：2 坡度），根据台阶斜势匀分阶级步数。须弥座安装的阶级要求坡势缓慢，当中正阶采取 1：2.7 的坡度。一般门道内外的蹉礠多按 1：3 坡度，便于车马轿舆上下（图 7-5-11）。

图 7-5-11　河北遵化定东陵隆恩殿石阶和御路

图 7-5-12　北京天坛祈年殿须弥座螭首

（四）石栏杆（勾栏）

明清石作栏杆分件包括：栏板、柱子、抱鼓石、地栿四种名目；大都用在石须弥座做法中，普通台阶比较少见。石工雕镌集中表现在栏板和柱头之上，属于高级体制做法。因而在规格质量、图案设计方面，常是和须弥座一样要求使用优质材料精工细作；而且在图案题材的选择上也有一定的限制，如，龙凤花纹限于宫殿主座，次要殿座就不许使用。雕镌工力也有精粗之分，从故宫的实际例子看这种情况是很明显的。勾栏望柱下面的龙头（螭首）（图 7-5-12），踏跺正中的御路石，也是细石工雕镌的重要石件，都属于带勾栏的须弥座做法应有的内容。这类石件有一定的规矩。地栿平放在须弥座周围边缘之上（如踏跺即随斜势安在两侧垂带石上），栿上安栏板、抱鼓、望柱。这四种分件的定分方法，均以望柱高度为准。望柱明高（下榫长另计，）规定按台明高度19/20分定分（0.95台明高），而台明高度是根据檐柱高度而定的，一般在20%～15%柱高范围。柱高按70斗口计，台明高即在14斗～10.5斗口之间。一般宫殿斗口材分多采用三寸口分（七等材），换算成具体尺寸，檐柱高度应为70尺×0.3尺=21尺，台明高度即为14尺×0.3尺=4.2尺或10.5尺×0.3尺=3.15尺。这里说的望柱明高是按最大限度而言，高度不足4尺时，台明高保持为1/5檐柱高。栏板明高按望柱明高5/9（约合2.2尺）定高。这种处理方法，是符合使用要求的，与建筑整体立面的权衡比例也比较协调。

二、石构件的安装技术

明清官式建筑选用石材，以旱白玉、青白石、青砂石和豆渣石四种最为普遍。这几种石料产在北京西山一带和京东盘山附近。明初修北京宫殿使用的旱白玉、青白石大都是从易州大石窝开采来的，其中的水白玉石和艾叶青石，尤其名贵。这种石材质地坚实，色气匀净，常用作宫殿阶石或须弥座、石栏杆的石雕列为上等石材。一般房舍阶石之类多使用青砂石制作；豆渣石质地差，不适于雕刻，多用在河道泊岸，街道铺石。根据石材质地的精粗分别考虑用场。加工方法也随之有所不同。从制作到安装，大体分为：做细、做粗、占斧、扁光、对缝安砌、摆棍子叫号、拽运抬石、灌浆等八道工序，前四项属于加工预制，以下是安装和现场搬运方面的。

（一）石件的加榫

石活安装，分件本身有的做榫卯，有的落槽或采梗。一般平放的石件，对缝安砌，头缝不做榫卯；立装的上、下头必须加榫头，以便与压面衬脚的石件加强连接，防止走闪错位，和木构件的连接方法基本相似。在设计时，必须把应加出榫的长度一并考虑进去（图7-5-13、图7-5-14）。石件出榫办法，一般是按构件本身高度或见方边长的1/10定长；榫头做成乳头形，直径按榫长的两倍，即所谓"馒头榫"例如

台明四角的角柱、须弥座四角螭头（龙头）下的角柱、入角间柱都是按这种规矩。台基上面的勾栏望柱安在台基边缘，为了防止前后倾斜，柱脚下榫则按柱子本身见方边长的30%定长，柱身两肋凿有卯眼，和栏板两头的出榫相接，栏板下榫按本身高度20%定长，与柱子下榫都插入地栿上面的卯眼，使之连接一起。这部分石件安装，主要是利用石材本身的自重，加上

图7-5-13 北京故宫文渊阁石活榫卯之一

图7-5-14 北京故宫文渊阁石活榫卯之二

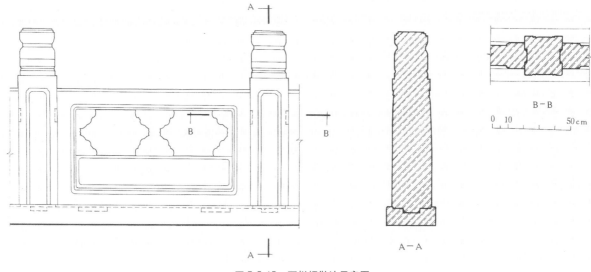

图 7-5-15 石栏杆做法示意图

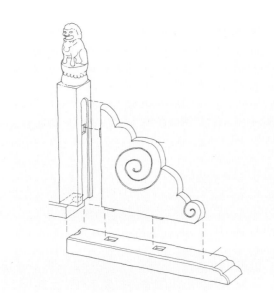

图 7-5-16 石桥上石栏杆抱鼓石做法示意图

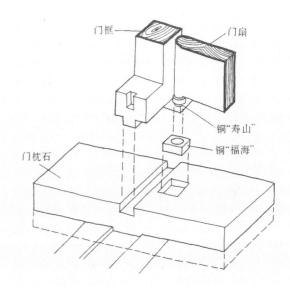

图 7-5-18 门枕石做法示意图

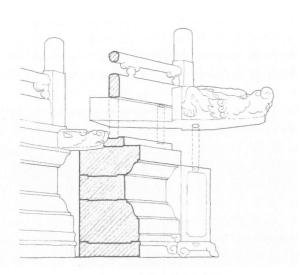

图 7-5-17 须弥座做法示意图

榫卯的连接作用。须弥座数层相叠，层间连接采用阳梗落槽办法：上层采梗，下层落槽。除上枋仅在底面采梗外，其余都是上面落槽底面出梗，主要是防止走错。大门口的门枕石也凿有卯眼，是为安装门轴用的（图 7-5-15 ～图 7-5-18）。

安装石活使用的胶结材料、粘补石料的药剂配方（工匠称为焊药）都是具有实践意义的效验成法。安砌石活与砌砖方法略有不同，主要是用灌浆办法，由身里使用灰浆灌注，使层间缝隙饱满严实，粘结成一体，不使活动，表面石缝再用油灰或水灰勾抿（油灰加桐油，水灰不加桐油）。规定仅在石料底一面灌浆，四围缝不灌（夹杆、镶杆石则四围缝灌浆，根底、上头不灌）。浆料成分以白灰为主，加少量江米（糯米）、白矾，取其黏性。青白石与旱白玉石用的成分高，每 10 平方尺①使用白灰 60 库平斤②，江米三合③（约合 0.6 斤），白矾 6 两（约合 0.375 斤）；青砂、豆渣石 247 灌浆料配比例减 1/3。

粘补石料焊药。粘补用的每平方营造寸用：黄蜡 0.024 库平两与芸香（中草药）0.012 两配合而成，用木炭化蜡，粘结好了用白布包裹，防止脱落，主要是对石料有缺棱短角的，用药粘结起来。补石配药是对石料表面有缺陷砂眼的，用药加以填补，一般用于青白、旱白玉石细活，每平方营造寸用白蜡 0.15 库平两，黄蜡 0.05 两，芸香 0.05 两，石面 2.88 两配合成，稠度较大，干后不致收缩。后面随石色，做好后不露痕迹。这种粘补办法可以弥补石活的缺陷（天然的或施工不慎造成的），粘结好了能保持多年不脱落。勾抿石缝用的油灰：缝子深五分，每长丈使用白灰 20 库平斤，桐油 5 库平斤（占白灰重量的 1/4）；水灰，即一般的白灰浆，用于次等做法。和油灰要经过捣固匀实，保持适宜稠度，才不致脱落。石活要求保固年限长，这种做法从实例观察有一定的成效。

另外，对于石件做细做粗的分法，就是针对具体使用情况而采取的切合实际的加工措施。石材凿作和木材加工不同，由于石材体量大，加工时劳动强度也大，一般保持石材表面和头缝、围缝做到平整匀净即达到使用要求。身后背底隐蔽之处，除直接与衬底砖石接连分位外，无碍安装的都可以做粗，没有必要徒然耗费劳力做细。例如凿作：

柱顶石：规定"上面并四围缝随阶条高（石厚）做细"。阶条以下部分，就可以做粗。

阶条石（压面石）："头缝、后口上迎面并下面做细"，因为下面与台明表面干摆细砖相接，后口与柱顶石外侧面相接，做细可以使砖石接缝严密。这是指使用青白、旱白玉石的高等做法。如用青砂、豆渣石，则又有所不同："头缝、后口并上、下面随砖宽一进除金边做糙，迎面并金边做细。"

须弥座："四围缝并迎面做细"（青白、旱白玉石）；"围缝做糙，迎大面做细"（青红砂等石）。

高等、次等做法，要求不同，处理方法也有分别。

（二）石件的安装

石活安装工程，不论新旧活路，使用哪一种石料，主要工序是对缝安砌，在安砌过程中要求稳落稳放，对缝严实。有不平稳处须用铁片垫稳，叫做垫山，然后灌浆，用油灰或水灰勾抿表面石缝子，以免跑浆。浆要灌足灌严，基本沿用传统办法。拆卸归安旧青砂石、豆渣石，另有改截刷面、占斧几道工序，则属于利用旧料二次加工的做法。安装归拢办法和新活一样。对于旱白玉、青白石大件的"安请"、"升高"、"归位"，又是从施工安全角度提示注意的一种专门用语。

现场搬运，采用人工抬运或拽运，或车运办法：小件石活如阶条石之类的用人工抬运；大件整料用人工拽运；工地道路狭窄，大车不能到工地的，先行卸车，然后拽运。旱白玉石、青白石大件整料"升高"（起重）也是遵照这种标准。这类石件多属宫殿建筑使用，要求慎重其事，反映在术语称呼上的郑重。

石工搬运起重使用的工具，在当时手工操作的条件下，所谓辊子、旱船、快车、贯架、大绳、扎缚绳之类，一般木制都是使用硬杂材榆木制作。抬运小件石料使用榆木杠子，较大件用辊木两三根垫在石活下面，倒换推进。拽运吊装大件（升高），一般使用贯架（绞贯）或挂天秤起重。旱船、快车，南方称为"木龙"，承载石料，在地面滑行拽运。摆辊子、叫号是在滚运时为了保证安全、统一指挥所使用的一种口号，由领作人掌握，使众人协调一致行动。

参考文献

[1] 群力：《临淄齐国故城勘探纪要》，《文物》1972 年第 5 期第 45 页。

① 每平方营造尺折合 0.1024m²，每平方营造寸折合 10.24cm²。

② 库平制每斤折合 0.5968kg，每库平两折合 0.0373kg。

③ 每营升折合 1.0354 公升，折合 0.10354kg。

第八章　建筑材料的加工和制作

概　说

建筑材料是建筑的物质基础。建筑材料的发展水平是建筑技术发展水平的主要标志之一。

我国建筑材料的发展有悠久的历史。原始社会时期，运用石工具作为生产力的条件下，只能采用易于加工的天然材料，以土和木为主。浙江余姚河姆渡文化的干阑建筑，突出地显示了我国新石器时代在木材采伐和成材加工方面的重大成就。分布在黄河流域的仰韶文化、龙山文化，则利用黄土和树木枝干为主，并出现使用础石的方法。到龙山文化晚期，初步掌握了夯土方法，出现夯筑技术，并创造了土坯，为黄土在建筑上的应用开辟了广阔的途径。在奴隶社会时期，大量集中的奴隶劳动，提供了大规模夯土所需的劳动力，夯土版筑获得广泛的应用，奠定了我国古代以土木为主体工程材料的传统。西周开始了陶质建筑材料的生产，揭开了我国古代人工建筑材料的历史，殷墟宫室已见使用铜柱枓。到春秋后期，在木结构节点上运用青铜构件，可以说，至迟在奴隶社会末期，建筑上已综合使用了土、木、石、陶、铜等多种材料。除土、木之外，其他用材都处于初始阶段，用量不大，技术不高。

进入封建社会以后，由于生产关系的变革，铁工具的推广，建筑材料都有显著的发展。

在天然材料方面，土和木始终占据主要地位。战国、秦汉时期大规模的建筑，正是建立在大量采伐木材资源的基础上，反映出当时木材采伐和成材加工的水平有很大提高。夯土筑台的土方工程量也达到惊人的程度。西汉以后虽然大规模的夯土筑台工程减少了，但是，大面积的夯土台基和版筑墙、土坯墙的筑造，仍然是建筑中最繁重的工作量，这种状况持续了很长时间。到隋代营建东都洛阳时，每月役使工匠200万，其中土工就占80余万人。相对于土和木来说，石材一直居于较次要的地位。从遗存至今的东汉石阙和石构件装配的沂南汉墓，可以看出东汉时期采石、运石已初具规模，石材雕琢加工也具有一定水平。但直到宋代以前，除了少数的石阙、石塔、石墓和小型石屋之外，石材主要用于建筑上某些要求承压、耐磨、抗

撞、抗腐蚀、抗日晒雨淋的部位，如柱础、角石、阶基、地面石、踏道、勾栏、望柱、门砧石、地栿石等。经过石工们长期的实践，大约到唐宋时期，石材的成材和加工明确地形成打剥、粗搏、细瀝、褊棱、斫砟、磨珑等工序。加工的工艺水平已相当精湛。宋代以后，采石生产效率大幅度提高。从现存的遗物来看，不仅能生产出重达200吨的大块石料，更重要的是石材开采量显著增长，为建筑上较广泛地利用石材创造了条件。

在人工建筑材料方面，最主要的是陶质建筑材料的发展。从战国到西汉，砖和瓦都进入新的发展时期。除铺地砖、贴面砖外，还生产了制作工艺水平很高的大型空心砖。这种大型空心砖以少量的型号装配成墓椁，可以说开启了装配式构件的先例。最晚到战国时期出现了条砖，到秦代，始皇陵出土的条砖已达到很高的火候和强度。但一直到西汉，在地面建筑上还很少用于砌筑墙体。西汉末，砖瓦焙烧由"直焰窑"发展到"横焰窑"。从东汉开始，条砖普遍取代空心砖，成为墓室的主要砌筑材料，并且初步运用到地面建筑的墙体工程。同时，探索了楔形砖、榫卯砖、拱壳砖等多种异型砖。在四川等个别地区还生产了画像砖。经过一个时期的实践，除楔形砖外，异型砖和画像砖都渐次淘汰，砌筑用砖明确地以条砖为发展主流，简化了砖的类别，有力地促进了砖的大量生产。

到隋唐时期，浩大的宫殿、苑囿、府第、寺塔等的营建工程，对砖的产量提出了更高的要求。砖窑体积扩大，窑室增高，从"横焰窑"演变为"倒焰窑"。唐宋砖产量的上升，一方面像砖塔之类的整体砖构建筑增多了，另一方面也使木构建筑的山墙、槛墙逐渐以砖代土。

到明代，官手工业所控制的砖瓦生产已形成大规模生产优质砖的窑区，各窑区生产有明确分工和例定产量。如苏州窑专造细料方砖，武清窑专造城砖；规模最大的临清窑，早期承造城砖、券砖、斧刃砖、线砖、平身砖、望板砖和方砖，后期则集中烧成城砖、斧刃砖。规定每年烧造城砖100万块，斧刃砖40万块。[1]这些庞大数量的官砖，都通过大运河，大部分由粮船带运，小部分用民船装运，千里迢迢运到北京。产品之精，生产、运输规模之大，是很惊人的。

瓦的初次大发展也在春秋战国之交，产量、质量

都比春秋早中期提高了一大步。而且瓦钉开始与瓦身分离，简化了瓦坯的制作，板瓦、筒瓦基本定型，确定了我国古代生产优质灰陶瓦的传统。到东汉时期，瓦坯制作突破旧的泥条盘筑法，采用桶模成坯，进一步提高了瓦坯质量和制坯效率。南北朝前后，开始了琉璃瓦和青棍瓦的烧造。到唐宋，包括板瓦、筒瓦、瓦当和各种脊瓦，兽头的一整套瓦件已经俱全，制定了瓦作制度和窑作制度，详细地规定了瓦件的规格和用瓦规制，瓦件从生产到使用都达到有较严密的制度，产品高度规格化的程度。元代是琉璃瓦的重要发展阶段。元大都设琉璃窑厂，能生产白、绿、黄、碧、青各色琉璃。元大内宫殿都用琉璃瓦件，有的用于屋脊、屋檐，有的满铺整个屋面。明初在南京聚宝山设琉璃窑。永乐（1403～1424年）后在北京设琉璃厂。山西也成为琉璃的一个著名产地。元明清三代，琉璃砖瓦的材质、釉彩日臻精美，创造了像洪洞广胜寺飞虹塔、南京报恩寺塔和西苑琼岛九龙壁等工艺极高的著名琉璃作品。不过琉璃瓦件只限于统治阶级的少数宫殿、庙宇使用，广大民间建筑用的还是灰陶瓦。明中叶以后，由于资本主义萌芽，加上煤炭开采和应用，从事砖瓦生产的城乡手工业数量已有显著增加。清代雍正年间，江苏句容、丹徒一带，90余里的地段就开设了砖瓦灰窑达34处 [2]，反映出封建社会末期民间砖瓦生产普遍发展的趋势。

石灰是仅次于陶质材料的重要人工建筑材料，在古代建筑工程中，用于粉刷墙壁、胶结砖石砌体和配制灰土基础等，用途很广泛。我国大体上在春秋时期开始生产蜃灰，为统治阶级墓葬防潮之用。秦咸阳宫殿和汉长安礼制建筑的墙面都出现了"白粉刷"，可能是石灰粉刷的早期例证。最晚到东汉，已有少数墓室采用蜃灰和石灰岩煅烧的石灰作砌筑和粉刷的胶凝材料，但是产量很少。直到唐代，大多数的砖石结构仍然采用黄土泥浆胶结。宋以后石灰运用逐渐增多，宫殿内渐渐以石灰粉刷取代。到明代，由于使用了煤炭燃料，石灰的生产，采用煤与石灰石分层混装的竖窑，产量有了大幅度的提高。从此，重要的砖石砌体已全部采用石灰胶结。不过对胶结材料的认识上，我国古代过于着重胶泥的黏性，而忽视了它的强度。因此，虽然从唐代起就相继创造了桐油石灰、糯米石灰、血料石灰等高黏性的有机物掺合灰浆，但直到后期才

使用掺砂的灰浆。以石灰、砂、黏土混制的"三合土"，也随着明代石灰产量的增长而得到普遍运用。到清代更广泛流行以石灰与黄土混合的"三七灰土"作为台基、墙基和地面垫层。这种经济坚实的地基做法，一直沿用到近代。

总的来说，我国封建时代建筑材料的发展，反映出以下几个特点：

在生产力水平的制约下，主要依赖的是天然材料。土和木是天然材料，又是建筑工程中的主要材料，而木材又是最主要的结构用材。宋以后石材的开采量有所增长，人工材料中条砖的生产有大幅度的增长，大型建筑逐步取代了夯土与土坯。但就大量性建筑来说，则自始至终都处于依赖"土木"的局面。

大量的官式建筑所需的建筑材料，除一部分由官手工业调拨军士、囚犯自行加工承造外，大部分是向全国各地征索的。这种搜刮征索，从坐派城砖、大木直至生漆、桐油，名目繁多，数量浩大。如万历三十五年坐派四川的楠木就达4700余根 [3]。封建统治阶级这种从全国范围内大规模地勒索各种贵重建筑材料，一方面反映出选材用料达到极高的材质和加工水平，另一方面也反映出选材用料极度的铺张浪费。

民间建筑，特别是广大劳动人民的建筑则突出地反映出就地取材、因材致用的优秀传统。我国幅员广大，拥有多种多样的地方性建筑材料资源。古代各族人民在长期建筑实践中所积累的使用地方性材料的经验和技艺，是建筑材料发展史上可贵的遗产。

在封建劳役制的统治下，劳动人民从事建筑材料的生产是一项极为艰苦的劳役。无论是木石的深山采伐、远程搬运，还是砖瓦的掏土合泥、作坯焙烧，都属于最恶劣的劳动条件和最繁重的劳动强度。应役丁夫不仅朝驱暮使，劳筋苦骨，甚至付出生命的代价。深山采伐往往是"入山一千，出山五百，疫疲交集，死者大半"。长途运输也常常是役使促迫，"僵仆而毙者十四五焉"。我国古代劳动人民正是在这种极端艰苦的条件下，开发了建筑材料资源，创造了数量惊人、质量较高的建筑财富，推进了古代建筑的发展。

第一节　木材的采伐和加工

我国古代建筑以木构为主。木材的采伐与加工技术有悠久的历史和丰富的经验。

在新石器时期，人们已经较普遍地使用经过磨制的石斧、石铲等工具。石斧的应用，对木材的采伐提供了条件。石镞、骨铲、蚌刀、磨棒等较锋锐工具的应用，亦促进了木料加工技术的提高。

浙江余姚河姆渡新石器时代遗址中发掘的"干阑"建筑，有木柱、木桩、木梁并采用了木楼板。木板的出现是木材加工的巨大进步。在没有金属工具的条件下，能将木材加工成板，是极不容易的事（据云南怒族现存的以直纹木劈折成板的事例分析，推测这些木板可能同样是用密楔劈板而成）。这些建筑的木架连接，主要靠绑扎，但已出现用穿透榫卯。榫卯的制作使用了石凿、骨凿，这是我国迄今为止，发现最早的榫卯技术。

到了殷商时代，青铜制的斧、斤、刀、凿、钻、锯等木材加工工具得到了使用。商代对木构件的加工不仅有较熟练的木工技巧，而且进行了细加工。《说苑》谈到商纣宫室有"雕琢刻镂"的文句，从河南郑州商墓发现该墓椁室棺木表面雕刻有以虎为题材的浮雕。

采伐木材是建房子的准备阶段。《诗经》中"伐木丁丁"和"伐木浒浒"是春秋战国时代人们采伐木材场面的描绘。《左传》云："山有木，工则度之"，说明古人在伐木以前，是进行过测量材木，选择采伐对象的。《易经》中记载有："坎坎伐檀兮，置之河干兮"（意思是说，叮叮当当把檀树砍下，放在河边上），推测是把砍下的木材通过河水，运往建筑工地。

古文献还常提到采伐木材的季节问题。《礼记·月令》载："孟春之月禁止伐木……仲冬之月，日短至，则伐木取竹箭"。《淮南子》亦载："草木未落，斧斤不入山林"，这是古代长期伐木实践经验的总结。冬天伐木的好处是可以减少虫蚁的腐蛀，较易于砍伐和运输；同时冬天不是耕种季节，人们较有空闲备料建房。

采木的工具，到了春秋战国时期，已广泛使用铁器了，据《考工记》记载，当时采用的有"楢"（即斫）和"柯斧"。文中还规定"柯（斧柄）长三尺"。

随着铁的冶炼技术的发展，生产工具的进步，林业采伐技术也相应得到提高。《后魏书》说："凡使人攻坚木者，必为之择良斧。天山之坚木，盘根错节什植其中，六部尉理即攻坚之利器，非贞精刚锐，无以治之"。所谓贞精刚锐的利器，估计当时伐木已有钢制的刀斧了。随着木材用料的增加，林木逐渐减少，在汉代以前已出现了林业经营种植，《史记·货殖列传》记载："……蜀汉江陵千树橘，淮北常山以南河济之间千树萩……此其人皆与千户侯等。"《齐民要术》亦说："白杨性甚劲直，堪为屋材，折则折矣，终不由挠……五年任为屋椽，十年堪为栋梁。"可见在北魏时期，人们已经种植树木用来建造房子。

我国幅员广阔，气候复杂，盛产各种木材，在战国时期所著的《楚辞》一书中就已提到了通常建房子的主要木材名称。后来《天工开物》在谈到造船的木材选择时说："桅用端直杉木，长不足则接，其表铁箍逐寸包围……梁与枋樯用楠木、槠木、樟木、榆木、松木、槐木（樟木春夏伐者，久则粉蛀）。栈板不拘何木。舵杆用榆木、榔木、槠木。关门棒用桐木、榔木。橹用杉木、桧木、楸木。此其大端云。"可见古人选木为材是积累了丰富经验的。

古代运输木材的方法，据文献记载，大体有如下几种：

（1）漕运："臣前部士入山伐材木，大小六万余枚，皆在水次……冰解漕下缮乡亭"（《汉书·赵充国传》）；

（2）畜力牵引："重任之车，强力之牛，乃能挽之。是任车上阪，强牛引前，力人推后乃能升腧"（《论衡·效力篇》）；

（3）滚动人拉："隋室初造此殿（按：指洛阳乾元殿），楹栋宏壮，大木非近道所有，多自豫章采来，两千人拽一柱，其下施毂，皆以生铁为之"（《贞观政要》贞观四年条）；

（4）水运："楩、豫章……因江河之道而达于京师之下"（《新语·资质》）。

明清时期出产木材的地方多集中在四川、贵州、广西、江西、湖南、广东、云南一带，据文献和地方志记载，山上砍倒的大树，经去枝取料后，即选择陡坡滑下山沟，等待雨季到来时，利用山洪从山沟冲下河岸，然后由江河水路运往各地。清人陈锦《结筏顺河记》对当时水运木料的方法有如下叙述："接运曲阜庙工木，值六万木，以缆结筏为三十，有四节，节四丈，广丰之，厚当其广什之二。"通常结筏是按木料尾径的大小，分等结筏，每筏分两拖，每拖看江河大小和运程长短而不等，一般为 50 根左右，筏上筑板屋其上，以舟引航，或由人操纵放筏漂流沿江而下。

古人对于木料的量度亦有一定的制度，量木围大小的用尺，通常是用竹篾做的软尺，伸屈自如，犹如现今卷尺，上刻有尺寸。丈量木料的长度，通常以步为单位，每步合官尺三尺。凡木又分为正木和脚木两种，正木是合乎建筑使用的良材，脚木是指有空、疤、蛀、破、尖、短、弯、曲等毛病的次木，如果木料的围径与长度不合一定比例不便取材的木料亦称为脚木。

建筑所用木材，必须经过干燥处理。《淮南子·人间训》中有云："……木尚生，加涂其上必将挠，以生材任重涂，今虽成，后必败。"文中说明如果使用未干透的木料建房子，就容易变形和生虫蛀。所以工匠所用的木料都是要经过干燥处理，在四川和云南等省，民间采用的传统木材干燥方法，通常有两种：

一是自然干燥法：即在堆放木材时采取合理措施，达到自然风干。通常是把堆放场地选择在向阳坡地或台地，下面用石块垫架木材，然后纵横架设木料，使木料间留有空隙，利于通风，如地面潮湿，还得开明沟排水，并注意推陈出新，使每堆木材不至于堆放时间过长。

二是人工干燥法：通常用的是地坑烟熏。即在地面挖一地坑，长约 7 米，宽约 4 米，深约 3 米，坑壁和地面常用砖砌，坑底先铺锯屑一层，然后用砖墩摆设木料，坑顶再加盖并设排烟孔。引火燃锯屑后，应随时注意烟的颜色，一般是白色，如果有青烟跑出，就表明燃烧过盛，需适当向坑底喷水压火，干燥完后，即可灭火取材。亦有将烧烟坑与木材堆放坑分为两处，用烟道相连，通过热烟把木材烘干，经过烘干的木材既不易裂缝和变形，又不至过早腐蛀。

木材的加工是木构建筑施工的重要环节。春秋战国主要的技术专著《考工记》把"攻木之工"分为轮人、舆人、弓人、庐人、匠人、车人、梓人等七种，说明当时木工的专业性已分得相当精细了。《管子·海王》云："行服连轺辇者，必有一斤、一锯、一锥、一凿。"战国时代的城市大多有手工业区，有的还设有木工坊

和漆工场。木工的专门化和木工工具的专用化，有利于木材技术的提高。据《考工记》的记载，当时还有"设色"、"刮摩"和"剥木"、"剡木"等工序。并指出木材加工时要注意到"审曲面势"并提出"材有美、工有巧"的鉴定标准。

从湖南长沙楚墓发掘看来，当时的榫卯构造已达到相当水平。如长沙东郊五里碑 406 号墓，墓中椁、棺皆用方木榫卯构成，榫接形式有插榫、银锭、齿形三种，木材彼此契合准确，方正无差，凡木材两两相交处均刻有记号，推测是先在墓外把构件预制好后，经拼装校正，然后拆搬至墓穴重新装拼起来的。另外，长沙楚墓中还发现有一种称为"抬簧"或"笭床"的雕花板，雕刻花纹细致，线条流畅，尤其是绦环一式，有似今日所见之窗棂绦环，技术精湛，是平头凿难以完成的。但当时还未发现有弓锯，可能是用圆凿或锥加工而成。在同时期的墓葬中，还发现有企口缝和压口缝的拼板。这些都说明战国时期我国木加工已有相当的水平。

秦汉时期，有关木材的加工情况无从可考。据广州秦汉建筑遗址存留下来的木表面状况来看，推测是锯子裁段，用铁锛把木劈为方材，有的并有铁凿钻凿成的横直交接的空洞；据西安汉代建筑遗址存留下来的圆形木柱来看，柱圆周曲率均匀，估计是用了弯刀加工。《说文》"剞劂，曲刀也"，《甘泉赋》注也提到："剞，曲刀也，劂，曲凿也"。证明在汉以前是有曲刀、曲凿加工木材的。

《营造法式》有关木材加工的有：大木作、小木作、雕作、旋作、锯作等，描述颇为详细，并规定有用料功限。

《营造法式》很重视合理地选用木料，要求有计划地定料开锯，先取大料，然后把剩下的木料，按尺寸锯作其他适合的构件用料。"务在就材充用，勿令将可以充长大用者截割为细小名件"。并规定："若所造之物或斜或讹或尖者，并结角交解"，使两就长用。另外，尽量把锯下的余料，充分利用或者锯成板材"勿令失料"。如柱的制作，如果用料不够大时，还提出有"合柱鼓卯"的拼合加工方法，其做法有：两段合法、三段合法、四段合法等，即用木材二至四条合拼为一柱，相互间用暗鼓、攒楔、盖鞠、明鼓卯等来结合，"合柱鼓卯"要求有很高的木工技术，要把几根木料合并

为一圆柱，则要求把各铆合面刨到平直无差。榫卯要求相当准确。《营造法式》中还有额枋或柁梁与檐柱的铆合方法，以及桁条间缝和平板枋间缝的构造法。卯口结合都严谨牢靠，既考虑到构造上的力学要求，又考虑到加工简便和安装容易，反映出当时木材加工的高度水平。

《营造法式》中的小木作制度包括范围相当广泛，样式之繁多，花纹之精致，前所未有，表明宋代细木加工的进步。此外，还专门论述了雕作制度——包括混作、雕插写生华、起突卷叶华、剔地洼叶华；旋作制度——包括殿堂等杂件、照壁板宝床各件、佛道帐各件等。从现存实物看来，雕刻线条流利、精密严谨，混线脚清晰明朗，榫卯结合更为精确难能。

到了明清时代，城乡资本主义开始萌芽，木工营造手工业专业队伍更为扩大。据《明史·食货志》记载：在京的轮班和住坐木匠达三万九千九百多名，另外专门锯木工匠则有九千六百多名。出现了私人经营的木厂，木材加工进一步专业化，流水作业的木工程序也开始产生。据《天工开物》记载，明代的木工工具更为多样：斤斧有嵌钢和包钢两种；钻有蛇头钻、鸡心钻、旋钻和打钻；锯有剖开木料的长锯和截断木料的短锯；刨有制圆桶的椎刨、有做精细木工的起线刨、有把表面刮得板光滑的蜈蚣刨；凿有平头凿和凿圆孔的"剜凿"。从上述工具的制作和发明可以看出当时木工加工技术的改进。

第二节 石材的开采和加工

我国古代的建筑材料，在土、木、石三者中，以土、木为主，石材次之。原始社会因为生产力的低下，还没有能力从原生岩脉中取用石材而只能利用天然的石块进行加工。从时间上讲，石材的加工要比开采早得多。至于在山东半岛北部和辽东半岛南部乃至湖南省零陵的黄田铺和四川等地的巨石建筑——石棚，也还是利用天然方正的大石块加工打制所成，它是我国现存最早的石建筑。

何时开始人工采石？现在还没有确切的材料，依考古发掘所知，商代宫殿虽已经用石柱础，但只是一般不加雕琢的天然鹅卵石。东周山西赵城台榭建筑的柱础作圆形或圆角四方形，径约50厘米，厚约10厘米，始有了一定的加工。据《汉书·匈奴传》先秦长城的个别地段是"因山岩石，木柴僵落，溪谷水门，稍稍平之"。可知当时即使用石，也不过取用丘陵中露出的岩石而已，直至营造秦始皇陵（公元前221～前209年）。《史记正义》引《关中记》说："始皇陵在骊山，泉本北流，障使东西流，有土无石，取大石于渭南诸山。"依照历史记载，此陵修筑时，用人工七十余万，下穿三泉，上崇山坟，高五十余丈，周围五里余，其内石椁，上画天文星宿，下以水银四渎百川。又《三辅黄图》说："青梧观在五柞宫之西，观亦有三梧桐树，下有石麒麟二枚，刊其胁文字是秦始皇骊山墓上物也，头高一丈三尺。"这些就是采用大石为料的最早记录。

秦汉之际，石料除用在地下墓室建筑外，地面上如祠堂、墓阙等也很盛行。东汉时代石建筑上已使用磨光的做法。并且有些建筑是全部用石块砌成的，其形式在很大程度上还模仿了木结构建筑，可见石材的开采和加工当时已具有一定的水平。

我国古代开凿山岩洞穴惯用火烧法，即用木材把岩面烧烤，再往炎热的岩面上泼水，俟炸开裂缝再用大铁楔或其他工具进行加工[1]。这一方法在道路、水利工程上也多被采用，如战国时期，秦孝文王元年（公元前250年）开发四川山区，在险峻地段就是采用积柴烧山石的办法使岩石酥裂易凿或崩塌。据清光绪八年（1882年）关中潘矩塘《石门题记》中说：汉永平二年（公元59年）汉中杨孟文督修栈道"以火煅通石门"。梁清宽的《贾大司马修栈道歌》中亦有"积薪一炬石为圻，锤凿既加如削腐"。另外，《水经注》载嘉陵江上游工程"皆烧石橢木，开漕航道水运通利"。唐开元二十九年（741年）李齐物开凿三门峡之"新门"时，用烧石泼冷水方法，使长280米，宽6～8米，河身高5～10米的工程，仅用了三个月时间就完成。但使用火烧的方法，岩石酥裂已不成材，所以对石材的开采并不适合。仅在特殊情况下作辅助之用而已。

火烧法的原理是由于岩石的组成矿物在高温和气

---

[1] 此与国外情况有些不同，如埃及古代开山系先植木楔浸之以水，利用木料遇水发胀的原理而使岩石扩张自然分裂。

流的作用下，岩石的强度急骤下降，组成矿物中的长石、石英、云母等产生膨胀，使岩石变脆剥离从而为开采创造条件。

火药是我国古代的四大发明之一。隋末唐初孙思邈在《丹经》一书中载有用硝石、硫磺与炭化了的皂角制成火药。据考证，在宋代泉州石桥的石材上看到应用火药的痕迹，因此推测宋代开采石料已经使用了火药爆破的方法。我国古代使用的"黑色火药"对石材开采可以起震动作用。如果遇到有天然"胛痕"，也可能沿"胛痕"分割出石料。爆破法开挖岩石，是先在岩石上钻眼，一般采用凿钻，用人工打入，然后灌入火药，并加捣实和填封。爆破的效率取决于孔眼的深度、火药种类和数量以及岩石的强度。古代开采石料所用的火药是一种用木炭、硝石和硫磺以细末混合而成的黑色火药，威力小，气体发生速度较慢，爆破时岩石的结构并不受到破坏，而岩石则沿着罅隙面和开裂面从岩盘上分离开来，适合开采大块料石。

我国幅员广大，石材的蕴藏量甚是丰富，有名的产石地区如北京房山、山东青岛、江苏苏州、浙江绍兴、福建泉州、云南大理等地。石材的品种有花岗石、石灰石、大理石、砂石等。我国古代匠师经过长期的实践，他们对岩石的种类和特征、选石标准以及开采方法都有一定的认识和成就，并提高到理论高度，如花岗岩具有三个材性差异极明显的结构断面，这三个结构断面的形成与岩浆流向有关。结构断面的名称各地区叫法不一，如在福建闽南一带的石工叫这三个结构断面为"劈面"、"涩面"和"摘面"。若不区别花岗岩这三个不同材性的结构断面就无法开采石材，也难于对石材进行表面加工。

"劈面"，冷凝前的岩浆是有一定流向的，与岩浆流向一致的水平结构断面叫做"劈面"。其晶体明显，晶粒均匀。表面平整有光滑感。岩石进行分刘时，劈裂容易，似柴刀顺纹劈柴。

"涩面"，与岩浆流向一般的纵向结构断面叫做"涩面"，其晶粒比较竖直，晶体不太规则，表面较不平整，有粗糙感。岩石进行分刘时，劈裂较难。

"摘面"，与岩浆流向相垂直的横向结构断面叫做"摘面"，其晶粒很不规则，表面又凹凸不平，略呈锯齿状，有明显的粗糙感。岩石进行分刘时，劈裂困难。

以上所述三个不同材性的结构断面见图 8-2-1。

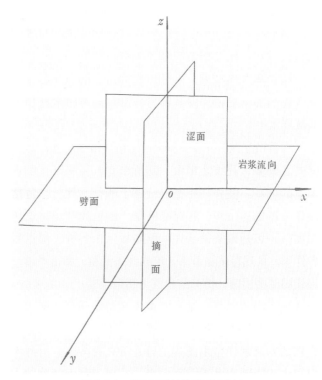

图 8-2-1　岩石材性结构断面示意图

福建泉州生产的花岗石名"泉州白"，自唐代开采以来一直著名国内外，主要矿区有峇山、其仁、白犬、许厝后四座石山，花岗石储量约有 1445 万立方米。该山采石沿用了传统的手工操作，并辅以火烧法与爆破法，取得了很好的效果，最具有代表性。

在石材开采前，首先要观察岩石的解理和流向，确定开采的工作面和长度。其次在长度方向的中部打水平炮眼进行爆破，使其沿长度方向裂出一条水平缝。福建峇山石区的矿床在平面上是一面临空、三面受夹的大石山。根据这一特点，为了多出规格石料，保护矿床不受破坏，所以历来采用火烧法，经火烧的岩石成为一个沟谷。这样改变了三面受夹的特殊情况，使石材可以向两个方向移动，为石材的开采创造条件。火烧时先在距火烧点顶面 120 厘米处，用乱石和黏土浆砌筑一个平台，把含松脂的松柴放置在平台上，进行点火、鼓风烧石。当松柴燃烧时，借着火势和风力使火焰既向前冲，又向上升，岩石表面因高温膨胀而逐层碎脱、剥离，一直烧至水平裂缝深度尽端为止。

岩石在水平面有了裂缝，又解决了三面受夹的情况，有了两个方向的自由度，就可以分割成材。分割时依据石材的体积，可以有大分割、中分割、小分割、细分割四道工序。大分割仍可用爆破法，在"摘面"打竖炮眼，可以分割出体积很大的整块大石料。中分割一般在"劈面"的高度方向，继续用爆破法分割，或者用"手凿打劈"的方法分割，也可以在"涩面"方向采用"手凿打涩"的方法。小分割也无非是用手凿打劈、手凿打涩的方法，把石材分割得小一些。细分割则按照块体的实际需要做到有计划地采材。

在分割过程中，必须掌握劈、涩、摘三个面，也就是岩石解理和流向。在分割时，劈面孔径瘦长，孔距疏，大锤敲打"晶仔"由轻而重，在涩面、摘面方向分割时，孔径宜方，孔距密，大锤要打得重。

石材开采是艰巨的劳动，清朝的胡天游写了一篇"伐石志"，记载浙江绍兴的采石情况说："越山，石多而采习，百材资焉……将尽山伐之，其始发，集十百侪登颠，东西视，相厥腠脉，剥土之肤于外者。乘其燥气，输水激之。已则砯礧，然后环巨凿竭勇击焉，块而材鬻。或值太坚不可猝伐，横崖植杯，腰绖悬撞之。痫岸削绝，下临洞黑，生活乎中者缚柔木为云梯，接数十仞。猿猱臂联；力附惴升，或系脱阶绝，霍飞鸟堕，骨无完收，伐之久，门户呀豁，渐入愈深，中空室堂，侧穿奥窍，鼋行狐蹲，吹炬击敲，石时倾炸，群酅于内。或石尽底通，冒洪溺漂，岁死者数焉。"[4]

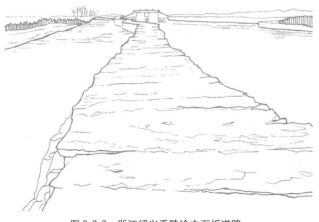

图 8-2-2　浙江绍兴禹陵途中石板道路

文中讲到，当开采石料时，几十到几百名石工登上山巅，勘察岩脉走向、节理，挖去石块外面所包泥土，

利用它的燥气浇以水，激之使其易于酥落，然后用巨凿猛击，一块块地把石料打下来。如果石质太坚、一时不能打下来，那么就横崖植重物悬击之。如果云梯的绳断了就有生命危险。绍兴如此，其他地方山场亦然。绍兴自古以来，石工极为发达，过去向以采石著名，不仅到禹陵去的那条长有五里的道路路面全铺以石板（图 8-2-2）并建造石桥，其他如东湖、吼山、柯岩等风景游览区的形成，也都是由于千百年来经过历代石工们辛勤劳动而开辟出来的。东湖在绍兴五云门外十里，原本是一座青石山，各箸赟山，俗叫鸟门山。自汉代起（公元前206年），就开始采石，到隋朝（581～617年）更大规模地开凿来扩建越城（绍兴城）。日积月深，遂把这座青石山开凿成了千奇百怪的悬崖峭壁和深不可测的大水塘，成为现在东湖的雏形，直到今天在峭壁上犹存有极清晰的开采石板斧凿痕迹。

上述《伐石志》中所说的"或石尽底通，冒洪溺漂，岁死者数焉"，说明采石除高空作业外还有水下开石的，其工作十分艰巨。钱朝鼎在《水坑石记》中描述说："取石之穴数处，以水岩为最……岩之穴有二，旧穴已坍，乃复岩北凿一穴以入。取石之处已低于江数尺矣。春夏水涨，岩中有潭水，满不得入。潭有入窍而无出窍，霜降水落，水留潭中必须人挽汲，而穴路低窄，伛偻以入，非可担负，须人列坐其中，抱瓮左右相递接，以上达于岩口，凡用七十余人，月余而水始得涸。入岩四五丈即需篝火，路屈曲高下，丈余便须一灯，灯用猪脂，他油则烟盛而人目不得视。"[5]又，高兆云客在《端溪砚石考》中也有采石记载[6]，此虽非建筑用材，但有关石工生活并同述之。

假山石是供观赏用的石料，我国古代园林叠山以苏州最著名。苏州假山石有黄石和青石两种，黄石是一种方解石，因纹理不同，有的宜横用，有的宜直用。黄石比较朴素，产于城西南的尧峰山。青石也叫太湖石，因为它采自洞庭西山，面临太湖，故名，简称湖石。湖石以水边经过多年冲刷的为最好，它的特点是形态玲珑多窍，色润青而温润，扣之铿然如钟磬，也有出产在山上的名旱石，如洞庭西山的龙洞山顶就有。清高宗弘历（乾隆）曾到过该处，见到山石之奇巧，为了专门备皇室自用，曾向民间下过"上不打天平、灵岩，下不打龙洞、石公"之禁令。开采时不仅只是技术问题，也是艺术问题，为此石工必须具备一定的经验，才能够采到良好的石材，供园林建筑上用。

宋代及其以前的石材加工，按《营造法式》石作制度所述共有六道工序即：打剥，粗搏，细漉，褊棱，斫砟和磨砻。并加以解释说："打剥，用錾揭剥高处；粗搏，稀布錾凿，令深浅齐匀；细漉，密布錾凿，渐令就平；褊棱，用褊錾镌棱角，令四边周正；斫砟，用斧刀斫砟，令面平正；磨石龙，用沙石水磨，去其斫文"。以上六道工序与今日南方（苏州）石工所为内容一致。

清代的石材加工比宋时更为精细，操作工序也因各地区不同。苏州地区石材加工工序分有双细、出潭双细、市双细、錾细、督细等数种。其含义是：出山石坯，棱角高低不均，就山场剥凿高处，称为"双细"。其出山石料未经剥凿，而料加厚，运至石作工场后剥去潭者，称为"出潭双细"。经双细之料，由石作再加錾凿一次，令深浅齐匀，称为"市双细"。如再以錾斧密布錾平，则称"錾细"。再用蛮凿细督（即"斫"），使面平细，称为"督细"，俗称"出白"。石料边沿凿一路光口，宽约寸余，称为"勒口"。与《营造法式》相对照，双细即打剥，市双细即粗搏，凿细即细漉，勒口即褊棱，督细可能为斫砟。福建的传统做法有六道工序，即修边打荒、粗打、一遍錾凿、二遍錾凿、一遍剁斧、二遍剁斧。其中一至三为粗加工，四至六为细加工。之外，磨光又分为粗磨、细磨、抛光。《工程做法》石作用功中仅列举了做粗、做细、占斧、扁光等四道工序。经过细加工的石料，可以使用在一般工程的露明部分。

石材的开采和加工同时还要注意到石料的体积问题，因为这和运输有关，否则石材虽开采好并已加工，可是因为无法运输而废弃不用，这在历史上是有其例的。如南京阳山孝陵碑材，明永乐三年（1405年）曾在该地开采并加工雕好了碑身，碑座（龟趺）也已初具雏形。由于石材体积庞大，重量过巨——碑身高50.5米，宽10米，厚4.5米，现横置地下。身下碑座长达20.6米，宽8.5米，高9米，无法运到钟山墓地而只好废弃不用。石材四周由铁钻开凿的痕迹，至今尚清晰可见（图8-2-3、图8-2-4）。

天然石材除直接用作建筑制品外，还可以经过加工制成人工建筑材料。如石灰石开采后，经石灰窑焙烧，便可以制成石灰等。

图 8-2-3　南京孝陵碑身采石加工现场

图 8-2-4　南京孝陵碑座采石加工现场

第三节　砖的制作技术

砖是古代重要的人工建筑材料。从春秋后期其应用逐渐普遍。起初用于铺地和贴墙，进而用于砌筑墙体，出现了全部用砖砌造的墓室、塔、无梁殿。砖的制作成为建筑材料生产的重要组成部分。

一、制砖技术的发展

制砖技术的发展主要有三个阶段：

秦以前是早期阶段。砖的数量较少，其类型主要是空心砖和铺地砖。制砖技术尚未形成独立的体系。

汉代是探索阶段。砖的承重作用逐步成为主要功能。当时的制砖工匠"甓师"为适应结构上的需要，在砖的形状和制作技术方面进行了种种探索，出现了各种不同用途的砖，制砖技术发展呈现出活跃景象。

魏晋以后小型承重砖成为发展的主流。历代的工匠们按照建筑材料生产的特点，为提高产量作了种种努力，终于使砖成为常见的主要建筑材料。

（一）秦以前的制砖技术

《诗·防有鹊巢》大约是公元前 6 世纪的作品。中有"中唐有甓"之句，意思是说中庭的走道（古称唐）用砖（古称甓）铺成。这说明至晚在春秋后期铺地砖已应用于奴隶主贵族的重要建筑中。但考古材料目前还只见有战国时期的砖。从秦早期都城雍、栎阳、咸阳及燕下都等战国遗址曾出土过一些铺地砖、大型空心砖和形状特异的砖等。

燕下都遗址出土的砖大体分为两种：一种是双面均有模压或刻划的纹饰，应当是砌在两面都可观赏的地位。推测是栏杆上的华版。另一种是饰面薄砖。薄砖只一面有模压的纹饰，其用途是铺地或镶墙[7]。

也有其断面成 T 形的折面砖，端头有企口。表面纹饰是在压坯时附贴泥条、泥片做成的堆纹，这种砖的用途大概是包砌土阶土沿或泥墙外角（图 8-3-1）。

这些砖的造型和纹饰反映出其制法和陶器是基本一样的。砖的生产工艺复杂，产量有限，一般仅用于贴面。

秦都咸阳和秦始皇陵遗址出土的砖，按其使用性质和制作方法来区分有两大类：一是铺地砖，一是大型空心砖。砖的形式多样，制作精美。秦砖纹饰以模压为主兼有刻划，抛弃了工艺复杂的附贴堆纹。反映了战国后期和秦代的制砖技术有了明显的进步。

由秦咸阳一号宫殿遗址出土的铺地砖[8]，可以看出当时为适应不同地面的需要，砖的质量和形式有很大区别。如素面方砖和菱形砖（约 38.5 厘米 ×36 厘米 ×3.8 厘米）大约是用于次要房间的地面，装饰效果差，火候较低，坯泥也未经过淘洗。平行线纹砖和方格纹砖（约 53 厘米 ×38 厘米 ×4 厘米；50 厘米 ×33 厘米 ×5 厘米）其纹饰用梳算形工具趁湿划出，有防滑作用。砖的侧边有企口，使砌缝严密。这种砖可能铺在井边或洗沐房间等地面上。模压壁纹砖（约 44 厘米 ×37.5 厘米 ×4 厘米；38 厘米 ×38 厘米 ×3 厘米）是重要建筑的铺地砖（图 8-3-2），纹饰图案严谨美观，坯泥经过淘洗，砖的质地细密，隔潮效果好。焙烧的火候高，坚硬耐磨，这样高质量的砖反映出铺地砖的制作技术在秦代已经成熟了。

图 8-3-1　河北易县燕下都遗址出土的砖

图 8-3-2　秦咸阳宫殿遗址出土的模压壁纹铺地砖

在秦始皇陵遗址中，发现有三种条形铺地砖[9]（其尺寸分别为 27 厘米 ×13.5 厘米 ×6.6 厘米；39 厘米 ×19 厘米 ×9.5 厘米；41 厘米 ×13.5 厘米 ×9 厘米）。还有一种曲尺砖（42 厘米 ×28 厘米 ×9 厘米；拐脖处 23.2 厘米 ×19 厘米）。秦始皇陵陪葬俑坑底面全是长条砖铺砌的[10]（有多种规格：24 厘米 ×14 厘米 ×7 厘米；42.5 厘米 ×19.1 厘米 ×9.7 厘米；42 厘米 ×14 厘米 ×9.5 厘米；38 厘米 ×19 厘米 ×9.5 厘米）。这些砖的尺寸已逐渐向固定比例发展，有些砖的长、宽、厚之比是 4∶2∶1，作为承重砖的条件已经充分具备。

秦始皇陵条砖，坚实沉重，后人称之为"铅砖"。砖表面上留有砖模上的衬隔物所印成的细绳纹。

在铺砌方法上也有许多创造，如秦俑坑长廊内铺地砖横断面略呈楔形，两砖端相连、互相咬接，十分坚固。这些砌法都为以后的砖砌体积累了经验。

由秦代镶砌的铺地砖看，其技术已达到可以砌墙的水平，由条砖的实物分析其比例也是适于错缝叠砌的。在秦俑坑一号南边发现了一道不错缝、没有黏合剂的砖墙，这可能是修筑俑坑时原边墙倒塌，临时用砖修补形成的。但这却是我国目前已知的最早的砖墙。

秦咸阳宫殿遗址和秦始皇陵附近出土过一些用于建筑的大型空心砖，此外河南郑州也出土过一些战国空心砖墓[11]。大型空心砖的尺寸和形状决定于它所处建筑物中的部位。实际上是经过焙烧的建筑预制构件。

这种长可达 1.5 米的大砖，只有制成空心才能烧得透，同时减轻重量，便于搬动。大型空心砖的制作，需要有高度的技巧。在长期实践过程中，其制坯方法也有许多改进和提高。由出土遗物可以看出，当时的制坯方法主要有"片作"法和一次成型法。

所谓"片作"法，是将坯泥拍打成片，再将泥片粘合成空心砖坯。泥片厚约 2 厘米，是铺在与砖坯同大的刻有纹饰的模板上拍打而成的。其经拍打的一面素平光滑，而复在模板上的一面却印有精美的纹饰。以四块泥片弥合成方筒，再用小块泥片堵住一端，接缝处用软泥抹合，当砖坯阴干后再将纹饰作局部修整复刻。

秦咸阳一号宫殿遗址出土的模压几何纹空心砖（136 厘米 ×38 厘米 ×18 厘米；100 厘米 ×38 厘米 ×16.5 厘米）都是用"片作"法制成的。"片作"法可以在砖面上压印大面积的图案，起到突出的装饰效果。但是由于制作过程分为打片和粘合两步，不仅工艺复杂，而且接缝处是薄弱环节。所以又出现了一次成型法。

秦咸阳宫殿遗址出土的凤壁纹空心砖残块，反映了一次成型的制坯方法，与"片作"法砖坯有着明显不同。其壁壳较厚，平均约 5～6 厘米。内表面保留着用坯泥堆捧垒叠的痕迹，两面交接的地方浑然一体。砖面的纹饰是在坯成之后经刻划而成，只有龙纹上的鳞甲（半圆圈）和壁纹上的乳钉（小圆圈）等小块的重复图形是用小戳在湿坯上反复压印的，一次成型法制作的空心砖在秦宫殿遗址中比较少见。但到了西汉却大为发展，成为制作空心砖的主要方法。

秦代的砖数量还不多，主要由官手工业生产。秦始皇陵建筑遗址出土的条砖上有的戳印"左司高瓦"、"左司显瓦"等字样。据考证，秦代的"左司空"是主要监制砖瓦的机构。"左司"应是"左司空"的简称。[12]

总之，砖由春秋时代产生后，在制作技术上当时还是因袭制陶技术。所以，制砖技术和陶器一样，重点解决的是质地细致和纹饰美观的问题。其制作技术经过不断进步，到秦代末年，铺地砖等制作技术已经有了高度水平，大型空心砖"片作"法已经成熟，而一次成型法则应用不久。作为建筑承重材料的条砖，在秦代已经出现，虽然当时主要还是用来铺地，但已具备了砌筑墙壁的条件，是砖的技术发展上的大事，承重砖的发展是影响建筑发展的重要因素。在建筑上使用承重砖也激发了制砖技术沿着提高产量的方向发展。

（二）汉代的制砖技术

西汉前期制砖生产与制陶业分了家，成为独立的手工业。除了官手工业外，民间的制砖生产也有所发展。当时的制砖生产不仅由农村副业生产，并且出现了专业化。辽阳三道壕西汉村落遗址已发现有大座砖窑，按汉代的生产水平估计，仅承重条砖年产量就可达 60 多万块。据散见在汉墓中的工匠题字得知，当时专业制砖的工匠称作"甓师"。成都附近不同汉墓中往往可发现一模所制的画像砖[13]，说明是同一工场的产品。分布在各地的汉代砖石墓的墓主也往往是中下级官吏或中小地主，可见砖的使用已很普及。可能砖作为商品在当时已是习见的事，所以《九章算术》有用砖价为题的算例。砖作为商品出售，同时又出现了专业制砖瓾师，对于砖制技术的发展都有着积极的推动作用。

河南巩义市铁生沟汉代炼铁遗址曾发现西汉晚期的房基。[14]这房基处于当时冶炼场的中心地带，估计是冶炼者的临时住所，其墙壁是用条砖垒砌的，发现时残高 1.67 米。条砖用于地面上居住建筑的承重墙，这是砖在结构上的重大发展。

西汉时期砖结构的发展还处于探索阶段。为适应结构上的要求，瓾师们曾试制过种种不同类型的砖。大约在西汉晚期，承重条砖逐渐代替了大型空心砖。其结构技术在东汉得到了迅速发展，承重条砖成为砖的主要类型。配合条砖的使用，当时还曾用各种异型砖来砌筑墓室的顶盖，出现了新型的拱壳砖。东汉中叶更流行用条砖砌筑穹隆顶。因此，其他类型的砖便逐步减少以至被淘汰。

各种砖由于规格、制作和用途不同，发展、演变也各具特点。

大型空心砖：

西汉时大型空心砖比较流行。在地面建筑中，这种砖用来铺建阶沿或踏步①，在地下则用来砌造墓室。

洛阳西汉卜千秋墓空心砖的形式和尺寸　表 8-3-1

编号	类型	块数	尺寸（米）
1	长条形（门额、横砌）	1	1.63×0.35×0.12
2	长条形（门框、立砌）	2	1.46×0.44×0.12
3	长条形（门、立砌）	2	1.10×0.40×0.12
4	长条形（门、立砌）	1	1.10×0.50×0.12
5	方形（门额上）	1	0.52×0.40×0.12
6	二角形（山墙）	2	高 0.40，底宽 0.51
7	脊顶砖（屋脊）	20	0.52×0.24×0.20
8	长条形（斜铺屋面）	28	1.31×0.18×0.12
9	长条形（后壁山墙横砌）	6	长宽不等，一般 1.00×0.50×0.12 左右
10	长条形（后壁山墙横砌）	2	(0.70～0.80)×0.24×0.12
11	方形（后壁山墙）	1	0.40×0.24×0.12
12	三角形（后壁山墙）	2	高 0.24，底宽 0.26，厚 0.12
13	长条形（侧壁立砌）	14	1.24×0.24×0.12
14	长条素面（墓底）	36	1.10×0.24×0.12
15	柱形（侧门框、立砌）	4	0.83×0.16×0.12
16	长条形（侧门额）	2	1.36×0.43×0.12

"空心砖墓是战国以来流行的木椁墓与东汉以后兴盛的砖室墓之间的一种特殊形式的墓室。"②其结构约可分平顶箱子式和两坡顶式。洛阳西汉卜千秋墓主要墓室用大型空心砖砌造，侧室和耳室则用条砖砌筑③。它们是根据具体的部位和需要采取不同做法。该墓主室东西长 4.6 米，南北宽 2.1 米，高 1.86 米，共用空心砖 124 块。其尺寸与形状见表 8-3-1。

空心砖墓所用砖的块数少则十二块，多则一百多块。有长方砖、柱形砖、三角形砖以及近乎半楅三铰拱的弯砖等式样。在同一墓葬中各种砖的宽和厚有着统一的比例。

空心砖砖坯的形状和尺寸按每块砖所在部位分别设计。在砖坯制成以后，往往还得刻划编号，以免组装砌筑时发生错乱。如需绘制壁画则在组装前绘在砖上。这里表现出作为装配式建筑的优点：构件可以在较好的条件下从容加工，组装工作则在需要的时候迅速完成。

关于汉代空心砖的制坯方法，过去曾有几种推测意见。有的认为设想其制造之先必有木范形状如砖体，以陶泥布置范模中，合拢作中空状[15]。也有的认为先将一个阔面和四个侧面放入木框中修齐轮廓，等泥坯半干而有相当硬度时，再将另一个阔面接上去[16]。还有的注意到在洛阳烧沟汉墓中的空心砖，千百碎砖中极难发现粘合接口[17]。

根据河南省博物馆所藏的汉空心砖上所保留的痕迹，推测一次成型法的具体工艺如下：

准备：准备工作包括炼泥、制模和整理场地等。由空心砖碎片的断面看，坯泥炼得很"熟"大约得经过陈腐、浸泡和踏踩等工序。

空心砖的形状不一样，制模的方法亦不同。长条形砖的范模是两端没有封墙的长槽形。范模的长度与宽度可以任意调整，所以变化比较多，但其厚度比较统一。制作时为了避免砖坯粘在地面上，在制砖场地上铺了草帘、草席等。所以，空心砖的下端（有圆孔的一端）都印有草帘纹。

---

① 唐金裕：《西安西郊汉代建筑遗址发掘报告》，《考古学报》1959（2）。
② 王仲殊：《空心砖汉墓》，《文物参考资料》1953 年第 1 期。
③ 洛阳博物馆：《洛阳西汉卜千秋壁画墓发掘简报》，陈少丰、宫大中：《洛阳西汉卜千秋墓壁画艺术》《文物》1977 年第 6 期 1、13 页。

成坯：将长槽形范模竖立放稳，并在模内衬上麻布以便脱模。先将熟练的坯泥平铺底部（即砖坯的下端），再由范模正面向上逐渐加泥垒高。其正面用平板临时固定，并随着泥坯的垒叠逐步升高。其砖壁厚度保持在 4～5 厘米。有时端头方孔太长，则在中间加一泥梁，在砖坯达到预定长度后，即可脱模。

打印：将坯面稍加抹光，用预先雕刻好的木戳打印，即组成大面积图案，边框部分也有用小棒缠以细绳压印的。

修整：待坯体稍干后再将坯体放平。为了使砖坯易于烧透，经常用刀在砖坯底部挖一个或两个圆孔，有时也挖在侧面。孔径约 5.5～11 厘米。待彻底阴干后，即可入窑焙烧。

"片作"法和一次成型法的大型空心砖，由于制坯方法不同，形成了明显区别（表 8-3-2）。

大型空心砖的制作工艺与艺术形象，都反映了我国古代制砖的高度水平。其本身是经过焙烧的预制构件。但作为建筑材料，制作复杂，造价昂贵，在结构上使用的部位也有很大限制，不能大量生产、任人选购。到东汉初，大型空心砖就逐渐绝迹了。

大型空心砖"片作"法与一次成型法比较表　表 8-3-2

一	"片作"法空心砖	一次成型法空心砖
砖壁	较薄，其厚约 2 厘米	较厚，早期厚约 5～6 厘米，后期厚约 3 厘米
内表面	素平、光洁、有拍打之痕	粗糙不平，有溅淌的泥痕、手摸的指痕等
碎片	多在两面交接处破裂分开	看不出有粘合接口
纹饰	整幅模印的大面积图案	图案由小戳打印组合而成，早期有刻画的大面积图案
端孔	一端有方孔，另一端往往无孔	上端方孔，下端圆孔，圆孔多系两个

承重条砖：

承重条砖与大型空心砖比起来，制作容易，砌筑方便，而且有着广泛的通用性。更重要的是条砖在结构中发挥了承重性能。所以从东汉起，条砖就逐步成为制砖技术发展的主流。

砖坯的制作直接受土坯制作的影响。其方法主要有两种：一种是硬泥成型法，即"阴坯法"，坯泥和得较硬（含水率约为 22%～24%），将坯泥捺入砖模压实刮平后，拆开模板即成砖坯。这种砖坯可以立即码垛阴干。这种制作方法在工艺上和夯土一脉相承。由于含水率小，烧成的砖强度较大。另一种坯泥和得较软（含水率达 25%～26%）。用固定的砖斗（有底的木模）成型，坯成后将砖斗反扣在地上即可脱膜。制坯速度比较快，但软坯需留在原地晾晒方可堆码成垛继续干燥。这种方法称为"晒坯法"或"软泥扣坯法"。

东汉时代的条砖，侧面多有纹饰，有时用几种不同纹饰的砖按一定规律砌成墙壁，很富有装饰效果（图 8-3-3）。

图 8-3-3　广州汉墓出土墓的花纹砖（东汉后期）

砌造拱顶的各种异型砖：

用小型砖块来砌造建筑的顶盖部分，是砖结构发展的一个重要课题。汉代的工匠在这方面充分表现了善于创造的精神，曾对于砖的体形做过种种尝试，出现了砌造拱顶的各种异型砖，为结构和施工提供了方便的条件。

（1）榫卯砖：榫卯砖是砌单券用的。由单券并列即成筒壳拱顶，在一单券中，相邻两砖间有榫卯联系，一般榫卯长 5～6 厘米。有榫卯的端面稍斜，使砖的

上面大、下面小，起券时支起一道模板，将砖的卯榫
依次相接，砌成结构严密的单券。模板可以移动，重
复使用。这种拱券比较单薄，刚度不大。由于地基沉
降，或上部荷载不均匀，都会引起结构失稳而塌落。
所以，稍晚一些的榫卯砖有所改进，砖的总体呈楔形，
在两侧倾斜面设卯。砌成拱券后结构厚度大，刚度好，
不易失稳。从四川省博物馆所藏的实物看，东汉拱壳
砖的设计是十分周密的。该砖上平面素平而稍大，下
平面有纹饰而稍小。左右有榫卯。前后壁凹凸相镶。
砌筑时，把砖的凸出部分挂在已砌好的券的凹进部分，
施工可以不用支模板，同时受力均匀，整体性好，有
利于提高结构的耐压和抗震性能，与现代使用的拱壳
砖相似（图 8-3-4 ～图 8-3-11）。

图 8-3-6　东汉榫卯砖的背面
（长 28.3 厘米，宽 28.1 厘米，厚 8.8 厘米）

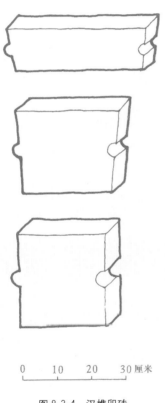

0　　10　　20　　30 厘米

图 8-3-4　汉榫卯砖

图 8-3-7　东汉带有蛇鸟纹的榫卯砖侧面和背面
（长 44 厘米，最宽 18.8 厘米，最窄 11.5 厘米，厚 7 厘米）

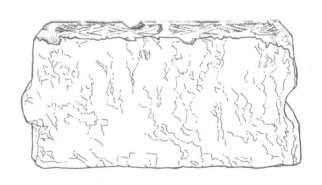

图 8-3-8　东汉榫卯砖的正面和侧面
（长 35 厘米，宽 19 厘米，厚 6.6 厘米）

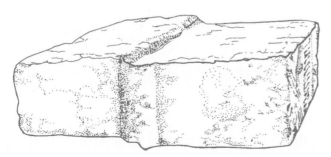

图 8-3-5　东汉榫卯砖凸的侧面

这类砖的使用是为了让拱顶更严密，减少漏水的可能性，同时也起到使拱顶荷载均匀，增加结构稳定性的作用。

铺地砖：

铺地砖的制造和使用，秦以前已经取得了成熟的经验。它在汉代的发展不像空心砖、条砖和拱壳砖那样活跃。

利用条砖和楔形砖铺地，这是汉墓中常见的现象。用条砖可以铺成席纹等十几种形式，充分利用了条砖通用性强的优点。直到现在仍为民间所沿用。[18]河卵石纹砖（图 8-3-12）是檐下散水处铺的砖，其制法是在平坯上粘以模拟河卵石的圆形泥球[19]。此外，在广州秦汉造船工场遗址发现有大型铺地砖（宽 70 厘米×70 厘米，厚 12～15 厘米）。砖的四侧及底部布列着多个小圆洞，当是由于砖形厚大，有了小圆洞便于烧透。砖的质地坚实，砖面印有几何图案花纹。反映了汉代制作砖的水平[20]。

画像砖：

画像砖是镶嵌在条砖砌造的墓壁上的装饰砖。砖面上压印着凸起的图像。内容是当时统治阶级生前的图景和死后的排场。典型的画像砖是每砖一幅完整的画面，在四川等地最为流行。今天已经成为反映汉代社会生活的形象资料[21]。

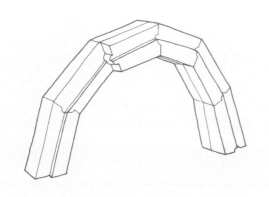

图 8-3-9　拱壳砖砌法示意

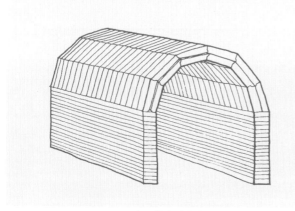

图 8-3-10　东汉拱壳砖墓实例之一

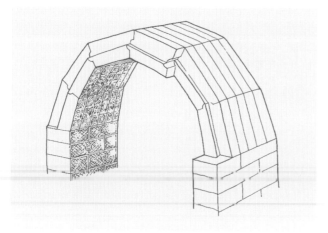

图 8-3-11　东汉拱壳砖墓实例之二

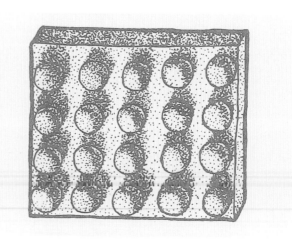

图 8-3-12　卵石纹铺地砖

（2）楔形砖：楔形砖的使用反映出当时对于砖块拱壳砌体中的受力状况有了进一步的了解。砌块所受的力主要是压力，无顺在侧面做榫卯。楔形砖不仅制坯方便，而且可以错缝砌造，使拱顶有较好的整体性。

（3）覆盖在拱顶结构层上面的曲面砖、企口砖等，

（三）魏晋以后的制砖技术

经过两汉时期的长期摸索，各种异型砖逐渐为通用性最强的条砖所代替。条砖的应用更为广泛，其产量也显著增长。魏晋以后的砖几乎就是指这种形体简

单、用于砌筑的条砖。

魏晋南北朝时期是我国历史上由动荡到安定，由分裂到统一的时代。民族的大融合使砖的制造技术在全国范围内传播和发展。条砖的应用不仅广泛流行于汉族地区，一些少数民族也在使用，中国历史博物馆所藏的刻画有"独孤良良"文字的条砖就是北方少数民族制砖工匠的题名[22]。

由于条砖的大规模生产，砖在建筑中的地位就显得重要而突出，地面上的建筑用砖来砌造已经是比较常见的了。同时，用砖数量较多的是城墙。例如，后赵用砖包砌邺城城墙，东晋义熙年间用砖包砌建康城墙，南朝刘宋用砖包砌徐州城墙等。高层的砖塔也出现了。北魏正光四年（523年）所建的嵩岳寺塔至今巍然屹立。

以塔为标志，条砖的使用进入了高层建筑的阶段。嵩岳寺塔位于河南省登封市嵩山之麓，当地虽有着丰富的木材和石材，但砖比石头容易加工。砖耐火防火则明显地比木材优越。垂直运输小块条砖显得比沉重的梁柱或石块容易。这座高约40米的塔，用素面条砖砌筑，可见条砖的优良性能已为人们所公认。

我国古代条砖常印有文字，其内容有纪年、吉祥语和制造人姓名等。1954年清理的广州西郊晋墓，墓内砖都捺有各种文字。其中有"永嘉七年癸酉皆宜价市"等。"皆宜价市"反映了商贾意识，适用于对商人的祝愿。看来当时在商品经济发达的广州，砖也是商人的销售对象了。

统治阶级上层所用砖是专门烧造的。例如，山西大同魏司马金龙墓所用的条砖约有5万块。"模端一侧有阳文'琅玡王司马金龙墓寿砖'十字。"可见这样大量的墓砖都是特制的。[23]

偏安一隅的南朝统治者，生前腐化堕落，死后还要建造奢华的墓室。其中的模印砖壁画在制砖工艺上表现了高度的技巧。一号墓模印砖壁画长2.4米，高0.8米，由条形砖拼砌成，制作时把图画的线条分块刻有模板，印成几百块砖坯，经烧制后按设计的顺序砌成墙壁，印成大幅的壁画。木模上印刻的线条流畅有力，由小面积所组成的大画面准确整齐。这要求设计、刻模、和泥、制坯、砌筑等各道工序都要有严格的要求。[24]

这种印在条砖上砌筑成墙的大幅壁画的精巧工艺，

反映了当时条砖的生产在装饰性方面也大有发展。

南北朝时期，砖的生产管理已经是以承重条砖为主。但主要仍是用于坟墓、砖塔一类建筑，整个说来生产量不大，生产效率不高。

唐代是我国封建经济繁荣的时代。表现在制砖技术上则是承重条砖趋向普及。砖塔已更多地取代木塔，著名的西安大雁塔、小雁塔等都是以火候均匀、质地坚硬的素面承重砖砌造而成。连云南大理等边远地区也都有高层的砖塔出现。

唐代条砖的明显特点是，表面上不再像汉魏两晋那样压印着纹饰。从有纹饰变成没有纹饰，反映了制坯工艺的变化。在条砖侧面压印纹饰就必须用可以拆开的木模一块一块地制坯。而素平的条砖则可用固定的砖斗。唐代砖构建筑发展迫切需要制砖技术迅速提高生产效率。制坯工艺的改进，正是为了适应这一要求。素平条砖在唐代普遍起来，应该说是唐代用砖量增大的表现。

由于砖面素平无纹饰，所以砌筑时可以将砖面进一步磨光。用这种经过磨光的砖所砌筑的建筑，更显得精细和整洁。

唐代铺地砖的使用更为普遍，在当时远离京城的地方，如渤海、高昌等遗址也都出土过与中原地区纹饰风格相同的铺地砖。

当时铺地方砖有素面的，也有纹饰的（宋代谓之"华砖"）。素面的铺于平处，有纹饰的铺于慢道上，有防滑的作用[25]。华砖也可铺于平地。

宋代以前砖的规格还不统一。即如南唐陵墓所用的砖，其规格也还是很不一致的。宋代《营造法式》对于制砖技术进行了总结推广。对于功限、用料以及砖的规格尺寸都作了统一规定。这种规范化使得大规模建筑活动有了方便的条件。宋代的城砖往往由很多地方分别烧造，运至建筑地点统一使用。如广州城在南宋时不断修建，所需城砖就是由所属州县造送的。因此，砖的统一十分重要[26]。

综合宋《营造法式》关于造砖技术的规定，见于表8-3-3。

《营造法式》规定了砖的类型共有13种，常用的只有五六种。类型简单明确。砖的尺寸全部模数化，适合于彼此搭配，互相代替，有广泛的适应性。

由《营造法式》规定可以看出，宋代制砖基本上

《营造法式》关于造砖技术的规定　　　　　表 8-3-3

名称	类型	尺寸（宋尺）	主要用途	每一工日可制砖坯数（块）	焙烧十块砖需用麦草数（束）（每束重20斤）
方砖	1	2×2×0.3	11间以上殿阁铺地	10	8
	2	1.7×1.7×0.28	7间以上殿阁铺地	16	62
	3	1.5×1.5×0.27	5间以上殿阁铺地	27	5
	4	1.3×1.3×0.25	殿阁、厅堂、亭榭铺地	39	3.8
	5	1.2×1.2×0.2	行廊、小亭榭、散屋铺地	76	2.6
条砖	6	1.3×0.65×0.25	砌墙壁画与4型通用	82	1.9
	7	1.2×0.6×0.2	砌墙 井与5型通用	187	0.9
压阑砖	8	2.1×1.1×0.25	砌阶唇	27	8
砖碇	9	1.15×1.15×0.43	—	39	2.6
牛头砖	10	1.3×0.65 一端厚0.25 另一端厚0.22	城墙	90.2	1.71
走趄砖	11	1.12×0.2 面宽0.55 底宽0.6	城墙	187	0.9
趄条砖	12	0.6×0.2 面长1.15 底长1.12	城墙	187	0.9
镇子砖	13	0.65×0.65×0.20	—	—	—

已不再压印纹饰。只是铺地砖中有很少一部分才盘"龙凤杂华"。对于纹饰亦无具体规定，而且不论有无纹饰，制坯工限都一样，可见当时已把砖面上压印纹饰置于非常不重要的地位。在制作方法上，有无纹饰，其方法也应是相同的。

当时的宫殿建筑所用的铺地方砖和砌筑条砖需经过研和磨。这就是后世所谓的"磨砖对缝"。一尺三寸的条砖，每一工日只能加工40块，比造坯慢一倍多。由此可见，素面砖墙的砌筑质量具有很高的工艺水平。

此外，还有"事造剜凿"，即用砖刻制"地面斗八、龙凤华样、人物、壶门、宝瓶之类"。砖的雕琢加工代替了制坯时的模压纹饰。这种砖刻艺术在宋代以后有了进一步的发展。

除了《营造法式》规定的砖型外，贴面砖等也有所发展。像河南开封的繁塔就是用压印有佛像的方形贴面砖贴面的。

制砖技术，发展到宋代已达到成熟水平。由于砖的大量使用，对于木结构建筑的面貌也发生了愈来愈明显的影响，用砖砌成的阶基和墙壁，有利于防阙防水，木构出檐也就相应变短了。

宋代以后，在制砖技术上继承了历史上的经验和砖在民间得到普遍的应用，因此在砖的使用范围和砖的生产数量上都是空前的。

由于火药的普遍使用，火攻武器威力渐大，迫使作为防守用的城墙非变得坚硬起来不可。闻名中外的万里长城的重要段落，在明代进行了包砌。其工程之大，用砖之多是前所未有的。其他如南京、北京、西安等重要城市和很多州县都用砖砌起坚固的城墙。

明代还出现了全部用砖砌成的殿宇——无梁殿。一般建筑除采用砖墙而外，还出现了"一眠之上施侧砖一路，填土砾其中以实之"的空斗墙[27]。空斗墙用砖较省，使砖的应用更为普遍。

由《天工开物》记载，明代民间烧砖已有用煤做燃料的。其制坯方法是："汲水滋土，人逐数牛错趾踏成稠泥，然后填满木框之中。铁线弓戛平其面而成坯形"（图8-3-13）。使用畜力炼泥，提高了生产效率，降低了人的劳动强度。

明清两代都在山东临清设砖厂烧造宫廷用城砖。在苏州烧造甓砌正殿地面的"细料方砖"。临清土质细腻，所制的城砖强度很高。苏州的土质含胶体物质多，塑性大，制成的铺地砖，质地密实。这种砖敲起来有金石之声，被称作"金砖"。

这些砖尽管质量很高，但这种高质量只说明了统治者的高压政策，而技术上则比民间生产更为落后和保守。从明《工都厂库须知》关于制砖的规定，可以明显地看出这一点（表8-3-4）。

以二尺方砖为例：《营造法式》规定每工造坯10块，明每工造坯4块。宋每烧一块用柴草16斤，明每块用柴120斤，显然浪费之极。

造成这方面的原因是多方面的。封建统治阶级

图 8-3-13　《天工开物》砖瓦窑

明"黑窑厂"烧造各式砖的规定　表 8-3-4

名称	尺寸（明尺）	每工造坯定额（个、块）	每烧一块砖所需要的柴数（斤）
方砖	二尺	4	120（万历时拟减 10 斤）
	尺七	6	90（万历时拟减 10 斤）
	尺五	10	70（万历时拟减 6 斤）
	尺二	13	50（万历时拟减 4 斤）
大平身砖平身砖	长一尺六寸	9	70（万历时拟减 6 斤）
	宽一尺	13	50（万历时拟减 4 斤）
城砖	—	10	50（万历时拟减 4 斤）
板砖	—	—	40
斧子砖		26	40
券副砖		24	40
望板砖		60	70
混砖	—	100	—
沙板砖	—	100	—

注：此表据明《工部厂库须知》卷之五整理。

挥霍无度，不计工本，是主要原因，而落后的"工役"制度也束缚了生产力的发展。《明会典》载："国初造作工役，以因人罚充。"工匠的待遇低下，生产积极性不高。烧砖瓦的"黑窑匠"是一年一班的"轮班"工匠。每年都要到京服役，负担非常沉重。在这种情况下，生产效率不高，技术发展滞缓是必然的。表明成为生产力发展桎梏的官僚手工业机构已因腐败落后无法维持下去。而商户虽对窑匠工人进行剥削，但另一方面又受到封建官僚机构的压迫，稍不如意，则"除不准等价外，仍以烧造不如式罚之"，遭到刁难勒索。砖瓦制造技术，在封建社会后期，处于停滞不前的状况。

二、砖瓦焙烧技术的发展

焙烧是制砖生产的重要环节。由于瓦的焙烧和砖相同，因此把砖瓦的焙烧合并在一起阐述。

我国古代砖瓦焙烧技术在世界上独具一格，明显的特点是以烧造青砖青瓦为主。

我国的制陶工艺，远在新石器时代晚期就已达到相当成熟的水平[28]，积累了丰富的经验，为砖瓦的焙烧奠定了基础。我国古代砖瓦焙烧技术的原理、方法和发展道路深刻地受到制陶工艺的影响。特别是关于氧化焰和还原焰的合理运用，使砖瓦的焙烧技术在开始的时候就具有很高的工艺水平。

　　燃料在空气充足的情况下燃烧所产生的火焰为氧化焰。所形成的气氛叫氧化气氛。陶坯中的铁质在氧化气氛中转化成三价铁（Fe^{3+}），烧成的陶器呈橘红色。红砖和红瓦以及仰韶文化的红陶，就是在氧化焰中烧成的。

　　燃料在空气不充足的条件下燃烧，产生的火焰为还原焰。所形成的气氛叫还原气氛。陶坯中的铁质在还原气氛中大部分转化为二价铁（Fe^{2+}），烧成的陶器呈青灰色。

　　龙山文化的灰陶充分发挥了氧化焰和还原焰的作用而烧成。先用氧化焰大火攻烧，到烧成末期再用还原焰"炝窑"，烧成的陶器呈灰黑色。这种在烧成末期调节气氛性质以改变陶器色调的方法是我国原始社会制陶工艺上的重要成就。

　　传统的青砖青瓦，正是继承了龙山文化灰陶的传统而烧制的，所以青砖青瓦也可以说是一种灰陶。

　　龙山文化时期，还有一种薄胎黑陶，通体墨黑，表面有光泽。"它的黑色是由于在烧成晚期用烟熏法进行渗碳的结果。它的光滑和带有光泽的表面是在半干的陶坯上用鹅卵石等坚硬而光滑的东西进行打磨的结果"。[29]黑陶的制造和焙烧方法亦曾应用在制瓦上，这种瓦在宋代称"青棍瓦"。青砖青瓦在坚固耐用和抗腐蚀性上都比红砖红瓦强得多，突出地以青砖青瓦为发展的主流，是我国古代焙烧砖瓦工艺的成就之一。

　　秦代以前焙烧砖瓦用直焰陶窑。直焰陶窑的窑积小，构造简单，一般由火膛、窑箅、窑室、烟囱组成。下部火膛燃烧的火焰透过窑箅升到窑室，由上部烟囱逸出。

　　陕西长安沣东曾发现西周晚期的窑群[30]。这些窑里不仅烧制日用器皿，同时亦烧制建筑用瓦。瓦的大小与西安半坡仰韶时期的陶窑相似，窑室直径约为1米，窑顶大约是由草泥做的圆拱顶，顶中间穿一个洞作烟囱。窑室与下面的火膛隔着一层厚0.35～0.4米的窑箅，这是挖窑时预留的黄生土，窑箅上有直立的椭圆形箅孔，大约有四五个孔。考古发现火膛底部留下约20厘米厚的草木灰和牲畜粪干的灰烬。牲畜粪可能是压在柴草上使之不完全燃烧，产生还原焰，作为"炝窑"的措施。

　　秦咸阳遗址的渭水北岸，曾发现有陶窑[31]，其大小和形式与沣东的西周窑室差不多，窑室直径为1.32米。考古发现窑内软土的包含物中有砖块瓦片等。可见这座陶窑当时亦兼烧砖瓦。

　　砖瓦在陶窑中焙烧，反映出当时砖瓦的生产和制陶还没有分家，砖的产量还不多。开始时对于制陶的技术要求除了一定的数量而外，主要的是质量精美。砖瓦在开始出现时，其质量就已经够高了，所以尔后对于砖瓦的烧制要求主要是数量增多而引起的变革。这一点秦代以前还没有反映出来。

　　由西汉开始，砖瓦生产成为独立的手工业，有了专业砖瓦窑。从辽阳三道壕西汉末年的村落遗址发掘材料看[32]，有七座砖窑散布村中，每窑每次约可烧砖1800块。有两座窑共用水井、土窑和炉灶等，好像是两座窑轮烧，以提高生产率。

　　汉代砖瓦窑属于横焰窑。火焰在窑内由前往后横穿而过。这比起直焰窑来是很大的进步（图8-3-14）。

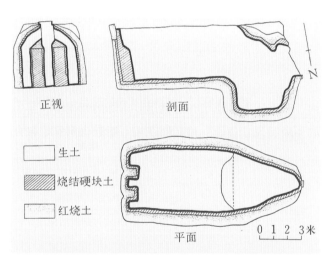

正视　　剖面

□ 生土

▨ 烧结硬块土

□ 红烧土

平面　　0 1 2 3米

图8-3-14　甘肃酒泉下河清汉代砖窑——三号窑后壁

　　直焰窑的薄弱部分是窑箅。窑箅受压后容易塌落毁坏。这就限制了窑室的容量，每次只能烧几件陶器或少量的砖瓦。

　　横焰窑免去了窑箅。火膛不在窑室下面而在其前方，烟囱不在窑室的顶上，而在其后部。前端小后部大，平面呈马蹄形。火焰由火膛烧成，横穿窑室，由后部的烟囱逸出，窑室的形状符合热空气在窑内流动和铺散的规律，因而可以使被烧的坯体得以均匀地受热。

　　横焰窑的窑室大，烧成周期长，烧成之后封窑也比较困难，尤其是当窑温降低后形成"负压"。室外的新鲜空气挤入窑内，容易改变窑内的还原气氛，使还原成青灰色的成品重新被氧化，形成紫红色的"返火砖"。这种情况在汉代空心砖上有所反映。

山西大同北魏司马金龙墓也有不少"花脸砖"[33]。可见在大量生产的情况下要烧制出颜色深浅一致的青砖是很不容易的。

为了寻求解决的办法，有些地方出现了简化焙烧工艺的办法，只用氧化焰烧砖，免去炝窑、封窑的工序。汉代洛阳地区偶尔也烧红砖[34]，广东沧洗镇发现南朝到唐的一些砖室墓就是叶脉纹的红砖砌成的[35]。

烧制红砖，虽然能在大量焙烧的情况下取得色调一律，但是一窑烧成后仍要冷却很长时间才能出窑，砖窑的周转率还不高。这还是不能适应发展的需要，何况青砖在焙烧过程中由于碳沉积作用，比起红砖来孔隙率小，耐腐蚀，抗风化，质量上有着明显的优点。因此，一项既能保证砖的质量又能缩短烧成周期的重要技术应之而起，出现了"窨水法"，就是在烧成末期到封窑冷却阶段，由窑顶往窑室缓缓渗水而迅速冷却的方法。这项新工艺在宋代称作"窨水"（见《营造法式》）。在明代称作"济水"（见《天工开物》）。近代又称之为"饮窑"。

水由窑顶缓缓下渗，进入窑室，遇到高温化为蒸汽。蒸汽压力保证了在窑温逐步下降的情况下，窑室内不会出现"负压"。窑外空气不能进入窑室，窑室内的还原气氛可以一直保持到冷却，确保砖瓦为青灰色。窨水化为蒸汽，大量吸收热量，使窑温迅速降低，缩短了烧成周期，提高了生产率。

烧砖窨水起于何时，现在还难以考证。辽阳三道壕遗址，砖窑附近多有井，这是值得注意的情况。这项技术有可能在南北朝时已逐步推广。首先普及的大约是南朝经济发达的地区。《南史·王彭传》有一段故事说，元嘉年间（424～453年）贫穷的王彭兄弟佣力为生，"乡里并哀之，乃各出夫力助作砖。砖须水而天旱，穿井数十丈，泉不出"。后来据说是"天"怜悯了王彭，"在砖灶前忽生泉水，乡邻助之者并嗟神异"。在这段有神秘色彩的故事中，泉水出现于砖灶前，似乎说明是用来窨水而不是和泥制坯的。南朝的大型砖室墓用砖多至10万块左右，但砖色青灰，整齐，纯正，这大约是由于"窨水"的缘故。

大约隋唐以前，瓦和砖已分别由专门的瓦窑和砖窑来焙烧。由于瓦坯脆薄易碎，不能垒得太高，所以瓦窑一般都较小。隋唐洛阳宫城的烧瓦窑，通过成群的小窑满足产量的需要（图8-3-15）。保存得相当完整的四川高枧的唐代瓦窑和隋唐宫城的瓦窑结构[36]，

规模相似。隋唐瓦窑的建造方法多是在地面斜坡处沿水平方向掘进，构成窑室。窑室顶部保留着原有的生土，其后室上部掏出一个孔洞作为出烟口（图8-3-16）。

小型的瓦窑使用灵活，但是焙烧工作比较麻烦，而且燃料耗费也比较大。

砖坯比瓦坯厚而耐压，砖窑的窑室可以有较大的高度。当窑室高度发展到大于其平面长度的时候，则成为倒烟窑了。火焰由火膛升起，先上升到窑顶，碰到顶部返回倒而向下，经底部的出烟口子进入烟囱。火焰在窑室内先升后倒，回旋的路线长，盘桓的时间久，不像横焰窑那样一通而过。因而热量得以充分利用，大大节约了燃料。

倒烟窑产生的时间尚待实物证明。按《营造法式》规定，"大窑高二丈二尺四寸，径一丈八尺"，另一

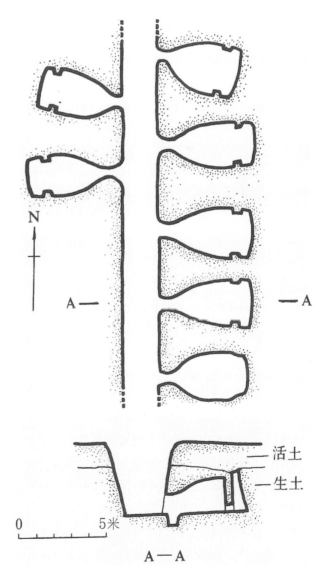

图 8-3-15　洛阳隋唐宫城内的烧瓦窑窑区平面、剖面图

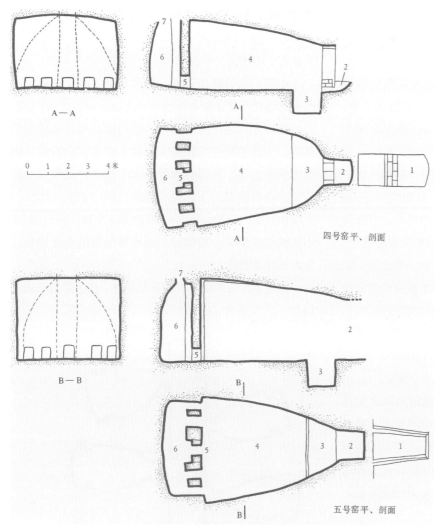

A—A

0 1 2 3 4米

四号窑平、剖面

B—B

五号窑平、剖面

图 8-3-16　洛阳隋唐宫城内的烧瓦窑四号窑及五号窑的平面、剖面图
1-窑门；2-窑道；3-火膛；4-窑室；5-排烟孔；6-烟室；7-烟窗口

种曝窑"高一丈五尺四寸，径一丈二尺八寸"，两者都是圆形的倒烟窑。可见倒烟窑在宋代已普遍存在。

广东潮安的唐代砖窑[37]尚属横烟窑。

倒烟窑窑室适于由顶部往下窨水，嵩山的法王寺塔，砖的颜色是均匀的青灰色。著名的唐塔如大小雁塔等所用的砖都看不到"返火"现象。大规模烧砖不返火，应该是有窨水的方法加以保证的。

宋代砖瓦的焙烧技术，在封建社会里已经是集大成的时代。宋代称焙烧为"烧变"。由《营造法式》窑作制度的规定看，当时焙烧砖瓦的主要燃料是低质的芨草。瓦坯比砖坯易烧，宋代砖瓦同窑合烧"搭带烧变"，反映出当时已能利用窑室中各部分温度的不均匀来使砖瓦一同烧成，不仅生产工序简化，而且避免了"欠火"和"过火"的问题。烧成周期也大为缩短。

宋代在具体烧法上充分了解砖瓦坯焙烧的变化过程，对于所谓"烧变次序"有着严密合理的规定，准确地运用了氧化、还原、渗碳等方法。

当时的砖瓦窑按其烧法不同分所谓"素白窑"和"青棍窑"。普通青灰色砖瓦焙烧为"素白窑"。"青棍窑"，则是专指焙烧"青棍瓦"所用的瓦窑。

《营造法式》卷十五规定的"烧变次序"是："凡烧变砖瓦之制：素白窑，前一日装窑，次日下火烧变，又次日上水窨，更三日开候冷透，及七日出窑"。关于窨水的规定，这是所见到的最早的文献。由这项规定可知，宋代一般间歇式窑的烧成周期是七天。

青棍瓦分两种：一是"茶土棍"，一是"滑石棍"。"茶土棍"瓦坯经过打磨，在掺涂"茶土"之后再行磨光。在烧法上没有特殊的工序。

"青棍窑"是指"滑石棍"的烧法，这其实是一种还原气氛并有渗碳效果的烧法。装窑烧变与"素白窑"同，不同的是："青棍窑烧芨草、次蒿草、松柏柴、羊屎、麻糁、浓油、盖罨，不令透烟"。

青棍窑先烧芨草，使用氧化焰让窑内达到烧成温度。在烧成末期，在还原气氛时，用熏烟法进行渗碳。松柏柴之类燃烧时所产生的浓烟内含碳很多。在被羊屎、麻糁、浓油压置时，由于空气不足形成不完全燃烧，则产生大量的浓烟。烟中的碳素沉积于坯体表面，使成品成为黝黑色。素白窑在烧还原焰阶段，虽亦有渗碳作用，但只是附带的。

青棍瓦焙烧时，经过渗碳，质地密实，孔隙小。坯面又经擦拭打磨并加滑石粉"棍杊"，所以表面黝黑有光泽，这种青棍瓦的实物在唐宋建筑遗址上（如长安大明宫等）常有发现，属于高级瓦料。

青棍瓦所用燃料耗费较多，芨草比"素白"多用了一倍。而且每 600 块长一尺四寸的大型瓶瓦，另外尚需要"羊粪三篓,浓油一百二十斤,柏柴一百二十斤,松柴、麻穳各四十斤"。成本很贵,属于高级瓦料。

在辽阳市东南发现的两座辽代瓦窑址,都是砖筑圆形,窑门、火膛、窑状、烟道、风孔、烟突基部均保存完整。在窑址内外出土了不少板瓦和筒瓦[38](图8-3-17),为研究辽、宋时期的砖瓦窑提供了直接资料。

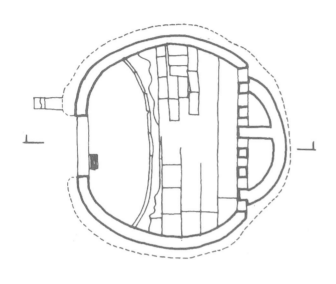

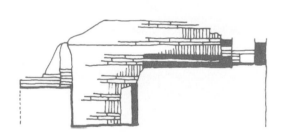

图 8-3-17 辽阳鹅房辽代瓦窑示意图

由宋到明清,砖瓦焙烧技术的发展是缓慢的,特别是封建皇室思想上的保守,给制砖技术以种种限制,在生产上起了阻碍作用。但由于社会上对砖瓦的要求数量越来越大,民间的砖瓦生产有了新的起色。砖瓦的生产普及各地,窑室容积增大,构造上也有不少改进。

明清在苏州烧制铺地"金砖"。明代在苏州主持过烧砖的工部郎中张问之写过一部《造砖图说》,据说入窑后要以糠草熏一月,片柴烧一月,棵柴烧一月,松枝柴烧四十天,凡百三十日而后窨水出窑[39]。尽管烧出的砖有"金石之声",但从技术上看则是保守落后的。张氏当时是烧砖的负责官员,他的关于"金砖"烧法的记载或者有所夸张,但是封建统治阶级片面追求质量,不惜人力物力,不计成本的情况,正是封建统治阶级挥霍浪费的一种表现。

明清在山东临清烧制城砖,窑群连绵,但每座窑的容积并不大。由遗址推测,每窑烧"皇砖"不过两三千块。连续烧了几个世纪的窑址附近,并未发现煤渣的堆积,可见所用的燃料一直是柴草。

明清宫殿和大型建筑多用琉璃瓦,唐宋时代独具特色的青棍瓦竟完全被淘汰了。

明代出现了资本主义萌芽,使得作为商品生产的砖瓦向"工场手工业"转化。民间的砖瓦焙烧技术有较大的进步。倒焰窑直径有的大到 8 ~ 9 米,高度10余米,一窑烧成的砖瓦达数万块。窑室容积扩大,烧火技术复杂化。所以,焙烧技术必须由专门人员掌握。观辨火色,决定烧火方式的是一窑的最高技术负责人——"陶长"。焙烧技术的专业化,是技术发展的结果,同时也是成熟的表现。专业化对于焙烧技术的继续进步,也是有促进作用的。

由于窑室扩大,结构上有了更合理的安排,构造上也有了更周密的考虑。布置在窑室周围的烟囱和排潮孔随窑的大小其数目多少不同,烟囱的下端口安排在窑壁底脚。排潮孔的下端口则安排在窑壁的中部。

排潮是指将砖瓦坯中所含水分排出窑外。焙烧开始,坯中所含水分形成蒸汽,上升到尚未烧熟的顶部,很易结露,影响窑温提高。设置排潮孔就是让水分顺利地逸出窑外。排潮阶段结束,则把排潮孔的上端封堵,然后继续焙烧。

窑室倾斜,使窑室上部大、下部小。不仅稳定安全、满足大型窑室的工程要求,而且也适应了火焰回流的规律。

窑室的顶部窑璇,其截面近似于三心圆的曲线。这反映了当时为了使窑室内温度的高低尽量一致,在窑室构造上是经过一定设计的。

倒焰窑直径大到 8 ~ 9 米,已经很难再扩大。不仅窑内各部分温度难以一致,而且窑璇的砌筑工程也不易进行。

在陶瓷业中用煤作燃料,宋代已开始。但是用煤烧砖在文献上仅见于明代。据《天工开物》载:"若煤炭窑视柴窑深欲倍之,其上圆鞠渐小,并不封顶。

其内以煤造成尺五径阔饼。段煤一层，隔砖一层，苇薪垫地发火。"这里不仅说明在明代出现了煤炭窑，而且是采用了"段煤一层，隔砖一层"的办法，和近代的围窑一样，把燃料和砖坯同时装入窑内，点火以后燃料烧完，砖亦烧成。其优点是生产能力大，一次可以烧几万块至几十万块砖，不受地形限制，可以就地烧制，节约砖的运输费用。围窑的出现是明清砖瓦窑的一大成就。

纵观中国古代砖瓦窑的发展，经历了直焰窑、横焰窑和倒焰窑三个阶段。虽然在宋代半连续的龙窑已经应用在陶瓷窑的生产上，但在砖瓦窑上并没有得到应用。历代工匠都在努力探索扩大窑室，缩短生产周期，但并没有突破"间歇"式，所以中国古代砖瓦窑与陶瓷窑相比，并没有达到当时可能达到的先进水平。

第四节　瓦的制作技术

瓦是重要的屋面防水材料。它的出现有效地解决了屋面的防水问题，同时开始了我国生产陶质建筑材料的历史。

从考古发掘来看，我国古代建筑，在西周早期已经使用了瓦，至今已有三千年的历史。在漫长的发展过程中，我国古代劳动人民创造了板瓦、筒瓦、瓦当、滴水和一整套脊瓦、吻兽，种类繁多，造型丰富多彩，形成中国古代建筑外观上的特征之一。在材质上，除一般的灰陶瓦和少量的红陶瓦外，还创造了青棍瓦和琉璃瓦。琉璃瓦将在本章第五节阐述。这里，分别从瓦的类别形制和瓦的制作技术两个方面，叙述它的简要发展过程。

一、瓦的类别、形制的发展

陕西岐山县凤雏建筑遗址中出土了西周早期的瓦块。洛阳王湾、西安客省庄、扶风上康村、召陈村出土了西周晚期的瓦块。长安沣东古井遗址也出土了西周的瓦块。这些发现，虽然只是一鳞半爪，却十分珍贵，它们大体上反映了瓦的发展初期的一些特点。

从类别和形制上看，西周的瓦主要是板瓦。客省

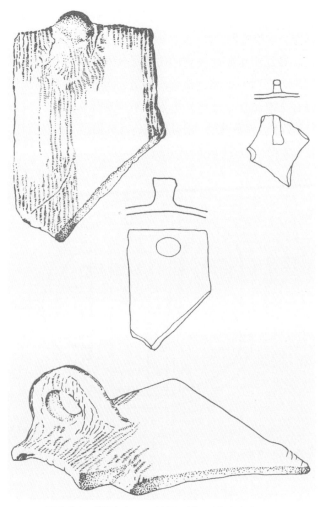

图 8-4-1　带瓦钉与瓦环的西周板瓦（客省庄出土）

庄有一块残片，断面成人字形，可能是用在屋脊上的脊瓦。[40]扶风召陈村曾出土筒瓦[41]和素面半瓦当。可以说，最晚到西周后期，已具备了板瓦、筒瓦、半瓦当和脊瓦的基本类别（图 8-4-1）。

西周板瓦已具备弧面形、大小头的基本形状，尺寸都比较大。一般都带有瓦钉、瓦坏。瓦钉、瓦环作于板瓦凸面的是仰瓦；作于板瓦凹面的是合瓦。脊瓦残片的折角内也有瓦钉。板瓦的凹凸面作瓦钉和瓦环，意味着当时固定板瓦采用了两种方式。一种是屋面做了类似"苫背"的底层，以奶头形瓦钉埋入"苫背"内来固定瓦件；一种是未做"苫背"的"冷摊"屋面，用绳索穿扎瓦环来固结。值得注意的是，仰瓦都是横环，合瓦都是竖环，据此可以推测当时仰瓦和合瓦与椽条的绑扎构造。

到春秋时期，瓦的使用仍不普遍。《左传》上记

载隐公八年"秋七月庚午、宋公、齐侯、卫侯，盟于瓦屋"，定公八年，"公会晋师于瓦亭"等。以瓦屋、瓦亭来命名地方，可见瓦屋、瓦亭在当时还不是普遍的。

到春秋末期和战国时期，瓦的使用就显著增多了。反映在《考工记》中，已有"茸屋三分，瓦屋四分"的规定。洛阳王城、侯马晋城、临淄齐城、曲阜鲁城、邯郸赵城、易县燕下都等遗址，都遗存着数量可观的瓦块（图8-4-2～图8-4-4），在奴隶制向封建制过渡的大变革时期，在各诸侯国展开"高台榭，美官室"的大规模建筑活动中，由于生产力的发展，用瓦数量大增，瓦不仅成为屋面防水的重要材料，而且成为展现建筑艺术的重要手段。

战国的瓦尺寸一般都很大。燕下都老姥台出土的筒瓦最大，长达91厘米[42]，板瓦宽达51厘米[43]。同时也有小瓦发现。表明当时不仅大型建筑上用瓦，次要的建筑也采用瓦顶，而尺寸规格有区别。战国时期瓦的构造有了一项重要的突破，就是把瓦钉与瓦身分离（图8-4-5），这不仅有效地增强了瓦的固结，而且简化了瓦坯的制作。战国瓦钉有多种形式，一般钉身为尖锥形，钉帽为蘑菇形。钉帽表面印有凸出的菱形纹、多角星纹等几何形纹饰[44]（图8-4-6～图8-4-8）。战国瓦件很着重装饰。燕下都的板瓦有的作云棂纹，筒瓦有的作蝉翼纹、黼黻纹等附加堆纹[45]（图8-4-9）。半瓦当的纹饰更为多样。洛阳中州路出土的东周半瓦当，有饕餮纹、涡形纹、V形纹、卷云纹、铺首纹、爪形纹等类别[46]。燕下都半瓦当有饕餮、双兽、云山等纹样，而以饕餮纹及其变体占绝大多数[47]（图8-4-10、图8-4-11）。临淄齐城等地的瓦当花纹也优美多样（图8-4-12～图8-4-15）。

秦汉是瓦发展的一个兴盛期。秦代"殿屋复道、周阁相属"的庞大建筑组群和两汉的大型宫苑工程，对瓦的数量、质量、品种都提出了更高的要求（图8-4-16～图8-4-18）。西汉末到东汉时期，地主阶级住宅已普遍采用瓦顶。从出土明器来看，连地主阶级的作坊、仓房、碓房以至猪圈，都有采用瓦屋面的[48]。一般农民的住房，也有个别地区用瓦，如辽阳三道壕西汉村落农民居住遗址[49]和洛阳河南县东区东汉房基遗址[50]都有瓦片出土。

图 8-4-2　赵都邯郸城板瓦

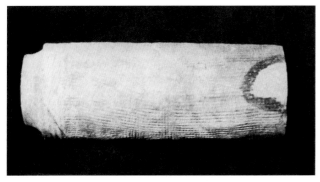

图 8-4-3　赵都邯郸城筒瓦

图 8-4-4　山东临淄齐城筒瓦

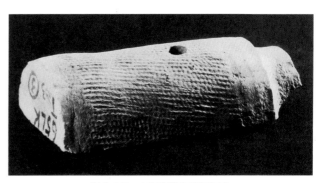

图 8-4-5　山东临淄齐城瓦钉孔

图 8-4-6　汉代瓦钉

图 8-4-7　汉代瓦钉钉帽

图 8-4-8　汉代瓦钉与筒瓦

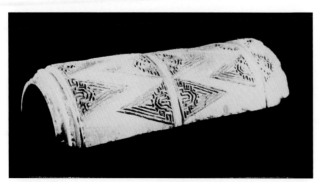

图 8-4-9　河北燕下都大瓦

图 8-4-10　河北燕下都半瓦当拓片之一
（底宽 20.3 厘米，高 10.2 厘米）

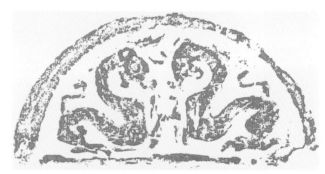

图 8-4-11　河北燕下都半瓦当拓片之二
（底宽 17 厘米，高 8.5 厘米）

图 8-4-12　山东临淄齐城半瓦当之一

图 8-4-13　山东临淄齐城半瓦当之二

图 8-4-14　山东临淄齐城半瓦当之三

图 8-4-17　秦始皇陵北 3 号建筑遗址出土筒瓦

图 8-4-18　秦始皇陵北 3 号建筑遗址出土异型瓦

图 8-4-15　山东临淄齐城半瓦当图

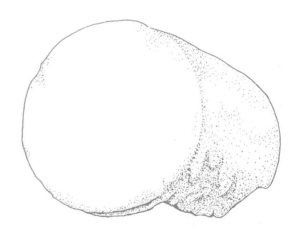

图 8-4-19　赵都邯郸故城素面圆瓦当

瓦当在战国从半圆形演进到整圆形（图 8-4-19），到东汉已全部是圆形。圆瓦当的出现，既改进了瓦当的束水、遮朽功能，又提供了更完整的瓦当画面。秦汉瓦当图案十分丰富。秦代多为鸟兽、植物、云纹，汉代多为云纹、四灵。秦～汉还有相当数量的文字瓦当。文字内各有"唯天降灵"，"延元万年，天下康宁"及"汉并天下"一类政治性"颂词"和"千秋万岁"、"与天无极"、"长尔未央"一类吉语；也有为某建筑物专用而印上"上林"、"长陵四神"、"马氏厱当"之类的字样。此外，还有许多瓦当均富有装饰性，这也成为表达建筑思想性和美化建筑物的手段（图 8-4-20、图 8-4-21）。

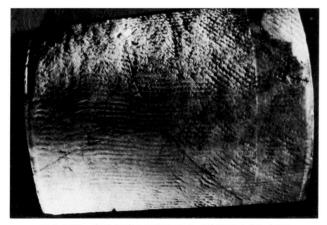

图 8-4-16　秦始皇陵北邓家庄出土（外城西北角）板瓦

图 8-4-20　洛阳中州路出土的汉代瓦当、半瓦当

图 8-4-21　汉瓦当

　　脊瓦在秦汉有显著的发展。秦始皇陵出土了两种形式的脊瓦（图 8-4-22、图 8-4-23）。东汉明器、画像石等所反映的脊饰更是多种多样。除一般瓦件外，

　　西汉还生产了一种陶瓴，一端大，一端小，悬于檐下用以滴水。[51] 这可能就是"高屋建瓴"的瓴。秦始皇陵曾出土一种陶质的"遮朽"，呈大半圆形，饰夔凤纹，直径约为 40 厘米。估计是套在出头的梁端上用以防雨淋的（图 8-4-24、图 8-4-25）。这种"遮朽"，形体

图 8-4-22　秦始皇陵建筑遗址出土脊瓦之一

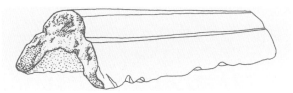

图 8-4-23　秦始皇陵建筑遗址出土脊瓦之二

图 8-4-24　秦始皇陵北 2 号遗址出土秦大瓦当拓片
（底宽 50 厘米，直径 61 厘米，高 48 厘米）

图 8-4-25　秦始皇陵北 2 号遗址出土大瓦当

硕大、制作精美，可以想见秦代瓦件的材质、造型已达到很高水平。

经三国、两晋到南北朝、隋唐，瓦在类别、形制上都有重要的发展，进行了多样的探索。《河朔访古记》引《邺中记》云："北齐起邺南城，其瓦皆以胡桃油油之"。现邺城铜爵台附近可见大量素面黑瓦，质地厚重而细密坚致，表面光滑莹润，发黝黑色光泽[52]，它实际上就是《营造法式》所述的青棍瓦的前身。从北魏洛阳一号房址出土的表面光滑的釉黑色筒瓦[53]，唐长安大明宫麟德殿遗址出土的漆黑色瓦片[54]和唐长安青龙寺遗址出土的表面黑光的筒板瓦等[55]，可以看出青棍瓦发展的一个粗略的轮廓。这种青棍瓦在唐代的重要建筑上，似乎曾经作为贵重的品种风行一时。

从南北朝到隋唐，板瓦瓦沿的束水作用和装饰作用有了明显的改进。早期大抵流行"花头板瓦"的做法。一般是在板瓦瓦沿下部捏成波浪形、锯齿形，以利滴水。而后逐步发展成为"重唇板瓦"。从北魏平城故址[56]、北魏洛阳一号房址[57]、北响堂山第二窟北齐窟檐[58]、渤海东京城故址[59]、嵩岳寺唐代旧址[60]、兴庆宫遗址[61]等出土的瓦件上，可以看到由花头板瓦过渡到重唇板瓦的迹象（图8-4-26）。早期的重唇板瓦下沿还保留着花头板瓦的波浪形，后期波浪形消失，成光滑的下沿弧线，但在下沿图案上有时还遗留着象征原波浪形的锯形纹饰。

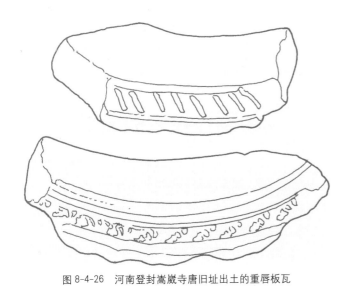

图 8-4-26　河南登封嵩巍寺唐旧址出土的重唇板瓦

瓦当纹样从南北朝后起了很大变化，由于佛教艺术的影响，瓦当纹样大多为莲花纹所取代。嵩岳寺唐

图 8-4-27　河南登封嵩岳寺唐旧址出土的异形碎瓦片

代旧址曾出土几片异型的碎瓦片（图8-4-27），若瓦件复原[62]，当是《营造法式》所指的"垂尖华头瓦"。可见这是当时在仰合瓦屋面上用作合瓦形式的勾头。

鸱尾从南北朝到隋唐，经历了很大的变化，见于龙门古阳洞、莲花洞的北魏鸱尾形象，尚是早期的形态。到初唐大雁塔门楣石刻和敦煌431窟壁画，鸱尾形象已臻成熟。而到中唐时期的乐山凌云寺摩崖变相图中，鸱尾已经变成吻了[63]。

从两晋到隋唐，我国西南地区建筑用瓦有普遍的发展。云南省昭通后海子东晋壁画墓，有一幅四阿顶瓦屋的壁画，生动地描绘了仰合瓦屋面的形象，檐端并有明显的起翘[64]（图8-4-28）。此墓确切年代为公元386～394年，到唐代，巍山的南诏建筑遗址，也出土了许多带有南诏文字的瓦片、瓦当和鸱尾等瓦片，其形制和纹饰与当时中原地区的做法一致。

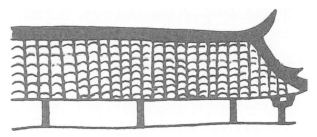

图 8-4-28　云南昭通后海子东晋壁画上的瓦屋面

《营造法式》一书中，记述了完整的瓦作制度和窑作制度。瓦件在材质上明确地分为素白、青棍、琉璃三大类。"瓪瓦"（筒瓦）分六种，"瓪瓦"（板瓦）分七种。详细规定了殿阁、堂屋、厅屋、门楼、散屋、亭榭、廊屋、营房屋等不同等级、类别的建筑物的"用瓦"、"垒屋脊"、"用鸱尾"和"用兽头"等制度。

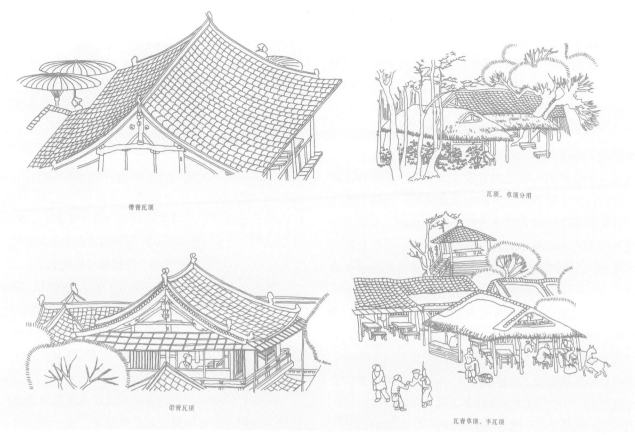

带脊瓦顶　　　　　　　　　　　瓦顶、草顶分用

带脊瓦顶　　　　　　　　　　　瓦脊草顶、半瓦顶

图 8-4-29　宋画《清明上河图》中的瓦顶

　　瓦在民间建筑中得到较普遍的推广，是宋辽金时期一大进展。从宋画《清明上河图》可以看出，北宋汴梁的一般市楼、民宅都基本上使用了瓦屋面。图8-4-29中城外建筑，有正房用瓦顶、厢房用草顶的；有草顶以瓦铺脊的；有屋面半草半瓦的。这些城外建筑的瓦顶均为仰合瓦，屋脊也很简单，到虹桥附近，瓦屋顶已有明显的正脊、垂脊、鸱尾。而城内大酒楼店铺，更增加了"兽头"。城内建筑大部分也是仰合瓦，仅城门楼的庑殿顶上，似乎用了筒瓦。北宋王希孟的《千里江山图卷》也以大量的画面展示了北宋时期农村建筑的屋顶面貌。可以看出当时一般农村中，小型住房常常主屋多为瓦顶，次要用房多为草顶。大型宅院则基本上全为瓦顶，仅局部辅助用房使用草顶。手工业作坊——水磨房，也是用的瓦顶。这些宋画真实地描绘了北宋时期瓦屋面在城乡中普遍运用的景象。特别重要的是，封建社会末期的城乡民间建筑铺瓦的形制、类别，在这些画面上几乎都已齐备了。总之北宋已发展了我国古代灰陶瓦发展的最后面貌。

　　在元明清时期，只是运用得更普遍、更广泛。宫式建筑用瓦则把发展的重点转向了琉璃瓦，而淘汰了青棍瓦。琉璃瓦的品种、质量和吻兽等整套瓦件都达到很高的工艺水平，曾经昙花一现的垂尖华头板瓦，徒具"垂尖"之形，而不起"滴水"作用之实。从元代开始，"垂尖"移到仰瓦之端，变成了名副其实的"滴水瓦"。后来除了个别地区的民间建筑上尚偶尔见到以外，垂尖华头板瓦基本上已绝迹了。

二、瓦的制作技术的发展

　　最初的瓦，从成坯到焙烧的整个工艺过程，都和制陶合在一起。沣东洛水村陶窑的遗存中，盂、罐、豆、商等陶器碎片和瓦块相互掺杂[65]，说明到西周晚期，瓦还是在陶窑内焙烧，制瓦和制陶还没有分家。

　　制陶工艺在我国发展很早。仰韶的制陶技术已很高。远在龙山文化时期，已掌握了灰陶、红陶和黑陶的生产工艺[66]，可以说，制瓦所需的一整套工艺，远远在西周之前，已经通过制陶的发展而准备了技术条件。

从目前掌握的考古发掘资料来看，我国古代的灰陶瓦有夹砂灰陶，也有泥质灰陶。只在个别地区，短暂地出现过一些红陶瓦，如战国时期的燕下都，广东始兴和湖北楚皇城，汉代的福建崇安等地，曾经附带生产过质地较松软的红陶板瓦、筒瓦[67]。

从材质上看，洛阳中州路和侯马古城在春秋末、战国初的瓦，一般火候较低，陶质较松软、瓦色不纯，多呈灰褐色、暗灰色；大约在战国中期以后，火候已相当高，陶质坚硬，瓦色纯正，多呈青灰色。[68]这反映出瓦的质量在战国时期有了显著的提高，到秦汉时代则达到高度水平。

从成坯工艺上看，板瓦、筒瓦都是一开始就采用了"圆坯法"。板瓦先做成桶坯，然后一分为四；筒瓦先做成筒坯，后一分为二。坯的制作，由西周到西汉，大抵都是采用泥条盘筑法。如客省庄的西周板瓦[69]，侯马[70]、魏城[71]、禹王城[72]、大马古城[73]和洛阳中州路[74]等出土的战国板瓦、筒瓦，都是用泥条盘筑成筒坯（图8-4-30）。这种泥条盘筑法给瓦件凹面带来凹凸不平，使瓦片的厚度厚薄不匀。客省庄西周板瓦，凸面有绳纹、凹面有指纹。[75]说明桶坯外表面经过绳纹模板或缠绳模板的拍打，而桶坯内表面只是用手指略加按捺。到战国晚期，板瓦、筒瓦凹面已开始出现多种纹理。据洛阳中州路1115号墓填土中的瓦片统计，板瓦、筒瓦凹面纹理的比例如表8-4-1所示。

图 8-4-30　洛阳中州路出土战国筒瓦内泥条盘筑痕迹

板瓦、筒瓦凹面纹理的比例　　　　表 8-4-1

纹饰	素面	绳纹	布纹	万格纹	点纹
瓦片数量	738	199	44	14	8

这意味着，当时一部分的瓦件，在外表面拍印绳纹时，内表面已衬以垫块，从而留下纹痕。这种情况到西汉时期更为显著。虽然仍保留着泥条盘筑法的方法，而瓦件凹面已不再像先秦那么凹凸不平了。

制瓦技术至迟在东汉时期有了重大的突破。这就是瓦坯的成型从泥条盘筑法进到桶模法。这种桶模法可能已经很接近后期宋《营造法式》所记载的方法。

《营造法式》卷十五记载："造瓦坯用细胶土不夹砂者。前一日和泥造坯。先于轮上安定扎圈，次套布筒，以水搭泥拨圈，打搭收光，取扎并布筒，晾曝"。

这种桶模法，由于"扎圈"，上套"布筒"，瓦的凹面都带有布纹。东汉瓦的凹面明显地以布纹为主，反映出桶模法已经开始推广，显而易见，比起泥条盘筑法来，桶模法不仅加快了制坯速度，而且坯形准确，凹面平整，厚度均匀，显著地提高了瓦件的质量，使制瓦技术向前迈进了一大步。

图 8-4-31　《天工开物》瓦坯制作　　图 8-4-32　《天工开物》桶模法制瓦坯

最晚到明代，桶模法有了新的改进，《天工开物》记载："凡民居瓦，形皆四合分片，先以圆桶为模骨，外画四条界。洞践熟泥，叠成高长方条，然后用铁线弦弓，线上空三分，以尺限定，向泥不平戛夏一片，似揭币而起，周包圆桶之上。待其稍干，脱模而出，自然裂为四片"（图8-4-31、图8-4-32）。

这里值得注意的是：

1. 明确地指出熟泥是叠成高长方条，用铁线弦弓平戛成一片，然后周包圆桶上作坯，这就不是《营造法式》的"以水塔泥拨圈"的办法了，也省略了"打搭收光"的环节，这无疑进一步加快了成坯的速度。

2. 明确地指出圆桶"外画四条界"，脱模时"自然裂为四片"。这种分解方法，大大减轻了"削瓦"的工作量，也进一步提高了制坯效率。

至此，瓦坯的制作技术已发展到完备阶段，一直到清代晚期都沿用此法。

瓦当的制作，分半瓦当和圆瓦当两种。半瓦当有两种做法：东周时期是先做成完整的圆筒形瓦坯，然后模印瓦当纹样，最后切割成两个半瓦当；到汉代，则是先模印为瓦当纹样，再粘到筒坯上，最后也切割成两个半瓦当[76]。圆瓦当有三种制法：秦始皇陵出土的瓦当，据原报告分析，是先做成完整的瓦坯，然后在端部模印瓦当模样，最后进行切割。从瓦脊切痕可以看出切割的过程是：先用扁平元刃刀将筒坯纵切到瓦当处，再以细绳顺瓦当脊面将其中一半割去[77]，而洛阳中州路出土的汉代瓦当，早期则是先模印瓦当纹样，再粘附到筒坯上，然后进行切割，切割过程是先在瓦筒上横切到一半，再向下纵切开瓦筒。晚期则是将模印好的瓦当直接粘到已经切好的筒瓦上，不再有切痕和棱角（图8-4-33）。这些反映出瓦当的制作方法在汉代取得了明显的改进。

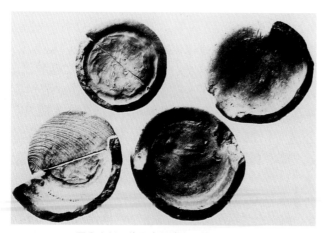

图 8-4-33　洛阳中州路出土的汉代瓦当

从南北朝到唐宋，逐渐形成了瓦的一种新品种——青棍瓦，其制坯增加了掺石粉和打磨的工序。从瓦的材质发展可以看出，瓦的制作全盘继承了制陶技术。红陶瓦、灰陶瓦、青棍瓦实际上就是对应地应用了红陶、灰陶和薄胎黑陶的生产工艺。作为建筑材料的瓦件，就其制坯和焙烧的工艺难度来说，都远不及复杂的陶

制品；但就产品的数量要求来说，则大大超过一般陶制品。因此，制瓦工艺发展的要点主要是解决大量生产中提高工效和降低成本的问题。我国古代制瓦技术的发展，瓦件尺寸的由大到小，瓦件形状的由繁到简，民间用瓦的力求单一化（仰瓦、合瓦、脊瓦均用同一种规格品种的板瓦）以及明清时期灰陶瓦在材质上不要求像战国、秦汉那么高等，都是从有利于增加产量、降低价格着眼的。

关于造瓦业的生产组织、工种分工等情况，由于文献记载的缺乏，目前还知道得甚少。

据汉瓦当文字"都司空瓦"、"都"、"空"等字样，联系《汉书·百官志》的记载，可证明西汉官府制瓦由都司空和左、右司空主管，这些机构掌握有大量刑徒从事制造砖瓦等劳役[78]。汉武帝时，"杜陵南山下，有成瓦窑数千处"①。可见这种控制在官手工业中的造瓦业，在汉代已经达到相当庞大的规模。

从洛阳出土的北魏带文字的瓦片，可以看出北魏制瓦业的分工和组织情况。据有关文章分析[79]，北魏制瓦手工业的组织分工是：烧瓦窑由窑的主人——随主掌管。随主下设匠。匠掌握比较全面的技术，相当于工师一类。有专制板瓦或筒瓦的匠，也有兼制两者的。匠之下有轮头、削人、昆人等不同工种的瓦工。轮头应是制作瓦坯元件的工人。削人应是分割瓦坯的工人。昆人也称混磨人，应是削瓦以后打磨瓦面的工人。

从瓦片所反映的制瓦日期来看，月份集中于四月至九月，而以六、七、八三个月最多，还发现刻有"十一月廿六日"、"一月七日"各一片。可见瓦的制作多集中在夏秋季节。从瓦的常年烧造看，说明这些瓦工可能是专业的制瓦工人。

这批瓦工队伍不小，仅一号房址所见瓦工姓名，就有230余人。他们技术熟练，有的兼作板瓦、筒瓦；有的是削人、昆人，掌握比较全面的技能。这些瓦工身份卑微，深受封建的经济剥削和奴役。劳动人民所制作的高质量的瓦被划分为严格的等级，使用上不得"僭越"，劳动人民被剥夺了使用高级瓦件的权利。

陶瓦的制作开始了我国古代人工材料的历史，表

① 《三国志·魏志·董卓传》，裴注引华峤《后汉书》云："卓曰：武帝时居杜陵南山下，有成瓦窑数千处，引凉州材木东下，以作宫室，为功不难。"

明我国古代建筑材料的生产，越过了单纯依赖土、木、砂、石、竹、草等天然材料的阶段，取得了建筑技术发展的一次重要突破。高质量的灰陶瓦、青棍瓦和琉璃瓦产品，显示出我国古代陶质材料生产达到很高的工艺水平，并且具有浓厚的民族特色。制瓦技术的成就是我国古代建筑技术的重要成就之一。

第五节　琉璃砖瓦的制作技术

一、我国琉璃工艺考源

在我国古书中是把玻璃质的物品和釉陶质的物品统称作"琉璃"。琉璃是属于制作玻璃性质的工艺，而琉璃砖瓦则属于釉陶性质的工艺。琉璃在我国古书里有写作"流离"的，是形容它们有流光陆离的色彩。在公元前10世纪，我国制造琉璃的工艺，即已出现。1976年在陕西省宝鸡茹家庄地区发掘西周早期遗址，出现四种不同形式的琉璃扁珠和绿色琉璃管状的项链，工艺优美，是奴隶主用的琉璃饰物。此外，在田野考古中还发现过战国时代的琉璃球。秦汉以后琉璃的应用很广泛，如刘歆《西京杂记》卷一载："汉帝相传以秦王子婴所奉白玉玺，高祖斩白蛇剑，剑上有七彩珠，九华玉以为饰，杂厕五色琉璃为剑匣"。

在汉代帝王宫殿中还喜用琉璃制器物，陈设或悬在殿中，据郭宪《洞冥记》载："元鼎元年（公元前116年）起招仙阁于甘泉宫西，编翠羽麟毫为帘，青琉璃为扇，悬黎火齐为床……太初三年（公元前102年）起甘泉望风台，台上得白珠如花一枝，帝以锦盖覆之，如照月矣，因名照月珠。以赐董偃，盛以琉璃筐。"

汉代赵飞燕为皇后，其女弟在昭阳殿贡献礼物中有琉璃。昔帝王死后，也用琉璃工艺品来殉葬，如王嘉《拾遗记》载："昔始皇为冢敛天下坏异，生殉工人，倾远方奇宝于冢中……以琉璃杂宝为龟鱼。""孙亮作琉璃屏风，甚薄而莹澈，每于月下……坐屏风内而外望之，了如无隔。"

以上文献中所记，说明制作琉璃各种器物在秦汉之际已十分发达。至于用琉璃工艺的釉料，涂在生活用的陶器上（这种器物称为釉陶），在三千多年前的商周年代也已出现。陶胎器物挂上釉，使陶器出现流光陆离的色彩，这是琉璃工艺的一个新发展，也是制陶技术从无釉到有釉的一个重大成就。据化学分析，当时的釉陶是用石灰釉，因而呈现青色或青绿色。这种青色釉陶是我国青瓷的鼻祖，也可以说是带釉砖瓦之先声。釉陶与瓷器，两者工艺关系极密切，据景德镇《陶录》载，南昌（景德镇）在唐代除瓷窑之外还有琉璃窑，与制瓷的工艺同属一类。

从汉代以来的坟墓里经常发掘出大量的殉葬的陶器，包括带釉的陶楼、陶屋等。到了5世纪北魏时代，开始在建筑上采用琉璃，据《北史·西域传》载："大月氏国，太武时其国人商贩京师，自云能铸石为五色琉璃。于是采矿山中，于京师铸之。乃诏为行殿，容百余人，自此国中琉璃遂贱，人不复珍之。"

《北史》所记，以五色琉璃为行殿，是建筑上使用琉璃的最早文献。因为建筑与明器饰物相比，体量要巨大得多，可以想象当时琉璃的生产水平要有一个飞跃。当时估计除用琉璃器物如青帝屏风之类装饰行殿外，还出现覆盖屋顶的琉璃瓦。所以，北魏时琉璃使用在建筑上，是一件大事。因为琉璃的大规模生产，琉璃价格遂贱，所以人们不像过去那样珍视它了。《北史·何稠传》又云："……时中国久绝琉璃作，匠人无敢措意，稠以绿瓷为之，与真不异。"

由此可见，琉璃制作在发展过程中是有盛有衰的，到隋代琉璃的生产又出现了衰落现象，以至后人"无敢措意"，何稠又做了恢复生产的工作。到隋唐时代，中国建筑更多地使用琉璃。琉璃瓦件的最早遗物，属于隋唐时期。当时一般在屋脊和檐头上包镶琉璃，考古发掘中曾在隋唐东都城址发现不少瓦片。[80] 在唐代盛行制作琉璃明器，有驼马、人物等。这种琉璃明器成为8世纪特种雕塑工艺，用多种釉色涂在陶制驼马、人物上，鲜艳可喜，栩栩如生，这就是著名的唐三彩。唐末五代直到宋朝已出现整体建筑使用琉璃构件，如河南开封市还屹立着一座宋代建造的琉璃塔，因琉璃是赭黑色远看颇似黑铁，故称铁塔（图8-5-1、图8-5-2）。这座琉璃塔一千年来还完整无缺。此外，尚有作为供养的琉璃塔，如河南密县城内出土的七级琉璃浮屠则是这一时代较好的琉璃（图8-5-3）。从宋代到元明清三朝，琉璃砖片、带釉的桌椅、佛龛、琉璃壁、花饰等，大为盛行。以宫殿而言，元代大内宫殿都用琉璃瓦，有的饰屋檐，有的满铺屋面，或者以五色琉璃镶嵌宛如画图。颜色有白、黄、碧、青各种，彩色缤纷。元大都设有琉璃窑厂。明清故宫是在元大内废墟上修建起来的，时常在地下出现元大内的各色琉璃瓦件。此外，在山西、河北等省古建筑中保存着不少琉

璃桌椅、香炉、瓶罐以及建筑上的琉璃装饰。如山西霍山山顶上有一座绚丽的琉璃塔，名飞虹塔，亦创建在元代，经过明代重修，包括佛像佛龛、棂窗、花朵、

图 8-5-1　开封祐国寺塔琉璃贴面砖

图 8-5-3　河南密县城内出土的三彩琉璃方塔

图 8-5-2　开封祐国寺塔琉璃贴面砖局部外观

图 8-5-4　南京报恩寺塔彩色琉璃砖——彩釉雕像砖
（高 50 厘米，厚 40 厘米，宽 41 厘米）

图 8-5-5 南京报恩寺塔彩色琉璃砖——彩釉雕女蟒飞天砖
(高 51 厘米, 厚 32 厘米, 宽 45 厘米)

图 8-5-6 南京报恩寺塔彩色琉璃砖——彩釉雕狮子砖
(高 44 厘米, 厚 33 厘米, 宽 45 厘米)

图 8-5-7 北京北海九龙壁全景

图 8-5-8 北京北海九龙壁局部

图 8-5-9 北京故宫乾隆花园小亭琉璃顶

流云, 都是用各色琉璃烧制的。此外, 南京大报恩寺塔, 琉璃砖版, 形象生动, 这是明代琉璃中的重要实例 (图 8-5-4 ~ 图 8-5-6)。明清的琉璃照壁很多, 如山西大同、平遥, 北京故宫、北海都有色彩丰富、造型生动的琉璃九龙壁 (图 8-5-7、图 8-5-8), 此外还有多座琉璃建筑 (图 8-5-9 ~ 图 8-5-11) 和琉璃牌坊等建筑。在北京郊区 (图 8-5-12、图 8-5-13) 以及河北承德外八庙等处都有许多琉璃建筑 (图 8-5-14、图

图 8-5-10　北京故宫乾隆花园碧螺亭琉璃顶

图 8-5-11　北京北海琉璃阁

图 8-5-12　北京颐和园多宝塔

图 8-5-13　北京香山琉璃塔

图 8-5-14　河北承德普陀宗乘之庙琉璃牌坊

图 8-5-15　河北承德须弥福寿之庙琉璃宝塔

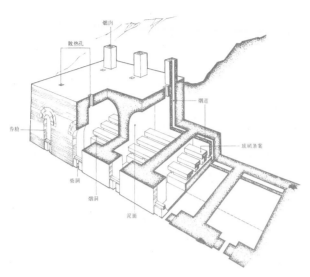

图 8-5-16　北京门头沟琉璃砖瓦窑旧式窑剖视图

图 8-5-18　琉璃正吻

1- 券尾；2- 龙身；3- 剑把；4- 脖子；5- 前爪；6- 背兽；7- 后爪；
8- 中央；9- 吻口；10- 吻座；11- 火焰

图 8-5-17　北京门头沟琉璃砖瓦窑旧式窑平面及立面图
（单位：厘米）

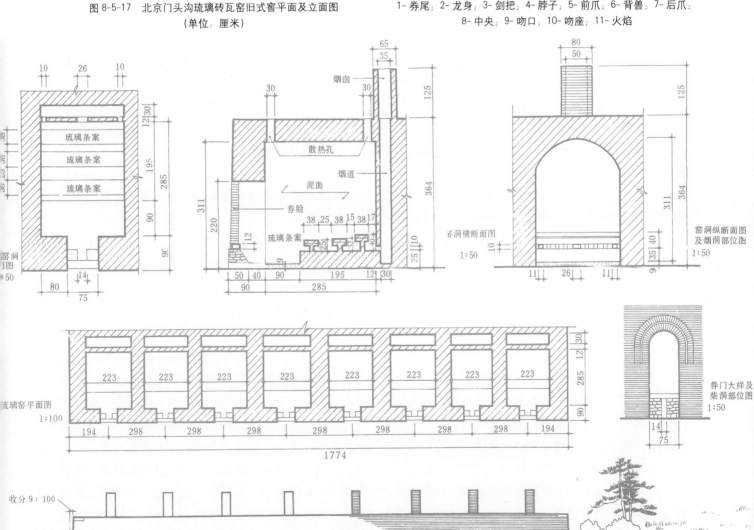

8-5-15）。在明清时代各地方建筑使用琉璃的亦不少，全国各地设有琉璃窑厂，现存北京琉璃窑厂创建于明代，原址在正阳门外，清代晚期迁至西郊门头沟，至今已有五百多年历史（图8-5-16、图8-5-17）。在明代除住北京的坐班匠外，每年来京的轮班匠，近两千人。直到清末，琉璃生产，十分兴盛。

自从劳动人民创造出制作琉璃工艺以后，随即为奴隶主、封建主等剥削阶级所垄断。从地下发掘出的装饰品、殉葬品以及地上建筑构件，都是属于统治阶级的。在封建社会后期，封建统治阶级的宫殿府第，屋顶多使用了琉璃正吻（图8-5-18）、琉璃瓦，釉色也是等级森严，帝王宫殿以黄色为尊，王官府第则以绿色为贵。明清北京故宫，上万间的宫殿，满铺黄色琉璃瓦，在阳光照耀下，金黄明亮。它显示着我国古代劳动人民的智慧创造，并成为中国古代重要建筑屋面的特征之一。

二、琉璃釉料的制作

制造琉璃的主要原料，是含有硅酸盐类的天然矿，用高温熔为稠斗，制成各种饰物。陕西张家坡出土的西周釉陶片，经科学鉴定，焙烧时温度达千度以上。关于古代制作琉璃的工艺，文献上有所记述，如唐人颜师古注《汉书》壁琉璃云："今俗所用皆以消治石为汁，加以众药而为之。"文中的"消"即指硝，硝能溶解矿石。又汉杨孚撰清钊士勉辑《异物志》载："琉璃本质是以自然灭治之可为器，石不得此，则不可释。"说明制琉璃工匠在实践中已知道利用碳酸钙（即石灰石）以溶解矿石。

《营造法式》对制造琉璃的工艺记录较详："凡造琉璃瓦等之制，药以黄丹、洛河石和铜末，用水调匀……"所说三种配料，从化学分析，是制的绿色琉璃瓦。黄丹为铅所炒成，加铜末成绿色釉，洛河石为石英之类河卵石，是从河南洛河中选用的，所以称为洛河石。其中的石英类，合以黄丹铜末，可得光亮绿色琉璃，这符合宋朝喜用绿色琉璃的情况。又："凡合琉璃药所用黄丹阙炒造之制，以黑锡盆硝等入镬煎一日为粗腐，出候冷，捣罗作末；次日再炒，专盖霍；第三日炒成。"这是八百年前制铅丹之法。炒铅要加盆硝，即颜师古所称"皆以消治石为汁"之意。硝在化学上名硝酸钾，能溶多种矿物。"镬"即铁锅；"粗

扇"为粗粒；"空"即覆盖。关于配料的比例也有记载："造琉璃瓦并事件，药料每一大料用黄丹二百四十三斤，每黄丹三斤用铜末三两，洛河石末一斤。"

关于古代制铅粉的方法，据李时珍《本草纲目》载："锡为白锡，铅为黑锡，又曰金公，变化最多。一变而成胡粉，再变而成黄丹，三变而成密陀僧，四变而为白霜。"这是铅在氧气和酸的作用下，由于温度不同，可分别变为几种铅的化合物。李时珍又言："旧时制铅法，每铅百斤，熔化削成薄片，卷作筒，安木瓻内，瓻下瓻中各安醋一瓶，外以盐泥封固，济帛封缝，风炉安火四面，养一七便扫入水缸内，依旧封养，次次如此，钦尽为变，不尽者留炒作黄丹。"李时珍还引独孤滔《丹房鉴源》云："炒铅丹法，用铅一斤，土硫磺十两，硝石一两，熔铅成汁，下醋点之，滚沸时下硫磺一块，少顷下铅少许，沸定再点醋，依前下少许消黄，待为末，则成丹矣。"李时珍还引何孟春《余冬录》云："嵩阳产铅，居民多造胡粉，其法：铅块悬酒缸内，封闭，四十九日开之，则化为粉矣。化不白者炒为黄丹；黄丹滓为密陀僧三物收利甚博。"17世纪，孙廷铨著《琉璃志》，对于琉璃釉色配料比例记载较详，可视为以前经验的总结，嗣后数百年，基本继承其法。简录如下：

"琉璃者以石为质，硝以和之，礁以煅之，铜铁丹铅以变之，非石不成，非硝不行，非铜铁丹铅则不精，三合然后生。白如霜，廉削而四方，马牙石也。紫如英，札札星星，紫石也。核而多角，其形以璞，凌子石也，白者以为干也，紫者以为软也，凌子以为莹也，故白以为干则刚，紫以为软则斥之为薄而易张，凌子以为莹则镜物有光。硝，柔火也，以和内；礁，猛火也，以攻外。其始也石气浊，硝气未澄，必剥而争，故其火烟涨而黑，徐恶尽矣，性未和也。火得红，徐性和矣，精未融也，火得青。徐精融矣，和铜而化矣。火得白，故相火帝者以白为候，其辨色也，白五之，紫一之，凌子倍紫，得水晶。进其水，退其白，去其凌子，得正白。白三之，紫一之，凌子如紫，加少铜及铁屑焉得梅萼红。白三之，紫一之，去其凌子，进其铜，去其铁，得蓝。法如白，勾以铜碛得秋黄，法如水晶，勾以画碗石，得耿青。法如白，加铅焉，多多益善，得牙白。法如牙白，加铁焉，得正黑。法如水晶，加铜焉，得绿。法如绿，退其铜，加少碛焉，得鹅黄。

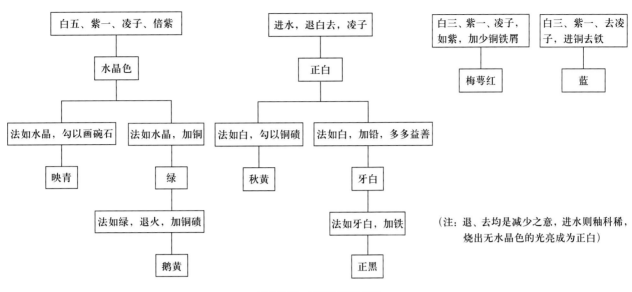

图 8-5-19 琉璃釉料的制作

凡皆以硝之表6数为之程。"根据原文可列成图8-5-19。

多色釉大约是从唐三彩发展而来。琉璃釉瓦体宋代以前多为绿色或棕黄色，元代即已用多种釉彩，在明代配料除用矿石外有时还与植物料合用。如《天工开物》载："……其制为琉璃瓦者，或为板片，或为宛筒以圆竹与斫木为模逐片成造……造成，先装入琉璃窑内，每柴五千斤烧瓦百片，取出，成色以无名异，棕榈毛等煎汁涂染成绿黛，赭石、松香、蒲草等染成黄，再入别窑，减杀薪火。"

从北京琉璃厂的档案资料中，可以得到明清时代琉璃配方的材料。琉璃配料以一"锅"为单位。每锅可制五百件琉璃瓦件。现将各色琉璃配方列于表8-5-1。

三、制胎和挂釉

琉璃砖瓦的制作，分为两步。一制胎、二挂釉。陶胎制好后放入窑中焙烧，然后在烧成的陶胎上挂釉，再放入烧色窑中进行第二次焙烧。具体工艺流程见图8-5-20。

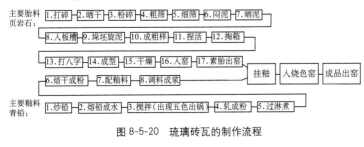

图 8-5-20 琉璃砖瓦的制作流程

早期的胎土多是一般的黏土掺以细砂。由于黏土含铁量多，所以呈现红色。明代初年，胎土的使用有了明显的变化。明洪武六年（1373年）曾在濠州（今安徽凤阳）修建中都，从遗址中发现琉璃砖瓦的胎土，有黏土掺砂的，有页岩石的，有高岭土白泥的。修建南京宫殿时，用从太平府（今安徽当涂县）所产的白泥制胎。到明成祖修建北京宫殿时，还是从太平府由水路运来白泥。其后，在北京门头沟煤矿上层发现页岩石。于是就地取材，不再由江南运输白泥了。

采来的页岩石去掉渣子进行晾晒，名为"晾土"，所需时间号称"三伏两夏"，即一至两年。经过晾晒后，再碾轧碎粉用粗筛将土末筛去，再用70～80目绢罗筛出细粉，放在水池中沉腐，浸润成泥，一般经五至七天，名为"闷泥"。闷泥时间越长越好，目的是去其暴性，加强其塑性，成泥以后，再进行搅拌糅合。以柔软泽润的程度为准，旧时一般是人工用双脚践踏，在南方也有用牛践踏的。人工践踏，十分艰苦，起初双脚入泥池时不能自拔，但必践踏到以不粘脚为度，这个工序称为"弄熟"。胎泥弄熟，即进行制作粗坯。

琉璃瓦件有砖瓦、花活之分，其工艺都是雕塑。以制大吻为例：先用四块木板搭成方框形的模板，其尺寸按吻块大小稍加放宽，将泥置于模板内再由人工踩，称为"踩板子"，踩过一层，有时用手划出小沟再续泥一层，如此几次，则泥粘连坚固，然后撤下木板，用泥拐

各色琉璃配方表

颜色重量名称	名称	铅	码牙石	紫石	铜	铜碌	挠砂	火硝
1	黄色硬方	三十斤	十二斤	二十八斤	—	—	—	—
※2	碌色方	三十斤	十二斤	—	二斤	—	—	—
3	碌色硬方	三十斤	十三斤	—	—	二斤	四两	—
4	碌色软方	三十斤	十一斤	—	三十两	—	—	—
※5	天青色方	—	七斤四两	三斤	—	—	—	二十二斤
※6	翡翠色熟料方	—	五十斤	—	—	—	—	一百斤
※7	翡翠色方	—	十九斤	二斤半	—	—	—	三十一斤
※8	炼料紫色方	十斤	十四斤	三斤十二两	—	—	—	二十二斤
※9	大青色	—	四两	—	一斤半	—	—	十一斤
※10	白色软方	一斤	半斤	—	—	—	—	—
11	黑色软方	十五斤	五斤半	—	—	—	—	—
12	黑色硬方	一斤	五两九钱	—	—	一两三钱	—	—
13	紫色炼方	十九斤	十四两	三斤半	—	—	—	二十四斤
14	黑色软方	一斤	五两	—	—	五斤	—	—
15	翠色炼料方	七斤半	二十五斤	—	—	—	—	五十斤
※16	紫色软方	三斤	一斤	—	—	—	—	—
※17	翠色软方	三斤	七两	—	—	一斤四两	—	—
18	黑色软方	十五斤	五斤半	—	—	—	—	—

※　表中序号②原注每两铅用铜六分六厘约合二斤；⑤粉即铅粉；⑥熟料已有铅；⑦与⑤同；⑨原写官粉，即铅粉；⑨同⑧；⑩同⑧；⑩火硝原写硝；⑧除码牙石、铅料还有半锅紫料七斤；⑥同⑩。

表 8-5-1

粉	洋青	硼砂	大踩	红铜	青紫	大青石	红石	土子
—	—	—	—	—	—	—	—	—
—	—	二斤	—	—	—	—	—	—
—	—	—	—	—	—	—	—	—
—	—	—	—	—	—	—	—	—
十八斤	七斤	二斤四两	—	—	—	—	—	—
—	—	二斤	六斤	—	—	—	—	—
九斤	—	二斤半	一斤四两	半斤	—	—	—	—
八斤	—	二斤半	—	—	三斤十二两	—	—	—
九斤	八斤半	—	—	—	—	四两	—	—
五钱	—	—	—	—	—	—	—	—
—	—	—	一斤四两	—	—	十两	一斤	十两五钱
—	—	—	—	—	—	—	一两四钱	八钱
—	—	四两	—	四斤	—	—	—	—
—	—	—	—	—	—	五钱	一两	一两五钱
—	—	二斤	七斤	—	—	—	—	—
—	—	—	—	—	—	—	—	—
—	—	—	—	—	—	八两	一斤四两	一斤
—	—	—	—	—	—	—	—	—

子、铁弓子削出粗样。平放六七天，使泥的水分挥发出去，达到立放不倒的程度。再在工作案上度量高矮和宽度，按照形式比例，进行铲削，成吻的雏形坯，术语叫"打粗样"，又称为"打坯"。此后随即着手雕塑。在进行雕塑中，有几种工艺过程，旧称"捏活"、"抹活"、"光活"，总名"成型"。再经几天风干，硬度达到不致走形时，开始"掏箱"。所谓掏箱，即将原来实胎中间胎泥铲削，使内部空洞如箱，入窑时易于烧透，又可减轻重量。掏箱之后，用芦席覆盖阴干，约20天即可分块入窑。大吻虽然分块制作，而所使用的泥必须一次合成，并且同一窑烧制，雕刻花纹，要注意各块之间的衔接，每块边缘略为铲出斜柳叶形错缝，名为"打八字"，在拼装时，要尽量减少露缝现象。龙吻的"剑把"之下，贯一铁柱，其式如剑一般插在吻的空箱内，安装时，用铅丝将各吻块联起来，防止吻块松散。原来古代鸱尾后部，有铁制"拒鹊叉子"，或加抢铁以拒鹊栖。龙吻处改成剑把，与拒鹊叉子相比，多了结构上的功能；因此，剑把已成为龙吻构件之一了。吻的后下角留一方形空余地方，为垫板吻座部位。垫板吻座的胎泥比大吻更要求细腻，烧出后硬度更强。制吻座的泥称为"回笼泥"，即将制吻块之泥再一次弄熟，工序细，耐压，承托大吻，免使吻块后部有下溜现象，影响吻的整体稳定。

瓦件素胎烧成后，即进行挂釉，亦称"挂色"。上釉部位，《营造法式》的记载是："凡造琉璃瓦等之制，药以黄丹、洛河石和铜末用水调匀（冬月以汤），甄瓦于背面，鸱兽之类于安卓露明处，并遍浇刷、瓦于仰面内中心"（重唇瓦仍于背上浇大头，其线道条子瓦浇唇一壁）。

这种规定说明，釉仅施于露明部分，非露明部分则为素坯。这样做既节约釉料，在构造上也有利于同石灰的粘结，其办法是合理的。宋代以后的做法都如此。挂釉时如为一种颜色，手续简便。釉料调成稀浆后，筒、板瓦是用铁勺浇釉，龙吻、套兽、背兽之类则醮釉；吻花活之类，有二、三色釉彩的，则用棕榈毛刷分别在各部位抹釉，细致如绘画着色。

在明代以前，我国琉璃工艺以山西为最发达，现在山西各地庙宇中保存的琉璃器物有不少为元代的。明中叶以后，北京琉璃工匠中山西人很多。因之北京琉璃制造工艺深受山西琉璃技术的影响，形成了山西系的官式做法。几百年来，他们世代相传，积累了丰

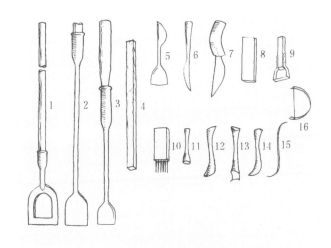

图 8-5-21　琉璃工具
1-泥铲；2-大铲刀；3-小铲刀；4-端木；5-燕铲；6-抹刀；7-割刀；8-刮刀；9-搜子；10-槽子；11-戳；12-掐斗子；13-鳞卡子；14-划尺；15-铁划尺；16-弓子

富的技术经验，创造了许多光耀夺目的琉璃制品，并留下了整套的制作琉璃的工具（图 8-5-20），成为研究明代琉璃生产的重要资料。

从宋元以来，烧窑一般都用草柴、荆蒿一类的"棒柴"；其优点是火柔而匀，柴烟少，对胎和釉色可减少烟熏的污染。烧窑的火候要求初入窑时低，中期高，后期居中。烧胎窑 960° 左右，烧色窑 880° 左右。窑腔中温度又分上、中、下三部，根据窑腔温度的不同，涂釉用料配方也要相应变化。如上部所用主要料的铅，熔化较慢，则多加石英，称为"硬方"；铅烧时间长，则易于影响釉泽的光亮，因而铅要少些，石英多些。中部则铅多，称为"软方"。釉料涂在胎上要厚薄均匀，一般一色的釉如筒、板瓦之类釉料厚度 1 厘米左右，吻和花活 2 厘米左右（表 8-5-2）。

第六节　石灰及胶泥

石灰是建筑工程中使用很广泛的建筑材料。它是以石灰石及贝壳为原料，在 800 ～ 900° 的温度下煅烧而成。石灰石的主要成分是碳酸钙，经煅烧后排除了二氧化碳气体，得到氧化钙，即生石灰。生石灰的性质十分活跃，吸湿性强。在《天工开物》中对石灰的这一特

历代所用材料名称及其化学成分　　　　　　表 8-5-2

名称	资料来源	化学成分
铅	《窑厂账簿》	磷（P_6）
黄丹	《营造法式》、《窑厂账簿》	四氧化三铝（Pb_3O_4）
素陀僧	—	一氧化铝（PbO）
火硝	《汉书》、《营造法式》、《琉璃志》、《瓷厂账簿》	钾硝石（KNO_3）
盆硝	《琉璃志》、《瓷厂账簿》	
硼砂 盆砂	《窑厂账簿》	晶体硼酸钠（$Na_2B_4O \cdot 10H_2O$）
挠砂 硇砂	《窑厂账簿》	氯化铵（NH_4Cl）
无名异 土子①	《天工开物》、《窑厂账簿》	二氧化锰（MnO_2）
自然灰	《异物志》	石灰石（$CaCO_3$）
马牙石	《窑厂账簿》	二氧化硅（SiO_2）
石英	《窑厂账簿》	
洛河石②	《营造法式》	
水晶	《琉璃志》	
大青石	《窑厂账簿》	碱式碳酸铜（$CuCO_3$，$Cu(OH)_2$）
紫石	《窑厂账簿》	氧化铁（Fe_2O_3）
红石	《窑厂账簿》	
硫磺	《营造法式》	硫（S）
凌子③	《琉璃志》	硝酸钾（KNO_3）
画碗石④	《琉璃志》	—
白泥	《天工开物》	瓷土
钿子土	《窑厂账簿》	页岩石（$Al_2O_3\ 2SiO_2, 2H_2O$）
页蜡石	《窑厂账簿》	硅酸铝（$Al_2\ SiO_4 \cdot 10(OH)_2$）

注：① 土子：又名无名异，见于《本草纲目》："无名异型似石类，味别生"，广深山中一色数百枚小黑石子也，用以煮蟹、炼桐油、收水气。在矿物中无名异为锰矿。琉璃窑厂老账有"土子"一名。经化验，土子含锰极多，有少量的铁。在维修古建筑工程中，炼桐油要用土子。

② 洛河石：《营造法式》卷十五云："凡造琉璃瓦之制药以黄丹、洛河石和铜末用水调匀"。所记配料应是绿色黄丹为铅所炒成，加入铜末，再加入石英即可得绿。洛河石应为石英类，据宋史记载系产于河南洛河通巩义市。每年水暴涨，必冲刷卵石至于下游河床。当时人们拣其中石英类卵石以制琉璃，因名"洛河石"。本表将洛河石列入石英类。

③ 凌子：《琉璃志》载有"凌子"一名，称琉璃料加凌子有荧光。《本草纲目》中有凌水石的记载，说该石产于盐地，拆片投水中，与水同色。夏月研成末粉，煮汤，入瓶倒悬井底即成凌水。照此描述似为钾硝石，即硝酸钾。因为：硝石产于盐地；拆片入水与水同色，溶于水，末粉入瓶倒悬井底成冰（硝酸钾溶水时可使周围少量水成冰）。据此，"凌子"、"凌水石"或为同一物，故暂定为硝酸钾。

④ 画碗石：《琉璃志》载：在配料中，映青色须钩以画碗石。《明会典》有"碗石"一词。据近人所著《石雅》引《正字通载》："庐陵产黑赭石，磨水，画瓷坯，初无色，烧之成天蓝色，盖青料也"。景德镇取之替源，名"画烧青"，一曰无名子。又，《汪西通志》云：无名子，出天冈，景德镇用以绘画瓷器。其实，此乃氧化钴矿（aslfolite[CoO]），质异于锰，然往往以锰矿出。今云南犹有产者，俗称"碗花青"，取烧瓷得青为义。似赭而微黑，故一名"黑赭石"。据此，画碗石、碗石、无名子、黑赭石、碗花青、均名异而实同。

点有简略的记述，即"烧酥石性，置于风中，久自吹化成粉，急用者以水沃之，亦自解散。"生石灰加水熟化，变成氢氧化钙以后，能进一步吸收空气中的二氧化碳，还原为碳酸钙，重新结硬。所以，一般砖石砌筑使用石灰胶泥，可以大大提高砌体的强度与稳定性；墙体用石灰粉面，可使墙面更为平整、光洁和耐用；石灰也广泛用于土作工程，使三合土及夯土技术获得进一步发展。

一、石灰的产生及生产

在新石器时代的建筑遗址中，就出现了用碳酸钙一类的物质粉面，它们较多的是将天然的含碳酸钙丰富的礓石粉碎，然后调水使用。这种以礓石为原料的"白灰面"，未经煅烧过程。以西安南殿村仰韶文化遗址的礓石面与北京顺义区东府汉墓的石灰对比分析为例，可以明显看出它们的区别。礓石面岩相观察其晶体偏大，而且大部分以单独的碳酸钙晶体形式存在，石灰晶体尺寸小，呈隐晶分布，在显微镜下呈布朗运动，系次生碳酸钙（图 8-6-1）。其化学成分，礓石面的二氧化硅的含量高达 13.60%，石灰中的二氧化硅仅有 3.49%；礓石面中的氧化钙含量仅为 42.80%，石灰的氧化钙含量却达 51.98%。外形观察，礓石面白色带黄，触摸质感呈颗粒状，而石灰则颜色纯白，质感细腻。

所以，"白灰面"不应混同于石灰。

据《左传》所述，成公二年（公元前 635 年）"八月，宋文公卒，始厚葬，用蜃炭。"这里所说的"蜃炭"，《左传注疏》里指明"烧蛤为炭，亦灰之类"。说明用贝壳石煅烧成的石灰，在我国春秋战国之时已被人们所认识，并利用灰类极易吸收水分的特性，将其用于防潮。

至公元前后，随着砖石材料的发展和砖石结构技术较广泛地采用，石灰开始被应用在建筑工程中。在我国汉代的建筑中，特别是砖石墓室，可以看到砌筑的胶结材料和粉刷的饰面材料使用了石灰。陕西省西安西郊汉代礼制建筑，据考古发掘报告表明，其墙面在草泥底上施以白灰罩面[81]，时间当在新莽时期（公元 9～23 年），但由于缺乏化验资料，尚不能断定就是石灰。

河北省望都二号墓，建于东汉灵帝光和五年（公元182 年），砖砌体使用石灰胶结，砖拱券用石灰浆灌缝，墓的内壁及券面都粉刷了石灰面层[82]。与其时间相近的河北定县王庄汉墓的砖砌体也是用石灰胶结。上述两遗址灰样的碳酸钙含量都在 90% 以上。望都汉墓的石灰标本化验得知：氧化钙含量为 49.10%，氧化镁含量为 1.98%；王庄汉墓的石灰标本化验得知：氧化钙含量为 46.27%，氧化镁含量为 0.83%。北京顺义区北小营公社东府汉墓砖砌体的胶结材料同样是使用石灰，其标本化验结果得知：氧化钙含量为 51.98%，二氧化硅含量为 3.49%。

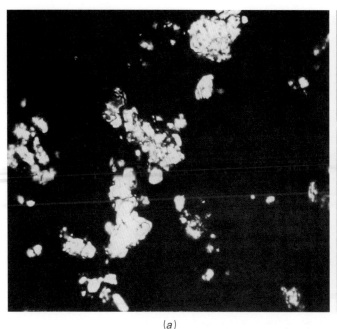
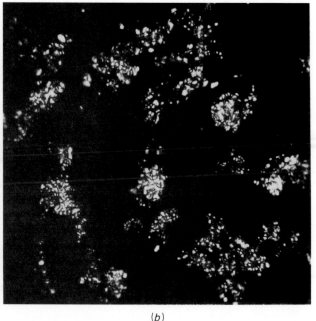

(a)　　　　　　　　　　　　(b)

图 8-6-1　仰韶文化，石面及汉代石灰岩相鉴定

(a) 西安南殿村仰韶文化遗址，石面在 160 倍正交偏光镜下碳酸钙的形状；
(b) 北京顺义区东府汉墓石灰在 160 倍正交偏光镜下碳酸钙的形状

辽宁省旅大市营城子古墓[83]葬群中的 46 号墓、52 号墓建造时间在东汉至高句丽初期，石间使用由贝壳煅烧的石灰胶结。

分析我国古代石灰标本，其组成成分与现代石灰没有什么差别，充分说明了我国古代石灰生产的高度工艺水平。我国古代石灰生产，从选矿、煅烧燃料到升降温的工艺，劳动人民在长期的生产实践中，都积累了丰富的经验。

《天工开物》中，对石灰原材料的选择有明确的规定，即"石以青色为上，黄白次之"，青色是密致石灰石，氧化钙含量高，黏土杂质含量低（不超过 2%）；而黄白色者，一般属泥灰质、白云质石灰石，黏土杂质及氧化镁含量相对较多。从古代石灰标本化验的数据推测，古代石灰多由氧化钙含量较高的密致石灰石煅烧而成。

我国古代对石灰石煅烧的温度和火候的控制，是有相当丰富的经验的。在《营造法式》中强调要"火力均匀而文"，这样煅烧"石中油膏，未脱本性而濡，化用其浆滋腻"；如"火紧而时间短"者，易产生"燃性未透"或"灰性烧枯"，于是"化用沉而不濡"。

到目前为止，尚未发现较早的石灰窑遗址，推测当时可能没有固定窑体。煅烧石灰石主要采用野窑，即就地将石灰石垒起，整个外部涂覆黏土，留出排气孔，下部开燃烧室。据《营造法式》卷二十七窑作条有"烧造用芟草"的记载，石灰的煅烧当也是用芟草一类的长焰燃料。明代《天工开物》的插图（8-6-2）对石灰的生产有生动的描绘，在文字中对煅烧燃料记载甚详："煅灰火料，煤炭居什九，薪炭居什一，先取煤炭泥和做成饼，每煤饼一层，垒石一层，铺薪其底，灼火煅之"。说明到明代煅烧石灰已经使用以煤炭为主的短焰燃料了。

当大宗的石灰用煤作燃料煅烧以后，石灰成本降低，因此明清以来对石灰的使用也较前代进一步普及。

二、粉刷用石灰胶泥

石灰用于粉刷墙面，在《周礼·考工记》中已有记载，谓之"以蜃灰垩墙"。在汉代建筑遗址以及墓葬建筑中，刷以石灰浆或粉以石灰胶泥，已经多见，并且粉饰得极其平整、光洁。汉代长安礼制建筑的墙面粉刷，就已有三个明显层次，即先用麦秸泥打底，分两次抹成 4 厘米左右，再抹一层谷壳细泥，最后在上面罩以白灰浆。[84]

图 8-6-2　《天工开物》煅烧石灰图

图 8-6-3　唐代洛阳宫城抹灰层断面 10 倍斜射光显微照片

望都汉墓墓室内的券面刷以极薄的石灰浆，墙壁绘制壁画的基层也是用石灰胶泥粉平，灰工十分精美。

唐代洛阳宫城的夯土城墙遗址的石灰粉面全厚仅有 9～10 毫米，表面极为平整（图 8-6-3）。从其断面来看，大致可以分出基层、结合层、面层及装饰层几道工序。其基层找平处理，厚度约 3 毫米；结合层厚度约 4 毫米；面层粉平厚度约 2 毫米；最外面以红色色浆饰面。

《营造法式》卷十三在泥作制度"用泥"条中载有"用石灰等泥涂之制，先用泥搭络不平处，候稍干；次用中泥趁平，又候稍干；次用细泥为衬，上施石灰泥，毕候未脉定，收压五遍，令泥面光泽（干厚一分三厘）"。

汉代礼制建筑其麦秸泥同《营造法式》"用泥"条之掺有"麦秸"的泥和中泥作用十分相似；而谷壳细泥同《营造法式》掺有"麦秸"的细泥作用也十分相似。同样，汉代礼制建筑在谷壳细泥面上刷泥相一致。两相对照，说明我国古代建筑粉饰技术早就创造了相当丰富的施工经验，并在发展中有着明显的继承关系。

我国古代粉刷用的石灰胶泥，为了提高其施工的稳定性和防止龟裂，多有其他纤维物质掺合，最常用的就是"麦秸"（即破碎的麦秆）、"麦糠"（即破碎的麦壳）、"麻持"（即麻刀）及纸筋（又称大连）等。"麦麱"等多用于打底找平的廑泥、中泥之中，做面层的"破灰泥"及"石灰泥"多用较细的"麦糠"及"麻持"。在《营造法式》卷十三泥作制度中规定：石灰泥"每石灰三十斤，用麻持二斤"。如按卷二十七料例的规定，每一方丈石灰泥抹面用"石灰六十三斤"，折算需"麻持"四斤三两；卷二十七料例中又规定"破灰泥"每一方丈用"石灰二十斤，白蔑土一担半（即九十斤，卷十六总功条规定重六十斤为一担，诸物准此），麦麱一十八斤"。

从唐代洛阳宫城之墙皮断面可以明显看到掺物的痕迹。北京元代建筑用灰，纤维束更为明显，从其实际尺寸看，也只能是较细的"麦麱"、麻刀之类的纤维遗痕。

宋代粉刷用石灰泥的配合比已经达到了相当严密的程度。如调制宫殿用的红色石灰泥规定，每一方丈其配合比为：石灰：赤土：土朱 =30 斤：23 斤：10 斤；黄色石灰泥其配合比为：石灰：黄土 =47 斤 4 两：15 斤 2 两（皆以十六两为一斤）；青色石灰泥其配合比为：石灰：软石炭 =32 斤 4 两：32 斤 4 两。软石炭似北方地区普遍使用的"青灰"，配制青石灰如不用软石炭，则规定："每石灰一十斤用霹墨（似松烟）一斤或墨煤（似炭黑）一十一两，胶七钱"，每一方丈折合用石灰六十四斤八两，用鹿墨六斤五两，或墨煤四斤六两，胶二斤十二两。

在《营造法式》中对麻刀的用量也有明确的规定："凡和石灰泥每石灰三十斤用麻刀二斤"，也就是规定"灰"：麻刀 =30：2。这里所说的"灰"，对于某些有颜色的石灰泥来讲，是包括了形成颜色的掺合料重量的，在《营造法式》中规定："其和红黄青灰等，即通计所用土朱、赤土、黄土、石灰等斤数在石灰之内"，但"如青灰内若用墨煤或霹墨者不计数"，也就是用墨煤或霹墨调制的青灰，只以石灰用量来决定麻刀的加入量。

在我国古代建筑实践中，调制粉刷用的石灰胶泥，都是将石灰经过充分熟化。在宋《营造法式》卷十三泥作制度用泥条下规定："若矿石灰，每八斤可以充十斤之用"。这里所说的矿石灰，是指生石灰块而言，从而也说明了前面的配合比其石灰皆指吸收适量水分（熟化）的氢氧化钙。

值得引起重视的是，在我国古代建筑的石灰粉刷工程中对矾类物质的应用。这是我国在胶凝材料发展史中的一个贡献，是在无机胶凝材料中对化学添加剂的创造性的探索。许多古代建筑的白粉墙，多在石灰浆上罩以矾的水溶液，使其保持洁白和稳定。清代寺庙墙垣刷石灰浆后，有的再罩以绿矾。[85] 矾的水溶液罩在新鲜的石灰浆粉刷的表面上，完全可以增加其石灰的早期强度，并在日后也不易被雨水冲刷。如使用明矾溶液罩面，甚至可能形成水化硫银酸钙之类的物质。因此，可以说在我国古代就已经在为提高胶凝材料的物理力学性能探索添加剂了。

三、建筑用石灰胶泥

建筑用石灰胶泥，在汉代的硅石墓葬中就已出现。如望都汉墓、王庄汉墓以及营城子古墓等。但汉代砖墓，较多的仍是采用磨砖干摆或用单纯的黄泥浆砌筑。直到唐代甚至高层建筑，如西安小雁塔也仍然使用黏土作为砌筑胶泥。在洛阳发掘的一些宋墓，其砖砌体的胶结材料仍然多用黏土。自宋以后，由于砖结构的古建筑增多，石灰的生产也较为普遍，因此石灰胶泥的使用也逐渐多起来。当时石灰胶泥一般称之为蠯灰泥。

蠯灰泥即石灰加黄土或黄砂的混合砂浆。北京后桃园的元代建筑所用的砖筑胶泥就是 3：1 的黄土石灰浆 [86]。明清对石灰砂浆的配合比，考虑的问题甚为详尽。在注意到不同产地砂子的粒度与含泥量对蠯灰泥配合比的影响，记有：砌一方墙，用菜籽黑砂，大灰一百五十斤，菜籽黑砂一石，细灰三斗；如用金市砂，则大灰三十斤，金石砂二石一斗 [87]。

蠯灰泥由于用途不同，骨料也有差别；如砌石用的蠯灰泥，为了在灰泥硬结前保证砌筑的石块不会变位，往往掺入小片石，可以称之为"细石蠯灰泥"。北京圆明园西洋楼石结构残迹中取得的胶泥标本，从 10 倍的斜射光显微照片可以看出，在石灰中除掺有直径 1 毫米左右的砂子外，尚有片石（照片中黑色部位）

存在，其厚度在 3～4 毫米，大的平面有 2 平方厘米左右。这种"大骨料"石灰胶泥在砌石工程中的应用，显然是总结了实践经验的一个创造。

从《营造法式》看出：砌筑用石灰的料例是以"矿石灰"（即生石灰）来计量的。如卷二十七砖作料例规定"应安砌所需矿灰以方一尺五寸砖用一十三两（每增减一寸各加减三两，其条砖减方砖之半）"。砌筑用胶泥，不论是砌墙，也不论是结瓦，都是以生石灰计量，只是在砌筑前调制胶泥时才对生石灰以水淋之，使石灰块解体成小颗粒。在宋代称之为"浇灰"，到明清称之为"泼灰"。采用"泼灰"调制出来的胶泥，可以看到明显的石灰籽粒，可以容易发挥生石灰的活跃性质。在胶泥产生强度时，生石灰籽粒继续吸收水分，体积膨胀，使整个胶泥孔隙减少，强度提高。这在我国古代建筑胶凝材料技术上是很成功的。

与普通羼灰泥同时发展的，就是掺合有机材料的石灰胶泥。对有机与无机复合胶凝材料的探索，在我国有着悠久的历史。甚至可以说在石灰胶凝材料用于建筑工程之前，用有机油脂拌合黏土的胶泥就已经应用于建筑工程了。现在我们看到的属于早期的砌筑用胶泥是河南新郑战国冶铁遗址。对该遗址砖砌通风井的胶泥标本进行化学分析，得其主要成分如表 8-6-1 所示。

河南新郑战国冶铁遗址砖砌通风井的 表 8-6-1
胶泥标本化学分析

SiO$_2$	Al$_2$O$_3$	Fe$_2$O$_3$	MgO	TiO$_2$	CaO
79.69%	10.74%	3.89%	0.52%	0.57%	3.30%

尽管这一胶泥标本不是石灰，它基本属于球形硅质黏土，但从标本的分析中发现了甘油酯的存在，可以说明在战国时期没有采用石灰胶泥之前，是采用了某种油料同黏土调合作为砖砌的胶结材料。这对后来石灰同有机油脂混合使用是有传统影响的。当石灰应用于建筑工程之后，这种有机与无机材料复合使用的技术有了更进一步的发展。诸如桐油石灰、糯米汁石灰、血料石灰，以及传说中的白芨石灰、米醋石灰等。特别是桐油石灰、糯米汁石灰，自唐宋以后更是常常用于建筑工程中。

桐油石灰是一种良好的憎水性砌筑用胶泥。见到的实物标本有唐代初年（公元 7 世纪前后）木船的桐油石灰填缝材料[88]。明代《天工开物》也载有"髤漫

则仍用油灰"，"谩"即铺地，"瓷"即"聚砖修井也"[89]，说明桐油石灰具有耐水防水的性能。清代李斗·撰《工段营造录》桥梁做法条载有"砌面石，每丈油灰二肋"；石作条载有"石缝勾抿，白灰桐油，见方触重长短有差"。

北京清代圆明园的假山叠石其胶泥就是典型的桐油石灰。化验胶泥标本得知其主要成分如表 8-6-2 所示。

清代圆明园的假山叠石的胶泥标本成分　　表 8-6-2

SiO$_2$	Al$_2$O$_3$	Te$_2$O$_3$	MgO	TiO$_2$	CaO
11.42%	0.82%	0.50%	0.42%	0.07%	45.85%

上述含量主要是石灰成分，唯独二氧化硅含量为 11.42% 超过一般石灰中二氧化硅含量的十倍，推测或许掺合有石粉之类的填料。在进一步分析中检出了‖一桐油酸的甘油酯及双键的存在。这说明在无机材料的石灰中掺入了有机材料桐油。这一桐油石灰标本的外观极似岩石，敲击其声清脆，色栗黄，虽肉眼可见有细微纵横裂隙，但强度极高，不易粉碎，虽经历代雨水冲刷及风沙吹袭等大气作用，并无剥蚀及粉化现象，表现了桐油石灰的基本特征。

糯米引入建筑材料中最早传说是在秦代修建长城的工程中[90]。有实物标本为依据的比较早的是河南邓县发掘的南北朝时期（420～589 年）的一座画像砖墓，在其胶结材料中，可以肯定是使用了淀粉类（可能就是糯米浆）的物质。

到五代时，考古发掘证明，南唐（937～975 年）二陵封门砌体的胶泥即用糯米石灰[91]。在江苏淮安发掘的一号宋墓墓室（宋嘉祐五年、公元 1060 年）也是用的糯米石灰浇砌的[92]。河南登封少林寺墓塔群中的几座宋塔、明塔，对其砌筑用的胶泥标本通过"碘—淀粉"试验，发现在沉淀物中有淀粉存在。

在文献中关于使用糯米石灰也有确切的记载，《宋会要》方域九之八载有：乾道六年（1170 年）修和州城"其城壁表里各用砖灰五层包砌，糯粥调灰铺砌城面兼楼橹城门，委皆雄壮，经久坚固"。在实践中可以见到明代南京的城垣是以条石为基，上筑夯土，外砌巨砖，石灰作为胶凝材料，而重要部位就是以石灰加糯米灌浆[93]。明代《天工开物》关于糯米石灰的做法记载甚详。在第十卷燔石条下有"用以襄墓及贮水池，则灰一分，入河砂黄土二分，用糯米粳阳桃藤汁和匀"。清《工段营造

录》桥梁做法条下除规定砌面石用桐油石灰外，砌里石则用糯米石灰，记有"里石，每丈灌浆石灰一百斤，江米有差"。并在石作条下规定调制糯米石灰浆的尚须掺入"白矾"，即"灌浆用白灰、白矾、江米"。通过模拟试验，虽然糯米石灰的早期强度不如纯石灰，但在潮湿的条件下，其后期强度的生成，比普通石灰来得快，同时掺入明矾的糯米石灰与不掺明矾的糯米石灰相比，在水中养护45天的强度，前者比后者高2.6倍。这也就是在文献和实践中多将糯米石灰作为潮湿环境下砖石砌体的胶凝材料而且加入明矾的道理所在了。

四、石灰三合土

在我国古代土木工程中，石灰除用于粉饰墙壁和胶凝砌体之外，尚大量用于"土工"，即以"三合土"形式用于地面、屋面、屋基或地面垫层。

三合土最迟在南北朝时（5世纪）已有应用。如南京西善桥的南朝大墓中，封门前的地面即由石灰、砂及黏土混合筑成，该墓在回填的夯土中也夹有石灰层[94]。江苏省苏州元代墓，其四周也是以三合土填实[95]。在明定陵的试掘报告中也指出：在每步夯土层的夯面上也发现一层石灰[96]。明墓中也有用石灰、瓷粉、碎石等构成三合土的实例[97]。到清代三合土的应用则极为广泛，实践证明石灰三合土具有坚实、防水的特点。

我国南方地区石灰炉渣三合土使用较为普遍。生石灰在施工前淋水，再同炉渣及水拌合，平铺于施工地段，以用木櫼拍打出浆为度，过日许几经拍实提浆，结硬前再用卵石淋胆巴汁磨光。用石灰炉渣三合土铺筑地面、便道、场院以及平屋顶等，坚固防水，取材方便，直至现代公路尚多用石灰三合土（骨料中有炉渣及碎石）碾压作为路基。

石灰黄土三合土一般称"灰土"。在我国北方地区使用较为普遍。

清《营造算例》在土作做法中规定："凡算灰土，一步渣，虚一尺，得实厚五寸"。清《官式石桥做法》土作中说明灰土即石灰与黄土之混合，或谓三合土，并规定灰土"按四六掺合，石灰四成，黄土六成"。在土作技术中灰土的配合比实际是以3:7为多，称"三七灰土"，经取样试验其性能最优。但我国古代劳动人民对灰土的最佳配合比的探索并没有停滞不前，

在实践中灰土的配合比出现了向2:8甚至1:9转化的趋向。试验证明在配合比中，1:9灰土试验的技术性能同样良好。夯筑灰土的操作技术，对灰土的含水率是要严格限制的；拌合好的灰土，要求以"攥紧成团，落地散开"为度。以取得的灰土基础标本来看，都有明显的石灰颗粒存在，说明所用的石灰是生石灰块经泼灰处理后拌合的。

石灰与黄土拌合夯筑基础并非简单地、机械地掺合，而是原始材料的物性发生了变化，生成了一种属于水硬性的物质——水化硅酸钙。

湖北省荆门市灰土夯筑的水坝，建于清代同治年间（估计在1865年左右）。对其灰土作差热分析，得到的温度曲线（图8-6-4），证明这是水化硅酸钙。对北京北海小西天建筑遗址灰土基础标本作差热分析，其温度曲线同湖北省荆门县滚水坝灰土标本的温度曲线几乎一致，说明其中也存在水化硅酸钙这样的水硬性物质。

夯筑灰土，不论作滚水坝置于水中，或作基础置于土中，石灰的碳化过程是比较困难的，可以说只有少量氧化钙吸收水分变成氢氧化钙以后，同灰土中残存的有限的二氧化碳作用生成碳酸钙结晶。主要应该是附于粒土表面的石灰，同黏土中活性二氧化硅等在潮湿的条件下，缓慢发生反应，生成硅酸钙等水化物。这就指示了我国古代劳动人民创造的夯筑灰土技术其强度生成的科学原理。

夯筑灰土，是我国古代处理大孔性土地基的十分成功的技术，广泛应用于台基、墙基、地平垫层以及水利工程，在今日的建筑活动中，仍然被广泛地应用。

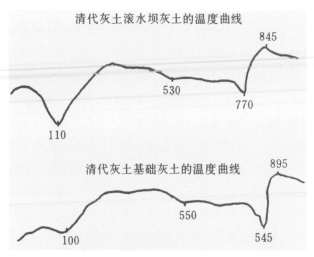

图8-6-4　灰土差热分析温度曲线图起始温度0°，升温速度12°／分钟，表现出水化硅酸钙的存在

参考文献

[1]《明会典》卷一百九十。

[2]《雍正朱批谕旨》第十七册，第 37 页。

[3]《四川通志》卷三十四《木政》。

[4] 见胡天游《石笥山房文集》卷五·杂著。

[5] 王晫辑《檀几丛书》二集卷四十二。

[6]《檀几丛书》二集卷四十五。

[7] 中国历史博物馆考古组：《燕下都城址调查报告》，《考古》1962 年第 I 期第 10 页。

[8] 秦都咸阳考古工作站：《秦都咸阳第一号宫殿建筑遗址简报》，《文物》1976 年第 11 期第 12 页。

[9] 陕西省文物管理委员会：《秦始皇陵调查简报》，《考古》1962 年第 8 期 407 页。

[10] 始皇陵秦俑坑考古发掘队：《临潼县秦俑坑试掘第一号简报》，《文物》1975 年第 11 期第 1 页。

[11] 河南省文化局文物工作队：《郑州二里岗》，科学出版社 1959 年版。

[12] 陈直：《陕西兴平县茂陵镇霍去病墓新出土左司空石刻题字考释》，《文物参考资料》1958 年第二期第 63 页。

[13] 陈直：《望都汉墓壁画题字通释》，《考古》1962 年第 3 期第 161 页。

[14] 河南省文化局文物工作队：《河南巩县铁生沟汉代冶铁遗址的发掘》，《考古》1960 年第 5 期第 13 页。

[15] 王振铎：《汉代圹砖集录》附说。

[16] 王仲殊：《空心砖汉墓》，《文物参考资料》1953 年第 1 期。

[17] 洛阳区考古发掘队：《洛阳烧沟汉墓》，科学出版社。

[18] 洛阳区考古发掘队：《洛阳烧沟汉墓》，科学出版社。

[19] 中国科学院考古研究所：《洛阳中州路（西 2 段）》，科学出版社。

[20] 广州市文物管理处等：《广州秦汉造船工场遗址试掘》，《文物》1977 年第 4 期第 1 页。

[21] 冯汉骥：《四川的画像砖墓及画像砖》，《文物》1961 年第 11 期第 35 页。

[22] 中国历史博物馆保管部资料组：《介绍几件晋代的行草书砖刻》，《文物》1965 年第 12 期第 27 页。

[23] 山西省大同市博物馆：《山西大同石家寨北魏司马金龙墓》，《文物》1972 年第 3 期第 20 页。

[24] 林树中：《江苏丹阳南齐墓砖印壁画探讨》，《文物》1977 年第 1 期第 64 页。

[25] 郭义孚：《含元殿外观复原》，《考古》1963 年第 10 期第 567 页。

[26] 黄文宽：《文献通考校误》，《文物参考资料》，1957 年第 5 期第 60 页。

[27] 宋应星：《天工开物》。

[28] 周仁等：《我国黄河流域新石器时代和殷周时代制陶工艺的科学总结》《考古学报》1964 年第 1 期。

[29] 周仁等：《我国黄河流域新石器时代和殷周时代制陶工艺的科学总结》，《考古学报》1964 年第 1 期。

[30] 中国科学院考古研究所丰镐考古队：《1961—1962 年陕西长安沣东试掘简报》，《考古》1963 年第 8 期第 403 页。

[31] 陕西省社会科学院考古研究所渭水队：《秦都咸阳故城遗址的调查和试掘》，《考古》1962 年第 6 期第 281 页。

[32] 东北博物馆：《辽阳三道壕西汉村落遗址》，《考古学报》1957 年第 1 期。

[33] 山西大同市博物馆：《山西大同石家寨北魏司马金龙墓》，《文物》1972 年第 3 期第 20 页。

[34] 黄展岳：《一九五五年春洛阳汉河南县城东区发掘报告》，《考古学报》1956 年第 4 期。

[35] 徐恒彬：《广东英德洽洗镇南朝隋唐墓发掘》，《考 274 古》1963 年第 9 期第 486 页。

[36] 四川省博物馆：《四川西昌高枧唐代瓦窑发掘简报》，《文物》1977 年第 6 期第 57 页；洛阳博物馆：《洛阳隋唐宫城内的烧瓦窑》，《考古》1974 年第 4 期第 257 页。

[37] 曾广亿：《广东潮安北郊唐代窑址》，《考古》1964 年第 4 期第 194 页。

[38]《东北文物工作队一九五四年工作简报》，《文物参考资料》1955 年第 3 期第 3 页。

[39] 徐耀章：《＜故宫琐闻＞读后》，《文物参考资料》1958 年第 2 期第 83 页；叶定侯：《故宫琐闻》，《文物参考资料》1957 年第 10 期第 62 页。

[40] 中国科学院考古研究所：《沣西发掘报告》第 27 页。

[41]《在岐山、扶风发掘西周大型建筑遗迹》，《文物》特刊第 17 期（1976 年 7 月）。

[42] 中国历史博物馆考古组：《燕下部城址调查报告》，《考古》1962 年第 1 期第 10 页。

[43] 傅振伦：《燕下都发掘品的初步整理与研究》，《考古通讯》1955 年第 4 期第 18 页。

[44] 中国科学院考古研究所：《洛阳中州路》第 32—33 页

[45] 中国历史博物馆考古组：《燕下都城址调查报告》，《考古》1962 年第 1 期第 10 页。

[46] 中国科学院考古研究所：《洛阳中州路》第 32—33 页

[47] 中国历史博物馆考古组：《燕下都城址调查报告》，《考古》1962 年第 1 期第 10 页。

[48] 河南省文化局文物工作队：《郑州南关 159 号汉墓的发掘》，《文物》1960 年第 8、9 期第 19 页；洛阳博物馆：《洛阳涧西七里

河东汉墓发掘简报》，《考古》1975 年第 2 期第 116 页。

[49] 东北博物馆：《辽阳三道壕西汉村落遗址》，《考古学报》1957 年，第 1 期。

[50] 黄展岳：《一九五五年春洛阳汉河南县城东区发掘报告》，《考古学报》1956 年第 4 期。

[51] 陈直：《两汉经济史料论丛》第 178 页

[52] 俞伟超：《邺城调查记》，《考古》1963 年第 1 期第 15 页。

[53] 中国科学院考古研究所洛阳工作队：《汉魏洛阳城一号房址和出土的瓦纹》，《考古》1973 年第 4 期第 209 页。

[54]《唐长安大明宫》第 38 页。

[55] 中国科学院考古研究所西安工作队：《唐青龙寺遗址发掘简报》，《考古》1974 年第 5 期第 322 页。

[56] 俞伟超：《邺城调查记》，《考古》1963 年第 1 期第 15 页。

[57] 中国科学院考古研究所洛阳工作队：《汉魏洛阳城一号房址和出土的瓦文》，《考古》1973 年第 4 期第 209 页

[58][59] 俞伟超：《邺城调查记》，《考古》1963 年第 1 期第 15 页。

[60] 河南省文化局文物工作队：《在嵩岳寺旧址发现的瓦件》，《文物》1965 年第 7 期第 44 页。

[61] 陕西省文物管理委员会：《唐长安城地基初步探测》，《考古学报》1958 年第三期。

[62] 河南省文化局文物工作队：《在嵩岳寺旧址发现的瓦件》，《文物》1965 年第 7 期第 44 页。

[63] 辜其一：《四川唐代摩崖中反映的建筑形式》，《文物》1961 年第 11 期第 61 页。

[64] 云南省文物工作队：《云南省昭通后海子东晋壁画墓清理简报》，《文物》1963 年第 12 期第 1 页。

[65] 中国科学院考古研究所丰镐考古队：《1961 — 62 年陕西长安沣东试掘简报》，《考古》1963 年第 8 期第 403 页。

[66] 周仁、张福康、郑永圃：《我国黄河流域新石器时代和殷周时代制陶工艺的科学总结》，《考古学报》1964 年第 1 期。

[67] 河北省文化局文物工作队：《燕下都第 22 号遗址发掘报告》，《考古》1965 年第 11 期第 562 页。广东省文管会：《广东增城、始兴的战国遗址》，《考古》1964 年第 3 期第 143 页。湖北省文管会：《湖北宜城“楚皇城”遗址调查》，《考古》1965 年第 8 期第 377 页；福建省文管会：《福建崇安城村汉城遗址试掘》，《考古》1960 年第 10 期第 1 页。

[68] 洛阳中州路 55 第 31 页；叶学明：《侯马牛村古城南东周遗址出土陶器的分期》，《文物》1962 年第 4、5 期第 43 页。

[69]《沣西发掘报告》第 26 页。

[70] 叶学明：《侯马牛村古城南东周遗址出土陶器的分期》，《文物》1962 年第 4、5 期第 43 页。

[71][72] 陶正刚、叶学明：《古魏城和禹王古城调查简报》，《文物》1962 年第 4、5 期第 59 页。

[73] 陶正刚：《山西闻喜的“大马古城”》，《考古》1963 年第 5 期第 246 页。

[74][75]《沣西发掘报告》，第 26 页。

[76]《洛阳中州路》第 31 页。

[77] 陕西省临潼县文化馆：《秦始皇陵新出土的瓦当》，《文物》1974 年第 12 期第 87 页。

[78] 陈直：《秦汉瓦当概述》，《文物》1963 年第 11 期第 19 页。

[79] 中国科学院考古研究所洛阳工作队：《汉魏洛阳城一号房址和出土的瓦文》，《考古》1973 年第 4 期第 209 页。

[80] 考古研究所洛阳发掘队：《隋唐东都城址的勘查和发掘》，《考古》1961 年第 3 期第 127 页。

[81] 考古研究所汉城发掘队：《汉长安城南郊礼制建筑遗址群发掘简报》，《考古》1960 年第 7 期第 36 页。

[82]《望都一二号汉墓》，文物出版社，1959 年。

[83] 许明纲：《旅大市营城子古墓清理》，《考古》1959 年第 6 期第 278 页。

[84] 考古研究所汉城发掘队：《汉长安城南郊礼制建筑遗址群发掘简报》，《考古》1960 年第 7 期第 36 页。

[85] 姚承祖《营造法原》第 60 页。

[86] 元大都考古队：《北京西绦胡同和后桃园的元代居住遗址》，《考古》1973 年第 5 期第 279 页。

[87] 姚承祖：《营造法原》第 81—82 页。

[88] 见《南京博物馆文博简讯》。

[89] 见《太平御览》卷一八九引《风俗通义》。

[90] 见建筑材料研究院：《我国古代胶凝材料发展史稿》，1976 年。

[91]《南唐二陵发掘报告》。

[92] 江苏省文管会：《江苏淮安宋代壁画墓》，《文物参考资料》1960 年第 8、9 期第 43 页。

[93] 建筑科学研究院：《中国建筑简史》第一册第 180 页　中国工业出版社，1962 年版。

[94] 罗宗真：《南京西善桥油坊村南朝大墓的发掘》，《考古》1963 年第 6 期第 291 页。

[95] 江苏省文管会：《江苏吴县元墓清理简报》，《文物参考资料》1959 年第 11 期第 19 页。

[96]《明定陵试掘报告》。

[97] 四川省文管会：《四川新都县发现明代软体尸墓》，《考古通讯》1957 年第 2 期第 19 页。

第九章 建筑装饰技术

概　说

我国古代建筑装饰以彩画和雕刻为主，两者都具有悠久的历史和民族的特色。彩画起着保护木料和美化建筑的双重作用，雕刻则赋予建筑造型以生动的形象。

早在奴隶社会时期就已产生了玉石雕刻技术，朱砂、石青、石绿等彩画矿物染料，已经开始应用。从殷墟出土的抱膝人形石础及盘龙城出土的木板浮雕上的彩色印痕看来，当时的彩画与雕饰已初具规模。

春秋战国时期出现了铁工具，对建筑雕饰技术的提高，起着重大的作用。

汉代的建筑装饰技术，从现存遗物上看，以雕刻最为突出。这时用于陵墓建筑中的，主要以画像砖、画像石及墓前圆雕为代表，雕刻技艺已达到较高的水平。官式建筑则使用了木雕、玉雕及铸铜镏金装饰。比较而言，彩画技术似尚未臻完美。

汉代创造了大型的铸铜镏金技术。如建章宫"设壁门之凤阙，上觚棱而栖金爵（雀）"[1]。金雀即铜凤凰。据说此雀"高五尺，饰黄金，栖屋上，下有转枢，向风若翔"[2]。至于"金铺"与"金缸"之类的小型镏金装饰构件则应用更广了。

南北朝时期佛教兴盛，佛教建筑遍及各地。这时，外来的佛教装饰技法对传统艺术产生了较大的影响。

这时期的彩画与雕刻技术获得了空前的发展，彩画颜料及用色技法愈益精密，并出现了"晕染"及"叠晕"。石窟寺的大规模开凿，创造了数以千计的雕像和无可计数的浮雕。各族工匠发展了秦汉以来的雕饰与彩绘技术，融合了外来经验，创造出了新的成就。在敦煌、云冈、龙门等石窟中，洋洋大观的彩绘与雕刻表现了精湛的造诣。

隋唐的建筑装饰达到了辉煌壮丽的阶段。隋时期建筑彩画的部位大体为：内檐用于藻井、承尘、梁柱、斗栱等处；外檐用于立柱和木栏杆的栏板等处。外檐的斗栱、额枋上皆以刷色为主。

唐代石雕技术表现在陵墓圆雕，浮雕则表现在碑石的减地线刻，均已达到成熟阶段。

宋代手工业颇为发达，小型木雕技术兴起，开始出现砖雕，它们都走上了专业化道路。

宋代建筑造型从大体轮廓到局部构件采取"卷杀"等技法，更多地将构件雕饰、彩画构图同建筑整体形式相配合，达到柔和、优美的效果。

以木构架为主的古代建筑，具有暴露结构不加掩蔽的特点。在穿插、露头、承托、支撑和节点加固等部位，借其本身的条件，进行恰当的、有重点的雕饰加工，往往能取得画龙点睛的建筑艺术效果。

利用雕塑因素增加建筑外观的表现力，在宋代有较突出的发展。台基或须弥座上下的角兽、螭头、壶门、角神以及边饰浮雕；石和木栏杆的望柱头圆雕、栏板浮雕及透雕；格子门腰华板上的贴络浮雕；檐下木构间的霸王拳、耍头、绰幕枋等部分以及正脊两端的琉璃鸱吻、垂脊端的戗兽、翼角上的仙人、走兽等，它们之间都是互相呼应、互相联系的。例如：栏杆望柱头与檐柱相对位，螭头与檐柱相对位，戗兽与角柱相对位等。对位意味着上述雕饰构件大体上置于同一垂直线上，以期取得均齐有序的印象。

辽代建筑装饰基本上是继承唐代的风格，金代继承辽、宋遗规，稍有创造。元代则在继承宋、金的传统基础上，又吸收了中亚建筑的手法。

明、清统治阶级愈加强调封建礼制，新建的宫廷、坛庙、住宅、祠堂以及表扬"忠臣"的牌坊等都是按照礼制规定进行装饰的。北方官式彩画的构图、题材、色调皆有明显的等级概念，开始有了固定标准（图9-0-1）。

这时期喇嘛教建筑兴起。从明代前期的智化寺、法海寺、隆福寺、五塔寺开始，喇嘛教装饰应用日多。在蒙古、青海、热河、北京等地区，建造了许多大规模的召庙，其中的彩画、雕饰等装饰都充满着喇嘛教的特征。

南北各地的民间建筑及少数民族建筑装饰技艺都是异常丰富多彩的。就地取材、因地制宜的建筑装饰技术有许多新创造。如新疆维吾尔族的木雕、彩画、石膏花饰、陶瓷面饰等都新颖可喜。云南傣族等地的建筑装饰则充分表现了民族传统和地方特色等。江南园林建筑中新出现了漏窗、花墙等透空体装饰和精致的木装修、木花格技术。明清交通较前代发达，南方各地出产的楠、樟、花梨、紫檀等优质木料不断内运，成为小木作装饰技术发展的有利条件。

这时期的地方性装饰技术获得了巨大的发展。随

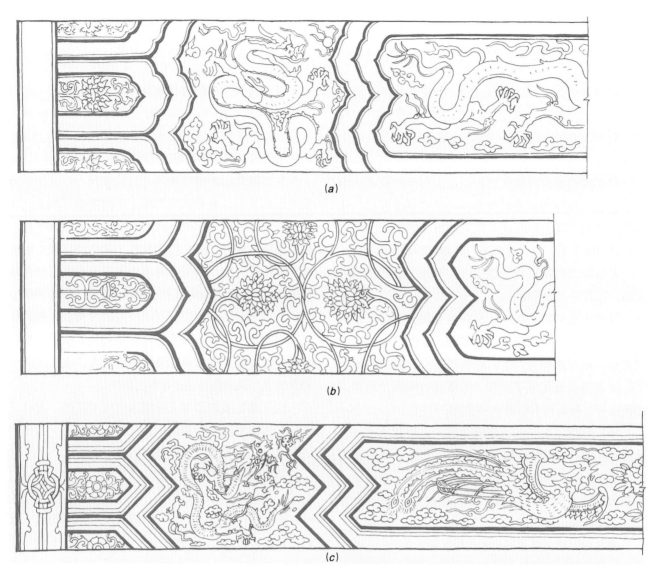

图 9-0-1 和玺彩画
(a) 清工部《工程做法》上的和玺彩画（雍正时期）做法称之为“金石豕墨金龙枋心沥粉青绿地仗彩画”；
(b) 西番莲和玺彩画（清乾隆时期）；(c) 清中叶后的龙凤和玺彩画，曲线莲瓣改为三角形直线圭光线

着手工业分工的精细化，砖雕、木雕取得前所未有的成就。北京、安徽、苏州等地的砖雕；浙东，皖南，晋中、潮州等地的木雕；广东等地的陶雕等具有特色的装饰技术，都达到高超的造诣。砖雕的门楼、影壁、墀头、门景、挑檐、边饰等都具有精雕细琢的特点。砖雕的发展是以砖质量的提高和砖砌墙体的广泛应用为条件的。而砖饰工具的大量创造，则为砖雕技术的提高起着促进作用。这时期的木雕转向内檐，着重应用在内部装修上。出现各种落地罩、飞罩、两面观看的通雕与透雕技术，木雕技术已有新的创造。石雕以广东、福建等处建筑为最有名。

元代琉璃进一步发展，琉璃色彩趋向多样化。在各种琉璃装饰技术提高的条件下，明代产生了如南京报恩寺塔、山西洪洞广胜寺飞虹塔等琉璃装饰的巨大建筑物，产生了九龙壁之类的大面积琉璃壁，以及琉璃彩画、琉璃嵌花墙等新颖的装饰技术。清代的琉璃装饰技术以晋中、晋东南地区最为突出。

这里，对建筑装饰技术中的几项重要问题略加介绍。

一、材料是建筑装饰发展的物质基础

材料往往是建筑装饰发展的前驱，有了新材料才有一系列的技术创造。如果没有发现和利用矿物颜料，中国古代建筑彩画的成长是不可能的。敦煌石窟中后魏、隋唐彩画的色调是十分优美的，这同当时颜料生产的发展是分不开的。而敦煌宋代和西夏彩画质量的减退，则因该地区属于封建割据和西夏统辖，与矿物颜料产地隔绝所致。

又如明清砖雕技术的兴起同砖质量的提高和普遍用砖砌墙是紧密联系着的。明代以前多用土墙，砖雕只能用于须弥座等砖砌体中而不能施之外墙面。砖质量的提高，才应需而产生砖刨、砖凿、砖锯等各式雕砖工具，使砖雕技术日益发展。工具的改善和新工具的制造也是十分重要的。熟练地使用工具，施工操作技术得心应手，则是装饰质量的保证。装饰技术包括多方面的技巧，善于利用工艺美术的成就，也是装饰技术发展中的重要一环。

二、建筑装饰与气候的关系

南北的寒暖、干湿度变化颇大，对建筑装饰技术的影响十分显著。南方地区炎热多雨，导致屋面坡度与挑檐加大，屋面装饰受到重视。

青藏等高寒少雨地区，建筑多用石砌高墙和平顶，强调墙面装饰处理。墙檐上段常用染成暗红色的麻束嵌入墙面为彩色饰带，兼有防寒保温作用。窗小而且少，多用装饰突出之，入口部分常作重点装饰。

江浙一带夏秋闷热，暑长寒短，通风问题突出。成列的大窗导致花格装饰的发展。当地多用敞口厅，厅前廊为出入要道，木雕多集中于廊上木构部分，雕饰技艺十分精巧。

南方炎热而房屋密集，防止火灾的蔓延很重要，故多建造封火山墙作为预防措施。封火山墙的轮廓变化成为建筑外观的突出装饰。

南方建筑色调和彩画大都用冷色，少用强烈朱红色。南方有青山绿水，花木茂盛，户外生活多，农村建筑多用白粉、淡红等色粉刷，在自然环境的衬托中十分悦目怡情。

南方的雨水大而地面湿，柱础一般较北方为高，以防止柱脚腐烂，湖广、四川等地多用鼓状磉墩，北方则用低矮的古镜柱础。

三、建筑装饰的等级制

奴隶社会开始出现了建筑装饰的等级制，用来为奴隶主阶级的森严等级制度服务，凡是不按照礼制办事的称为"僭越"。

建筑装饰的等级制是封建礼制的重要组成部分，历代典籍对色彩、雕饰都有严格规定，长期束缚建筑装饰的正常发展。诸如唐代"庶人所造房舍，不得过三间四架，不得辄施装饰"，宋代"非宫室寺观，毋得彩画栋宇及朱黔漆梁柱窗牖，雕镂柱础"[3]及明代"庶民所居房舍不过三间五架，不许用斗栱及彩色装饰"。[4]

四、历代建筑装饰的题材内容

建筑彩画、壁画、雕饰上的图案题材是十分丰富的(图9-0-2)，装饰纹样层出不穷（图9-0-3），民族特色显著。

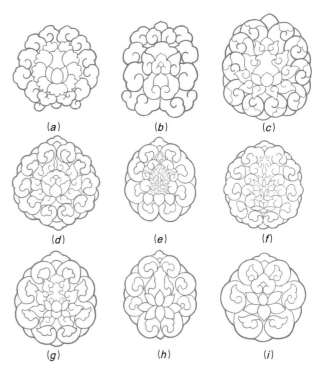

(a)　　　　　(b)　　　　　(c)

(d)　　　　　(e)　　　　　(f)

(g)　　　　　(h)　　　　　(i)

图 9-0-2　明代前期团花藻头的各种形式

（a）辽大同薄伽教藏殿；（b）元山西永乐宫三清殿；（c）明北京法海寺；（d）北京故宫；（e）明北京智化寺；（f）明北京白塔寺；（g）北京白塔寺；（h）北京文天祥祠堂；（i）明北京故宫南薰殿

图 9-0-3　河北定县开元寺塔二层过道平地砖雕图案

早期纹样都以神灵、鬼怪、奇禽、异兽为最多，这表现当时人们对自然的无知和恐惧，而统治阶级利用它来作为吓唬人民的手段。另外，还有图写忠臣孝子、烈士贞女的事迹以及国君的贤愚，政事的成败等内容，达到"恶以诫世，善以示后"的政治目的；还有粉饰太平的祥瑞题材，如黄龙、白凤、芝草、铜雀等；有车骑、宴乐、行猎等宣扬统治阶级豪华生活的图案和反映生产、生活的题材等。这些题材大都应用于壁画、画像砖、画像石、彩画以及金玉雕饰之中。

南北朝佛教装饰题材流行，其中以莲花和飞天为最多，忍冬草等植物也开始兴起。莲花古称菡萏，这时期的彩画或雕刻的承尘、藻井中央多用莲花为饰，柱中及柱的上下端也常用束莲为饰。古人誉莲花一尘不染，故受到佛教的推崇。

飞天是佛教护法的夜叉之变相，传来的飞天形象是半裸体的，中国化了之后变成衣带飘荡的凌空美女，应用颇广。

忍冬是一种植物纹饰，汉代装饰中已有之。据佛经说是生长在佛国雪山之中，经冬而不凋。唐代佛教建筑的彩绘雕饰中常用忍冬卷草，呼应连贯，苗壮而秀逸。

唐宋之际，牡丹图案广泛流行。盛开的牡丹，花轮丰硕，色彩鲜艳，统治阶级则用以代表荣华富贵，是当时应用最多的装饰题材。同时，还流行海石榴花，传自西域。

植物纹样在明清时期出现松竹梅的"岁寒三友"图案。当时封建统治阶级标榜风雅，清代宫苑中的乐寿堂、排云殿和乾隆花园等处的内部装修中多用之。这时期吉祥纹样愈来愈多，常用蝙蝠、梅花鹿、寿桃代表福禄寿，还有"寿山福海"、"五福庆寿"、"榴开得子"等题材。

明清之际，寺庙出现金刚宝杵、佛坛、梵宇以及轮、螺、伞、盖、花、罐、鱼等所谓"八宝"的装饰题材。这些主要是由喇嘛教带来的装饰内容，使固有的彩画增加了新的风采。

龙凤是封建统治阶级的重要装饰题材。早在周代已用龙代表君位。以后又把这种想象中的爬行动物神格化，"龙，鳞虫之长"[5]，"角似鹿，头如蛇，眼似鬼，鳞似鱼，爪似鹰，掌似虎"[6]。佛教把龙作为护法之物，唐宋之际又引为祥瑞之征，明清王朝则以龙象征帝王。北京故宫太和殿装饰遍用龙纹，和玺彩画中有团龙、座龙、跑龙、升降龙图案，望柱头、华表头、御路等

螭头、吻兽、藻井雕饰竟无一非龙。

龙与凤并称，同封建政治紧密配合。凤原是鸷鹰同孔雀的混合形象，象征祥瑞之意。以后也加以神格化："凤，神鸟也，羽虫三百六十而凤为之长"[7]，"凤，瑞应鸟，鸡头、燕颔、蛇颈、鸿身、鱼尾，骈翼五色"[8]。唐宋时贵族妇女常用凤翘、凤钗为头饰。明清时期，用为后妃之象征，后妃居处多用凤为饰。明末清初北京故宫午门大殿内廊梁架、雨花阁及保和殿梁架彩画出现吉祥草宝珠图案，这是一种新风格（图9-0-4）。

图 9-0-4　北京故宫吉祥草宝珠图案彩画

五、建筑装饰中的"厌胜"思想

古代方士有一种迷信之说，称为"厌胜"，说它可以压制自然灾害。以木构为主的建筑常会发生火灾，汉代已彩绘莲花、水藻等水中植物和水的形象来厌压火灾。汉魏之后，屋顶正脊两端又出现了鸱尾，传说"汉以宫殿多灾，术者言天上有鱼尾星，宜为其象，冠于室以禳之"[9]。又有说鸱为蚩的变音，"蚩者海兽

也，蚩尾水之精，能辟火灾"[10]。明清改鸱尾为吻兽，象征龙能制水之意。故宫文渊阁是清代建造以藏四库全书的，建筑色调以青绿冷色为主，屋脊、栏板的雕饰题材多用水兽及浪中游龙，以表示厌压水灾之义。

各个不同历史时期的装饰做法及其艺术风格也都有不同的特色。常见的明清装饰不完全能反映以前历史时期的成就。例如，敦煌石窟的南北朝和隋唐彩画就较清末彩画为悦目宜人。所以，应对历代建筑装饰有一个比较全面的认识。这一点是非常重要的。

第一节　历代建筑色彩和彩画

建筑色彩与彩画起源于材料防护和建筑审美的双重因素。土和木是我国古代建筑的主要材料，它们的表面都需要保护，其中以木材更需保护。因此，彩画同木结构有着紧密的联系。

为了防护木材表面免受燥湿、冷热、风雨和阳光中紫外线的侵蚀，为了掩盖木表的节疤、斑痕以及纹理、色泽的不匀等自然缺陷，施以适当的颜料涂饰是十分必要的。

不溶于水的矿物颜料，其细微颗粒有很强的覆盖力和隔绝性，干后能够形成薄的防护层，对于防止各种侵蚀，具有显著的功效，敦煌莫高窟宋初窟檐外门窗边框上，在彩画已脱落的木表，隐起如浅雕一般的卷草纹。说明原来被矿物色覆盖的卷草部分，有抵御阳光紫外线的能力。明十三陵棱恩殿外檐额枋上，修理时也发现有类似的情况。外檐彩画在设色完成后，再罩上一道清桐油，更能经受雨淋日晒，经久不变。

矿物颜料中的石青、石绿是铜的化合物，铜是有毒的元素。汉代及南北朝的药石书中已明确提到这些颜料有毒。为了防止木表虫蛀，当时工匠可能已有意识地加以应用。明清的仓库、书库内有采用"雄黄玉"彩画者，因为雄黄有剧毒，可以防蛀，如北海的阅古楼原系书库，内部梁上的旋子彩画用橘红色为地，系用铅丹调合雄黄而成，两者皆有毒，可以防止虫蛀。此外，土红、白垩等无机颜料也富于覆盖力，对防止

湿气和日晒侵蚀，有一定的保护作用。

中国古代建筑往往依靠色彩来美化。色彩与彩画能表现建筑构造的大体形式，又便于突出局部与细部；它能表现人们喜爱的图案和反映时代的艺术成就；它能适应各地自然条件，同环境相配合；它能利用色彩的对比来突出群体中的重点建筑物等。历代封建统治者则利用色彩装饰来为他们服务，宣扬王权和神权，维护其反动统治。因此，在建筑色彩及彩画中，体现了强烈的阶级性及封建统治阶级的审美观念。

一、建筑色彩与彩画技术的产生

西周奴隶主阶级利用色彩作为"隆礼"的手段，"明贵贱，辨等级"，为维护其层层统治服务。他们提出"正色"和"非正色"的主张。规定青、赤、黄、白、黑五色为"正色"，红（淡赤）、紫、缥、绀、硫黄等为"间色"。认为间色的等级低于正色。天子的建筑装饰以及衣冠、旌旗、车辆、武器上都必须涂正色，不得用间色。为了要求色调纯正、强烈、鲜明、不变，把朱砂、石青等矿物色直接涂上去，而不用染色或油漆。用朱砂为装饰的贵重做法，一直受到封建统治者的重视。

从战国楚官的"朱尘"、"红壁沙版"[①]，到元代宫殿的"朱砂涂壁"[11]，说明以"正色为尊"的礼制影响是很深远的。

汉初营建未央宫前殿，主持营建的萧何提出"天子以四海为家，非壮丽无以重威"[12]，意思是雄伟的建筑形式应与华丽的装饰相结合。未央宫前殿高踞在龙首原台地上，呈巍峨峻峙之观。突出朱红色调，配合金玉、珠翠装饰，"树中天之华阙，丰冠山之朱堂，雕玉填以居楹，裁金壁以饰珰"[13]，概括地描写出它的壮丽形象。

外露的木构部分，一律采取刷朱红同白粉墙相配合的方式，是自汉到唐建筑的外观色彩特征。朱白的互相衬托，能产生简单明快、鲜丽悦目的色彩美。

彩画主要分布在藻井、斗栱、门楣和柱壁之上，在外檐木构上配色以朱红对比石绿为主，大都采用深地浅花或浅地深花的明暗衬托方法。设色多用平涂。

---

① 《文选》卷三十三宋玉《招魂篇》注："朱尘，朱丹也尘，承尘也。红，赤貌也，沙丹沙也，言以丹沙尽饰轩版，承以黑玉之梁。"

彩画图案大致可分为四类：即龙蛇异兽、云气仙灵、锦绣绮纹与河藻水藻，"文以朱绿，饰以碧丹，点以银黄，烁以琅玕，光明熠烁，文彩磷班。"[14] 概括地说明了这一时期宫廷装饰的特点。

二、建筑画的颜料

（一）颜料与技法发展的因素

从西晋开始，经过南北朝到隋唐的统一，出现了民族的融合和文化技术的交流。佛教的传播使佛教建筑广泛兴起，外来的佛教装饰技术也随之传入中国。从而大大地丰富、充实和提高了秦汉以来的建筑装饰传统。

这时期的矿物颜料得到了发展。在《神农本草经》及陶弘景的《名医别录》中，都有金石部。石部中有丹砂、银朱、雄黄、雌黄、代赭、空青、曾青、绿青（即石绿）、扁青等；金部中有铅丹（黄丹或漳丹）、铅粉等记述，因而对其性能有较多的认识，擅于选择精粗，并对品种和产地有比较详细的调查研究。

这时期的绘画技术也有很大的发展，在设色和线描等方面都超出前代，并吸收了不少外来技法。南宋时的《六法论》①和唐人的论画文献中，涉及许多颜料和技法问题，绘画与彩画之间有着互相促进的关系。总之，构成这时期彩画大发展的因素是多方面的，有一个比较复杂的过程，南北朝是这个过程的转折点，到盛唐则集其大成。

（二）颜料生产与研制技术

秦汉以来的矿物颜料，品种较少，选制也未臻精密。南北朝以来，植物颜料中增添了南海等地运来的藤黄、紫铆（音矿）、栀黄、槐花等新品种。银朱、铅丹、铅粉等化学无机颜料已广泛应用。胶的制造有所提高，并开始用矾。

这时期的彩画颜料以青色最为突出，石青品种很多而且质地优良，其中以"空青"及"曾青"为最佳。空青属于盐基性碳酸铜，产自蓝铜矿。

"状若杨梅，其腹中空，破之有浆"，"空青生益州山谷及越 （四川西昌）山有铜处，凉州高平郡有空青山。多充画色"[15]。东晋顾恺之的《画云台山记》中有"天及水色尽用空青"之句，说明当时常用空青作画。

曾青（"其青层层而生，故名"[16]）产于蜀中及西昌，常与空青同出一山。曾青在唐代亦称"蔚蓝"，"蔚"即今河北蔚县一带，在当时盛产曾青。"上有蔚蓝天"、"水色天光共蔚蓝"[17]，说明蔚县的鲜艳天蓝色，驰名当世。

扁青也是优质石青，称为"梅花片"。石青，也叫"梅花青"，色调较逊于以上两种，唐以后因空青和曾青的产量日渐稀少，彩绘多用扁青。此外，还有来自西域的"回青"和类似曾青的"波斯青"。回青又称沙青，同西藏产的"藏青"同属一种，质地较粗。

这时称石绿为绿青或碧青，其中以呈结核状的蛤蟆背为上品。

作为青绿两色的对比色，有朱砂、银朱、铅丹及土红、胭脂等。朱砂以湖南的"辰砂"和四川的"巴砂"为著名。质地优良的朱砂，状若芙蓉，箭镞、连珠、云母片，以"光明可鉴，研之鲜红"的"光明砂"为最好。

银朱又叫紫粉霜或猩红，呈略暗于朱砂的玫瑰红色，色调极为优美。它是水银加石膏脂制成，是凭借石膏脂的硫质而产生的。分子式与朱砂相同，但后者是天然生成的。

铅丹是用铅、硫黄、硝石为原料，经高温合成的桔红色粉末，色调纯净而匀细，便于调配。

用来调合或罩染朱砂与银朱的胭脂，原来用红蓝花汁或山榴花汁制成。这时期又出现了用紫铆制造的"胡胭脂"。紫铆又名紫胶，产自南海一带，乃是紫胶虫寄生在藤类树木上的分泌物，呈浓而鲜的紫红色，比一般胭脂耐久。

褐红或棕红的颜料有土红及赭石。土红有棕红、暗红等多种。产地多而且价廉。产自山西代县一带的赭石，南北朝时称"代赭"，又名铁朱，有赭红、老红、暗紫等色调，唐代有用以为涂料者。"此石从代州来，

---

① 南宋人谢赫写的《六法论》，内容是"气韵生动、骨法用笔、应物象形、随类敷彩、经营位置、传移模写。"

赭色如鸡冠，土人往采以丹楹柱而紫色且暗"[18]。

黄色有石黄、雌黄、雄黄、藤黄等。石黄为铬的化合物，呈纯黄色。雌黄与雄黄皆为三硫化砷，雌黄呈柠檬黄色，雄黄呈桔黄色，两者相伴生在红砒石中，具有干燥力和剧毒，不用于绘画，仅用于彩画。藤黄产在南海一带的海藤树上，是一种树脂，色调正黄而毒。彩绘中常用它同蓝淀调合为草绿色。

白色有铅粉及白垩，铅粉亦称定粉，是盐基性碳酸铅；白垩亦称白土粉或"画粉"，因系画家所用故名。当时彩画仍常用白垩而不是都用铅粉。

这时期的用色技术趋向混合，已经采取矿物色、植物色和化学无机色掺合使用，并出现罩染、晕染、叠晕等多种方式，设色技法日臻完备。

胶是重要的调色剂和粘着剂。早在汉代就有"阿胶"亦命傅致胶之说。"阿"指山东的东阿。传说阿井之水制胶最好。唐代不仅用牛、驴的皮筋熬胶，用鹿的筋角制鹿胶，还用海鱼的气胖熬成鳔胶，制胶技术已很发达。敦煌石窟的北魏（图9-1-1）、隋唐彩画都是用优质清胶画成，至今很少有起卷或剥落现象，历千载而色泽犹鲜。

这时期的制笔技术日益发达。自六朝至隋唐，书法艺术与当时的绘画线描技法（图9-1-2）都很讲究笔的性能。有羊毫、兔毫、鼠毫、狼毫等各种软硬毛笔。彩画勾勒用的画笔宜细长坚韧、富有弹性。设色则用羊毫为主。

矿物颜料的研制工艺愈益完备，要点是：击细并碾成细粒，煮洗去其渣垢，再加水乳细。然后再进行"飞跌"，即兑入胶水和清水加热，不断地摇荡，利用颗

图9-1-2　大同云冈石窟北魏石刻平面彩画图案

粒大小的浮沉现象和胶水遇热上浮的特点，在澄清过程中，下沉的粗细颗粒分成不同的深浅层次。分层取出后，经热水出胶、妥善加以保存，同时再兑清水调制。这样可以分出四层深浅颜色，以石青而言有青华（浮在上面的青松）、三青、二青、头青。头青又称大青，只有彩画用大青、大绿，绢上绘画则嫌其粗。

（三）色彩应用技法

汉魏时期的彩画色调比较简单，到了南北朝，开始出现了用色向多样化发展。这时青、绿两色配合，同银朱、朱砂、土红、赭石相对比；其间还夹以浅蓝、淡黄、浅绿等植物色，在白地的衬托下，呈现对比中有协调的新颖色调。其中以石青色常占优势。

以敦煌莫高窟的北魏288窟为例，窟顶人字坡的椽子之间，在白地上画着青绿和银朱的花草，其中穿插着莲花、鹦鹉、孔雀、人物等，色调明朗悦目，充满着自然的生趣。

这时期的彩画，开始用较多的复合色。如在石绿上加染石青，银朱上罩染胭脂，以及用银朱或铅丹调合铅粉，花青调藤黄，石黄调铅丹等。彩画色调进入了丰富华丽的阶段。

图9-1-1　敦煌石窟中的北魏藻井彩画

作为彩画发展史上的大事,这时开始出现了"晕",以后逐步发展成"叠晕"。秦汉以来,设色多用平涂,随着佛教彩绘技法的传入,南北朝的彩画和壁画中产生了"晕"及"晕染"。

梁代名画家张僧繇曾在建康(今南京)丹阳市东南六里的"一乘寺"门楣上画凹凸花纹。"朱及青绿所成,远望眼晕常如凹凸,就视即平"[19]。据传是天竺画法,许多人去观看时引起了惊奇。这段记载中用"晕"字形容凹凸感觉(按:一乘寺建于梁大同三年,即公元537年)。

敦煌北魏彩绘画青绿山头时,即在石绿峰峦上部,趁湿加染石青,边际相隔而界限不清,可以称之为"晕染"。有时在花叶的局部边沿加一道深色的晕圈,但没有出现深浅层次排列分明的叠晕。唐代绘画愈加重视线描,"骨法用笔"受到强调。因而表现立体的设色技法,并没有在绘画中得到进一步的发展。另一方面,晕和晕染则经画工们的不断改进,发展成为"叠晕"技法而长期流传下来。

叠晕提高了彩画色调的装饰性,增加了色调的深浅变化,加强了纹样的立体感,利于色彩的调和统一,因而成为唐代以来的彩画传统技法。叠晕是以颜料的"飞跌"工艺为前提的,没有精确的色彩分层技术,叠晕是不能产生的。植物色则不宜叠晕。

(四)彩画起稿和布色

古代有一种名叫"粉本"的画稿,把画稿先画在皮纸或制过的薄羊皮上,按照纹样用针顺序戳成密排的小孔。同时把它覆在木料上,将白土粉拍进孔内,依粉痕描稿。这是一种考究的做法,一般直接用红土或淡墨起稿。敦煌彩画起稿有三种方式:红土起稿、淡墨起稿和焦墨起稿。北魏和隋唐都用红土,晚唐到宋都用墨稿。

布色先布大体色调。用青、绿、朱红矿物色调少量白粉,先平铺一遍。待通幅的主要色调对比匀称后,再补填主要色,取得调和与变化。然后再进行细致的晕染加工和重点勾勒。这样做便于推敲色块布局,又便于涂改。

三、建筑色彩与彩画技术

宋、元时期,建筑色彩与彩画技术的进步,展开了新的一页。

这时期的彩画技术有普遍提高。内容包括衬底、衬色技术,堆粉贴金技术,胶矾水罩染技术,调色、合色技术以及布色、叠晕、剔填、积粉、贴络华子等。这时期的木结构技术有新的发展,艺术风格趋向于飘逸秀丽,建筑造型以精致见长,需要精美的彩画来配合,彩画技法因而精益求精。

这时期的宫苑及私家园林都着重于山水、花木的自然美,园林建筑出现了青翠色调。从而产生了以青绿两色为主调的彩画,建筑色彩装饰趋向幽雅。

宋代画院盛行画"折枝写生花"和"没骨花",南北各地的建筑彩画上常加模仿,大都画在栱眼壁、枋心和须弥座壶门等部位。龙德宫落成之日,宋徽宗对画在柱廊栱眼壁中的"斜枝月季花"大为赞赏,一时模者甚众,蔚成风气。写生花以牡丹为主,莲花及杂花为次,取其色泽鲜艳和富有生意。采用绘画中的写生花形式及其渲染法,赋予彩画技法以新的养分。

金玉、锦绣装饰的衰落和锦纹彩画的盛行,又促进彩画图案的精丽。宋初营建宫观,如大中祥符元年建造的玉清昭应宫,仍然以"文缯裹梁,金饰木"[20]。仁宗景祐三年,"诏禁凡帐幔、缴壁(即壁衣)、承尘(天花板)、柱衣、额道(额枋上挂锦幔),毋得用纯锦遍绣"。熙宁元年冬十月戊辰有"禁销金服饰"等敕令[21]。因此,在熙宁中开始编写的《营造法式》中,不提金玉锦绣装饰,而以摹绘代替。锦纹中有团科、柿蒂、方胜、叠胜、琐纹、龟纹等几十种,画在柱头、斗栱、方桁、平棋、枋心等处。

此外,这时与阿拉伯人互通贸易,不断进行着科学文化的交流。阿拉伯装饰中异常发达的几何图案及其组合技巧随之传入中国,为我国的彩画传统增添了若干新的因素。

(一)彩画工艺的发展

1. 胶矾技术

使用胶矾水是宋代彩画工艺中的一项重要技术。明矾一般用作净水剂和染色的媒染剂。叠晕和罩染是宋代彩画设色的重要技法，胶矾水是必不可缺的东西。

矾水能产生络合作用，涂在物表形成不溶解的金属络合物，能防止水的浸透，把颜色牢固地附在物面上。叠晕和罩染都是需要涂几重颜色的。如果底层上不涂胶矾水，加染会引起底色的溶解和相混，产生污斑。因此每叠一重晕，都要涂一度轻淡的胶矾水。

单独的矾水往往是不匀的，因此必需加胶调成匀净的胶矾水。用匀净的胶矾水涂在底色上、加染颜色后就不会产生深浅不匀的现象。它还能保护颜料不受湿气的浸透，使彩画色泽鲜明，颜料经久不变和不剥脱。胶容易发霉，加矾后，则不易生霉。

2. 贴金技术

彩画贴金起自何时，尚难作出肯定的答复。就敦煌石窟而言，则始于隋代。隋窟彩画中用的是平贴金及描金，如藻井的金地、金边以及花叶描金等，直到盛唐仍少变化。晚唐与宋初的敦煌彩画中，又出现了堆泥贴金及堆粉贴金两种做法（图9-1-3、图9-1-4）。堆泥贴金分两类：一种是乘抹泥顶时，直接塑上去，藻井内的泥塑龙凤，其中都夹麻丝或细草，它是从北魏泥塑技术传下来的。另一种是模印泥饼，干后用胶粘贴上去。大都用在顶部支条的交接点和团花的中心，泥饼上的宝相花是模印贴金，不是沥粉贴金。

堆粉贴金呈微微突起的效果，藻井中的龙凤常用这种做法。它的做法同《营造法式》彩画制度中的"贴真金地"相似，也是只贴金不沥粉。

图9-1-3　宋代的堆泥贴金彩画之一（敦煌石窟藻井）

图9-1-4　宋代的堆泥贴金彩画之二（敦煌石窟藻井）

沥粉贴金技术用于佛像装銮出现颇早，用于彩画则较晚。敦煌初唐57窟和盛唐45窟的壁画佛像头部饰璎珞和泥塑武士的衣甲上，都开始出现沥粉贴金。这时的沥粉材料用白土粉，沥出的线条粗而扁，尚处于初期状态。到了宋初，取得颇大发展。沥出的线条，圆匀而光洁，牢固地附在壁画上，经数百年而不坏。宋代用的灰色沥粉，可能是用烧过的香灰、绿豆面和细高岭土粉调制而成的。细而光滑的粉末，加胶后有很好的流动性和附着力，干后十分坚实。这时期的沥粉贴金仍用在壁画和塑像上，彩画中仍少应用。

（二）《营造法式》彩画技术的分析

《营造法式》一书中的彩画，从内容、种类、用色、制度等方面，已经达到成熟阶段。现在就用色、制度、技法分析如下。

1. 上色步骤

分衬地、衬色、布细色三个步骤。

第一步：衬地法。凡斗栱、梁柱及画壁皆先用胶水刷一遍。贴金地需刷鳔胶水。

五彩遍装之地用白土遍刷，候干又用铅粉刷之。碾玉装或青绿叠晕棱间装之地，用靛青和白土遍刷，或用雌黄合绿刷之。

衬地的意义和作用：木料能够吸水，在木料表面进行着色时，颜料的液体会很快被吸完，以致妨碍设色。由于吸入颜料液体的干湿不一，色彩会产生深淡不匀现象。衬地能够均衡地吸收色液，使设色均匀平整，并能同上层的矿物颜料结合成防护层，防止紫外线对木表的氧化和湿气渗入。

第二步：衬色法。即在衬地上加色。石绿图案用槐花汁[①]即调合螺青及铅粉为衬色；石青用螺青调合铅粉为衬色；朱红用紫粉调合黄丹为衬色。衬色实际上是衬地的上层，能起烘托矿物色的作用，使彩画色调更加浓厚耐久。

贴金之法：贴金与衬地是同时进行的。一般是先贴好金，然后着色。即先用鳔胶水遍刷贴金部位的木料表面，候干，刷白铅粉五遍，再刷土朱铅粉五遍。上面用熟胶水贴金，用锦按实之。着色候干，用玉或玛瑙或狗牙磨压令光。此即堆粉贴金技术，微呈突起效果。如需高些，可多刷几度铅粉。制铅粉要加入豆粉和蛤粉，使质地细而光滑。并因豆粉能提供胶质，使涂在鳔胶上的衬金粉[②]极为坚实牢固。堆粉贴金做法很费功，凸起效果又不十分显著。堆粉也可用白土粉，以豆面加胶与豆浆混合调成。

第三步：在衬色上布细色（以五彩遍装为例）。五彩遍装的细部设色顺序：

在梁、额枋、斗栱的外棱（即外边）留缘道，用青绿或朱叠晕。

梁、额、柱上彩画花叶之间，夹有行龙、飞禽、走兽等纹样者，用赭线描画在白粉地上，或更用浅色拂淡，不需显现赭线，然后上色。

色彩相间之法。青地上的花纹，用赤、黄、红、绿相间，外棱用红叠晕。绿地上的花纹，用黄、赤、红、青相间，外棱用青或红、赤、黄叠晕。朱地上的花纹，用青、绿相间，外棱用青或绿叠晕，称为“间装法”。

叠晕与对晕法。

叠晕法：自浅色起，先以青华、三青、二青、大青为顺序相叠，每层留出适度的宽边，形成由浅到深的晕层。大青之内用墨压深，青华之外，留白粉压一道。绿色晕层用深草绿，朱色用深紫铆压深（亦称罩心）。花朵与枝叶则从两边起晕，中央压深。

对晕法：梁、斗栱的外棱叠晕，深色在外，浅色向内，心内用大青或大绿剔地，地外留边缘同外棱对晕，令浅晕在外。在相对的浅晕之间，划白线一道为分界。

叠晕和对晕主要用在木构件的边棱部分，能够产生浑圆的感觉。

2. 各种彩画制度的分析

五彩遍装彩画是一种华丽的上品彩画，是从唐代传统上发展起来的，保持不少唐代风格，又具有新的特点。色彩以石青、石绿、朱砂为主，辅以胭脂、槐花、靛蓝等植物色。彩画中的写生花则以植物色为主，或浅或深，千变万化，任其自然，不用大青、大绿、深朱、雌黄、白土之类。加上画在斗栱、方桁、枋心等部分的各式锦纹彩画，综合地利用了当时的绘画及工艺美术成就，形成富丽精致的色调美。

碾玉装彩画：

这是宋代彩画匠师创造的色调清雅的彩画，制作极精，与五彩遍装同列上品。多层的青绿叠晕，外留白晕，宛如磨光的碧玉，这就是“碾玉装”名称的由来。

碾玉装与五彩遍装的主要区别在于不用朱红，花纹衬地用石青、石绿、绿豆褐或白色。碾玉装不用写生花，青绿纹样用浅色拂淡，色调青翠悦目。在大片青绿色中，局部以少量红花为对比，如“耍头并昂面刷朱；用雌黄棱界”，“素绿柱头用五彩锦，柱顿作红晕莲花”等。碾玉装中还有“青绿碾玉抢金”的做法，属于华贵的处理手法。碾玉装多用于园林、宅第中，其青绿色调对明、清彩画的影响很大，是彩画色调的一大变革。

青绿彩画还有青绿叠晕棱间装，主要用在斗栱上。斗栱的外棱用青晕者，身体用绿叠晕；外棱用绿者，身体用青，是一种不画花纹的简单做法。另有三晕带红棱间装者，若外棱缘道用青叠晕，次以红叠晕，再用绿叠晕。青绿叠晕棱间装斗栱是明清斗栱彩画的前驱。

---

① 槐花汁做法：用未开的槐花蕊可以制成嫩绿色。用已开的槐花制成黄绿色。制色是将采下来的蕊或花，用沸水略经汤煮，加入少许石灰，令之发胀起色。然后捏成饼，用布绞汁，用来兑色。除为衬色外，主要是用它调合石绿或罩染在石绿上，可以加强石绿的鲜艳度和浓度，而且牢固不脱。宋代彩画常用之。

② 衬金粉（即土朱铅粉）做法：定粉（即铅粉）一斤，颗块土朱八钱。先将定粉研细过滤，晾干。用木炭烘烤（即熇粉）待粉烘到焦黄程度，再用桐油调合应用。煎桐油要加入松脂、定粉、黄丹，即利用衬托金色，又可加快桐油的彻底干燥。桐油如不干透，容易发霉。三者都是干燥剂，焦黄的定粉吸水力强。衬金粉不得用雌黄合粉，雌黄遇粉，金将变黑。

图 9-1-5 大同薄伽教藏殿内平栱彩画两例

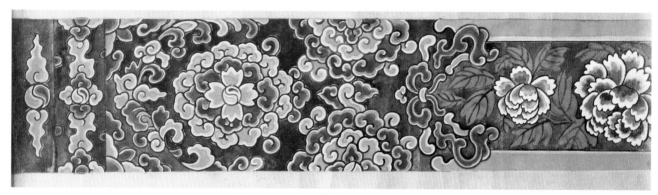

图 9-1-6 大同薄伽教藏殿次间内檐梁面彩画

解绿结华装：

解绿结华装在《营造法式》彩画制度中，附属于"解绿刷饰屋舍"的"解绿装"内，乃是其中的考究做法。这是倾向绿色调的中等彩画制度。解有分解、区别之意，即以石绿为边沿，纹样内以绿为间隔，青色用得较少；以土朱为地，不用朱砂或贴金地。这种彩画起源很早，流行在晚唐、辽、宋时期。早在敦煌北魏 251 窟的斗栱上，和坐斗都用石绿为沿，土朱为地。其中的卷草、流云纹用黄、红与石绿相间，乃是已知的最早实例。大同下华严寺薄伽教藏殿等辽画（图 9-1-5、图 9-1-6），以及已发掘的辽墓，和敦煌宋初窟檐等处的彩画做法（图 9-1-7），大同小异，都是属于此类。

此外，还有两种仅用如意头的简单彩画：一是解绿刷饰彩画。"材、昂、斗栱之类，身内通刷土朱，其缘道及燕尾八白，并用青绿叠晕相间"，在檐额或梁栿之类上，四围留缘道，"两头相对作如意头"。二是丹粉刷饰彩画。"面上用土朱通刷，下棱用白粉

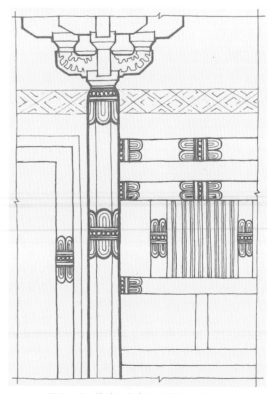

图 9-1-7 敦煌石窟宋初窟檐的束莲彩画

图 9-1-8　宋《营造法式》额柱彩画

阑界缘道，下面用黄丹通刷"。彩画在"檐额或大额刷八白者，随额之广，分为七分，各当中以一分为八白"。有的两端也做如意头。此类刷饰简称为"七朱八白"。额柱彩画的藻头（找头）部分全用如意头形式，《营造法式》把额柱彩画分为九种方式：即"单卷如意头"、"三卷如意头"为一个整如意头；"叠晕"等为一整

两破如意头；"云头"为两半个如意头；"合蝉鹭尾"为一个向内的如意头，额柱彩画对彩画构图影响较大，形成了额柱两端的"藻头"（找头）部分与"枋心"部分的三段构图格式（图 9-1-8）。

杂间装：

《营造法式》的彩画制度是以色彩为分类依据的，

图 9-1-9　义县奉国寺大殿内檐梢间单步梁底面彩画

图 9-1-10　义县奉国寺大殿内檐东次间梁面彩画

图 9-1-12　义县奉国寺大殿内部明间梁的彩画

图 9-1-11　义县奉国寺大殿六椽、底面飞天彩画
之一（半幅）

每一类彩画都有它自己的主调。同时，可以按照具体要求，灵活调配。它不同于以图案主题分类的和玺或旋子彩画，那是不能相互配合使用的。

宋代彩画可以随意配合，因而增加了灵活变化的余地，有利于彩画技艺的发挥。如五彩装，额枋角叶用红地，枋心纹样可改用青绿碾玉装，使华丽的五彩装变得淡雅些；又如碾玉装外檐彩画，改用三晕带红棱间装斗栱，借以加强色调的对比，并有简化纹样的作用。

除杂间装外，这时期的建筑彩画常以多样化的面目出现。以敦煌宋初窟檐彩画或辽薄伽教藏殿彩画为例，在用解绿装为主的同时，又穿插应用了没骨画和勾勒的写生画以及飞天等。辽奉国寺大殿的彩画更是多种多样（图 9-1-9 ～图 9-1-12），不一而足，这同明清时期在一个建筑中仅用一种彩画制度的做法，是颇为不同的。

3. 彩画与雕塑的配合技法

宋代的细木雕很发达，常用来配合彩画。多样化的雕刻技术和安装方法为彩画与雕刻结合创造了条件。圆雕和高浮雕一般采取"雕插法"，半圆雕或浮雕则用"贴络法"。彩画枋心常贴络各式花朵或飞禽走兽之类的浮雕；在平棋中常贴络盘龙、对凤等浮雕。贴络是先用胶粘，干后加钉。眼壁是雕插写生花木雕的地方，把雕刻好的牡丹花等插在壁面上的木花盒里。这些木雕都着色晕染，当作彩画中的重点雕饰。

贴络"华子"是宋代平棋的特殊技术。"以方椽施素版，谓之平暗，以平版贴华，谓之平棋"，意思是用棋子一般的华子，贴在平版上，故名"平棊"。华子是用木片雕成的，有雪花、圆花、罗文、柿蒂、平铏等十多种形式，可以应用斗八、斗十二、簇六、六八等许多组合排列方法，构成六八圜华、簇六雪花等图案，做法颇多几何式构思。布局确定以后，用鳔胶贴华子，干后划削令平，用钉钉牢，华子上面照常着色描花，施加晕染。

彩画中贴络雕饰的技法为元代所继承。现存元永乐宫的藻井、枋心及棊眼壁中，贴络着各种式样的木雕或泥塑龙。雕塑与彩画相配合的技法，一直流行到清代。

四、建筑色彩与彩画的演变

（一）墙面色彩

汉代的红白配合的外观色调，沿袭至唐未变。除屋面上开始用琉璃外，其余无多改变。北魏洛阳塔仍是"白殿丹楹"、"朱柱素壁"[22]，隋代宫室依然是"饰以丹粉"[23]，唐代一般建筑的外墙抹石灰或白土粉，木料刷土朱或赭石，窗棂刷绿色，很少涂漆者，有"赭垩之饰必良"的记载[24]。这时期的日本寺塔沿袭唐代做法，外檐色调与所用颜料同唐代大致相同。

考究的墙面做法，见于《清异录》的记述：唐"穆宗喜华丽，所建殿阁以纸膏胶水调粉饰墙名雪花泥；又一等鳔清（稀胶水）和丹砂末，谓之长庆赤"。宋代南方少数民族地区也有用滑石粉饰墙的，"滑石，土人以石灰垝壁，及未干时以滑石末拂拭之，光莹如玉"[25]。

明代的白粉墙大都用在江南一带住宅园林中。明

计成《园冶》说："历来粉墙，用纸筋石灰，有好时取其光腻用白蜡磨打者。今用江湖中黄沙，并上好石灰少许打底，再加少许石灰盖面，以麻帚轻擦，自然明亮鉴人，倘有污积，遂可洗去，斯名镜面墙。"

秦汉时期的红墙多用于室内和地面，两者的做法类似，称为"土被朱紫"。据秦咸阳宫遗址和汉西宫王莽辟雍的发掘报告，做法是墁草泥、谷壳泥、细泥，表面上加墁红色细泥，再用圆形砾石磨光压实，制成很光滑的朱红面。

敦煌宋初石窟窟檐外墙为粉红色，就是在白灰中掺红土调合抹成的。《营造法式》中有合红灰、合黄灰、合青灰的配合法，皆是用石灰为主料，调合土朱、赤土、黄土等制成。说明宋时墙面有多种淡色做法。

明清宫城、殿庙外墙都用红色。由于是在砖墙上抹成的，做法略有不同。明代以前多用土墙，土墙可以防碱。砖墙泛碱、色彩难保不变，因而有用麻束钉在砖缝上，然后抹红色灰泥，表面罩红土的做法。《工程做法》上有"抹饰红灰：每折见方一丈，厚五分，用白灰一百二十斤，红土六十斤，挂麻八两，麻刀五斤六两"的记述。表面罩红土有"提刷红浆，每折见方一丈用头号红土十斤，江米四合，白矾八两"的做法。这样做的结果，能经久不变色。

明、清宫殿、陵墓建筑的内墙及宫城门券内墙等，都用黄色墙面。施麻调料与红墙同，唯黄颜料用包金土。这是一种优质黄土，产在京郊及山东等地。明清宫殿等内部用包金土粉刷，比红墙明亮；沿边刷绿，边内起细红线一条，称为"绿牙子"。这种黄墙面经压平抹光，极为光泽悦目。

江南庙宇外墙面用黄色，其做法据《营造法原》说："刷黄时可先将墙垣粉平，刷白灰水三道，上罩绿矾即呈黄色。"

（二）屋面色彩

南北朝时出现绿琉璃檐脊，称为"剪边"。敦煌北魏、西魏窟的壁画上所画的建筑物，都是用灰瓦屋面配以绿琉璃脊，正脊两端有绿琉璃鸱尾。近脊中央及戗脊端部也有安置红琉璃宝珠者。盛唐前后出现绿琉璃的屋面，杜甫《广州越王楼诗》中已有"碧瓦朱甍照城郭"之句。唐兴庆宫遗址曾挖出两块绿琉璃板瓦，证明盛

唐之际已有绿琉璃瓦的屋顶了。

到了晚唐，青色琉璃瓦流行起来。继之又有深青泛红的绀色琉璃瓦出现。同碧瓦一起和宋代流行的青绿彩画、装修相配合，形成园林、宅第的清雅色调。

金中都宫殿"两廊屋脊，皆覆以青琉璃瓦，宫阙门户，即纯用之"[26]。这时中都宫殿中开始出现满铺黄琉璃屋面。"后有数殿，以黄琉璃结盖，号为金殿"。[27]这时大概是统治阶级为夸耀华丽而用，并非礼制的规定。

元代宫殿的琉璃屋面趋向丰富多彩。"元祖肇建内殿，制度精巧，瓦滑琉璃、与天一色"。[28]大明殿"顶上之瓦，皆红、黄、绿、蓝及其他诸色，上涂以釉，光辉灿烂"[29]。元代的山西永乐宫三清殿屋面用黄、紫两色琉璃组成中心四爻图案，说明元代琉璃生产发达，色调富于变化。

现在北京故宫的黄琉璃瓦宫殿是从明代开始的。明初建造北京宫城时，要求恢复古制，黄色屋顶是加强建筑礼制的重要措施——以黄为尊。自隋以来逐渐形成以黄色为最尊贵的服饰、用物的主色。明代起又成为皇宫屋瓦的主色。

（三）石材色调

唐代大明宫的含元殿台基栏杆都用青石，故有"陛莹冰级……铁石丹素无加饰焉"的记载[30]。到了南宋范成大使金时，诗中记事有"燕石扶阑玉作堆"之句[31]，"入丰宜门过龙津桥，桥分三道，通用玉石扶栏[32]"。"燕山石，出水中，名夺玉，莹白坚而温润"。[33]洁白无瑕的"旱白玉"是大理石的一种，为纯洁的碳酸钙。旱白玉之类的白石不溶于水，一洗便净，产于北京房山一带。

元代内殿"阶琢龟文，绕以曲槛，槛与阶皆白玉石为之"。[34]元建居庸关云台栏杆，也用白石制成。明初南京宫殿及孝陵石栏都用青石，是就地取材之故。明清北京宫殿、坛庙、陵墓则一律采用白石制作台基、栏杆、华表及门券面，形制与元代类似。确信是从元代基础上发展而来的。

（四）装修色调

宋代以前建筑装修的色彩，窗棂部分刷青绿。到了宋代，木构装修色调仍趋向青绿。《营造法式》设色制度中出现土朱与合绿并用的两种设色制度，这在唐代是没有的。如木华表柱刷土朱或绿笋通造，乌头门用抹合绿桯子或刷土朱等。门窗棂格大都用绿，有抹合绿方格眼、合绿刷球文格子、抹合绿障水版等规定。合绿系雌黄、蓝靛调配而成，下面有衬地，干后罩清油，色泽经久不变，并有防潮、防蛀的作用。

宋代以来的青绿彩画，朱金装修、白石台基和红墙、黄瓦等在明清官式建筑中得到综合利用。其特点是：重视色彩的大体构图和局部之间的衬托与对比；集中处理檐下的成片青绿色调，同时突出大小额枋彩画；取消檐柱彩画，加强其整体性，从而使彩画的布局与构图同外观造型紧密配合起来。

金元时期的宫殿装修用色倾向金红，元代出现"朱金琐窗"。这就是明代朱金菱花窗槅的前身。

第二节　明清建筑彩画技术

明清是我国封建社会晚期，但这个时期建筑的规模仍然很大。建筑装饰，在工艺技术上更加精致，在图案设计上更趋于定型标准。

明清五百多年的土木兴建，综合了南北方建筑装饰艺术的特点。这个时期彩画行业的从业人数相当多，客观上培养了许多彩画工匠。明朝初期，封建统治阶级役使几十万工匠，对北京进行了十六七年的营建，对全国各地和京城附近的工匠实行"轮班"和"住坐"的服役方式。当时服役的油漆彩画工匠据《明会典》记载就有六千七百多人。到清代后期，遇有营建常直接由市肆的木厂、油局子、彩画作来承办。

明清两代建筑彩画，不仅在技法上，而且在施工技术上都有较大的改革。

一、明清建筑彩画的发展

明代彩画大都是直接绘制在刨光的木件上，木构件事先只作"填补"和"钻生"的处理。①目前能见到的明以前的彩画保存甚少，大多是经过了历代翻修，已非原貌。但明代彩画还保留下来一些作品，如北京十三陵的长陵（图9-2-1）、智化寺和法海寺等处都是很珍贵的实物例证。椭圆的团花、圆形的旋子和扁长的如意头图案，都恰当地施用在彩画上（图9-2-2）。江浙等地少数建筑中还保留着一些明代彩画，反映了江南彩画的技艺成就。

到了清代，由于封建统治阶级穷奢极侈，土木兴建不已，造成了木料的缺乏，因而木结构中出现了包镶柱子、拼合梁枋的做法。木构件上许多的铁箍、铁钉和拼缝，致使彩画不可能直接地绘在木料表皮上。这样油漆地仗的使用便开始盛行了（"地仗"主要是填补缝隙，使之光滑平整，具体做法参看油漆技术一节），这就使得彩画地子的处理发生了变化。

明清建筑彩画总的特点是纹样庄严、构图严谨、配列均衡。植物和几何纹样多采用相对称的形式。色调有浓淡与华素之分，用金量多。因为它需要具备远观近看的两种效果，所以，使用颜色上一般都是大面积平涂，加之退晕手法，在上面描绘各种花纹。为陪衬整个建筑物的整体造型，有的辉煌夺目，有的清爽素雅，具有独特的风格。它的图案内容受着封建等级制度所制约，色彩及贴金多寡皆有严格的规定，不准随意乱用，多年来形成固定规矩。

大木梁枋彩画种类繁多，随着时代的进展，在花纹的组合和色彩的使用上也多有变化。到清中叶后，匠师们便把它归纳为三大类别，即：旋子彩画、和玺彩画和苏式彩画。每类彩画又按等级区分为几种做法，按照每种彩画的制度安排色彩和图案，习惯上称为"规矩活"。

图9-2-1　北京明十三陵长陵门琉璃彩画
(a) 梢间部分；(b) 次间部分；(c) 明间部分

---

① "填补"是指填补木件上的裂缝。"钻生"是指用桐油在木件上涂刷，以防木材受潮或干裂。

图 9-2-2　吗旋子团花图案

1- 宋刊大字本妙法莲华经引首木刻佛像边；2- 元永乐宫三清殿；3- 明智化寺万佛楼；4- 大同善化寺大殿（明代重修时绘）；5- 明大同兴国寺；
6- 北京碧云寺（明末清初）；7- 清代中叶后的定型旋子；8- 白塔寺；9- 文天祥祠堂；10- 智化寺；11- 白塔寺

　　所谓规矩就是各种彩画的构图、工序、颜色、操作技巧形成了统一的法式，为了便于记忆，常以口诀的形式出现。如：构图上的"里打箍头外打棱"；颜色上的"上青下绿"、"整青破绿"等。因之在施工过程中，无论图案多么复杂，参加彩画施工的工匠有多少，也能做到有条不紊。即使采用流水作业，或前后檐分开施工，不相往来，也是不会错的，由此可见规矩的重要性了。

　　但是，彩画发展到清末，由于建筑艺术陷于僵化状态，使彩画制度过于死板。另外，由于资本主义萌芽的发展，彩画行业多按地区分为帮派，由各营造商、把头和行会的权势者所控制，进行技术垄断。同时，视工艺创新者为"外江派"①，从而使彩画得不到创新，这是造成彩画艺术退步的原因。

①　"外江派"是泛指外来的工匠或外行的意思。

　　由于封建等级制和宗法思想的影响，各类彩画都有自己习用的题材内容。作为皇权标志的"龙"、"凤"是宫殿彩画的主题。由于喇嘛教的盛行，"西番莲"、"八宝"也成了宫殿、庙宇彩画的题材。在纹锦装饰中有不少还继承着唐、宋以来的图案，如：夔龙、夔凤、宋锦、流云、异兽等。

　　旋子彩画，是以青绿颜色或龙锦枋心配以青绿为主的旋子花图案和如意头图案，相间加上西番莲等各种轮草、海八宝图案。根据不同等级分多种做法，常用于明清时期的宫殿、坛庙等建筑上。唐宋以来建筑彩画，不断采用宝相花、海石榴花、牡丹花等团花图案。团花、旋子、如意头三种图案配合应用，是明清建筑彩画的特点之一。团花宛如盛开的花朵，花心由莲花、石榴、西番莲组合而成，姿态多异、构图简练而明确（参见图 9-2-2）。

　　和玺彩画，风格严谨、庄重，取材多系龙凤、祥瑞①及龟背形几何纹样，用金量大，多用于宫殿上以显示"尊贵"。

苏式彩画，起源于江南的苏杭二州。清代宫苑别馆中的楼台、亭榭建筑上多以苏式彩画装饰。南方多采取雕刻与彩画相结合的做法，画面以锦纹图案为主，同时还以木雕泥塑的人物故事或花鸟等作陪衬。北方则采用锦纹图案作装饰，其间加画一些花鸟、鱼虫、山水、人物，是较为活泼的一种彩画。

二、梁枋彩画的构图特点

明清梁枋大木彩画在整体构图上，按各个梁枋的全长均分为三段，工匠术语称之为"分三停"。从整体上分三部分便于布置图案，无论哪种彩画都能使之构图紧凑。其制度从明代以来一直沿用至今。它的当中部分叫做"枋心"，左右对称部分叫做"找头"，

找头的外端叫做"箍头"（图9-2-3）。

"找头"，是在构图上划分出各线路之后，除去枋心和两端的箍头外，所剩下的面积。这块面积的大小是随着木件长短、宽窄而变化的。根据所空下的面积大小，画出合适的花纹。

"箍头"，古来梁柱末端多束裹带环，以防止木材劈裂。后来经过美化，以绘画方法形成箍带，称为箍头。箍头上描绘花纹者称"活箍头"，没有花纹者称"死箍头"。

遇有梁枋构件过长时，为使构图完美紧凑，在找头与箍头之间，量出大约与枋子等宽的一个面积，再画一条箍头，两条箍头之间称"盒子"（图9-2-4）。为了明确划分枋心、找头和箍头的界线，所施线路因部位的不同而有箍头线、岔口线、枋心线、皮条线等名称，统称为"锦枋线"。

以上是明清梁枋彩画在构图上的基本形式。下面

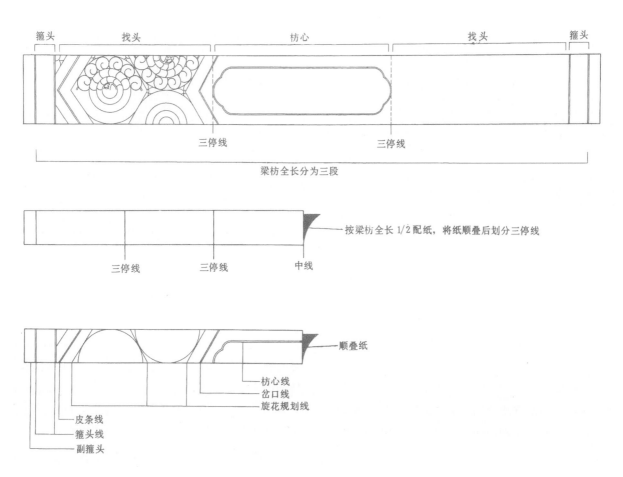

图9-2-3　梁枋规划线名称部位图

① "祥瑞"是指灵芝草、瑞草、吉祥草之类。

图 9-2-4　墨线小点金旋子彩画（清）

试将宫殿彩画中花纹的应用、构图制度及工程做法进行分述。

三、旋子彩画

　　找头内画旋子花纹，是旋子彩画的特征。它是牡丹花演变形成的一种图案，起源于宋、元时代。至明清两代有着更大的发展。

　　旋子彩画的基本构图方法是采用一整两破式的花纹构图。这种构图方式伸缩性大，能够适应各间梁枋的宽窄尺度和长短比例的变化。也适用于同间木结构等长不等宽的情况下取得统一和谐的纹路。一些木构件，如下额枋、插柁和插梁等三个面都需要进行彩画，存在构图的连贯问题。采用旋花纹来处理，就能圆满地解决转角部位图案连贯的问题。另外，旋花轮廓简

单明确，层次清晰，便于青绿颜色的相互调换。自元代开始出现旋花纹后，经过不断的演变，旋子图案自成一体，为明清两代殿宇彩画的主要题材。

（一）明式旋子彩画

　　旋花造型在明代尚未定型，构图比较自由。它的特点是用金量小，贴金只限于花心（旋眼）部分。枋心内大多不加绘任何纹草、云龙图案，只用青绿颜色叠晕。梁枋彩画的各锦枋线（箍头线除外）均采用连贯的曲线，与找头内的花纹协调一致。找头内图案花纹是根据梁枋的宽窄及找头的长短而变化的。以明正统八年（1443 年）北京西山法海寺梁枋彩画为例（图9-2-5，图9-2-6），可以看出由于上檩条与额枋的宽窄不一，为取得比较协调的构图效果，都采用"一整

图 9-2-5　北京西山法海寺外檐彩画（明）

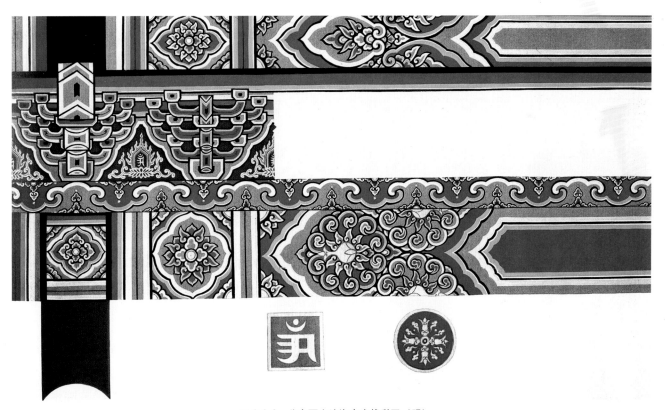

图 9-2-6　北京西山法海寺内檐彩画（明）

两破"的形式。额枋用圆形的旋子花纹，檩条则采用伸缩性较大的如意纹来进行组合搭配。在明清晚期还出现过无旋花的龙草、龙锦彩画（图 9-2-7、图 9-2-8）。

明式旋子彩画的箍头，一般来说，要比清式的窄。盒子内的花纹变化比较丰富。

沥粉贴金技术，在明代已较多地使用到梁枋彩画上。明正统年间的法海寺梁枋彩画的线路花纹中尚未见到沥粉贴金，采用的只是在花心部分贴平金，朱红颜色开描的做法。而万历年间重修的智化寺，彩画图案虽然和法海寺大体一致，但沥粉贴金的比重增加了。

图 9-2-7　北京潭柘寺大殿梁枋彩画（明末）

图 9-2-8　北京陶然亭云绘楼彩画（明末）

除花心沥粉贴金外，各主要线路也一并采用了沥粉贴金的做法。

明式旋子彩画的特点是构图自如，用金量小，并多用碾玉装的叠晕方法做成，色调明快大方。

（二）清式旋子彩画

清初，旋子花纹的变化和色彩的使用逐渐地趋于统一。为了便于施工和计算工、料，将彩画分出了若干等级，制度较为系统明确。雍正年间，官方编撰了《工

程做法》一书，书中对于油漆彩画的工料定额，都有明细规定。但对于彩画作只是罗列了各种彩画名称及用工用料的定额，着眼于经济核算，并未讲述什么做法制度，名实不符，是一个很大的缺点。

民间技艺的流传，一向以口传身授的方法来继承。彩画艺术也是这样。民间画行里，师徒相承素有根基。因此，目前流传下来的古建筑彩画，从构图制度及颜色的使用等方面与《工部工程做法》和目前保存的乾隆、嘉庆年间的彩画相对照，除一些细小枝节（彩画名称及所用颜料）略有不同外，其他基本上继承了传

图 9-2-9　金琢墨石碾玉旋子彩画（清）

统的官式做法。

清式旋子彩画，花瓣层次较多，可分成几路瓣。外轮廓的大花瓣成圆形旋涡状，又称一路瓣，它是由凤翅瓣形的旋花，简化而成的图案，与旋眼（花心）成为统一的圆形体，好像一个小花蕾，比明式旋眼小。它的构图特点是随着找头尺度的变化而采取加减旋花的方法进行组合。这样，能更充分地使整组木构件上的梁枋彩画取得协调一致的艺术效果。

找头旋花图案中，部位线路的变化比较明显。如岔口线、皮条线改明式的连贯曲线为斜直线条，枋心头改为圆弧状。枋心内的处理除沿用明式的空枋心外，大多加画伍墨（即五彩）的龙锦枋心或次一等的花锦枋心。同时，沥粉贴金的数量增多。等级越高，沥粉贴金的地方就越多。故清式彩画从贴金的数量多寡就可区分出它的等级（图 9-2-9）。

（三）旋子彩画的起稿程序

因明清旋子彩画大体上的格局一致，下面只将清式旋子彩画在各木结构部位上的图案起稿规则概述如下。

起稿，工匠称为"摊活"或"起谱子"。

摊活、起谱子在各种彩画中是主要环节，也是最重要的一道工序。它既有严格的程式，又有因地制宜的、灵活巧妙的变化。所以，必须了解大木作的营造制度，才能起出正确的谱子。明代彩画的起稿，都是由有经验的匠师直接往木构件上摊活，最要功夫。后来逐渐地改进，采用配纸起稿的方法。既可达到起稿的高度准确，又可在同样大小的构件之间相互借用，提高效率。

谱子的完成，经由下列几道程序：

（1）丈量：将需要彩画的各部位（明间至次间，檐外至檐内，殿内各架梁）一一进行测量。要由鞅角测起，先测量长度，再测量宽度，记录下确切尺寸。至于垫棋板、霸王拳、各类椽头、麻叶头等奇形构件则采用比拓实样的方法。

（2）配纸：使用优质牛皮纸，按梁枋宽度裁纸，配好梁枋整间面宽的 1/2 长度（因明清彩画两端对称，故取其 1/2 即可）。

（3）梁枋起谱子：将裁好的配纸顺叠后，分三停线（因明清梁枋彩画在线路划分上，上下对称，故又只起枋宽的 1/2 即可）。分三停线后，画各部位大线。因各梁枋面积、宽窄不同，花纹就要有所变化。但为了格局的统一，箍头线、枋心线、皮条线和岔口线必须是上下相对，取其一致。工匠有"串上箍头线，对上岔口线"之说。因此，必须首先规划大线。箍头的宽度要根据构件大小而定，副箍头宽度要小于箍头宽度。枋心头要顶住三停线，然后画岔口线与皮条线。其斜度在 30 度左右。岔口线由枋心头的三停线往外规划。皮条线由箍头线往里规划。当中部位为找头。这样在整个梁枋长度上枋心占了 1/2，箍头、找头占了 2/3。这一点在旋子彩画构图中是不可变动的。因而工匠口诀在三停线内规划中有"里打箍头外打棱"之说。

找头内画旋子花纹，其繁简程度要视岔口线和皮条线之间旋花规划线以内的面积而定。以皮条线两边的空地的宽窄为标准，划分等份。一般大约三份的画"勾丝咬"。四至五份的画"喜相逢"。六份的画"一整两破"。七份的画"一整两破加一路"。七份半的画"一整两破加金道冠"。八份的画"一整两破加两路"。九份的画"一整两破加勾丝咬"。以此类推（图 9-2-10）。

木件过长者，采用加入盒子的办法将找头面积缩小，可使旋花图案紧凑。加画盒子只要一个木件上加，上下一组木件都要加，以使各锦枋线都能对上口。

盒子分软盒子和死盒子两种。两条箍头之间若画一个弧形边框者，称软盒子。一般较高级的旋子彩画多用之。内画升降龙、夔龙、夔凤、轮草、异兽等。要根据彩画的制度来选择内容。若用直线规划成栀花的为死盒子。死盒子又有整破之分，画一个四方形的整栀花为整，用对角线分开，每角画 1/2 栀花的为破。

死盒子做法还有一种用旋花纹绘成的，紧凑华丽，也有整破之分。

（4）平板枋起谱子：平板枋（坐斗枋）在旋子彩画中一般画"降幕云"，或切"小池子半啦瓢"。

降幕云是由一种云纹变化而成的图案，用青绿颜色叉开成升降之势。它的构图方法是，宽根据坐斗枋的宽，长根据座斗枋上斗栱间距以两攒斗栱之间坐斗中线之距为准。有的建筑斗栱之间距离不大一样，所以，在配纸起稿时要注意，务使挡距匀称。

降幕云起谱子的规矩是：每间的柱头上一定要有个栀花，每个斗栱坐斗下要碰上升起的云头。云头中线止好是坐斗的中线。建筑物的四角转折处，霸王拳上的坐斗枋迎面，不论长短如何都要画一个整云头，以加强整体的美感（图 9-2-11）。

"小池子半啦瓢"是由栀花和两组旋涡纹相互组

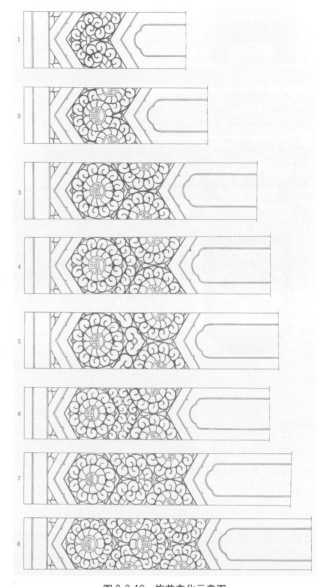

图 9-2-10　旋花变化示意图
1- 勾丝咬；2- 喜相逢；3- 一整两破；4- 一整两破加一路；
5- 一整两破加金道冠；6- 一整两破加两路；7- 一整两破加勾丝咬；
8- 一整两破加喜相逢

成的图案，间隔分出小池子。构图方法是：配纸按全枋长的 1/2 配成。起稿规矩是：对着柱头正中一定也要有个栀花，到角科的转折处，平板枋迎面一定要放置一个整池子。每间布置三至五个小池子不等，视间量的大小而定。

（5）垫额板起谱子：如画"小池子半啦瓢"，起谱子的方法基本上同平板枋，只是左右两边加画箍头，无论木件多长也不准加盒子，箍头要对准上下木件最外的一条箍头，当中颜色要随上木件的安排。小池子可画三至五个，成单数，以便于颜色的相互调换。但平板枋如采用小池子半啦瓢，垫额板就改用其他做法，以免重复。在旋子彩画甲，垫额板还有其他三种画法：满刷银朱红（名曰"腰带红"）、长流水旋花图案、法轮草或吉祥草。

长流水的构图是平行的三道水纹曲线，上下相差的地方顺着水纹线画一双双的流水浪花，如旋花状。清旋子彩画中的"雅伍墨"做法多用之（图9-2-12）。

（6）柱头、柁头起谱子：柱头、柁头起谱子方法同找头的原理，瓜柱与柱头一样处理。无论是栀花柱头还是旋花柱头都要本着一个找方求圆的规则。栀花柱头也要做成一整两破。柁头正面的旋花纹，花瓣要由上往左右旋转。柁头仰面和侧面要由向外的一面分左右往里旋转。

（7）各种草纹图案的起谱子：草纹的种类繁多，

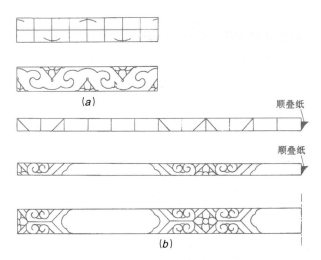

图 9-2-11 降幕云、小池子半啦瓢图案起绘法

（a）降幕云起稿要丈量平板枋上两攒斗栱坐斗中线间距。然后根据它的长宽配纸起稿；

（b）平板枋画小池子半啦瓢图案，要按每间枋长的1/2配纸，将纸顺叠后打上格子，安排池子与半啦瓢图案

长流水图要配纸起稿应是垫板总长的一半，箍头线要对准上下木件的外箍头线。余下面积要根据垫板宽窄程度打成方块，起画流水花纹。流水纹饰要不疏不密。

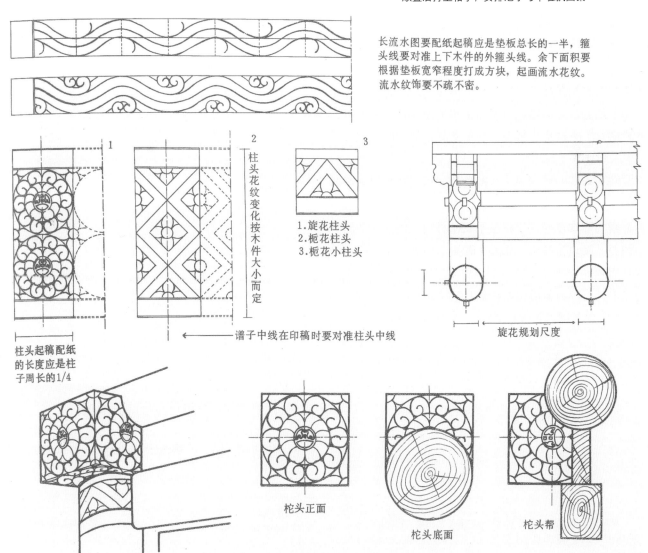

图 9-2-12 垫额板、柱头、柁头图案起绘法

起稿时根据所绘制的部位来选定，弯转自如，摆布匀称。起稿前要明确彩画的不同制度，片金做法则花纹窄，加晕或攒退做法则纹路较宽。在起稿过程中还要注意花纹在翻卷中，花纹图案地的疏密均匀一致（参看带有草纹图案的彩图）。

（四）旋子彩画的等级类别

旋子彩画有多种做法，根据用金量的多少、花纹色彩的繁简分为：金线大点金，墨线大点金，金线小点金，墨线小点金，石碾玉，金琢墨石碾玉，雅伍墨，雄黄玉[①]和大点金加苏画。上述各类都有它一定的制度，参看表9-2-1。

四、和玺彩画

和玺彩画[②]明清以来多用于宫殿建筑。作为皇权象征的各种飞龙翔凤是这种彩画中最突出的题材。它是一种高级彩画，属于"上五彩"的做法。在青绿地色上为了加强彩画的细腻协调而采用退晕手法，用大量沥粉贴金，色调浓重富丽，突出了金碧辉煌的气氛，以显示封建帝王的尊严。

和玺彩画的特点是：各部位的规划线都采用直线条的几何形。画面中各种姿态的龙、凤用得最多。这种彩画的图案布局也是将整个梁枋分为三段——中间为枋心，两端为箍头，枋心、箍头之间为找头。找头的外侧画多边龟背纹形的几何图案，和玺彩画上称之为"圭"。区别各部位的线路从边至中为：箍头线、正圭线、皮条线（又称圭浅光）、找头圭线、岔口线、枋心线。

彩画部位做法 / 旋子彩画分类	锦枋线（五大线）	旋眼栀花心	棱交地宝钊头	旋花瓣
雅伍墨	墨线	青绿颜色	青绿颜色	青绿颜色墨线拘黑开描
墨线小点金	墨线	沥二路粉贴金	青绿颜色	青绿颜色墨线拘黑开描
墨线大点金	墨线	沥二路粉贴金	沥小粉贴金	青绿颜色墨线拘黑开描
金线小点金	沥大粉贴金	沥二路粉贴金	青绿颜色	青绿颜色墨线拘黑开描
金线大点金	沥大粉贴金	沥二路粉贴金	沥小粉贴金	青绿颜色墨线拘黑开描
石碾玉	沥大粉贴金	沥二路粉贴金	沥小粉贴金	青绿颜色拘黑加晕色
金琢墨石碾玉	沥大粉贴金	沥二路粉贴金	沥小粉贴金	沥二路粉贴金青绿颜色加晕色
雄黄玉	满刷丹地拘黑，旋花中用三青、三绿拉晕色			
大点金加苏画	除枋心盒子外同金线大点金			

---

① "雄黄玉"即《工部工程做法》中的黄三色伍墨。它是以雄黄、樟丹颜色为主的一种彩画，有较好的防蛀、防腐性能，一般用于宫内库房。

② "和玺"一词原为"合细"，《工部工程做法》称为"合细伍墨"。

旋子彩画做法分类表 表 9-2-1

枋心	盒子	斗栱	垫拱板	压斗枋	平板枋（座斗枋）	椽头	箍头	角科宝并
青绿地仗，画一字枋心。二绿、樟丹地仗画攒退夔龙或卷草	死盒子（栀花盒子）	青绿颜色墨线边	红地子墨线边	青颜色墨色大边	青颜色墨线大边	飞檐椽头黑支花万字。老檐黑龙眼宝珠	死箍头	丹色切活
同上，二绿、樟丹地仗也可画黑叶花卉	死盒子或软盒子，软盒子图案同枋心	青绿颜色墨线边	红地子墨三宝珠，或攒退把子草	青颜色墨色大边	青绿颜色再降幕云。栀花心贴金有晕色	飞檐椽头黑支花万字。老檐黑龙眼宝珠	死箍头	丹色切活
沥小粉片金龙锦	沥小粉片金龙草或白地仗上画异兽	青绿颜色墨线边	红地子墨三宝珠，或攒退把子草加晕色	青颜色墨色大边加晕色	青绿颜色再降幕云。栀花心贴金有晕色	飞檐椽头黑支花万字。老檐黑龙眼宝珠	死箍头	丹色切活
二青、丹地画攒退夔龙。绿地画黑叶花卉	活盒子图案同枋心	青绿颜色墨线边	三宝珠金火焰，或把子草	沥大粉金线拉晕色	沥大粉、金线降幕云或栀花半啦瓢有晕色	沥粉贴金万字或龙眼宝珠	金线拉晕色死箍头	丹地沥粉片金草
沥小粉片金龙锦	活盒子、片金龙、草或白地仗上画异兽	青绿颜色边沿贴平金	金线三宝珠	沥大粉金线加晕色	沥大粉、金线降幕云或栀花半啦瓢有晕色	沥粉贴金万字或龙眼宝珠	金线拉晕色死箍头	沥小粉满贴金
沥小粉片金龙锦	活盒子、片金龙、草或白地仗上画异兽	青绿颜色平贴金加晕色	金线二宝珠	沥大粉金线拉晕色	沥大粉金线降幕云有晕色	沥粉贴金万字或龙眼宝珠	贯穿箍头	沥小粉满贴金
沥小粉贴金加攒退，龙锦枋心	活盒子攒退龙草沥小粉贴金或画如意盒子	沥大粉边沿和老贴金，青绿颜色加晕	金线三宝珠	沥二路粉片金工王云	沥大粉金线降幕云有晕色	沥粉贴金万字或龙眼宝珠	贯穿箍头	沥小粉满贴金
—	死盒子（栀花盒子）	同雅伍墨	同雅伍墨	同墨雅伍	同墨雅伍	同雅伍墨	死箍头拉晕色	同雅伍墨
按苏式彩画白活成作	按苏式彩画白活成作	—	—	—	—	—	—	—

（一）和玺彩画的起稿程序

（1）丈量、配纸：这两道工序同旋子彩画。

（2）大木梁枋起谱子：将配纸留出适当的副箍头后，对折顺叠分三停后，画箍头规划线。箍头的宽度要一致，以下额枋为准，上下木件相串。各部位大线上下相对。

和玺彩画锦枋线的规划方法是：将谱子纸宽分为四个等份后，找出枋心头。枋心头的位置顶上三停线。然后再规划岔口线。找头内圭线光所占找头面积以1/3强为适当。圭画成一整两破。里面以西番莲、灵芝、菊花等图案装饰（图9-2-13）。

梁枋的长短、宽窄、面积不等，对于找头的处理便有所变化，但它的变化不同于旋子彩画。找头长者可采用加画盒子的办法，构件长的盒子可横长，短者可竖高。再者，找头长者可画两条龙与一龙一凤，短者只画一条龙或一只凤。

（3）箍头、枋心、找头、盒子内的花纹处理：

箍头：除青绿退晕的一种死箍头外，根据彩画的不同等级，有"贯穿箍头"、"锦地汉瓦箍头"、"西番莲箍头"、"长圆寿字箍头"和"平安吉庆箍头"、"福缘善庆箍头"等多种，统称活箍头（参看各种彩图）。

枋心：和玺彩画的枋心根据不同类别可画"二龙戏珠"、"双凤朝阳"、"龙凤呈祥"或是西番莲、轮草、佛梵字等。

找头：可画升降龙、翔凤、轮草等。

盒子：多画升降龙或坐龙，也可画"丹凤朝阳"、

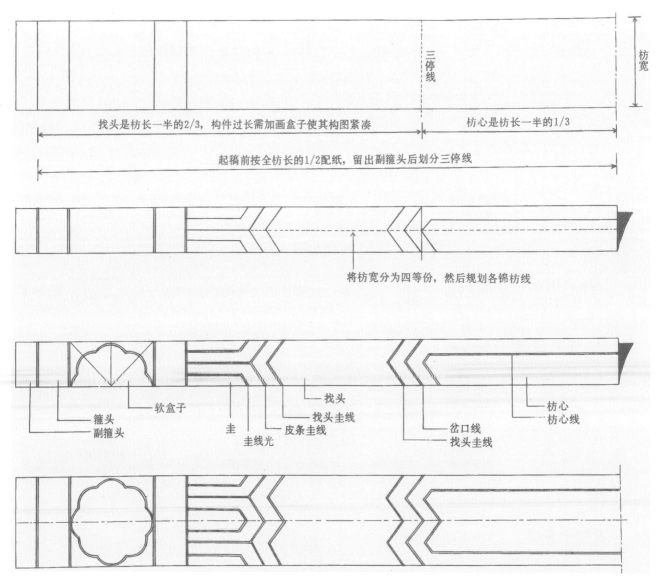

图9-2-13　和玺彩画规划线部位示意图

夔龙、夔凤、西番莲卷草及轮草。盒子里如果画龙，龙尾需朝枋心。里面如画凤，凤尾需朝箍头。

（4）压斗枋、平板枋起谱子：压斗枋画"行龙宝珠"或"工王云"。前者的画法是：先在明间压斗枋上的中线起，画一颗宝珠。左右各画一龙，头向宝珠。往下一珠一龙顺序而画。"工王云"的画法是：以工字和王字形的云纹隔一相调为装饰。以连贯紧凑为妙。

平板枋与压斗枋的图案要叉开做。除上述两种图案外，还可画"红莲献佛"，或片金西番莲、流云等图案。再工细者可画锦文加切小池子。

（5）额垫板起谱子：根据彩画制度，额垫板上的图案一般画"行龙宝珠"，构图方法同压斗枋。也可画"龙凤呈祥"（一条龙、一只凤加作染的牡丹花），或吉祥草、佛八宝、海八宝等题材。

（6）柱头起谱子：先规划上下两条箍头，然后在下箍头上端画圭和圭线光，构图方法同找头一样，也是一整两破，然后在剩余的空地上画坐龙、翔凤、轮草、番草等。如要富丽，可加画立卧水牙。柱头画龙，龙尾要向每一间的枋心。柱头画凤，头尾都向每一间的枋心（图9-2-14、图9-2-15）。

图 9-2-14　和玺彩画部分柱头图案
1-轮草柱头；2-番草柱头；3-夔龙切锦柱头；4-立卧水柱头

图 9-2-15　金琢墨龙凤和玺彩画

（7）桄头、霸王拳、角梁等部位起谱子：桄头、霸王拳等部位彩画，是将此拓下来的木件实样按各种彩画内容画西番莲草或轮草。简便一些的只是当中沥大粉贴片金，名曰"压金老"。

仔角梁头是套琉璃的兽头，因而仔角梁的仰面要显示出套兽的肚皮。此项彩画叫"肚眩彩画"。起稿方法是：将梁底面的宽分为四个等份，在四等份中规划眩纹。然后根据梁的长短程度分为五、七、九道的单数，以佛青退晕。是否沥粉贴金，要按彩画的等级来确定（图9-2-16）。

（8）其他：宫殿彩画多以各种纹草和形态不同的龙、凤作为装饰题材，这些花纹的构图都是相当精细的。在绘制起稿中，既要有统一性，又要有灵活性。根据所在部位面积的大小、尺寸可以变化伸缩。要使所绘制的花纹线条流畅、疏密合适是最主要的。

如画龙，多年的能工巧匠们把他们的经验用歌诀的形式表达出来，使人易于掌握绘画的要领。画龙的面貌是："牛头、鹿角、凤眼、鹰爪、鱼鳞、蛇尾巴"。

画龙的各种动态是：行如"弓"，坐如"升"，降似"闪电"。也就是说，跑龙和行龙要成"弓"字形；坐龙要成"升"字形；降龙如同闪电的光等，以显示出一种活灵活现的神态。

在不同部位画不同姿态的龙，又有"三弯九曲"的定位法和"两角"、"六发"、"十二脊"的规定。宝珠也有"七珠"、"九环"、"三朔火"的规定（图9-2-17）。

图 9-2-17　升龙

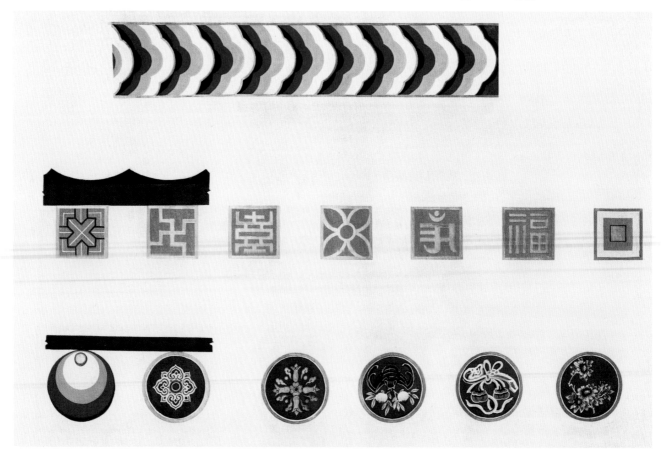

图 9-2-16　肚眩椽头彩画

（二）和玺彩画的等级类别

和玺彩画的种类繁多，从图案内容上来区分有：金龙和玺、龙凤和玺、龙草和玺、金琢墨和玺。[①]在明末清初时，也曾经出现过锦草和玺（图 9-2-18）。

每种和玺都有它一定的做法和制度（参看和玺彩画做法分类表）。

绿"。无论哪一类彩画，刷色时都要严格遵守这个规矩。然后，以一个木件的箍头颜色，分左右往枋心相隔地串色，使青绿两色叉开。这样大木彩画的颜色就形成："青箍头、青棱、绿枋心"和"绿箍头、绿棱、青枋心"了。到次间时则完全颠倒过来，成为"上绿下青"。梢间又同明间一样，以此类推。

照上述制度，旋子彩画以明间上檩为例，它的色

和玺彩画作法分类表　　　　　　　　　　表 9-2-2

彩画部位 作法 和玺彩画分类	锦枋线（五大线）	枋心、找头盒子内花纹和玺	箍头	压斗枋	平板枋（座斗枋）	垫额板	斗栱	垫板	肚肽	椽头	蚂蚱头、角梁、霸王拳	角科宝瓶
金龙和玺	沥大粉贴金	各种升降座龙皆沥小粉贴片金	活箍头画西番莲草，或画贯穿箍头或画死箍头	青地工王云、金边加晕	青地跑龙宝珠。或画工王云纹	银珠油地画降杆草吉祥草	青绿颜色平边贴金	银珠油地画火焰三宝珠或坐龙	沥粉贴金退青晕五至九道	飞檐金万字老檐金龙眼或寿字、佛子	沥粉西番莲草贴片金、或沥大粉压金老、金边	沥小粉满贴金
龙凤和玺	同上	青地画龙、绿地画凤、皆沥小粉贴片金	活箍头画夔蝠、片金、西番莲草或死箍头	同上	同上也可画龙凤	画行龙或跑龙、跑凤	同上	同上	同上	同上	同上	同上
龙草和玺	同上	青地改为丹地画草、青绿攒退或四色攒退	活箍头画西番莲或死箍头	同上也可以金线压老加晕色	工王或流云	青地改为丹地同枋心	同上	同上，也可画攒退卷草	同上	同上	金边、金老	沥小粉丹地片金
金琢墨和玺	同上	提地刷色，花纹同上。但皆沥小粉单粉贴金内作五色攒退晕	画贯穿箍头或夔蝠、攒退西番莲、汉瓦、沥粉单线贴金	金琢墨八宝、西番莲草	同压斗枋	金琢墨的雌雄草	沥大粉贴金加晕色	红莲献佛、画龙同枋心	同上	同上	攒退西番莲草沥粉贴金	沥小粉满贴金或金地攒退草
和玺加苏画	同上述和玺作法，将枋心、盒子、池子内的龙锦去掉，满刷白地按苏画白活成作											

（三）梁枋彩画的串色制度

以每个建筑物的明间上檩的箍头为准，一律刷青色。额枋的箍头与上檩箍头相反，一律刷绿色。下枋子同上檩一律刷青色。这在彩画制度上叫做"上青下

调形成：青箍头、青栀花，青棱、绿枋心旋花瓣按层次青绿互换。

和玺彩画以明间上檩为例，它的色调形成：青箍头、青线光、青找头、青棱、绿枋心。

颜色的相叉还要吻合构图的变化。例如：加画"死盒子"，在青箍头之间就要画个"整盒子"，绿箍头之间就要画个"破盒子"。这在彩画构图和刷色制度上称为："整青破绿"。如加画"软盒子"，那么，

[①] 《工部工程做法》中只有"合细伍墨"一项，即："金琢墨和玺"，其他统属于和玺彩画的分支。

图 9-2-18　北京牛街清真寺彩画

青箍头之间的盒子角要用绿颜色。盒子心刷青色或白色。绿箍头之间的盒子则与此相反。

和玺彩画中找头、盒子里画龙要按照当中的颜色而定。青地上画升龙，绿地上画降龙，在彩画制度上称为："升青降绿"，不能随意改变。如找头过于宽长，可画一升一降。

综上所述，大木梁枋彩画在颜色和图案的安排上有三条规则。即：①上青下绿；②整青破绿；③升青降绿。这三条规则，在其他地方也不能违背。如柱头的上下两条箍头要上青下绿。座斗枋的"降幕云"也要按上青下绿刷色。枋心内画宋锦、串色中也要按整青破绿或上青下绿来安排。

五、苏式彩画

苏式彩画是构图较为活泼的一种彩画。明清之际皇室和士大夫阶级在北京等地大举兴修园林。由于江南造园艺术的发展，江南工役源源不断地到京中服役，使北方的园林艺术深受江南风格的影响，北方园林中的彩画也就在这一影响下逐渐产生了独特的一派。当时清宫内又设有"如意馆"。馆中绘工、雕琢、玉器、装裱帖轴诸作莫不具备。内府拥有大批精于专业的技师，那时就有不少高明的画工在如意馆里供职。这些工匠的艺术成就对于北方园林苏画的发展，从题材到风格都起了相当深刻的影响。

清康熙、乾隆年间又有西洋教士供奉画院，传入西方透视画的画法，对于当时园林彩画也起了一定的影响。

（一）北方苏式彩画的构图特点

北方苏画一般多用于四合房、垂花门、亭、廊、榭、平台建筑的挂檐等小型建筑上。

苏式彩画与宫殿彩画的区别，主要在整体布局上。它的枋心形式有两种：一种是在内檐梁架上，采用和旋子彩画一样的狭长枋心，构图、部位、名称同旋子彩画。一种是在檩枋上，将檩子、垫板、枋子三个木件连成一气，做成一个半圆形的枋心，画行称作"包袱"。包袱所占梁枋的面积根据木件的大小、宽窄而定。

包袱的轮廓用折叠的退晕法来处理，加强图案的立体感，并突出包袱当中的画面。这种折叠退晕，画行称为"烟云"。烟云分软、硬两种，曲线条的为"软烟云"，直线条的为"硬烟云"。

找头当中的画活，则根据地仗的青、绿颜色加以变化。青色地仗的找头，常以各种动植物或静物的抽象外形为轮廓，配置在包袱两侧。内画山水、翎毛、花卉等，极为活泼，称为"聚锦"。绿色地仗的找头，当中常以各种黑叶花卉为题材，也有在绿地上做锦纹装饰的。

找头两端要绘制"卡子"图案，因地制宜，可繁可简，可长可短。卡子分两种：直线条见棱角的称为"硬卡子"，要放置到青色找头上。曲线条的称为"软卡子"，要放置到绿色找头上。

苏式彩画的箍头式样丰富多彩，可画各种回文、万字、寿字、汉瓦之类。箍头两侧还要加画两条带子，可画联珠、锦纹等。

柱头上一般画一条横箍头。

枋头一般画透视博古（古玩玉器之类）、山水或作染花卉（图9-2-19）。

椽头有里外之分。飞檐椽头画万字、栀花、十字老檐椽头和檩头一般画"百花图"（一个椽头一种花）。或者画蝙蝠、寿字等。

园林内平台建筑的挂檐，一般都作苏画。按间量的大小设计当中的池子，方法与梁枋彩画中规划枋心的原则相同。池子两端加画岔口，采用退烟云方法。加画聚锦与卡子者，也与梁枋苏画相同。挂檐苏画按等级可分几类做法（图9-2-20）。

（二）串色制度

大木串色，与其他彩画制度基本相同，只是在细节上有所增加。如外檐明间的上青下绿箍头是以檐枋的上棱为界，檩和垫板为上，枋子为下。长廊等处建筑刷色，要视整体建筑的结构而定，一般以亭子间或

图9-2-19　苏式彩画部位名称图

1- 烟云包袱彩画；2- 找头花卉；3- 烟云池子彩画；4- 聚锦彩画；
5- 找头软硬卡子彩画；6- 箍头、万字锦带彩画；7- 枋头、挂头彩画

图 9-2-20 苏式挂檐彩画

垂花门作为明间。

　　垫板在苏画中一般刷红色地仗。在上做渲染，爬蔓植物，如牵牛、葫芦等。也可画博古或加半个小池子（小枋心），里面画些花、草、鱼、虫之类。池子的做法分活岔口（画烟云）或死岔口（画青绿地仗、晕色大粉）。

　　卡子和联珠图案在用色方面，多施以小色。在使用紫色和香色时，要"青靠香色绿靠紫"。也就是说，青色的地子上要用香色，绿色的地子上要用紫色。目的是为了使颜色对比强烈一些。在做贯穿箍头和雀替彩画时，也同此原则。

　　烟云用色，要把黑、青、紫、绿四色隔间调开使用。烟云托的颜色又要同烟云颜色形成反衬效果。黑烟云要用紫托子，青烟云要用黄托子，紫烟云要用绿托子，绿烟云要用红托子。

　　苏画包袱的枋心，根据清工部《工程做法》的记载，如做锦文图案装饰，多以水红、洋青、香色或紫色刷染地仗；有时满贴金箔，做浑金地仗。清晚期以后，枋心地仗则遍刷两道白色底子，在上面画山水、人物、

翎毛、花卉等。画面内容在布局上要相互叉开。在画线法山水和金鱼时，要在刷底子色的同时，处理天色和水色，画行中称为"接天地"。底色干后，罩矾水一道，作画。

　　苏画聚锦内的底子色，与包袱内的处理方法相同。但多采用白色和旧纸色交叉使用。旧纸色是仿旧画的一种做法。

　　楞子串色，无论哪一种图案的楞子，棵花的里面统要掏刷粉红或丹色。外面用青绿两色或青绿香紫四色交叉刷色。

（三）北方苏式彩画的等级类别

　　清工部《工程做法》中，所列苏式彩画的名称主要是按照枋心内的画面主题而定，并不是按照苏画的做法制度来区分等级的高低。根据传统的习惯做法，可将苏式彩画大体分为四类，即：金琢墨苏画，金线苏画，黄线（墨线）苏画和海墁苏画。各类做法制度可参看"苏式彩画做法分类表"和彩色图（图9-2-21）。

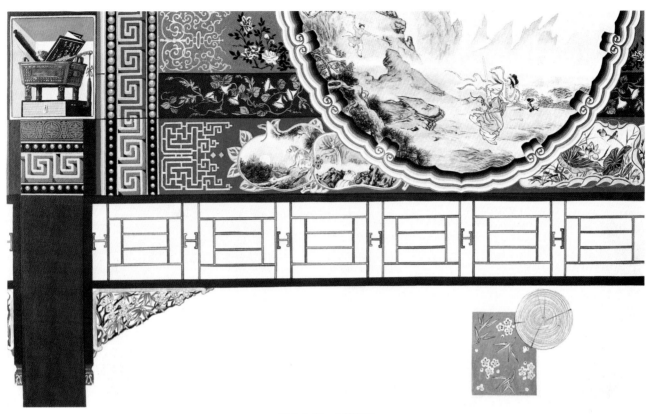

图 9-2-21 金线苏画

（四）苏式彩画的渲染技巧

苏式彩画在绘画人物、山水、花鸟等方面不同于在纸上或绢上作画。因为它具有自己独特的工作条件和环境。构图的章法和颜色的渲染都要和整组彩画的色调相一致，并要具备远观近看的两种效果。在这些方面，虽工匠之间各有特长，但渲染颜色的操作技法大体相同，分述于下：

（1）硬抹实开法：地仗底色罩好胶矾水后，用炭条或香头摊描画稿，用淡绿颜色勾画定稿后，再行渲染颜色，最后用墨线描图像。

（2）落墨搭色法：起好画稿后，即落墨。待墨干后再罩一遍胶矾水，然后进行着色。

（3）作染法：起好画稿后，落淡墨着色。干后罩一遍胶矾水，着色再染。每染一遍颜色都要罩淡胶矾水一次，以免"染花"。

（4）洋抹法：此种画法与西画同，讲究透视、明暗，清代晚期以后较盛行。

（五）南方苏式彩画

现存古建遗构表明，南方彩画以苏杭二州的园林建筑彩画和民间祠堂彩画为代表。其他如安徽等地的民间彩画，也各有其独特的成就。

南方彩画，从图案的布局、颜色的运用及工艺手法方面来看，地区性的特点非常显著，在艺术风格上与北方彩画有很大的差别。

南方苏画在材料、颜色的使用以及工艺的处理上，与北方彩画大体一致，只是因为各地条件和环境的不同而稍有变化。

由于南方气候多雨潮湿，建筑物的外檐一般不作彩画，彩画一般只用于内檐，外檐大多采用木雕和砖雕作装饰。

（六）南方苏画图案

梁枋、檩桁上多画锦纹、花纹，紧凑细腻。从明清保存下来的彩画来看，五彩图案并不满布于整个梁枋上。

苏式彩画做法分类表　　　　　　　　　　　　　　　　　　表 9-2-3

作法分类 ＼ 彩画部位	卡子	箍头	椽头	柁头	包袱线烟云托子聚锦壳的处理	柁帮
金琢墨苏画	软硬卡子沥小粉、单粉条贴金五色小色叉齐攒退	画"倒里"的回文万字，或各种花纹攒退，皆沥小粉贴金，大线沥粉贴金	沥粉画福字、万字、方圆寿字等	画线法山水、博古，格子内做锦、金大边	三个烟云筒、包袱线硬软两种。烟云、托子线、聚锦壳大线沥大粉贴金	做锦和各种攒退活锦纹
金线苏画	沥小粉，做片金	大线沥粉贴金，画阴阳万字，回文做锦上添花、锦带	沥粉画福字、万字、方圆寿字等，老檐椽头或画金边的百花图	金大边、柁头掏刷三色，格子画博古、花卉等	两个或三个烟云筒硬软两种，其他同上	作染竹叶、梅花或喇叭花等
黄线（墨线）苏画	无沥粉，不贴金，绿地红卡子，青地绿卡子，红地蓝卡子，行粉攒退	阴阳万字回文，黑地联珠锦带	老檐黄色万字或阴阳黑万字，老檐百花图黄线大边	黄大边画博古、花卉、山水之类	软烟云包袱线无沥粉贴金，所有规划线描画黄线两遍	紫色或香色地作"拆垛"法的竹叶、梅花、藤萝花
海墁苏画	可画颜色卡子，也可以不放置卡子	死箍头无金活，也可放置回文、万字	老檐黄色万字或阴阳黑万字，老檐百花图黄线大边	青地黄色大边，做"拆垛"法的花	青地画红、黄、绿三色流云，绿地画黑叶花，红垫板画"拆垛"的爬挽植物如葫芦、瓜、葡萄等	紫色或香色地作"拆垛"法的竹叶、梅花、藤萝花

　　江南苏画在整体构图的布局上，不搞生硬的对称形式，这是它的一个特点。对称的檩梁上，图案的形制并不完全一致。在一组梁架上彩画的布局多根据各自梁枋的长短来配制图案，而北方的彩画，必须对准上下箍头，而后再决定图案的安排。

　　南方苏画，在梁枋中部的图案称为"搭袱子"（即北方的"包袱"），在左右两端的称为"包头"（即北方的"箍头"），袱子和包头之间称为"地"（即北方的"找头"）。这种图案在不同梁檩上的安排是很别致的。如三裹柁的梁枋上搭袱子，是用一个方形包袱，从梁的底面沿两侧包裹起来。袱子的大小依柁枋的宽和高的尺寸而定，如果柁枋过于宽大，则用三块包袱重叠的构图置于左右两山的边柁枋上，因为不存在三裹问题，所以搭的袱子形成三角形。檩条上的搭袱子一般采用对角菱形，也可以做成"堂子"（即北方的"枋心"）。

　　包头的做法也多种多样，其特点不同于北方的固定线路做法，也没有主副箍头之分。

（七）南方苏画的工艺特色

　　南方彩画按上、中、下五彩来分等级，依其图案工艺的繁简和用金量的多寡来区别高低（图 9-2-22、图 9-2-23）。

　　南方建筑，一般多选用硬质木料，所以画作的基层处理，只用油灰来填补裂缝，不做油漆地仗。

　　油灰用生漆调兑土子面，或用桐油调石膏，是上好的嵌填材料。

　　彩画调色，采用油色或水色。油色是将干颜料入油调兑。水色是干颜料入胶水调兑，胶水的比例与调配方法同北方。

制刷了）沿着谱子的花纹轮廓线描画，这道工序叫做"拘黑"。在拘黑前应先校对一下谱子图案是否对称、平衡、均齐。而后先拘直线，后拘曲线，先方、后圆，先外后里。拘黑是起造型作用的，所以要力求准确，为下道工序打下基础。

（6）切活、行粉、做锦：拘黑工序完成后，即可以进行切活、行粉等工作。在二青二绿或樟丹地子上用黑色描挤各种花纹，画作称为"切活"。如水牙、卷草之类等。

行粉是沿着拘黑线路的黑线普遍勾描白粉线一道，以使整组图案更加醒目。

做锦是一项较细致的工艺，由于工序繁琐，故一般采取流水作业。

（7）拉晕色、大粉：晕色，就是在青、绿颜色上用三青、三绿作晕色，拉晕色要横平竖直。晕色的宽度，一般要求在箍头上做1/4，在盆口上做2/5为宜。

大粉，此道工序就是在做完晕色后，随着晕色，紧靠金线或黑线拉一道大粉（粗白粉），要求宽度一致，横平竖直，一定要用尺子操作。它所达到的效果是醒目。

（8）压黑老：这是整个彩画工艺的最后一道工序，包括靠金线齐金、靠檩头两端、柱头等处掏黑齐色，死箍头中间压黑线，斗栱构件的中间压黑线，升、斗中间点方块等，统称"压黑老"。此道工序在彩画上起着整齐、庄严的艺术效果。

（9）打点找补活：彩画的一切工序完成后，必须再检查一遍，发现颜色有不到、脏活等处都需要进行修整（图9-2-26、图9-2-27）。

（10）罩清油：彩画完毕后，外檐易招雨淋部位满罩清油一道。

苏式彩画的施工操作程序一至五项同上，第六项可进行画白活，做各种卡子、箍头等图案。

图 9-2-26 彩画工具图

1- 过谱拍子；2- 扎谱麻垫；3- 谱子针；4- 沥粉器；5- 沥粉老筒；6- 沥粉尖子；7- 修粉刀；8- 通针；9- 金夹子；10- 坡棱尺；11- 界尺；12- 鲁钵；13- 大小瓦盆；14- 大小瓷碗；15- 院落子；16- 猪鬃刷子；17- 头发刷子；18- 粉碾子；19- 各类毛笔；20- 猪鬃裱刷；21- 糊刷

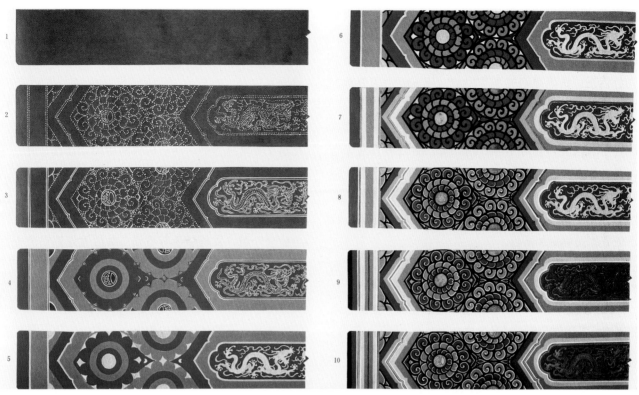

图 9-2-27　彩画操作程序图

1- 磨生、过水布、合操；2- 分中，打谱子，号色；3- 沥大，小粉；4- 刷颜色；5- 贴金处包黄胶；6- 拘黑，打金胶；7- 拉晕色，贴金；
8- 行大，小白粉；9- 压黑老、掏老、齐金；10- 打点成活

第三节　建筑油漆

我国使用油漆有着悠久的历史，尤其是使用大漆和桐油经验更为丰富。远在三千多年前奴隶社会的商代，我国劳动人民就开始生产和使用大漆（天然漆）。在公元前 11 世纪的西周时代曾有征收漆林税的记载。春秋以后对大漆的使用更为广泛。1970 年，发掘长沙马王堆汉墓时发现了两千多年前的漆制随葬品。

我国古代除生产大漆外，桐油也是我国的特产之一。其主要产区大部集中在四川、湖南两省；其次是江西、浙江、广东等地。我国种植桐树也有一千多年的历史，从唐朝起到宋元明清各朝代都有文献记载可查。

一、油漆的作用

（1）保护：油漆的第一个作用就是保护作用。各种物体如金属、木材等都是直接暴露在地面上的大气

层中，由于气候冷热、干湿变化，因此时刻受到空气和水分的侵蚀，发生金属锈蚀、木材腐朽等现象，长年累月，由轻到重，最后会完全遭到破坏。为了使木结构建筑减轻侵蚀和破坏，延长寿命，要经常地在上面涂油漆，可以大大防止木质干裂、腐朽。

（2）装饰：油漆一般分为两大类，即无色漆和有色漆，无色漆就是指透明漆，有色漆就是用各种矿物颜料和化学颜料调制而成。基本上分为六大色：红、黄、蓝、白、黑、绿。所谓装饰就是用各种色调对不同的物件进行涂刷。我国古代宫殿、寺庙建筑，以红、绿两色为主色，在建筑物的各种构件中穿插涂染。如上架的望板涂红漆，椽肚涂绿漆，梁枋大木作青绿彩画，下架朱红柱子使其颜色鲜明，色调对比强烈，起到很好的装饰效果。

（3）区分等级：各种有色油漆，都有它的独特色调，根据不同的建筑属性，进行不同的色彩处理，这就是标志的作用。在封建社会对建筑色彩的运用，同样受着阶级制度的制约，等级观念突出。色漆的使用也反映这一

点。如战国时代，红色的标志为尊贵，除皇宫宝殿大门、柱子漆朱红色，其他下等建筑则不得乱用。到明清两代，色彩的等级标志更为严明。例如，明清两代将红黄两色奉为"至尊至贵"，所以普通民宅的装修只能采用以黑色为主，稍加红色点缀，称为"黑红净"。

二、木构地仗来源

油漆彩画，早在六百多年前的元代就开始做地仗了，1925 年于赤塔（东康堆古城）附近发掘元朝帮哥王府（成吉思汗之孙）废墟时，在残木柱上发现有"用粗布包裹涂有赋子灰，表面绘有动物形象的泥饼"，证明元代就有做地仗之实物。但在元代以前有关地仗方面的资料尚未发现。

明朝修建宫殿多采用楠木，这些木材大都是从南方远道运来，梁、枋、柁、柱完全使用整木材，经过削平、圆、直后，表面光滑，直接在木骨上进行油漆彩画，从不作灰麻地仗。如北京明代建造的故宫诸殿门、智化寺、法海寺、长陵棱恩殿等遗构就是例证。到了清代，因木材缺乏，多采用小木料拼帮做法，木件表面粗糙干裂，多缝隙，因此要用油灰做地仗，使表面平滑齐整，然后才能进行油漆彩画。其耐久性虽然差些，但在清代由于材料条件的限制，古建油漆彩画做地仗非常普遍。地仗的处理方法，在全国各地并不一样。一方面是各地工匠的历史传统不同，另一方面和当地的气候条件也有关系。如用血料砖灰材料，做"一麻五灰"或"单皮灰"地仗，只有北方使用，其他地区较少，特别是南方就更少了。

三、木基层处理

地仗的处理是一道重要的工序。为了整旧如新，必须把原来的旧地仗彻底铲掉重做。但如有大面积地仗尚坚硬完好，则可局部进行找补，这样既不影响质量，又省料，但要根据实际情况酌情处理。木基层处理，大体上可分以下四道工序。

（1）斩砍见木：用小斧子将木料上的油灰全部砍掉，砍出斧痕，然后用挠子挠净，叫做"砍净挠白"。在砍挠过程中，一定要横砍顺挠，也就是要横着木纹砍，顺着木纹挠，至去掉旧灰皮见新木茬为止。如旧灰皮自行脱落者，仍须进行洗挠方可做灰，否则会影响质量。木件如有翘丝离骨等弊，应钉牢或去掉。

（2）撕缝：砍净挠白后，用铲刀将大木上的裂缝撕开，并将缝内旧油灰剔除干净，便于新油灰侵入粘牢。裂缝宽度超过 1 厘米以上者，应下竹钉另行处理。

（3）下竹钉：木构件因直接受风吹、日晒、雨打、气候冷热及潮湿干燥的影响，日久天长使木料的缝隙自然会出现收缩与膨胀现象。所以，在较大的缝内要下竹钉，以防收缩时使捉缝灰离骨而影响工程质量和表面美观。竹钉的长短、宽窄可根据缝隙的大小来决定。下竹钉系工匠传统术语。

（4）汁浆：木料砍净挠白之后，为了确保工程质量，使油灰与木骨结合得更加牢固，因此还要涂刷油浆一道。这道工序是很重要的一环。

四、地仗灰的做法

油漆地仗包括一麻五灰、两麻六灰和两麻一布七灰等几种做法。不用麻、布者为单皮灰，一般分为两道灰、三道灰、四道灰等（参看清《工部工程做法》）。

地仗做法，要根据工程需要而定。一般上架不经受风吹日晒部位可做单皮灰。下架外柱、坎框、榻板、梁枋、板墙等多做一麻五灰或两麻六灰地仗。所用材料主要有：加工桐油、面粉、血料、砖灰、石灰水等，调制成粗灰、中灰、细灰等料。砖灰又分为粗籽灰、中籽灰、细灰三种。调料均以"油满"为标准，进行配兑。以一麻五灰为例它的操作过程如下。

（1）捉缝灰：待汁浆干后，将大木表面打扫干净，尔后用粗灰进行捉缝。要横披竖刮，以使缝内油灰压实饱满，要防止蒙头灰，就是表面有灰，缝内无灰。如大木有铁箍时，必须先将铁箍落实钉牢，并将铁锈除掉，用灰填平，木件如有缺棱短角者，用灰修复齐整，干后用砂石或缸瓦片顺木纹磨之，同时用铲刀修理整齐，挥扫干净，去掉浮土。

（2）扫荡灰（粗灰）：扫荡灰又名通灰，此道灰做在捉缝灰之上，至少要有两三个人同时合作为宜，要将其木件修复平整，柱子要修复圆直。干后用金刚石或缸瓦片打磨。

（3）使麻：使麻一般分为以下四道工序进行操作：

开头浆：用糊刷沾油满血料浆，刷涂在扫荡灰上，要均匀一致，其厚度以浸透丝麻为度，但不宜过厚。

粘麻：将梳好的麻线粘于油满血料浆上，要横着木纹粘。如在木件交叉或阴阳角处仍按木纹横粘，不得顺粘，使麻厚度要均匀一致，平整。防止出现凹凸现象。

压实：麻经粘好后，用麻压子随沾随压实，使油浆浸透麻的表面为度，注意鞅角一定压实，不得悬空，以防干后断裂名"崩鞅"。不得出现干麻或余浆。

磨麻：待麻干后用砂石或缸瓦片满磨一道，磨至麻绒浮起为止，但不能将麻磨断，然后将浮绒打扫干净为下道工序打好基础。

（4）压麻灰：此道灰压于麻面上，与麻紧密接合后用板子顺木件横刮，如装修边框有框线者，需用竹板或铁片扎子在这道灰边上扎出线条，做到粗细均匀，线条平直。如果两道麻或一麻一布者，扎线应改在最后一道压麻或压布灰上。

（5）中灰：压麻灰彻底干后，用砂石或缸瓦片磨，但勿要磨透压麻灰，打扫干净后用铁片满刮中灰一道，不宜过厚。如有框线者再用中灰扎线一次。

（6）细灰：中灰干后，用砂石或缸瓦片满磨一道，将中灰板迹接头磨穿，打扫干净，首先用铁片将边角、框线、坡棱等处以细灰找齐，然后满通细灰一道，其厚度不得超过 2 毫米，接头要平整，薄厚要均匀一致，有框线者再次用细灰扎之。

（7）磨细钻生：细灰干后，用平整的细砂石或细砖块精心细磨，要磨成平整、圆滑。扫干净后用刷子或丝头沾生桐油涂于细灰之上，名为"钻生"。要随磨随涂，以防风裂。柱子或梁枋等结构，按着间次，最好一次磨完，一次涂齐，如表面浮油过多，要用麻头擦净，以防"挂甲"。经过以上七项工序，"一麻五灰"就算完成。

五、单皮灰

（1）两道灰：两道灰即捉缝灰及细灰，一般多用于裙板、花活、套环、花牙子、栏杆、垂头、雀替等处。使用的材料及操作要求与一麻五灰中的同道工序相同。

（2）三道灰：三道灰即捉缝灰、中灰、细灰，此种地仗多用于内外斗栱、椽子、望板或室内梁枋等处，其材料做法与一麻五灰中的同道工序相同。

（3）四道灰：四道灰在单皮灰地仗中系油灰层数最多者，一般用于不太重要的部位上。如下架室内柱子，上架连檐、瓦口、椽头、山花、博风、挂檐等处。四道灰的做法除去不使麻和压麻灰两道工序外，其操作程序及材料皆与一麻五灰中的同道工序相同。

六、油灰材料调制

（1）熬炼生油（灰油）方法：首先将土子面与樟丹混合一起放在锅内炒之，时间要长些（如炒砂土开锅状），炒至潮气完全消失后再兑入生桐油，加火陆续熬之。因樟丹土子面密度大，容易沉底，故熬时要用铁铲随时搅拌，以使樟丹土子面与生油混合一起，待生油开锅后（最高温度不得超过 180°），用油勺随时轻扬放焰、散热，以免温度过高起火，将油表面熬成黑褐色时（开始为黄色），这时可试看油的火候，取出锅内少量油滴入凉水碗内，如油珠不散即时下沉于水底再浮上来仍保持原状即算熬制成功。出锅凉后方可使用，熬油口诀为："冬加土子夏加丹"，意思就是冬季熬生油多加土子面，夏季多加樟丹。一般熬油材料配比方法如表 9-3-1 所示。

熬油材料配比			表 9-3-1
季度	生桐油	土子面	樟丹
春季	100	7	4
夏	100	6	5
冬	100	8	3

（2）油满调制：将白面（食用面粉）陆续加入生石灰水，以木棒用力随时搅拌成糊状，然后再加入熬制好的灰油，调匀即成油满。油满用的材料比也有所不同，二斤油、一斤石灰水称为"二油一水"，一斤油、一斤石灰水称为"一油一水"，都以面粉量为准。如水增多，则面粉灰油相应增加。

（3）腻子调制法：血料腻子是将加工的猪血掺入土粉子或大白面搅匀即可，据劲头大小、软硬程度要适当加水，混合一起搅拌均匀，即可使用。

生漆腻子：这种腻子有两种材料调配法。一种是生漆调石膏（1：2）搅拌一起而成，这种腻子多用于弥补大裂缝或大洞眼，易于坚硬。另一种是生漆调锭粉（1∶1.5）搅拌一起，这种腻子性能柔软，干硬过程较慢。

（4）捉缝灰通灰调制法：用油满、血料、大粒子砖灰（1∶1∶1.5）放置桶内搅匀即可。

（5）压麻灰：以油满1、血料1.5、中籽砖灰2.3混合一起，搅拌而成。

（6）中灰配制：以油满1、血料1.8、中籽砖灰3.2混合一起搅拌而成。

（7）细灰调制：以油满1、血料10、细砖灰4，加光油1、加水6，混合搅拌而成。

（8）汁浆配法：油满1、水20混合一起调匀即可用之，但根据基层不同情况，加水量可酌情处理。

（9）熬制光油：熬制光油一般有两种做法：少量熬制时，用二成苏子油，八成生桐油放入大锅之中混合熬炼（名为二、八油），熬至八成开时将干透土子（100斤油加5斤）放在大铁勺内，侵入油中，随时颠翻土子浸炸，炸透后再陆续投入锅内，待开锅后（其温度最高不能超过180°）陆续撤火，再以微火熬之，同时用油勺轻扬放焰。成熟后出锅仍继续扬油放焰散热，待其油稍有温度时加入陀僧即成。其比例为100∶2.5。

大量熬炼时，应将苏子油熬沸，名为"煎坯"，然后加入干土子（颗粒要整齐，方法、数量同上），在熬炼中试验成后，可取出少量油，入于凉水盆中用木棍搅散，再用口吹，如全部沾于木棍之上即熬成。此时将土子全部取净。出锅后再另分锅熬炼（配比为二成煎好的苏子油，八成生桐油），熬炼开锅后陆续撤火，微火熬之，出锅后按以上要求比例加入陀僧，即算光油熬成。

因季节关系，加土子数量也有所不同，春秋两季100斤苏子油加土子四斤，夏季加土子三斤，冬季加土子五斤，总之气候越冷，加土子越多。

（10）梳麻要求：在建筑上用麻，麻丝应柔软、洁净、拉力强。梳麻时先把整麻截成80厘米的长度，然后用麻梳子（钉制工具）去掉杂质、粗皮等（但截麻可根据工程需要而定，如迎风板、板墙、大明柱等可不截短）。尔后用竹竿两根，各手一根，将麻挑起，撑顺成铺，用席圈好，随时打开即可使用。

（11）调制金胶油：贴金所用金胶油，一般用光油，根据工程的要求，可酌情适当加入"糊粉"，求其干度、

黏度适宜（糊粉即锭粉炒之）。一般金胶油以隔夜金胶油为最好，即头大下午打金胶，第二天上午贴金。

七、大漆（天然漆）与桐油

（1）大漆储存与保护：大漆要放置在背阴通风处（绝对避免日光直射），大漆一定要与酸、碱、盐等物质隔离存放。

大漆装桶时不可太满，以免气候炎热引起膨胀，而造成爆破引起火灾。

大漆存放一般不要超过二至三年，存放时间越长，其质量就会自然退化、变质。

（2）大漆材料调制法：

生漆加工：生漆一般含水量为30%左右，使用前，用两层棉丝，中间夹生漆，采取挤拧办法过滤，去其杂质，使漆洁净，方可使用。

打水（加水）：一般生漆加水量为十分之一，即10斤生漆加1斤水。但也要根据生漆的稀稠程度适当加入，如太稀就少加水或不加水（加水为净漆，加铁醋者为退光漆）。

晒漆：将漆放在漆盘内（厚度不超过3厘米），进行日光晒，一般三至六天即可晒熟（晒前为褐色，晒熟后为黑色）。

炖漆：生漆制成熟漆后，再用锅炖。炖好后，第二次过棉丝（方法同上），过滤后为垫光漆。垫光漆再过滤一次（三次过滤）为退光漆。如果需要有颜色的漆，可用垫光漆加干颜料调之即可。

（3）大漆地仗处理：大漆地仗，由撕缝到钻生油，做法及所用材料与"一麻五灰"相同（但一般糊布多，使麻少）。

八、油漆材料与施工

（1）油漆调制法：以光油为主，可用各种矿物颜料，如朱红、砂绿、石黄、红丹、锭粉、佛青、黑烟子等，可兑成各种有色漆。几种颜料互相调配又能兑出其他各种不同色调，如红加黑为铁红、紫红，绿加白为豆绿，再加黄为果绿，白加黄为米黄、牙黄等。用矿物颜料配兑之油漆，为矿质油漆。其特点主要是颜色耐久，一般20年内颜色不退。

砂绿油：先将砂绿（矿绿）放入盆内，用开水多次浇之，除去碱、硝等杂质，用小细石磨磨细，沉淀后将水分排出，尔后陆续加入浓光油（一般加入颜料的等量）用木棒捣之，以使油料混合一体。根据稀稠要求，再加入适当光油即可使用。除磉、樟丹、锭粉外，其他均不用过磨与入水。

广红油：先将广红（红土子）放入锅内炒之，使其潮气出净，用细箩筛后，放置盆内，加适当光油调匀，盖好牛皮纸，在阳光下曝晒，使其杂质沉淀后，即可使用。上层为"油标"，又细又亮，可放在最后一道用之。

黑色油：先将黑烟子轻轻放在细箩内，上边盖好纸，放置大盆内，用手掌轻轻揉压，使其过箩，然后用白酒瀹之，使酒与烟子逐渐渗透结合一起，再加入适当光油，即可使用。

（2）"三道油"施工法：

细腻子：地仗处理完成后，用砂纸顺木件磨之，打扫干净，用铁片或皮子满刮血料腻子一道，要求刮平刮净，以防有接头。干后用细砂纸打磨，棱角要齐，打扫干净。

垫光油（头道油）：第一道油为底油，是三道油的基础。所以要刷到、刷匀、刷整齐。涂油量要适当，不要过厚或过薄。油多者会发生流坠纵纹等现象，油少者不托亮。油刷栓路要平直，布好油后要横蹬竖顺，以达到均匀一致。

二道油：垫光油干好后，用细砂纸打磨一遍（但不要磨透），磨掉表面浮粒、流坠和纵纹，随用笤帚和潮干布擦扫干净。头道油刷完后，如发现有裂缝、钉眼等，可找补腻子，不能放在二道油以后解决。一定要精心操作。其要求和刷法和头道油相同。

三道油：又名"出亮"。在刷前，必须用细砂纸仔细磨一遍，用潮干布或笤帚打扫干净，按构件局部一次刷成，不能间断。要求栓路横平竖直，均匀一致。此道油不能在三级以上风天进行，以防风沙混漆，影响光亮美观。

九、扫青、扫绿、扫蒙金石

匾额其做法多种多样，一般做法有：金字扫青地，金字扫蒙金石，绿字扫青地，绿字蜡地等。

扫青：先做好地仗，然后垫光两道蓝色油，干后用青粉呛之，再以细砂纸打磨撺净，再打金胶贴金，尔后用光油扣匾地，不得脏金，随即将小颗粒佛青放在箩内往匾上筛匀，以不透油为止，筛后立即放到日光下曝晒，干后用羊毛排笔将表面浮粒扫掉，即可成活。

扫绿：一般扫绿都是扫绿字，匾额地做楠木色，或做假木纹，烫蜡或罩漆。在木刻字上扫绿，其做法与扫青相同。但扫完后不要放置在太阳光下曝晒，要放在背阴处自行阴干，名为"湿扫青，干扫绿"。之所以要如此，是因为佛青接触油漆后，底油慢慢会洇上来，使扫青会变花，所以扫完后立即晒之，使其速干。扫绿就没有这种现象，所以采取自行阴干的做法，更加牢固。

扫蒙金石：一般匾额做金字扫蒙金石者，在匾额上满刷两至三道香色油，干后用青粉呛之，用细砂纸打磨，撺净。按字形打金胶、贴金。尔后用光油扣地，不得玷污金活。在匾额上洒蒙金石，阴干后用羊毛排笔轻轻去掉浮粒，即算成活。

第四节　建筑雕刻技术

建筑的雕刻装饰，是根据历史条件和建筑材料及加工工具的状况而逐步发展的。首先出现的是泥塑、木雕，其次是石、砖雕刻。

原始社会中晚期出现的泥塑，可以说是最初的建筑装饰。至殷商时期，已有了木雕和石雕装饰。木雕施彩，其制作情况可以从安阳及黄陂出土的椁板上看到；石雕，在安阳也有遗物发现。西周初年的周原建筑遗址证明，檐下椽木等处采用蚌雕、玉雕、骨雕等装饰。东周时期，宫殿、宗庙等建筑已广泛采用雕刻的手法来装饰梁、柱、椽、枋等建筑构件。秦汉以后，统治阶级对其建筑提出更高的装饰美化的要求。例如，承尘、藻井、栏槛的制作，也无不加以雕刻装饰。

魏晋、南北朝时期，统治阶级大力推崇佛教，在大肆兴建宫室的同时，大肆装饰佛寺。因此，雕刻工艺得到空前的大发展。魏晋以后，墓葬石雕建筑已大为减少，继之而起的是宗教建筑的石作雕刻，有了石窟、石塔、石幢等项。由于石作工程的大量实践，致使此项工艺攀上了高峰。石雕工艺的高度发展，扩大了石雕装饰的使用，木构建筑石砌阶基，也加上了石雕装饰，从此建筑装饰完全出现了新的局面。砖雕工艺伴随砖的大量使用而发展起来。东汉以后砖墓以及南北朝以后兴起的砖造佛塔的建筑，促进了砖雕工艺的发展。

隋唐、宋元时期的建筑装饰工艺，继承了南北朝的工艺技术，划时代地向着深度发展，且在实践中成熟地总结了雕刻技术所取得的一切成就。这一时期，木、石、砖雕饰得到了全面表现和发展。建筑局部装饰日增，小木作工艺渐繁，随之而起的木雕装饰也进入高潮。早期砖雕是在砖坯上雕塑或模印后烧制的。大约从元代开始，缩小木材的使用，而扩大了砖作的范围，以砖构为主体的建筑兴起，在装饰上，由窑作制件转向于成品砖上施雕和加工。从此砖雕得到更广泛的应用，以致若干民居也多施砖雕，作为重点的装饰。

明清两代的建筑雕刻装饰，已经形成了一整套的传统工艺，使砖雕、木雕、石雕装饰各具特点。石雕、砖雕主要作为外观装饰，集中使用在台基、大门或厅堂、山头、屋脊等处，木雕主要作为内檐装饰。

我国丰富的建筑雕刻工艺是古代建筑工匠的智慧结晶，是一份宝贵的遗产。

一、石雕

目前所知建筑上最早的石雕刻，是河南安阳出土的殷代的石雕构件。其中一件是新中国成立前安阳小屯墓出土的虎形雕刻；一件是近年安阳墓中出土的鹭鸶形雕刻。从这两件雕刻的尺寸以及背部凹槽等形制来看，显然是与其他构件拼接使用的建筑构件。由于是墓葬出土，原来装配的部位不能确定，初步推断，似乎是门砧之类。

殷商以后，较早的是汉代的几件结合在建筑群中使用的圆雕。例如，西汉武帝太液池畔设置的牛郎、织女的雕像以及武帝茂陵附近霍去病墓的石马、石虎等雕像。这些造型古拙、整体圆浑、加工较少，看来雕刻还很原始，其工艺技巧并未超过安阳殷商遗物所见的水平。

东汉遗留至今的有石阙、石室及墓葬画像石等雕刻，可知这一时期石雕技法有多样的形式。这时盛行

的似乎是简单的线刻和"减地平"的做法。

线刻工艺过程，首先是将石面打平，再磨砻加工，然后用金属工具刻画放样，最后施刻。

在现存的汉代画像石中，常常看到颇有生活气息的故事画。这种故事画是用隐刻的方法雕成的。隐刻雕法已较线刻提高了一步。隐刻是平面线刻向深度发展的第一步，其工艺是将画像刻画出形，沿形象纹路，略加剔凿形象细部，在光平的石面上呈露微凸，从而增强了石雕的表现力。

减地平雕法是隐雕的进一步发展，为了突出雕刻图案，将所表现的图案以外的空地部分薄薄地打剥一层，然后再于图案部分施以线刻，这可以使图案更加显跃。减地平雕法可以认为是浮雕的始发形态，它打

图 9-4-1 河南密县打虎亭 1 号汉墓墓门

开了石雕装饰新工艺的途径。

早期石雕集中地表现在墓葬石构建筑上。汉前期多用线刻，汉末以隐刻施雕为多，现存的实物，如山东嘉祥武梁祠石阙、石兽，临沂沂南汉墓，河南密县打虎亭1号汉墓（图9-4-1），四川乐山东汉岩墓群的雕刻都是汉代线刻、隐刻、减地平雕法的较好作品。从整个汉代石雕来看，是石雕装饰技术初期的发展阶段。

除了汉代墓葬所见石雕之外，地面宫室建筑也采用少量的石雕，这主要是阶基部分。《西都赋》说："玄墀扣砌，玉阶彤庭"。这里，所赞颂的"扣砌"、"玉阶"，是以石为阶。由是观之，当时的石阶视为新出现的事物。

南北朝时期，宫廷建筑更是讲求雕刻。《述异记》载："元祖肇建内殿……阶琢鼍纹"即是一例。随着佛教艺术传入中国，使建筑的石雕装饰得到一个划时代的大发展。石雕刻是佛教艺术中的一个重要组成部分，除去圆雕的佛像之外，佛塔、经幢等建筑上更有大量雕刻装饰。佛教建筑对宫廷建筑产生很大影响。在雕刻技术上也得到很大提高。这一时期，圆雕（混雕）、浮雕（突雕）已表现出相当高的水平（图9-4-2）。南北朝初期雕刻受到印度、中亚风格的明显影响，晚期则形成民族化的东西了。

石窟的开凿是这一时期石刻的主要创作，例如大同云冈、洛阳龙门等，具有代表性。石窟雕刻的内容可分两项：一为佛像等圆雕，一为装饰性的背景浮雕。石窟寺工程浩大，仅就雕刻来说，工程量也是惊人的。

隋唐时期已完成了高度水平的新的民族风格的石雕装饰。《营造法式》石作制度中雕镌制度的所谓四等——剔地起突、压地隐起、减地平钑、素平，则是历史上石雕技法的总结。剔地起突是以往的隐刻和突雕两者结合的新发展。突雕面上的变化，是使雕刻逐步走向立体化。南北朝时，突雕花草叶面硬刻出平的、凹的。但到隋唐以后，则多为软刻凸面（即突面，术语称混面）。由于突面可以使花枝叶有翻卷的表现力，故在隋唐这一时期用突面处理表现花草的自然形象，从此翻新了石雕装饰的花样。

线刻自唐以后，仍有较高的使用价值。如西安唐建大雁塔门楣线刻佛殿图，在砖石建筑上则恰当地使用了线刻技术，表达装饰所需要的内容。在装饰性的

图9-4-2　大同出土的北魏太和八年石雕

图9-4-3　苏州罗汉院宋代柱础

雕刻上，如台基、柱础、碑碣座身及碑石花边等，均雕以花纹为饰（图9-4-3、图9-4-4）。

隐刻及突雕（浮雕）以其有强烈的装饰效果，成为最通用盛行之雕饰做法。其题材，作为主体雕饰者多为人像，作为补配装饰者多为锦文花卉。证诸实物，有北京房山小西天诸画，河南登封少林寺初祖庵石柱力士像，北京昌平居庸关云台石雕天王像（图9-4-5）以及新疆突厥墓前石人碑均作隐刻处理。其采取云龙、花卉、生化题材的，如河北赵县安济桥栏板（图9-4-6）、正定隆兴寺摩尼殿石雕坛座、洛阳龙门奉先寺大佛背光都是优秀实例。《营造法式》石作功限条，凡坛座、柱础、角柱、殿阶基、地面压栏以及勾栏、柱础石等，莫不可引以为雕饰。近年元大都遗址掘得角柱石一块，两面雕压地隐起四季花，由此可以断知宋代石雕装饰遗制之风尚在。明清两代以木、砖

图 9-4-4 河南登封市圣德感应颂碑（唐）

图 9-4-5 北京居庸关云台隐刻天王像

图 9-4-6 河北赵县安济桥栏板石雕龙

雕饰占据了建筑装饰的主要地位，石雕由于材料较贵而加工又较困难，遂得不到更大的发展。然而在封建统治阶级的建筑上，仍有采用。到晚清，石雕受到外来文化影响，风格又发生了明显的变化。少数民族地区也融合了其民族的特色，如新疆乌鲁木齐之礼拜堂配殿角柱石雕即是一例。

明清石雕工艺逐渐趋向简化。除加工工序与前代相同外，其雕刻技术仍保持其原有的混雕、突雕、隐刻、线刻形式。为明确工艺术语，需要提示的是，元代政治的变革反映在民间语言方面也有翻天覆地的变化，因此在工艺上的称谓，也因之而异。如混雕，元时称"全形"；突雕称"采"（如采臌子等）；隐刻称"影"，当是为口语之音变；线刻系晚期的叫法。

全形雕在明代的做法是：在凿出全形后，其细部剔凿以混作（皆为圆面），力求形象表现自然。至清代，全形雕已简化为"影作"的雕法，即用钎打出全形后，其细部随其初形影刻出来。采地雕是表面上的雕饰。其突出面的变化，是区分采地雕历史发展变化的标准。明清两代，主要是因袭前代剔突雕的做法，而稍有变化。明代采地雕的突出面是为半圆混面的突起，着重地表现雕刻部分的立体形象。采地雕发展到明末清初，半圆混面趋于缓平。目的是求其减少工作量，但仍能取得良好的表现效果。晚清以后，花纹图样已趋向平面或凹面表现，这是为了省工。隐雕本是剔剥花纹外缘，突出花纹图样，再行隐约分辨形象加以施雕。明清两代多用此种雕法，施作锦地、格窗或其他花纹图样。在石雕的发展上它代替采地雕的绝大部分，已为雕饰中的主要雕刻形式。其雕刻形式和工艺技术，在明清这一工艺历史时期基本上没有显著的变化。

明清两代所存石雕遗物集中表现在宫廷、陵寝、

图 9-4-7　北京西黄寺清净化城塔塔座细部

图 9-4-8　北京故宫保和殿后御路

图 9-4-9　河北遵化市清东陵慈禧太后陵隆恩殿御路石雕

图 9-4-10　沈阳清福陵大殿基座

图 9-4-11　河北遵化市清东陵裕陵地宫内券门顶部石雕

寺庙等一些大型建筑群上。天安门等处石狮以及明十三陵的石人、石兽是全形雕的代表作。北京明建五塔寺及北京西黄寺清净化城塔（图 9-4-7）上的石雕佛像以及其他供养物均为采地雕之范例。单项装饰雕刻中，以北京明智化寺藏殿须弥座，石景山模式口明田义墓和清初肃王墓石龛最为细致。田义墓墓龛以及成组的供桌、供器，均是采地、影雕相结合的剔突雕，影雕万字纹、球纹、龟背锦纹地，地上采用地突雕佛、八吉祥物、文房四宝等图样。其施雕方法颇能代表明清两代的雕刻风格。此外，大殿台基御路石（图 9-4-8）、栏板柱头、须弥座和券面石上的卷草、西洋草，其零星雕饰四季花、香草、云带、火焰等（图 9-4-9 ～图 9-4-13），都是明清时代石雕的优秀作品。

　　地方建筑中用石雕的形式更为丰富，如安徽绩溪县石栏杆，以及浙江一些建筑常在墙上放置石制漏窗，构图和技法都很高超，也是精丽的石刻作品（图 9-4-14、图 9-4-15）。

图 9-4-12　河北遵化市清东陵裕陵地宫青石门石雕

二、木雕

先秦文献已屡见雕刻木构以为装饰的记载，不过汉以前的建筑木雕装饰，缺乏实物。仅就文献记载，分析其施雕概况，借助出土木雕，推断其雕刻技术，作为木雕装饰史之补白。

奴隶社会，手工业奴隶是分工的。《周礼·考工记》说："攻木之工七，轮、舆、弓、庐、匠、车、梓"，此七工本同工不同作，故"匠"为匠人，"梓"为梓人，以明其事。然在"梓人"篇中所记，系属制器的小木作工艺，其中包括雕刻。在"匠人"篇中则专为营造，而不存在雕饰工艺。

初始的建筑木雕装饰以浙江余姚河姆渡遗址出土的木雕器物来看，是反映人们对自然界某种观念上形象的刻画。东周时期，按《礼记·明堂位》："山节，天子之庙饰"。究竟山节为何形象？或解释为在栌斗上绘以山形图案，抑或刻画，亦不得而知。战国时期，"丹楹刻桷"已成为宫廷建筑的常规做法。据《鲁灵光殿赋》，更有胡人之像刻于楹间。这些构件上的刻画不仅起着美化的作用，而且表达着一定的意识形态上的内容。

图 9-4-13　辽宁沈阳清北陵石雕

图 9-4-14　安徽绩溪县石栏杆

关于早期建筑木雕工艺技术，可从出土木雕器物的制作略观其大体。

河南信阳楚墓出土的几案、木虎等是先秦木雕的珍贵实物。就其雕饰技巧来说，应与当时建筑上的木雕是共通的。其雕刻形式总括有三：一为线刻几案。线刻是雕刻的初期形式，可以装饰木制器物的表面，同时似乎也可以装饰木构建筑的本身。新疆库东玛扎儿礼拜堂，梁架满饰线刻，状若蛇纹，古代所谓"雕梁"或即此类。二为桌几心满施突雕（图 9-4-16），其刻画纹路平阜，盖由线刻发展而来，与线刻形成一阴一阳的相反形式。三为混雕木虎（图 9-4-17）切削成型，

不尚磋磨之工，推断鲁灵光殿木雕人像装饰，应即是此类。此外，北京历史博物馆展出一件汉代木床榻，以六团花簇承托，视其雕法，已为剔地洼叶雕，叠落尚有层次，显然是战国以来的木雕传统。

南北朝时期的建筑木雕装饰，从文献来看已有记载。《拾遗记》云："石虎于太极殿前起楼，高四十丈……四厢置锦幔，屋柱皆隐起为龙凤百兽之形，雕斫众宝，以饰楹柱。"

隐刻木雕在建筑上的使用，是建筑木雕装饰的一个发展。然而，隐刻于梁、柱等构件上的雕刻，却是有节制的，这种手法多用于非承重结构，如曲木、斜撑、

图 9-4-24　浙江东阳卢宅大厅外檐木雕

图 9-4-25　苏州扬湾明善堂梁架上的彩画、木雕

梁架雕饰，是表现建筑外观的地方手法，是贯穿透雕、叠落嵌雕工艺的集中典范。贴雕由于工艺略简，其所施工料有高有低，而工艺技术却为一般所常用。木雕工艺的全形雕大多不作为建筑装饰，而是单项工艺。承德普宁寺大乘阁木佛像高 22 米，是巨型全形雕稀有的杰出作品。

图 9-4-26　山西五台山显通寺木雕花牙

明清时代雕饰工艺技术，尚包含附属的加工技术。它是随着木材的使用而产生的。明清这一时代内檐装修用料，均为楠、柏、椴、黄杨等木。这些硬性木材雕饰后大都加以水磨、染色、烫蜡处理，以求木表之光泽。

明清两代所采用木雕花样图案，追求所谓高雅或富丽。高雅，则在鉴赏性的古器物中寻求题材，致以构成博古式的图案。富丽，则取福禄寿喜等祥瑞题材，并加彩绘施金。此外，还借意于自然花草作为所谓修身之雅训。所有这些，在木雕装饰中或单项或混合某种式样，以作雕饰构件之内容。雕刻构图上的形式，则有团、环、工字卡等。兹将主要花样款式列于表 9-4-1，以示木雕工艺装饰内容。

木雕工艺的主要花样款式　　　　表 9-4-1

汉文式	采古汉文花样图案
夔龙式	采古铜器物图案
夔凤式	采古铜器物图案
玉决式	采拟玉璧图案
夔蝠式	拟作夔式蝠
竹子式	采自然花草图案
蕃草式	采自然花草图案
各式花草	海棠花、松竹梅、灵芝、西番莲、石榴花、牡丹、水仙花等
款式内缀饰图案	博古、福、寿字等

此外，自两宋以来江南小木作创造了用翡翠、珠玉、珊瑚、螺钿、牙角之类的镶嵌，明清所谓"江南周制"的工艺，即承袭这一传统。这种木雕镶嵌多用于家具器物，极少用于建筑装饰。

三、砖雕

砖雕这一特有的工艺，是随着建筑的发展在砖构工程扩大使用的条件下出现的。

从东汉发展起来的砖石墓经过魏晋时期的战乱，社会经济衰落，廉价的砖墓则迅速地代替了石墓，因此也就促进了砖构工程和砖材料装饰的发展。

文献中所称"文砖"，就是一种模制的花纹砖和画像砖，用以组装砖构的陛阶，或墓葬内的装饰壁面（图9-4-27、图9-4-28）。这种砖，纹饰在窑厂制作。因窑作工艺复杂，所以才有砖雕的发明。

砖雕模仿石雕的做法，但比石雕省工。像山东晋墓之砖刻墓志，便是早期以砖代石之例。甘肃嘉峪关

图9-4-27　四川彭州市东汉墓出土画像砖（双阙）

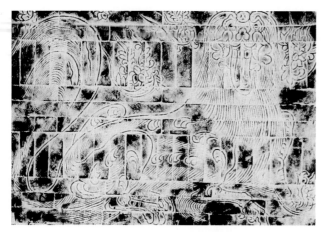

图9-4-28　江苏丹阳南朝墓砖刻壁画

晋墓嵌饰砖券墓内门楣上的三蹲兽和门两侧的牛、鸡，是早期砖雕装饰的实例。

新出现的砖雕，由于未掌握材料性能，凿做多甚简陋。南北朝时期，倡导佛教，大量砖造佛塔促使了砖雕技术的发展。河南登封嵩岳寺塔，是砖构建筑。其中用砖模拟木结构的斗栱、柱、枋，各层平座、腰檐的砖斗栱之类也起着装饰的作用。此外，壁面还有一些宗教题材的装饰花纹图案的雕刻。

南北朝佛教建筑采用砖构工程，并大量使用砖雕装饰，继之隋唐更有进一步的发展。

宋代砖雕工艺附属于砖作之内，《营造法式》砖作项包括垒砌、砍磨砖、砖雕琢做三种工艺。对砖块的加工称"斫事"，斫事所讲的"事造剜凿"，就是砖雕。在砖作制度条内对垒砌技术、砍磨技术都有较详细的记载，但对剜凿技术没有具体阐述，可见当时砖雕技术的使用极为有限。砖雕的类别分为地面斗八、龙凤、华样、人物、壶门、宝瓶等。"阶基、城门座、砖侧头、须弥台座"之类，就其使用性质看，皆是建筑的阶基部分。建筑基座和台座的使用，是砖雕发展的起源，是砖雕的重点所在。《营造法式》砖作制度内有须弥座条，石作制度内的角柱、殿阶基两条内有叠涩座做法。两者形式不同而同出一源。南北朝时的佛教石窟、佛座为叠涩形式，到唐以后，演化为须弥形式，其区别仅是叠涩座间加合莲仰莲各一层，故称须弥。须弥，盖取像佛界须弥山，由此而有建筑上的基座形式，并在石作、砖作上立为制度，同时并用。

唐、宋、辽、金这一历史时期，大力建造寺庙、佛塔砖构建筑，是砖雕工艺技术由发展到成熟的阶段。初期的砖作，或为寺庙的佛坛，或为砖塔，都是大量的砖块加工，砖雕不过是其中的一小部分。若以装饰而论，仅是开始。如山西五台南禅寺和北京辽塔等，其佛坛、塔基座，皆是砖雕须弥座形式。座之束腰壶门内，贴嵌花卉、伎乐人物等带有宗教意味的砖雕，是当时砖雕在使用上的装饰法则。但到宋代以须弥座作为建筑基座时，才纯熟了砖雕工艺技术，确定了砖雕作为外观装饰的使用，在《营造法式》中列为定制。

元代砖雕比较盛行。元大都遗址出土有格文锦方砖雕及花盘砖、砖雕走兽等。元代建筑首先改造了原有的瓦条屋脊形式，替之以砖作屋脊。这一创举，大大节省了工力。从此以后，砖雕已由建筑基座部分转

向屋顶以及其他部分，正式走上了建筑装饰的道路。

在砖雕发展的过程中，初期也不见线刻，是因为砖的质地较松，线刻效果不好之故。唐宋时期砖刻雕饰，多是嵌面的，采用剔地、隐刻雕法。这也是砖雕的初期做法。如南禅寺佛坛壸门内花卉，即为剔地隐刻。北京房山辽塔坍毁清理时，发现内塔有砖雕花栱的构件，无疑是模仿五彩遍装彩画斗栱形式雕作的。栱面满施翻叶大花（图9-4-29），形象丰满舒放，采取的也是隐刻雕法。工匠们在长期实践中，认识到花叶需要层次的表现，于是在宋、元时代的砖雕中已向突雕发展。此时，不仅有翻叶花，而且有了枝梗、搭落的雕作。在表现方法上，力图生动活泼；在技术上模仿木雕形式，从而使砖雕工艺有了新的风格。

砖雕原属砖作之内的工艺。自明清时起，砖作斫事渐繁，另有分工，而成"凿花匠"一业。

砖雕工艺在建筑整体中是外观装饰，通常以住宅、府第门庭和屋顶作为装饰重点。门庭部分，两侧肩墙和影壁大多施以砖雕花样（如中心花、岔角花之类），这些砖雕都是点缀性的。民居第宅，则以砖雕组成如意门，表示其门庭富丽，这是北方做法。至于南方住宅大门部位的雕饰，则是整个立面大面积处理（图9-4-30、图9-4-31）。砖雕之脊饰，寺庙殿堂、府第堂轩多用之，多以香草、翻叶花、龙凤等为题材；民居脊花皆以透雕、剔地雕刻四季花草、松竹梅、福寿字为其装饰。这些雕饰工艺皆是街头小巷最常见的，其用之最精的莫过于苏州地区的画幅式砖雕，在观感上它和木雕一样地起到了玲珑剔透的效果（图9-4-32、图9-4-33）。明代以后建筑物以砖封护作为加固基座墙身的办法。这种大量使用砖面的做法，给砖雕工艺的发展提供了条件。砖山花的出现和砖券门的雕饰，均是这一时期的新创造。清代工匠术语中称砖雕工艺为"黑活"，黑活不受等级制度的限制，因此一般宅第、会馆、寺庙、店铺等均有大量的砖雕，达到砖雕发展史上的顶点。

明清两代砖作保持了一定的传统做法，即砖作砍琢和窑作预制花砖。花砖的使用仍是砖构建筑装饰不可缺少的。因此，明代窑作对堆塑花砖的烧制技术较前代更有进展。明代的砖雕技术，除斫砍"全形"的构件外，还是多采用剔地雕，一般做法仍是花样浅刻，枝叶皆为平面或混面，完全承受了传统砖雕的朴素做法，江南多有木雕的纤细风格。

图9-4-29 北京房山北塔砖雕

图9-4-30 苏州扬湾明善堂砖雕门楼

图9-4-31 上海松江区砖刻影壁

清代的砖雕技术，是在剔地的基础上加以扩展形成多样化，以满足建筑装饰的需要。凡是单件的砖雕（如屋脊装饰中的脊花、分脊花之类），将剔地雕进一步发展成透雕形式，反映出砖雕对建筑外观装饰上所起的作用。砖雕较之木雕，在施雕技术上有一定的约束。但是它在图样要求突出的时候，仍大胆仿照木雕的嵌雕形式来进一步创作砖雕工艺上的嵌雕，如府第大门墀头檐砖上的狮子头或大殿脊花等，都是使砖雕技术走向立体化的例证。

图 9-4-32　上海市区天灯弄某宅内砖雕

图 9-4-33　苏州砖雕

第五节　建筑镏金技术

一、古建筑镏金装饰发展概况

考古发掘资料证明，从战国开始，封建统治阶级所使用的青铜器物上除采用错金、错银的装饰外，还发明了在青铜器表面"镏金"的新工艺，这些金属工艺的技术成就一直在后来的金属工艺中放射着光彩，体现了我国古代劳动人民的高度智慧。

秦、汉以后，随着冶金技术的不断发展，统治阶级的生活享受日益奢侈，不仅讲究使用镏金的银铜器物，同时在建筑构件上也采用镏金装饰。据文献记载，汉武帝刘彻建神屋，铸铜为柱，遍涂黄金；又起筑渐台，高三十丈，于屋顶上铸铜凤凰，高五丈，饰以黄金，光彩夺目[35]。晋武帝司马炎，泰始二年（公元 266 年）洛阳建太庙，曾铸铜柱十二，涂以黄金，镂以百物，缀以明珠，建筑极侈[36]。南北朝时，佛教盛行，寺塔建筑获得了发展，据《洛阳伽蓝记》载，洛阳永宁寺建于北魏孝明帝熙平元年（公元 516 年），寺内建有九层方形木塔一座，甚高大。塔顶上有镏金宝瓶，宝瓶下有承露镏金铜盘三十重，四周垂以镏金铜铎，门扉并施以镏金的铺首和门钉，辉煌壮丽、冠于全城。

唐、宋时期，金银器的制作技术又取得了新的成就，金属的细工工艺又有较大发展，这时宫殿、寺观建筑上的宝顶和木装修广泛地采用镏金铜活，加工精巧，造型优美，反映了当时金属的镏金、抛光、刻花等工艺都已达到精美的程度。辽、金、元时期的建筑受汉族文化影响较深，建筑装饰除继承唐、宋传统外，并有很多创造性的发展，如肖洵《故宫遗录》中对于元大都宫殿就有这样一段描述："大明殿，殿楹四向皆方柱，大可五六尺，饰以金龙云……楹上分间，仰为鹿顶，斗栱攒顶，中盘黄金双龙，四面皆缘金红琐窗，间贴金铺，中设山字玲珑金红屏台"。可见当时金彩装饰在建筑上已被大量使用。又如大都圣寿万安寺塔（今北京妙应寺白塔），元世祖至元十六至二十五年（1279～1288 年）所制镏金宝顶，造型优美、比例匀称，至今保存完整，是元代冶铸镏金工艺的杰作（图 9-5-1）。

特别应该指出的是，我国的冶铜、镏金手工艺，到了明代出现了空前发展的局面，因此产生了若干大体积的镏金铜器如金殿、金碑、金钟等，至今还保留着一些实物，如湖北武当山太和宫金殿，永乐十四年（1416 年）铸造，通体铜铸，宽深俱二间、重檐庑殿顶，通高 5.5 米，柱额、门窗、斗栱和檐脊均仿木构，雕制精细、遍体镏金，金光闪耀，是明代大型镏金作的代表作。其他如故宫紫禁城角楼、中和殿和钦安殿的镏金宝顶也都是比较典型的明代遗物。

清代的冶铸镏金工艺和其他工艺美术一样，至乾隆间（18 世纪）又出现了繁荣发展的局面，银铜器的制作镏金工艺，无论花色或品种都超过了前一时期。内务府造办处设有镏金作，集中了一批多才多艺的掐丝镏金匠师，常年在内庭、圆明园、颐和园等处为皇

图 9-5-1　北京妙应寺白塔镏金刹顶

图 9-5-3　北京故宫乾清宫殿基左右的江山社稷金殿（镏金铜殿）

图 9-5-2　北京故宫乾清门前镏金铜狮子

图 9-5-4　北京故宫菱花隔扇镏金铜饰件

家服役，创造了大量的镏金工艺品。今天在故宫、颐和园等处所见到的铜亭、铜缸、铜狮、铜狻猊等陈设品，以及建筑物上的铺首、门钉、面叶等，有些都是精美的清代镏金工艺品（图 9-5-2 ～图 9-5-4）。

明、清以来喇嘛教盛行，西藏、青海、甘肃和内蒙古地区兴建了不少喇嘛庙，这些寺庙里多数建有镏金的金瓦殿堂建筑。还有经堂的屋顶上多置有鹿、羊、宝幢、法轮等镏金饰物，具有浓厚的民族风格和宗教色彩（图 9-5-5）。

承德外八庙是乾隆时期修建的喇嘛庙，建筑形式

图 9-5-5 拉萨布达拉宫金瓦顶及鳌首

图 9-5-6 河北承德妙高庄严殿金顶上的双金龙

各具特点。其中以须弥福寿庙的妙高庄严殿最为华丽。它是一座金瓦殿，宝顶、鱼鳞瓦、压脊行龙和檐角兽头等都是用镏金铜构件拼装起来的，造型优美，细部雕刻十分精致，标志着当时冶铸镏金工艺所具有的高度技术水平（图 9-5-6）。

二、镏金的传统技术

镏金，就是把金汞齐（即黄金和水银的合金）涂在银胎或铜胎器物上，经过烘烤，汞蒸发后，金子就镀在器物上，使其金光灿烂，这就是我国特有的火镀金法。

火镀金法的发明和使用大约始于战国时期，是我国两千多年来一直沿用着的传统镀金方法。如各地出土的历代铜制兵器、车器、钟鼎彝器、玺印、钱币、饰物、佛像及建筑装饰构件等"镏金"作品，都是用这种方法镀上去的。火镀金方法不仅是我国科学技术的光辉成就，而且在国际上也负有声誉。但近几十年来，金属工艺多采用电镀法，火镀金技术几有失传之虞。

火镀金的优点很多，牢固耐久，色泽美丽，大小器物都能应用，而且无须多少设备，方法简便易行，镀金的厚薄可自行掌握，较大的器物不须移动也能镀上。

（一）镀金应用材料

根据《三处汇同则例》，清代镏金作所需材料有如下的规定：

（1）平面素镀金活，每长一丈宽一寸用金四分五厘（折合每平方米用金 4.39 两）。

（2）浅花镀金活，每长一丈宽一寸用金五分（折合每平方米用金 4.88 两）。

（3）深花镀金活，每长一丈宽一寸用金七分五厘（折合每平方米用金 7.32 两）。

（4）每叶子金（即极薄的金片）一两用：

水银七两、棉花五钱、酸梅四两八钱、白布三寸、白矾四两八钱、黑炭十五斤、硇四两八钱、白炭七斤八两、盐三两二钱、磨金炭四两。

现在由于近代化学的发展，改用硝酸代替白矾和盐。酸梅已多用杏干代替，磨金炭改用铜丝刷代替。

（二）镀金应用工具

（1）涂金棍：是火镀金工作中用以涂抹金泥的重要工具，用一根长 20 厘米、直径 1 厘米的铜棍，将前端打扁翘起如牙刷把，表面打磨光滑洁净，再用煮熟的酸梅沾汤涂抹铜棍前端，浸入水银内，如此反复数次，铜棍前端就沾满水银（水银厚薄不拘，铜棍白了即可），晾干即可使用。

（2）坩埚（砂罐）现在可用化铜石墨罐。

（3）火钳。

（4）无烟木炭棍。

（5）瓷盆。

（6）磨金炭。

（7）细漆刷。

（8）硬鬃刷。

（9）烘烤时盛木炭的铁丝笼子。

（10）玛瑙压子（是用玛瑙石或硬度 7~8 度的玉石做成的压子，后面有木柄）。

（三）镏金操作工序

（1）煞（或杀）金（即溶解黄金的工作）：先将黄金捶打成厚度约 1 毫米以下的薄片，再剪成碎片，把坩埚（现在多用化铜石墨罐）置炉上加热，烧到坩埚发红时（约 400° 左右）把剪碎的金片倒入坩埚内，随之倒入水银（黄金与水银的重量比，大约是 3:8 或 3:7）。如金片稍大、稍厚时可多用一些水银；如金片较小、较薄时亦可少用一些水银，故有"七煞"、"八煞"之说。烧锅的温度也是根据"煞金"的数量来掌握火候，多就高一些，少就低一些。然后，用火钳夹起坩埚离开火炉微微摇动，另用无烟木炭棍插入锅内搅动，黄金即开始被水银溶解，这时在高温的罐中一部分水银蒸发，冒出浓白烟，直到白烟下沉，罐中水银冒出许多小泡，黄金就全部被水银溶解。然后将罐内溶液倾入盛有冷水的瓷盆中，溶解即冷却沉在盆底，呈浓稠颜色发白的泥状物，即时用手捞起捏成一团，这黄金和水银的混合物，就叫做"金泥"。

（2）抹金（在铜胎上涂抹金泥）：先将铜器表面用磨金炭（现在用铜丝刷）打磨表面铜锈和不洁之物，使铜面光滑洁净，打磨光洁与否关系到镏金工艺的质量，如果铜胎表面有油垢，氧化皮等就会造成镏金层结合不牢，出现起皮、起泡等现象。然后用"镏金棍"沾起"金泥"，再沾等量盐、矾的混合液体（现在用浓度 70% 的浓硝酸代替），往铜器上涂抹"金泥"，另用细漆刷沾盐、矾混合液（现在用 50% 的稀硝酸），把铜面的"金泥"刷匀，匠师术语叫做"拴"。使铜面上的金泥拴得十分匀细，盖了一层白色为止。这道工序要做得非常细致，故有"三分抹，七分拴"的说法。金泥如果拴得不匀，尤其是比较薄的镀层，镏金的颜色就会出现深浅不匀的毛病。

（3）开金（蒸发金泥中的水银，使黄金紧贴器物表面）：将烧红的无烟木炭盛在扁铁丝笼中，用铁棍挑起铁丝笼，围着抹金的地方烤（如能放在抹金的背面，就烤背面），待抹金面的水银蒸发，冒起一层白烟时，即撤火，用硬鬃刷在上面捶打，这是由于水银内含有黄金，水银蒸发时，黄金收缩成小颗粒，也将随之落下，经过捶打使黄金仍保留在铜面上，捶打到铜器已稍冷却，水银停止蒸发时，再烤再捶打，如此往复三四次，但一次要比一次温度高。因不能用手去试摸温度，也不使用温度计，镏金匠的传统经验是用唾液测试温度，直烤到用唾液吐到上面滚下水珠时，就不要再增高温度了。这时撤火，用棉花在上面按擦，因金泥烤到较高温度时，水银大量蒸发变成气体，有一部分接触冷空气要凝结在铜面上，所以必需擦掉。这样边烤边按擦，可使黄金与铜胎结合牢固。

如果水银氧化较多，可同时用扇子搧风，使氧化汞气体尽快发散。这样在烘烤温度增高，用棉花按擦，用扇子搧风的联合操作过程中，覆盖金泥的面层，逐渐由白色变成淡黄色。直烤到水银气化净尽，黄金全部露出为止，火镀金的工作算是基本完成了。然后再用毛刷蘸酸梅水（或杏干水）和皂角水（或肥皂水）在上面刷洗，使镏金层完全干净。再用棉布或丝绸擦净，镏金即全部完成。如镏金层需要较厚时，需再按上述操作工序再镏一次或几次，据说像故宫的大铜缸，一般地都要镀六次。

开金时的火烤，一定要掌握火候，如温度过高，黄金就随水银蒸发掉或变黑；如温度过低，水银不能全部蒸发，颜色又会发白，火烤温度须掌握得恰如其分，所以这道开金工序必须精心操作。

（4）压光（把镀金面的黄金压平，使其牢固和光亮）：火镀金是用手工工具涂上的，表面不可能涂得十分均匀，当水银蒸发时，金泥中所含黄金极小的颗粒，也可能出现一些空隙，为了使镀金牢固耐久，色泽光匀，最后需要加上一道压光的手续。就是用玛瑙（或硬度 7~8 度的玉石）做的压子蘸皂角水，在镀金面上普遍压磨，把极小的黄金颗粒压平，并将水银蒸发时出现的一些微小的孔隙挤压坚实，这道工序是很细致、费时、费力的。

三、镏金操作事项

（1）使用的各种工具必须保持洁净，不得有油污，否则表面形成油膜，会影响表面覆盖层与铜胎的结合力，微量的油污也会使镀层结合不牢，产生起皮、起泡等毛病。

（2）最忌煤烟污染，必须用优质的无烟炭火烧烤。

（3）如在铜合金上镏金，当其中含锌量超过百分之二十以上时，则水银不易去净。

（4）在进行煞金和开金两道工序时，放出的气体氧化汞有毒，吸入肺部对人体有害，所以操作时要注意防护。

参考文献

[1]《文选·班固西都赋》注。

[2]《三辅黄图》。

[3]《古今图书集成考工典》，卷三十五宫室总部汇考引《稽古定制》。

[4]同上，卷七十五第宅部汇考引《明会典》。

[5]《说文》。

[6]《说原》。

[7]《埤雅》。

[8]《广雅》。

[9]《墨客挥犀》。

[10]《苏颚演义》。

[11]《元氏掖庭记》。

[12]《史记·高祖本记》。

[13]班固《西都赋》。

[14]《文选》卷十一何平叔《景福殿赋》。

[15]陶弘景：《名医别录》。

[16]李时珍：《本草纲目》（卷十）。

[17]杜甫及韩驹诗。

[18]苏恭：《唐本草》。

[19]《南朝佛寺志》卷下引许嵩《建康实录》。

[20]《宋朝事实》卷七。

[21]《宋史·舆服志》及《宋史·神宗记》。

[22]《洛阳伽蓝记》。

[23]《大业杂记》。

[24]白居易：《游香山记》。

[25]宋范成大：《桂海虞衡志》。

[26]南宋范成大：《揽辔录》。

[27]南宋楼钥：《北行日录》。

[28]《元氏掖庭记》，《考工典》卷五十一宫殿部纪事引。

[29]《马可波罗游记》中释本。

[30]唐李华：《含元殿赋》，《考工典》卷四十七宫殿部艺文引。

[31]范成大：《石湖集》卷十二。

[32]南宋周辉：《北辕录》。

[33]宋杜绾：《云林石谱》卷下。

[34]《元氏掖庭记》，《考工典》卷五十一宫殿部纪事引。

[35]《汉武帝内传》。

[36]《晋书》卷三《帝纪第三·武帝》。